LE
RÈGNE ANIMAL

DISTRIBUÉ

D'APRÈS SON ORGANISATION.

IMPRIMERIE D'HIPPOLYTE TILLIARD,

RUE DE LA HARPE N° 78.

LE
RÈGNE ANIMAL

DISTRIBUÉ D'APRÈS SON ORGANISATION,

POUR SERVIR DE BASE

A L'HISTOIRE NATURELLE DES ANIMAUX

ET D'INTRODUCTION A L'ANATOMIE COMPARÉE.

Par m. le baron CUVIER,

GRAND OFFICIER DE LA LÉGION-D'HONNEUR, CONSEILLER-D'ÉTAT ET AU CONSEIL ROYAL DE L'INSTRUCTION
PUBLIQUE, L'UN DES QUARANTE DE L'ACADÉMIE FRANÇAISE, SECRÉTAIRE PERPÉTUEL DE L'ACADÉMIE DES
SCIENCES, MEMBRE DES ACADÉMIES ET SOCIÉTÉS ROYALES DES SCIENCES DE LONDRES, DE BERLIN,
DE PÉTERSBOURG, DE STOCKHOLM, D'ÉDIMBOURG, DE COPENHAGUE, DE GOETTINGUE, DE TURIN,
DE BAVIÈRE, DE MODÈNE, DES PAYS-BAS, DE CALCUTTA, DE LA SOCIÉTÉ LINNÉENNE DE LONDRES, etc.

AVEC FIGURES DESSINÉES D'APRÈS NATURE.

NOUVELLE ÉDITION, REVUE ET AUGMENTÉE.

TOME IV.

CRUSTACÉS, ARACHNIDES ET PARTIE DES INSECTES.

PAR M. LATREILLE,

CHEVALIER DE LA LÉGION-D'HONNEUR, MEMBRE DE L'INSTITUT (ACADÉMIE ROYALE DES SCIENCES),
DE LA PLUPART DES AUTRES SOCIÉTÉS SAVANTES D'EUROPE ET D'AMÉRIQUE, etc.

Paris,

CHEZ DÉTERVILLE, LIBRAIRE,
RUE HAUTEFEUILLE, N° 8;

ET CHEZ CROCHARD, LIBRAIRE,
CLOÎTRE SAINT-BENOÎT, N° 16.

1829.

AVERTISSEMENT (1).

SURCHARGÉ de travaux, et cédant peut-être trop facilement à l'impulsion de l'amitié, à mon empressement à lui être utile, M. Cuvier m'a confié la rédaction de la partie de cet ouvrage qui traite des insectes.

Ces animaux ont été l'objet de ses premières études zoologiques, et le principe de ses liaisons avec un des plus célèbres disciple de Linnæus, Fabricius, qui lui donne souvent dans ses écrits des témoignages de son estime particulière. C'est même par des observations curieuses sur plusieurs de ces animaux (*Journal d'Hist. nat.*), que M. Cuvier

---

(1) Cet avertissement est le même que celui que, dans la première édition de cet ouvrage, j'avais mis en tête du troisième volume. M'y étant borné à exposer les principes généraux sur lesquels repose ma distribution générale des animaux composant la classe des insectes, dans la méthode de Linnæus, et n'ayant fait, dans cette nouvelle édition, aucun changement à cet égard, le même avertissement lui est applicable. Mais, considérée dans les détails ou quant aux divisions secondaires et tertiaires, c'est-à-dire les ordres, les familles, les genres et les sous-genres, cette seconde édition présentera des différences remarquables. Il nous était impossible de la mettre au niveau de l'état actuel de la science, sans modifier en plusieurs parties ma première méthode, et sans y faire des augmentations considérables ; elles

a préludé à ses travaux sur l'histoire naturelle. L'entomologie a retiré, comme toutes les autres branches de la zoologie, de grands avantages de ses recherches anatomiques et des changements heureux qu'il a faits aux bases de nos classifications. L'organisation intérieure des insectes a été mieux connue, et cette étude n'est plus négligée comme elle l'était généralement avant lui. Il nous a mis sur la voie de la méthode naturelle. (*Tableau élém. de l'Hist. nat. des Anim. ; Lec. d'Anat. comp.*) Le public regrettera donc vivement que ses occupations nombreuses ne lui aient point permis de rédiger cette partie de son traité sur les animaux.

Peut-être le désir de répondre à sa confiance, d'associer mon nom au sien dans un ouvrage qui, par la multitude des recherches sur lesquelles il repose, et par leur application, sera pour notre

---

elles sont même telles, vu les progrès de l'entomologie, qu'avec un volume de plus, ou deux au lieu d'un, je n'ai pu présenter que très sommairement cette multitude de coupes génériques qu'on a publiées depuis dix ans, et qui sont souvent fondées sur les caractères les plus minutieux. Cette branche de la zoologie a gagné sous d'autres rapports et plus positifs, ceux de l'anatomie Je devais d'autant plus faire connaître ces observations, qu'elles entraient dans le plan de l'illustre auteur de cet ouvrage, et qu'elles confirment la solidité des coupes que j'ai formées. C'est par la lecture des généralités qui les précèdent que l'on pourra mieux apprécier les motifs qui.ont déterminé ces changements, et sentir l'importance des additions dont s'est enrichie la partie entomologique de ce livre. Pour peu qu'on la compare avec celle de la première édition, il sera facile de juger qu'elle a été entièrement refaite, ou que c'est plutôt un nouvel ouvrage que nous donnons au public qu'une nouvelle édition.

siècle un précieux monument littéraire, m'a-t-il fait illusion et jeté dans une entreprise au-dessus de mes forces. J'ai contracté une obligation bien grande, et je me suis imposé une tâche aussi hardie pour le plan que difficile dans l'exécution. Réunir dans un cadre très limité les faits les plus piquants de l'histoire des insectes, les classer avec précision et netteté dans une série naturelle, dessiner à grands traits la physionomie de ces animaux, tracer d'une manière laconique et rigoureuse leurs caractères distinctifs, en suivant une marche qui soit en rapport avec les progrès successifs de la science et ceux de l'élève, signaler les espèces utiles ou nuisibles, celles qui, par leur manière de vivre, intéressent notre curiosité, indiquer les meilleures sources où l'on puisera la connaissance des autres, rendre à l'entomologie cette aimable simplicité qu'elle a eue dans les temps de Linnæus, de Geoffroy et des premières productions de Fabricius, la présenter néanmoins telle qu'elle est aujourd'hui, ou avec toutes les richesses d'observations qu'elle a acquises, mais sans trop l'en surcharger ; se conformer, en un mot, au modèle que j'avais sous les yeux, l'ouvrage de M. Cuvier, tel est le but que je me suis efforcé d'atteindre.

Ce savant, dans son tableau élémentaire de l'histoire naturelle des animaux, n'a pas restreint l'étendue donnée par Linnæus à sa classe des insectes ; mais il y a fait cependant des améliorations nécessaires, et qui ont servi de base à d'autres méthodes publiées depuis. Il distingue d'abord les insectes des autres animaux sans vertèbres, par des caractères bien plus rigoureux que ceux qu'on avait employés jusqu'à lui : *une moelle épinière noueuse ; des membres articulés.* Linnæus termine sa classe des insectes par ceux qui n'ont point d'ailes, quoique la plupart d'entre eux, tels que les *crustacés*, les *aranéides*, soient, sous les rapports de leurs systèmes d'organisation, les plus parfaits de la classe ou les plus rapprochés des mollusques. La disposition de sa méthode est donc, à cet égard, en sens inverse de l'ordre naturel, et M. Cuvier, en transportant, d'après cette différence de systèmes, les crustacés à la tête de la classe, et en faisant venir immédiatement à leur suite presque tous les autres insectes aptères de Linnæus, a rectifié la méthode dans un point où la série était en opposition avec l'échelle formée par la nature.

Dans ses Leçons d'anatomie comparée, la classe des insectes, dont il sépare maintenant les crustacés, est divisée en neuf ordres, d'après la nature et les fonctions des organes masticateurs, l'absence ou la présence des ailes, leur nombre, leur consistance, et la manière dont elles sont réticulées. C'est l'alliance du système de Fabricius et de la méthode de Linnæus perfectionnée.

Les coupes que M. Cuvier a faites dans son premier ordre, celui des *gnathaptères*, sont presque les mêmes que celles que j'avais établies, soit dans un Mémoire que j'ai présente à la société philomatique, au mois de d'avril 1795, soit dans mon *Précis des caractères génériques des insectes* (1).

M. de Lamarck, dont le nom est si cher aux amis des sciences naturelles, a profité habilement de ces divers travaux. Sa distribution méthodique des insectes aptères de Linnæus nous paraît être celle qui se rapproche le plus de l'ordre naturel, et nous l'avons suivie, à quelques modifications près, dont nous allons rendre compte.

Ainsi que lui, je partage les insectes de Linnæus en trois classes : les *crustacés*, les *arachnides*, et les *insectes*; mais je fais abstraction, dans les caractères essentiels que je leur assigne, des changements que ces animaux peuvent éprouver antérieurement à leur état adulte. Cette considération, quoique naturelle et déjà employée par de Géer, dans sa distribution des insectes aptères, n'est point classique, en ce qu'elle suppose l'observation de l'animal dans les dives âges, et elle souffre d'ailleurs beaucoup d'exceptions (2).

---

(1) J'y ai divisé les insectes aptères de Linnæus en sept ordres : 1º les Suceurs ; 2º les Thysanoures ; 3º les Parasites; 4º les Acéphales (*Arachnides palpistes* de M. Lamarck); 5º les Entomostracés ; 6º les Crustacés ; 7º les Myriapodes.

(2) Ces considérations n'ont pas cependant été négligées, et je m'en suis servi avec un grand avantage, pour grouper les familles et les disposer dans un ordre naturel, ainsi qu'on peut le voir par les petits tableaux historiques qui sont à la tête de l'exposition de ces familles. Je me suis même occupé d'un travail général sur les métamorphoses des insectes, dans un Mémoire qui n'a pas encore été publié (*), mais que

(*) *Voyez* l'article *Insectes* du Nouv. Dict. d'Hist. nat., 2e édition.

La situation et la forme des branchies, la manière dont la tête est unie au corselet, et les organes de la manducation, m'ont fourni le moyen d'établir dans la classe des crustacés cinq ordres (1) qui me paraissent naturels. Je la termine, ainsi que l'a fait M. de Lamarck, par les *branchiopodes*, qui sont des espèces de *crustacés arachnides*.

Je ne comprends dans la classe suivante, celle des arachnides, que les espèces composant, dans la méthode de M. de Lamarck, l'ordre des *arachnides palpistes*, ou celles qui n'ont point d'antennes. L'organisation tant intérieure qu'extérieure de ces animaux nous présentera dès lors un signalement simple, rigoureux, et d'une application générale.

Ils ont tous les organes de la respiration intérieurs, recevant l'air par des stigmates concentrés, ayant tantôt des fonctions analogues à celles des poumons, et consistant tantôt en des trachées rayonnées ou ramifiées dès leur base ; ils sont privés d'antennes, et offrent communément huit pieds. Je partage cette classe en deux ordres : les *pulmonaires* et les *trachéennes*.

Deux trachées s'étendant parallèlement dans la longueur du corps, ayant, par intervalles, des centres de rameaux correspondant à des stigmates, et deux antennes, caractérisent, d'une manière

---

j'ai rédigé depuis long-temps, et que j'ai communiqué à quelques amis ; j'en ai fait usage dans les généralités.

(1) Deux de plus dans cette seconde édition.

très simple, la classe des insectes. Ses coupes primaires ont pour base les trois considérations suivantes : 1.° *Insectes aptères, à métamorphoses nulles ou incomplètes ;* les trois premiers ordres. 2° *Insectes aptères et subissant des transformations complètes ;* le quatrième. 3° *Insectes ayant des ailes, et les acquérant par des métamorphoses, soit parfaites, soit incomplètes ;* les huit derniers. Je débute par les *arachnides antennistes* de M. de Lamarck, qui sont compris dans cette première division, et forment nos trois premiers ordres. La seconde est composée du quatrième ordre, et n'offre qu'un seul genre, celui des *puces :* il semblerait, sous quelque rapport, devoir se lier, au moyen des *hippobosques,* avec les diptères ; mais d'autres caractères, et la nature de ses métamorphoses, éloignent ce genre de celui des hippobosques. Au surplus, il est souvent difficicile de distinguer ces filiations naturelles, et souvent même, lorsqu'on est assez heureux pour les découvrir, est-on obligé de sacrifier ces rapports à la clarté et à la facilité de la méthode.

Aux ordres connus des insectes ailés, j'ai ajouté celui des *strépsiptères* de M. Kirby, mais sous une autre dénomination, savoir, celle des *rhipiptères,* la sienne me paraissant être fondée sur une fausse supposition. Peut-être même devrait-on supprimer cet ordre, et le réunir à celui des diptères, ainsi que le pense M. de Lamarck.

Pour des motifs que j'ai développés ailleurs (1), et que je pourrais fortifier par d'autres preuves, j'attache plus de valeur aux caractères tirés des organes locomoteurs aériens des insectes, et à la composition générale de leur corps, qu'aux modifications des parties de leur bouche, du moins lorsque leur structure se rapporte essentiellement au même type. Ainsi, je ne divise point d'abord ces animaux en *brojeurs* et *suceurs*, mais en ceux qui ont des ailes et des étuis, et en ceux qui ont quatre ou deux ailes de même consistance. La forme et les usages des organes de la manducation ne sont employés que secondairement. Ma série des ordres relativement aux insectes ailés est conséquemment presque semblable à celle de Linnæus.

Fabricius, MM. Cuvier, de Lamarck, Clairville et Duméril, mettant en première ligne les différences des fonctions des parties de la bouche, ont disposé ces coupes d'une autre manière.

D'après le plan de M. Cuvier, j'ai réduit le nombre des familles que j'avais établies dans mes ouvrages antérieurs, et converti en sous-genres les démembrements qu'on a faits des genres de Linnæus, quoique leurs caractères puissent être d'ailleurs bien distincts. Telle avait été aussi l'intention de Gmelin, dans son édition du *Systema Naturæ*. Cette méthode est simple, historique et commode par

_____

(1) Considér. génér. sur l'ordre des crust., des arach. et des insect., pag. 46.

l'avantage qu'elle procure à l'étudiant de graduer son instruction suivant son âge, sa capacité, ou le but qu'il se propose.

Tous mes groupes sont fondés sur l'examen comparatif de toutes les parties des animaux que je veux faire connaître, et sur l'observation de leurs habitudes. C'est pour être trop exclusifs dans leurs considérations, que la plupart des naturalistes s'écartent de l'ordre naturel. Aux faits recueillis par Réaumur, Rœsel, De Géer, Bonnet, MM. Huber, etc., sur l'instinct des insectes, j'en ai ajouté plusieurs qui me sont propres, et dont quelques-uns n'avaient pas encore été publiés. M. Cuvier y a joint un extrait de ses observations anatomiques (1); il s'est même livré à de nouvelles recherches, parmi lesquelles je citerai celles qui ont pour objet l'organisation des limules, genre de crustacés très singulier.

N'ayant pu décrire qu'un petit nombre d'espèces, j'ai choisi les plus communes et les plus intéressantes, celles, particulièrement, qui sont mentionnées dans le tableau élémentaire de l'histoire naturelle des animaux de M. Cuvier.

Vous, dont les travaux dans cette branche des sciences naturelles ont mérité l'hommage de nos respects et de notre gratitude, ne voyez dans cet

---

(1) Celles que j'y ai ajoutées dans cette seconde édition m'ont été fournies par MM. Léon Dufour, Marcel de Serres, Straus, Audouin et Milne Edwards.

ouvrage qu'une grande esquisse de l'Entomologie, qu'un exposé succinct de ce que vous avez fait pour elle, qu'un repos pour votre mémoire; en un mot, qu'un traité élémentaire qui préparera les élèves à la méditation de vos écrits. Qu'il me serait doux d'avoir rempli leurs espérances, et celle du savant illustre dont j'ai été auprès d'eux le faible organe!

LATREILLE, *de l'Académie royale des Sciences.*

TABLE MÉTHODIQUE

DU QUATRIÈME VOLUME.

(1) Nous désignerons par des caractères italiques des genres que nous ne mentionnons qu'accessoirement, soit qu'ils nous soient peu ou point connus, soit que nous les réunissions à d'autres.

b.

(1) Lisez : LEPTODACTYLES (voyez l'errata).

LE RÈGNE ANIMAL

DISTRIBUÉ D'APRÈS SON ORGANISATION.

DES ANIMAUX ARTICULÉS

ET POURVUS DE PIEDS ARTICULÉS (1)

OU

DES CRUSTACÉS, DES ARACHNIDES ET DES INSECTES.

Ces trois (2) dernières classes des animaux articulés que Linnœus réunissait sous le nom d'*insectes*, se distinguent par des pieds articulés, au moins

---

(1) Je les ai désignés plus laconiquement par la dénomination de *Condylopes*. Cette série d'articulations, dont se compose leur corps, a été comparée par quelques naturalistes à un squelette, ou à la colonne vertébrale. Mais l'emploi de cette dénomination est d'autant plus abusif que les articles ou les prétendues vertèbres ne sont que des portions plus épaissies de la peau, et que cette peau est continue, mais simplement plus mince et presque membraneuse par intervalles ou dans les jonctions articulaires. Un caractère général qui distingue ces animaux de tous les autres, pareillement dépourvus de squelette, est leur exuviabilité ou leur aptitude à changer de peau. La situation de l'encéphale, du pharynx et des yeux, établissent, ainsi que dans les animaux plus élevés, les limites du dos et du ventre et de leurs appendices respectifs.

(2) Le docteur Leach forme une classe particulière des insectes myriapodes ou mille-pieds. Les arachnides trachéennes pourraient encore, sous des considérations anatomiques, en composer une autre; mais elles ont tant d'affinités avec les arachnides pulmonaires, que nous n'avons pas cru devoir les séparer classiquement.

au nombre de six (1). Chaque article est tubuleux et contient, dans son intérieur, les muscles de l'article suivant, qui se meut toujours par gynglime, c'est-à-dire dans un seul sens.

Le premier article, qui attache le pied au corps, et qui est le plus souvent composé de deux pièces (2), se nomme la *hanche*; le suivant, qui est d'ordinaire dans une situation à peu près horizontale, est la *cuisse*; le troisième, le plus souvent vertical, se nomme la *jambe*; enfin, il en reste une suite de petits qui posent à terre, ce qui forme proprement le pied, ou ce qu'on appelle le *tarse*.

La dureté de l'enveloppe calcaire ou cornée (3) du plus grand nombre de ces animaux tient à celle de l'excrétion qui s'interpose entre le derme et l'épiderme, ce qu'on appelle dans l'homme le *tissu muqueux*. C'est aussi dans cette excrétion que sont

______

(1) Hexapodes. Ceux où leur nombre est au-delà de six, sont appelés spiropodes par M. Savigny. Je les ai désignés, d'une manière plus précise, sous la dénomination d'hyperhéxapes (au-delà de six pieds).

(2) Dans beaucoup de crustacés, la seconde pièce des hanches paraît faire partie des cuisses. Les jambes, ainsi que celles des arachnides, sont divisées en deux articles.

(3) D'après les recherches de M. Auguste Odier, (*Mém. de la soc. d'hist. natur. de Paris*, 1823, t. 1er, p. 29 et suiv.), la substance de cette enveloppe est d'une nature particulière, qu'il nomme chitine. Suivant lui, le phosphate de chaux forme la plus grande partie des sels des téguments des insectes; tandis que la carapace ou le test des crustacés en offre peu, et abonde en carbonate de chaux, que l'on ne trouve point dans les animaux précédents. D'autres recherches, celles de M. Straus surtout, démontrent que les téguments remplacent ici la peau des vertébrés, ou qu'ils ne forment point de véritable squelette. Les observations de M. Odier combattent aussi toutes les analogies que l'on avait voulu établir à cet égard.

déposées les couleurs souvent brillantes et si variées qui les décorent.

Ces animaux ont toujours des yeux qui peuvent
être de deux sortes ; les yeux simples ou lisses (1),
qui se présentent sous la forme d'une très petite
lentille, communément au nombre de trois, et disposés en triangle sur le sommet de la tête ; et les
yeux composés ou à facettes, dont la surface est
divisée en une infinité de lentilles différentes, appelées *facettes*, et à chacune desquelles répond un
filet du nerf optique. Ces deux sortes peuvent être
réunies ou séparées selon les genres ; on ne sait
pas encore si, lorsqu'elles existent simultanément,
leurs fonctions sont essentiellement différentes ;
mais dans l'une et l'autre la vision se fait par des
moyens très différents de ceux qui ont lieu dans
l'œil des vertébrés (2).

D'autres organes qui paraissent ici pour la première fois, et qui se trouvent dans deux de ces
classes, les crustacés et les insectes (3), les antennes,
sont des filaments articulés et infiniment diversifiés
pour la forme, souvent même selon les sexes, tenant à la tête, paraissant éminemment consacrés à

---

(1) *Ocelli stemmata.*

(2) *Voyez* un mémoire de M. Marcel de Serres sur les yeux composés
et les yeux lisses des insectes, *Montpellier*, 1815, 1 vol. in-8°. *Voyez*
aussi les observations de M. de Blainville sur les yeux des crustacés,
consignées dans le *Bulletin de la Société philomatique*. Nous reviendrons
plus bas sur ce sujet.

(3) Et même dans les arachnides, mais sous des formes et avec des
fonctions différentes.

1*

un toucher délicat, et peut-être à quelque autre genre de sensation dont nous n'avons pas d'idée, mais qui pourrait se rapporter à l'état de l'atmosphère.

Ces animaux jouissent du sens de l'odorat et de celui de l'ouïe : quelques-uns placent le siége du premier dans les antennes (1); d'autres, comme M. Duméril, aux orifices des trachées; d'autres encore, comme M. Marcel de Serres, dans les palpes ; mais ces opinions ne sont pas appuyées sur des faits positifs et concluants. Quant à l'ouïe, les crustacés décapodes, et quelques orthoptères ont seuls une oreille visible.

La bouche de ces animaux présente une grande analogie qui, d'après les observations de M. Savigny (2), s'étend même, du moins relativement aux insectes héxapodes, à ceux qui ne peuvent que sucer des aliments liquides.

Ceux qu'on appelle *broyeurs*, parce qu'ils ont des

(1) Relativement aux insectes, et lorsqu'elles se terminent en massue plus ou moins développée, ou bien qu'elles sont accompagnées d'un grand nombre de poils. Suivant M. Robineau Desvoidy, les antennes intermédiaires des crustacés décapodes sont l'organe olfactif (*Bull. des Scienc. nat.*, mai 1827). Mais il ne cite à l'appui de son sentiment aucune expérience directe. Il semblerait d'ailleurs que, dans les crustacés très carnassiers, tels que les gécarcins et autres, cet organe devrait être comparativement plus développé, et nous observons positivement le contraire. Ses idées sur la composition extérieure des crustacés décapodes, supposent l'existence d'un squelette. Mais pour ne pas agir arbitrairement, il aurait dû commencer par établir la connexion de ces animaux avec les poissons, et ne pas admettre, comme fait positif, ce qui est, au moins, en question.

(2) *Mémoires sur les animaux sans vertèbres*. L'idée mère avait été consignée, mais sans développement, dans mon Hist. génér. des insectes.

mâchoires propres à triturer les aliments, les présentent toujours par paires latérales, placées au-devant les unes des autres; la paire antérieure se nomme spécialement *mandibules;* les pièces qui les couvrent en avant et en arrière portent le nom de *lèvres* (1), et celle de devant en particulier celui de *labre.* On appelle *palpes* ou *antennules* des filamens articulés attachés aux mâchoires ou à la lèvre inférieure, et qui paraissent servir à l'animal pour reconnaître ses aliments. Les formes de ces divers organes déterminent le genre de nourriture aussi nettement que les dents des quadrupèdes. A la lèvre inférieure (2) adhère communément la langue

(1) Il s'agit ici plus particulièrement des insectes à six pattes ou hexapodes.

(2) Ou plus simplement lèvre, puisque l'autre a reçu le nom de labre. Elle est protégée, en devant, par une pièce cornée, plus ou moins grande, formée par un prolongement cutané et articulé à sa base d'une portion inférieure de la tête, appelée menton. Ses palpes, toujours au nombre de deux, sont distingués des maxillaires, par l'épithète de labiaux. Lorsque ceux-ci sont au nombre de quatre, on les désigne par les dénominations d'externes et d'internes. On regarde les derniers comme une modification de la division extérieure et terminale de la mâchoire. Cette pièce, que Fabricius, relativement à ses ulonates ou les orthoptères, nomme *galea*, n'est encore que la même division maxillaire, mais plus dilatée, voûtée et propre à recouvrir la division interne qui, ici, à raison de sa consistance écailleuse et de ses dents, ressemble à une mandibule. Dans les derniers insectes, et surtout dans les libellules ou demoiselles, l'intérieur de la cavité buccale offre un corps mou ou vésiculeux, distinct de la lèvre, et qui, comparativement aux crustacés, paraît être la langue proprement dite (*Labium*, Fab.). Cette pièce est peut-être représentée par ces divisions latérales de la languette qu'on nomme paraglosses (*voyez* les coléoptères carnassiers, les hydrophiles, les staphylins, les deux pièces en forme de pinceau qui terminent la lèvre des lucanes, les apiaires, etc.). Les insectes précités, savoir les orthoptères et les libellules de Linnœus, nous montrent évidemment, que cette portion mem-

(ou languette, *ligula*). Tantôt (les *abeilles*, et plusieurs autres insectes hyménoptères) elle se prolonge considérablement, ainsi que les mâchoires, et forme une sorte de fausse trompe (*promuscis*), ayant le pharynx à sa base, souvent recouvert par une espèce de sous-labre, appelé par M. Savigny *épipharynx* (1); tantôt (*hémiptères* et *diptères*) les mandibules et les mâchoires sont remplacées par des pièces écailleuses, en forme de soies ou de lancettes, reçues dans une gaîne tubulaire, alongée, soit cylindrique et articulée, soit plus ou moins coudée et terminée par des espèces de lèvres. Ces parties composent alors une véritable trompe. Dans d'autres insectes suceurs (*lépidoptères*), les mâchoires seules se prolongent considérablement, se réunissent pour former un corps tubulaire, en forme de soie, ayant l'apparence d'une langue longue, très déliée et roulée en spirale (*spiritrompe*, LATR.); les autres parties de

---

braneuse et terminale de la lèvre inférieure, qui fait plus ou moins de saillie entre ses palpes, très prolongée surtout dans plusieurs hyménoptères, est très distincte de cette caroncule intérieure, que je considère comme la langue proprement dite; et cependant presque tous les entomologistes désignent cette extrémité extérieure de la lèvre sous le nom de languette. Mais il est vrai de dire que la langue proprement dite est ordinairement si intimement unie avec la lèvre, que ces parties se confondent au premier coup d'œil. Le pharynx est situé au milieu de la face antérieure de cette lèvre, un peu au-dessus de sa racine, et dans les coléoptères, pourvus de paraglosses, au point de leur réunion. Pour bien connaître la composition primitive de la lèvre inférieure, il faut l'étudier dans les larves mêmes, principalement dans celles des coléoptères carnassiers aquatiques (*voyez* les généralités de la classe des insectes).

(1) Dans beaucoup de coléoptères, au-dessous du labre, est une pièce membraneuse, qui me paraît être l'analogue de l'épipharynx. Le labre est relativement à elle, ce qu'est le menton par rapport à la lèvre.

la bouche sont très rappetissées. Quelquefois, comme dans beaucoup de crustacés, les pieds antérieurs se rapprochent des mâchoires, en prennent la forme, exercent une partie de leurs fonctions, et l'on dit alors que les mâchoires sont multipliées ; il peut même arriver que les vraies mâchoires soient tellement réduites, que les pieds maxillaires, autrement pieds-mâchoires, soient obligés de les remplacer en entier. Mais quelles que soient les modifications de ces parties, il y a toujours moyen de les reconnaître, et de ramener ces changements à un type général (1).

PREMIÈRE CLASSE DES ANIMAUX ARTICULÉS

ET POURVUS DE PIEDS ARTICULÉS.

LES CRUSTACÉS (CRUSTACEA)

Sont des animaux articulés, à pieds articulés, respirant par des branchies, recouvertes dans les uns par les bords d'un test ou carapace, extérieures

---

(1) C'est par l'étude comparative et graduelle de la bouche des crustacés, que l'on pourra acquérir des notions exactes sur les diverses transformations de ces parties et le moyen d'établir une concordance générale, sinon certaine, du moins probable, entre ces divers organes considérés dans les trois classes. Les mandibules, les mâchoires et la lèvre sont, au fond, des sortes de pieds appropriés aux fonctions masticatoires ou buccaux, mais susceptibles, par des modifications, de devenir des organes locomotiles. Ce principe s'étend même aux antennes, ou du moins aux deux intermédiaires de celles des crustacés. En l'adoptant, il sera facile de ramener la composition de ces organes à un type général. Les arachnides et les myriapodes, ainsi que nous le verrons plus bas, ne présenteront plus, sous ce rapport, d'anomalie.

dans les autres, mais qui ne sont renfermées dans des cavités spéciales du corps, recevant l'air par des ouvertures placées à la surface de la peau. Leur circulation est double et analogue à celle des mollusques. Le sang se rend du cœur, situé sur le dos, aux différentes parties du corps, d'où il revient aux branchies, et de là retourne au cœur (1). Ces branchies, situées, tantôt à la base des pieds, ou sur les pieds mêmes, tantôt sur les appendices inférieurs de l'abdomen, forment, soit des pyramides composées de lames empilées ou hérissées de barbes, soit des panaches, de simples lames, et paraissent même dans quelques - unes uniquement constituées par des poils.

Quelques zootomistes, et spécialement M. le baron Cuvier, nous avaient fait connaître le système nerveux de plusieurs crustacés de divers ordres. Le même sujet vient d'être traité à fond par MM. Victor Audouin et Milne Edwards, dans leur troisième Mémoire sur l'anatomie et la physiologie des animaux de cette classe (*Ann. des scienc. nat.*, XIV, 77), et il ne nous manque plus, pour compléter ces recherches, que la publication de celles qu'a faites M. Straus sur les branchiopodes, et notamment sur les limules, dont ces deux naturalistes n'ont point parlé.

« Le système nerveux des crustacés, soumis à

---

(1) *Voyez*, ci-après, l'ordre des décapodes.

leurs observations, se présente, nous disent-ils, sous deux aspects très différents, qui constituent les deux extrêmes des modifications qu'il offre dans les crustacés. Tantôt, comme cela a lieu dans le talitre, cet appareil est formé par un grand nombre de renflements nerveux, semblables entre eux, disposés par paires, et réunis par des cordons de communication, de manière à former deux chaînes ganglionnaires, distantes l'une de l'autre et occupant toute la longueur de l'animal. Tantôt, au contraire, il se compose uniquement de deux ganglions ou renflements noueux, dissemblables par leur forme, leur volume et leur disposition, mais toujours simples et impairs, et situés l'un à la tête et l'autre au thorax. C'est ce que l'on rencontre dans le maja. »

» Certes, au premier abord, ces deux modes d'organisation semblent être essentiellement différents, et si l'on bornait l'étude du système nerveux des crustacés à ces deux animaux, il serait bien difficile de reconnaître dans la masse nerveuse centrale du thorax du maja, l'analogue des deux chaînes ganglionnaires qui occupent la même partie du corps dans le talitre. Mais si l'on se rappelle les divers faits que nous avons rapportés dans ce Mémoire, on arrivera nécessairement à ce résultat remarquable. »

Ils y ont été conduits par l'étude exacte du système nerveux de divers crustacés intermédiaires, formant autant de chaînons de cette série, tels que les cymothoés (1), les phyllosomes (2), le homard (3), les palémons et les langoustes. Ils se sont aussi étayés des observations de M. le baron Cuvier et de M. Tréviranus. Ils en déduisent cette conséquence , que malgré ces différences de disposition , le système nerveux des crustacés est cependant formé des mêmes éléments qui, isolés chez les uns , et uniformément distribués dans toute la longueur du corps , présentent chez les autres divers degrés de centralisation , d'abord de dehors en dedans, ensuite dans la direction longitudinale ; et qu'enfin ce rapprochement dans tous les sens est porté à son extrême, lorsqu'il n'existe plus qu'un noyau unique au thorax (les crabes proprement dits ou brachyures). De tous les décapodes macroures observés par MM. Victor Audouin et Milne Edwards , la langouste serait celui dont le système veineux serait le plus centralisé ; et dans notre méthode , en effet, ce crustacé est peu éloigné des brachyures. Mais il n'en serait pas de même des palémons et du homard ; car , suivant eux , les premiers se rapprocheraient plus sous ce rapport des langoustes que le homard , tandis que , dans notre distribution , ce dernier crustacé précède les palémons , dispo-

---

(1) Ordre des isopodes.
(2) Ordre des stomapodes.
(3) Voyez pour ce sous-genre et les deux suivants l'ordre des décapodes, famille des macroures.

sition qui nous paraît fondée sur plusieurs caractères très naturels.

Les crustacés sont aptères ou privés d'ailes, munis de deux yeux à facettes, mais rarement d'yeux lisses, et communément de quatre antennes. Ils ont, pour la plupart (les pœcilopodes exceptés), trois paires de mâchoires (les deux supérieures qu'on désigne sous le nom de *mandibules*, comprises), autant de pieds-mâchoires (1), mais dont les quatre derniers deviennent, dans un grand nombre, de véritables pieds, et dix pieds proprement dits, tous terminés par un seul onglet. Lorsque les deux dernières paires de pieds-mâchoires remplissent les mêmes fonctions, le nombre de pieds est alors de quatorze. La bouche présente aussi, de même que dans les insectes, un labre, une languette, mais point de lèvre inférieure proprement dite ou comparable à celle de ces derniers ; la troisième paire de pieds-mâchoires ou la première, ferme extérieurement la bouche et remplace cette partie.

Les organes sexuels, ou ceux des mâles au moins,

---

(1) *Mâchoires auxiliaires*, dans la nomenclature de M. Savigny, du moins quant aux crustacés décapodes. Les deux supérieurs formant, dans les amphipodes et les isopodes, une sorte de lèvre, il les appelle, dans ce cas, *lèvre auxiliaire*. Relativement aux faucheurs ou *phalangium*, genre d'arachnides, il distingue leurs mâchoires, en *mâchoires principales*, celles qui tiennent aux palpes (*faux palpes* selon lui) et en *mâchoires surnuméraires*, celles qui tiennent aux quatre premières pattes. Les pièces des mêmes animaux qu'on a considérées comme des mandibules, sont pour lui des *mandibules succédanées*. A l'égard des scolopendres, il admet deux lèvres auxiliaires.

sont toujours doubles, et situés sous la poitrine ou à l'origine inférieure de cette partie postérieure et abdominale du corps qu'on nomme communément queue, et jamais postérieurs. Leurs téguments sont ordinairement solides, et plus ou moins calcaire. Ils changent plusieurs fois de peau, et conservent généralement leur forme primitive et leur activité naturelle. Ils sont carnassiers pour la plupart, aquatiques, et vivent plusieurs années. Ils ne deviennent adultes ou propres à la génération qu'après un certain nombre de mues. A l'exception d'un petit nombre, où les changements de peau influent un peu sur leur forme primitive, modifient ou augmentent leurs organes locomotiles, ces animaux sont en naissant, et à la grandeur près, tels qu'ils seront toute leur vie.

DIVISION

DES CRUSTACÉS EN ORDRES.

La situation et la forme des branchies, la manière dont la tête s'articule avec le tronc (1), la mobilité ou la fixité des yeux (2), les organes mas-

---

(1) *Voyez*, à l'égard de cette expression et celle du thorax, employées souvent d'une manière arbitraire, les généralités de la classe des insectes.

(2) Ces organes sont pédiculés et mobiles ou sessiles et fixes. Tel est

ticatoires, les téguments, seront la base de nos divisions, et donneront lieu aux ordres suivants (1).

Nous partagerons cette classe en deux sections,
les MALACOSTRACÉS et les ENTOMOSTRACÉS (2). Les
premiers ont généralement des téguments très solides, d'une nature calcaire, et dix ou quatorze
pieds (3) ordinairement onguiculés; la bouche, située comme d'ordinaire, est composée d'un labre,
d'une langue, de deux mandibules (portant souvent un palpe), de deux paires de mâchoires recouvertes par des pieds-mâchoires. Dans un grand
nombre, les yeux sont portés chacun sur un pédicule articulé et mobile, et les branchies sont
cachées sous les bords latéraux du test ou de la
carapace; dans les autres, elles sont ordinairement
placées sous le post-abdomen. Cette section se
compose de cinq ordres : les DÉCAPODES, les STO-
MAPODES, les LÆMODIPODES, les AMPHIPODES, et les

---

le caractère d'après lequel M. De Lamarck a divisé la classe des crustacés
en deux grandes coupes, les pédiocles et les sessiliocles, dénominations
auxquelles le docteur Leach a substitué, mais en restreignant cette application aux malacostracés, celles de podophthalmes et d'édriophthal-
mes. Gronovius avait, le premier, employé cette considération.

(1) Quoique nous n'ayons pas encore un grand nombre d'observations
sur le système nerveux des crustacés, celles qu'on a recueillies appuient
néanmoins nos divisions.

(2) On pourrait encore, d'après la présence ou l'absence des mandibules, les diviser en dentés et en édentés. Jurine fils avait déjà proposé
ces divisions, dans son beau Mémoire sur l'argule foliacé.

(3) Les quatre antérieurs, lorsqu'il y en a quatorze, sont formés par les
quatre derniers pieds-mâchoires. Dans les décapodes, les six pieds-
mâchoires sont appliqués sur la bouche et font l'office de mâchoires.

ISOPODES. Les quatre premiers embrassent le genre *cancer* de Linnœus, et le dernier, celui qu'il nomme *oniscus* (cloporte).

Les entomostracés ou insectes à coquille de Müller se composent du genre *monoculus* de Linnœus. Ici les téguments sont cornés, très minces, et un test en forme de bouclier d'une à deux pièces, ou bien en forme de coquille bivalve, recouvre ou renferme le corps du plus grand nombre. Les yeux sont presque toujours sessiles, et souvent il n'y en a qu'un. Les pieds, dont la quantité varie, sont dans la plupart uniquement propres à la natation et sans onglet au bout. Les uns, ayant une bouche antérieure, composée d'un labre, de deux mandibules (rarement pourvues de palpes), d'une langue, d'une à deux paires de mâchoires au plus, dont les extérieures à nu ou point recouvertes par des pieds-mâchoires, se rapprochent des crustacés précédents. Dans les autres entomostracés, et qui semblent à plusieurs égards avoisiner les arachnides, tantôt les organes masticateurs sont simplement formés par les hanches des pieds, avancées et disposées en manière de lobes, hérissés de petites épines, autour d'un grand pharynx central ; tantôt ils composent un petit siphon ou bec, servant de suçoir, ainsi que dans plusieurs arachnides et dans plusieurs insectes, ou bien ne se montrent point ou presque pas à l'extérieur, soit que le siphon soit interne, soit que la succion s'opère à la manière d'une ventouse.

Ainsi les entomostracés sont dentés ou édentés. Les premiers formeront notre ordre des BRANCHIO-PODES (1), et les seconds, celui de PÆCILOPODES, qui dans la première édition de cet ouvrage n'étaient qu'une section de l'ordre précédent.

Les fossiles singuliers appelés TRILOBITES, et dont M. Brongniart, notre confrère à l'académie royale des sciences, a donné une excellente monographie, étant considérés par lui, ainsi que par beaucoup d'autres naturalistes, comme des crustacés voisins des entomostracés, nous en traiterons succintement, à la suite de ceux-ci.

---

(1) Dans mon ouvrage intitulé : *Familles naturelles du règne animal*, les entomostracés sont partagés en quatre ordres : les *lophyropodes*, les *phyllopodes*, les *xiphosures* et les *siphonostomes*.

PREMIÈRE DIVISION GÉNÉRALE.

DES MALACOSTRACÉS. (MALACOSTRACA.)

Les malocostracés se partagent naturellement en ceux dont les yeux sont portés sur un pédicule mobile et ceux où ces organes sont sessiles et immobiles.

DES MALACOSTRACÉS A YEUX PORTÉS SUR UN PÉDICULE MOBILE ET ARTICULÉ,

OU DES DÉCAPODES ET DES STOMAPODES EN GÉNÉRAL.

Des yeux (1) portés sur un pédicule mobile, de deux articles, se logeant dans des fossettes, distinguent ces crustacés de tous les autres. Considérés anatomiquement, ils paraissent s'en éloigner encore (*Leçons d'anatom. comparée* de M. Cuvier; *Annales des scienc. natur.*, tom. xie), en ce qu'ils sont les seuls qui nous offrent des sinus où le sang veineux se rassemble, avant que de se rendre aux branchies pour revenir au cœur.

Les décapodes et stomapodes se ressemblent par plusieurs caractères communs. Une grande écaille, quelquefois divisée en deux, appelée test ou cara-

---

(1) Suivant M. de Blainville, derrière leur cornée est une choroïde percée d'une infinité de trous, puis un véritable cristallin, appuyé sur un ganglion nerveux et divisé en une multitude de petits faisceaux.

pace recouvre par devant une portion plus ou moins étendue de leurs corps. Ils ont tous quatre antennes (1), dont les mitoyennes terminées par deux ou trois filets ; deux mandibules portant chacune près de leur base un palpe, divisé en trois articles et ordinairement couché sur elles ; une langue bilobée ; deux paires de mâchoires ; six pieds-mâchoires, mais dont les quatre postérieurs sont, dans quelques-uns, transformés en serres ; dix ou quatorze (dans ceux où les quatre pieds-mâchoires ont cette forme) pieds.

Dans le plus grand nombre, les branchies, au nombre de sept paires, sont cachées sous les bords latéraux du test ; les deux paires antérieures sont situées à l'origine des quatre derniers pieds-mâchoires, et les autres à celle des pieds proprement dits. Dans les autres crustacés, elles sont annexées sous forme de houppes, à cinq paires de pattes en nageoire, situées sous le post-abdomen. Le dessous de cette partie postérieure du corps est pareille-

---

(1) Il faut y distinguer le pédoncule (*stipes*) et la tige (*caulis*, *funiculus*). Le pédoncule est plus épais, cylindracé, et composé de trois articles, nombre qui semble propre à ces organes, considérés dans un état rudimentaire ou imparfait. La tige est sétacée et divisée en une quantité variable de très petits articles. Celle des extérieures est simple ; mais celle des intérieures est formée de deux filets au moins et dans plusieurs décapodes macroures, de trois. En passant graduellement de ceux-ci aux brachyures, ces antennes se raccourcissent, de manière que les latérales au moins sont très petites dans plusieurs quadrilatères. Les deux divisions terminales des intermédiaires forment alors une sorte de pince à deux branches, ou doigts inégaux et articulés.

ment muni, dans les autres , de quatre à cinq paires d'appendices bifides.

LES DÉCAPODES (Decapoda.)

Ont la tête intimement unie au thorax ,. et recouverte avec lui par un test ou carapace entièrement continu , mais offrant le plus souvent des lignes enfoncées , le divisant en diverses régions, qui indiquent les places occupées par les principaux organes intérieurs (1). Leur mode de circulation offre quelques caractères qui les distinguent des autres crustacés. Le cœur (2) bien circonscrit, de forme ovalaire et à parois musculaires,

(1) M. Desmarest, dans son *Histoire naturelle des crustacés fossiles*, et dans son ouvrage ayant pour titre *Considérations générales sur la classe des crustacés*, a présenté à cet égard une nomenclature ingénieuse, fondée sur la concordance des portions de la surface extérieure de la carapace avec les organes qu'elles recouvrent. Mais outre que le test de plusieurs crustacés décapodes ne présente aucune impression, ou qu'elles y sont presque oblitérées, ces dénominations peuvent être remplacées par d'autres beaucoup plus simples , plus familières , et en rapport avec ces mêmes organes, comme le milieu ou le centre, l'extrémité antérieure et l'extrémité postérieure, les côtés, etc. ; il nous paraît inutile de surcharger ici la nomenclature.

(2) Ces observations sont extraites du beau Mémoire de MM. Victor Audouin et Milne-Edwards, inséré dans les *Annales d'histoire naturelle,* tom. XI, 283-314, et 352-393. On pourra encore consulter les *Mémoires du muséum d'histoire naturelle*, où M. Geoffroi St-Hilaire a inséré le fruit de ses curieuses recherches sur les parties solides et la circulation du homard.

donne naissance à six troncs vasculaires, dont trois antérieurs, deux inférieurs et le sixième postérieur. Des trois artères antérieures, la médiane (*l'ophthalmique*) se distribue presque exclusivement aux yeux ; les deux autres (les *antennaires* se répandent sur la carapace, les muscles de l'estomac, sur une portion des viscères et sur les antennes; les deux inférieures (les *hépatiques*) portent le sang au foie; la dernière (ou l'artère *sternale*), la plus volumineuse de toutes, et qui naît tantôt à gauche, tantôt à droite de la partie postérieure du corps, est principalement destinée à porter le fluide nourricier à l'abdomen et aux organes de la locomotion. Elle fournit un grand nombre de vaisseaux d'un volume considérable, parmi lesquels il faut surtout remarquer celui que MM. Audouin et Milne-Edwards nomment l'artère *abdominale* supérieure, parce qu'elle sort de la partie postérieure de cette artère (un peu avant l'articulation du thorax et de l'abdomen, appelée vulgairement la queue), et qu'elle pénètre bientôt dans l'abdomen (la queue), où elle se partage en deux grosses branches, continuant son trajet en arrière, et se terminant à l'anus, en s'amincissant de plus en plus. Le sang qui a servi à la nutrition de ces divers organes, et qui est ainsi devenu veineux, afflue de toutes parts dans deux vastes sinus (1), un de chaque côté, au-dessus des

---

(1) Ces savants naturalistes les comparent aux deux cœurs latéraux des céphalopodes, et cette analogie a reçu la sanction de M. le baron Cuvier,

2*

pattes, et formés de golfes veineux, réunis en une série longitudinale, en manière de chaîne. Il se rend dans un vaisseau externe (*efférent*) des branchies, s'y renouvelle, redevient artériel, passe dans un vaisseau interne (*afférent*), et se dirige ensuite vers le cœur, en traversant des canaux (*branchio-cardiaques*) logés sous la voûte des flancs. Tous les canaux d'un même côté se réunissent en un large tronc, s'abouchent avec la partie latérale et correspondante du cœur, par une ouverture unique, dont les replis formant une double valvule ou soupape, et s'oùvrent pour que le sang puisse aller des branchies à ce viscère, mais se fermant pour lui interdire une marche opposée, ou l'empêcher

---

dans son Rapport général sur les travaux de l'académie royale des sciences, pour 1827 ; mais c'est une idée que j'avais communiquée à M. Audouin, et qui était une conséquence toute naturelle de mon opinion sur la circulation des crustacés, et que j'avais consignée dans une note de mon Esquisse d'une distribution générale du règne animal, pag. 5. Comme ces naturalistes n'ont fait aucune mention de ce que j'avais écrit à cet égard, soit dans cette brochure, soit dans mon ouvrage sur les familles du règne animal, je rapporte ici, à la suppression près des mots ventricule gauche, cette note : « Une opinion que je soumets au jugement des zootomistes, et plus spécialement de M. Cuvier, est que, dans les invertébrés où il existe une circulation, l'organe appelé *cœur* représente, par ses fonctions, le tronc artériel et dorsal, des poissons et des larves des batraciens ; une ou deux artères, et qui, dans les céphalopodes, ont la forme de cœurs, remplaceraient le ventricule droit. Le foyer de la circulation, très concentré dans les premiers vertébrés, s'affaiblirait ainsi graduellement, et de manière qu'enfin il n'y aurait plus de circulation. Le vaisseau dorsal des insectes ne serait plus que l'ébauche du cœur des mollusques et des crustacés. » J'ajouterai que, dans mon *Histoire naturelle des crustacés et des insectes*, qui date de plus de vingt-cinq ans, j'avais rectifié l'erreur de Rœsel par rapport au cordon nerveux de la moelle épinière, qu'on avait pris pour un vaisseau.

de passer du cœur aux organes respiratoires. Examiné à l'intérieur, le cœur offre un grand nombre de faisceaux et de fibres musculaires entre-croisés dans divers sens, et composant plusieurs petites loges, au-devant des orifices des artères. Ces loges sont autant de petites oreillettes, qui communiquent facilement entre elles, lorsqu'il se dilate, mais qui paraissent former, pour chaque vaisseau, dans sa contraction, pareil nombre de petites cellules, dont la capacité est en rapport avec la quantité du sang des vaisseaux qui leur sont propres. Ces vaisseaux débouchent dans l'intérieur du cœur par huit ouvertures, les deux latérales à soupape, dont nous avons parlé plus haut, comprises; tel est, à quelques modifications près (1), le système général de la circulation des décapodes.

La face supérieure du cerveau (2) est partagée en quatre lobes, dont les mitoyens fournissent chacun, de leur bord antérieur, le nerf optique, qui se porte directement dans le pédoncule de l'œil, et s'y divise en une multitude de filets, se rendant chacun à autant de facettes de la cornée de ces organes. La face inférieure du cerveau produit quatre autres nerfs qui vont aux antennes et donnent aux parties voisines quelques filets. De son

____

(1) *Voyez* les généralités de la famille des macroures.

(2) Ces observations sont extraites des *Leçons d'anatomie comparée* de M. le baron Cuvier. *Voyez*, pour d'autres détails et quelques faits particuliers, le Mémoire précité de MM. Audouin et Milne Edwards.

bord postérieur naissent deux cordons nerveux fort alongés, embrassant latéralement l'œsophage, et se réunissant en dessous. Là, comme dans les brachyures, cette réunion n'a lieu qu'au milieu du thorax, et la moelle médullaire prend ensuite la forme d'un anneau, et sous des proportions huit fois plus grandes que le cerveau ; cet anneau donne naissance, de chaque côté, à six nerfs, dont l'antérieur se rend aux parties de la bouche, et les cinq autres aux cinq pattes du même côté. Du bord postérieur par un autre nerf, se rendant dans la queue, sans produire de ganglions sensibles, et paraissant représenter le cordon nerveux ordinaire. Ici, comme dans les macroures, les deux cordons nerveux, avant que de se réunir sous l'œsophage, donnent chacun naissance, au milieu de leur longueur, à un gros nerf, se rendant aux mandibules et à leurs muscles. Réunis, ils forment un premier ganglion médian (sous-cervical), fournissant des nerfs aux mâchoires et aux pieds-mâchoires (1). Rapprochés, ensuite, dans toute leur longueur, ils offrent successivement onze autres ganglions, dont les cinq premiers donnent chacun des nerfs à autant de

______

(1) D'après M. Straus, la division antérieure du corps des limules, celle qui est recouverte par un bouclier sémi-lunaire, ne présente aussi, outre le cerveau, que le même ganglion ; d'où l'on peut déduire que les organes locomotiles inférieurs correspondent aux parties de la bouche des décapodes, des stomapodes, et même des arachnides, et que ceux de l'autre division du corps ou du second bouclier sont analogues aux pieds des mêmes décapodes.

paires de pattes, et les six autres fournissent ceux de la queue; celle des pagures a quelques ganglions de moins, et ces crustacés paraissent ainsi faire le passage des brachyures aux macroures. Nous ajouterons que M. Serres a cru reconnaître, dans ces crustacés décapodes, des vestiges du grand nerf symphatique (1).

Les bords latéraux de la carapace ou test se replient en dessous pour recouvrir et garantir les branchies, mais laissent antérieurement un vide pour le passage de l'eau. Quelquefois même (voyez *Dorippe*) l'extrémité postérieure et inférieure du thorax présente, à cette fin, deux ouvertures particulières. Ces branchies sont situées à la naissance des quatre derniers pieds-mâchoires et des pattes ; les quatre antérieures sont moins étendues. Les six pieds-mâchoires sont tous de forme différente, appliqués sur la bouche, et divisés en deux branches, dont l'extérieure a la forme d'une petite antenne, formée d'un pédoncule et d'une tige sétacée et pluriarticulée : on l'a comparée à un fouet (*Palpus flagelliformis.*) (2) Les deux pieds antérieurs, quelquefois même les deux ou quatre suivants, sont en forme de serres. L'avant-dernier article est dilaté,

---

(1) MM. Audouin et Milne Edwards ont observé dans le maja et la langouste un nerf analogue à celui que Lyonet nomme *récurrent*, dans son *Anatomie de la chenille du saule.* On leur doit aussi la découverte des autres nerfs gastriques.

(2) Leur base offre une lame tendineuse, longue et velue.

comprimé et en forme de main ; son extrémité inférieure se prolonge en une pointe conique, représentant une sorte de doigt, opposé à un autre, formé par le dernier article, ou le tarse propre. Celui-ci (1) est mobile, et a reçu le nom de pouce (*pollex*); l'autre, ou le fixe, est censé être l'index (*index*). Ces deux doigts sont aussi appelés *mordants*. Le dernier est quelquefois très court, sous la forme d'une simple dent, l'autre alors se replie en dessous. La main, ainsi que les doigts formeront pour nous la pince proprement dite. On nomme *carpe* l'article précédent, ou l'antépénultième.

Les proportions respectives et la direction des organes locomotiles sont telles, que ces animaux peuvent marcher de côté, ou à reculon.

Excepté le rectum, qui va s'ouvrir au bout de la queue (2), tous les viscères sont renfermés dans le thorax, de sorte que cette portion du corps représente le thorax et la majeure partie de l'abdomen des insectes. L'estomac, soutenu par un squelette cartilagineux, est armé à l'intérieur de cinq pièces osseuses et dentelées, qui achèvent de broyer les

---

(1) La main posée de tranche, le doigt est supérieur.

(2) Cette suite de segments qui, dans les crustacés des premiers ordres, succèdent immédiatement à ceux auxquels sont annexées les cinq dernières paires de pieds, compose ce que j'appelle *post-abdomen*. La dénomination de queue, qu'on a coutume de lui donner, et que nous conservons, afin de nous prêter au langage ordinaire, est très impropre ; elle ne peut convenir qu'aux appendices terminant postérieurement le corps et le débordant notablement. *Voyez mon ouvrage sur les familles naturelles du règne animal*, pag. 255 et suiv.

aliments. On y voit, dans le temps de la mue., qui arrive vers la fin du printemps, deux corps calcaires, ronds, convexes d'un côté et planes de l'autre, qu'on appelle vulgairement *yeux d'écrevisse*, et qui, disparaissant après la mue, donnent lieu de présumer qu'ils fournissent la matière du renouvéllement du test. Le foie consiste en deux grandes grappes de vaisseaux aveugles, remplis d'une humeur bilieuse, qu'ils versent dans l'intestin, près du pilore. Le canal alimentaire est court et droit. Les flancs offrent une rangée de trous, placés immédiatement à l'insertion des branchies, mais qu'on ne découvre que lorsqu'on enlève ces organes. Le plastron, vu à l'intérieur, présente, du moins dans plusieurs grandes espèces, des loges transverses formées par des lames crustacées, et séparées dans leur milieu par une arête longitudinale de la même consistance.

Les organes sexuels des mâles sont situés près de l'origine des deux pieds postérieurs. Deux pièces articulées, de consistance solide, sous la forme de cornes, de stylets ou d'antennes sétacées, placés à la jonction de la queue et du thorax, et remplaçant la première paire d'appendices souscaudaux, sont regardés comme les organes copulateurs mâles, ou du moins leurs fourreaux. Mais, d'après nos observations sur divers décapodes, ils consisteraient chacun en un petit corps membraneux, tantôt en forme de soie, tantôt filiforme ou cylindrique, sortant d'un trou situé à l'articulation de la hanche des deux pieds postérieurs avec le plastron. Les deux vulves sont placées sur cette pièce, entre ceux de la troisième paire, ou à leur premier article, dispositions qui dépendent de l'élargissement et du rétrécissement du plastron. L'accouplement se fait ventre à ventre. La croissance de ces animaux est lente, et ils vivent long-temps. C'est parmi eux qu'on trouve les plus grandes espèces et les plus utiles à notre nourriture, mais leur chair est difficile à digérer. Le corps de quelques langoustes acquiert jusqu'à un mètre de longueur. Leurs pinces, comme on le sait, sont fort redoutables, et d'une telle force, dans quelques grands individus, qu'on en a vu soulever et faire perdre terre à une chèvre. Ils se tiennent habituellement dans l'eau, mais ne périssent pas sur-le-champ, à l'air ; quelques espèces même y passent une partie de leur vie, et ne vont à l'eau que dans le temps de l'amour, et afin d'y déposer leurs œufs. Elles sont cependant obligées de faire leur séjour soit dans des terriers, soit dans des lieux frais et humides. Le naturel des crustacés décapodes est vorace et carnassier. Certaines espèces vont jusques dans les cimetières pour y dévorer les cadavres et en faire leur pâture. Leurs membres se régénèrent avec une grande promptitude : mais il est nécessaire que les fractures aient lieu à la jonction des articles, et ils savent y suppléer, lorsque la cassure se fait autrement. Lorsqu'ils veulent changer de peau, ils cherchent un lieu retiré, afin d'y être à l'abri des poursuites de leurs ennemis, et s'y tenir en repos. La mue opérée, leur corps est mou, et, suivant quelques personnes, d'un goût plus délicat. L'analyse chimique du vieux test nous a fait connaître qu'il est formé de chaux carbonatée, et de chaux phosphatée unie, en diverses proportions, à la gélatine. De ces proportions dépend la solidité du test; il est bien moins épais et flexible dans les derniers genres de cet ordre, plus loin il devient presque membraneux. M. de Blainville a observé que celui des langoustes, est composé de quatre couches superposées, dont les deux inférieures et la supérieure membraneuses; la matière calcaire est interposées entre elles et forme l'autre couche. Par l'action de la chaleur, l'épiderme prend une teinte d'un rouge plus ou moins vif, et le principe colorant se décompose à l'eau bouillante; mais d'autres combinaisons de ce principe produisent dans quelques espèces un mélange de couleurs très agréable, et qui tirent souvent sur le bleu ou le verd.

Le plus grand nombre des crustacés fossiles découverts jusqu'à ce jour appartient à l'ordre des décapodes. Parmi ceux des contrées européennes, les uns et les plus anciens, se rapprochent des espèces actuellement vivantes dans les zônes voisines des tropiques; les autres, ou les plus modernes, ont une grande affinité avec les espèces vivantes, propres à nos climats. Mais les crustacés fossiles des régions tropicales, m'ont paru avoir les plus grands rapports avec plusieurs de ceux que l'on y trouve aujourd'hui en état vivant, fait qui serait intéressant pour la géologie, si l'étude des coquilles fossiles de ces pays, et recueillies dans les couches les plus profondes, nous donnait un semblable résultat.

La première famille (1) ou celle

Des DÉCAPODES BRACHYURES (Kleistagnatha, Fab.)

A la queue plus courte que le tronc, sans appendices ou nageoires à son extrémité, et se reployant en dessous, dans l'état de repos, pour se loger dans une fossette de la poitrine. Triangulaire dans les mâles et garnie seulement à sa base de quatre ou deux appendices, dont les supérieurs plus grands, en forme de cornes, elle s'arrondit, s'élargit et devient bombée dans les femelles (2).

---

(1) Les coupes que nous qualifions ainsi sont fondées sur un ensemble de caractères anatomiques importants, et répondent ordinairement aux genres de Linnœus, et quelquefois aussi à ceux que Fabricius avait établis dans ses premiers ouvrages. Ces familles sont dès lors plus étendues que les coupes que je nomme ainsi dans mes autres écrits; mais si on les considère comme des premières divisions ordinales, et si l'on regarde comme familles ce que j'appelle ici tribus, l'on jugera qu'à ces désignations près, la méthode est toujours essentiellement la même. Il n'y a donc point, contre l'opinion de quelques naturalistes, de discordance réelle à cet égard. D'après les mêmes principes, les sous-genres, à l'exception néanmoins de quelques-uns dont les caractères sont peu tranchés ou trop minutieux, deviendront, dans une méthode plus détaillée ou plus spéciale, des coupes génériques.

(2) Le nombre apparent des segments, qui est généralement de sept,

Son dess ous offre porte quatre paires de doubles filets velus (1), destinés à porter les œufs, et analogues aux pieds natatoires sous-caudaux des crustacés macroures et autres.

Les vulves sont deux trous placés sous la poitrine, entre les pieds de la troisième paire. Leurs antennes sont petites; les intermédiaires, ordinairement logées dans une fossette sous le bord antérieur du test, se terminent chacune par deux filets très courts. Les pédicules oculaires sont généralement plus longs que ceux des décapodes macroures. Le tube auriculaire est presque toujours pierreux. La première paire de pieds se termine par une serre. Les branchies sont disposés sur un seul rang, en forme de languettes pyramidales, composées d'une multitude de petits feuillets empilés les uns sur les autres, parallèlement à l'axe. Les pieds-mâchoires sont généralement plus courts et plus larges que dans les autres décapodes; les deux extérieurs forment une sorte de lèvre (1). Leur système nerveux diffère encore de celui des macroures (*voyez* la généralité des décapodes).

---

varie aussi quelquefois selon les sexes : il est moindre dans les femelles. Le docteur Leach a fait un grand usage de cette considération, mais qui nous paraît peu importante et contraire à l'ordre nature.

(1) Plusieurs de ces filets existent dans les mâles, mais dans un état rudimentaire.

(2) Ceux des macroures sont plus alongés et plus étroits. C'est sur cette différence que Fabricius a établi son ordre des *exochnata*.

Cette famille pourrait, comme dans plusieurs méthodes antérieurs à la distribution de ces animaux par
Daldorf, ne former qu'un genre, celui de

CRABE. (CANCER.)

Le très-grand nombre a les pieds tous attachés aux côtés
de la poitrine, et toujours découverts; les cinq premières
sections sont dans ce cas. La première, ou les NAGEURS
(PINNIPÈDES) (1), joint à ce caractère celui d'avoir les der-

---

(1) Cette distribution méthodique des décapodes brachyures est arti-
ficielle ou peu naturelle sous quelques points ; aussi y avons-nous fait
quelques changements dans notre ouvrage sur les familles naturelles du
règne animal. Les QUADRILATÈRES composent notre première tribu, à la
tête de laquelle sont les ocypodes et les autres crabes de terre ou tourlouroux, et qui finit par les crabes de rivière ou les telphuses. Les ARQUÉS
forment la seconde. Celle des CRYPTOPODES, nous paraissant plus rapprochée de la précédente que de celle des triangulaires viendra immédiatement après, et sera la troisième, et non la quatrième, comme
dans cette méthode. Dès lors nous placerons à la fin de la tribu
des arqués, des genres dont les pinces sont en forme de crête, dont les
antennes latérales sont toujours très courtes, et dont le troisième article
des pieds-mâchoires a une forme triangulaire et ne présentant souvent
aucune échancrure ; tels sont les hépates, les matutes, les orithyies et
les mursies.

Des brachyures se rapprochant des derniers, quant à la forme du
même article, mais dont les serres sont différentes, et qui ont les antennes latérales saillantes, avancées et souvent velues, tels que les thia,
les pirimèles, les atélécycles, précèderont immédiatement ces derniers
sous-genres. Comme les telphuses semblent se lier avec les ériphies, les
pilumnes, et que de ceux-ci l'on passe naturellement aux crabes proprement dits, il s'ensuit que les portunes et autres arqués nageurs commen-
ceront cette tribu. Viendront ensuite les ORBICULAIRES, les TRIANGULAIRES
et les NOTOPODES. Mais parmi ceux-ci, les dromies et les dorippes devraient remonter plus haut. Les homoles, les lithodes et les ranines me
paraissent être de tous les brachyures ceux qui tiennent de plus près aux
macroures. Les pieds-mâchoires extérieurs des homoles et des lithodes
ont, par leur alongement et leur saillie , une grande ressemblance avec
ceux des macroures.

Quoique nous n'ayons divisé les décapodes qu'en deux genres, on
pourrait cependant, pour se rapprocher des dernières méthodes, et afin

niers pieds au moins terminés par un article très-aplati en nageoire (ovale ou orbiculaire, et plus large que le même article des pieds précédents, même lorsqu'ils sont aussi en nageoire). Ils s'éloignent plus souvent du rivage et se portent en haute-mer. Si l'on en excepte les orithyies, la queue des mâles n'offre bien distinctement que cinq segments, celle des femelles en a sept. Nous commencerons par ceux dont tous les pieds, les serres exceptées, sont natatoires.

Les Matutes. (Matuta. Fab.)

Ont le test presque orbiculaire et armé de chaque côté, d'une dent très forte, en forme d'épine; les mains dentelées supérieurement en manière de crête, et hérissées, à leur face extérieure, de tubercules pointus; et le troisième article des pieds-mâchoires extérieurs sans échancrure apparente, se terminant en pointe, de sorte qu'il forme avec l'article précédent un triangle alongé, presque rectangle. Les antennes extérieures sont très petites. Les pédicules oculaires sont un peu arqués.

De Géer en mentionne une espèce (*Cancer latipes.*), qu'il dit être des mers d'Amérique, et avoir le front terminé par un bord droit et entier. Mais toutes celles que nous avons vues (1) venaient des mers orientales, et le milieu de ce bord offre toujours une saillie bidentée ou échancrée.

Les Polybies. (Polybius. Leach.)

Avoisinent les étrilles ou portunes; mais leur test est proportionnellement moins large et plus arrondi; ses côtés n'offrent que des dents ordinaires. Le troisième article des pieds-mâchoires extérieurs est obtus et échancré. Les yeux sont

---

de diminuer le nombre des sous-genres, convertir nos sections en tribus, répondant à autant de genres, que l'on partagerait ensuite en diverses coupes sous-génériques.

(1) *M. victor*, Fab. ; Herbst., vi, 44. — *M. planipes*, Fab. ; Herbst. xlviii, 6; *M. lunaris*, Leach, Zool., Miscell., cxxvii, 3-5, var. ; — *M. Peronii*, ib., tab. ead., 1-2. Peut-être faut-il rapporter à ce genre ou à celui de *mursie* de M. Leach, l'espèce fossile que M. Desmarest nomme *portune d'Héricart*, Hist. nat. des crust. foss., v, 5.

beaucoup plus épais que leurs pédicules, et globuleux. On n'en connaît encore qu'une seule espèce (1), qui a été trouvée sur la côte de Devonshire, et que M. Dorbigny, correspondant du Muséum d'histoire naturelle, a aussi observée sur nos côtes maritimes des départements de l'ouest (2).

Dans tous les nageurs suivants, les deux pieds postérieurs sont seuls en nageoire (3).

On peut d'abord en détacher ceux dont le test est presque ovoïde, rétréci et tronqué transversalement en devant; dont la queue offre distinctement dans les mâles (seuls individus connus) sept segments. Tels sont :

LES ORITHYIES. (ORITHYIA. Fab.)

La seule espèce connue (*O. mamillaris*, Fab., *cancer bimaculatus*, Herbst., XVIII, 101) se trouve dans les mers de la Chine, ou du moins fait partie des collections d'insectes que ses habitants vendent aux Européens. Les pédicules oculaires sont proportionnellement plus longs que ceux des étrilles ou portunes.

Le test des derniers nageurs est notablement plus large en devant que postérieurement, en forme de segment de cercle, rétréci vers la queue et tronqué, ou bien soit en trapèze, soit presque en cœur. Son plus grand diamètre transversal surpasse généralement le diamètre opposé. La queue des mâles ne présente que cinq segments, au lieu de sept, nombre de ceux de la femelle, et qui est généralement propre à la queue des décapodes; le troisième et les deux suivants se soudent et se confondent ou n'en forment qu'un; cependant on en découvre souvent les traces, du moins sur les côtés.

. Nous séparons d'abord ceux dont les yeux sont portés sur des pédicules grêles et très longs, partant du milieu du bord antérieur du test, se prolongeant jusqu'à ses angles latéraux, et se logeant dans une rainure pratiquée sous le bord.

---

(1) *Polybius Henslowii*, Leach, Malac, Brit., ix, B.

(2) Les portumnes du docteur Leach ont les tarses des pieds intermédiaires comprimés, presque en nageoire, et pourraient venir après les polybies.

(3) Toujours plus large et plus ovale que les tarses précédents.

Tels sont

LES PODOPHTHALMES. (PODOPHTHALMUS. Lam.)

Le test est en forme de trapèze transversal, plus large et droit en devant, avec une dent longue, en forme d'épine, derrière les cavités oculaires. Les serres sont alongées, épineuses et semblables à celles de la plupart des espèces du genre *Lupa* du docteur Leach.

La seule espèce vivante connue (1) habite les côtes de l'île de France et celles des mers voisines.

Le riche cabinet d'un naturaliste des plus versés dans la connaissance des coquilles fossiles, M. de France, offre le moule intérieure d'un podophthalme fossile, auquel M. Desmarest a donné le nom de ce savant (2).

Les pédicules oculaires des autres crustacés de cette section sont courts, n'occupent qu'une très petite portion du diamètre transversal du test, se logent dans des cavités ovales, et ressemblent en général à ceux des crabes ordinaires, avec lesquels ces crustacés nageurs se lient presque insensiblement.

Ces crustacés peuvent être réunis en un seul sous-genre, celui

D'ÉTRILLE ou PORTUNE. (PORTUNUS. Fab.)

Quelques espèces (3) propres aux mers des Indes orientales, telles que l'*Admeté* d'Herbst (LVII, 1.), se distinguent de toutes les suivantes par leur test en forme de quadrilatère transversal, rétréci postérieurement, et dont les cavités oculaires occupent les angles latéraux antérieurs ; les yeux sont ainsi distants l'un de l'autre, par un intervalle égalant presque la plus grande largeur du test. L'insertion des antennes latérales est très éloignée de ces cavités.

D'autres espèces, dont le test est en forme de segment de cercle, tronqué postérieurement et plus large dans son milieu, sont remarquables par la longueur de leurs serres,

---

(1) *Podophthalmus spinosus*, Latr., Gener. crust. et insect., I, 1, et 11, 1 ; Leach, Zool. Miscel, CXLVIII; *portunus vigil*, Fab.

(2) Hist. nat. des crust. fossil., v, 6, 7, 8.

(3) Genre TRALAMITE, *thalamita*, Lat.

qui est double au moins de celle du test. Ses côtés offrent chacun neuf dents, dont la postérieure beaucoup plus grande, en forme d'épine. La queue des mâles est souvent très différente de celle de leurs femelles. Ces portunes composent le genre *Lupée* (*Lupa*) du docteur Leach, et sont, pour la plupart, assez grands et exotiques. La Méditerranée nous en offre une espèce (1).

Une troisième division se composera d'espèces analogues aux dernières pour la forme du test, mais dont les dents latérales, au nombre de cinq communément, sont presque égales, ou dont la postérieure au moins diffère peu des précédentes; la longueur des serres excède peu celle du test.

Celles qui ont de six à neuf dents de chaque côté, sont toutes exotiques. Le *Portune de Tranquebar* (*P. tranquebaricus*, Fab., Herbst., *Canc.*, XXXVIII, 3.), est la seule connue, ayant neuf dents et toutes égales à chaque bord latéral. Elle est grande et sa chair est estimée. Nous soupçonnons que le portune *Leucodonte*, de M. Desmarest (Hist. nat. des crust. foss., VI, 1. — 3) est la même, en état fossile; il nous vient aussi des Indes.

Les espèces suivantes, toutes des mers d'Europe (2), ont cinq dents à chaque bord latéral de la carapace.

---

(1) *Portunus Dufourii*, Latr., nouv. Dict. d'hist. nat., 2ᵉ édit. Cette espèce, figurée dans le Dictionnaire classique d'histoire naturelle, se rapproche beaucoup du *Cancer hastatus* de Linnœus, qu'il dit se trouver dans la mer Adriatique. Rapportez à la même division les espèces suivantes : *Cancer pelagicus*, Herbst, LVIII, 55; — *C. forceps*, ejusd., LV, 4; Leach., Zool. Misc., LIV; — *C. sanguinolentus*, Herbst., VIII, 56, 57;—Ejusd., *C. cedonulli*, XXXIX et *reticulatus*, L;—ejusd., *C. hastatus*, LV, 1; — *C. menestho*, ibid. 3; — *C. ponticus*, ibid., 5.

(2) *Voyez*, pour les espèces de la Méditerranée, les ouvrages de Pétagna, de Risso, d'Olivi; pour celles de nos côtes occidentales et des mers de la Grande-Bretagne, le Catalogue méthodique des crustacés du département du Calvados, de M. de Brébisson; et surtout l'excellent ouvrage du docteur Leach, intitulé *Malacostraca podophthalmia Britanniæ*. M. Desmarest a très bien développé la méthode de cet auteur, dans ses Considérations générales sur les crustacés, livre qui sera très utile à ceux qui s'occupent de l'étude de ces animaux. *Voyez* aussi notre article *Portune* de l'Encyclopédie méthodique.

L'*Étrille commune*. (*Cancer puber*. L.) Penn. Zool. Brit.
   IV, ɪv. 8; Herbst. VII. 59. Leach. Malac. Brit. vɪ.

Est couverte d'un duvet jaunâtre, avec huit petites
dents entre les yeux, dont les deux mitoyennes plus longues, obtuses et divergentes; les serres sillonnées, armées
d'une dent forte et dentée, au côté interne du carpe, et
d'une autre sur l'article suivant ou la main; les doigts
sont noirâtres.

Cette espèce porte communément le nom d'*étrille*, et
sa chair est très délicate.

La *petite Étrille*. (*Cancer corrugatus*. Penn. Zool. Brit.
   IV. pl. v. 9. Leach. Malac. Brit. VII. 1, 2.)

A le test tout ridé, garni d'un duvet jaunâtre, avec trois
dents égales, presque en forme de lobes, au front. Les
trois dents postérieures des bords latéraux sont très aiguës,
en forme d'épines.

Le *P. ménade* ou *le Crabe commun de nos côtes*. (*C. mœnas*.
   Lin. Fab.)

Et qu'on appelle vulgairement crabe *enragé*, me paraît
appartenir plutôt aux portunes qu'aux crabes proprement
dits; seulement les nageoires postérieures sont plus
étroites. Tel a été le premier sentiment du docteur Leach,
qui en a fait ensuite un genre particulier, sous le nom
de *carcin* (*Carcinus*, Malacost. Brit., XII, tab. v). Il
a aussi cinq dents de chaque côté, et pareil nombre au
front, les oculaires internes comprises. Le dessus du test
est glabre, finement chagriné, avec des lignes enfoncées,
profondes. Les tarses sont striés; la tranche supérieure
des mains est comprimée en manière d'arête arrondie, terminée par une petite dent; on en voit une autre, mais
plus forte, au côté interne de l'article précédent; les doigts
sont striés, presque également dentés, avec le bout noirâtre.

On trouve dans le calcaire marneux du Monte-Bolca,
un crustacé fossile qui, selon M. Desmarest (Hist. nat.
des crust. foss., pag. 125), a de grands rapports avec
cette espèce.

Dans le *portune de Rondelet* de M. Risso, le front est
sans dents. Celui qu'il nomme *longipes* présente le même

caractère, mais ses pieds sont proportionnellement plus longs que ceux des autres espèces analogues.

Nous formerons une quatrième division avec le sous-genre.

PLATYONIQUE (PLATYONICHUS.)

Dont la dénomination a remplacé celle de *portumne* (*portumnus*) de M. Léach, trop rapprochée du mot portune, déjà employé. Ici le test est aussi long au moins que large, presque en forme de cœur. Tous les tarses des pieds, les serres exceptées, se terminent par une petite lame semi-elliptique, alongée et pointue; l'index est très comprimé. Cette division ne comprend encore qu'une espèce, qui est le *cancer latipes* de Plancus (De conchis minus notis, III, 7, B. C.), et qui a été figurée aussi par Leach (Malac. Brit., IV). Le front offre trois dents, et chaque bord latéral du test cinq. (*Voyez* l'article *Platyonique* de l'Encyclopédie méthodique.)

Des crabes nageurs nous passons à ceux dont tous les pieds se terminent en pointe, ou par un tarse conique, quelquefois comprimé, mais ne formant point de nageoire proprement dite. Ceux d'entre eux dont le test est évasé, coupé par devant en arc de cercle, rétréci et tronqué en arrière, dont les serres sont identiques dans les deux sexes, où la queue offre le même nombre de segments que celle des portunes, et qui, à l'exception des tarses, leur ressemblent presque entièrement, composeront notre seconde section, celle des ARQUÉS (ARCUATA).

LES CRABES proprement dits. (CANCER. Fab.)

Ont le troisième article des pieds-mâchoires extérieurs échancré ou marqué d'un sinus, près de l'extrémité interne et presque carré. Les antennes, ne dépassant guère le front, et à articles peu nombreux, sont repliées, glabres ou peu velues. Les mains sont arrondies, et ne présentent point supérieurement d'apparence de crête.

Les uns ont l'article radical des antennes extérieures beaucoup plus grand que les suivants, en forme de lame, terminée, par une dent saillante et avancée, fermant inférieurement le coin interne des cavités oculaires. Les fossettes des antennes mitoyennes ou internes sont presque longitudinales. Tel est

Le *Crabe poupart* ou *tourteau* (*C. pagurus.* Lin.) Herbst.
IX, 59, dont le test est roussâtre, large, plan, presque lisse
en dessus, avec neuf festons à chaque bord latéral, et
trois dents au front. Ses serres sont grosses, unies, avec
les doigts noirs et garnis intérieurement de tubercules
mousses. Il acquiert près d'un pied de largeur, et pèse alors
jusqu'à cinq livres. Il est commun sur les côtes de France
de l'Océan, et moins abondant dans la Méditerrannée. Sa
chair est estimée.

Le docteur Leach (Malac. Brit., XVII, x) le sépare
génériquement des autres crabes.

Dans les autres, les articles inférieurs des antennes sont
cylindracés; le premier, quoiqu'un peu plus grand, ne
diffère point des suivants quant à la forme et aux proportions,
et ne dépasse point le canthus interne des fossettes oculaires; celles des antennes intermédiaires s'étendent plutôt
dans le sens de la largeur du test, que dans celui de sa longueur.

Il en est parmi eux (*C.* 11. *dentatus*, Fab.); dont les doigts
ont leur extrémité creusée en manière de cuiller; ce sont
les *Clorodies* (*Clorodius.*) de M. Leach. Plusieurs des espèces, où ils se terminent en pointe, sont remarquables en
ce que l'arqûre des bords du test se termine postérieurement par un pli et une saillie débordante, en manière
d'angle. Celles dont le front est tridenté, et dont le test n'offre de chaque côté que cette saillie ou dent postérieure,
composent son genre *Carpilie* (*Carpilius*). Les espèces de
cette subdivision (*C. corallinus*, F.; *C. maculatus*, ejusd.)
présentent des marbrures ou des taches rondes couleur de
sang. Elles habitent plus particulièrement les mers des
Indes orientales. Beaucoup de crabes fossiles me paraissent
appartenir à cette subdivision.

LES *Xanthes* (*Xantho.*) du même, et dont quelques-uns
(*Xantho floridus*, Leach, Malac. Brit., XI; — *Cancer poressa*,
Oliv., Zool. adriat., II, 3.) habitent nos côtes, ont leurs
antennes insérées dans le canthus interne des cavités
oculaires, et non en dehors, comme dans les précédents.

D'autres considérations permettraient d'augmenter le

nombre de ces coupes. Mais nous avons dû nous borner à indiquer les principales.

Le *Crabe vulgaire de nos côtes*, de la première édition de cet ouvrage, a été placé dans celle-ci avec les portunes (*P. ménade.*)

LES PIRIMÈLES (PIRIMELA. Leach.)

Ressemblent tout-à-fait aux crabes, mais leurs antennes extérieures se prolongent notablement au-delà du front, et leur tige, plus longue que leur pédoncule, se compose d'un grand nombre d'articles. Les fossettes des intermédiaires sont, ainsi que dans le crabe tourteau, plutôt longitudinales que transversales.

On n'en connaît qu'une espèce (*P. denticulata*, Leach., Malac. Brit. , VIII , III.), qu'on trouve dans la Manche et dans la Méditerranée. Peut-être faut-il rapporter à cette espèce le crustacé fossile, décrit par M. Desmarest, sous le nom d'*Atélécycle rugueux*. (Hist. nat. des crust. foss. , IX, 9.)

LES ATÉLÉCYCLES (1). (ATELECYCLUS. Leach.)

Ont, ainsi que les pirimèles, les fossettes des antennes intermédiaires longitudinales; les antennes latérales alongées, saillantes, et composées d'un grand nombre d'articles; mais elles sont très velues ainsi que les serres; ces serres sont fortes, avec les mains comprimées. Le troisième article des pieds-mâchoires est sensiblement rétréci supérieurement en manière de dent obtuse ou arrondie. Les tarses sont coniques, et les pédicules oculaires sont de grandeur ordinaire. La queue est plus alongée que dans les crustacés précédents.

On en a décrit deux espèces (2), l'une des côtes d'Angleterre, à forme suborbiculaire, et l'autre de celles de France, tant océaniques que méditerranéennes.

LES THIES. (THIA. Léach.)

Se rapprochent des atélécycles, à raison de leurs antennes

---

(1) Nous avions d'abord placé ce sous-genre, ainsi que le suivant, dans la section des orbiculaires.

(2) *Voyez* les *Considérations générales sur la classe des crustacés*, de M. Desmarest, pag. 88 et 89.

latérales, de la direction des fossettes logeant les intermédiaires, de la forme du troisième article des pieds-mâchoires extérieurs, de leur test suborbiculaire ; mais leurs yeux ainsi que leurs pédicules sont très petits et à peine saillants. Leurs tarses sont très comprimés et subelliptiques. Le front est arqué, arrondi, sans dentelures prononcées. L'espace pectoral compris entre les pieds est très étroit et de la même largeur partout. Les serres sont proportionnellement bien moins fortes. Le test est uni, et sous quelques autres rapports ces crustacés avoisinent les *leucosies* et les *coristes*.

L'espèce (1) prototype, dont on ignorait la patrie, a été découverte par M. Milne Edwards, dans le sable des bords de la Méditerrannée, près de Naples. M. Risso (Journ. de phys., 1822, p. 251.) en a décrit une autre, qu'il a dédiée à M. de Blainville, et qu'il a trouvée dans la rivière de Nice.

Les Mursies. (Mursia. Leach.) (2).

Dont on ne connaît encore qu'une seule espèce, et qui est propre à cette partie de l'Océan qui environne l'extrémité méridionale de l'Afrique. Elle avoisine les matutes et plusieurs portunes, à raison d'une longue épine dont chaque côté du test est armé postérieurement; elle se rapproche aussi des crabes proprement dits, pour la forme du test et des pieds-mâchoires extérieurs, avec cette différence que leur troisième article est en forme de carré alongé, rétréci et tronqué obliquement à son extrémité supérieure; mais, ainsi que dans les calappes et les hépates, les mains sont très comprimées supérieurement, avec une tranche aiguë et dentée, en manière de crête (3).

Les Hépates. (Hepatus. Latr.)

Ont, quant à la forme évasée de leur test, la briéveté de leurs antennes latérales, une grande affinité avec les crabes proprement dits, et se rapprochent des mursies et des calappes,

---

(1) *Thia polita*, Leach, Zool. Miscel., CIII.

(2) Dénomination qu'il faudrait changer, parce qu'on peut facilement la confondre avec celle de *nursia*, autre sous-genre de crustacés.

(3) Desmar., *Consid.*, IX, 3.

à raison de leurs mains comprimées et terminées supérieurement en manière de crête; mais le troisième article de leurs pieds-mâchoires extérieurs est en forme de triangle alongé, étroit et pointu, sans échancrure apparente, caractère que l'on observe aussi dans les matutes et les leucosies. L'espèce (1) qui a servi de type à l'établissement de cette coupe a été confondue avec les calappes par Fabricius. Elle est de la grandeur d'un crabe tourteau de moyenne taille. Son test est jaunâtre, ponctué de rouge, avec les bords finement et inégalement crénelés. Les yeux sont petits et rapprochés. Les pieds sont entrecoupés de bandes rouges. Quoique la queue des mâles n'ait que cinq segments complets, on découvre néanmoins très distinctement sur les côtés, les traces des deux autres. Cette espèce est commune aux Antilles.

Une troisième section, celle des QUADRILATÈRES (QUADRILATERA), a le test presque carré ou en cœur, avec le front généralement prolongé, infléchi ou très incliné, et formant une sorte de chaperon. La queue des deux sexes est de sept segments, distincts dans toute leur largeur. Les antennes sont généralement fort courtes. Les yeux de la plupart sont portés sur de longs pédicules ou gros. Plusieurs vivent habituellement à terre, dans des trous qu'ils se pratiquent; d'autres fréquentent les eaux douces. Leur course est très rapide (2).

Une première division comprendra ceux dans lesquels le quatrième article des pieds-mâchoires extérieurs est inséré à l'extrémité supérieure interne de l'article précédent, soit sur une saillie courte et tronquée, soit dans un sinus du bord interne. Ce sont ceux qui se rapprochent le plus des crabes propres.

Les uns ont un test tantôt presque carré ou trapezoïde, mais point transversal, tantôt presque en forme de cœur

---

(1) *Hepatus fasciatus*, Latr.; Desmar., Consid., IX, 2; *Calappa angustata*, Fab.; *Cancer princeps*, Bosc.; Herbst, XXXVII, 2. *Voyez* aussi son *cancer armadillus*, VI, 42 et 43.

(2) Je les considère, sous le rapport des habitudes et de quelques caractères d'organisation, comme s'éloignant le plus des autres décapodes, et comme devant être placés à l'une des extrémités de cet ordre.

tronqué. Les pédicules oculaires sont courts et insérés soit près des angles latéraux et antérieurs du test, soit plus intérieurs, mais toujours à une distance assez grande du milieu du front. Ici viennent :

LES ÉRIPHIES. (ÉRIPHIA. Lat.)

Qui ont les antennes latérales insérées entre les cavités oculaires et les antennes médianes ; le test presque en forme de cœur, tronqué postérieurement, et les yeux éloignés de ses angles antérieurs.

Nos côtes en fournissent une espèce (*Cancer spinifrons,* Fab. ; Herbst., XI , 65 ; Desmar., Cons. , XIV , 1), qui est le *pagurus* d'Aldrovande. Les côtés de son test ont chacun cinq dents, dont la seconde et la troisième bifides. Le front et les serres sont épineux. Les doigts sont noirs.

LES TRAPÉSIES. (TRAPEZIA , Latr.)

Semblables aux ériphies par l'insertion des antennes latérales, mais dont le test est presque carré, déprimé, uni, avec les yeux situés à ses angles antérieurs, et les serres très grandes, comparativement aux autres pieds.

Toutes les espèces (1) sont exotiques et des mers orientales.

LES PILUMNES. (PILUMNUS, Leach.)

Différents des deux sous-genres précédents à raison de leurs antennes latérales insérées à l'extrémité interne des cavités oculaires, au-dessous de la naissance des pédicules des yeux. Ils sont plus rapprochés, quant à la forme du test, des crustacés de la section précédente que les autres quadrilatères, et ambigus, à cet égard, entre les deux sections. Comme dans la plupart des arqués, le troisième article de leurs pieds-mâchoires est presque carré ou pentagone. Les antennes latérales sont plus longues que les pédicules oculaires, avec une tige sétacée, plus longue que le

---

(1) *Cancer cymodoce*, Herbst, LI, 5 ; — *C. rufo punctatus,* ejusd. , XLVII, 6 ; — ejusd. , *C. glaberrimus*, XX, 115. *Voyez* l'article *Trapézie* de l'Encyclopédie méthodique.

pédoncule et composée d'un grand nombre de petits articles. Les tarses sont simplement velus (1).

Les Thelphuses (2). (Thelphusa. Latr.)

A antennes latérales situées comme dans les pilumnes, mais plus courtes que les pédicules oculaires, de peu d'articles, avec la tige guère plus longue que le pédoncule, et cylindrico-conique. Le test est d'ailleurs presque en forme de cœur tronqué, et les tarses sont garnis d'arêtes épineuses ou dentées.

On en connaît plusieurs espèces, vivant toutes dans les eaux douces, mais pouvant, à ce qu'il paraît, s'en éloigner durant un intervalle de temps assez considérable. L'une, citée par les anciens, se trouve dans le midi de l'Europe, le Levant et en Egypte; c'est le crabe *fluviatile* de Belon, de Rondelet et de Gesner.(*Voyez* Olivier, Voyage en Egypte, pl. XXX, 2 ; et les planches d'hist. nat. du grand ouvrage sur cette contrée.) Il est très commun dans plusieurs ruisseaux et divers lacs des cratères du midi de l'Italie; et on voit son effigie sur plusieurs médailles antiques grecques, celles de Sicile notamment. Son test a environ deux pouces de diamètre en tout sens. Il est grisâtre ou jaunâtre, selon que l'animal est vivant ou sec, lisse en grande partie, avec de petites rides incisées et des aspérités aux côtés antérieurs. Le front est transversal, incliné, rebordé, sans dents. Les serres ont des aspérités, avec une tache roussâtre à l'extrémités des doigts, qui sont longs, coniques et inégalement dentés. Les moines grecs le mangent cru, et il est, pendant le carême, l'un des aliments des Italiens.

Deux naturalistes, voyageurs du gouvernement, trop tôt enlevés aux sciences naturelles, Delalande et Leschenault-de-Latour, ont découvert deux autres espèces; l'une recueil-

(1) *Voyez* l'article *Pilumne* de l'Encyclopédie méthodique et l'ouvrage de M. Desmarest précité, pag. 111.

(2) Les *Potamophiles* de la première édition de cet ouvrage. Ce nom ayant déjà été consacré à un genre de coléoptères, je l'ai remplacé par celui de *thelphuse*. (*Voyez* ce mot dans la seconde édition du nouveau *Dictionnaire d'histoire naturelle*.)Ce sont les *potamobies* de M. Leach, et les *potamons* de M. Savigny.

lie par le premier dans son voyage au sud de l'Afrique, et l'autre par le second dans les montagnes de Ceylan.

Le *cancer senex* de Fabricius (Herbst. XL, 5), me paraît devoir se rapporter au même sous-genre. Cette espèce habite les Indes orientales.

Une espèce propre à l'Amérique (*telphusa serrata*, Herbst. X, 11) est proportionnellement plus aplatie et plus large que les autres, et offre quelques autres caractères qui semblent indiquer une division particulière (1).

D'autres quadrilatères ayant, de même que les précédents, le quatrième article des pieds-mâchoires extérieurs inséré à l'extrémité interne de l'article précédent, s'en éloignent par la forme trapézoïdale, transverse et élargie en-devant de leur test, ainsi que par leurs pédicules oculaires qui, comme ceux des podophthalmes, sont insérés près du milieu du front, longs, grêles, et atteignent les angles antérieurs. Les serres des mâles sont longues et cylindriques; tels sont :

Les Gonoplaces ou Rhombilles. (gonoplax. Leach.)

Nos mers en fournissent deux espèces, dont l'une cependant ne pourrait être qu'une variété de l'autre.

Le *gonoplace à deux épines* (*Cancer angulatus*, Lin.), Herbst., I. 13 ; Leach., Malac. Brit., XIII, a les angles antérieurs du test prolongés en pointe, et une autre épine, mais plus petite en arrière. Les serres des mâles en offrent deux autres, une sur l'article appelé bras et l'autre au côté interne du cape ; les mains sont alongées, un peu rétrécies

---

(1) *Voyez* aussi, plus bas, le sous-genre *ocypode*. J'en ai formé un nouveau, sous le nom de Trichodactyle (*Trichodactylus*), avec un crustacé des eaux douces du Brésil, analogue aux précédents, mais ayant le test presque carré, le troisième article des pieds-mâchoires extérieurs en forme de triangle alongé et crochu au bout, et les tarses couverts d'un duvet serré.

Le *graspus tesselatus* des planches (cccv, 2) d'histoire naturelle de l'*Encyclopédie méthodique* est encore le type d'un autre nouveau genre Mélie (*Melia*), trop peu important pour être exposé avec détail dans cet ouvrage.

à leur base ; l'on observe une autre dent à l'extrémité supérieure des cuisses des autres pieds. Le corps est roussâtre. Cette espèce se trouve sur les côtes occidentales de France et celles d'Angleterre.

Dans le *gonoplace rhomboïde* (*cancer rhomboides*, Lin.), la carapace n'offre d'autres épines que celles formées par le prolongement des angles antérieurs. Le corps est plus petit et d'un blanc rougeâtre ou couleur de chair. On la trouve dans les lieux rocailleux de la Méditerranée (1).

Dans la seconde division des quadrilatères, le quatrième article des pieds-mâchoires extérieurs ou de ceux qui recouvrent inférieurement les autres parties de la bouche est inséré au milieu du bout de l'article précédent ou plus en dehors.

Tantôt le test est soit trapezoïde ou ovoïde, soit en forme de cœur tronqué postérieurement. Les pédicules oculaires, insérés à peu de distance du milieu de son bord antérieur, s'étendent jusque près de ses angles antérieurs ou les dépassent même.

En commençant par ceux dont le test a la forme d'un quadrilatère transversal, élargi en avant et rétréci en arrière, ou bien celle d'un œuf, s'offrent d'abord

LES MACROPHTHALMES. (MACROPHTHALMUS. Lat.)

Ainsi que dans les gonoplaces, le test est trapézoïde, les serres sont longues et étroites ; les pédicules oculaires sont grêles, alongés et logés dans une rainure, sous le bord antérieur du test. Le premier article des antennes intermédiaires est plutôt transversal que longitudinal, et les deux divisions qui les terminent sont très distinctes et de grandeur moyenne. Les pieds-mâchoires extérieurs sont rapprochés inférieurement, au bord interne, sans vide entre eux, et leur troisième article est transversal.

Ces crustacés (2) habitent les parages des mers orientales et de la Nouvelle-Hollande.

---

(1) *Voyez* l'article *Rhombille* de l'Encyclopédie méthodique.

(2) *Gonoplax transversus*, Latr., Encyclop. méthod., *Hist. nat.*, ccxcvii, 2 ; — *Cancer brevis*, Herbst, lx, 4. Le *gonoplace de Latreille*, espèce fossille décrite par M. Desmarest (*Hist. nat. des crust. foss.*,

Les suivants, et qui forment les sous-genres *gélasime*, *ocypode* et *myctyre*, vivant tous dans des terriers, et remarquables par la célérité de leur course, ont la quatrième paire de pieds et la troisième ensuite plus longues que les autres ; les antennes intermédiaires sont excessivement petites et à peine bifides au bout ; leur article radical est presque longitudinal. Ces animaux sont propres aux pays chauds.

Ici le test est solide, en forme de quadrilatère ou de trapèze, plus large en devant.

Les Gélasimes (Gelasimus. Latr. — *Uca*. Leach.)

Les yeux terminent leurs pédicules, en manière de petite tête. Le troisième article de leurs pieds-mâchoires extérieurs est en carré transversal. Le dernier segment de la queue des mâles est presque demi-circulaire ; celle des femelles est presque orbiculaire.

. Les antennes latérales sont proportionnellement plus longues et plus grêles que les mêmes des ocypodes. L'une des serres, tantôt la droite, tantôt la gauche, ce qui varie dans les individus de la même espèce, est ordinairement beaucoup plus grande que l'autre ; les doigts de la petite sont souvent en forme de spatule ou de cuiller. L'animal ferme l'entrée de son terrier, qu'il établit près des rivages de la mer ou dans des lieux aquatiques, avec sa plus grande pince. Ces terriers sont cylindriques, obliques, très profonds, très rapprochés les uns des autres, mais ordinairement habités par un seul individu. L'usage où sont ces crustacés de tenir la grosse pince élevée en avant du corps, comme s'ils faisaient un geste pour appeler quelqu'un, leur a valu le nom de crabes *appelants* (*Cancer vocans*). Une espèce observée dans la Caroline-Sud par M. Bosc, passe les trois mois de l'hiver dans sa retraite, sans en sortir, et ne vient à la mer qu'à l'époque de sa ponte (1).

---

ix, 1-4), et peut-être aussi son *G. incisé* (ix, 5, 6), pourrait être un macrophthalme ; mais en général ses gonoplaces fossiles sont des gélasimes. L'espèce qu'il nomme *gélasime luisante* (viii, 7, 8) ne me semble pas différer de l'espèce vivante que je nomme *maracoani* (*Encyclop. method.*, ibid., ccxcvi, 1).

(1) *Voyez* l'article *Gélasime* de la seconde édition du nouveau

Les Ocypodes. (*Ocypode.* Fab.)

Les yeux s'étendent dans la majeure partie de la longueur de leurs pédicules, et forment une sorte de massue. Le troisième article des pieds-mâchoires extérieurs est en carré long. La queue des mâles est très étroite, avec le dernier article en forme de triangle alongé; celle des femelles est ovale.

Les serres sont presque semblables, fortes, mais courtes, avec les pinces presque en forme de cœur renversé. Ainsi que l'annonce l'étymologie du nom générique, ces crustacés courent avec une grande vélocité; elle est telle, qu'un homme monté à cheval a de la peine à les atteindre; de là l'origine de l'épithète de cavalier (*eques*), que leur donnèrent d'anciens naturalistes. Parmi les modernes, quelques-uns les ont nommés *crabes de terre;* d'autres les ont confondus avec les gécarcins, sous la dénomination générale de *tourlouroux.* Les ocypodes se tiennent pendant le jour dans les trous ou terriers qu'ils se creusent dans le sable, près des rivages de la mer. Ils les quittent après le coucher de soleil.

L'*O. chevalier* (*Cancer cursor,* Lin.), *Cancer eques,* Bel. ; *O. ippeus,* Oliv. Voy. dans l'emp. ott., II. xxx, 1, se distingue de tous les autres par le faisceau de poils qui termine les pédoncules oculaires. Il habite les côtes de la Syrie, celles d'Afrique, situées sur la Méditerranée, et se trouve même au Cap-Verd

Dans l'*O. cérathophthalme* (*Cancer cerathopthalmus* Pall., Spicil. zol. fasc. IX, v, 2·8), l'extrémité supérieure de ces pédicules se prolonge au-delà des yeux et d'un tiers ou plus de leur longueur totale, en une pointe conique et

---

Dictionnaire d'histoire naturelle, et le même article de l'ouvrage de M. Desmarest sur les animaux de cette classe. Les crabes *cietie-etc, cietie-panama* de Marcgrave, me paraissent synonymes de la gélasime *combattante.* D'après une observation de M. Marion, communiquée à l'acad. roy. des sc. par M. de Blainville, cette inégalité des pinces ne serait propre qu'aux mâles, du moins dans des espèces dont il a observé un grand nombre d'individus dans son voyage aux Indes orientales.

simple. Les pinces sont en cœur, très chagrinées et dentelées sur leur tranche. Cette espèce vient des Indes orientales.

Dans quelques autres, les yeux terminent leurs pédicules et forment une sorte de massue. Quelques-unes, de l'ancien continent (*O. rhombea*, Fab.), et toutes celles du nouveau, sont dans ce cas. Mais celles-ci ont un caractère particulier, qui annonce qu'elles vont plus fréquemment à l'eau ou qu'elles nagent plus facilement; leurs pieds sont plus unis, plus aplatis, et garnis d'une frange de poils. Tel est l'*O. blanc* de M. Bosc (Hist. nat. des crust, I, 1). Le *crabe cunuru* de Marcgrave est de cette division (1).

En classant la collection du Muséum d'histoire naturelle, nous avions rangé avec les ocypodes, sous le nom spécifique de *quadridentata,* un crustacé qui nous semble avoir une grande conformité avec le *gécarcin trois-épines* de M. Desmarets, espèce fossile (Hist. nat. des crust. foss., VIII, 10.); il soupçonne qu'elle pourrait appartenir au genre telphuse.

Ici le test, dans les femelles au moins, est très mince, membraneux et flexible, le corps est presque rond ou subovoïde. Les pédicules oculaires sont sensiblement plus courts que dans les sous-genres précédents.

Viennent d'abord

LES MICTYRES. (MICTYRIS. Lat.)

Leur corps est subovoïde, très renflé, plus étroit et obtus en devant, tronqué postérieurement, avec le chaperon très rabattu, rétréci en pointe à son extrémité. Les serres sont coudées à la jonction du troisième et du quatrième article; celui-ci est presque aussi grand que la main; les autres pieds sont longs, avec les tarses anguleux. Ajoutons à ces caractères essentiels, que les pédicules oculaires sont courbés, couronnés par des yeux globuleux; que les pieds-mâchoires extérieurs sont très amples, très velus au

---

(1) *Voyez* ausssi, pour les ocypodes du nouveau continent, les observations de M. Say, consignées dans le Journal des sciences naturelles de Philadelphie. Son *O. réticulé* est un grapse. Nous renverrons aussi à l'article *Ocypode* de la seconde édition du nouv. Dictionn d'hist. naturelle, et à l'ouvrage de M. Desmarest.

bord interne, avec le second article fort grand et le suivant presque demi-circulaire.

On en connaît deux espèces; l'une qui se trouve dans l'Océan australasien (1), et l'autre en Égypte (2) où elle a été observée par M. Savigny.

Immédiatement après les mictyres nous placerons

LES PINNOTHÈRES. (PINNOTHERES. Latr.)

Crustacés très petits, vivant une partie de l'année, surtout en novembre, dans diverses coquilles bivalves, les moules et les jambonneaux particulièrement. Le test des femelles est suborbiculaire, très mince et fort mou, tandis que celui des mâles est solide, presque globuleux et un peu rétréci en pointe en devant. Les pieds sont de longueur moyenne, et les serres sont droites et conformées à l'ordinaire. Les pieds-mâchoires extérieurs n'offrent distinctement que trois articles, dont le premier grand, transversal, arqué, et dont le dernier muni à sa base interne d'un petit appendice. La queue de la femelle est très ample et recouvre tout le dessous du corps.

Les anciens croyaient qu'ils vivaient en société avec les mollusques des coquilles où on les trouve, et qu'ils les avertissaient dans le danger, et allaient à la chasse pour eux. Aujourd'hui le peuple de certaines côtes attribue, peut-être sans de meilleures raisons, à leur présence dans les moules, les qualités malfaisantes que celles-ci prennent quelquefois (3).

Nous arrivons maintenant à des crustacés qui, analogues aux derniers, à raison de l'insertion de leurs pédicules oculaires, s'en éloignent cependant à l'égard du test. Il a la forme d'un cœur, tronqué postérieurement; il est élevé, dilaté et arrondi sur les côtés, près des angles antérieurs; les pédicu-

---

(1) Latr., Gener., crust. et ins., 1. 40; Encyclop. méthod., atl. d'hist. nat., CCXCVII, 3; Desmar., Consid., XI, 2. Ce sous-genre et celui du pinnothère faisaient partie, dans la première édition de cet ouvrage, de la section des orbiculaires; mais dans un ordre naturel, ils avoisinent les ocypodes, les gécarcins, etc.

(2) Planches d'hist. nat. du grand ouvrage sur l'Égypte.

(3) *Voyez*, quant aux espèces, Leach, *malac.*, *podoph. Brit.*, et Desmar., *Consid. gén. sur les crust.*, 116.

les oculaires sont plus courts que ceux des sous-genres précédents, et n'atteignent pas tout-à-fait les extrémités latérales du test. Les antennes intermédiaires sont toujours terminées par deux divisions bien distinctes. Nos colons américains ont désigné ces crustacés sous diverses dénominations, telles que celles de *tourlouroux*, de *crabes peints*, de *crabes de terre*, de *crabes violets*, et qui peuvent s'appliquer à diverses espèces ou à diverses variétés d'âge; mais aucune recherche digne de confiance n'a encore fixé cette nomenclature. Ces animaux habitent plus particulièrement les contrées situées entre les tropiques et celles qui les avoisinent. Il est bien peu de voyageurs qui n'aient parlé de leurs habitudes. Mais en dépouillant leurs récits des faits invraisemblables ou douteux, leur histoire se réduit essentiellement aux suivants. Il passent la plus grande partie de leur vie à terre, se cachant dans des trous et ne sortant que le soir. Il y en a qui se tiennent dans les cimetières. Une fois par année, lorsqu'ils veulent faire leur ponte, ils se rassemblent en bandes nombreuses, et suivent la ligne la plus courte jusqu'à la mer, sans s'embarrasser des obstacles qu'ils peuvent rencontrer; après la ponte, ils reviennent très affaiblis. On dit qu'ils bouchent leur terrier pendant la mue : lorsqu'ils l'ont subie et qu'ils sont encore mous, on les appelle *boursiers*, et on estime beaucoup leur chair, qui cependant est quelquefois empoisonnée. On attribue cette qualité au fruit du mancenillier, dont ou suppose, faussement peut-être, qu'ils ont mangé.

Dans les uns, tels que

Les Ucas (Uca Latr.),

La grandeur des pattes, à commencer inclusivement à celles de la seconde paire, diminue progressivement; elles sont très velues, avec les tarses simplement sillonnés, sans dentelures ni épines notables.

La seule espèce connue (*Cancer uca*, Lin.), Herbst. VI., 38, habite les marais de la Guianne et du Brésil.

Dans les autres, la troisième et la quatrième paire de pieds sont plus longues que la seconde et la cinquième; les tarses ont des arêtes dentelées ou très épineuses. Ces crustacés forment deux sous-genres.

Les Cardisomes. (Cardisoma. Latr.)

Ayant les quatre antennes et tous les articles des pieds-mâchoires extérieurs à découvert; les trois premiers articles des mêmes pieds-mâchoires droits, le troisième plus court que le précédent, échancré supérieurement, presque en forme de cœur; enfin le premier des antennes latérales presque semblable et large.

On les désigne aux Antilles sous le nom de *crabes blancs;* quelquefois cependant le test est jaune, avec des raies rouges (1).

Les Gécarcins. (Gecarcinus. Leach.)

Dont les quatre antennes sont recouvertes par le chaperon; dont le second et le troisième article des pieds-mâchoires extérieurs sont grands, aplatis, comme foliacés, arqués, et laissant entre eux, au côté interne, un vide; ou le dernier de ces articles est en forme de triangle curviligne, obtus au sommet; il atteint le chaperon et recouvre les trois articles (4, 5 et 6) suivants.

L'espèce la plus commune (*Cancer ruricola*, Lin.), Herbst. III, 36, jeune âge, IV, XX, 116; xlix, 1, est d'un rouge de sang plus ou moins vif, et plus ou moins étendu, quelquefois tacheté de jaune, avec une impression en forme de H, très marquée. Divers voyageurs lui ont donné le nom de *crabe violet*, de *crabe peint;* celui de *tourlourou* me paraît plus spécialement propre à cette espèce (2).

Tantôt le test est presque carré, subisométrique, ou guère plus large que long, aplati, avec le front rabattu dans

----

(1) *Cancer cordatus;* Linn.; — *Cancer carnifex;* Herbst., xli, 1, iv, 37; — *C. guanhumi*, Marcgrave. Les tarses ont quatre arrêtes; il y en a deux de plus dans les gécarcins.

(2) *Voyez* l'article *Tourlouroux* de l'Encyclopédie méthodique. MM. Victor Audouin et Milne-Edwards ont communiqué dernièrement à l'académie royale de sciences des observations très curieuses sur un organe propre à ces animaux, et formant une sorte de réservoir susceptible de contenir une certaine quantité d'eau, et placé immédiatement au-dessus des branchies. Voilà pourquoi ces crustacés ont les côtés antérieurs du thorax plus bombés que d'ordinaire.

presque toute sa largeur. Les pédicules oculaires sont courts et insérés aux angles latéraux antérieurs. Les deux divisions ordinaires des antennes intermédiaires sont très distinctes. Les pieds-mâchoires extérieures sont écartés entre eux intérieurement, et forment par cet écart, un vide angulaire; leur troisième article est presque aussi long que large. Les serres sont courtes, épaisses, et les autres pieds sont très aplatis; la quatrième paire et ensuite la troisième sont plus longues que les autres; les tarses sont épineux.

LES PLAGUSIES. (PLAGUSIA. Latr.)

Ont leurs antennes mitoyennes logées dans deux fissures longitudinales et obliques, traversant toute l'épaisseur du milieu du chaperon (1).

Elles sont inférieures ou recouvertes par cette partie, dans

LES GRAPSES. (GRAPSUS. Lam.)

Leur test est un peu plus large en devant qu'en arrière, ou du moins pas plus étroit, tandis qu'il s'élargit un peu de devant en arrière dans les plagusies.

Les grapses sont répandus dans toutes les parties du monde, mais plus particulièrement dans celles qui sont situées près des tropiques. On n'en trouve plus en Europe au-delà du 50° environ de latitude. Il me paraît qu'à la Martinique on les appelle *cériques*. Marcgrave en a figuré des espèces du Brésil, sous les dénominations d'*aratu, aratu pinima* (*Grapsus cruentatus*, Latr.), et de *carara-una*. A Cayenne on les appelle *ragabeumba*, qui veut dire soldat.

Ces animaux se tiennent cachés pendant le jour sous les pierres et autres corps qui sont dans la mer. Quelques-uns même, à ce qu'il m'a été raconté, grimpent sur les arbres du rivage et se retirent sous leurs écorces. La forme large

---

(1) *P. Depressa*, Latr.; Herbst., III, 35; — *P. clavimana*, Latr., Herbst., LIX, 3; Desm., Consid., XIV, 2. La queue ne m'a paru composée que de quatre segments bien distincts. Le troisième offre cependant une ou deux lignes enfoncées et transverses. Dans les grapses, ces segments sont au nombre de sept, et le troisième est dilaté, de chaque côté de sa base, en manière d'angle ou d'oreillette.

et aplatie de leur corps et de leurs pieds leur donne la faculté de se soutenir momentanément sur l'eau ; ils marchent toujours de côté, tantôt à droite, tantôt à gauche. Certaines espèces vivent dans les rivières, où la marée monte, mais plus souvent sur les bords ou hors de l'eau. Ils se rassemblent en nombre considérable, et lorsqu'il paraît quelqu'un dans les lieux où ils se trouvent, ils se sauvent dans l'eau, en faisant un grand bruit avec leurs serres, qu'ils frappent l'une contre l'autre. Leur manière de vivre est d'ailleurs la même que celles des autres crustacés carnassiers. (*Voyez* l'Hist. nat. des crust., par M. Bosc.)

Nos côtes offrent

Le *grapse madré* (*Grapsus varius*. Latr.; *Cancer marmoratus*. Fab.; Oliv., Zool., Adr., II, 1 ; le cancre madré de Rondelet; Herbst., XX, 114). Il est de taille moyenne, presque carré, à peine plus large que long, jaunâtre ou livide, très alongé en dessus, avec un grand nombre de lignes très fines et de petits points, d'un brun rougeâtre; quatre éminences, aplaties, disposées transversalement, à la base du chaperon, et trois dents à l'extrémité antérieure de chaque bord latéral. Ses tarses sont épineux.

Le G. *porte - pinceau*, (Cuv., Règne anim. IV, xii, 1; Rumph., Mus. X 2; Desm., Consid., XV, 1) est remarquable par les poils nombreux, longs et noirâtres, qui garnissent le dessus des doigts des pinces. Les tarses n'ont point d'épines, caractère qui lui est exclusivement propre. Cette espèce (1) se trouve aux Indes orientales.

Notre quatrième section, les ORBICULAIRES (ORBICULATA) (2), a le test soit sub-globuleux ou rhomboïdal, soit ovoïde, et toujours très solide; les pédicules oculaires toujours courts ou peu alongés; les serres d'inégale grandeur, selon les sexes (plus grandes dans les mâles); la queue n'offre jamais sept segments complets ; la cavité buccale va en se rétrécis-

---

(1) *Voy.*, pour d'autres, l'article *plagusie* de l'Encyclopédie méthodique, et l'Histoire des animaux sans vertèbres de M. Delamarck, genre *grapse.*

(2) Les orithyies et les dorippes me paraissent, dans une série naturelle, appartenir à cette section, et conduire aux coristes; leur test est en forme d'ovoïde tronqué.

sant vers son extrémité supérieure, et le troisième article des pieds-mâchoires extérieurs est toujours en forme de triangle alongé. Les pieds postérieurs ressemblent aux précédents, et aucun de ceux-ci n'est jamais très long.

LES CORYSTES. (CORYSTES. Latr.)

Ont le test ovoïdo-oblong, crustacé, avec les antennes latérales longues, avancées et ciliées; les pédicules oculaires de grandeur moyenne, écartés ; et le troisième article des pieds-mâchoires extérieurs plus long que le précédent, avec une échancrure apparente, pour l'insertion de l'article suivant. La queue est de sept segments, mais dont deux oblitérés au milieu dans les mâles.

On en connaît une de nos côtes (*Cancer personatus*, Herbst. XII, 71, 72 ; Leach., Malac. Brit., vi, 1) à trois dentelures à chaque bord latéral du test.

Feu Delalande, naturaliste-voyageur, en a rapporté une autre du cap de Bonne-Espérance.

LES LEUCOSIES. (LEUCOSIA. Fab.)

Ont un test dont la forme varie, mais plus généralement presque globuleux ou ovoïde, et toujours d'une consistance très dure et pierreuse ; les antennes latérales et les yeux très petits. Les yeux sont rapprochés. Le troisième article des pieds-mâchoires extérieurs est plus petit que le précédent et sans sinus interne apparent ; ces parties sont contiguës inférieurement, le long du bord interne, et forment un triangle alongé, dont l'extrémité est reçue dans deux loges supérieures de la cavité buccale. La queue, très ample et suborbiculaire dans les femelles, n'offre ordinairement que quatre à cinq segments, mais jamais sept.

Le docteur Leach (1) a partagé ce genre de Fabricius en plusieurs autres, mais que nous présenterons comme de simples divisions.

Les espèces dont le test est transversal, avec le milieu des côtés fortement prolongé ou dilaté en manière de cylindre ou de cône, forment son genre *ixa* (*ixa*) (2).

---

(1) Leach, Zool. Misc. iii ; Desm., Consid.
(2) *Leucosia cylindrus*, Fab., Herbst., ii, 29-31.

Celles dont le test est rhomboïdal, avec sept pointes coniques, en forme d'épines, de chaque côté, composent celui d'*iphis* (*iphis*).

Si le test ayant toujours la même forme rhomboïdale ne présente que des angles ou des sinus sur les côtés, on aura son genre *nursie* (*nursia*); et celui d'*ébalie* (*ebalia*), si ces bords latéraux sont unis.

Les leucosies à test ovoïde ou presque globuleux, et distinguées en outre de plusieurs des précédentes, en ce que les serres sont toujours plus longues que le corps, plus épaisses que les autres pieds, et que les tarses sont sensiblement striés, peuvent se diviser ainsi.

Les unes ont le front avancé ou du moins point débordé par l'extrémité supérieure de la cavité buccale. La branche externe des pieds-mâchoires (le flagre) extérieurs est alongée, presque linéaire.

Ici les serres sont grêles, avec les mains cylindriques et les doigts longs.

Tantôt le test est presque globuleux, et soit très épineux, comme dans le genre *arcanie* (*arcania*); soit uni, comme dans celui d'*ilie* (*ilia*).

Tantôt le test est suborbiculaire et déprimé, ainsi que dans le g. *persephone* (*persephona*); ou bien ovoïde, ainsi que dans celui de *myra* (*myra*).

Là, les serres sont épaisses, avec les mains ovoïdes et à doigts courts.

Ce sont les vraies *Leucosies* (*Leucosia*) de ce naturaliste.

Dans les autres, l'extrémité supérieure de la cavité buccale dépasse le front. La branche externe des pieds-mâchoires extérieurs est courte et arquée. Le test est arrondi et déprimé.

Cette dernière division comprend son genre *phylire* (*phylira*).

D'autres considérations prises des proportions des pattes et de la forme des pieds-mâchoires extérieurs, appuient ces caractères.

La *leucosie noyau* (*ilia nucleus*, Leach ; *cancer nucleus*, Lin ; Herbst., XI. 14.) commune dans la Méditerranée, a le test globuleux, granuleux sur les côtés et postérieurement, avec le front échancré, deux dents au bord postérieur, et deux autres très écartées l'une de l'autre, à chaque bord latéral ; la postérieure est plus forte , en forme d'épine , et située au - dessus de la naissance des deux pieds postérieurs.

Les côtes maritimes de nos départements occidentaux fournissent quelques autres espèces , qui rentrent dans le genre *ebalia* de M. Leach (1).

Toutes les autres sont de l'Océan indien et américain.

Les Indes orientales nous offrent quelques leucosies fossiles. M. Desmarets en a décrit trois espèces, dont deux se rapportent, selon lui, aux leucosies proprement dites de Leach , et qui en état vivant sont propres aux mêmes contrées.

La cinquième section , celle des TRIANGULAIRES (TRIGONA), se compose d'espèces, dont le test est généralement triangulaire ou subovoïde, rétréci en pointe ou en manière de bec par devant, ordinairement très inégal ou raboteux , avec les yeux latéraux. L'épistome ou l'intervalle compris entre les antennes et la cavité buccale est toujours presque carré , aussi long ou presque aussi long que large. Les serres , ou du moins celles des mâles, sont toujours grandes et alongées. Les pieds suivants sont très longs dans un grand nombre , et quelquefois même les deux derniers ont une forme différente des précédents. Le troisième article des pieds-mâchoires extérieurs est toujours presque carré ou hexagonal, dans ceux aux moins dont les pieds sont de longueur ordinaire.

Le nombre apparent des segments de la queue varie. Il est de sept dans les deux sexes de plusieurs; mais dans d'autres, ou du moins dans leurs mâles , il est moindre.

Plusieurs de ces crustacés sont désignés vulgairement sous le nom collectif d'*Araignées de mer.*

Quoique les espèces de cette tribu soient fort nombreuses, on n'en a encore découvert que deux en état fossile, et dont l'une au moins (*Maia squinado*) existe encore aujourd'hui , en état vivant, dans les mêmes localités (*Voy.* Desm. Hist. natur. des crust. fossil.)

Une première division comprendra ceux dont les seconds

---

(1) Malac. Brit., xxv.

pieds et les suivants sont semblables, et dont la grandeur diminue progressivement.

Parmi ceux-ci nous formerons un premier groupe de toutes les espèces dont la queue, soit des deux sexes, soit des femelles, est de sept articles. Le troisième article des pieds-mâchoires extérieurs est toujours presque carré, et tronqué ou échancré à l'angle supérieur interne.

Des serres très grandes, surtout comparativement aux autres pieds, qui sont très courts, dirigées horizontalement et perpendiculairement à l'axe du corps jusqu'au carpe ou l'article précédant la main, repliées ensuite, par devant sur elles mêmes, avec les doigts fléchis brusquement, en formant un angle; des pédicules oculaires très courts, et point ou peu saillants hors de leurs cavités ; un test rocailleux et très inégal ou très épineux, signalent

Les Parthenopes. (Parthenope. Fab.)

Les unes ont les antennes latérales très courtes, de la longueur des yeux au plus; leur premier article est totalement situé au-dessous des cavités oculaires.

Si la queue offre dans les deux sexes sept segments, ces espèces composeront le genre *Parthenope* proprement dit (1) de M. Leach.

Si celle des.mâles n'en présente que cinq, on aura son genre *Lambrus* (2).

Les autres ont les antennes latérales très sensiblement plus longues que les yeux; leur premier article se prolonge jusqu'à l'extrémité supérieure interne des cavités propres à ces derniers organes, et paraît se confondre avec le test. Ici le post-abdomen est toujours de sept segments. Les serres des femelles sont beaucoup plus courtes que celles de l'autre

---

(1) *P. horrida*, Fab.; Rumph., Mus., IX, 1; Seba, III, XIX, 16, 17; Herbst., XIV, 88.

(2) *P. longimana*, Fab.; Rumph., Mus., VIII? — *P. giraffa*, Fab.; Herbst., XIX, 108, 209; — *P. lar*, Fab.; — *P. rubus*, Latr.; *Cancer contrarius*, Herbst., LX, 3 ;—*P. macrocheles*, Latr., Herbst., XIX, 107 ; — *C. longimanus*, Linn., fem., *P. trigonimana*, Latr.; *Cancer prensor*, Herbst., XLI, 3.

sexe. Le même naturaliste distingue génériquement ces crustacés sous la dénomination d'*Eurynome* (*eurynoma*). On n'en connaît qu'une seule espèce, qui se trouve sur les côtes de France et d'Angleterre (1).

Toutes les autres parthenopes, à l'exception d'une (2), sont de l'Océan indien.

Dans les suivants, les serres sont toujours avancées, et leur longueur, est tout au plus double de celle du corps; leurs doigts ne sont point brusquement et angulairement inclinés (3).

Ici la longueur des pieds les plus longs (les seconds), n'excède guère celle du test; mesurée depuis les yeux jusqu'à l'origine de la queue. Le dessous des tarses est généralement soit dentelé ou épineux, soit garni d'une frange de cils terminés en manière de massue.

Nous présenterons, en premier lieu, ceux dont les pédicules oculaires sont très courts et de longueur moyenne, susceptibles de se retirer entièrement dans leurs cavités, et dont les serres, dans les mâles au moins, sont notablement plus épaisses que les autres pieds.

Les Mithrax. (MITHRAX. Leach.)

Leurs serres sont très robustes, avec les doigts creusés en cuiller au bout. La tige des antennes latérales est sensiblement plus courte que leur pédicule. La queue est composée de sept articles dans les deux sexes.

Toutes les espèces connues (4) sont de l'Océan américain.

---

(1) *Cancer asper*, Penn., Brit. Zool., IV; *Eurynoma aspera*, Leach, Malac. Brit., XVII.

(2) *Parthenope angulifrons*, Latr., Encycl. méthod.; *Cancer longimanus*, Olivi.

(3) Le premier article des antennes latérales paraissant faire partie du test, a été méconnu de plusieurs naturalistes; le second a été pris pour le précédent.

(4) *Mithrax spinicinctus*, Latr.; Desmar., Cousid., p. 150;—*Cancer hispidus*, Herbst., XVIII, 100;—*Cancer aculeatus*, Herbst., XIX, 104;—*C. spinipes*, ejusd., XVII, 94. L'*inachus hircus* de Fab. est peut-être congénère.

Les Acanthonyx. (Acanthonyx. Lat.)

Ont un avancement en forme de dent ou d'épine au côté inférieur des jambes ; le dessous des tarses velu et comme pectiné, et le dessus du test uni. La queue des mâles offre, au plus, six segments complets (1).

Les Pises. (Pisa. Leach.)

Dont les serres sont de grandeur moyenne, avec les doigts pointus. Les jambes n'ont point d'épine endessous, et la queue est de sept segments dans les deux sexes. Ainsi que dans les sous-genres précédents, les antennes latérales sont insérées à égale distance des fossettes recevant les intermédiaires et des cavités oculaires, ou plus rapprochées de celles-ci.

Ceux-ci, comme dans le genre *naxia* (2) du docteur Leach, ont deux rangées de dentelures sous les tarses. Ceux-là n'ont qu'une seule rangée de dentelures ou qu'une simple frange de gros cils en massue, sous le même article. Ceux qui sont dans ce dernier cas forment le genre *lissa* (3) du même.

Parmi ceux qui ont une rangée de dentelures, tantôt comme dans ses *Pisa* (4) proprement dits, la longueur des pieds diminue graduellement ; tantôt les troisièmes pieds sont brusquement plus courts que les précédents dans les mâles : c'est ce qui a lieu dans ses *Chorinus* (5).

Les Péricères. (Pericera. Lat.)

Rapprochés des pises par la forme et les proportions des serres et le nombre des segments de la queue, s'en éloignent ainsi que des sous-genres antérieurs, en ce que les antennes latérales sont insérées sous le museau et sensiblement plus

---

(1) *Maia glabra*, Collect. du Mus. d'hist. nat. ; *maia lunulata*, Risso. ; 1, 4 ; *Libinia lunulata*, Desmar.

(2) *Pisa aurita*, Latr., Encyclop. méthod. — *P. monoceros*, ibid.

(3) *Pisa chiragra*, Latr.; ibid. Desmar., Consid.

(4) *Pisa xyphias*, Latr., ibid.; — ejusd., ibid. *P. aries*; — *P. barbicornis*; — *P. cornigera*; — *P. styx*; — *P. bicornuta*; — *P. trispinosa*; — *P. armata*, Leach, Malac. Brit., xvii; *Cancer muscosus?* Linn.; — *P. tetraodon*, Leach, ibid, xx.

(5) *Pisa heros*, Latr., Encyclop. méthod.

rapprochées des fossettes, logeant les intermédiaires, que de celles recevant les pédicules oculaires (1).

Dans les deux sous-genres suivants, les pédicules oculaires sont courts ou moyens, ainsi que dans les précédents. Mais les serres, même celles des mâles, sont à peine plus épaisses que les pieds suivants. La queue est toujours composée de sept segments.

Les MAÏA. (MAIA. Leach.)

Où le second article des antennes latérales semble naître du canthus interne des cavités oculaires. La main et l'article qui la précède sont presque de la même longueur. Le test est ovoïde.

Ce sous-genre, établi par M. de Lamarck, et composé d'abord d'un grand nombre d'espèces, n'en comprend plus maintenant, dans la méthode de M. Leach, qu'une seule, le cancer *squinado* d'Herbst. (XIV, 84, 85, LVI; *inachus cornutus*, Fab.). Elle est très commune sur nos côtes et dans la Méditerranée, où elle porte le nom d'*araignée de mer* : c'est l'un de nos plus grands crustacés et le *maïa* des anciens grecs, figuré sur quelques unes de leurs médailles. Ils lui attribuaient une grande sagesse et le croyaient sensible aux charmes de la musique.

Les MICIPPES. (MICIPPE. Leach.)

Ont le premier article des antennnes latérales courbe, dilaté à son extrémité supérieure, en manière de lame transverse et oblique, fermant les cavités oculaires ; l'article suivant est inséré au-dessous de son bord supérieur. Le test, vu en dessus, paraît comme largement tronqué en devant ; son extrémité antérieure est inclinée et se termine par une sorte de chaperon ou de bec denté (2).

LES STENOCIONOPS. (STENOCIONOPS. Leach.)

Se distinguent de tous les sous-genres de cette tribu par

---

(1) *Maia taurus*, Lam. ; *Cancer cornudo*, Herbst., LIX, 6.

(2) *Cancer cristatus*, Linn. ; Rumph., Mus., VIII, 1, le mâle.— *Cancer phylira*, Herbst., LVIII, 4 ; Desmar., Consid., XX, 2.

leurs pédicules oculaires longs, grêles, et très saillants hors de leurs fossettes (1).

Là, le dessous des pieds ne présente ni de rangées de dentelures, ni de frange de cils en massue. Ceux des premières paires, au moins, sont d'une demi-fois au moins plus longs que le test, et souvent beaucoup plus longs. Le corps est généralement plus court que dans les précédents, soit presque globuleux, soit en forme d'œuf raccourci.

Un crustacé de cette tribu (*maia retuja, Coll. du Jardin du Roi.*), dont le test est en ovoïde tronqué ou émoussé en devant et laineux; dont les pédicules oculaires alongés, très courbes, vont se loger en arrière dans des fossettes situées sous les bords latéraux du test; dont le carpe, ainsi que dans les maïas, est alongé, offre un autre caractère, qui le distingue exclusivement : la longueur des pieds, à partir des seconds, semble augmenter progressivement, ou du moins différer peu. M. Leach en a formé le genre

De Camposcie. (Camposcia.)

Dans les autres, ainsi que de coutume, la longueur des pieds diminue progressivement, de la seconde paire à la dernière.

Nous en connaissons dont les pédicules oculaires, quoique beaucoup plus courts que ceux des stenocionops, sont toujours saillants; dont les antennes latérales ont le troisième article de leur pédoncule aussi long ou même plus grand que le précédent, et se terminent par une tige longue et sétacée. Ils se rapprochent des micippes; tels sont

Les Halimes. (Halimus. Latr.) (2).

Ceux qui forment les deux sous-genres suivants ont les pédicules oculaires susceptibles de se retirer entièrement dans leurs fossettes et garantis postérieurement par une

---

(1) *Cancer cervicornis*, Herbst., LVIII, 2, île de France. M. Desmarets, Consid. gén. sur les crust., pag. 153, s'est trompé en citant pour type le *maia taurus* de M. Delamarck.

(2) Deux espèces, dont l'une paraît être très voisine du *Cancer superciliosus* de Linnœus, Herbst., XIV, 89.

saillie en forme de dent ou d'angle des bords latéraux du test. Le second article du pédoncule des antennes latérales est beaucoup plus grand que le suivant; elles sont terminées par une tige très courte, en forme de stylet alongé.

Les Hyas. (Hyas. Leach.)

Ont les bords latéraux de leur test dilatés en manière d'oreillette, par-derrière les cavités oculaires qui sont ovales et assez grandes; le côté extérieur du second article de leurs antennes latérales comprimé et caréné, et les pédicules oculaires susceptibles d'être entièrement à découvert, lorsque l'animal les redresse. Le corps est subovoïde (1). Dans

Les Libinies (Libinia, Leach),

Les fossettes oculaires sont très petites et presque orbiculaires. Les pédicules oculaires sont très courts et fort peu exsertiles. Le second article des antennes latérales est cylindrique et point ou peu comprimé. Le corps est presque globuleux ou triangulaire.

Nous y réunirons les *Doclées* (*Doclæa*) et les *Egéries* (*Egeria*) de M. Leach.

Dans ses libinies proprement dites (2), les serres des mâles sont plus épaisses que les deux pieds suivants et presque aussi longues. La longueur de ceux qui sont les plus longs n'égale pas tout-à-fait le double de celle du test.

Les serres des mâles des doclées (3) sont notablement plus courtes que les deux pieds suivants. La longueur de ces pieds ne surpasse guère que d'une fois et demie celle du test, qui est presque globuleux et toujours recouvert d'un duvet brun ou noirâtre.

Dans les égéries (4) les serres sont filiformes, avec les

----

(1) *Cancer araneus*, Linn. ; Leach, Malac. Brit. , XXI, A ; Herbst. , XVII, 59; — *Hyas coarctata*, Leach, ibid. , XXI, B.

(2) *Libinia canaliculata*, Say, Journ. acad. des sc. nat. de phys. , tom I, pag. 77, IV, 1 ; — *L. emarginata*, Leach, Zool. Misc. , CVIII.

(3) *Doclæa rissonnii*, Leach, Zool. Misc., LXXIV. Rapportez-y les *inachus ovis*, *hybridus*, de Fab.

(4) *Egeria indica*, Leach, Zool. Misc. , LXIII ; *Inachus spinifer*, Fab.

mains fort alongées, presque linéaires. Les pieds suivants sont cinq ou six fois plus longs que le test. Le corps est triangulaire.

Après avoir passé en revue les sous-genres de cette tribu, dont les pieds, venant après les serres, sont de forme identique, et dont la queue se compose, dans les femelles au moins, et le plus souvent dans les deux sexes, de sept articles ou segments complets, nous passons à ceux où elle en offre six au plus. Les pieds sont généralement longs et filiformes, ainsi que dans les derniers sous-genres. Si l'on en excepte les leptopes, ces crustacés s'éloignent encore des précédents sous le rapport de la forme du troisième article des pieds-mâchires extérieurs. Il est proportionnellement plus étroit, rétréci à sa base, et l'article suivant paraît être inséré au milieu de son bord supérieur ou plus en dehors. Le sous-genre suivant diffère de ceux qui lui succèdent, en ce que la queue ne présente dans les mâles que trois segments. La forme du troisième article des pieds-mâchoires extérieurs, m'a paru d'ailleurs être la même que dans les sous-genres précédents.

Les Leptopes. (Leptopus. Lam.)

La queue des femelles est formée de cinq segments. Le corps est convexe, et les pieds sont très longs.

Nous ne connaissons qu'une seule espèce, qui fait partie de la collection du Muséum d'histoire naturelle, sous la dénomination de *maia longipes*. Le docteur Leach s'était proposé de désigner ce genre sous celle de *stenopus*, que nous n'avons point adoptée, attendu qu'on l'avait déjà appliquée à un autre genre de crustacés. Celui de leptope de M. de Lamarck se compose de plusieurs espèces, mais qui, d'après les caractères exposés ci-dessus, doivent, à l'exception de celle que j'ai mentionnée, en être exclues.

Si l'on en excepte quelques espèces d'hyménosomes, où la queue n'offre distinctement, au plus, que quatre ou cinq articles, dans tous les sous-genres suivants, cette partie du corps en a six, soit dans les deux sexes, soit dans les mâles. Le troisième article des pieds-mâchoires extérieurs est tantôt en forme de triangle renversé ou d'ovale, rétréci inférieurement, tantôt en forme de cœur. L'article suivant est inséré au milieu de son bord supérieur, ou plus en dehors que dedans.

Quelques-uns, tels que les trois sous-genres suivants, se rapprochent de ceux que nous venons d'exposer, par la forme presque isométrique ou du moins transversale de l'épistome. La base des antennes intermédiaires est peu éloignée du bord supérieur de la cavité buccale.

L'un de ces sous-genres se distingue dès deux autres par l'aplatissement de son test, et en ce que l'extrémité supérieure du premier article (libre dans plusieurs) de ses antennes latérales, ne dépasse pas celle des pédicules oculaires. Tels sont :

LES HYMÉNOSOMES. (HYMENOSOMA. Leach.)

Le test est triangulaire ou orbiculaire (1). Les espèces sont généralement petites, et propres à l'Océan indien et aux côtes de l'Australasie. Le nombre des segments de la queue varie ; mais il ne s'élève jamais au-delà de six.

Dans les deux sous-genres suivants, le test est plus ou moins convexe toujours triangulaire, et terminé par devant en manière de bec. Le premier article des antennes latérales, toujours fixe, forme une arête ou ligne en saillie, entre les fossettes des antennes mitoyennes et celle des yeux, et qui se prolonge au-delà du bout des pédicules oculaires.

LES INACHUS. (INACHUS. Fab.)

Ont tous six segments à la queue ; tous les tarses presque droits ou peu arqués ; les pédicules oculaires unis, susceptibles de se cacher dans leurs fossettes, et une dent ou épine, dans les mâles au moins, à l'extrémité postérieure de ces cavités. Le docteur Leach a beaucoup restreint l'étendue primitive de ce groupe (2).

_____

(1) *Hyménosome orbiculaire*, Desmar., Consid., XXVI, 1.

(2) *Cancer dodecos ?* Linn.; *Inachus scorpio*, Fab.; — *Inachus dorsettensis*, Leach, Malac. Brit. XXII A ;—*Inachus phalangium*, Fab. ; *Inachus dorynchus*, Leach, *ibid.*, XXII, 7, 8; — *Inachus leptorinchus*, ejusd., ibid., XXII, B; *Cancer tribulus*, Linn. ? Près des inachus vient se placer un nouveau genre établi dernièrement par M. Guérin, sous le nom d'Eurypode.

Les Achées. (Achaeus. Leach.)

Ont tous pareillement six segments à la queue; mais leurs quatre tarses postérieurs sont très arqués ou en faucille; leurs pédicules oculaires sont toujours saillants, et présentent en devant un tubercule (1).

Viennent maintenant ceux dont l'épistome est plus long que large, en forme de triangle alongé et tronqué au sommet, et où l'origine des antennes mitoyennes est éloignée, par un espace notable, du bord supérieur de la cavité buccale. Les pédicules oculaires sont toujours saillants, lorsque le test est triangulaire et terminé en une pointe plus ou moins bifide ou entière.

Les Sténorhynques. (Stenorhynchus. Lam. — *Macropodia* Leach.)

Ont six segments à la queue, dans les deux sexes. L'extrémité antérieure du test est bifide (2).

Les Leptopodies. (Leptopodia. Leach.)

La queue des mâles est de cinq segments; celle de la femelle en a un de plus. Le test se prolonge antérieurement en une longue pointe entière et dentelée (3).

Les derniers triangulaires diffèrent des précédents par la dissemblance des pieds postérieurs.

Les Pactoles. (Pactolus. Leach.)

Ont les quatre ou six pieds antérieurs simples ou sans pince. L'extrémité interne de l'avant-dernier article des quatre postérieurs se prolonge en une dent, formant avec le dernier article, une pince ou main didactyle. Le test a la forme de celui des leptopodies, et la queue présente le même nombre de segments; mais les pieds sont beaucoup

---

(1) *Achæus cranchii*, Leach, Malac., Brit. xxii, C.

(2) *Macropodia tenuirostris*, Leach, Malac. Brit., xxiii, 1-5; *Inachus longirostris?* Fab.; — *Macropodia phalangium*, Leach, ibid., xxiii, 6.

(3) *Inachus sagittarius*, Fab.; Leach, Zool. Misc., lxvii.

plus courts; ceux de la troisième paire manquaient dans l'individu qui a servi à l'établissement de cette coupe (1).

LES LITHODES. (LITHODES. Latr.)

Ressemblent, quant à la forme des huit premières paires de pieds, aux autres triangulaires; leur longueur, cependant, semble augmenter progressivement des seconds aux quatrièmes, mais les deux derniers sont très petits, repliés, peu apparents, mutiques et comme inutiles. La queue est membraneuse, avec trois espaces crustacés et transversaux sur les côtés, et un autre au bout, représentant les divisions segmentaires. Les yeux sont rapprochés inférieurement. Les pieds-mâchoires extérieurs sont alongés et saillants. Le test est triangulaire, très épineux, et terminé antérieurement en une pointe dentée. Ces crustacés sont propres aux mers du Nord (2).

Notre sixième section, celle des CRYPTOPODES (CRYPTOPODA) (3), se compose de crustacés brachyures, singuliers en ce que les pieds, à l'exception des deux antérieurs ou des serres, peuvent se retirer entièrement et se cacher sous une avance, en forme de voûte, des extrémités postérieures de leur test. Ce test est presque demi-circulaire ou triangulaire. La tranche supérieure des pinces est plus ou moins élevée, et dentée en manière de crête. Dans les espèces où elles sont les plus grandes, elles recouvrent le devant du corps; et de là l'origine des noms de *coq de mer*, de *crabe honteux*, que l'on a donnés à quelques-uns de ces crustacés. L'un des sous-genres de cette section, celui d'*æthra*, ayant par les autres

---

(1) *Pactolus Boscii*, Leach, Zool. Misc., LXVIII.

(2) *Cancer maja*, Linn.; *Parthenope maja*, Fab.; *Inachus maja*, ejusd.; *Lithodes arctica*, Leach, Malac. Brit. XXIV. *Voyez* aussi le *maja camptschensis* de Tilesius, dans les Mémoires de l'académie de Saint-Pétersbourg, 1812, V et VI.

(3) Plusieurs crustacés de la section des arqués, tels que les hépates, les mursies, les matutes, parmi les nageurs, ont des pinces en crête, et semblent se lier naturellement avec les cryptopodes, de sorte que cette section devrait remonter plus haut. Il en est de même de la dernière ou des notopodes, car les uns se rapprochent des arqués, et les autres des orbiculaires et des triangulaires.

caractères de grands rapports avec les parthenopes de Fabricius, premier sous-genre de la section précédente, il s'ensuivrait que, dans un ordre naturel, les cryptopodes devraient être placés entre les orbiculaires et les triangulaires.

Les Calappes ou Migranes. (CALAPPA. Fab.)

Ont le tést très bombé, les pinces triangulaires, très comprimées, dentées supérieurement en manière de crête, et recouvrant perpendiculairement le devant du corps, dans la contraction des pieds. Le troisième article des pieds-mâchoires extérieurs est terminé en manière de crochet. L'extrémité supérieure de la cavité buccale est rétrécie, et divisée longitudinalement en deux loges par une cloison.

Les uns, et les plus nombreux, ont les deux dilatations postérieures et latérales du test incisées et dentées.

La Méditerranée nous en fournit une espèce, le *Calappe migrane* (*Cancer granulatus*, Lin.), *Calappa granulata*, Fab.; Herbst., XIII, 75, 76, vulgairement *Coq de mer*, *Crabe honteux*. Son test est rougeâtre, avec deux sillons profonds, et des tubercules inégaux, d'un rouge carmin. La portion des bords latéraux précédant les dilatations postérieures, est d'abord presque entière, et se termine par quatre dents très courtes, dont les deux dernières plus prononcées; celles des bords des dilatations sont fortes, au nombre de six, dont deux au bord postérieur et les autres latérales. Le front en offre deux autres. Les pinces ont aussi des tubercules rouges, et leur crête est formée par sept dents, dont les supérieures sont aiguës (1).

Les autres, tel que le *C. voûté* (*Cancer calappa*, Lin.), *Calappa fornicata*; Fab., Herbst.; XII, 73, 74, ont les bords des dilatations du test entiers. Cette espèce habite l'Océan australasien et les mers des Moluques.

____

(1) Dans cette division, se rangent les espèces suivantes, de Fabricius : *C. tuberculata*, Herbst., XIII, 78; LVIII, 1 ? — *C. lophos*, Herbst., XIII, 77; — *C. cristatus*, Herbst., XL, 3; — *C. marmoratus*, Herbst., XL, 2. — Le *guaja apara* de Pison et de Marcgrave paraît devoir se rapporter à cette espèce, et serait, d'après une citation de Barrère, le *crabe des palétuviers*, des colons de Cayenne. Le *cancer hepaticus* de Linnæus est aussi un calappe.

Les AÆTHRA. (AÆTHRA. Leach.)

Diffèrent des calappes par leur test très aplati, par leurs pinces qui ne s'élèvent point perpendiculairement et n'ombragent point le devant du corps; et par la forme presque carrée du troisième article des pieds-mâchoires extérieurs.

Tantôt (1) le test est en ovale transversal, tantôt (2) en forme de triangle court, fort large, dilaté et arrondi latéralement. Les serres sont peu alongées et assez épaisses; ici elles sont plus longues, anguleuses, et nous rappellent, ainsi que la forme du test, les parthenopes. Ces dernières espèces pourraient former un sous-genre propre.

Enfin une septième et dernière division, les NOTOPODES (NOTOPODA), est formée de brachyures, dont les quatre ou deux derniers pieds sont insérés au-dessus du niveau des autres, on semblent être dorsaux et regarder le ciel. Dans ceux où ils se terminent par un crochet aigu, l'animal s'en sert ordinairement pour retenir divers corps marins, tels que des valves de coquilles, des alcyons, dont il se recouvre. La queue a sept segments dans les deux sexes.

Les uns ont, de même que les autres brachyures, la queue repliée en dessous. Leurs pattes se terminent par un crochet aigu, et ne sont point propres à la natation.

Ici le test est presque carré et terminé antérieurement par une pointe avancée et dentée, ou bien il est subovoïde ou tronqué en devant.

Les HOMOLES. (HOMOLA. Leach.)

Ont les yeux portés par de longs pédicules, très rapprochés à leur base, et insérés au-dessous du milieu du front. Les deux pieds postérieurs sont seuls relevés. Les serres sont plus grandes dans les mâles que dans les femelles.

Le test est très épineux, avec une saillie avancée et dentée,

---

(1) *Æthra depressa*, Lam., Hist. des anim. sans vert.; *Cancer scruposus*, Linn.; *Cancer polynome*, Herbst, LIII, 4, 5; Desmar., Consid., x, 2.

(2) *Parthenope fornicata*, Fab.

au milieu du front. Les pieds-mâchoires supérieurs sont alongés et saillants.

Ces crustacés habitent la Méditerranée et ont été désignés par Aldrovande, sous le nom d'*hippocarcins*; ce sont les *thelxiopes* de M. Rafinesque. On en trouve des espèces d'une grande dimension (1).

Les Dorippes. (Dorippe. Fab.)

Ont les yeux très écartés entre eux, et situés aux angles latéraux et antérieurs du test, les quatre pieds postérieurs relevés, les serres courtes dans les deux sexes, le test en ovoïde, largement tronqué, sans saillie, en manière de bec, et aplati.

Ainsi que l'avait observé M. Desmarest, on voit de chaque côté, au-dessus de la naissance des serres, une fente en forme de boutonnière, oblique, coupée longitudinalement par un diaphragme, ciliée ainsi que lui sur ses bords, communiquant avec les branchies, et servant d'issue à l'eau qui les abreuve.

La Méditerranée en fournit trois espèces (2); les autres sont des mers orientales, et dont l'une (*D. quadridens*, Fab.; Herbst., XI, 70) s'y trouve aussi en état fossile.

Là le test est tantôt presque orbiculaire ou globuleux, tantôt arqué en devant et rétréci postérieurement, denté ou épineux sur les côtés.

Les yeux sont situés près du milieu du front et portés sur de courts pédicules.

Les Dromies. (Dromia. Fab.)

Ont les quatre pieds postérieurs insérés sur le dos, et terminés par un double crochet; le test suborbiculaire ou presque globuleux, bombé et laineux ou très velu.

---

(1) *Homola spinifrons*, Leach, Zool. Miscell., LXXXVIII ; *Cancer spinifrons*, Fab. *Voyez* l'article HOMOLE du nouveau Dict. d'hist. natur., 2e édit., et Desm., Consid., XVII, 1. Le *Dorippe Cuvier* de M. Risso, appartient à ce sous-genre.

(2) *Dorippe lanata; Cancer lanatus*, Linn.; Desm., Cons., XVII, 2 ; — *D. affinis*, ejusd.; Herbst.; XI, 67 ; — *Cancer mascarone*, Herbst., XI, 68.

Ils saisissent, avec leurs pieds de derrière, des alcyons, des valves de coquilles, et autres corps sous lesquels ils se mettent à l'abri, et qu'ils transportent avec eux.

L'espèce la plus connue (*Cancer dormia*, Lin.), Rumph., Mus., XI, 1; Herbst., XVIII, 103, est répandue dans tout l'Océan, celui du nord excepté. Elle est couverte d'un duvet brun, avec cinq dents à chaque bord latéral et trois au front. Les doigts sont forts, très dentés sur les deux bords, et en partie couleur de rose. Quelques-uns l'ont dite venimeuse.

La *Dromie tête de mort* (*Cancer caput mortuum*, Lin.), *Dormia clypeata*, Act. Hafn., 1802, est plus petite, plus bombée, presque globuleuse, avec trois dents de chaque côté, à ses bords antérieurs, le front court, échancré au milieu et sinué latéralement. On la trouve sur les côtes de Barbarie (1).

Les Dynomènes. (Dynomene. Latr.)

Où les deux pieds postérieurs beaucoup plus petits que les autres, sont seuls dorsaux, et mutiques, à ce qu'il nous a paru. Le test est évasé, presque en forme de cœur renversé et tronqué postérieurement, comme celui des derniers quadrilatères, et simplement velu. Les pédicules oculaires sont plus longs que ceux des dromies.

Nous n'en connaissons qu'une seule espèce, et qui se trouve à l'île de France (*Dynomène hispide*, Desmarest, Consid., XVIII, 2.).

Les derniers notopodes diffèrent des précédents, en ce que tous les pieds, à l'exception des serres, sont terminés en nageoire, et de tous les brachyures, en ce que la queue est étendue. Tels sont:

Les Ranines. (Ranina. Lam.)

Leur test est alongé, va en se rétrécissant de devant en arrière, et a généralement la forme d'un triangle renversé, avec la base dentée. Les pédicules oculaires sont alongés. Les antennes latérales sont longues et avancées. Les pieds-

---

(1) *Voyez*, pour les autres espèces, Desmarest, Consid. gén. sur la classe des crust., pag. 136 et suiv.

mâchoires extérieurs son pareillement alongés , étroits, avec le troisième article rétréci en pointe, vers son extrémité. Tous les pieds sont très rapprochés ou presque contigus à leur naissance, et à commencer à la quatrième paire, remontent sur le dos; mais les deux derniers sont seuls supérieurs. Les pinces sont comprimées, presque en forme de triangle renversé, dentées, avec les doigts brusquement fléchis. Ces crustacés ont les plus grands rapports avec les albunées de Fabricius, premier sous-genre de la famille suivante, et font ainsi le passage des brachyures aux macroures. D'après le rapprochement des pieds, il est même probable que les ouvertures génitales de la femelle sont situées comme dans les macroures. Suivant Rumphius, ils viennent à terre et grimpent jusque sur les maisons; mais d'après la forme des pieds, cela nous paraît impossible, ou du moins peu probable.

Aldrovande en avait décrit une espèce fossile, que M. l'abbé Ranzani et M. Desmarest ont depuis fait mieux connaître (1).

La seconde Famille , ou

LES DÉCAPODES MACROURES. (EXOCHNATA. Fab.)

Ont, au bout de la queue, des appendices formant le plus souvent de chaque côté, une nageoire (2), et la queue aussi longue au moins que le

---

(1) *Ranina Aldrovandi*, Ranz., Mem. di stor. nat. ; Desm., Hist. nat. des crust. foss.. VI, xi, 1. La fig. x , 5 , 6 , nous paraît convenir plutôt à une hippe qu'à une ranine; — *Ranina serrata* , Lam.; *Cancer raninus*, Linn.; *Albunea scabra* , Fab.; Rhumph. , Mus. , vii, T. V; — *Ranina dorsipes* , Lam.; *Albunea dorsipes*, Fab.; Rhumph., Mus., x, 3 ; Desmar. , Consid. , xix, 2.

Le genre *symethis* de Fabricius nous est inconnu , mais nous présumons qu'il est voisin des ranines ou des premiers sous-genres de la famille suivante.

(2) Ces appendices sont composés de trois pièces, dont l'une sert de

corps, étendue et découverte, et simplement courbée vers son extrémité postérieure. Son dessous offre le plus souvent et dans les deux sexes, cinq paires de fausses pattes, terminées chacune par deux lames ou deux filets. Cette queue est toujours composée de sept segments distincts. Les ouvertures génitales des femelles sont situées sur le premier article des pieds de la troisième paire. Les branchies sont formées de pyramides vésiculeuses, barbues et velues (et disposées dans plusieurs, soit sur deux rangées, soit par faisceaux). Les antennes sont généralement alongées et saillantes. Les pédicules oculaires sont ordinairement courts. Les pieds-mâchoires extérieurs sont le plus souvent étroits, alongés, en forme de palpes, et ne recouvrent point en totalité les autres parties de la bouche. Le test est plus

base ou de pédicule aux deux autres, et s'articule avec l'avant-dernier segment; le dernier forme le plus souvent avec eux une nageoire en éventail; mais dans les derniers sous-genres de cette famille, ces appendices sont remplacés par des filets en forme de soie. Les fausses pattes du dessous de la queue sont formées sur le même modèle que ces appendices natatoires. Dans les premiers sous-genres, elles ne sont souvent qu'au nombre de trois à quatre paires, et plus petites, ou même, à l'exception des deux antérieures, nulles dans les mâles; les pagures n'en ont, autant qu'il m'a paru, que sur l'un des côtés; les pièces terminales sont souvent inégales. Mais ensuite ces fausses pattes ont plus d'extension, et sont constamment au nombre de cinq paires : elles portent les œufs; et servent à la natation. Nous observerons que, dans les macroures, où elles sont en moindre nombre ou moins développées, tels que ceux que nous appelons *anomaux*, le pédoncule des antennes intermédiaire est proportionnellement plus long que dans les autres macroures, et que les deux ou quatre dernières pattes sont plus petites. Ces crustacés semblent tenir encore, sous quelques rapports, des brachyures.

étroit et plus alongé que celui des brachyures, et ordinairement terminé en pointe au milieu du front. Nous renverrons, pour de plus amples détails, au Mémoire précité de MM. Audouin et Milne Edwards. Un caractère observé par eux sur le homard (*astacus marinus* , Fab.), et qui serait décisif, s'il s'appliquait aux autres macroures, c'est qu'outre les deux sinus veineux dont nous avons parlé dans les généralités de l'ordre, il en existe un troisième, logé dans le canal sternal, et s'étendant entre les deux précédents, d'un bout du thorax à l'autre. Cette disposition très curieuse, établiroit, selon eux, une liaison entre le système veineux des macroures et celui des crustacés stomapodes.

Les macroures ne quittent jamais les eaux, et, à l'exception d'un petit nombre, sont tous marins.

A l'exemple de De Géer, de Gronovius, on n'en formera qu'un seul (1) genre, celui d'ÉCREVISSE (*Astacus*), que l'on partagera ainsi :

Les uns, par les proportions, la forme et les usages de leurs pieds, dont les premiers ou les seconds au moins sont en forme de serres, et par la situation sous-caudale de leurs œufs, se rapprochent évidemment des crustacés précédents, et plus encore de ceux que l'on connaît vulgairement sous les noms d'*écrevisse* , de *homard* et de *crevette*.

Les autres ont des pieds très grêles, en forme de fil ou de lanière et accompagnés d'un appendice ou rameau exté-

---

(1) Les sections que nous allons exposer pourraient former autant de coupes génériques, ayant pour bases des genres de Fabricius.

rieur et alongé, qui semble doubler leur nombre. Ils sont propres à la natation, et aucun d'eux n'est terminé en pince. Les œufs sont situés entre eux, et non sous la queue.

Les premiers se subdiviseront en quatre sections, les ANOMAUX, les LOCUSTES, les HOMARDS et les SALICOQUES.

Les seconds composeront la cinquième et dernière section de cette famille et des décapodes, celle des SCHIZOPODES.

Dans la première, ou celle des ANOMAUX (ANOMALA), les deux ou quatre derniers pieds sont toujours beaucoup plus petits que les précédents. Le dessous de la queue n'offre jamais plus de quatre paires d'appendices ou fausses pattes (1). Les nageoires latérales du bout de la queue, ou les pièces qui les représentent, sont rejetées sur les côtés, et ne forment point avec le dernier segment une nageoire en éventail.

Les pédicules oculaires sont généralement plus longs que ceux des macroures des sections suivantes.

Ici (les *Hippides*, Latr.) tous les téguments supérieurs sont solides. Les deux pieds antérieurs tantôt se terminent par une main monodactyle ou sans doigt, en manière de palette, tantôt vont en pointe ; les six ou quatre suivants finissent par une nageoire ; les deux derniers sont filiformes, repliés et situés à l'origine inférieure de la queue. Cette queue se rétrécit brusquement, immédiatement après son premier segment, qui est court et large, et dont le dernier est en forme de triangle alongé. Les appendices latéraux de l'avant-dernier sont en forme de nageoires courbes. Les appendices sous-caudaux sont au nombre de quatre paires et formés d'une tige très grêle et filiforme. Les antennes sont très velues ou fort ciliées ; les latérales se rap-

---

(1) A l'exception des deux antérieurs, ces appendices sont même rudimentaires ou nuls dans les mâles, caractère commun encore aux galathées, aux scyllares et aux langoustes. On remarquera aussi que, dans ces trois sous-genres, les nageoires de la queue sont plus minces ou presque membraneuses à leur extrémité postérieure. Dans cette section, ainsi que dans les galathées, la portion thoracique portant les deux pieds postérieurs forme une sorte de pétiole, de sorte que ces pieds semblent être annexés à la queue.

prochent d'abord des intermédiaires, et sont ensuite arquées ou contournées en dehors.

Les Albunées. (Albunea. Fab.).

Ont les deux pieds antérieurs terminés par une main très comprimée, triangulaire et monodactyle; le dernier article des suivants est en faucille. Les antennes latérales sont courtes; les intermédiaires sont terminées par un seul filet long et sétacé. Les pédicules oculaires occupent le milieu du front et forment, réunis, une sorte de museau, plat triangulaire, avec les côtés extérieurs arqués. Le test est presque plan, presque carré, arrondi aux angles postérieurs, et finement dentelé au bord antérieur.

La seule espèce bien connue (*Cancer symnista*, Lin.), *Albunea symnista*, Fab.; Herbst. XXII. 2; Desm.,Consid., XXIX, 3, habite les mers des Indes orientales (1).

Si le *Cancer carabus* de Linnœus appartient [au même sous-genre, la Méditerranée en fournirait une espèce.

Les Hippes. (Hippa. Fab. — *Emerita*. Gronov.).

Ont les deux pieds antérieurs terminés par une main très comprimée, presque ovoïde et sans doigts; les antennes latérales beaucoup plus courtes que les intermédiaires, et contournées; celles-ci terminées par deux filets courts, obtus, placés l'un sur l'autre; les pédicules oculaires longs et filiformes; et le troisième article des pieds-mâchoires fort grand, en forme de lame, échancré au bout et recouvrant les articles suivants. Le test est presque ovoïde, tronqué aux deux bouts et convexe.

Le dernier article des seconds pieds et des deux paires suivantes est triangulaire, mais se rapprochant, dans les derniers au moins, de la forme d'un croissant; les deux derniers de la quatrième paire sont redressés et appliqués sur

---

(1) M. Desmarest place près des albunées, mais avec doute, le *G. posydon* de Fabricius, qui en mentionne deux espèces; mais, suivant ce dernier, les antennes antérieures sont bifides, caractère qui ne convient point aux albunées. Il nous a été impossible, d'après la manière incomplète dont il décrit ce genre, de le reconnaître, et d'en apprécier les rapports.

les deux précédents; le premier de la queue a deux lignes
imprimées et transverses (1).

LES REMIPÈDES. (REMIPES. Latr.)

Ont les deux pieds antérieurs alongés, avec le dernier article conique, comprimé et velu; les quatre antennes très
rapprochées, fort courtes et presque de la même longueur;
les intermédiaires terminées par deux filets; les pédicules
oculaires fort courts et cylindriques; les pieds-mâchoires
extérieurs en forme de petites serres, amincies et arquées au
bout et terminées par un fort crochet. Le test est conformé
à la manière de celui des hippes.

Le dernier article des seconds et troisièmes pieds forme
une lame triangulaire, avec une échancrure au côté extérieur; le même des quatrièmes est triangulaire, étroit et
alongé. Ainsi que dans les hippes, le premier segment de
la queue offre deux lignes imprimées et transverses.

On en connaît deux espèces, l'une des mers de la Nouvelle-Hollande (2), et l'autre des Antilles et des côtes du
Brésil.

Là (les *paguriens*, Latr.) les téguments sont légèrement
crustacés, et la queue est le plus souvent molle, en forme
de sac et contournée. Les deux pieds antérieurs se terminent
en une main didactyle; les quatre suivants vont en pointe,
et les quatre postérieurs, plus courts, finissent par une
sorte de pince ou de petite main didactyle. Le premier article du pédoncule des antennes latérales présente un appendice ou saillie allant en pointe ou en forme d'épine.

Ces crustacés, que les Grecs nommaient *carcinion* et les
Latins *cancelli*, vivent, pour la plupart, dans des coquilles
univalves et vides. Leur queue, les birgus exceptés, n'offre,
et dans les femelles seulement, que trois fausses pattes, situées sur l'un des côtés, et divisées chacune en deux bran-

---

(1) *Hippa adactyla*, Fab.; ejusd., *H. emeritus; Cancer emeritus*,
Linn.; *emerita*, Gronov., Zoop., XVII, 8, 9; Herbst., XXII, 3; Desmar.,
Consid., XXIX, 2, dans les mers des deux Indes.

(2) *Remipes testudinarius*, Latr.; Desmar., Consid., XXIX, 1; Cuv.,
Règn. anim., IV, XII, 2.

ches filiformes et velues. Les trois derniers segments sont brusquement plus étroits.

Dans les uns, tels que

Les Birgus. (Birgus. Leach.)

La queue est assez solide, suborbiculaire, avec deux rangs d'appendices, en forme de lames, en-dessous. Les quatrièmes pieds sont seulement un peu plus petits que les deux précédents ; les deux derniers sont repliés et cachés, leur extrémité se logeant dans un enfoncement de la base du thorax ; les doigts du bout, ainsi que ceux de l'avant-dernière paire, sont simplement velus ou épineux. A l'exception des serres, tous les pieds sont séparés à leur naissance par un écart assez sensible. Le thorax est en forme de cœur renversé et pointu en devant.

Il paraît que les birgus, à raison de leur grandeur, de la consistance plus solide de leurs téguments, et de la forme de leur queue, sont incapables de se loger dans des coquilles. Ils doivent se retirer dans des fentes de rochers ou dans des trous, en terre.

L'espèce la plus connue (*Cancer latro*, Lin.), Herbst., xxiv ; Rumph., Mus., iv ; Seba., Thes., III, xxi, 1, 2., ferait, suivant une tradition populaire des Indiens, sa nourriture des amandes des fruits de cocotier, et ses excursions auroient lieu la nuit (1). Dans les autres, savoir :

Les Hermites ou Pagures. (Pagurus. Fab.)

Les quatres derniers pieds sont beaucoup plus courts que les précédents, avec les pinces chargées de petits grains. La queue est molle, longue, cylindracée, rétrécie vers le bout, et n'offre ordinairement qu'un rang d'appendices ovifères, et qui sont en forme de fil. Le thorax est ovoïde ou oblong.

A l'exception de quelques espèces très peu connues et

---

(1) *Pagurus laticauda*, Cuv., Règn. anim., IV, xii, 2 ; Desmar., Consid., pag. 180, de l'île de France. M. Geoffroy Saint-Hilaire a publié sur l'anatomie de l'espèce précédente des faits curieux, mais dont nous ne tirons pas les mêmes conclusions.

domiciliées dans des éponges, des serpules, des alcyons, toutes les autres vivent dans des coquilles univalves, dont elles ferment l'entrée avec leurs pinces antérieures, et le plus souvent avec un seul de leurs mordants, qui est ordinairement plus grand que l'autre. On prétend que les femelles font deux ou trois pontes par année.

Quelques espèces (CÉNOBITE, *Cœnobita*; Latr.), distinguées des autres par leurs antennes avancées, et dont les mitoyennes presque aussi longues que les extérieures ou latérales et à filets alongés ; dont le thorax est ovoïdo-conique, étroit, alongé, très comprimé latéralement, avec la division antérieure ou céphalique en forme de cœur, se logent dans des coquilles terrestres, sur les rochers maritimes, et roulent avec elles, de haut en bas, dans les instants de danger (1).

Celles-ci, qui forment la division la plus nombreuse (PAGURES propres, *Pagurus*, Latr.), ont au contraire les antennes mitoyennes courbées, notablement plus courtes que les latérales, avec les deux filets courts, et dont la supérieure en cône alongé ou subulé ; la division antérieure du thorax est carrée ou en forme de triangle renversé et curviligne. Elles habitent des coquilles marines.

L'*Hermite Bernard* (*Cancer Bernhardus*, Lin.), Herbst., XXII. 6; *Pagurus streblonyx*, Leach., Malac. Brit., XXVI. 1 — 4. est de grandeur moyenne. Ses deux serres sont hérissées de piquants, avec les pinces presque en cœur, et dont la droite plus grande. Les derniers articles des pieds suivants sont pareillement épineux. Cette espèce est très commune dans toutes les mers d'Europe. Une autre, mais fossile, le *Pagure de Faujas* (Desmarest, Hist. nat. des crust. foss., XI, 2), s'en rapproche beaucoup.

Une espèce de la Méditerranée (*Pagurus angulatus*, Risso, Crust. de Nice, 1,8 ; Desmarest, Consid., XXX, 1), est remarquable par ses pinces, qui sont fortement sillonnées, avec des arêtes longitudinales. La droite est la plus forte (2).

---

(1) *Pagurus clypeatus*, Fab. ; Herbst. , XXII, 2.

(2) *Voyez*, pour les autres espèces, l'article *Pagure* de l'Encyclopédie

Une autre de la même mer s'éloigne des précédentes par plusieurs caractères, et mérite de former un sous-genre propre (PROPHYLACE, *Prophylax*, Latr.). La queue, au lieu d'être, à l'exception du dessus des trois derniers segments, molle et arquée, de n'avoir qu'un seul rang de filets ovifères, est couverte de téguments coriaces, se dirige en ligne droite et ne se courbe en dessous qu'à son extrémité; sa surface inférieure présente un sillon et deux rang de fausses pattes. Le corps en outre est linéaire, avec les deux appendices latéraux du bout de la queue presque égaux, et dont la division, plus grande, foliacée et ciliée. Les quatre derniers pieds sont légèrement granuleux à leur extrémité, et semblent n'être terminés que par un seul doigt, ou du moins ne sont point très distinctement bifides. Peut-être faut-il rapporter à cette division les hermites vivant dans les serpules, les alcyons, tels que le pagure *tubulaire de Fabricius*.

Dans tous les macroures suivants, les deux pieds postérieurs au plus sont seuls plus petits que les précédents. Le plus souvent les fausses pattes sous-caudales sont au nombre de cinq paires. Les téguments sont toujours crustacés. Les nageoires latérales du pénultième segment de la queue et son dernier en forment une commune disposée en éventail.

Les deux sections suivantes ont un caractère commun qui les sépare de la quatrième ou celle des salicoques. Les antennes sont insérées à la même hauteur ou de niveau; le pédoncule des latérales, lorsqu'il est accompagné d'une écaille, n'est jamais entièrement recouvert par elle. Souvent les fausses pattes sous-caudales ne sont qu'au nombre de quatre paires. Les deux antennes mitoyennes ne sont jamais terminées que par deux filets, et ordinairement plus

---

méthodique; l'Atlas d'histoire naturelle du même ouvrage; Desmarest, Considérations générales sur la classe des crustacés; les planches d'histoire naturelle accompagnant la Relation du voyage du capitaine Freycinet. On observera que, dans la figure du *cancer megistos* d'Herbst, LXI, 1, la queue est fausse, parce que, manquant dans l'individu qui a servi au dessin, on y a suppléé en prenant pour modèle la queue en nageoire d'un macroure ordinaire.

courts que leur pédoncule, ou à peine plus longs. Le feuillet extérieur des appendices natatoires de l'avant-dernier segment de la queue n'est jamais divisé par une suture transverse.

Notre troisième section, les LOCUSTES (LOCUSTÆ), ainsi désignée du mot *locusta*, donné par les Latins aux crustacés les plus remarquables de cette division, et d'où est venu celui de langouste, qu'ils portent dans notre langue, n'ont toujours que quatre paires de faussses pattes. L'extrémité postérieure de la nageoire, terminant la queue, est toujours presque membraneuse ou moins solide que le reste. Le pédoncule des antennes mitoyennes est toujours plus long que les deux filets du bout, et plus ou moins replié ou coudé ; les latérales ne sont jamais accompagnées d'écailles ; tantôt elles sont réduites au seul pédoncule, qui est dilaté, très aplati, en forme de crête ; tantôt elles sont grandes, longues, allant en pointe et entièrement hérissées de piquants. Tous les pieds sont presque semblables et vont en pointe au bout ; les deux premiers sont simplement un peu plus forts ; leur pénultième article et celui des deux derniers est au plus unidenté, mais sans former avec le dernier une main parfaitement didactyle. L'espace pectoral compris entre les pattes est triangulaire ; le thorax est presque carré, ou subcylindrique, sans prolongement frontal, en manière de bec pointu ou de lance.

LES SCYLLARES ou *Cigales de mer*. (SCYLLARUS. Fab.)

Présentent dans la forme de leurs antennes latérales, un caractère tout-à-fait insolite ; la tige manque, et les articles du pédoncule, très dilatés transversalement, forment une grande crête, aplatie, horizontale, plus ou moins dentée.

La branche extérieure des appendices sous-caudaux est terminée par un feuillet ; mais l'interne, dans quelques mâles, ne se montre que sous la forme d'une dent.

D'après les proportions et la forme du thorax, la position des yeux et quelques autres parties, le docteur Leach a établi trois genres : 1° Ses SCYLLARES (*Scyllarus*) ont le thorax aussi long ou plus long que large, sans incisions la-

térales, et les yeux toujours situés près de ses angles antérieurs ; l'avant-dernier article des deux pieds postérieurs est
unidenté dans les femelles. Ces crustacés se creusent dans les
terrains argileux, près des rivages, des trous qui leur servent d'habitation. Nous citerons deux espèces.

L'une est le *Scyllare ours* (*Cancer arctus*, Lin.), *Cigale
de mer*, Rondel., liv. XIII, chap. 6 ; Herbst., XXX, 6. Les
antennes extérieures ou latérales sont très dentées. Le thorax a trois arêtes longitudinales et dentées. Le dessus de
la queue est comme sculpté et sans crénelures sur ses bords
latéraux.

L'autre est le *Scyllare large* (*Scyllarus œquinoxialis*,
Fab. ; *Scyllarus orientalis*, Risso; *Squille large* ou *Orchetta*,
Rondel. ; Gesn., Hist. anim., III, pag. 1097). Elle est
grande, chagrinée, sans arêtes. Les crêtes n'ont point de
dents. Les segments de la queue sont crénelés sur leurs bords.
Sa chair est très estimée. Ses œufs sont d'un rouge vif.

2° Ses THÈNES (*Thenus*) ont le thorax, mesuré en devant,
plus large que long, avec une incision profonde à chaque
bord latéral, et les yeux situés à ses angles antérieurs (1).

3° Ses IBACUS (*Ibacus*) ne diffèrent des thènes que par
la position des yeux, qui sont rapprochés de l'origine des
antennes intermédiaires ou beaucoup plus intérieures.

Dans une espèce de la Nouvelle-Hollande (*Ibacus peronii*, Leach., Zool. Miscell., CXIX.; Desm., Consid., XXX, 12)
le troisième article des pieds - mâchoires extérieurs est
strié transversalement, et dentelé en manière de crête au
bord latéral externe (2).

LES LANGOUSTES. (PALINURUS. Fab.)

Ont les antennes latérales grandes, sétacées, et hérissées
de piquants.

---

(1) *Thenus indicus*, Leach ; *Scyllarus orientalis*, Fab.; Rumph.,
Mus., II, D.; Herbst, XXX, 1 ; Encyclop., atl. d'hist. nat., CCCXIV :
Desmar., Consid., XXXI, 1.

(2) Ajoutez *scyllarus antarcticus*; Fab., Herbst, XXX ; 2 ; Rumph.,
Mus. II, D. Consultez l'article *Scyllare* de l'Encyclopédie méthod.

Parmi ces crustacés, appelés par les Grecs *Carabos*, par les Latins *Locusta*, et sur lesquels Aristote a donné plusieurs observations importantes, il en est qui acquièrent avec l'âge jusqu'à près de deux mètres de long, en y comprenant les antennes. L'espèce de nos climats se tient, pendant l'hiver, dans les profondeurs de la mer, et ne se rapproche du rivage qu'au retour du printemps. Elle préfère les rochers ou les parties rocailleuses. Elle fait alors sa ponte, et ses œufs, qui sont petits et très abondants, sont d'un beau rouge, ce qui leur a valu le nom de corail. L'on prend alors plus de mâles que de femelles, tandis que celles-ci sont plus communes après la ponte. Suivant M. Risso, il y aurait un second accouplement, suivi d'une autre ponte, au mois d'août. Les langoustes sont répandues dans toutes les mers des zônes tempérées et intertropicales, mais surtout dans celles-ci. Leur test est raboteux, hérissé de piquants, et présente en devant de fortes épines ou dents très fortes, avancées et plus ou moins nombreuses. Ses couleurs, ainsi que celles de la queue, consistent en un mélange agréable de rouge, de vert et de jaune. La queue présente souvent des bandes transverses, ou des taches, quelquefois en forme d'yeux, disposées par séries. Leur chair, surtout, celle des femelles, avant et pendant la ponte, est très estimée.

Dans l'espèce de nos côtes et probablement dans les autres, les femelles ont à l'extrémité de l'avant-dernier article des deux pieds postérieurs une saillie, en forme d'ergot ou de dent, exclusivement propre à ce sexe. Les scyllares nous ont présenté la même différence.

La *Langouste commune* (*Palinurus quadricornis*, Fab.; Herbst., *Astacus elephas*, xxix, 1; Leach., Malac. Brit., xxx.) a quelquefois près d'un demi-mètre de long, et, chargée d'œufs, pèse de douze à quatorze livres. Son test est épineux, garni de duvet, avec deux fortes dents, dentelées en-dessous, au devant des yeux. Le dessus du corps est d'un brun verdâtre ou rougeâtre. La queue est tachetée et ponctuée de jaunâtre; ses segments ont un sillon transversal, interrompu au milieu, et ses bords latéraux forment un angle avec des dentelures. Les pattes sont entrecoupées de rouge et de jaunâtre. Elle habite nos côtes, mais plus particulièrement celles de la Méditerranée. On la trouve aussi en Italie, en état fossile (1).

La quatrième section, celle des HOMARDS (ASTACINI, Latr.), se distingue de la précédente par la forme des deux pieds antérieurs, et souvent aussi par celle des deux paires suivantes, qui se terminent par une pince à deux mordants ou une main didactyle. Dans quelques-uns, les deux ou quatre derniers sont beaucoup plus petits que les précédents, ce qui les rapproche des anomaux; mais la nageoire en éventail de l'extrémité de leur queue et d'autres caractères les éloignent de ceux-ci. Le thorax se rétrécit en devant, et le front s'avance plus ou moins, en manière de bec ou de museau pointu.

Quelques-uns (*Galathadées*, Leach) ont, ainsi que les macroures précédents, quatre paires de fausses pattes; et les antennes mitoyennes coudées, et avec les deux filets, représentant la tige, sont manifestement plus courtes que leur pédoncule. Celui des antennes latérales n'est jamais accompagné d'une lame en forme d'écaille. Les deux pieds antérieurs se terminent seuls par une main didactyle, et qui est souvent très aplatie. Le dernier segment de la queue est bilobé, du moins dans la plupart.

En tête de cette division viendront ceux dont les deux (2)

______

(1) M. Desmarest en mentionne (Hist. nat. des crust. foss., pag. 132) deux autres espèces dans le même état, mais dont la seconde pourrait bien appartenir au sous-genre d'écrevisse proprement dit, et se rapprocher de l'*astacus norwegicus* de Fabricius.

Voyez, pour les autres espèces vivantes, les Annales du Mus. d'hist. natur., tom. III, pag. 391 et suiv.; l'article *Palinure* de l'Encyclop. méthod., et son atlas d'hist. natur.; l'article *Langouste* de la seconde édition du nouv. Dict. d'hist. natur., et le même article de l'ouvrage de M. Desmarest sur les crustacés. Consultez encore, quant au système nerveux de l'espèce de nos côtes, MM. Audouin et Milne-Edwards; suivant eux, tous les ganglions thoraciques sont, pour ainsi dire, soudés bout à bout.

(2) D'après une observation qui m'a été communiquée verbalement par le docteur Leach, dans la galathée *amplectens* de Fabricius, non-seulement les deux pieds postérieurs, mais encore les avant-derniers, seraient plus petits que les autres. Cette espèce formerait alors un genre propre.

pieds postérieurs sont beaucoup plus menus que les précédents, filiformes, repliés, et inutiles à la course.

Les Galathées. (Galathea. Fab.).

Ont la queue étendue, le thorax presque ovoïde ou
oblong, les antennes mitoyennes saillantes, et les pinces
alongées. Le dessus du corps est ordinairement très incisé
ou strié, épineux et cilié. Les espèces les plus remarquables
de nos mers sont :

La *Galathée rugueuse* (*Galathea rugosa*, Fab.; *Leo*, Rondel.; Hist. des poiss., pag. 390.; Penn., Brit. zool., IV, xiii;
Leach., Malac. Brit., xxix.) dont les serres sont très longues et cylindriques; dont les mandibules sont dépourvues de dents; et qui a trois longues épines dirigées en
avant, au milieu du front, et dix semblables et pareillement
avancées sur la queue, savoir: six au second segment et
quatre au suivant (1).

La *Galathée striée* (*Cancer strigosus*. Lin.) Herbst., xxvi,
2; Penn., Brit. zool. IV, xiv; Leach., Malac. Brit., xxviii, B.
Semblable, quant aux mandibules, à la précédente, mais
ayant le front avancé en manière de bec, avec quatre
dents de chaque côté et une autre au bout; les serres
grandes, mais non très longues ni linéaires, et très épineuses, ainsi qu'une grande partie des pieds suivants. Ce
dernier caractère la distingue d'une troisième espèce, pareillement indigène, la *G. porte-écailles* (*Galathea squami-
fera.*, Leach., Malac. Brit. xxviii, A) du docteur Leach.

Ce savant forme, avec la galathée *gregaria* de Fabricius,
un genre propre, sous le nom de Grimotée. *Grimotea*. Le
second article des antennes intermédiaires se termine en
massue, et les trois derniers des pieds-mâchoires extérieurs
sont foliacés. Elle est de couleur rouge, et a été découverte
par Joseph Banks dans son voyage autour du monde. Elle

____

(1) Cette espèce forme le genre MUNIDÉE, *munida*, de M. Leach. *Voy.*
Desmar., Consid., pag. 191. Mais celui-ci se trompe en attribuant à ce
savant d'avoir reconnu le premier que cette espèce était le crustacé que
Rondelet nomme *lion. Voy.* mon Hist. génér. des crust. et des insect.,
tom. VI, pag. 198.

formait une agrégation si considérable, que la mer paraissait d'un rouge de sang.

Le G. Æglée (*Æglea.*) du même, n'est distinguée du précédent et de celui de galathée, qu'en ce que les mandibules sont dentées, que le second article de leurs pieds mâchoires extérieurs est plus court que le premier, et que le dessus du corps est généralement uni (1).

Celui que M. Risso avait d'abord nommé CALYPSO, et qu'il a ensuite appelé JANIRA, ne se distingue probablement pas, ainsi que le pense M. Desmarest (Consid., pag. 192), de celui de Galathée.

Les PORCELLANES. (PORCELLANA. Lam.)

Forment dans les macroures, sous le rapport de la queue, une exception très singulière ; elle est repliée en-dessous, comme dans les brachyures. Elles s'éloignent d'ailleurs des galathées par la forme plus raccourcie, suborbiculaire ou presque carrée du thorax ; par les antennes mitoyennes retirées dans leurs fossettes ; par leurs pinces qui sont triangulaires ; enfin à raison de la dilatation intérieure des articles inférieurs de leurs pieds-mâchoires extérieurs. Leur corps est très aplati.

Ces crustacés sont petits, lents, répandus dans toutes les mers, et se tiennent cachés sous les pierres littorales.

Le docteur Leach a formé avec quelques espèces (*Hexapus*, Lat.; — *Longicornis*, ejusd., — *Bluteli*, Riss., Crust., I, 7, etc.) un genre qu'il a nommé PISIDIA. Mais d'après l'examen spécial qu'en a fait M. Desmarest, il ne diffère par aucun caractère appréciable.

Les unes sont remarquables par leurs pinces très grandes et velues ou très ciliées. Telles sont, 1° la *Porcellane largespinces* (*Cancer platycheles*, Penn., Zool. brit., IV, VI, 12; Herbst., XLVII, 2.), dont les pinces sont seulement velues au bord extérieur, et dont le thorax presque nu est arrondi, et qui vit sur les rochers de nos mers. 2° La *Porcellane hérissée* (*P. hirta*, Lam.), dont tout le dessus des pinces et du tho-

---

(1) *Æglée lisse*, Desm., Consid., XXXIII, 2; Latr., Encyclop. méthod., atl. d'hist. natur., CCCVIII, 2.

rax est velu, et où celui-ci est presque ovale, aminci en devant. Elle a été rapportée de l'île King par Peron et M. Le Sueur. Les autres ont les pinces glabres. Telle est la *Porcellane à six pieds (Cancer hexapus,* Lin.; Herbst; XLVII, 4). Le thorax a des lignes courtes, transverses, un peu ciliées. Son front est trifide, avec la dent du milieu finement dentelée. Les serres sont parsemées de petites écailles et de petits grains, d'un rouge de sang, avec les doigts écartés entre eux et sans dentelures internes. Elle se trouve dans nos mers (1).

Le genre MONOLEPIS de M. Say (Journ. de l'acad. des scienc. natur. de Philad., I, pag. 155; Desmar., Consid., pag. 199 et 200.) paraît faire le passage des porcellanes aux mégalopes. Il se rapproche du premier sous le rapport des deux pieds postérieurs et de la direction de la queue. Mais cette queue n'aurait que six segments, et les yeux seraient très gros, comme dans le second. Il paraîtrait aussi que les nageoires latérales du bout de la queue ressembleraient à celles du dernier.

Les autres crustacés de la même division diffèrent des précédents par leurs pieds postérieurs, semblables, quant à la forme, aux proportions et aux usages, aux précédents, ou pareillement ambulatoires. Ils s'en éloignent encore à raison de leur corps plus épais et plus élevé, de leurs antennes latérales beaucoup plus courtes, de leurs serres plus petites, de la grosseur des yeux, et des nageoires latérales de leur queue, qui ne sont composées que d'une seule lame. Cette queue est étendue, étroite, et simplement courbée en-dessous, vers son extrémité.

Les MÉGALOPES. (MEGALOPUS. Leach. — *Macropa.* Latr. Encyclop.)

Nous en connaissons quatre espèces, dont trois des mers d'Europe et l'autre de l'Océan indien (2), d'où elle a été apportée par feu Leschenault et MM. Quoy et Gaymard.

---

(1) *Voyez* l'article *Porcellane*, du nouv. Dict. d'hist. nat., 2ᵉ édit., et Desmar., Consid. sur les crust., pag. 192-199.

(2) *Voyez*, pour celles d'Europe, Desmar., Consid., pag. 200-202, et la pl. XXXIV, 2, du même ouvrage.

Nous comprendrons dans notre seconde division (*Astacini*, Latr.) des homards, ceux qui ont cinq paires de fausses pattes, les antennes mitoyennes droites ou presque droites, saillantes, avancées, et terminées par deux filets aussi longs ou plus longs que leur pédoncule; et qui, un seul sous-genre excepté (*gebie*), ont les quatre ou six pieds antérieurs terminés par une main didactyle.

Leur queue est toujours étendue; leurs deux pieds postérieurs ne sont jamais beaucoup plus grêles que les précédents, ni repliés. Le pédoncule des antennes latérales est souvent accompagné d'une écaille.

Quelques-uns, ainsi que d'autres de la section suivante, vivent dans les eaux douces.

Ceux dont les quatre premiers pieds au plus se terminent par deux doigts; dont les antennes latérales n'ont jamais d'écaille à leur base, et dont le feuillet extérieur des nageoires latérales du bout de la queue n'offre point de suture transverse, formeront une première subdivision. La plupart de leurs pieds sont ciliés ou velus. Ces crustacés sont marins et se tiennent cachés dans des trous qu'ils se creusent dans le sable.

Tantôt l'index ou le doigt immobile (formé par une saillie de l'avant-dernier article) des serres est très sensiblement plus court que le pouce ou le doigt mobile, et ne forme qu'une simple dent.

Les Gébies (Gebia. Leach.)

Avoisinent les sous-genres précédents, en ce que les deux pieds antérieurs sont seuls didactyles. Les feuillets des nageoires latérales du bout de la queue vont en s'élargissant de la base à leur extrémité, et ont des arêtes longitudinales. La pièce intermédiaire ou le dernier segment de la queue est presque carré (1).

Les Thalassines. (Thalassina. Latr.)

Ont les quatre pieds antérieurs terminés par deux doigts, les feuillets des nageoires latérales du bout de la queue

---

(1) *Thalassina littoralis*, Risso, Crust., III, 2; — *Gebia stellata*, Leach, Malac. Brit., XXXI, 1-9. *Voy.* Desm., Consid., pag. 203, 204.

étroits, et alongés, sans arêtes; et le dernier segment de cette queue, ou la pièce intermédiaire, en triangle alongé (1).

Tantôt les quatre pieds antérieurs, ou les deux premiers et l'un des seconds (2) sont terminés par deux doigts alongés, formant parfaitement la pince.

Les deux serres antérieures sont plus grandes; les feuillets latéraux de la nageoire terminant la queue sont en forme de triangle renversé ou plus larges au bord postérieur; l'intermédiaire au contraire se rétrécit de la base au bout, et va en pointe.

Les CALLIANASSÉS. (CALLIANASSA. Leach.)

Ont les serres très inégales, tant pour la forme que pour les proportions; le carpe de la plus grande des deux antérieures est transversal et forme avec la pince un corps commun; le même article de l'autre serre est alongé; les deux pieds postérieurs sont presque didactyles Le feuillet extérieur des nageoires latérales du bout de la queue est plus grand que l'interne, avec une arête; celui-ci est uni.

Les pédicules oculaires sont en forme d'écaille, et la cornée est située près du milieu de leur bord extérieur. Les filets des antennes mitoyennes ne sont guère plus longs que leur pédoncule.

La seule espèce connue, la *Callianasse souterraine.* (*Callianassa subterranea*, Leach., Malac. Brit., XXXII.), se trouve sur nos côtes et celles d'Angleterre.

Les AXIES. (AXIUS. Leach.)

En diffèrent par leurs serres, qui sont presque égales, et dont le carpe ne fait point partie de la pince; les pieds postérieurs sont semblables aux précédents. Les feuillets des nageoires latérales sont presque de la même grandeur et ont chacun une arête longitudinale. Les filets des antennes mitoyennes sont évidemment plus longs que leur pédoncule.

---

(1) *Thalassina scorpionides*, Latr.; Herbst, *Cancer anomalus*, LXII; Leach, Zool. misc., CXXX; Desmar., Consid., XXXVI.

(2) Dans les calianasses, la serre gauche de la seconde paire semble être monodactyle, et l'avant-dernier article est dilaté en manière de palette.

L'*Axie stirhynque* (*Axius stirhynchus*, Leach., Malac. Brit., XXXIII) se trouve sur les côtes d'Angleterre et sur celles de nos départements maritimes de l'ouest, où elle a été observée par M. d'Orbigny père, correspondant du Muséum d'histoire naturelle.

Notre seconde et dernière subdivision nous offre des crustacés dont les six pieds antérieurs forment autant de serres, terminées en pince parfaitement didactyle, caractère qui les distingue de tous les décapodes précédents, et qui les rapproche des premiers de la section suivante ; mais ici les serres de la troisième paire sont les plus grandes, au lieu que là ce sont les deux premières, et que leur épaisseur est d'ailleurs beaucoup plus considérable. Le pédoncule des antennes latérales est accompagné d'une écaille ou d'épines. Le feuillet extérieur des nageoires latérales du bout de la queue est, dans toutes les espèces vivantes, comme partagé en deux par une suture transverse (1).

Les Eryons. (Eryon. Desmarest.)

Ont tous les feuillets de la nageoire caudale rétrécis à leur extrémité et terminés en pointe ; l'extérieur ne présente aucune suture transverse. Les deux filets des antennes mitoyennes sont fort courts et guères plus longs que leur pédoncule. Les côtés du test ont des entailles profondes.

Les pinces des deux serres antérieures sont étroites et alongées.

Ce sous-genre a été établi par M. Desmarest sur une espèce fossile (*Eryon de Cuvier*, Hist. nat. des crust. foss., X, 4 ; Consid., XXXIV, 3.), trouvée dans une pierre calcaire lithographique de Pappenheim et d'Aichtedt, dans le margraviat d'Anspach.

Les Écrevisses. (Astacus. Gronov., Fab.)

Ont les feuillets des nageoires latérales du bout de la queue élargis et arrondis à leur extrémité ; l'extérieur est

---

(1) Ce caractère est commun à la section suivante, de manière qu'on pourrait, d'après lui, partager les macroures, hormis les schizopodes, en deux grandes divisions.

divisé transversalement en deux par une suture transverse; l'extrémité postérieure de celui du milieu est obtuse ou arrondie. Les deux filets des antennes mitoyennes sont notablement plus longs que leur pédoncule. Les côtés du test ne sont point incisés.

Dans les unes et toutes marines, le dernier segment de la queue ou celui qui occupe le milieu de la nageoire terminale, n'offre point de suture transverse.

Celles dont les antennes latérales ont une grande écaille sur leur pédoncule, dont les yeux sont très gros, en forme de rein, et dont les pinces des deux serres antérieures sont étroites, alongées, prismatiques, égales, forment le genre NEPHROPS (*Nephrops*) de M. Leach. Il a pour type l'*écrevisse de Norwège* (*Cancer norwegicus*, Lin.; de Géer., Insect., VII, XXI; Herbst., XXVI; 3, Leach., Malac. Brit., XXXVI.) Les deux serres antérieures ont dés épines et des arêtes dentées; le dessus de la queue est sculpté. On la trouve dans les mers du nord de l'Europe et dans la Méditerranée.

Celles dont le pédoncule des antennes latérales n'offre simplement que deux courtes saillies, en forme de dents ou d'épines, dont les yeux ne sont ni très gros ni réniformes, et qui ont les pinces plus ou moins ovales, composent, avec les espèces d'eau douce, le genre *astacus* proprement dit du même naturaliste.

L'*Écrevisse homard.* (*Cancer gammarus*, Lin.) *Astacus marinus*, Fab.; Herbst., XXV; Penn., Brit. zool., V, x, 21. La pointe en forme de bec de l'extrémité antérieure du test, a trois dents de chaque côté, et une autre double à sa base. Les serres antérieures sont inégales, très grandes; la pince la plus grande est ovale, avec de grosses dents molaires; l'autre est plus alongée, avec de petites dents nombreuses. Les individus les plus âgés ont quelquefois plus d'un demi-mètre de long. Sa chair est très estimée. Elle se trouve dans l'Océan européen, dans la Méditerranée, et même sur les côtes orientales de l'Amérique septentrionale. Son organisation intérieure a été étudiée avec soin par MM. Victor Audouin et Milne-Edwards.

Dans les espèces d'eau douce, qui, par les antennes, les yeux et la forme des serres, ressemblent d'ailleurs à la précédente, le dernier segment de la queue, ou le mitoyen de sa nageoire terminale est coupé transversalement en deux par une suture.

L'*Écrevisse commune* (*Cancer astacus*, Lin.) Rœs., Insect., III, LIV — VII. a ses pinces antérieures chagrinées et finement dentelées au bord interne des mordants. Le museau a une dent de chaque côté, et deux à sa base; les bords latéraux des segments de la queue forment un angle aigu. Des circonstances accidentelles font varier sa couleur, qui est ordinairement d'un brun verdâtre.

Cette espèce, qui se trouve dans les eaux douces de l'Europe, a été plus particulièrement étudiée, tant sous les rapports de l'anatomie, que sous ceux des habitudes et de la faculté qu'ont les crustacés de régénérer leurs antennes et leurs pattes, lorsqu'ils les ont perdus ou qu'elles ont été mutilées. L'estomac renferme, lorsqu'elle est sur le point de muer, deux concrétions pierreuses, dont la médecine faisait anciennement usage comme absorbants, et qu'on a remplacées par le carbonate de magnésie. Elle se tient sous les pierres ou dans des trous, et n'en sort que pour chercher sa nourriture, qui consiste en petits mollusques, en petits poissons, en larves d'insectes. Elle se nourrit aussi de chairs corrompues, de cadavres de quadrupèdes, flottant dans l'eau, et dont on se sert comme d'appâts, en les plaçant au milieu de fagots d'épines, ou dans des filets. On les saisit aussi dans leurs trous, ou on les pêche au flambeau. Sa mue a lieu à la fin du printemps. Deux mois après l'accouplement, qui s'opère ventre contre ventre, la femelle fait sa ponte. Ses œufs, d'abord rassemblés en tas, et collés, au moyen d'une liqueur visqueuse, aux fausses pattes, sont d'un rouge brun, et ils grossissent avant que d'éclore. Les jeunes écrevisses, très molles au moment de leur naissance, et tout-à-fait semblables à leurs mères, se réfugient sous leur queue, et y restent pendant plusieurs jours, et jusqu'à ce que les parties de leur corps soient raffermies.

La durée de la vie de nos écrevisses s'étend au-delà de vingt années, et leur taille s'accroît à proportion. On préfère celles qui vivent habituellement dans les eaux vives et courantes. On trouve sur leurs branchies une annélide parasite, observée, depuis long-temps par Rœsel, mais qu'on ne connaissait qu'imparfaitement avant les recherches de M. Odier (1).

Les eaux douces de l'Amérique septentrionale nous offrent une autre espèce, l'*écrevisse de Barton*, et dont M. Bosc nous a donné une figure (Hist. nat. des crust., II, xi, 1). Une autre, du même pays habite les rizières, et leur nuit beaucoup, au témoignage de M. Le Conte, l'un des meilleurs naturalistes des États-Unis.

Dans la cinquième section, celle des SALICOQUES (*Carides.*) les antennes mitoyennes sont supérieures ou insérées au-dessus des latérales ; le pédoncule de celles-ci est entièrement recouvert par une grande écaille.

Leur corps est arqué, comme bossu et d'une consistance moins solide que celui des crustacés précédents. Le front se prolonge toujours en avant, en pointe, et le plus souvent en manière de bec ou de lame pointue, comprimée et dentée sur ses deux bords. Les antennes sont toujours avancées; les latérales sont ordinairement fort longues et en forme de soie très déliée ; les intermédiaires d'un très grand nombre se terminent par trois filets. Les yeux sont très rapprochés. Les pieds-mâchoires extérieurs, plus étroits et plus alongés que de coutume, ressemblent à des palpes ou à des antennes. Les mandibules de la plupart sont rétrécies et arquées à leur extrémité. L'une des deux premières paires de pieds est souvent pliée sur elle-même ou doublée. Les segments de la queue sont dilatés ou élargis latéralement. Le feuillet extérieur de sa nageoire terminale est toujours divisé en deux par une suture, caractère que l'on n'observe que dans les derniers crustacés de la section précédente; la pièce impaire du milieu, ou le septième et dernier segment, est alongée, rétrécie vers le bout, et offre, en dessus, des rangées de petites épines. Les fausses pattes, au nombre de cinq paires, sont alongées et ordinairement foliacées.

On fait une grande consommation de ces crustacés dans toutes les parties du monde. On en sale même quelques espèces, afin de les conserver.

_____

(1) *Voyez* son Mémoire sur le *branchiodelle*, inséré dans la première partie du premier tome des Mémoires de la Société d'histoire naturelle de Paris, pag. 69 et suiv.

Les uns ont les trois premières paires de pieds en forme de serre didactyle, et dont la longueur augmente progressivement, de sorte que la troisième paire est la plus longue. Tels sont

Les Pénées. (Penæus. Fab.)

Dont aucun article des pieds ne présente de division annulaire.

Leurs palpes mandibules sont relevés et foliacés. On voit un petit appendice en forme de lame elliptique à la base des pieds, caractère qui semble rapprocher ces crustacés des pasiphaés, dernier sous-genre de cette section, et de ceux de la suivante.

Quelques espèces, et toutes indigènes, forment, à raison de la brièveté des deux filets de leurs antennes intermédiaires, une première division. Elle comprend les suivantes.

Le *Pénée caramote* (*Palaemon sulcatus*, Oliv., Encyclop.; *Caramote*, Rond., Hist. nat. des poiss., liv. xviii, chap. 7.) est long de neuf pouces. Sur le milieu du thorax est une carène longitudinale, bifurquée à sa base, terminée par un bec avancé, comprimé, ayant onze dents à sa tranche supérieure et une à l'inférieur; on voit de chaque côté de la carène un sillon longitudinal.

Cette espèce est très commune dans la Méditerranée et l'objet d'un grand commerce. On la sale pour la transporter dans le Levant. Le *Pénée à trois sillons* de M. Leach (Malac. Brit., XLII.), et qui se trouve sur les côtes d'Angleterre, n'est peut-être qu'une variété locale du précécédent. Son thorax a trois sillons et le bec a deux dents en-dessous. Dans le *Pénée d'Orbigny* (Lat., Nouv. dict. d'hist. nat. 2ᵉ édit. article *Pénée*.), la carène n'est point sillonnée.

D'autres pénées ont les antennes intermédiaires terminées par de longs filets; ce sont celles de notre seconde division. Nous y rapportons

Le *Pénée monodon* (*Penæus monodon*, Fab.; *Squilla indica*, Bont., Hist. nat., p. 81.) des mers des Indes. Deux espèces de la Méditerranée (*P. antennatus*, Riss., Crust.,

II, 6; — *P. mars.*, ejusd., II, 5) paraissent aussi en faire partie.

Les Stenopes. (Stenopus. Lat.)

Se distinguent des pénées par les divisions transverses et annulaires des deux avant-derniers articles des quatre pieds postérieurs.

Tout le corps est mou. Les antennes et les pieds sont longs et grêles ; ceux de la troisième paire sont plus larges.

Nous n'en connaissons qu'une seule espèce, rapportée des mers australasiennes par Peron et M. Lesueur. Olivier l'a conservée dans le genre palémon (*Cancer setiferus*, Lin. ; *P. hispidus*, Oliv., Encycl. ; et atl. d'hist. nat. , cccxix, 2; Seb., Mus., III, xxi, 6, 7; Herbst., xxxi, 3.), où je l'avais d'abord placée.

Les autres salicoques, dont plusieurs ont les antennes intermédiaires terminées par trois filets, n'offrent au plus que deux paires de serres didactyles, formées par les quatre pieds antérieurs.

Un sous-genre, établi sur une seule espèce propre à l'Amérique septentrionale, celui

D'Atye. (Atya, Leach.)

S'éloigne de tous les crustacés analogues, par un caractère anomal. La pince terminant les quatre serres est fendue jusqu'à sa base , ou semble être composée de deux doigts en forme de lanières, réunis à leur origine ; l'article qui précède est en forme de croissant ; la seconde paire est la plus grande. Les antennes mitoyennes n'ont que deux filets (1).

Dans tous les sous-genres suivants, les doigts des pinces ne prennent naissance qu'à une certaine distance de l'origine de l'avant-dernier article ou de celui qui est en forme de main, et le corps ou l'article qui la précède n'est point lunulé.

Maintenant viendront d'abord les salicoques, dont les pieds sont généralement robustes et point en forme de fil, et sans appendice à leur base extérieure. Leur corps n'est jamais très mol, ni très alongé.

Parmi ces sous-genres, à pieds sans appendice, les trois

----

(1) *Atya scabra*, Leach, Zool. misc., cxxxi.

suivants nous présentent encore, sous le rapport des serres, des formes insolites.

Dans celui

Des Crangons. (Crangon, Fab.),

Les deux serres antérieures, plus grandes que les pieds suivants, n'ont qu'une dent à la place de l'index ou du doigt fixe, et celui qui est mobile est en forme de crochet et fléchi.

Les antennes supérieures ou mitoyennes n'ont que deux filets. Les seconds pieds sont repliés, plus ou moins distinctement bifides ou didactyles à leur extrémité; aucun de leurs articles n'est annelé. Le bec antérieur du test est fort court.

Nous ne séparerons point des crangons les ÉGÉONS de M. Risso ou les PONTOPHILES de M. Leach. Ici le dernier article des pieds-mâchoires extérieurs est une fois plus long que le précédent, tandis qu'ils sont d'égale longueur dans les premiers. Les seconds pieds des égéons sont plus courts que les troisièmes et les plus petits de tous, au lieu que leur longueur est la même dans les crangons. Le nombre des espèces étant d'ailleurs très borné, cette distinction générique est d'autant moins nécessaire.

Le *Crangon commun* (*C. vulgaris*, Fab. ; Roes., Insect., III, LXIII, 1, 2.) n'a guère plus de deux pouces de long. Il est d'un vert glauque pâle, ponctué de gris et uni. L'espace pectoral portant la troisième paire de pieds est avancé en pointe. Cette espèce est très commune sur nos côtes océaniques, où on l'appelle vulgairement *Cardon*. On l'y pêche toute l'année dans des filets. Sa chair est délicate. On y trouve aussi, selon M. Brébisson, mais très rarement, le *C. ponctué de rouge* de M. Risso; mais je présume avec lui, que ce n'est qu'une variété. Le *C. cuirassé* (*Egeon loricatus*, Riss.; *Cancer cataphractus*, Oliv., Zool. adriat., III, 1.) a trois arêtes longitudinales et dentelées sur le thorax.

Les mers du nord offrent une espèce assez grande (*Crangon boreas.*, Phipps., Voy. au nord, pl. XI, 1 ; Herbst., XXIX, 2.).

Les Processes. (Processa. Leach.— *Nika*. Risso.)

Ont l'un des deux pieds antérieurs terminé simplement en pointe, et l'autre en pince didactyle; les deux suivants sont inégaux, grêles, terminés aussi par deux doigts; l'un de ces seconds pieds est fort long, avec le carpe et l'article précédent annelés; ce caractère n'est propre à l'autre pied qu'au premier de ces articles; les pieds de la quatrième paire sont plus longs que les précédents et les deux suivants. Les antennes supérieures n'ont que deux filets.

La *P. comestible* (*Nika edulis*, Risso, Crust., III, 3) est d'un rouge de chair, pointillé de jaunâtre, avec une ligne de petites taches jaunes au milieu. L'extrémité antérieure de son test a trois pointes aiguës, dont l'intermédiaire ou le bec plus longue; les deux pattes antérieures sont de grosseur égale, la droite est en pince. On vend cette espèce pendant toute l'année, dans les marchés de Nice. Elle se trouve aussi sur les côtes du département des Bouches-du-Rhône (1).

Les Hyménocères. (Hymenocera. Latr.)

Ont les deux pieds antérieurs terminés par un long crochet, bifide au bout, et à divisions très courtes; les deux suivants sont fort grands; ses mains, le doigt fixe, et le filet supérieur des antennes mitoyennes sont dilatés, membraneux et comme foliacés. Les pieds-mâchoires extérieurs sont pareillement foliacés et recouvrent la bouche.

La seule espèce connue fait partie de la collection du Muséum d'histoire naturelle, et a été recueillie dans les mers des Indes orientales.

Nous passons maintenant à des sous-genres, dont les serres n'offrent aucune particularité remarquable ou insolite.

Tantôt les antennes supérieures ou mitoyennes ne sont terminées que par deux filets.

Le bec est généralement court.

---

(1) *Voyez*, pour d'autres espèces, Risso, Hist. nat. des crust. de Nice; Leach, Malac. Brit. xli, et le nouv. Dict. d'hist. nat., 2ᵉ édit.

Les Gnathophylles. (Gnathophyllum. Latr.)

Les seuls qui, sous le rapport de la forme et l'ampleur des pieds-mâchoires inférieurs, se rapprochent des hyménocères. Les quatre pieds antérieurs sont en forme de serres didactyles ; la seconde paire est plus longue et plus épaisse que la première. Aucun des articles des quatre n'est annelé (1).

Les Pontonies. (Pontonia. Latr.)

Ont, comme les deux sous-genres suivants, les quatre pieds antérieurs en forme de serres et didactyles, mais le carpe n'est point annelé (2).

Les Alphées. (Alpheus. Fab.)

Qui ont aussi les quatre pieds antérieurs terminés par une pince didactyle, mais le carpe des seconds est articulé. Ceux-ci sont plus courts que les premiers (3).

Les Hippolytes. (Hippolyte. Leach.)

Ne s'éloignent des alphées que par les proportions respectives des serres ; les secondes sont plus longues que les premières (4).

Les deux derniers sous-genres suivants ont cela de particulier, qu'une seule paire de leurs pieds se termine en pince didactyle. Dans

Les Autonomées. (Autonomea. Risso.)

Ce sont les deux antérieurs, qui se distinguent d'ailleurs

---

(1) *Alpheus elegans*, Risso, Crust., II, 4 ; Desmar., Consid., p. 228.

(2) *Alpheus thyrenus*, Risso, Crust., II, 2 ; *Astacus thyrenus* petag., V, 5 ; Desmar., *ibid.*, pag. 229.

(3) *Alpheus malabaricus*, Fab., et probablement quelques autres espèces, mais sur lesquelles je n'ai point de données suffisantes. *Voyez* Desmar., Consid., pag. 222 et 223.

(4) Rapportez-y les palémons *diversimane* et *marbré* d'Olivier. *Voyez* Desmar., Consid, pag. 220.

des autres par leur grandeur, leur grosseur et leur disproportion (1). Dans

Les Pandales (Pandalus , Leach.),

Les deux pieds antérieurs sont simples ou à peine bifides ; les deux suivants sont plus longs, d'inégale longueur, didactyles , avec le carpe et l'article précédent annelés.

Les pieds-mâchoires extérieurs sont grêles et très longs , du moins dans quelques-uns. La saillie antérieure du test est fort longue et très dentée (2).

Tantôt les antennes supérieures ont trois filets.

Ces crustacés ont quatre serres didactyles , dont les plus petites repliées , et le bec alongé.

Les Palémons, (Palæmon. Fab.)

Se distinguent des deux sous-genres suivants, par leur carpe inarticulé ; les seconds pieds sont plus grands que les premiers ; ceux-ci sont repliés. On en trouve aux Indes orientales, d'une grandeur très remarquable, et dont les secondes serres sont fort longues. Les Antilles en offrent aussi d'assez grands, et dont quelques-uns se tiennent à l'embouchure des rivières. Ceux de nos côtes sont beaucoup plus petits, et y sont désignés sous les noms de *crevettes* et de *salicoques ;* leur chair est plus estimée que celle des crangons. Selon M. de Brébisson (Catal. méthod. des crust. terrest. et fluv., du département du Calvados.), on les pêche de la même manière, mais seulement en été. Ces crustacés nagent très bien , surtout lorsqu'ils fuient, et dans diverses directions. Ils fréquentent les rivages. La pierre lithographique de Pappenheim et de Solhnofen renferme souvent les débris d'un crustacé fossile que M. Desmarest rapporte aux palémons, sous le nom spécifique de *spinipes* (Hist. nat. des

---

(1) *Autonomea Olivii*, Risso, Crust., pag. 166 ; *Cancer glaber*, Oliv., Zool. adriat. III, 4 ; Desmar., Consid. , pag. 251 et 252.

(2) *Pandalus annulicornis*, Leach, Malac. Brit. , XL ; — *Pandalus narwal*, Latr.; *Astacus narwal*, Fab. ; *Palæmon pristis* , Risso ; *Cancer armiger?* Herbst, XXXIV , 4. *Voyez* Desmar., Consid. , pag. 219, 220.

crust. foss., XI, 4.). Il en a effectivement le port , mais les serres manquent. Une autre espèce pareillement fossile , mais beaucoup plus grande, a été découverte en Angleterre.

Le *Palémon à dents de scie* (*P. serratus*, Leach, Malac. Brit. , XLIII, 1 — 10; Herbst., XXVII , 1), a trois à quatre pouces de long. Il est d'un rouge pâle, mais plus vif sur les antennes, le bord postérieur des segments de la queue, et surtout sur la nageoire terminale. Sa corne frontale dépasse le pédoncule des antennes mitoyennes, se relève à son extrémité, a sept à huit dents en dessus, la pointe non comprise, et cinq en dessous. Les doigts sont aussi longs que la pince proprement dite, ou l'avant-dernier article. Cette espèce se trouve sur les côtes océaniques de France et d'Angleterre, et c'est celle de ce sous-genre que l'on vend plus particulièrement à Paris. L'un des côtés de son test offre souvent et en tout temps une sorte de loupe, recouvrant un crustacé parasite du genre *bopyte* , appliqué sur les branchies.

Le *Palémon squille*, ou *Salicoque (Cancer squilla*, Lin.), *Palæmon squilla*, Leach, Malac. Brit., XLIII, 11-13; *Squilla fusca*, Bast., Opusc. subs., lib. 2, III, 5.), est de moitié plus petit que le précédent. Sa corne frontale ne dépasse guère le pédoncule des antennes supérieures, est presque droite ou peu recourbée, échancrée au bout, avec sept à huit dents en dessus et trois en dessous. Les doigts des serres sont un peu plus longs que la main. Il est commun sur nos côtes et sur celles d'Angleterre (1).

Le carpe est articulé ou présente des divisions annulaires dans les deux genres suivants, savoir :

Les Lysmates (Lysmata , Riss. , auparavant Melicerta du même.) ,

Qui ont la seconde paire de serres plus grande que la première (2).

---

(1) *Voyez* les articles *Palémon* de l'Encyclopédie méthodique , de la seconde édition du nouv. Dict. d'hist. natur. , et Desmar. , Consid. gén. sur les crust. , pag. 233-238. *Voyez* aussi, quant au système nerveux, le Mémoire précité de MM. Audouin et Milne Edwards.

(2) *Lysmata seticauda*, Risso, Crust. , 11 , 1 ; Desmar., Consid. , pag. 238.

Les Athanas. (Athanas. Leach.)

Où la première paire de serres est, au contraire, plus grosse que la suivante (1).

Le dernier sous-genre de cette section, celui

De Pasiphaé, (Pasiphæa, Sav.),

Quoique très rapproché de plusieurs des précédents par les antennes supérieures terminées par deux filets ; par la forme des quatre pieds antérieurs, terminés en une pince didactyle, précédée d'un article, sans divisions annulaires ; par la briéveté du museau ou de la corne frontale, en diffère sous quelques rapports. On voit très distinctement à la base extérieure de leurs pieds un appendice en forme de soie ; ces pieds, à l'exception des serres, qui sont plus grandes et presque égales, sont très grêles et filiformes ; le corps est fort alongé, très comprimé et fort mou.

La *Pasiphaé sivado* (*Alpheus sivado*, Risso, Crust., III, 2; Desmar., Consid., pag. 240.) a deux pouces et demi de long sur quatre lignes et demi de largeur. Le corps est d'un blanc nacré, transparent, bordé de rouge, avec de petits points de cette couleur sur la nageoire de la queue. Le museau est aigu et légèrement courbé à son extrémité. Les serres sont rougeâtres.

Ce crustacé est très abondant sur la plage de Nice, et, suivant M. Risso, fait sa ponte en juin et juillet. On n'en a pas encore observé d'autres espèces.

Notre sixième et dernière section des macroures, celle des Schizopodes (*Schizopoda.*), paraît lier les macroures avec l'ordre suivant. Les pieds, dont aucun n'est terminé en pince, sont très grêles, en forme de lanières, munis d'un appendice plus ou moins long, partant de leur côté extérieur, près de leur base, et uniquement propres à la natation. Les œufs sont situés entre eux et non sous la queue. Les pédicules oculaires sont très courts. Ainsi que dans la plupart des macroures, le front s'avance en pointe ou présente l'apparence d'une sorte de bec. Le test est mince, la queue se termine,

---

(1) *Athanas nitescens*, Leach, Malac. Brit., XLIV; Desmar., Consid., pag. 239, 240; De Bréb., Crust. du Calv., pag. 23, 24.

7*

comme d'ordinaire, en manière de nageoire. Ces crustacés sont petits et marins.

Ici les yeux sont très apparents ; les antennes latérales sont accompagnées d'une écaille ; les mitoyennes sont terminées par deux filets et composées de beaucoup de petits articles, de même que les précédentes.

Les Mysis. (Mysis. Latr.)

Ont les antennes et les pieds à découvert, le test alongé, presque carré ou cylindracé, les yeux très rapprochés et les pieds capillaires, comme formés de deux filets (1).

Les Cryptopes. (Cryptopus. Latr.)

Ont un test subovoïde, renflé, replié inférieurement sur les côtés, enveloppant le corps ainsi que les antennes et les pattes, et ne laissant à découvert en dessous qu'une fente longitudinale. Les yeux sont écartés ; les pieds sont en forme de lanières, avec un appendice latéral (2).

Là les yeux sont cachés ; les antennes intermédiaires sont coniques, inarticulées, fort courtes ; les latérales sont composées d'un pédoncule et d'un filet, sans articulations distinctes. Leur base n'offre point d'écaille, du moins saillante. Tels sont :

Les Mulcions. (Mulcion. Lat.)

Le corps est très mou, avec le thorax ovoïde. Les pieds sont en forme de lanière, et la plupart au moins ont un appendice à leur base ; la quatrième paire est la plus longue de toutes.

Je n'en connais qu'une espèce, le *Mulcion de Lesueur*. Elle a été recueillie par ce zélé naturaliste dans les mers de l'Amérique septentrionale. Feu Olivier avait trouvé dans la pinne-marine un crustacé très analogue au premier coup d'œil, mais dont les individus étaient tellement déformés, qu'il ne m'a pas été possible d'en étudier les caractères.

---

(1) *Mysis Fabricii*, Leach ; Encyclop. méthod., atl. d'hist. natur., cccxxxvi, 8, 9 ; *Cancer oculatus*, Oth. Fab., Faun. groenl., fig. 1. *Voyez* Desmar., Consid., pag. 241, 242.

(2) *Cryptopus Defrancii*, Latr., de la Méditerranée.

Les nébalies, que nous avions d'abord placés dans cette section, n'ayant point d'appendices natatoires sous les derniers segments de leur corps, et leurs pieds étant assez semblables à ceux des cyclopes, passeront, avec les condylures, dans l'ordre des branchiopodes, dont ils feront l'ouverture. Les nébalies, par leurs yeux très saillants, et qui semblent être pédiculés, et par quelques autres caractères, paraissent, avec les zoés, lier les schizopodes avec les branchiopodes.

LE SECOND ORDRE DES CRUSTACÉS,

Les **STOMAPODES** (Stomapoda.), vulgairement *Mantes de mer.*

Ont leurs branchies à découvert et adhérentes aux cinq paires d'appendices situés sous l'abdomen (la queue), que cette partie nous a offerts dans les décapodes, et qui ici, comme dans la plupart des macroures, servent à la natation ou sont des pieds-nageoires. Leur test est divisé en deux parties, dont l'antérieure porte les yeux et les antennes intermédiaires, ou bien compose la tête, sans porter les pieds-mâchoires. Ces organes, ainsi que les quatre pieds antérieurs, sont souvent rapprochés de la bouche, sur deux lignes convergentes inférieurement, et de là la dénomination de stomapodes, donnée à cet ordre. Le cœur, à en juger par les squilles, genre le plus remarquable de cet ordre, et le seul où l'on ait encore étudié, est alongé et semblable à un gros vaisseau. Il s'étend tout le long du dos, repose sur le foie et le canal intestinal, et se termine postérieurement et près de l'anus en pointe. Ses parois sont minces, transparentes et presque membraneuses. Son extrémité antérieure, immédiatement placée derrière l'estomac, donne naissance à trois artères principales, dont la médiane (l'ophthalmique), jetant des deux côtés plusieurs rameaux, se porte plus spécialement aux yeux et aux antennes mitoyennes; et dont les deux latérales (les antennaires) passent sur les côtés de l'estomac, et vont se perdre dans les muscles de la bouche et des antennes extérieures. La face supérieure du cœur ne produit aucune artère; mais on en voit sortir de ses deux côtés un grand nombre, et dont chaque paire, à ce qu'il nous a paru, correspond à chaque segment du corps, à commencer aux pieds-mâchoires, soit que ces segments soient extérieurs, soit qu'ils soient cachés par le test, et même très petits, comme le sont les antérieurs. Au niveau des cinq premiers anneaux de l'abdomen, ou de ceux portant les appendices natatoires et les branchies, cette face supérieure du cœur reçoit, près de la ligne médiane, cinq paires de vaisseaux (une paire par chaque segments) venant de ces derniers organes, et qui, suivant MM. Audouin et Milne Edwards, sont les analogues des canaux *branchio-cardiaques* des décapodes. Un canal central (1), situé au-dessous du foie et de l'intestin, re-

____

(1) *Voyez* les généralités des macroures. On n'a point observé dans les crustacés des ordres suivants, ce vaisseau ni les sinus veineux; mais le cœur conserve la même forme alongée, et présente aussi les mêmes artères

çoit le sang veineux, qui afflue de toutes les parties du corps. Au niveau de chaque segment portant les pieds-nageoires et les branchies, il jette de chaque côté un rameau latéral, se rendant à la branchie située à la base du pied-nageoire correspondant. Les parois de ces conduits ont paru aux mêmes observateurs lisses et continues, mais formées plutôt par une couche de tissu lamellaire celluleux accolé aux muscles voisins, que par une membrane propre ; il leur a semblé que ces conduits communiquaient entre eux vers le bord latéral des anneaux : mais ils n'osent l'assurer. Les vaisseaux *afférents* ou internes des branchies, qui, dans ces squilles, forment des houppes en panaches, se continuent avec les canaux *branchio-cardiaques*, ne sont plus logés dans des cellules, passent entre des muscles, contournent obliquement la partie latérale de l'abdomen, gagnent le bord antérieur de l'anneau précédent, et vont se terminer à la face supérieure du cœur, près de la ligne médiane, en chevauchant légèrement l'un sur l'autre. Le cordon médullaire n'offre, outre le cerveau, que dix ganglions, dont l'antérieur fournit les nerfs des parties de la bouche ; les trois suivants, ceux des six pieds natatoires, et les six derniers, ceux de la queue. Ainsi les quatre derniers pieds-mâchoires, quoique

---

antérieures. Ses côtés donnent encore naissance à d'autres artères correspondantes aux articulations du corps. *Voyez*, outre le mémoire précité, les Leçons d'Anatomie comparée de M. Cuvier.

représentant les quatre pieds antérieurs des décapodes, font néanmoins partie des organes de la mastication. L'estomac des mêmes crustacés (squilles)
est petit, et n'offre que quelques très petites dents (1)
vers le pylore. Il est suivi d'un intestin grêle et droit,
qui règne dans toute la longueur de l'abdomen, accompagné à droite et à gauche de lobes glanduleux,
paraissant tenir lieu de foie. Un appendice en forme
de rameau, adhérent à la base interne de la dernière
paire de pieds, paraît caractériser les individus mâles.

Les téguments des stomapodes sont minces, et
même presque membraneux ou diaphanes dans plusieurs. Le test, ou carapace, est tantôt formé de deux
boucliers, dont l'antérieur répond à la tête et l'autre
au thorax, tantôt d'une seule pièce, mais libre
par derrière, laissant ordinairement à découvert
les segments thoraciques, portant les trois dernières paires de pieds, et ayant en devant une
articulation, servant de base aux yeux et aux antennes intermédiaires; ces derniers organes sont
toujours étendus et terminés par deux ou trois filets.
Les yeux sont toujours rapprochés. La composition
de la bouche est essentiellement la même que celle
des décapodes; mais les palpes des mandibules, au
lieu d'être couchés sur elles, sont toujours relevés.
Les pieds-mâchoires sont dépourvus de l'appendice
en forme de fouet, qu'ils nous offrent dans les dé-

____

(1) Elles forment deux rangées de stries transverses et parallèles.

capodes. Ils ont la forme de serres ou de petits pieds; et dans plusieurs au moins (les squilles), leur base extérieure, ainsi que celle des deux pieds antérieurs proprement dits, offre un corps vésiculaire; ceux de la seconde paire, dans les mêmes stomapodes, sont beaucoup plus grands que les autres et que les pieds mêmes; aussi les a-t-on considérés comme de véritables pieds, et en a-t-on compté quatorze (1). Les quatre pattes antérieures ont aussi la forme de serres, mais terminées ainsi que les pieds-mâchoires, en griffe, ou par un crochet qui se replie du côté de la tête, sur la tranche inférieure et antérieure de l'article précédent ou de la main. Mais dans quelques autres, tels que les phyl-losomes (2), tous ces organes sont filiformes et sans pince. Quelques-uns d'entre eux au moins, ainsi que les six derniers et pareillement simples des stomapodes pourvus de serres, ont un appendice ou rameau latéral. Les sept derniers segments du corps, renfermant une bonne partie du cœur, et servant d'attache aux organes respiratoires, ne peuvent plus, sous ce rapport, être assimilés à cette portion du corps qu'on nomme *queue* dans les décapodes; c'est un abdomen proprement dit. Son avant dernier seg-

---

(1) Les secondes mâchoires des mêmes stomapodes n'ont plus aussi la forme de celles des décapodes. Elles ont la figure d'un triangle alongé et divisé en quatre articles par des lignes transverses. Les mandibules sont bifurquées et très dentées.

(2) Dans tous ceux où les quatre pieds antérieurs sont en forme de serre, les six derniers sont natatoires.

ment a, de chaque côté, une nageoire composée de même que celle de la queue des macroures, mais souvent armée ainsi que le dernier segment, ou la pièce intermédiaire, d'épines ou de dents. Tous les stomapodes sont marins, habitent de préférence les contrées situées entre les tropiques, et ne remontent point au-delà des zônes tempérées. Quoique nous ayons vu un très grand nombre d'individus, nous n'en avons jamais rencontré un seul portant des œufs. Leurs habitudes nous sont totalement inconnues; seulement, il est hors de doute que ceux qui sont munis de serres, s'en servent pour saisir leur proie, à la manière de ces orthoptères, appelés en Provence *prégadious* ou *mantes* (1). C'est à raison d'une telle conformité, que ces stomapodes ont reçu la dénomination de *mantes de mer :* ce sont les *cragones* et *crangines* des Grecs. Au témoignage de M. Risso, ils se tiennent à de grandes profondeurs, sur les fonds sablonneux et fangeux, et s'accouplent au printemps. Mais d'autres stomapodes, ceux de notre seconde famille, moins favorisés quant aux appendices natatoires, ayant d'ailleurs le corps très aplati et beaucoup plus étendu en surface, vivent habituellement à la surface des eaux, et s'y meuvent très lentement.

______

(1) Quelques autres orthoptères analogues, tels que les *phyllies*, ressemblent à des feuilles. Les phyllosomes, crustacés du même ordre, nous offriront les mêmes rapports.

Nous diviserons les stomapodes en deux familles. Dans la première, celle

DES UNICUIRASSÉS. (UNIPELTATA.)

Le test ne forme qu'un seul bouclier, en forme de quadrilatère alongé, ordinairement élargi et libre par derrière, recouvrant la tête, à l'exception des yeux et des antennes, portés sur une articulation commune et antérieure, et les premiers segments au moins du thorax. Son extrémité antérieure se termine en pointe ou est précédée d'une petite plaque, finissant de même. Tous les pieds-mâchoires, dont les seconds fort grands, et les quatre pieds antérieurs sont très rapprochés de la bouche, sur deux lignes convergentes inférieurement, en forme de serres, avec un seul doigt ou crochet mobile et replié. Si l'on en excepte les seconds pieds, tous ces organes ont extérieurement, à leur naissance, une petite vessie pédiculée. Les autres pieds, au nombre de six, et dont le troisième article porte latéralement et à sa base un appendice, sont linéaires, terminés par une brosse, et simplement natatoires. Les antennes latérales ont une écaille à leur base, et la tige des intermédiaires est formée de trois filets. Le corps est étroit et alongé, les pédicules oculaires sont toujours courts.

Cette famille se compose d'un seul genre, celui

DE SQUILLE (SQUILLA. Fab.),

Que nous partagerons ainsi :

Dans les uns, le bouclier crustacé est précédé d'une petite plaque plus ou moins triangulaire, située au-dessus de l'articulation portant les antennes mitoyennes et les yeux, ne recouvre que la portion antérieure du thorax et ne se replie point en-dessous latéralement. L'article servant de pédoncule aux antennes mitoyennes, ainsi qu'aux pédicules oculaires, et les côtés extérieurs du bout de l'abdomen, sont à découvert.

Tantôt le corps est presque demi cylindrique avec le dernier segment, arrondi, denté ou épineux au bord postérieur ; les appendices latéraux des six derniers pieds sont en forme de stylet.

Les Squilles propres. (Squilla. Latr.)

Ont, tout le long du côté interne de l'avant-dernier article des deux grandes serres, une rainure très étroite, dentelée sur l'un de ses bords, épineuse sur l'autre, et l'article suivant, ou la griffe, en forme de faulx et le plus souvent denté.

La Squille mante (*Cancer mantis*, Lin.) Herbst., XXXIII, 1 ; Encyclop. méth., atl. d'hist. nat., CCCXXIV ; Desmar., Consid., XLI, 2 est longue d'environ sept pouces. Ses grandes serres ont à leur base trois épines mobiles, et leurs griffes ont six dents alongées et très acérées, dont la terminale plus forte. Les segments du corps, le dernier excepté, ont six arêtes longitudinales, terminées pour la plupart en une pointe aiguë ; le dernier est élevé dans son milieu en une forte carène, ponctué, terminé postérieurement par un double rang de dentelures et quatre pointes très fortes, dont les dents du milieu plus rapprochées ; chacun de ses bords latéraux a deux divisions rebordées ou plus épaisses, et dont la dernière finissant en pointe. Le pédoncule des nageoires latérales se prolonge en-dessous et se termine par deux dents très fortes. Elle est commune dans la Méditerranée. La *Squille de Desmarets* (Risso, Crust., II, 8.), que l'on y trouve aussi, n'a que deux pouces et demi de long. Ses griffes ont cinq dents ; le test et le milieu des segments de l'abdomen, les derniers exceptés, sont unis (1).

____

(1) *Voyez*, pour les autres espèces, l'article *Squille* et les planches

Les Gonodactyles. (Gonodactylus. Latr.)

La rainure de l'avant-dernier article des grandes serres est élargie à son extrémité, et n'offre ni dentelures ni épines. La griffe est ventrue ou en forme de nœud vers sa base, et se termine ensuite en une pointe comprimée, droite ou peu courbe. Toutes les espèces sont exotiques (1).

Tantôt le corps est très étroit et déprimé, avec le dernier segment presque carré, entier, sans dentelures ni épines. L'appendice latéral de ses six derniers pieds est en forme de palette, presque orbiculaire et un peu rebordée; les antennes et les pieds sont plus courts que dans les précédents; l'avant-dernier article des grandes serres est garni au bord interne de cils très nombreux en forme de petites épines; la griffe est en faulx.

Les Coronis. (Coronis. Latr.)

On n'en connaît qu'une seule espèce (2).

Les autres stomapodes de cette famille ont le test comme membraneux, diaphane, recouvrant tout le thorax, replié latéralement en dessous, prolongé antérieurement en manière d'épée ou d'épine, et s'avançant au-dessus du support des antennes mitoyennes et des yeux. Ce support est susceptible de se courber en dessous et d'être renfermé dans l'étui formé par la courbure du bouclier. Les nageoires postérieures se cachent sous le dernier segment.

Ces crustacés, très petits, mous, sont propres à l'Océan atlantique et aux mers des Indes orientales. Les griffes des grandes serres n'ont point de dents; le second article des pédicules oculaires est beaucoup plus gros que le premier, en forme de cône renversé; les yeux proprement dits sont

---

de l'Encyclopédie méthod. ; Desmar. , Consid. sur la classe des crust. Il a donné, pl. xlii, une figure détaillée de la *squille queue-rude.*

(1) *Squilla scyllarus,* Fab.; Rumph. , Mus. iii, F.; — *Squilla chiragra,* Fab.; Desmar. , Consid., xliii. Consultez l'article *Squille* de l'Encyclopédie méthodique.

(2) *Voyez* l'article *Squille* de l'Encyclop. méthod. *Squilla eusebia?* Risso.

gros, presque globuleux; l'appendice des pieds en nageoire ressemble à celui des squilles et des gonodactyles. Dans

Les Érichthes, (Erichthus, Latr.; — *Smerdis*, Leach),

Le premier article des pédicules oculaires est beaucoup plus court que le second; le milieu des bords latéraux du bouclier est fortement dilaté en manière d'angle, et leur extrémité postérieure offre deux dents (1). Dans

Les Alimes , (Alima. Leach),

Le premier article des pédicules oculaires est beaucoup plus long que le suivant, grêle et cylindrique; le corps est plus étroit et plus alongé que dans les érichthes; les bords latéraux du bouclier sont presque droits ou peu dilatés; son milieu est caréné longitudinalement; chacun de ses angles forme une épine, dont les deux postérieures plus fortes (2).

La seconde famille, celle

Des BICUIRASSÉS (Bipeltata.),

A le test divisé en deux boucliers, dont l'antérieur très grand, plus ou moins ovale, forme la tête, et dont le second, répondant au thorax, transversal et anguleux dans son pourtour, porte les pieds-mâchoires et les pieds ordinaires. Ces pieds, à l'exception au plus des deux postérieurs, et les deux derniers pieds-mâchoires, sont grêles, filiformes, et pour la plupart très longs et accompagnés d'un appendice latéral, cilié; les quatre autres pieds-mâchoires sont très petits et coniques. La base des

---

(1) *Erichtus vitreus*, Latr. *Voy.* l'article *Squille*, la planche CCCLIV de l'atl. d'hist. natur. de l'Encyclop. méthod., et Desmar., Consid., XLIV, 2, 3.

(2) *Alima hyalina*, Latr., Encyclop. méthod., article *Squille*, et ibid. atl. d hist, natur., CCCLIV, 8; Desmar., Consid., XLIV, 1.

antennes latérales n'offre point d'écaille ; les mitoyennes sont terminées par deux filets. Les pédicules oculaires sont longs. Le corps est très aplati. membraneux, transparent, avec l'abdomen petit, et sans épines à la nageoire postérieure.

Cette famille ne comprend qu'un seul genre, celui

DE PHYLLOSOME (PHYLLOSOMA, Leach.),

Dont toutes les espèces sont de l'Océan atlantique et des mers orientales (1).

DES MALACOSTRACÉS

A YEUX SESSILES ET IMMOBILES.

Les branchipes seront désormais les seuls crustacés qui nous offriront des yeux portés sur des pédicules ; mais outre que ces pédicules ne sont point articulés, ni logés dans des cavités spéciales, ces crustacés n'ont point de carapace, et s'éloignent encore des précédents par plusieurs autres caractères. Tous les malacostracés de cette division sont pareillement dépourvus de carapace ; leur corps, depuis la tête, se compose d'une suite d'articulations,

---

(1) *Voyez* l'article *Phyllosome* de l'Encyclopédie méthodique et de la seconde édition du nouv. Dict. d'hist. natur. Consultez aussi l'ouvrage de M. Desmarest sur les crustacés, et la partie zoologique de la Relation du voyage du capitaine Freycinet. Considérés sous le rapport du système nerveux, les phyllosomes semblent être intermédiaires entre les crustacés précédents et les suivants. *Voy.* le Mémoire précité de MM. Audouin et Milne Edwards.

dont ordinairement les sept premières ont chacune une paire de pieds, et dont les suivantes et denières, au nombre de sept au plus, forment une sorte de queue, terminée par des nageoires ou des appendices en forme de stylets. La tête nous offre quatre antennes, dont les deux mitoyennes sont supérieures, deux yeux, et une bouche composée de deux mandibules, d'une langue, de deux paires de mâchoires, et d'une sorte de lèvre formée par deux pieds-mâchoires correspondants aux deux supérieures des décapodes; ainsi que dans les stomapodes, il n'existe plus de flagre. Les quatre derniers pieds-mâchoires sont transformés en pattes, tantôt simples, tantôt terminés en pince, mais presque toujours à un seul doigt ou crochet.

Suivant les observations de MM. Audouin et Milne Edwards, les deux cordons ganglionnaires de la moelle épinière seroient parfaitement symétriques et distincts dans toute leur longueur; et d'après des observations de M. le baron Cuvier, les cloportes ne s'en éloigneraient qu'en ce que ces cordons ne présenteraient pas dans tous les segments du corps la même uniformité, et qu'ils auraient quelques ganglions de moins (*voy.*, ci-après, l'article CLOPORTE). Ainsi, d'après eux, le système nerveux de ces crustacés serait le plus simple de tous. Dans les cymothoés et les idotées, les deux chaînes de ganglions ne seraient plus distinctes; ceux qui viennent immédiatement à la suite des deux céphaliques formeraient autant de petites masses circulaires, situées sur la ligne médiane du corps ; mais les cordons de communication qui servent à les unir entre eux pour former une chaîne continue, resteraient isolés et accolés l'un à l'autre. Il semblerait, d'après ces faits, que ces derniers crustacés seraient, sous ce point de vue, plus élevés dans l'échelle animale, que les précédents ; mais d'autres considérations nous paraissent éloigner fortement les talitres des cloportes, et placer dans un rang intermédiaire les cymothoés et les idotées.

Les organes sexuels sont situés inférieurement vers la naissance de la queue. Les deux premiers appendices dont elle est garnie en dessous, et qui sont les analogues de ceux que cette partie nous a offerts dans les crustacés précédents, mais plus diversifiés ici, et portant toujours, à ce qu'il paraît, les branchies, diffèrent, sous ces rapports, selon les sexes. L'accouplement se fait à la manière de celui des insectes, le mâle étant placé sur le dos de la femelle ; celle-ci porte les œufs sous la poitrine, entre des écailles, formant une sorte de poche. Ils s'y développent, et les petits restent attachés aux pieds ou à d'autres parties du corps de leur mère, jusqu'à ce qu'ils aient assez de force pour nager et se suffire à eux-mêmes. Tous ces crustacés sont petits, et vivent, pour la plupart, soit sur les rivages de la mer, soit dans les eaux douces. Quelques-uns sont terrestres ; on en connaît de parasites.

Ces animaux se partagent en trois ordres : ceux dont les mandibules sont munies d'un palpe paraissent se lier naturellement avec les crustacés précedents, tels sont les amphipodes ; ceux où ces organes en sont dépourvus composeront les deux ordres suivants, les læmodipodes et les isopodes. Les cyames, genre du second, étant parasites, nous conduiront naturellement aux bopyres et aux cymothoés, par lesquels nous commençons les isopodes.

LE TROISIÈME ORDRE DES CRUSTACÉS,

LES AMPHIPODES. (AMPHIPODA.)

Sont les seuls malacostracés à yeux sessiles et immobiles, dont les mandibules soient, ainsi que celles des crustacés précédents, munies d'un palpe ; les seuls encore dont les appendices sous-caudaux, toujours très apparents, ressemblent, par leur forme étroite et alongée, leurs articulations et leurs bifurcations ou autres découpures, ainsi que par les poils ou les cils dont ils sont garnis, à de fausses pattes ou à des pieds nageoires. Dans les malacostracés des ordres suivants, ces appendices ont la forme de lames ou d'écailles ; ces cils ou ces poils paraissent constituer ici les branchies. Beaucoup offrent, ainsi que les stomapodes et les læmodipodes, des bourses vésiculaires, placées soit entre les pattes, soit à leur base extérieure, dont on ignore l'usage.

La première paire de pieds, ou celle qui correspond aux seconds pieds-mâchoires, est toujours annexée à un segment propre, le premier après la tête. Les antennes, dont le nombre, à une seule exception près (les phronimes) est de quatre, sont avancées, s'amincissent graduellement pour se terminer en pointe, et se composent, comme dans les crustacés précédents, d'un pédoncule, et d'une tige unique, ou accompagnée au plus d'un petit rameau latéral, et le plus souvent pluriarticulée. Le corps est ordinairement comprimé et courbé en dessous postérieurement. Les appendices du bout de la queue ressemblent le plus souvent à de petits stylets articulés. La plupart de ces crustacés nagent et sautent avec facilité, et toujours de côté. Quelques-uns se trouvent dans les ruisseaux et les fontaines, et souvent réunis par couples, composés des deux sexes; mais le plus grand nombre habite les eaux salées. Ces crustacés sont d'une couleur uniforme, tirant sur le rougeâtre ou le verdâtre. Ils pourraient être compris dans un seul genre, celui

Des Crevettes. (Gammarus. Fab.)

Que l'on peut partager d'abord, d'après la forme et le nombre des pieds, en trois sections.

1º Ceux qui ont quatorze pieds, tous terminés par un crochet, ou en pointe et au nombre de quatorze.

2° Ceux dont le nombre des pieds est encore de quatorze, mais où ces organes, ou les quatre derniers au moins, sont mutiques et simplement natatoires.

3° Ceux qui n'ont que dix pieds apparents.

La première section se partagera en deux.

Les uns (Uroptères, *Uroptera*. Latr.) ont la tête généralement grosse, les antennes souvent courtes et simplement au nombre de deux dans quelques-uns, et le corps mou; tous les pieds, la cinquième paire au plus exceptée, simples; les antérieurs courts ou petits, et la queue, soit accompagnée au bout de nageoires latérales, soit terminée par des appendices ou pointes élargis et bidentés ou fourchus à leur extrémité postérieure. Ils vivent dans le corps de divers acalèphes, ou méduses de Linnæus, et de quelques autres zoophytes.

Ici, comme dans

Les Phronimes (Phronima. Latr.),

Il n'y a que deux antennes (très courtes et biarticulées); la cinquième paire de pieds est la plus grande de toutes, et terminée en pince didactyle; les appendices du bout de la queue sont au nombre de six, et en forme de stylets, alongés, fourchus ou bidentés à leur extrémité; l'on voit six sacs vésiculeux entre les dernières pattes. Il paraît qu'il en existe plusieurs espèces, mais qu'on n'a point décrites d'une manière comparative et rigoureuse. Celle qui a servi de type est

Le *Phronime sédentaire* (*Cancer sedentarius*, Forsk., Faun. arab., p. 95; Latr., Gener. crust. et insect, I, 11, 2, 3.) se trouve dans la Méditerranée, et se loge dans un corps membraneux, transparent, en forme de tonneau, paraissant provenir du corps d'une espèce de beroë.

Le *Phronime sentinelle* de M. Risso (Crust., II, 3.) vit dans l'intérieur des méduses, formant les genres équorée et géronie de Péron et de Lesueur. Une autre espèce, selon M. Leach, a été observée sur les côtes de la Zélande.

Là, les antennes sont au nombre de quatre; tous les pieds sont simples; la queue a, de chaque côté de son extrémité, une nageoire lamelleuse ou foliacée, dont les lames sont acuminées ou unidentées au bout.

LES HYPÉRIES. (HYPERIA. Latr.)

Dont le corps est plus épais en devant; dont la tête est occupée, en majeure partie, par des yeux oblongs et un peu échancrés au bord interne; dont deux des antennes sont aussi longues au moins que la moitié du corps, et terminées par une tige sétacée, longue et composée de plusieurs petits articles (1).

LES PHROSINES. (PHROSINE. Risso.)

Semblables, pour la forme du corps et celle de la tête, aux hypéries, mais dont les antennes sont au plus de la longueur de cette partie, de peu d'articles en forme de stylet, ou terminées par une tige en cône alongé (2).

LES DACTYLOCÈRES. (DACTYLOCERA. Latr.)

Dont le corps n'est point épaissi en devant; dont la tête est de grosseur moyenne, déprimée, presque carrée, avec les yeux petits; et dont les quatre antennes, fort courtes et de peu d'articles, ainsi que dans les phrosines, sont de formes diverses : les inférieures étant menues, en forme de stylet, et les supérieures étant terminées par une petite lame concave au côté interne, et représentent une cuiller ou une pince (3).

Les autres (CREVETTINES; *Gammarinæ*. Lat.) ont toujours quatre antennes; le corps revêtu de téguments coriaces, élastiques, généralement comprimé et arqué; l'extrémité postérieure de la queue est dépourvue de nageoires; ses appendices sont en forme de stylets cylindriques ou

---

(1) *Cancer monoculoides*, Montag., Trans., linn. Soc., XI, II, 3; — *Hypérie de Lesueur*, Latr., Encyclop. méthod., atl. d'hist. nat., cccxxviii, 17, 18; Desmar., Consid., pag. 258.

(2) *Phrosina macropthalma*, Risso, Journ. de phys., octob. 1822; Desmar., *ibid.*, p. 259; *Cancer galba*, Montag, Trans. linn., Soc. XI, II, 2.

(3) *Phrosina semilunata*, Risso, *ibid.*; Desmar., *ibid.* La tige des antennes inférieures présente deux ou trois articles, au lieu que, dans les phrosines, elle est inarticulée. Ici encore les articles des pédoncules des mêmes antennes sont plus courts.

coniques. Deux au moins de leurs quatre pieds antérieurs sont le plus souvent terminés en pince.

Les bourses vésiculaires, dans ceux où on les a observées (les crevettes. Lat.), sont situées à la base extérieure des pieds, à commencer à la seconde paire, et accompagnées d'une petite lame. Les écailles pectorales renfermant les œufs, sont au nombre de six.

Tantôt les quatre antennes, quoique de proportions différentes dans plusieurs, ont essentiellement la même forme et les mêmes usages ; les inférieures ne ressemblent point à des pieds et n'en font point les fonctions.

Un sous-genre, que nous avons établi sous la dénomination

D'Ione (Ione.),

Mais uniquement d'après une figure de Montagu (*Oniscus thoracicus*, Trans., linn. Soc., IX, iii, 3, 4.), nous présente des caractères très particuliers et qui l'éloignent de tous les autres du même ordre. Le corps se compose d'environ quinze articles, mais que l'on ne distingue que par des incisions latérales, en forme de dents. Les quatre antennes sont très courtes ; les externes, plus longues que les deux autres, sont seules visibles, lorsque l'animal est vu sur le dos. Les deux premiers segments du corps sont pourvus chacun, dans la femelle, de deux cirrhes alongés, charnus, aplatis, semblables à des rames. Les pattes sont très courtes, cachées sous le corps et crochues. Les six derniers segments sont munis d'appendices latéraux, charnus, alongés, fasciculés, simples dans le mâle, en rameaux dans l'autre sexe. On voit aussi, à l'extrémité postérieure du corps, six autres appendices simples, recourbés, et dont deux plus grands que les autres. Les valves abdominales sont très grandes, recouvrent toute la partie inférieure du corps, et forment une espèce de réceptacle pour les œufs. Ce crustacé se tient caché sous le test de la *callianasse souterraine*, et y forme sur l'un de ses côtés une tumeur. Montagu a conservé en vie, pendant plusieurs jours, ce crustacé, qu'il avait retiré de sa demeure. Les femelles sont toujours accompagnées de leurs mâles, qui se fixent solidement sur leurs appendices abdominaux, à l'aide de leurs pinces. Ce crustacé est rare, et se rapproche, à l'égard de ses habitudes, des bopyres. (*Voyez* les Annales des sciences naturelles, décembre 1826, XLIX, 10, le mâle ; 11, la femelle.)

Tous les amphipodes suivants ont les segments du corps parfaitement distincts dans toute leur étendue, et aucun d'eux et dans aucun sexe n'offre ces longs cirrhes, en forme de rames, que l'on voit aux deux premiers des ioues.

Dans ceux-ci, la griffe ou le doigt mobile, lorsqu'il existe des pieds terminés en pince, n'est formée que d'un seul article.

Parmi ces derniers, il en est dont les antennes supérieures sont beaucoup plus courtes que les inférieures et même que leur pédoncule ; la tige de celles-ci est composée d'un grand nombre d'articles.

Les Orchesties. (Orchestia. Leach.)

Ont les seconds pieds terminés, dans les mâles, par une grande pince, avec la griffe ou le doigt mobile long, un peu courbe ; et par deux doigts dans les femelles. Le troisième article des antennes inférieures est au plus de la longueur de celles des deux précédents réunis (1).

Les Talitres. (Talitrus. Lat.)

N'ont aucun pied en forme de serre.

Le troisième article des antennes inférieures est plus long que les deux précédents réunis ; ces antennes sont grandes, épineuses (2).

Dans les suivants, les antennes supérieures ne sont jamais beaucoup plus courtes que les inférieures.

Quelques-uns, ayant d'ailleurs leurs antennes alongées, sétacées, et terminées par une tige pluriarticulée et sans serres remarquables, se rapprochent des précédents, en ce que

---

(1) *Oniscus gamarellus*, Pall., Spicil. zool., fasc. IX, iv, 8 ; *Cancer gammarus littoreus*, Montag. ; Desmar., Consid., pag. 261, xlv, 3.

(2) *Oniscus locusta*, Pall., Spicil. zool., fasc. IX, iv, 7 ; *Cancer gammarus saltator*, Montag. ; Desm., Consid., xlv, 2.

les antennes supérieures sont un peu plus courtes que les inférieures, et s'éloignent encore des suivants par la forme de leur tête, rétrécie par devant, en manière de museau. Tels sont

Les Atyles (Atylus. Leach.) (1),

Tous ceux qui succèdent ont les antennes supérieures aussi longues ou plus longues que les inférieures, et leur tête n'avance point en manière de museau.

Ici, comme dans les cinq genres suivants du docteur Leach, le pédoncule des antennes est formé de trois articles (2).

Quelques-uns offrent, dans leurs antennes supérieures, un caractère unique dans cet ordre ; l'extrémité interne du troisième article de leur pédoncule porte un petit filet articulé. Il distingue

Les Crevettes ou Chevrettes. (Gammarus. Lat.)

Les quatre pieds antérieurs sont en forme de petites serres, avec la griffe ou le doigt mobile se repliant en dessous.

L'espèce la plus connue, et d'après laquelle cette coupe a été établie, est la *Crevette des ruisseaux* (*Cancer pulex*, Lin.), *Squilla pulex*, Deg., Insect., VII, xxxiii, 1, 2. Les autres espèces sont marines (3).

Les antennes des suivants sont, ainsi que dans tous les autres amphipodes, simples ou sans appendices.

Les Mélites. (Melita. Leach.)

Ont les seconds pieds terminés, dans les mâles, par une pince grande, comprimée, avec la griffe repliée sous sa face

---

(1) *Atylus carinatus*, Leach, Zool. misc., lxix ; Desmar., Consid., pag. 262, xlv, 4 ; *Gammarus carinatus*, Fab. ;—*G. nugax?* ejusd. ; Phipps, Voy. au Pol. bor., xii, 2 ?

(2) Le troisième article du pédoncule peut devenir très petit, et s'assimiler ainsi aux suivants, ou ceux de la tige ; ce pédoncule, comme dans les *déxamines*, ne paraît alors composé que de deux articles. La tige, dans la méthode du docteur Leach, est censée former un autre article, mais composé.

(3) *Voyez* Desmar., Consid., pag. 265-267.

interne. Les antennes sont presque d'égale longueur. L'extré-mité postérieure du corps offre, de chaque côté, une petite lame foliacée (1).

Les MÆRA. (MÆRA. Leach.)

Dont les seconds pieds sont pareillement terminés dans les mâles en une grande pince comprimée, mais dont la griffe se replie sur sa tranche inférieure et n'est point ca-chée. Les antennes supérieures sont plus longues que les inférieures, et l'extrémité postérieure du corps ne présente point de lames en feuillet (2).

Les AMPITHOÉS. (AMPITHOE. Leach.)

Où les quatre pieds antérieurs sont à peu près identiques dans les deux sexes, et dont l'avant-dernier article ou la main est ovoïde (3).

Les PHÉRUSES. (PHERUSA. Leach.)

Qui ne diffèrent des ampithoès qu'en ce que les mains des serres sont filiformes (4).

Là, le pédoncule des antennes n'est composé que de deux articles (le troisième se confondant par sa petitesse avec ceux de la tige, ou formant celui de sa base); les supérieu-res sont plus longues que les inférieures. Tous les pieds sont simples ou sans pinces. Tels sont

Les DÉXAMINES. (DEXAMINE. Leach.) (5)

Dans ceux-là la griffe ou le doigt mobile des deux pinces est biarticulée.

Les antennes sont d'égale longueur.

---

(1) *Cancer palmatus*, Montag., Trans. linn. Soc., VII, p. 69; Encyclop. méthod., atl. d'hist natur., CCCXXXVI, 31; Desmar., Consid., XLV, 7.

(2) *Cancer gammarus grosimanus*, Montag., Trans. Soc. linn., IX, IV, 5; Desmar., Consid., pag. 264.

(3) *Cancer rubricatus*, Montag., Trans. linn. Soc., IX, pag. 99.; Encyclop. méthod., atl. d'hist. natur., CCCXXXVI, 33; Desmar., Consid., XLV, 9; — *Oniscus cancellus*, Pall., Spicil. zool., fasc. IX, III, 18; *Gammarus cancellus*, Fab.

(4) *Pherusa fucicola*, Leach; Trans. linn. Soc., XI, p. 360; Desmar., Consid., p. 268.

(5) *Cancer gammarus spinosus*, Montag., Trans. Soc. linn., XI, pag. 3; Desmar., Consid., XLV, 6.

Les Leucothoés. (Leucothoe. Leach.)

Qui ont les antennes courtes, avec le pédoncule de deux articles ; les quatre pieds antérieurs terminés fortement en pince ; les griffes des deux antérieurs biarticulées ; celles de la seconde paire d'un seul article et longues. (1)

Les Cérapes. (Cerapus. Say.)

Dont les antennes sont grandes , avec le pédoncule de trois (les supérieures) ou quatre (les inférieures) articles ; dont les deux pieds antérieurs sont petits , avec une griffe d'un seul article, et dont les deux suivants se terminent par une grande main triangulaire, unie, dentée, avec la griffe biarticulée.

Le *Cérape tubulaire* (*Cerapus tubularis*, Thom. Say, Jour. of the Acad. of nat. scienc. of Philad., I, IV, 7-11 ; Desm., Consid., XLVI, 2.) vit dans un petit tube cylindrique et se rapproche, à cet égard, du sous-genre suivant. On le trouve, en grande quantité, près de Egg-Harbourg, sur les côtes maritimes des États-Unis, parmi les sertulaires, dont il paraît se nourrir.

Tantôt enfin les antennes inférieures, beaucoup plus grandes que les supérieures , et dont la tige est composée au plus de quatre articles, ont la forme de pieds, et paraissent servir, du moins quelquefois, d'organes de préhension.

Ici les seconds pieds sont terminés par une grande pince.

Les Podocères. (Podocerus. Leach.)

A yeux saillants (2).

Les Jasses. (Jassa. Leach.)

A yeux non saillants (3).

Là aucun des pieds n'est terminé par une grande pince.

---

(1) *Cancer articulosus* , Montag. , Trans. linn. Soc. , VII, 6 ; Desmar., Consid., pag. 263 , XLV, 5.

(2) *Podocerus variegatus* , Leach , Trans. linn. Soc. , XI, pag. 361 ; Desmar. , Consid. , pag. 269.

(3) *Jassa pulchella* , Leach , *ibid*. , pag. 361 ; Desmar. , Considér. , pag. 269.

Les Corophies. (Corophium. Lat.)

La *Corophie longues-cornes* (*Cancer grossipes*, Lin.);
Gammarus longicornis, Fab.; *Oniscus volutator*, Pall., Spicil.
zool., fasc., IX, IV, 9; Desm., Consid. XLVI, 1, appelée
pernys sur les côtes de La Rochelle, vit dans des trous
qu'elle se pratique dans la vase, couverte en grande partie
de parcs en bois, nommés *bouchots*, par les habitants. L'a-
nimal ne commence à paraître qu'au commencement de mai.
Il fait une guerre continuelle aux neréides, aux amphinomes,
aux arénicoles et à d'autres annelides marins qui font leur
séjour dans les mêmes lieux. Il n'est rien de plus curieux
que de voir, à la marée montante, des myriades de ces crustacés, s'agiter en tout sens, battre la vase de leurs grands
bras, et la délayer, pour tâcher d'y découvrir leur proie.
Ont-ils trouvé l'un de ces annelides, souvent dix et vingt
fois plus gros qu'eux, ils se réunissent pour l'attaquer et le
dévorer. Ils ne cessent leur carnage que lorsqu'ils ont
aplani et fouillé toutes les vases. Ils se jettent même sur les
mollusques, les poissons et les cadavres restés à sec. Ils mon-
tent aux clayons renfermant les moules, et sur elles. Les
boucholeurs prétendent même qu'ils coupent les soies qui y
retiennent ces coquillages, afin de les faire tomber dans la
vase et pouvoir ensuite les dévorer. Ils paraissent se multiplier pendant toute la belle saison, puisqu'on trouve à diverses époques des femelles portant leurs œufs. Les oiseaux
de rivage et plusieurs poissons les dévorent à leur tour.
Nous sommes redevables de ces intéressantes observations à
M. d'Orbigny père, conservateur du Musée de La Rochelle
et correspondant de celui d'histoire naturelle de Paris (*Voy.*
l'article *Podocère* de l'Encyclop. méthod.).

La seconde section (Heteropes, *Heteropa*. Lat.) est composée de ceux qui ont quatorze pieds, dont les quatre der.
niers au moins mutiques au bout et uniquement propres à
la natation, comprend deux sous-genres (1).

---

(1) Cette section et la suivante forment, dans la première édition de
cet ouvrage, la seconde des isopodes, celle des *phlibranches*. Mais
outre que nous avons aperçu, dans quelques-uns de ces crustacés, des
palpes mandibulaires, la forme des appendices sous-caudaux nous a p----

Les Ptérygocères. (Pterygocera. Lat.)

Qui ont le thorax partagé en plusieurs segments; quatre antennes garnies de soies ou de poils, formant des panaches; tous les pieds natatoires, et dont les derniers grands et pinnés (1); et des appendices cylindriques, articulés, à l'extrémité postérieure du corps.

Les Apseudes. (Apseudes. Leach. — *Eupheus*. Risso.)

Qui ont aussi le thorax divisé en plusieurs segments, mais dont les deux pieds antérieurs sont terminés en une pince didactyle; dont lesdeux suivants sont élargis en une massue, terminée en pointe et dentelée sur les bords; dont les six suivants sont grêles et onguiculés au bout; dont les quatre derniers sont natatoires. Les antennes sont simples. Le corps est étroit, alongé, avec deux longs appendices, en forme de soie, à son extrémité postérieure (2).

La troisième et dernière section (Decempèdes, *Decem-pedes*. Latr.) se compose d'amphipodes n'offrant que six pieds distincts.

Les Typhis. (Typhis. Risso.)

N'ont que deux antennes très petites. La tête est grosse, avec les yeux point saillants. Chaque paire de pieds est an-nexée à un segment propre; les quatre antérieurs sont ter-minés en pince didactyle. De chaque côté du thorax sont deux lames mobiles, formant des sortes de battants ou de valves, qui, réunies, et l'animal repliant ses pieds et sa queue en dessous, ferment inférieurement le corps, et lui donnent

les rpprocher beaucoup plus des amphipodes que des isopodes. Au surplus, ainsque nous l'observons plus bas, ces animaux, dont nous n'avons vu qu'u petit nombre, n'ont pas encore été bien étudiés.

(1 D'après la figure de Slabber (*Oniscus arenarius*, Encylop. méthod., atl. l'hist. natur., cccxxx, 3 , 4.), le nombre des pieds ne serait que de huit; mais je présume, par analogie, qu'il est de quatorze ; au surplus, si la figure est exacte ; ce genre appartiendrait à la section suivante.

(2) *Eupheu ligioides*, Risso, Crust., III, 37 ; Desmar., Consid., 285; — *Apseudes talpa*, Leach; *Cancer gammarus talpa*, Montag., Trans. linn. Soc IX, iv, 6. ; Desmar., Consid., xlvi, 9. *Voy*. aussi le *gammarus heteroclitus* de Viviani, Phosphor. maris, II, ii, 12.

la forme d'un sphéroïde. L'extrémité postérieure de la queue est dépourvue d'appendices (1).

LES ANCÉES. (ANCEUS. Risso. — *Gnathia*. Leach.)

Qui ont aussi le thorax divisé en autant de segments que de paires de pieds, mais où tous ces organes sont simples et monodactyles. Ils ont d'ailleurs quatre antennes (sétacées). La tête est forte, carrée, avec deux grandes saillies en forme de mandibules. L'extrémité de la queue a des appendices foliacés, en forme de nageoires (2).

LES PRANIZES. (PRANIZA. Leach.)

Ont quatre antennes sétacées, ainsi que les ancées ; mais leur thorax, vu en dessus, ne présente que trois segments, dont les deux premiers, très courts, transversaux, portant chacun une paire de pieds, et dont le troisième, beaucoup plus grand, longitudinal, portant les autres. Tous les pieds sont simples. La tête est triangulaire, pointue en devant, avec les yeux saillants. L'extrémité postérieure du corps offre aussi, de chaque côté, une nageoire (3).

A ce même ordre des amphipodes paraissent appartenir divers autres genres de MM. Savigny, Rafinesque et Say (4), mais dont les caractères n'ont pas été donnés ou suffisamment développés. Ceux même de quelques-uns des sous-genres que je viens de citer sollicitent un nouvel examen.

M. Milne Edwards a recueilli sur plusieurs de ces crustacés, des observations précieuses et détaillées, qui contribueront certainement à éclaircir ce sujet.

---

(1) *Typhis ovoïdes*, Risso, Crust., II, 9; Desmar., Consid., pag. 281, XLVI, 5.

(2) *Anceus forficularis*, Risso, Crust., II, 10 ; Desmar., Consid., XLVI, 6 ; — *Anceus maxillaris; Cancer maxillaris*, Montag., Trans. linn. Soc., VII, VI, 2; Desmar., *ibid.*, XLVI, 7.

(3) *Oniscus cœruleatus*, Montag., Trans. linn. Soc., XI, IV, 2 ; Encyclop. méthod., atl. d'hist. nat., CCCXXIX, 28, et CCCXXIX, 24, 25; Desmar., Consid., XLVI, 8.

(4) Je ne puis encore rien dire du *G. ergine* de M. Risso : il semble, par le nombre des pieds, appartenir à la dernière section des amphypodes, et par la manière dont ils se terminent et le nombre des segments du corps, se ranger avec les isopodes.

LE QUATRIÈME ORDRE DES CRUSTACÉS,

Les LÆMODIPODES. (Læmodipoda.)

Sont, parmi les malacostracés à yeux sessiles, les seuls dont l'extrémité postérieure du corps n'offre point de branchies distinctes; qui n'aient presque pas de queue, les deux dernières pattes étant insérées à ce bout, ou le segment leur servant d'attache n'étant suivi que d'un à deux autres articles très petits. Ils sont encore les seuls où les deux pieds antérieurs, et qui répondent aux seconds pieds-mâchoires, fassent partie de la tête.

Ils ont tous quatre antennes sétacées et portées sur un pédoncule de trois articles, des mandibules sans palpes, un corps vésiculaire à la base de quatre paires de pieds au moins, à commencer à la seconde ou à la troisième paire, y compris ceux de la tête. Le corps, le plus souvent filiforme ou linéaire, est composé, en comptant la tête, de huit à neuf articles, avec quelques petits appendices, en forme de tubercules, à son extrémité postérieure et inférieure. Les pieds sont terminés par un fort crochet. Les quatre antérieurs, dont les seconds plus grands, sont toujours terminés en pince monodactyle ou en griffe. Dans plusieurs, les quatre suivants sont raccourcis, moins articulés, sans crochet au bout, ou rudimentaires, et nullement propres aux usages ordinaires.

Les femelles portent leurs œufs sous les second

et troisième segments du corps, dans une poche formée d'écailles rapprochées.

Ces crustacés sont tous marins ; M. Savigni les considère comme avoisinant les pycnogonides, et faisant avec eux le passage des crustacés aux arachnides. Dans la première édition de cet ouvrage, ils formaient la première section de l'ordre des isopodes, celle des cistibranches.

On pourrait n'en former qu'un seul genre, auquel, par droit d'ancienneté, on conserverait le nom

DE CYAME. (CYAMUS. Latr.)

Les uns (FILIFORMES, *Filiformia*, Latr.) ont le corps long et très grêle ou linéaire, avec les segments longitudinaux ; les pieds pareillement alongés et déliés, et la tige des antennes composée de plusieurs petits articles.

Ils se tiennent parmi les plantes marines, marchent à la manière des chenilles *arpenteuses*, tournent quelquefois avec rapidité sur eux-mêmes, ou redressent leur corps en faisant vibrer leurs antennes. Ils courbent, en nageant, les extrémités de leur corps.

LES LEPTOMÈRES. (LEPTOMERA. Latr. — *Proto*. Leach.)

Ont quatorze pieds (les deux annexés à la tête compris) complets et dans une série continue.

Ici, comme dans nos LEPTOMÈRES propres (*Gammarus pedatus*, Mull., Zool. dan., CI 1, 2), tous les pieds, à l'exception des deux antérieurs, ont un corps vésiculaire à leur base. Là, comme dans les PROTONS de M. Leach (*Cancer pedatus*, Montag., Trans. linn. Soc., II, 6 ; Encyclop. méth., atl. d'hist. natur., CCCXXXVI, 38.), ces appendices ne sont propres qu'aux seconds pieds et aux quatre suivants (1).

---

(1) Rapportez encore aux leptomères la *squilla ventricosa* de Müller, Zool. dan., LVI, 1-3 ; Herbst., XXXVI, 11 : — le *Cancer linearis* de Linnæus est peut-être congénère. Il lui donne six pieds, mais sans compter la tête.

Les Nauprédies. (Naupredia. Latr.)

N'ont que dix pieds, tous dans une série continue; les seconds et les deux paires suivantes ont à leur base un corps vésiculaire (1).

Les Chevrolles. (Caprella. Lamck.)

N'ont pareillement que dix pieds, mais dans une série interrompue, à commencer inclusivement au second segment, la tête non comprise; ce segment et le suivant offrent chacun deux corps vésiculaires et sont totalement dépourvus de pattes (1).

Les autres (Ovales, *Ovalia*. Latr.) læmodipodes ont le corps ovale, avec les segments transversaux. La tige des antennes paraît être inarticulée. Les pieds sont courts ou peu alongés; ceux des second et troisième segments sont imparfaits et terminés par un long article cylindrique et sans crochets; ils ont, à leur base, un corps vésiculaire alongé. Ces læmodipodes forment le sous-genre

Des Cyames proprement dits. (Cyamus. Latr. — *Larunda*. Leach.)

J'en ai vu trois espèces, qui vivent toutes sur des cétacés, et dont la plus connue, le *Cyame de la baleine* (*Oniscus ceti*, Lin.; Pall., Spicil. zool., fasc. IX, iv, 14; *Squille de la baleine*, Degéer., Ins., VII, 6, vi; *Pycnogonum ceti*, Fab.; Savig., Mém. sur les anim. sans vert.,

---

(1) Sous-genre établi sur une espèce de nos côtes, qui me paraît inédite.

(2) La *squilla lobata* de Müller, Zool. dan. lvi, 4-6; son *Gammarus quadrilobatus*, ibid., cxiv, 12; l'*Oniscus scolopendroides* de Pallas, Spicil. zool., fasc. IX, iv, 15, sont des chevroles; mais leur distinction spécifique n'est point rigoureusement caractérisée. Nous avions rapporté à la première le *cancer linearis* de Linnæus, ce qui (*voyez* la note précédente) nous paraît aujourd'hui douteux. Son *cancer filiformis* est probablement une chevrolle; le *Cancer phasma* de Montagu, Trans. linn. Soc., VII, vi, 2, est congénère. La figure qu'il en a donnée a été reproduite dans l'atl. d'hist. natur. de l'Encyclop. méthod., pl. cccxxxvi, 37. *Voyez*, pour cet ordre et ses genres, la seconde édition du nouv. Dict. d'hist. natur., et l'ouvrage de M. Desmar., sur les crustacés.

fasc. 1, v, 1.) se trouve aussi sur le maquereau : les pêcheurs l'ont désignée sous le nom de *Pou de baleine*. Une
autre espèce, très analogue, a été rapportée par feu Delalande de son voyage au cap de Bonne-Espérance. La troisième, beaucoup plus petite, se trouve sur des cétacés des
mers des Indes orientales.

LE CINQUIÈME ORDRE DES CRUSTACÉS,

LES ISOPODES. (ISOPODA. — *Polygonata*, Fab., le genre
Monoculus retranché.) (1)

Se rapprochent des lœmodipodes par l'absence
de palpes aux mandibules, mais ils s'en éloignent
sous plusieurs rapports; les deux pieds antérieurs

---

(1) MM. Victor Audouin et Milne Edwards nous ont donné (Annales
des sciences nat., août 1827, p. 379-381), des observations intéressantes
sur la circulation des isopodes, et notamment les ligies. Le cœur a la forme
d'un long vaisseau, étendu au-dessus de la face dorsale de l'intestin. Son
extrémité antérieure donne naissance à trois artères, les mêmes que
celles des décapodes. On voit aussi des branches latérales se dirigeant du
cœur vers les pattes. Au niveau des deux premières articulations de l'abdomen (la queue), cet organe reçoit, à droite et à gauche, de petits
canaux (vaisseaux branchio-cardiaques), qui semblent venir des branchies. D'après leurs expériences sur les ligies, il paraîtrait que le système veineux est moins complet que dans les décapodes macroures ; que
le sang, chassé du cœur dans diverses parties du corps, passe dans des
lacunes que les organes laisseraient entre eux à la face inférieure du corps,
et qui communiqueraient librement avec les vaisseaux afférents des branchies. Le sang, après avoir traversé l'appareil respiratoire, reviendrait
au cœur, en traversant les vaisseaux branchio-cardiaques. Cette disposition établirait le passage du système circulatoire des crustacés décapodes
à celui de certains crustacés branchiopodes. Selon M. Cuvier, les deux
cordons anomaux composant la partie moyenne du système nerveux des
cloportes (et probablement des autres isopodes et même des amphipodes),
ne sont pas entièrement rapprochés, et on les distingue bien dans toute
leur étendue. Il y a neuf ganglions sans compter le cerveau ; mais les
deux premiers et les deux derniers sont si rapprochés, qu'on pourrait les

ne sont point annexés à la tête , et dépendent, ainsi
que les suivants, d'un segment propre. Ils sont toujours au nombre de quatorze, onguiculés, et sans appendice vésiculeux à leur base. Le dessous de la queue
est garni d'appendices très apparents, sous la forme de
feuillets ou de bourses vésiculaires, et dont les deux
premiers ou les extérieurs recouvrent ordinairement, totalement ou en grande partie, les autres.
Le corps est générament aplati, ou plus large qu'é-
pais. La bouche se compose des mêmes pièces que dans
les crustacés précédents (*voyez* les généralités des
malacostracés); mais ici celles qui répondent aux deux
pieds-mâchoires supérieurs des décapodes, présentent
encore plus que dans les derniers l'apparence d'une
lèvre inférieure, terminée par deux palpes. Deux
des antennes, les mitoyennes, s'oblitèrent presque
dans les derniers crustacés de cet ordre, qui sont
tous terrestres, et diffèrent encore des autres par
leurs organes respiratoires. Les organes sexuels masculins s'annoncent le plus souvent par la présence
d'appendices linéaires ou filiformes, et quelquefois de crochets placés à l'origine interne des pre-

---

réduire à sept. Le second et les six suivants fonrnissent des nerfs aux
sept paires de pattes; les quatre antérieures, quoique analogues, par
l'ordre de succession des parties, aux quatre derniers pieds-mâchoires des
décapodes, sont réellement des pieds proprement dits. Les segments
qui viennent immédiatement après, ou ceux qui forment la queue, re-
çoivent leurs nerfs du dernier ganglion ; ces segments peuvent être considérés comme de simples divisions d'un segment unique, représenté par
ce ganglion ; aussi voyons-nous que le nombre de ces segments postérieurs varie.

mières lames sous-caudales. Les femelles portent leurs œufs sous la poitrine, soit entre des écailles, soit dans une poche ou sac membraneux qu'elles ouvrent, afin de livrer passage aux petits, qui naissent avec la forme et les parties propres à leur espèce, et ne font que changer de peau en grandissant. Le plus grand nombre vit dans les eaux. Ceux qui sont terrestres ont encore besoin, ainsi que les autres crustacés vivant aussi hors de l'eau, d'une certaine humidité atmosphérique, pour pouvoir respirer et conserver leurs branchies dans un état propice à cette fonction.

Cet ordre, dans Linnæus, embrasse le genre

DES CLOPORTES. (ONISCUS.)

Que nous partagerons en six sections.

La première (ÉPICARIDES, *Epicarides*, Latr.) se compose d'isopodes parasites, sans yeux ni antennes, dont le corps est très plat, très petit, et oblong dans les mâles; beaucoup plus grand dans les femelles, en forme d'ovale rétréci et un peu courbé postérieurement, creux en dessous, avec un rebord thoracique, divisé de chaque côté en cinq lobes membraneux; les pieds sont situés sur ce rebord, très petits, recoquillés, et ne peuvent servir à la marche ni à la natation. Le dessous de la queue est garni de cinq paires de petits feuillets ciliés, imbriqués, répondant à autant de segments, et disposés sur deux rangées longitudinales; mais l'extrémité postérieure est dépourvue d'appendices. La bouche ne présente distinctement que deux feuillets membraneux, appliqués sur un autre de même consistance, en forme de grand quadrilatère. La concavité inférieure, formant une sorte de corbeille plate, est remplie par les œufs. Près de leur issue se trouve constamment l'individu que l'on présume être le mâle. Son extrême petitesse semble interdire toute possibilité de copulation. Suivant M. Desmarest, il est pourvu de deux yeux ; son corps est droit et presque linéaire.

Ces crustacés ne forment qu'un seul sous-genre, celui
Des Bopyres. (Bopyrus, Latr.)

L'espèce la plus commune est le *Bopyre des chevrettes* (*Bopyrus crangorum*, Latr., Gener. crust. et insect., I, 114 ; *Monoculus crangorum*, Fab.; Fouger. de Bondar., Mém. de l'Acad. roy. des scienc., 1772, pl. 1 ; Desmar., Cons., XLIX, 8—13), vit sur les palémons squille et porte-scie. Placée immédiatement sur les branchies et au-dessous du test, elle produit sur l'un de ses côtés une grosseur en forme de loupe. Les pêcheurs de la Manche croient que ce sont des individus très jeunes de plies ou de soles.

M. Risso en a décrit une autre espèce (*B. des palémons*), et sous la femelle de laquelle il a observé huit à neuf cents petits vivants (1).

La seconde section (Cymothoadès, *Cymothoada*, Latr.) comprend des isopodes à quatre antennes très apparentes, sétacées et presque toujours terminées par une tige pluriarticulée ; ayant des yeux, une bouche composée comme d'ordinaire (*voyez* les généralités des malacostracés à yeux sessiles); des branchies vésiculeuses, disposées longitudinalement par paires ; la queue formée de quatre à six segments, avec une nageoire de chaque côté; près du bout, et les pieds antérieurs le plus souvent terminés par un fort onglet ou crochet. Ces crustacés sont tous parasites.

Tantôt les yeux sont portés sur des tubercules, au sommet de la tête ; la queue n'est composée que de quatre segments.

Les Séroles. (Serolis. Leach.)

Dont on ne connaît qu'une seule espèce (*Cymothoa paradoxa*, Fab.). Les antennes sont placées sur deux lignes, et terminées par une tige pluriarticulée. Sous les trois premiers segments de la queue, entre les appendices ordinaires, il y en a trois autres transverses et terminés postérieurement en

---

(1) *Voyez*, sur ce sous-genre, l'ouvrage de M. Desmarest, qui l'a décrit très complétement.

pointe (*Voyez*, pour d'autres détails, Desmar., Consid.
sur la classe des crust., pag. 292-294).

Tantôt les yeux sont latéraux et point portés sur des tubercules. La queue est composée de cinq à six segments.

Ici les yeux ne sont point composés d'yeux lisses, rapprochés et en forme de petits grains; les antennes sont sur deux
lignes et de sept articles au moins; les six pieds antérieurs
sont communément terminés par un fort onglet.

Dans les uns, et dont la queue est toujours de six segments, la longueur des antennes inférieures ne surpasse
jamais la moitié de celle du corps.

Nous commencerons par ceux dont les mandibules, comme
de coutume, ne sont point ou très peu saillantes. Ici viennent

LES CYMOTHOÉS. (CYMOTHOA. Fab.)

Dont les antennes sont presque d'égale longueur, les
yeux peu apparents, avec le dernier segment de la queue en
carré transversal, et les deux pièces terminant les nageoires
latérales, linéaires et égales, en forme de stylet (1).

LES ICHTHYOPHILES. (ICHTHYOPHILUS. Latr. — *Nerocila*,
Livoneca. Leach.)

Ayant aussi les antennes d'égale longueur et les yeux peu
visibles, mais dont le dernier segment du corps est presque
triangulaire, avec les deux pièces terminant les nageoires
latérales, en forme de feuillets ou de lames (dont l'extérieure
plus grande dans les *Nérociles*, et de la grandeur de l'autre
dans les *Livonèces*) (2).

Dans les quatre sous-genres suivants, les antennes supérieures sont manifestement plus courtes que les supérieures.

Plusieurs ont, ainsi que les cymothoés, tous les pieds terminés par un onglet fort et très arqué; les huit derniers ne
sont point épineux; les yeux sont toujours écartés et convexes. Ils forment trois genres dans la méthode de M. Leach,

---

(1) *Cymothoa œstrum*, Fab.; Desmar., Consid., XLVI, 6, 7;—*C. im-
bricata*, Fab. *Voyez*, pour les autres espèces, Desmar., ibid.

(2) *Voyez* le même ouvrage de M. Desmarest, pag. 307, genres *né-
rocile* et *livonèce*, et diverses espèces de *cimothoés* de M. Rissso, pag. 310
et 311.

mais que l'on peut réunir en un seul sous-genre, sous la dénomination commune de l'un d'eux, celui

DE CANOLIRE. (CANOLIRA. Leach.—ejusd. *Anilocra. Olencira.*)

Les olencires (1) ont les lames de leurs nageoires étroites et armées de piquants. Dans les anilocres (2), la lame extérieure de ces nageoires est plus longue que l'intérieure; c'est l'inverse dans les canolires (3). Ici, en outre, les yeux sont peu granulés, tandis qu'ils le sont très sensiblement dans le précédent.

Dans les trois sous-genres suivants, les second, troisième et quatrième pieds sont seuls terminés par un onglet fortement courbé, et les huit derniers sont épineux. Les yeux sont ordinairement peu convexes, grands, et convergent antérieurement.

LES ÆGA. (ÆGA. Leach.)

Ont les deux premiers articles de leurs antennes supérieures très larges et comprimés, tandis que dans les deux sous-genres qui succèdent, ces articles sont presque cylindriques (4).

LES ROCINÈLES. (ROCINELA. Leach.)

Diffèrent des æga, ainsi que nous venons de le dire, par la forme des deux premiers articles de leurs antennes supérieures, et s'en rapprochent d'ailleurs par leurs yeux grands. et rapprochés antérieurement (5).

LES CONILIRES. (CONILIRA. Leach.)

Ressemblent aux rocinelles par leurs antennes; mais les yeux sont petits, écartés, et les bords des segments sont presque droits et non en forme de faulx et proéminents (6).

Le dernier sous-genre, parmi ceux de cette section dont

---

(1) Desmar., Consid., pag. 3o6.
(2) — *Ibid.*, *Item.*, *anilocre du Cap*, XLVIII, 1.
(3) — *Ibid.*, pag. 3o5.
(4) — *Ibid.*, pag. 3o4, *æga entaillée*, XLVII, 4, 5.
(5) — *Ibid.*, *item.*
(6) — *Ibid.*, *item.*

les antennes sont sur deux lignes, dont la queue est de six segments, et dont les antennes inférieures sont toujours courtes, se distingue de tous les précédents par ses mandibules fortes et saillantes. C'est celui

De Synodus. (Synodus. Latr.)

Établi sur une seule espèce (*Voyez* cet article dans l'*Encyclop. méth.*).

Dans ceux qui suivent, la queue n'est le plus souvent composée que de cinq segments. La longueur des antennes inférieures surpasse la moitié de celle du corps.

Les Cirolanes. (Cirolana. Leach.)

Ont six segments à la queue (1).

Les Nélocires. (Nelocira. Leach.)

N'en ont que cinq. La cornée des yeux est lisse (2).

Les Eurydices. (Eurydice. Leach.)

Semblables aux nélocires par le nombre des segments caudaux, s'en éloignent sous le rapport de leurs yeux granuleux (3).

Ce sous-genre nous conduit à ceux où ces organes sont formés de petits grains ou d'yeux lisses rapprochés, qui ont d'ailleurs les quatre antennes insérées sur une même ligne horizontale, de quatre articles au plus, et tous les pieds ambulatoires. La queue est composée de six segments, dont le dernier grand et suborbiculaire. Tels sont

Les Limnories. (Limnoria. Leach.)

La seule espèce vivante connue, la *Limnorie térébrante* (*Limnoria terebrans*, Leach, Edimb., Encyclop., VII, pag. 433; Desm., Consid., pag. 312), quoique n'ayant guère plus de deux lignes de long, est néanmoins, par ses habitudes et sa multiplication, très nuisible. Elle perce le bois des vaisseaux en divers sens, avec une promptitude alarmante.

---

(1) Desmar., Consid., p. 303.

(2) — *Ibid.* . pag. 302; *nélocire de Swainson*, XLVIII, 2.

(3) — *Ibid.*, *item.*

Elle se roule en boule, lorsqu'on la saisit. On la trouve dans diverses parties de l'Océan britannique.

Le professeur Germar a envoyé à M. le comte Dejean la figure et la description d'un petit crustacé fossile, qui nous a paru se rapporter à ce sous-genre (1).

La troisième section (Sphéromides, *Sphæromides*, Lat.) nous offre quatre antennes très distinctes, sétacées ou coniques, et, un seul sous-genre excepté (*anthure*), toujours terminées par une tige divisée en plusieurs petits articles, et courtes; les inférieures, toujours plus longues, sont insérées sous le dessous du premier article des supérieures, qui est épais et large. La bouche est composée comme de coutume. Les branchies sont vésiculeuses ou molles, à nu, et disposées longitudinalement par paires. La queue ne présente que deux segments complets et mobiles, mais ayant souvent sur le premier des lignes imprimées et transverses, indiquant les vestiges des autres segments ; de chaque côté de son extrémité postérieure est une nageoire terminée par deux feuillets, dont l'inférieur est seul mobile, et dont le supérieur (2) est formé par un prolongement interne du support commun. Les appendices branchiaux sont recourbés intérieurement; le côté interne des premiers est accompagné, dans les mâles, d'une petite pièce linéaire et alongée. La partie antérieure de la tête située au-dessous des antennes est triangulaire ou en forme de cœur renversé.

Les uns ont le corps ovale ou oblong, prenant ordinairement, dans la contraction la forme d'une boule ; les antennes terminées par un article pluriarticulé, et les inférieures au moins sensiblement plus longues que la tête. Les nageoires latérales et postérieures sont formées d'un pédoncule et de deux lames, composant avec le dernier segment une nageoire commune en éventail.

---

(1) L'*oniscus prægustator*, figuré dans Parkinson, et trouvé dans des roches cariées, avoisine cette espèce, ou paraît du moins appartenir à la même section.

(2) Il se replie sur le bord postérieur du dernier segment, et dans plusieurs, tels que les zuzares, les nésées, de M. Leach, en manière de cintre.

Dans ceux-ci, les lignes imprimées et transverses du segment antérieur de la queue, toujours plus court que le suivant ou dernier, n'atteignent pas les bords latéraux. Le premier article des antennes supérieures est en forme de palette triangulaire.

La tête, vue en-dessus, forme un carré transversal. Les feuillets des nageoires sont très aplatis, et la pièce intermédiaire ou le dernier segment est élargi et arrondi latéralement.

Les Zuzares. (Zuzara. Leach.)

Où les feuillets des nageoires sont très grands, et dont le supérieur, plus court, s'écarte de l'autre, pour former une bordure ou cintre au dernier segment (1).

Les Sphéromes. (Sphæroma. Lat.)

Où les feuillets sont de grandeur moyenne, égaux et appliqués l'un sur l'autre (2).

Dans ceux-là, les lignes imprimées ou sutures transverses du segment antérieur de la queue atteignent ses bords latéraux et le coupent. Le premier article des antennes supérieures forme une palette alongée, carrée ou linéaire.

Les feuillets des nageoires sont ordinairement plus étroits et plus épais que dans les précédents; l'extérieur emboîte quelquefois (cymodocées) l'autre; celui-ci est prismatique; leur point de réunion présente l'apparence d'un nœud ou d'un article.

Tantôt le sixième segment du corps est sensiblement plus long dans toute sa largeur que les précédents et le suivant.

L'un des deux feuillets des nageoires est seul saillant.

Les Nésées. (Næsa. — *Campecopea*. Leach.) (3).

Tantôt le sixième segment du corps est de la longueur des précédents et du suivant.

---

(1) Desmar., Consid., pag. 298.

(2) — *Ibid.*, pag. 299-302. *Sphérome denté*, xlvii, 3; — *Oniscus serratus*, Fab.

(3) Desmar., Consid.; *nésée bidentée*, xlvii, 2; — *Campecopée velue*, ibid., item, 1.

Les Cilicées. (Cilicæa. Leach.)

Où l'un des feuillets des nageoires est seul saillant, l'autre s'adossant contre le bord postérieur du dernier segment (1).

Les Cymodocées. (Cymodocea. Leach.)

Où les deux feuillets des nageoires sont saillants et pareillement dirigés en arrière ; dont le sixième segment n'est point prolongé postérieurement, et dont l'extrémité du dernier offre une petite lame, dans une échancrure (2).

Les Dynamènes. (Dynamene. Leach.)

Semblables aux cymodocées par la saillie et la direction des feuillets des nageoires, mais où le sixième segment se prolonge en arrière, et où le dernier n'offre qu'une simple fente, sans lame (3).

Les autres, tels que

Les Anthures (Anthura. Leach.),

Ont le corps vermiforme et les antennes à peine aussi longues que la tête, de quatre articles. Les feuillets des nageoires postérieures forment, par leur disposition et leur rapprochement, une sorte de capsule.

Les pieds antérieurs sont terminés par une pince monodactyle (4).

Dans la quatrième section (Idotéïdes, *Idoteides*, Leach.), les antennes sont aussi au nombre de quatre, mais sur une même ligne horizontale et transverse ; les latérales se terminent par une tige finissant en pointe, s'amincissant graduellement et pluriarticulée ; les intermédiaires sont courtes, filiformes ou un peu plus grosses vers le bout, de quatre

---

(1) Desm., Consid., *Cilicée de Latreille*, xlviii, 3.

(2) Desmar, *ibid.*, *item*, xlviii, 4.

(3) Desmar., *ibid.*, pag. 297.

(4) Desmar., *ibid.*, *anthure grêle*, xlvi, 13 ; *Oniscus gracilis*, Montag., Trans. linn. Soc., IX, v, 6 ; — *Gammarus heteroclitus*. Vivian., Phosph. maris., ii, 11, 12.

articles, dont aucun n'est divisé. La composition de la bouche est la même que dans les sections précédentes. Les branchies sont en forme de vessies (blanches dans la plupart),
susceptibles de se gonfler, de servir à la natation, et recouvertes par deux lames ou valvules du dernier segment, adhérentes latéralement à ses bords, longitudinales, biarticulées, et s'ouvrant au milieu, par une ligne droite, comme
deux battants de porte. La queue est formée de trois segments, dont le dernier beaucoup plus grand, sans appendices au bout, ni nageoires latérales. Ces crustacés sont tous
marins.

Les Idotées. (Idotea. Fab.)

Ont tous les pieds fortement onguiculés, identiques; le
corps ovale ou simplement oblong, et les antennes latérales
plus courtes que la moitié du corps (1).

Les Sténosomes. (Stenosoma. Leach.)

N'en diffèrent que par la forme linéaire du corps et la
longueur des antennes, surpassant la moitié de celle du
corps (2).

Les Arctures. (Arcturus. Lat.)

Sont très remarquables par la forme des seconds et troisième pieds, qui se dirigent en avant, et se terminent
par un long article barbu, et mutique ou faiblement ongui-
culé; les deux antérieurs sont appliqués sur la bouche et
onguiculés; les six derniers sont forts, ambulatoires, rejetés en arrière et bidentés à leur extrémité. Sous le rapport de la longueur des antennes et de la forme du corps,
ils se rapprochent des stenosomes.

Je n'ai vu qu'une seule espèce (*Arcturus tuberculatus*)

---

(1) *Oniscus entomon*, Lin.; *Squilla entomon*, Deg., Insect., VII,
xxxii, 1, 2; — *Idotea tricuspidata*, Latr.; Desm., Consid., xlvi, 11.
Voyez, pour les autres espèces, cet ouvrage et l'article *Idotée* du nouv.
Dict. d'hist. natur., 2ᵉ édit.

(2) *Stenosoma lineare*, Leach; Desmar., *ibid.*, *item*, xlvi, 12; —
Stenosoma hecticum, ibid.; *Idotea viridissima*, Risso, Crust., III, 8.
Voyez, pour les autres espèces, l'ouvrage de M. Desmarest.

et qui a été rapportée des mers du Nord, dans l'une des dernières expéditions anglaises au pôle arctique.

La cinquième section (ASELLOTES, *Asellota*, Lat.) nous présente des isopodes à quatre antennes très apparentes, disposées sur deux lignes, sétacées, terminées par une tige pluriarticulée ; deux mandibules, quatre mâchoires, recouvertes à l'ordinaire par une espèce de lèvre formée par les premiers pieds-mâchoires ; des branchies vésiculeuses, disposées par paires, recouvertes par deux feuillets longitudinaux et biarticulés, mais libres ; une queue formée d'un seul segment, sans nageoires latérales, mais avec deux stylets bifides ou deux appendices très courts, en forme de tubercules, au milieu de son bord postérieur. D'autres appendices en forme de lames, situées à sa base inférieure, plus nombreux dans les mâles, distinguent les sexes.

Les Aselles. (Asellus. Geoff.)

Ont deux stylets bifides à l'extrémité postérieure du corps, les yeux écartés, les antennes supérieures de la longueur au moins du pédoncule des inférieures, et les crochets du bout des pieds entiers.

La seule espèce connue de ce sous-genre, l'*Aselle d'eau douce* (Geoff., Ins., II, XXII, 2 ; *Squille aselle*, Deg., Insect., VII, XXI, 1 ; Desm., Consid., XLIX, 1, 2 ; *Idotea aquatica*, Fab.), est très abondante dans les eaux douces et stagnantes, ainsi que dans les mares des environs de Paris. Elle marche lentement, à moins qu'elle ne soit effrayée. Au printemps, elle sort de la vase où elle a passé l'hiver. Le mâle, beaucoup plus gros que la femelle, porte celle-ci une huitaine de jours, en la retenant avec les pattes de la quatrième paire. Lorsqu'il l'abandonne, elle est chargée d'un grand nombre d'œufs, renfermés dans un sac membraneux, placé sous la poitrine, et s'ouvrant par une fente longitudinale, à la naissance des petits.

Les Oniscodes. (Oniscoda. Lat.)

Ou les janires (1) de M. Leach, diffèrent des aselles par le

---

(1) Nom employé par M. Risso pour un genre de la même classe, et qu'il m'a fallu dès lors remplacer ici par un autre.

rapprochement de leurs yeux, leurs antennes supérieures plus courtes que le pédoncule des inférieures, et par les crochets des tarses, qui sont bifides.

La seule espèce connue (*Janira maculosa*, Leach. ; Desm., Consid., pag. 315.) a été trouvée sur les côtes d'Angleterre, parmi les varecs et les ulves.

Les JÆRA. (JÆRA. Leach.)

N'ont à la place des stylets du bout de la queue, que deux tubercules.

On n'en a aussi décrit qu'une seule espèce (*Jæra albifrons*, Leach ; Desm., Consid., pag. 316), et qui est très commune sur les côtes d'Angleterre, sous les pierres et au milieu des varecs.

Enfin, les isopodes de la sixième et dernière section (CLOPORTIDES, *Oniscides*, Lat.) ont bien quatre antennes, mais dont les deux intermédiaires très petites, peu apparentes et de deux articles au plus ; les latérales sont sétacées. La queue est composée de six segments, avec deux ou quatre appendices, en forme de stylets, au bord postérieur du dernier et sans nageoires latérales. Les uns sont aquatiques et les autres terrestres. Dans ceux-ci, les premiers feuillets du dessous de la queue offrent une rangée de petits trous, où l'air pénètre et se porte aux organes de la respiration, qui y sont renfermés.

Les uns ont le sixième article de leurs antennes ou leur tige composé, de manière qu'en comptant les petites articulations de cette partie, le nombre total de tous les articles est au moins de neuf. Ces isopodes sont marins et forment deux sous-genres.

Les TYLOS. (TYLOS. Lat.)

Paraissent avoir la faculté de se rouler en boule. Le dernier segment du corps est demi circulaire et remplit exactement l'échancrure formée par le précédent ; les appendices postérieurs sont très petits et entièrement inférieurs. Les antennes n'ont que neuf articles, dont les quatre derniers composant la tige. De chaque côté est un tubercule enfoncé, représentant chacun l'une des antennes intermédiaires ; l'espace intermédiaire est élevé.

Les branchies sont vésiculeuses, imbriquées, et recouvertes par des lames (1).

Les Ligies. (Ligia. Fab.)

Ont la tige des antennes latérales composée d'un grand nombre de petits articles et deux stylets très saillants, partagés au bout en deux branches, à l'extrémité postérieure du corps.

La *Ligie océanique* (*Oniscus oceanicus*, Linn.), Desm., Consid., XLIX, 3, 4, est longue d'environ un pouce, grise, avec deux grandes taches jaunâtres sur le dos. Les antennes latérales sont de moitié plus courtes que le corps, et leur tige est divisée en treize articles. Les stylets sont de la longueur de la queue. Elle est très commune sur nos côtes maritimes, où on la voit grimper sur les rochers ou sur les parapets des constructions maritimes. Lorsqu'on cherche à la prendre, elle replie promptement ses pattes et se laisse tomber.

Dans la *Ligie italique* (*Ligia italica*, Fab.), les antennes latérales sont presque de la longueur du corps, avec la tige ou la sixième articulation divisée en dix-sept petits articles. Les stylets sont beaucoup plus longs que la queue.

La *Ligie des mousses* (*Oniscus hypnorum*, Fab.; Cuv., Journ. d'hist. natur., II, xxvi, 3, 4, 5; *Oniscus agilis*, Panz., faun., Ins. germ., fasc., IX, xxiv). Les antennes latérales sont plus courtes que la moitié du corps, et leur tige n'a que dix petits articles. Le pédoncule des stylets postérieurs a, au côté interne, une dent et une soie.

Dans les autres, et tous terrestres, les antennes latérales n'offrent au plus que huit articles, dont les proportions, vers l'extrémité, diminuent graduellement, ou sans qu'aucun d'eux paraisse être divisé ou composé.

Ici les appendices ou stylets postérieurs s'avancent au delà du dernier segment. Le corps ne se contracte point ou que très imparfaitement en boule.

---

(1) *Tylos armadillo*, Latr., figuré sur les planches d'hist. natur. du grand ouvrage sur l'Égypte; de la Méditerranée.

Les Philoscies. (Philoscia. Lat.)

Ont les antennes latérales divisées en huit articles et découvertes à leur base. Les quatre appendices postérieurs sont presque égaux.

On ne les trouve que dans les lieux très humides (1).

Les Cloportes propres. (Oniscus. Lin.)

Ont aussi huit articles aux antennes latérales, mais leur base est recouverte, et les deux appendices extrérieurs du bout de la queue sont beaucoup plus grands que les deux internes. Ces crustacés et ceux des deux sous-genres suivants sont appelés vulgairement *clous-à-porte*, et par abréviation *cloporte*, *porcelets de Saint-Antoine*. Ils fréquentent les lieux retirés et sombres, comme les caves, les celliers, les fentes des murs, des châssis, et se trouvent aussi sous les pierres et les vieilles poutres. Ils se nourrissent de matières végétales et animales corrompues, et ne sortent guère de leurs retraites que dans les temps pluvieux ou humides. Ils marchent lentement, à moins que quelque danger ne les menace. Les œufs sont renfermés dans une poche pectorale. Les petits ont à leur naissance un segment thoracique de moins, et n'ont, par conséquent, que douze pattes. On a généralement renoncé à l'usage médical qu'on en faisait anciennement (2).

Les Porcellions. (Porcellio. Lat.)

Se distinguent des cloportes par le nombre des articles des antennes latérales, qui n'est que de sept. Ces isopodes leur ressemblent d'ailleurs par les autres caractères (3).

---

(1) *Oniscus sylvestris*, Fab. ; *Oniscus muscorum*, Cuv., Journ. d'hist. natur., II, xxvi, 6, 8; Coqueb., Illust. icon. insect., déc. I, vi, 12.

(2) *Oniscus murarius*, Fab. ; Cuv., Journ. d'hist. natur., II, xxvi, 11, 13; le *Cloporte ordinaire*, Geoff., Insect., II, xxii, 1; *Cloporte aselle*, Deg. Insect., VII, xxxv, 3; Desmarest, Considér., xlix, 5.

(3) *Oniscus asellus*, Cuv., ibid.; Panz., Faun. Ins Germ., IX, xxi; *Cloporte ordinaire*, var. C, Geoff.; — *Porcelio lœvis*, Latr.; *Cloporte ordinaire*, var. B, Geoff.

Là, comme dans

Les Armadilles (Armadillo. Lat.),

Les appendices postérieurs du corps ne font point de saillies ; le dernier segment est triangulaire ; une petite lame, en forme de triangle renversé, ou plus large et tronquée au bout, formée par le dernier article des appendices latéraux, remplit, de chaque côté, le vuide compris entre le segment et le précédent. Les antennes latérales n'ont que sept articles. Les écailles supérieures sous-caudales ont une rangée de petits trous (1).

----

(1) *Oniscus armadillo*, Lin.; Cuv., ibid, 14, 15; *Oniscus cinereus*, Panz, *ibid.*, fasc. LXII, xxii ; — *Oniscus variegatus*, Vill., Entom. IV, xi, 16 ; *Armadille pustulé*, Desm., Consid., xlxix, 6 ; — *Armadille des boutiques*, Dumér., Dict. des sc. natur., III, pag. 117, espèce venant d'Italie, et employée anciennement par les apothicaires.

DEUXIÈME DIVISION GÉNÉRALE.

DES ENTOMOSTRACÉS.
(ENTOMOSTRACA. Müll.)

Sous cette dénomination formée du grec et signifiant *insectes à coquille* , Othon Frédéric Müller comprend le genre *monoculus* de Linnæus, auquel il faut adjoindre quelques-unes de ses lernées. Ses recherches sur ces animaux, dont l'étude est d'autant plus difficile qu'ils sont pour la plupart microscopiques, et celles de Schaeffer et de Jurine père ont excité l'admiration, et mérité la reconnaissance de tous les naturalistes. D'autres travaux, mais partiels, tels que ceux de Ramdohr, Straus, Herman fils , Jurine fils , Adolphe Brongniart, Victor Audouin et Milne Edwards, ont étendu ces connaissances, sous les rapports surtout de l'anatomie ; mais, à cet égard, M. Straus, quoique devancé, ainsi que Jurine père, pour plusieurs faits importants d'organisation par Ramdohr, dont ils ne paraissent pas avoir connu le mémoire sur les monocles, publié en 1805, les a tous surpassés. Fabricius s'est borné à adopter le genre *limulus* de Müller, qu'il a placé dans sa classe des kleistagnathes ou notre famille des brachyures, ordre des décapodes. Tous les autres entomostracés sont réunis, comme dans Linnæus, en un seul genre, celui de *monoculus*, qu'il met dans sa classe des polygonates ou nos isopodes.

Ces animaux sont tous aquatiques et habitent pour la plupart les eaux douces. Leurs pieds, dont le nombre varie, et va dans quelques-uns jusqu'au delà de cent, ne sont ordinairement propres qu'à la natation, et tantôt ramifiés ou divisés, tantôt garnis de pinnules ou composés d'articles lamellaires. Leur cerveau n'est formé que d'un ou deux globules. Le cœur a toujours la forme d'un long vaisseau. Leurs branchies, composées de poils ou de soies, soit isolés, soit réunis, en manière de barbes, de peigne, d'aigrettes, font partie de ces pieds ou d'un certain nombre d'entre eux, et quelquefois des mandibules et des mâchoires supérieures (voyez *cypris*); de là l'origine du mot de *branchiopodes*, que nous avons donné à ces animaux, dont nous n'avions d'abord formé qu'un seul ordre. Ils ont presque tous un test d'une à deux pièces, très mince et le plus souvent presque membraneux et presque diaphane, ou du moins un grand segment thoracique antérieur, souvent confondu avec la tête et paraissant remplacer le test. Les téguments sont généralement plutôt cornés que calcaires ; ce qui rapproche ces animaux des insectes et des arachnides. Dans ceux qui sont pourvus de mâchoires ordinaires, les inférieures ou extérieures sont toujours découvertes, tous les pieds-mâchoires faisant l'office de pieds proprement dits, et aucun d'eux n'étant appliqué sur la bouche. Les secondes mâchoires, celles des phyllopodes au plus exceptées, ressemblent même à ces derniers organes; Jurine les a quelquefois désignées sous le nom de mains.

Ces caractères distinguent les entomostracés broyeurs, des malacostracés : les autres entomostracés, ceux qui composent notre ordre des pœcilopodes, ne peuvent être confondus avec les malacostracés, parce qu'ils sont dépourvus d'organes propres à la mastication ; ou parce que les parties qui paraissent servir de mâchoires ne sont point rassemblées antérieurement et précédées d'un labre, comme dans les crustacés précédents et les insectes broyeurs, mais simplement formées par les hanches des organes locomotiles et garnies, à cet effet, de petites épines. Les pæcilopodes représentent dans cette classe, ceux que dans celle des insectes l'on distingue sous le nom de suceurs. Ils sont presque tous parasites, et semblent conduire par nuances aux lernées ; mais la présence des yeux, la propriété de changer de peau, ou même d'éprouver une sorte de métamorphose(1), la faculté de pouvoir se transporter d'un

____

(1) Les petits des daphnies et de quelques autres sous-genres voisins, ceux probablement encore des cypris, des cythérées, ne diffèrent point ou presque pas, à la grandeur près, de leurs parents, à leur sortie de l'œuf ; mais ceux des cyclopes, des phyllopodes, des argules, éprouvent, dans leur jeune âge, des changements notables, soit quant à la forme du corps, soit quant au nombre des pattes. Ces organes subissent même dans quelques-uns, comme les argules, des transformations qui modifient leurs usages.

10*

lieu à l'autre, à la faveur des pieds, nous paraissent établir une ligne de démarcation positive entre ces derniers animaux et les précédents. Nous avons consulté, à l'égard de ces transformations, divers naturalistes instruits, et qui ont eu occasion d'observer fréquemment des lernées, et aucun d'eux ne les a vues changer de peau. Les antennes des entomostracés, dont la forme et le nombre varient beaucoup, servent dans plusieurs à la natation. Les yeux sont très rarement portés sur un pédicule, et dans ce cas, ce pédicule n'est qu'un prolongement latéral de la tête, et jamais articulé à sa base ; souvent ils sont très rapprochés et même n'en composent qu'un seul. Les organes de la génération sont situés à l'origine de la queue; c'est à tort qu'on avoit considéré les antennes de quelques mâles comme leur siége. Cette queue (1) n'est jamais terminée par une nageoire en éventail, et n'offre point ces fausses pattes, que nous avons observées dans les malacostracées. Les œufs sont rassemblés sous le dos, ou extérieurs, et sous une enveloppe commune, ayant la forme d'une ou de deux petites grappes situées à la base de la queue ; il paraît qu'ils peuvent se conserver long-temps dans un état de dessication, sans perdre pour cela leurs propriétés. Ce n'est au plus qu'après la troisième mue, que ces animaux deviennent adultes et capables de se multiplier. On a constaté, à l'égard de quelques-uns,

---

(1) Si l'on en excepte les phyllopes, les derniers pieds sont thoraciques ou des pieds-mâchoires (*Cypris*).

qu'une seule copulation peut féconder plusieurs générations successives.

LE PREMIER ORDRE DES ENTOMOSTRACÉS,

OU LE SIXIÈME DE LA CLASSE DES CRUSTACÉS,

CELUI DES BRANCHIOPODES. (BRANCHIOPODA.)

A pour caractères : bouche composée d'un labre, de deux mandibules, d'une languette, d'une ou de deux paires de mâchoires; branchies, ou les premières, lorsqu'ils y en a plusieurs, toujours antérieures.

Ces crustacés sont toujours vagabonds, généralement recouverts par un test en forme de bouclier ou de coquille bivalve, et munis de quatre ou deux antennes. Leurs pieds, quelques-uns exceptés, sont uniquement natatoires. Leur nombre varie; il n'est que de six dans quelques-uns, de vingt à quarante - deux, ou de plus de cent, dans d'autres. Beaucoup n'offrent qu'un seul œil.

Ces crustacés, étant pour la plupart, comme nous l'avons dit, presque microscopiques, on sent que l'application de l'un des caractères dont nous avons fait usage, celui de la présence ou de l'absence des palpes mandibulaires, présenterait maintenant des difficultés presque insurmontables (1). La forme et le nombre des pattes, celui

---

(1) Nous mettrons cependant en tête tous les branchiopodes dont les mandibules sont munies de palpes ; ils composeront les deux premières divisions des lophyropes.

des yeux, le test, les antennes, nous fourniront des signalements plus faciles et à la portée de tout le monde.

L'ordre des branchiopodes ne composait, dans la méthode de De Géer, de Fabricius, et dans celle de Linnæus, moins une seule espèce (*M. polyphemus*), que le genre

DES MONOCLES (MONOCULUS. Lin.), (1)

Que nous partagerons en deux sections principales.

La première, celle des LOPHYROPES (*Lophyropa.*), se distingue par le nombre des pieds, qui ne s'élève jamais au-delà de dix; leurs articles sont d'ailleurs plus ou moins cylindriques ou coniques et jamais entièrement lamelliformes ou foliacés; leurs branchies sont peu nombreuses, et la plupart n'ont qu'un seul œil. Plusieurs, en outre, ont des mandibules munies d'un palpe (2); les antennes sont presque toujours au nombre de quatre, et servent à la locomotion.

Dans la seconde section, celle des PHYLLOPES (*Phyllopa.*), le nombre des pieds est au moins de vingt, et dans quelques-uns beaucoup plus considérable; leurs articles, ou du moins les derniers, sont aplatis, en forme de feuillets ciliés. Leurs mandibules n'offrent jamais de palpes. Ils ont tous deux yeux (situés, dans quelques-uns, à l'extrémité de deux pédicules mobiles); leurs antennes, dont le nombre dans plusieurs n'est que de deux, sont généralement petites et point propres à la natation.

Nous partagerons les lophyropes en trois groupes principaux, très naturels, et dont les deux premiers se rapprochent des crustacés des trois premiers ordres, à raison de

---

(1) Et de plus, celui de *binocle*, dans celle de Geoffroi.

(2) M. Straus paraît attribuer exclusivement ce caractère aux *cypris* et aux *cythérées*, composant son ordre des ostrapodes; mais il résulte des observations de Jurine père et de M. Ramdohr, qu'il est encore propre aux cyclopes.

leurs mandibules, portant chacune un palpe, et de quelques autres caractères.

1° Ceux (CARCINOÏDES, *Carcinoida.* Lat.) dont le test, plus ou moins ovoïde ou ovalaire, n'est point plié en deux en manière de coquille bivalve, et laisse à découvert la partie inférieure du corps. Ils n'ont jamais d'antennes en forme de bras ramifiés. Leurs pieds sont au nombre de dix et plus ou moins, cylindriques ou sétacés. Les femelles, dont on a observé la gestation, portent leurs œufs dans deux espèces de sacs extérieurs, situés à la base de leur queue. Quelques-uns offrent deux yeux.

2° Ceux (OSTRACODES, *Ostracoda,* Latr. ; *Ostrapoda,* Straus.) dont le test est formé de deux pièces ou valves représentant celles de la coquille d'une moule, réunies par une charnière et renfermant dans l'inaction le corps. Ils n'ont que six (1) pieds, et dont aucun ne se termine en manière de nageoire digitée et accompagnée de lame branchiale. Leurs antennes sont simples, filiformes ou sétacées. Ils n'ont jamais qu'un œil. Leurs mandibules et leurs mâchoires supérieures sont munies d'une lame branchiale. Les œufs sont situés sous le dos.

3° Les derniers (CLADOCÈRES, *Cladocera,* Latr.; *Daphnides,* Straus.) n'ont aussi qu'un seul œil et le test plié en deux, mais sans charnière (Jurine), terminé postérieurement en pointe, et laissent la tête, qui est recouverte d'une espèce de bouclier en manière de bec, à nu. ils ont deux antennes, ordinairement très grandes, en forme de bras, divisées en deux ou trois branches, à la suite du pédoncule, garnies de filets, toujours saillantes et servant de rames. Leurs pieds, au nombre de dix (2), se terminent par une na-

---

(1) La première paire de pieds, suivant M. Straus ; mais quoique ces parties en remplissent les fonctions, en servant de rames, je les considère néanmoins comme les analogues des antennes latérales des crustacés supérieurs et des deux supérieures des cyclopes, qui, ici encore, concourent, avec les pieds, à la locomotion.

(2) Müller en donne huit aux cythérées; mais on peut supposer, par analogie, qu'il y a erreur ou méprise.

geoire comme digitée ou pectinée, et accompagnée, à l'exception des deux premiers, d'une lame branchiale (1).

Leurs œufs sont pareillement situés sous le dos ; leur corps se termine toujours postérieurement en manière de queue, avec deux soies ou filets au bout. L'extrémité antérieure du corps tantôt se prolonge en manière de bec, tantôt forme une approche de tête presque entièrement occupée par un gros œil.

La première division des branchiopodes lophyropes (celle des carcinoïdes) peut se subdiviser en deux, d'après le nombre des yeux. Les uns en ont deux.

Ici le test recouvre entièrement le thorax ; les yeux sont grands et très distincts ; les antennes intermédiaires sont terminées par deux filets.

Les Zoés. (Zoea. Bosc.)

Ont les yeux très gros, globuleux, entièrement découverts, et des saillies en forme de cornes sur le thorax.

La *Zoé pélagique* (*Zoe pelagica*, Bosc., Hist. nat. des crust., II, xv, 3, 4.) a le corps demi transparent, quatre antennes insérées au-dessous des yeux, et dont les extérieures coudées et bifides ; une sorte de long bec sur le devant du thorax, entre les yeux, et une élévation pointue, longue, rejetée en arrière sur son dos. Les pieds sont très courts, à peine visibles, à l'exception des deux derniers, qui sont alongés ou terminés en nageoire. La queue est de la longueur du thorax, courbée, de cinq articles, dont le dernier grand, en croissant, épineux. Ce crustacé a été trouvé par M. Bosc dans l'Océan atlantique.

Le *Monoculus taurus* de Slabber (Microsc., V) et le *Cancer germanus* de Linnæus paraissent avoir des rapports avec lui (2).

---

(1) Ce caractère s'applique particulièrement aux daphnies, sous-genre le plus nombreux de cette division, et par analogie, aux polyphèmes et aux lyncées.

(2) *Voyez* l'Hist. nat. des crust. et des insectes de Latreille, et l'ouvrage de M. Desmarets sur ces premiers animaux. On n'a pas encore décrit d'une manière complète, ou du moins satisfaisante, ce genre, et nous n'avons pu nous en procurer un seul individu.

Les Nébalies. (Nebalia. Leach.)

Ont les yeux triangulaires, aplatis, en partie recouverts par une écaille triangulaire et voûtée.

Les pieds sont fourchus, et les appendices du bout de la queue sont en forme de soies (1).

Là, le thorax ou le test, vu en dessus, est divisé en cinq segments, dont le premier, beaucoup plus grand, porte les antennes, les yeux et les pieds-mâchoires; dont le second et le troisième ont chacun une paire de pieds; dont le quatrième porte les deux paires suivantes, et le cinquième, la dernière. Les yeux sont petits et point saillants; toutes les antennes se terminent par un filet simple.

Les Condylures. (Condylura. Latr.)

Les antennes inférieures sont plus longues. Les côtés antérieurs du premier segment sont prolongés en pointe, et forment deux écailles rapprochées en manière de bec. Les pieds se terminent en pointe soyeuse; quelques-uns des intermédiaires ont, comme dans les schizopodes, un appendice extérieur, près de leur base; la queue est étroite, de sept anneaux, dont le dernier, alongé, conique, s'avance entre les deux appendices latéraux, qui sont grêles, en forme de stylets, de deux articles, dont le dernier soyeux (2).

Nota. Le genre *Nicothoë* de MM. Audouin et Milne Edwards, dans la supposition qu'il ait des mandibules et des mâchoires, appartiendrait à cette section; mais comme le crustacé d'après lequel il a été établi est parasite, et que j'ai cru y apercevoir les vestiges d'un suçoir, je l'ai placé dans l'ordre des pœcilopodes. Je remarque néanmoins que les

---

(1) *Nebalia Herbstii*, Leach, Zool. miscell., XLV; Desmar., Consid., XL, 5; Ramd., monoc., I, 8 ?

La *nébalie ventrue* de M. Risso (Journ. de phys., octobre, 1822) constitue probablement, dans la section des schizopodes, un sous-genre propre. Dans le *cyclops exiliens* de Viviani, le thorax est divisé en plusieurs segments, ce qui l'exclut des nébalies. Il forme aussi un nouveau sous-genre intermédiaire entre le précédent et le suivant.

(2) *Condylure de Dorbigny*, Lat., sur les côtes maritimes de La Rochelle.

pattes, à l'exception des antérieures, ressemblent beaucoup à celles des cyclopes ; et que les femelles portent aussi leurs œufs dans deux sacs situés à la base de la queue, de même que celles des derniers.

Le second de ces naturalistes vient de publier, dans le tome XIIIe des Annales des Sciences naturelles, de nouvelles recherches sur les nébalies et les caractères de trois autres genres nouveaux de crustacés. Notre travail sur les animaux de cette classe étant terminé au moment où le mémoire de M. Milne Edwards a été communiqué à l'Académie, et n'ayant pas alors le temps de revenir sur cet objet, nous avons renvoyé l'exposition de ces genres, ainsi que de ceux établis dans la famille des aranéides par M. Savigny, et de quelques autres introduits récemment par M. le comte Dejean, dans celle des coléoptères carnassiers, au supplément de cet ouvrage. Nous y donnerons aussi les caractères de quelques autres coupes génériques, établies par MM. Guérin, Lepeltier de Saint-Fargeau et Serville. Je n'aurais pu les intercaller dans mon travail sans précipiter un examen, qui doit être d'autant plus réfléchi, que l'on multiplie plus facilement les groupes génériques.

Les autres lophyropes de notre **première division**, et dont le thorax, ainsi que dans les condylures, est divisé en plusieurs segments, et dont le premier beaucoup plus grand, ne présentent plus qu'un seul œil, situé au milieu du front, entre les antennes supérieures. Tels sont

Les Cyclopés (Cyclops. Mull.),

Si bien observés par Jurine père et M. Ramdohr. Leur corps est plus ou moins ovalaire, mollet ou gélatineux, et se partage en deux portions, l'une antérieure, composée de la tête et du thorax, et l'autre postérieure, ou la queue. Le segment précédant immédiatement les organes sexuels, et qui, dans les femelles, porte deux appendices en forme de petites pattes (supports, *fulcra*, Jurine.), peut-être considéré comme le premier de la queue, qui n'est pas toujours bien nettement ou brusquement distinguée du thorax. Elle est formée de six segments ou articles ; le second porte en dessous, dans les mâles, deux appendices articulés, tantôt simples, tantôt ayant au côté interne une petite division ou branche, de formes variées, et constituant en tout ou en partie les organes de la génération. La vulve est située, dans l'autre sexe, sur le même article. Le dernier se termine par deux pointes ou stylets, formant une fourche, et plus ou moins garnie de soies ou de filets penniformes. L'autre portion du corps, ou l'antérieure, est divisée en quatre segments, dont le premier, beaucoup plus grand, compose la tête et une portion du thorax, qui sont ainsi recouverts par une écaille commune. Il porte l'œil, quatre antennes, deux mandibules (mandibules internes, Jurine) munies d'un palpe simple ou divisé en deux branches articulées, deux mâchoires (mandibules externes, ou lèvre avec des barbillons, Jurine.) (1) et quatre pieds divisés chacun en deux tiges cylindriques, garnies de poils ou de filets barbus; la paire antérieure, représentant les secondes mâchoires, diffère un peu des suivantes; elle est comparée à des espèces de mains par Jurine. Chacun des trois segments suivants sert d'attache à une paire de pieds, conformés ainsi que les deux derniers des précédents. Deux des antennes, supérieures aux autres, sont plus longues, sétacées, simples et composées d'un grand nombre de petits articles; elles facilitent, par leur action, les mouvements du corps et font presque l'office des pieds. Les inférieures (antennules, Jur.) sont filiformes, n'offrent le plus souvent que quatre articles, et sont tantôt simples, tantôt fourchues; elles font, par leurs mouvements rapides, tourbillonner l'eau. Dans les mâles, les supérieures ou l'une d'elles seulement (*C. Castor.*) offrent des étranglements et un renflement, suivi d'un article à charnière. Au moyen de ces organes ou de l'un d'eux, ils saisissent soit les dernières pattes, soit le bout de la queue de leurs femelles, dans leurs préludes amoureux, et les retiennent malgré elles dans des situations appropriées à la manière dont ils se fixent. Elles emportent leurs mâles, lorsqu'elles ne veulent pas d'abord se prêter à leurs

---

(1) D'après l'ordre successif des parties de la bouche, qui a lieu dans les crustacés décapodes, la pièce située immédiatement au-dessous des mandibules est la languette; mais les dentelures des pièces dont il s'agit ici indiquent des organes maxillaires. La languette a pu échapper aux regards de cet observateur.

désirs. La copulation s'opère comme dans les crustacés précédents et par des actes prompts et réitérés; Jurine en a vu trois dans l'espace d'un quart-d'heure. On avait cru jusqu'à lui que les organes copulateurs des mâles étaient placés aux antennes supérieures, et cette erreur paraissait d'autant mieux fondée, que les aranéides présentent des faits analogues. De chaque côté de la queue des femelles, est un sac ovale, rempli d'œufs (ovaire externe, Jurine), adhérant par un pédicule très délié au second segment, près de sa jonction avec la troisième, et où l'on voit aussi l'orifice du canal déférent de ces œufs. La pellicule formant ces sacs, n'est qu'une continuation de celle de l'ovaire interne. Le nombre des œufs qu'ils contiennent augmente avec l'âge; d'abord bruns ou obscurs, ils prennent ensuite une teinte rougeâtre, et deviennent presque transparents, lorsque les petits sont prêts d'éclore, mais sans grossir. Isolés ou détachés, du moins jusqu'à une certaine époque, le germe périt. Une seule fécondation, mais indispensable, peut suffire aux générations successives. La même femelle peut faire jusqu'à dix pontes dans l'espace de trois mois. En n'en comptant que huit, et en supposant chacune d'elles de quarante petits, la somme totale des naissances s'élèverait à près de quatre milliards et demie. La durée du séjour des fœtus dans les ovaires varie de deux à dix jours, ce qui dépend de la température des saisons et de diverses autres circonstances. Les sacs ovifères présentent quelquefois des corps alongés, glandiformes, plus ou moins nombreux, et qui paraissent être des réunions d'animalcules infusoires.

À leur naissance, les petits n'ont que quatre pattes, et leur corps est arrondi et sans queue. Müller avait formé avec ces jeunes individus son genre amymone (*amymone*). Quelque temps après (quinze jours, de février en mars), ils acquièrent une autre paire de pieds : c'est le genre nauplie (*nauplius*) du même; après la première mue, ils ont la forme et toutes les parties qui caractérisent l'état adulte, mais sous des proportions plus exiguës; leurs antennes et leurs pattes sont proportionnellement plus courtes. Au bout de deux autres mues, ils sont propres à la génération. La plupart de ces entomostracés nagent sur le dos, s'élancent avec vivacité, et peuvent se porter aussi-bien en arrière qu'en avant. A défaut de matières animales, ils attaquent les substances végétales; mais le fluide dans lequel ils vivent habituellement ne passe point dans leur estomac. Le canal alimentaire s'étend d'une extrémité du corps à l'autre. Le cœur, dans le cyclope *Castor*, est immédiatement situé sous le second et le troisième segment du corps, et ovalaire; chacune de ses extrémités donne naissance à un vaisseau, dont l'un va à la tête et l'autre à la queue. Immédiatement au-dessous de lui est un autre organe analogue, mais en forme de poire, produisant aussi, à chaque bout, un vaisseau représentant peut-être les canaux branchio-cardiaques dont nous avons parlé en traitant de la circulation des crustacés décapodes. Il résulterait de plusieurs expériences de Jurine, sur des cyclopes alternativement asphyxiés et rappelés à la vie, que dans cette sorte de résurrection, l'extrémité du canal intestinal et les supports donnent les premiers signes de vie, et que l'irritabilité du cœur èst moins énergique; celle des antennes, et plus spécialement de celles des mâles, des palpes et des pattes ensuite, est inférieure. Lorsqu'on coupe une portion d'antenne, il ne s'y fait aucun changement; la réintégration s'effectue sous la peau, puisque cet organe reparaît dans toute son intégrité à la mue suivante. Le cyclope *staphylin* forme, à raison de ses antennes plus courtes, et dont les supérieures ont beaucoup moins d'articles que les mêmes des autres cyclopes, tandis que les inférieures en offrent, au contraire, davantage; à raison encore de son corps, qui s'amincit graduellement vers son extrémité postérieure, de manière qu'il semble n'avoir point de queue, du moins brusquement formée, et que son dessous est armé, dans la femelle, d'une sorte de corne arquée en arrière, une division particulière. Le cyclope *castor* et quelques autres, dont les antennes inférieures et les palpes mandibulaires sont divisés, au-delà de leur base, en deux branches, peuvent aussi composer un autre groupe. Celui que M. Leach désigne sous le nom générique de CALANE (*Calanus*) pourrait, en effet, former un sous-genre propre, s'il était vrai que l'animal dont il est le type n'eût point d'antennes inférieures; mais s'en est-il assuré par lui-même, ou n'en parle-t-il que d'après Muller ? c'est ce que j'ignore.

Le *Cyclope quadricorne* (*Monoculus quadricornis*, Lin.) ; Mull., Entom., XVIII, 1-14 ; Jurine, Monoc., I, II, III. a toutes les antennes simples ou sans divisions. Les inférieures ont quatre articles, et leur longueur n'égale guère que le tiers des supérieures. Le corps proprement dit est assez renflé et presque ovoïde ; la queue est étroite et de six segments. La couleur varie beaucoup ; les uns sont rougeâtres, les autres blanchâtres ou verdâtres. La longueur totale est de deux lignes. Cette espèce est très commune (1).

La seconde division générale des branchiopodes lophyropes, celle où le test est formé de deux valves, réunies par une charnière (nos OSTRACODES ou l'ordre des ostrapodes de M. Straus), se compose de deux sous-genres, dont le premier, celui de cythérée, nous paraît, depuis les belles recherches de ce savant sur le second, celui de cypris, solliciter, pour que ses caractères ne soient plus équivoques, une étude plus approfondie que celle qu'en a faite Müller, notre unique garant à cet égard. Suivant lui,

Les CYTHÉRÉES (CYTHERE. Müll. — *Cytherina*. Lam.)

Auraient huit pieds (2) simples et finissant en pointe ; et deux antennes, pareillement simples, sétacées, composées de cinq à six articles, avec des poils épars.

On les trouve dans les eaux salées et saumâtres des bords de la mer, parmi les varecs et les conferves (3).

---

(1) Desmar., Consid., pag. 364. *Voyez*, pour les autres espèces, le même ouvrage, pag. 361-364, LIV ; Müller, Entom., *G. cyclops* ; Jurine, Hist. des monoc., pag. 1-84, première famille des monocles à coquille univalve ; Ramd, monoc., I, II, III.

(2) Il est probable qu'il n'y en a que six. *Voyez*, ci-après, l'article cypris, note (1).

(3) Si ces entomostracés sont uniquement marins, il est naturel que Jurine et d'autres observateurs, dont les recherches, à raison des lieux

Les Cypris. (Cypris. Müll.)

N'ont que six pieds (1), et leurs deux antennes sont terminées par un faisceau de soie, en manière de pinceau.

Le test ou la coquille forme un corps ovalaire, comprimé
latéralement, arqué et bombé sur le dos, ou du côté de la
charnière, presque droit et un peu échancré, en manière
de rein, au côté opposé. En avant de la charnière, dans la
ligne médiane, l'œil forme un gros point noirâtre et rond.
Les antennes, immédiatement insérées au-dessous, sont plus
courtes que le corps, sétacées, composées de sept à huit
articles, dont les derniers plus courts, et terminées par un
faisceau de douze à quinze soies, servant de nageoires. La
bouche est composée d'un labre caréné; de deux grandes
mandibules dentées, portant chacune un palpe divisé en trois
articles et au premier desquels adhère une petite lame branchiale offrant cinq digitations (2), et de deux paires de mâchoires; les deux supérieures, beaucoup plus grandes, ont
au bord interne quatre appendices mobiles et soyeux, et au
côté extérieur une grande lame branchiale pectinée à son bord
antérieur; les secondes sont composées de deux articles,
avec un palpe (3) court, presque conique, inarticulé, soyeux
au bout, ainsi que l'extrémité de ces mâchoires. Une sorte de
sternum comprimé fait l'office de lèvre inférieure (4). Les

---

de leur résidence, ne pouvaient avoir pour objet que des entomostracés
d'eau douce, n'aient point parlé des cythérées.

Voyez Müller, Entom., genre *cythere*, et Desmar., Consid., pag.
387, 388, lv, 8.

(1) Quatre suivant M. Ramdohr, huit suivant M. Jurine; le premier considérant les deux derniers comme des appendices du sexe masculin, et le second prenant les palpes des mandibules et la lame branchiale
de chaque mâchoire supérieure (les deux premiers pieds de sa seconde division du corps, ceux qu'il dit n'être composés que d'un seul article, et terminés en cuiller dentelée) pour autant de pieds. Celui-ci ne compte pas
non plus, dans ce nombre, ceux que le précédent présume être des organes
sexuels; il les regarde (pag. 161-166) comme des filets de cinq articles,
sortant latéralement de la poche de la matrice, et dont il ignore l'usage.

(2) Lèvre intérieure, Ramdohr.

(3) Fourchu dans les *cypris strigata*, du même.

(4) Lèvre extérieure, du même.

pieds sont divisés en cinq articles, dont le troisième re-présentant la cuisse et le dernier le tarse. Les deux anté-rieurs sont insérées au-dessous des antennes, beaucoup plus forts que les autres, dirigés en avant, avec des soies roides, ou de longs crochets, rassemblés en un faisceau, à l'extré-mité des deux derniers articles. Les quatre pieds suivants en sont dépourvus. Les seconds, situés au milieu du des-sous du corps, sont d'abord rejetés en arrière, arqués, et ter-minés par un long et fort crochet, se portant en avant. Les deux derniers ne se montrant jamais au dehors, se relèvent et s'appliquent sur les côtés postérieurs du corps, pour sou-tenir les ovaires, et se terminent par deux très petits cro-chets (1). Le corps n'offre aucune articulation distincte, et se termine postérieurement en une espèce de queue, molle, repliée en-dessous, avec deux filets coniques ou sétacés, garnis de trois soies ou crochets au bout, se dirigeant en arrière et sortant du test. Les ovaires forment deux gros vaisseaux, simples et coniques, en cul-de-sac à leur origine, situés, sur les côtés postérieurs du corps, au-dessous du test, et s'ouvrent, l'un à côté de l'autre, à la partie anté-rieure de l'abdomen, où le canal formé par la queue établit entre eux une communication. Les œufs sont sphériques. Les pontes et les mues de ces crustacés ne sont pas moins nombreuses que celle des cyclopes et autres entomostracés, et leur manière de vivre est la même. Ledermuller dit en avoir vu d'accouplés. Cependant aucun des naturalistes mo-dernes qui les ont le plus observés n'a pu découvrir posi-tivement leurs organes sexuels, ni être témoin de leurs réu-nions. M. Straus a vu, au-dessous de l'origine des mandibu-les, l'insertion d'un gros vaisseau conique, rempli d'une substance gélatineuse, paraissant communiquer avec l'œso-phage par un canal étroit, qu'il soupçonne être un testicule ou une glande salivaire. Les individus soumis à cette obser-vation ayant des ovaires, les cypris seraient, dans la pre-mière de ces suppositions, hermaphrodites. Mais cela est

---

(1) Dans la figure de Ramdohr, ces pieds n'ont que trois articles, et le dernier est un peu dilaté et échancré au bout, avec un crochet au milieu de cette échancrure.

d'autant plus douteux, qu'il remarque lui-même que les mâles pourraient bien n'exister qu'à une certaine époque de l'année, et que le vaisseau dont il parle, communiquant avec l'œsophage, paraît avoir plus de rapports avec les fonctions digestives qu'avec la génération (1).

Suivant Jurine, les antennes sont de véritables nageoires, dont ces animaux développent et réunissent à volonté les filets, selon le degré de rapidité qu'ils veulent donner à leur progression ; tantôt ils n'en font paraître qu'un seul, et d'autres fois ils les éparpillent tous ensemble. Nous pensons aussi que ces filets et ceux des deux pattes antérieures peuvent tout aussi bien concourir à la respiration que ces lames des mandibules et des deux mâchoires supérieures, que M. Straus distingue par l'épithète de branchiales. Les dernières où celles de ces mâchoires me paraissent être un véritable palpe, mais très dilaté, et les deux autres un appendice des palpes mandibulaires. (*Voyez* Jurine, Hist. des mon., VI, 3.)

D'après le naturaliste génevois précité, ces animaux, lorsqu'ils nagent, meuvent avec autant de rapidité que les antennes, leurs deux pattes antérieures, mais lentement, quand ils marchent sur la surface des herbes marécageuses. Ces pattes, conjointement avec les deux, terminées par un long crochet ou les pénultièmes, supportent alors le corps. Il suppose que celles qui, selon lui, forment la seconde paire, sont destinées à établir un courant aqueux et à le diriger vers la bouche : ce qui assimilerait leurs fonctions à celles des antennes inférieures, qu'il nomme antennules. Les deux filets composant la queue se réunissent et semblent n'en former qu'un seul, lorsqu'ils sortent du test ; ils servent, à ce qu'il présume, à nettoyer son intérieur. La femelle dépose ses œufs en masse, en les fixant, au moyen d'un gluten, sur les plantes ou sur la boue. Cramponnée alors, à l'aide des seconds pieds, et de manière à ne pas craindre les secousses de l'eau, elle emploie environ douze heures dans cette opération, qui, dans les plus grandes espèces, fournit jusqu'à vingt-quatre œufs. Il a recueilli de

_____

(1) *Voyez* le canal alimentaire de la *daphnia pulex*, figuré par Jurine, X, 7, et Ramdohr, Monoc, tab. v, 11, d, d et x.

ces paquets d'œufs, à leur sortie, et après les avoir isolés, il en a vu éclore des petits, et il a obtenu une autre génération sans l'intervention des mâles. Une femelle qui avait fait sa ponte le 12 avril, a, jusqu'au 18 mai suivant inclusivement, changé six fois de peau. Le 27 du même mois, elle a fait une seconde ponte, et deux jours après, ou le 29, une troisième. Il en conclut que le nombre des mues de l'enfance est en rapport avec le développement graduel de l'individu ; que ce développement ne peut se manifester que par la séparation générale d'une enveloppe devenue trop petite pour loger l'animal, et que celui-ci a pour limite une grandeur déterminée qu'il lui faut atteindre (1).

Les lophyropes de notre troisième division (nos CLADOCÈRES ou les daphnides de M. Straus), composent, dans l'histoire des monocles de Jurine sa seconde famille. La forme de deux de leurs antennes, qui ressemblent à deux bras ramifiés et servant de rames, la faculté qu'ils ont de sauter, ont valu à l'une des espèces des plus communes, la dénomination de *puce aquatique arborescente.*

Le premier de ces naturalistes, qui nous a donné une excellente monographie des daphnies, sous-genre de cette division, en a établi deux nouveaux, l'un sous la dénomination de LATONE (*Latona*), ayant pour caractère d'avoir les antennes en forme de rames, divisées en trois branches, d'un seul article (2) ; et l'autre, celui de SIDA (*Sida*), se rapprochant des sous-genres connus de la même division à l'égard des mêmes antennes, divisées seulement en deux branches, mais dont l'une n'a que deux articles, et l'autre trois (3). Suivant lui, les daphnies se distingueraient des précédents et des lyncées, en ce que l'une des deux branches

____

(1) *Voyez* Müller, Entom., genre cypris ; Jurine, Hist. des monoc., seconde divis., moro à coquille bivalve, pag. 159-179, XVII-XIX ; Ramd., Mon., IV; Straus, Mém. du mus. d'hist. nat., VII, 1; Desmar., Consid., pag. 380-386, LV, 1-7. M. Desmarest (Crust. fossil., XI, 8) en a figuré une espèce fossile, qu'il nomme *cypris fève*, trouvée en grande abondance près de la montagne de Gergovie, département du Puy-de-Dôme, et à la balme d'Allier, entre Vichy-Les-Bains et Cussac.

(2) *Daphnia setifera*, Müller, Entom.

(3) *Daphnia cristallina*, ejusd., ibid.

des rames se composerait de trois articles et l'autre de quatre. Cependant, selon Jurine (Hist. des mon.., pag. 92),
chaque branche serait composée de trois articulations ; mais
il paraît qu'il n'a pas tenu compte du premier, à la vérité
très court, de la branche postérieure (1). Le dernier, dans
tous ces lophyropes, est terminé par trois filets, et chacun
des précédents en jette un autre ; ces filets sont simples ou
barbus. Il existe aussi deux autres antennes, mais très courtes, surtout dans les femelles, situées à l'extrémité antérieure et inférieure de la tête, et qui n'ont un seul article,
avec une ou deux soies au bout.

Les Polyphèmes. (Polyphemus. Müll.)

Ont, de même que les daphnies et les lyncées, leurs antennes en forme de rames, divisées en deux branches ; mais
chacune d'elles est composée de cinq articles. De plus, leur
tête, très distincte et arrondie, portée sur une espèce de
cou, est presque entièrement occupée par un grand œil.
Leurs pattes sont entièrement à découvert.

On n'en connaît encore qu'une seule espèce, lé *polyphème des étangs* (2).

Selon Jurine, les pattes ne ressemblent en rien aux monocles de cette division. Elles se composent d'une cuisse,
d'une jambe, d'un tarse de deux articles, et de l'extrémité
duquel sortent, celui de la dernière paire excepté, quelques petits filets. De l'extrémité antérieure de la tête sail-
lent deux petites antennes, d'un seul article, terminé par
deux filets. La coquille est tellement transparente, qu'on
peut distinguer tous les viscères. La matrice, lorsqu'elle
est pleine d'œufs, occupe la majeure partie de son intérieur.
Leur nombre, dans les fortes pontes, n'excède pas celui
de dix. Lorsqu'on suit le développement graduel des
fœtus, on est frappé de la prompte apparition de l'œil,

---

(1) M. Ramdohr l'a rendu dans les figures ii et vii, tab. v, de ces
antennes.

(2) *Monoculus pediculus*, Lin ; Deg., Insect., VII, xxviii, 6-13 ;
Polyphemus oculus, Müller, entom. xx, 1-5 ; *Cephaloculus stagno-
rum*, Lam. ; Jurin., Monoc., xv, 1-3 ; Desmar., Consid., liv, 1, 2.

11*

comparativement à celle des autres parties du corps. Il est d'abord verdâtre et ne passe qu'insensiblement au noir foncé. L'abdomen, après s'être contourné sur lui-même, de derrière en avant, se replie subitement en arrière pour former une longue queue, grêle, pointue, de laquelle sortent deux longs filets articulés. L'animal nage toujours sur le dos et le plus souvent horizontalement, communiquant à ses bras ou rames, et à ses pattes des mouvements vifs et répétés ; il exécute, avec beaucoup de prestesse et d'agilité, toutes sortes d'évolutions. Il est sujet, dans sa jeunesse et après ses premières mues, à la maladie de la selle (*voy*. ci-après) ; mais cette selle a toujours une figure déterminée, et ne renferme jamais les deux boules ovales qu'elle présente dans les daphnies. Réduit en captivité, ce crustacé ne vit pas long-temps, et les petits ne peuvent s'élever, du moins Jurine n'a-t-il pu les conserver après les premières mues, ni observer la suite de leurs générations. Il n'a reconnu de mâles dans aucun des individus qu'il a gardés. A la vérité, il n'a pu s'en procurer qu'une petite quantité, cette espèce étant rare dans les environs de Genève ; mais il paraît qu'elle est très commune dans les marais et les étangs du Nord, et qu'elle y forme des attroupements considérables.

Les Daphnies. (Daphnia. Müll.)

Ont leurs rames toujours découvertes jusqu'à leur base ou l'origine de leur pédondule, aussi longues ou presque aussi longues que le corps, divisées en deux branches, dont la postérieure de quatre articles, avec le premier très court, et l'autre ou l'antérieur de trois ; leur œil est petit ou en forme de point, et si l'on en excepte quelques espèces, l'on ne voit point, comme dans les lyncées, en avant de lui, une petite tache noire, en forme de point, que Müller avait prise pour un second œil (1).

Quoique l'organisation de ces crustacés semble, par l'ex-

---

(1) C'est aussi le sentiment de Ramdohr, Monoc., pl. v, fig. 11 et 11, 6 ; et comme il l'a découvert dans la *daphnia sima*, il serait possible que ce caractère fût commun, quoique peu sensible dans diverses espèces, à ce sous-genre et aux lyncées. Schæffer avait déjà observé cette tache.

trême petitesse de ces animaux, devoir se soustraire aux regards de l'observateur, il n'en est guère cependant de mieux
connue. Sans parler de ceux qui se sont spécialement occu-
pés de recherches microscopiques, quatre naturalistes des
plus profonds, Schæffer, Ramdohr, Straus, Jurine père,
mais surtout le troisième, ont étudié ces animaux avec l'attention la plus scrupuleuse. Si quelques détails d'organisation ont échappé au dernier, les recherches de MM. Ramdohr
et Straus y suppléent; Jurine, d'ailleurs, complète les observations de ceux-ci sous le rapport des habitudes, qu'il a long-
temps suivies et très bien observées. La bouche est située en
dessous, à la base du bec; nous considérons, avec M. Ramdohr,
comme un chaperon de forme alongée, la portion inférieure
de la tête, que M. Straus appelle labre, et nous appliquerons
cette dernière dénomination à la partie qu'il nomme lobule
postérieur du labre. Immédiatement au-dessous sont deux
mandibules (mâchoires intérieures, Ramd.) très fortes,
sans palpes, dirigées verticalement et appliquées sur deux
mâchoires (1) horizontales, terminées par trois épines robustes, cornées, en forme de crochets recourbés. Viennent
ensuite dix pattes, ayant toutes le second article vésiculeux;
les huit premières se terminent par une expansion en forme
de nageoire, garnie sur ses bords de soies ou de filets barbus,
disposés en manière de couronne ou de peigne; les deux antérieures paraissent plus spécialement propres à la préhension:
aussi M. Ramdohr les prend-il pour des palpes doubles (l'externe et l'interne) : ce sont les mêmes pièces que Jurine appelle ailleurs (cyclopes) des mains. Dans les figures qu'ils
en ont données, les soies terminales paraissent être
barbues : nous ne voyons pas dès lors pourquoi ces appendices ne pourraient pas servir à la respiration, propriété (2)

---

(1) Les mâchoires extérieures, dans la nomenclature de M. Ramdohr.
Jurine n'ayant pas détaché ces parties des précédentes, a supposé que
celles-ci étaient accompagnées d'une espèce de souspape et d'un palpe.
Hist. des monoc., IX, fig. 13-17.

(2) Suivant M. Straus, les cypris et les cythérées ne sont point de
véritables branchiopodes, attendu que leurs pattes n'ont point de branchies; mais, comme nous l'avons déjà observé, les soies ou poils des

que M. Straus n'accorde qu'aux suivantes, parce que celles-ci ont de plus au côté interne une lame qui, à l'exception des deux dernières, est bordée d'une rangée de soies, en manière de peigne, et pareillement barbue', à en juger d'après les figures de Jurine et M. Ramdohr. Les deux dernières pattes ont une structure un peu différente, et M. Ramdohr les distingue sous le nom de serres. L'abdomen, ou le corps proprement dit, est divisé en huit segments, parfaitement libre entre ses valves, grêle, alongé, recourbé en-dessous à son extrémité, et terminé par deux petits crochets dirigés en arrière. Le sixième segment présente en-dessus une rangée de quatre mamelons, formant des dentelures, et le quatrième une sorte de queue (1). Les ovaires sont placés le long des côtés, entre ce segment et le premier, et s'ouvrent séparément près du dos, dans une cavité (matrice, Jurine) située entre la coquille et le corps, où les œufs restent quelque temps après la ponte.

Müller a donné le nom d'*ephippium* ou de selle à une grande tache obscure et rectangulaire qui, à certaines époques de l'année et surtout en été, se montre, après la mue des femelles, à la partie supérieure des valves de la coquille, et que Jurine attribue à une maladie. Selon M. Straus, cet ephippium présente deux ampoules ovalaires, transparentes, placées l'une au-devant de l'autre, et formant avec celles du côté opposé deux petites capsules ovales, s'ouvrant comme une capsule bivalve. Il se partage, ainsi que les valves dont il fait partie, en deux moitiés latérales, réunies par une suture le long de leur bord supérieurs; son intérieur en offre un autre semblable, mais plus petit, à bords libres, si ce n'est le supérieur, qui tient aux valves, et dont les deux moitiés jouant en charnière l'une sur l'autre, présentent les mêmes ampoules que les battants extérieurs. Chaque capsule renferme un œuf à coque cornée et verdâtre, sem-

___

deux antérieures et celles des antennes, pourraient, tout aussi bien que celles des palpes et des premières mâchoires, remplir les fonctions branchiales.

(1) Nous omettons d'autres détails d'organisation, parce que les uns ne peuvent être saisis qu'au moyen de figures, et que les autres paraissent être communs à la plupart des branchiopodes.

blable, du reste, aux œufs ordinaires, mais demeurant plus long-temps à se développer et devant passer l'hiver sous cette forme. A l'époque de la mue, l'éphippium, ainsi que ses œufs, est abandonné avec la dépouille dont il fait partie : elle sert d'abri à ces œufs pendant le froid. La chaleur du printemps les fait éclore, et il en sort des petits absolument semblables à ceux que donnent les œufs ordinaires. Schæffer a dit qu'ils peuvent rester fort long-temps dans l'état de dessiccation sans que le germe soit altéré; mais aucun de ceux que M. Straus a conservés dans cet état n'est éclos. Ils sont absolument libres, ou sans adhérer les uns aux autres, dans les cavités qui leur sont propres. Selon Jurine, ils peuvent, en été, éclore au bout de deux ou trois jours. Sous le climat de Paris, où M. Straus les a observés à toutes les époques de l'année, il faut au moins cent heures. Le fœtus, vingt heures après la ponte, n'offre qu'une masse arrondie et informe, sur laquelle on remarque, quand on l'examine de près, les rudiments obtus des bras, en forme de moignons très courts et imparfaits, collés contre le corps; la tête ni l'œil ne sont visibles; le corps, vert ou rougeâtre, et ponctué de blanc comme les œufs, ne fait encore aucun mouvement. Ce n'est qu'à la quatre-vingt-dixième heure, et lorsque l'œil a paru, que les bras et les valves se sont alongés, que le fœtus commence à se mouvoir. A la centième heure, il est déjà très actif; enfin à la cent dixième, il ne diffère du petit venant de naître, qu'en ce que les soies des rames sont encore collées contre leur tige, et que la queue des valves est fléchie en dessous et reçue entre les bords inférieurs de ces pièces. Vers la fin du cinquième jour, la queue, qui termine les valves dans le jeune âge, et les soies des bras, se débandent comme un ressort, et les pattes commencent alors seulement à s'agiter. Les petits étant en état de paraître au jour, la mère abaisse aussitôt son abdomen, et ils s'élancent au dehors. Des œufs nouvellement pondus et placés dans un bocal, où M. Straus les a suivis, se sont développés de la même manière. Jurine nous a aussi donné, sur les changements progressifs des fœtus des daphnies, des observations analogues, mais faites en hiver; et comme les petits ne sont éclos que le dixième jour, il a eu l'avantage de pouvoir mieux saisir et préciser ces développements. Le premier jour, l'œuf présente une bulle centrale, entourée d'autres plus petites, avec des molécules colorées dans les intervalles. Ces molécules et ces bulles paraissent destinées à former, en s'agglomérant, en se rapprochant du centre et finissant par disparaître, les organes. Le sixième jour, la forme du fœtus commence à se prononcer ; le septième, l'on distingue la tête et les pattes ; le huitième, l'œil paraît ainsi que l'intestin ; le suivant, l'on commence à distinguer le réseau de cet œil; les bulles ont presque entièrement disparu, à l'exception de la centrale, qui occupe le canal alimentaire, sous le cœur; le dixième, le développement du fœtus est terminé, le petit sort de la matrice, et reste un moment immobile.

Les mâles, du moins dans les espèces observées par M. Straus, sont très distincts des femelles. La tête est proportionnellement plus courte ; le bec est moins saillant ; les valves sont moins larges et moins gibbeuses supérieurement et baillantes en devant, de sorte qu'elles présentent en cette place une large ouverture presque circulaire. Les antennes sont beaucoup plus grandes, offrent l'apparence de deux cornes dirigées en dessous, et que Müller a considérées comme les organes sexuels de ce sexe. M. Straus n'a pu découvrir ces parties sexuelles; mais il a remarqué que l'onglet terminant le dernier article des deux pattes antérieures (les secondes, en supposant que les rames soient les premières) est beaucoup plus grand que dans la femelle, qu'il a la forme d'un très grand crochet, fortement recourbé en dehors, et que la soie du troisième article est également beaucoup plus longue ; ces crochets lui servent à saisir la femelle. Les mamelons du sixième segment de l'abdomen sont beaucoup moins sensibles et sous la forme de tubercules, dans le premier âge. Aux antennes inférieures près, plus longues dans les mâles, les deux sexes se ressemblent presque, et les deux valves de leur coquille se terminent, dans l'un et l'autre, par un stylet dentelé en dessous, arqué vers le bas et d'une longueur égalant presque celle des valves. A chaque mue, ce stylet se raccourcit, de sorte qu'il ne forme plus, dans les adultes, qu'une simple pointe obtuse.

Les mâles sont très ardents à la poursuite de leurs femelles et souvent du même individu.

Un seul accouplement féconde la femelle pour plusieurs générations successives et jusqu'à six au moins, ainsi que l'a constaté Jurine. M. Straus remarquant que les orifices des ovaires sont placés très profondément sous les valves, et que dès lors aucune partie du corps du mâle ne pourrait y atteindre, soupçonne qu'il n'existe point chez lui d'organe copulateur, et qu'il se borne à lancer la liqueur fécondante sous les valves de la femelle, d'où elle s'introduit dans les ovaires; mais l'analogie semble repousser une telle conjecture (1). Jurine a vu leur accouplement, qui dure au plus de huit à dix minutes. Le mâle, placé d'abord sur le dos de la femelle, la saisit avec les longs filets de ses pattes antérieures; se portant ensuite vers le bord inférieur de la coquille de celle-ci, et approchant la sienne de son ouverture, il y introduit ces filets, ainsi que les crochets ou harpons de ces pattes. Il rapproche ensuite sa queue de celle de sa compagne, qui d'abord se refuse à ses désirs, court avec une grande vitesse, le transportant avec elle, mais qui finit par céder. De petits corps, en forme de grains colorés en vert, en rose ou en brun, selon les saisons, composant les ovaires, remontent graduellement dans la matrice et y deviennent des œufs. Jurine observe que les mâles de la (*D. puce*) sont en petit nombre, comparativement à celui des femelles; qu'au printemps et en été, on n'en trouve que difficilement, tandis qu'ils sont moins rares en automne.

Environ huit jours après leur naissance, les jeunes daphnies changent pour la première fois de peau, et continuent ensuite la même opération, tous les cinq à six jours, selon le plus ou moins d'élévation de la température; non seulement le corps et les valves, mais encore les branchies et les soies des rames se dépouillent de leur épiderme. Ce n'est qu'à la troisième mue que ces crustacés commencent à produire. Leur ponte n'est d'abord que d'un seul œuf, puis de deux ou trois, et augmente progressivement, et va même jusqu'à cinquante-huit dans une espèce (*D. magna*). Un

____

(1) *Voy*. Jurine, Hist. des mon., pag. 106 et suiv.

jour après la ponte, la femelle change de peau, et l'on trouve dans les téguments qu'elle abandonne, les coques des œufs de sa dernière ponte. Un moment après, elle en fait une nouvelle. Les jeunes d'une même portée, sont presque toujours du même sexe, et il est assez rare de trouver dans une portée de femelles deux ou trois mâles, et *vice versa*. Mais sur cinq à six portées des mois d'été, il s'en trouve au plus une de mâles. On rencontre souvent des individus dont les téguments sont d'un blanc laiteux, opaque et épaissi, sans que pour cela ils en paraissent affectés; au renouvellement de leur test, on n'aperçoit sur lui que de légères traces de cette altération, et qui se manifestent par des rugosités.

Ces crustacés cessent de se reproduire et de muer aux approches de l'hiver, et finissent par périr avant le commencement des gelées. Les œufs contenus dans les ephippiums, et qui avaient été pondus pendant l'été, éclosent dès les premières chaleurs du printemps suivant; bientôt les mares sont de nouveau peuplées d'une infinité de daphnies. Plusieurs naturalistes ont attribué la couleur sanguine que ces eaux prennent quelquefois, à la présence de myriades de la *D. puce*; mais M. Straus dit n'avoir jamais observé ce fait, et que cette espèce est en tout temps peu colorée. Le matin et le soir, et même pendant le jour, lorsque le ciel est couvert, les daphnies se tiennent habituellement à leur surface. Mais dans les grandes chaleurs, et lorsque le soleil donne avec ardeur sur les mares ou eaux stagnantes qu'elles habitent, elles s'enfoncent dans l'eau, et se tiennent à six ou huit pieds de profondeur ou davantage; souvent on n'en voit pas une seule à la surface. Elles nagent par petits bonds, plus ou moins étendus, suivant que leurs rames sont plus ou moins longues, et que le bouclier recouvrant le devant de leur corps déborde plus ou moins, la grandeur de cette saillie pouvant gêner leurs mouvements. Au témoignage de M. Straus, leur nourriture consiste exclusivement en petites parcelles de substances végétales, que ces animaux trouvent au fond de l'eau, et très souvent en conferves. Ils ont constamment refusé les substances animales qu'il leur a offertes. Il leur a souvent vu avaler leurs propres excréments, en-

traînés par le courant d'eau que produit l'action de leurs
pattes, et qui porte leur aliment ordinaire vers leur bouche. Les crochets qui terminent l'extrémité de leur queue
leur servent à nettoyer leurs branchies.

La *Daphnie puce*, la plus commune de toutes (*Monoculus
pulex*, Lin.); *Pulex aquaticus arborescens*, Swamm., Bib.
nat., xxxi; le *Perroquet d'eau*, Geoff., Hist. ins., II,
pag. 455; Schæff., Die Grün., arm., Polyp., 1755, I, 1-8;
Straus., Mem. du Mus. d'hist., V, xxix, 1—20; Jurin.,
Mon., viii—xi, a, selon M. Straus, le bec grand, convexe;
les soies des rames plumeuses; le premier mamelon du
sixième segment en languette; les valves dentelées au bord
inférieur, terminées par une queue courte, obtuse dans les
femelles. Ce dernier caractère la distingue d'une autre
espèce avec laquelle on l'a confondue, la *D. longue épine*
(*D. longispina*, Str., Deg. insect, VII, xxvii, 1—4). La
femelle est longue de quatre millimètres (1).
Le dernier sous-genre des lophyropes est celui de

LYNCÉE (LYNCEUS. Müll. — *Chilodorus*. Leach.),

Qui ne se distingue guère du précédent que par ses rames,
évidemment plus courtes que la coquille, et dont la portion inférieure ne fait point ou presque pas de saillie. Selon
M. Straus, les articulations de leurs branches seraient plus
nombreuses que dans les sous-genres précédents. Tous ont
au-devant de leur œil une petite tache qui a l'apparence
d'un autre œil. Le bec est proportionnellement plus prolongé que celui des daphnies, courbé et pointu (2).

La seconde section des branchiopodes, celle des PHYLLO-
PES (*Phyllopa*), est distinguée, ainsi que nous l'avons dit,
de la première, à raison du nombre des pieds, qui est au
moins de vingt (3) et de la forme lamellaire ou foliacée de

---

(1) *Voyez*, pour les autres espèces, le Mémoire précité de M. Straus;
Müller, Entom., et Jurine, Hist. des monocles, seconde famille, pag.
185-58, et pag. 181-200. *Voyez* aussi, pour les *D. sima* et *longispina*,
Ramd., Monoc., v-vii.

(2) *Voyez* Müller, Entom., *G. lynceus*; Jurine, Monoc., pag. 151-
158, et Desmar., Consid., 375-378.

(3) Ces animaux représentent, dans la classe des crustacés, les myriapodes de celle des insectes.

leurs articles. Les yeux sont toujours au nombre de deux, et quelquefois pédiculés: plusieurs encore ont un œil lisse.

Ces crustacés se distribuent dans deux grouppes principaux.

Les uns (CÉRATOPHTHALMES, *Ceratophthalma*, Lat.) ont dix paires de pattes au moins et vingt-deux au plus, sans corps vésiculaire à leur base, et dont les antérieures, jamais beaucoup plus longues que les autres, ni ramifiées. Leur corps est renfermé dans un test en forme de coquille bivalve, ou nu, avec les divisions thoraciques portant chacune une paire de pattes à découvert. Les yeux sont tantôt sessiles, petits et très rapprochés; tantôt, et le plus souvent, situés à l'extrémité de deux pédicules mobiles. Les œufs sont intérieurs, ou extérieurs et renfermés dans une capsule de la base de la queue.

Ici les yeux sont sessiles, immobiles, et le corps est renfermé dans un test ovale, ayant la forme d'une coquille bivalve; les ovaires sont toujours intérieurs. Tels sont

Les LIMNADIES. (LIMNADIA. Adolp. Brong.) (1)

Qui se lient tellement avec les précédents que la seule espèce connue avait été placée parmi les daphnies par Hermann fils. Le test est bivalve, ovale, et renferme le corps, qui est alongé, linéaire et infléchi en avant. A la tête, se confondant presque avec lui, sont: 1° deux yeux placés transversalement et très rapprochés; 2° quatre antennes, dont deux beaucoup plus grandes, composées chacune d'un pédoncule de huit articles, et de deux branches ou filets, sétacées, divisées en huit articles, et un peu soyeuses, et dont les deux autres et intermédiaires, petites, simples, élargies à leur extrémité; 3° la bouche, située au-dessous, consistant en deux mandibules renflées, arquées et tronquées à leur extrémité inférieure, et en deux mâchoires foliacées. Ces parties forment, réunies, une sorte de bec inférieur. Le corps proprement dit est divisé en vingt-trois segments, portant chacun, à

---

(1) Dans mon ouvrage sur les familles naturelles du règne animal, ce sous-genre compose, avec celui *d'apus*, ma famille des aspidiphores; il se rapproche de celui-ci par le nombre des pattes, et des daphnies par le test.

l'exception du dernier, une paire de pattes branchiales. Toutes ces pattes sont semblables, très comprimées, bifides, avec la division extérieure simple, ciliée au bord extérieur, et l'autre quadriarticulée et fortement ciliée au bord interne. Les douze premières paires sont de même longueur et plus grandes que les autres; la longueur de celles-ci diminue progressivement. La onzième paire et les deux suivantes ont à leur base un filet mince, remontant dans la cavité qui est entre le dos et le test, et sert de support aux œufs. Le dernier segment ou la queue se termine par deux filets. Les ovaires sont intérieurs et situés sur les côtés du canal intestinal, depuis la base de la première paire de pieds jusqu'à la dix-huitième, et leur issue paraît être située à la racine de quelques-uns d'entre-eux. Les œufs, après la ponte, occupent la cavité dorsale, dont nous avons parlé, et y sont attachés au moyen de petits filets, adhérant eux-même à ceux des supports. Ils sont d'abord ronds et transparents; ils prennent ensuite une teinte jaunâtre, qui s'obscurcit après au centre, et leur figure devient irrégulière et angulaire.

Tous les individus observés par M. Adolphe Brongniart, en étaient pourvus. Les mâles, supposé qu'il en existe, ne paraissent pas à la même époque que les femelles, c'est-à-dire au mois de juin, et sont inconnus.

La *Limnadie d'Hermann* (*Limnadia Hermani*, Adol. Broug., Mém. du mus. d'hist. natur., VI, xiii; *Daphnia gigas*, Herm., Mém. apterol, V.) a été trouvée en grand nombre dans les petites mares de la forêt de Fontainebleau.

Là, chaque œil est situé à l'extrémité d'un pédicule, formé par le prolongement latéral et en forme de corne de chaque côté de la tête. Le corps est nu, sans test, et annelé dans toute sa longueur. Les femelles portent leurs œufs dans une capsule alongée située vers la base de la queue, dans ceux où il se termine ainsi, ou à l'extrémité postérieure du corps et du thorax, dans ceux où il n'y a point de queue.

Ceux-ci ont une queue.

Les Artémies. (Artemia. Leach.)

Dont les yeux sont portés sur de très courts pédicules;

dont la tête se confond avec un thorax ovale, portant dix paires de pattes, et terminé par une queue longue et pointue. Leurs antennes sont courtes et subulées.

L'*Artémie saline* (*Cancer salinus*, Lin.), Montag.; Trans. soc. linn., XI, xiv, 8-10; *Gammarus salinus*, Fab.; Desm., Consid., pag. 393, est un très petit crustacé, que l'on trouve communément dans les marais salants de Lymington, en Angleterre, lorsque l'évaporation des eaux est très avancée, mais sur lequel nous n'avons encore que des renseignements très imparfaits.

Les Branchipes. (Branchipus. Lat.—*Chirocephalus*. Bénédict Prévost. Jurin.)

Ont les yeux portés sur des pédicules très saillants, le corps étroit, alongé et comprimé; la tête distincte du tronc, diversement appendicée selon les sexes, avec deux saillies en forme de cornes entre les yeux; onze paires de pattes, et la queue terminée par deux feuillets plus ou moins alongés et bordés de cils.

Quoique Schæffer et Bénedict Prévost (1) aient donné des monographies très détaillées sur deux espèces de ce genre, ces travaux néanmoins sont encore imparfaits, quant à la connaissance approfondie et comparative de l'organisation buccale et de quelques autres parties de la tête. Considérés dans les deux sexes, ces animaux nous présentent les généralités suivantes : le corps est presque filiforme, composé d'une tête distincte du tronc par une espèce de cou; d'un tronc ou thorax creux en dessous dans sa longueur, divisé, du moins en dessus, le cou non compris, en onze segments, portant chacun une paire de pattes branchiales, très comprimées, généralement composées de trois articles lamellaires, avec les bords garnis d'une frange de poils ou filets barbus; et d'une queue alongée, allant en pointe, de neuf segments, terminée par deux feuillets plus ou moins alongés, bordé de cils. Le dessous

______

(1) Mémoire sur le chirocéphale, imprimé à la suite de l'Histoire des monocles de feu Louis Jurine, et qui avait déjà paru dans le Journal de physique.

de son second segment présente les organes sexuels masculins, et dans la femelle un sac alongé, contenant les
œufs qu'elle est près de pondre. La tête offre, 1° deux yeux
à réseau écartés, situés à l'extrémité de deux pédoncules
flexibles, formés par des prolongements latéraux de la tête ;
2° deux antennes au moins, frontales, guères plus longues
que la tête, menues, filiformes, composées de très petits
articles ; 3° deux saillies, au-dessous d'elles, tantôt en forme
de cornes et d'un seul article, tantôt digitiformes (le premier doigt des mains, Bénéd. Prévost), de deux articles ;
4° une bouche inférieure, composée de deux sortes de
mandibules dentées, sans palpes, et de quelques autres
pièces. Nous présumons que ces saillies en forme de
cornes ne sont qu'un appendice ou division, mais plus
grand et autrement conformé dans les mâles, des antennes frontales ; les deux autres antennes peuvent man-
quer ou s'oblitérer dans les femelles, et former dans
l'autre sexe de l'une de ces espèces (*Chirocéphale dia-*
phane, Prévost) ces singuliers tentacules, appendicés et
dentés, en forme de trompe mollasse, pouvant se rouler
en spirale, que Bénédict Prévost désigne sous le nom de
doigts des mains. Il est probable que la bouche a ainsi que
dans les apus, deux paires de mâchoires, une languette et
un labre, mais dont les formes et les situations respectives
n'ont pas encore été bien reconnues. Il me paraît hors de
doute que cette pièce, en forme de bec, dont parle Schæffer, et que M. Prévot appelle soupape, ne soit le labre ;
que les quatre corps ou mamelons placés sur les côtés et
mentionnés par le premier ne soient les mandibules et les
deux mâchoires supérieures ; et que les pièces, considérées par le second comme des barbillons ne soient aussi
maxillaires. Les deux premières pattes, qui, suivant Schæffer, ne sont composées que de deux articles, et dont le
dernier allant en pointe, représenteraient les deux premiers
pieds-mâchoires des crustacés décapodes, et les deux grandes pattes antenniformes des apus. (*Voyez* la 1re partie des
Mémoires sur les animaux sans vertèbres, de M. Savigny.)
Les principaux organes sexuels masculins, ou du moins
ceux que l'on regarde comme tels, consistent en deux

corps conoïdes, biarticulés et ne sortant que par la pres-
sion (Schæffer), situés sur le dessous du second anneau,
et auquel aboutissent des vaisseaux, partant du premier.
M. Prévost présume que les deux vulves de la femelle sont
à l'extrémité de la queue, mais ne donnent point issue aux
œufs. Cette issue (deux ouvertures, selon Schæffer) est
au second anneau, et communique intérieurement avec le
sac renfermant les œufs et servant de matrice extérieure.
Mais nous ne connaissons aucun crustacé dont les organes
sexuels féminins soient placés à l'extrémité postérieure du
corps, et dès lors cette opinion nous paraît peu fondée.

Les observations de Schæffer sur les poils des pattes de
ces crustacés nous montrent qu'ils sont autant de canaux
aériens, et la surface même des pattes dont elles se composent, paraît absorber une portion de l'air, qui s'y attache
sous la forme de petites bulles.

Le *Chirocéphale diaphane* de Bénédict Prévost, et qui
nous semble avoir les plus grands rapports avec notre *branchipe des marais*, si toutefois même il en diffère, a en sortant
de l'œuf, le corps partagé en deux masses à-peu-près
égales, et presque globuleuses. La première offre un œil
lisse, deux antennes courtes, deux très grandes rames
ciliées au bout, et deux pattes assez courtes, grêles, de
cinq articles. A la suite de la première mue, les deux yeux
composés paraissent, le corps s'est alongé postérieurement, et se termine en une queue conique, articulée,
avec deux filets au bout. Les mues suivantes développent
graduellement les pattes, et les rames s'évanouissent. La
soupape, qui dans le jeune âge s'étend jusque sur le
ventre et le recouvre, diminue aussi à proportion.

Les branchipes se trouvent, et ordinairement en grande
abondance, dans les petites mares d'eau douce et trouble,
et souvent dans celles qui se forment à la suite des grandes
pluies, mais particulièrement, à ce qu'il paraît, au printemps, et en automne. Les premiers frimats les font périr.
Ils nagent avec la plus grande facilité sur le dos, et leurs
pattes, incapables de leur servir à la marche, présentent
alors un mouvement ondulatoire très agréable à voir. Ce
mouvement établit un courant d'eau entre elles, et qui sui-

vant le canal de la poitrine, porte à la bouche les petits corpuscules dont l'animal se nourrit ; mais lorsqu'il veut avancer, il frappe vivement l'eau de droite et de gauche avec sa queue, ce qui le fait aller comme par bonds et par sauts. Retiré de ce liquide, il remue pendant quelque temps sa queue, et se recourbe circulairement. Privé d'un degré suffisant d'humidité, il ne fait plus aucun mouvement.

Au rapport de Bénédict Prévost, le mâle de l'espèce qui est l'objet de son mémoire, voulant s'accoupler, nage au-dessous de sa femelle, la saisit au cou avec les appendices en forme de cornes de sa tête, et s'y tient fixé, jusqu'à ce que celle-ci recourbe l'extrémité postérieure de sa queue, afin de rapprocher les deux valves des organes copulateurs ; cet accouplement ressemble ainsi à celui des libellules. Les œufs sont jaunâtres, d'abord sphériques, ensuite anguleux, avec la coque épaisse et dure, ce qui favorise leur conservation. Il paraît même que la dessiccation, à moins qu'elle ne soit trop forte, n'altère point le germe, et que les petits éclosent lorsqu'il vient à tomber une quantité de pluie suffisante. M. Desmarest a souvent observé des branchipes dans de petites flaques d'eau pluviale, sur les sommités des grès de Fontainebleau. Les femelles des chirocéphales font plusieurs pontes distinctes, à la suite d'un seul accouplement, chacune en plusieurs reprises, et qui durent ensemble quelques heures et jusqu'à un jour entier. Chaque ponte est de cent à quatre cents œufs; ils sont lancés au dehors avec beaucoup de vitesse, par jets de dix ou douze, et avec assez de force pour pouvoir s'enfoncer un peu dans la vase.

Bénédict Prévost a observé que le chirocéphale diaphane était sujet à quelques maladies, dont il donne la description. Cette espèce, ainsi que nous l'avons dit, nous semble peu ou point différer de notre branchipe des marais (1). Les deux cornes situées au-dessous des antennes

---

(1) *Cancer paludosus*, Mull., Zool. dan., xlviii, 1-8; Herbst.. xxxv, 3 - 5 ; *Chirocephalus diaphanus ?* Bened. Prev., Journ. de phys., messidor an 11 ; Jurin., Monoc. xx-xxii. *Voyez* Desmar., Consid., lvi, 2-5. Cette dernière espèce a été décrite dans le Manuel du naturaliste de Duchesne, sous le nom de *marteau d'eau douce*.

supérieures sont composées dans l'un et l'autre sexe de deux articles, mais dont le dernier grand, et arqué dans le mâle, très court et conique dans l'autre sexe. Dans le *branchipe stagnal* (1), les cornes ne présentent qu'un article, et celles du mâle ressemblent par leur forme, leur direction et leurs dents, aux mandibules des mâles de notre lucane cerf-volant.

Ceux-là n'ont point de queue; leur corps se termine presque immédiatement à la suite du thorax et des dernières pattes. Tels sont

Les Eulimènes. (Eulimene. Latr.)

Leur corps est presque linéaire, et offre quatre antennes courtes, presque filiformes, dont deux plus petites, presque semblables à des palpes placées à l'extrémité antérieure de la tête; une tête transverse, avec deux yeux portés sur des pédoncules assez grands et cylindriques; onze paires de pattes branchiales dont les trois premiers articles et le dernier plus petits, allant en pointe; et immédiatement après elles une pièce terminale, presque demi-globuleuse, remplaçant la queue, et de laquelle sort un filet alongé qui est peut-être un oviducte. J'ai observé vers le milieu de la cinquième paire de pattes et des quatre suivantes un corps globuleux, analogue peut-être aux vésicules que présentent ces organes dans le sous-genre suivant, celui d'apus.

La seule espèce connue (l'*Eulimène blanchâtre*, Latr., Règne animal, par M. Cuv., III, pag. 68; Nouv. Dict. d'hist. nat., X, pag. 333; Desmar., Consid. pag 353, 354) est très petite, blanchâtre, avec les yeux et l'extrémité postérieure du corps noirâtres. On la trouve dans la rivière de Nice.

Les autres et derniers phyllopes (Aspidiphores, *Aspidiphora*, Latr.), ont une soixantaine de paires de pattes, toutes munies extérieurement, près de leur base, d'une grosse vésicule ovalaire (2), et dont les deux antérieures, beaucoup

---

(1) *Branchiopoda stagnalis*, Latr., Hist. des crust. et des ins., IV, pag. 297; *Cancer stagnalis*, Linn.; *Gammarus stagnalis*, Fab.; *Apus pisciformis*, Schæff.; *Gammarus stagnalis*, Herbst., XXX, 3-10.

(2) Analogues peut-être aux vésicules formant le second article des pattes des daphnies.

plus grandes et rameuses, ressemblent à des antennes; un grand test recouvrant la majeure portion du dessus du corps, presque entièrement libre, clypéiforme, échancré postérieurement, portant antérieurement sur un espace circonscrit, trois yeux, simples, sessiles, dont les deux antérieurs plus grands et lunulés; et deux capsules bivalves, renfermant les œufs, et annexées à la onzième paire de pattes. Ces caractères signalent

Les Apus. (Apus. Scop.)

Qui font partie du genre binocle de Geoffroy et de celui de limule de Muller.

Leur corps, en y comprenant le test, est ovalaire, plus large et arrondi par devant, et rétréci postérieurement, en manière de queue; mais, abstraction faite du test ou mis à nu, il est d'abord presque cylindrique, convexe en dessus, concave et divisé longitudinalement par un sillon en dessous, et se termine ensuite en un cône alongé. Il se compose d'une trentaine d'anneaux, diminuant beaucoup de grandeur vers l'extrémité postérieure, et qui, à l'exception des sept à huit derniers, portent les pattes. Les dix premiers sont membraneux, mous, sans épines; offrent de chaque côté une petite éminence en forme de bouton, et n'ont chacun qu'une paire de pieds. Les autres sont plus solides ou cornés, avec une rangée de petites épines au bord postérieur; le dernier est plus grand que les précédents, presque carré, déprimé, anguleux, et terminé par deux filets ou soies articulées. Dans quelques espèces composant le genre Lépidure (*Lepidurus*) du docteur Leach, on voit dans leur entre-deux une lame cornée, aplatie et elliptique. Si le nombre des pattes est d'environ cent-vingt, il faut que les derniers anneaux, à partir du onzième ou douzième, en portent plus d'une paire, ce qui, sous ce rapport, rapproche ces crustacés des myriapodes. Le test, parfaitement libre depuis son attache antérieure, recouvre une grande partie du corps et garantit ainsi les premiers segments, qui, comme nous l'avons observé, sont d'une consistance plus molle que les suivants. Il consiste en une grande écaille cornée, très mince, presque diaphane, représentant les téguments supérieurs de la tête et

12*

du thorax réunis, et formant un grand bouclier ovale, convexe, entaillé en manière d'angle et dentelé à son extrémité postérieure. Il est divisé, à sa face supérieure, par une ligne transverse et formant deux arcs réunis, en deux aires, dont l'antérieure, presque semi-lunaire, répond à la tête et l'autre au thorax. La première offre, au milieu, trois yeux simples ou sans facettes sensibles, très rapprochés, dont les deux antérieurs plus grands, presque en forme de rein, et dont le postérieur beaucoup plus petit et ovale. Une duplicature de la portion antérieure du test forme en dessous une sorte de bouclier frontal, aplati, en demi-lune, servant de base au labre. L'aire postérieure, celle qui répond au thorax, est carénée au milieu de sa longueur. Ce test n'est fixe que par son extrémité antérieure, de sorte qu'à partir de ce point, on peut découvrir tout le dos de l'animal. Les côtés de cette écaille, vus en dessous et à la lumière, présentent chacun une grande tache, formée d'un grand nombre de lignes dessinant des ovales concentriques, et qui paraissent être des tubes remplis d'une liqueur rouge. Immédiatement au dessous du bouclier ou disque frontal, sont situées les antennes et la bouche. Les antennes sont au nombre de deux, insérées de chaque côté des mandibules, très courtes, filiformes et de deux articles presque égaux. La bouche est composée d'un labre carré et avancé; de deux mandibules fortes, cornées, ventrues inférieurement, comprimées et dentelées à leur extrémité, sans palpes; d'une grande languette, profondément échancrée; et de deux paires de mâchoires, en forme de feuillets, appliquées l'une sur l'autre, dont les supérieures, épineuses et ciliées au bord interne, et dont les inférieures, presque membraneuses, semblables à de petites fausses pattes; elles se terminent par un article grêle, alongé, et se prolongent extérieurement, à leur base, en une espèce d'oreillette, portant un appendice d'un seul article et cilié, que l'on peut considérer comme une sorte de palpe. La languette offre, suivant M. Savigny (Mém. sur les anim. sans vertèb., Ire part., 1 fasc.), un canal cilié qui conduit droit à l'œsophage. Les pattes, dont le nombre est d'environ cent vingt, diminuent insensiblement de grandeur, à partir de la seconde paire; elles sont toutes très comprimées, foliacées, et se composent de trois articles, non compris les deux longs filets du bout des deux antérieures et les deux feuillets terminant les suivantes, pièces que l'on peut regarder comme formant, réunies, un quatrième article, en pince ou à deux doigts prolongés et convertis en espèces de filets antenniformes. Sur le côté postérieur du premier article, est insérée une grande membrane branchiale, triangulaire, et le suivant ou le second porte aussi, sur le même côté, un sac ovalaire, vésiculeux et rouge. Le bord opposé de ces pattes offre quatre feuillets triangulaires et ciliés, dont le supérieur est très rapproché des doigts de la pince, et paraît en former un troisième sur les secondes pattes et les suivantes, jusqu'à la dixième paire. A fur et à mesure que la grandeur de ces organes diminue, les feuillets se rapprochent les uns des autres, la pince est moins prononcée et moins aiguë, et le premier doigt s'élargit aux dépens de la longueur et s'arrondit. Les deux antérieures, beaucoup plus grandes, en forme de rames, ressemblent à des antennes ramifiées, et ont été considérées comme telles par quelques auteurs (1) : elles offrent quatre filets sétacés, composés d'un grand nombre d'articles, et dont les deux du bout, l'un surtout, bien plus long que les deux autres, qui sont situés au côté interne ou l'antérieur. Il est évident que les deux de l'extrémité sont les analogues des deux doigts de la pince, et que les autres représentent aussi deux des feuillets latéraux ; on pourra s'en convaincre en comparant ces pattes avec leurs analogues et les deux ou trois suivantes des jeunes individus. Après leur sixième ou septième mue, celles-ci ressemblent beaucoup aux deux antérieures, et les antennes même y sont proportionnellement plus longues que dans l'état adulte et terminées par des soies ou des poils. La onzième paire est très remarquable (2). Le premier article présente, derrière

____

(1) Elles paraissent aussi représenter les deux premiers pieds-mâchoires.

(2) Schæffer les distingue sous la dénomination de *pieds à matrice*. Les neuf paires précédentes sont, pour lui, des pieds *en pince ;* ceux de la première, des pieds *en rames,* ou des pieds proprement dits ; enfin, ceux qui viennent après les pieds *à matrice ,* ou la douzième paire et les suivantes, des pieds *branchiaux.* Les sacs vésiculaires s'alongent et se rappetissent aussi graduellement ; leur usage est inconnu.

la vésicule, deux valves circulaires, appliquées l'une sur l'autre, formées par deux feuillets et renfermant les œufs, qui ressemblent à de petits grains d'un rouge très vif. Tous les individus qu'on a étudiés jusqu'à ce jour ayant tous été trouvés munis de pattes semblables, on a soupçonné qu'ils se fécondaient eux-mêmes, et qu'il n'y avait point de mâles.

Ces crustacés habitent les fossés, les mares, les eaux dormantes, et presque toujours en sociétés inombrables. Enlevés, ainsi rassemblés, par des vents très violents, on en a vu tomber sous la forme de pluie. Ils paraissent plus communément au printemps et au commencement de l'été. Leur nourriture consiste principalement en têtards. Ils nagent très bien sur le dos, et lorsqu'ils s'enfoncent dans la vase, ils tiennent leur queue élevée. Ils n'offrent en naissant qu'un seul œil, que quatre pattes, en forme de bras ou de rames, ayant des aigrettes de poils, et dont les secondes plus grandes. Leur corps n'a point de queue et leur test ne forme qu'une plaque, recouvrant la moitié antérieure du corps. Leurs autres organes se développent peu à peu, par suite des mues successives. M. Valenciennes, employé au muséum d'histoire naturelle, a remarqué que ces animaux étaient souvent dévorés par l'oiseau connu vulgairement sous le nom de *Lavandière*.

Les espèces connues étant très peu nombreuses, il n'est point nécessaire de former, comme l'a fait M. Leach, avec celles qui ont une lame entre les filets de la queue un genre propre (LÉPIDURE, *Lepidurus*); telle est l'*Apus prolongé* (*Monoculus apus*, Lin.; Schæff., Monoc., VI; Limule serricaude, Herm. fils.; Desmar., Consid. LII., 2). La carène du bouclier se termine postérieurement en une petite épine, que l'on ne voit point dans la suivante, l'*Apus canciforme* (le Binocle à queue en filet, Geoff. Insect., XXI, 4; *limulus palustris*, Müll.; Schæff., Monoc., I—V.; l'apus vert, Bosc.; Desmar., *ibid*, LI, 1.); celle-ci n'a point d'ailleurs de lame entre les filets de la queue; elle est le type du genre *apus*, proprement dit, du docteur Leach. Il en a figuré (Edimb. Encyclop., Suppl., I. XX) une autre espèce (*Apus Montagui*).

———

LE SECOND ORDRE DES ENTOMOSTRACÉS,

OU LE SEPTIÈME ET DERNIER DE LA CLASSE DES CRUSTACÉS,

CELUI DES PÆCILOPODES. (PÆCILOPODA.)

Se distingue des précédents par la diversité de formes de leurs pattes, dont les antérieures, en nombre indéterminé, sont ambulatoires ou propres à la préhension, et dont les autres, lamelliformes ou pinnées, sont branchiales et natatoires. Mais c'est surtout par l'absence de mandibules et de mâchoires ordinaires, qu'ils s'éloignent de tous les autres crus-tacés; tantôt ces parties sont remplacées par les hanches hérissées de petites épines des six pre-mières paires de pieds; tantôt les organes de la manducation consistent, soit en un siphon extérieur, en forme de bec inarticulé, soit en quelques autres instruments propres à la succion, mais cachés ou peu distincts.

Leur corps est presque toujours recouvert, en totalité, ou en grande partie par un test en forme de bouclier, d'une seule pièce dans la plupart, de deux dans quelques-uns, et offrant toujours deux yeux lorsqu'ils sont distincts. Deux de leurs antennes (*chélicères,* Latr.) sont, dans plusieurs, en forme de pince et en font les fonctions. Le nombre de leurs pieds est de douze dans le plus grand nombre (1), et de dix ou de vingt - deux dans presque tous les autres. Ils vivent, pour la plupart, sur des animaux aquatiques, et plus communément sur des poissons.

Nous partagerons cet ordre en deux familles (2). La première, celle

DES XYPHOSURES (XYPHOSURA.),

Est distinguée de la suivante par plusieurs caractères : il n'y a point de siphon ; les hanches des six premières paires de pattes sont hérissées de petites épines , et font l'office de mâchoires; le nombre des pattes est de vingt-deux ; les dix premières, à l'exception des deux antérieures des mâles, sont terminées en pince à deux doigts, et insérées , ainsi que les deux suivantes, sous un grand bouclier semi-lunaire ; celles-ci portent les organes sexuels, et ont la forme de grands feuillets, de même que les dix suivantes , qui sont branchiales et annexées au dessous d'un second test , terminé par un stylet très dur, en forme d'épée, et mobile. Ces animaux, en outre , sont errants. Ils composent le genre

Des LIMULES. (LIMULUS. Fab.)

Dont les espèces ont reçu dans le commerce le nom de *crabe des Moluques*. Le corps suborbiculaire , un peu

---

(1) Quatorze , dans plusieurs, selon M. Leach ; mais celles qu'il considère alors comme les deux premières me paraissent être deux antennes inférieures. Les argules, qui, sous le rapport de la locomotion , semblent être des plus favorisés, n'ont que douze pattes.

(2) Elles forment deux ordres dans mon ouvrage sur les familles naturelles du règne animal.

alongé et rétréci postérieurement, est divisé en deux parties, recouvert par un test solide de deux pièces, une pour
chaque division, très creux en dessous, offrant en dessus
deux sillons longitudinaux, un de chaque côté, et au milieu
du dos une carène. La première pièce du test, ou celle qui
recouvre le devant du corps, est beaucoup plus grande que
l'autre, forme un grand bouclier semi-lunaire, rebordé,
portant en dessus deux yeux ovales, à facettes très
nombreuses, en forme de petits grains, situés, un de
chaque côté, sur le côté extérieur d'une carène longitudinale, et à l'extrémité antérieure de celle du milieu
et commune aux deux pièces du test, deux petits yeux
lisses (1) rapprochés ; ces carènes sont armées de quelques dents ou tubercules aigus. La duplicature de ce
test forme en dessous, à son extrémité antérieure, un
rebord plan, très arqué et terminé inférieurement par
un double arc, avancé en manière de dent au centre de
réunion. Immédiatement au-dessous de cette saillie,
dans la concavité du bouclier, est un petit labre renflé,
caréné au milieu, terminé en pointe, et au-dessus duquel
sont insérées deux petites antennes, en forme de petites
serres didactyles et coudées au milieu de leur longueur,
à la jonction du premier article et du suivant ou de la
pince proprement dite. Immédiatement au-dessous sont
insérées et rapprochées par paires, sur deux lignes,
douze pattes, dont les dix premières, les deux ou quatre antérieures des mâles seules exceptées, terminées en
pince didactyle, et dont l'article radical est avancé intérieurement en manière de lobe, hérissé de petites épines, et fait l'office de mâchoire. La grandeur de ces pattes
augmente progressivement ; si l'on en excepte celles de
la cinquième paire, elles sont composées de six articles,
en y comprenant le doigt mobile de la pince. Celles-ci
ont un article de plus, et diffèrent en outre des précé-

____

(1) Un de chaque côté de la dent terminant cette carène.

dentes en ce qu'elles ont extérieurement à leur base un appendice arqué et rejeté en arrière, de deux articles, dont le dernier comprimé et obtus ; que leur cinquième article est terminé, au côté interne, par cinq petits feuillets mobiles ; cornés, étroits, alongés, pointus et mobiles, et de plus en ce que les deux doigts de la pince sont mobiles ou articulés à leur base. Les deux pièces situées dans l'entre-deux de ces pattes, que M. Savigny considère comme une languette, ne me paraissent être que deux lobes maxillaires de ces organes, mais détachés ou libres. Le pharynx occupe l'intervalle compris entre toutes ces pattes. Les mâles sont distingués des femelles par la forme des pinces qui terminent les deux ou quatre antérieures : elles sont renflées et dépourvues de doigt mobile. Les deux dernières pattes de ce bouclier sont réunies et sous la forme d'un grand feuillet membraneux, presque demi-circulaire, portant les organes sexuels à sa face postérieure, et offrant au milieu d'une échancrure du bord postérieur deux petites divisions triangulaires, alongées et pointues, qui paraissent représenter les doigts internes des pinces ; des sutures indiquent les autres articulations. La seconde pièce du test, articulée avec la précédente au milieu de son échancrure postérieure et remplissant le vide qu'elle forme, est presque en forme de triangle, tronqué et échancré angulairement à son extrémité postérieure. Ses bords latéraux sont alternativement échancrés et dentés, et les échancrures, à partir de la seconde, offrent chacune, dans leur milieu, une épine alongée et mobile ; il y en a six de chaque côté. Dans la concavité inférieure sont renfermées et disposées par paires, sur deux séries longitudinales, dix pieds-nageoires presque semblables, pour la forme, aux deux dernières pattes, mais unis simplement à leur base, appliqués les unes sur les autres, et portant à leur face postérieure les branchies, qui paraissent composées de fibres très nombreuses et très serrées, disposées sur un seul plan, les unes contre les autres. L'anus est situé à la racine inférieure du stylet, terminant le corps. D'après une observation qui nous a été communiquée par M. Straus, l'intérieur du premier bouclier ne présente, outre le cerveau, qu'un seul ganglion, le sous-œsophagien (1). Les deux cordons nerveux se prolongent ensuite dans l'intérieur du second bouclier, n'y forment, à l'origine des pattes branchiales, que de faibles ganglions, qui jettent des rameaux sur ces organes. Suivant M. Cuvier, le cœur, comme dans les stomapodes, est un gros vaisseau garni en dedans de colonnes charnues, régnant le long du dos, et donnant des branches des deux côtés. Un œsophage ridé, remontant en avant, conduit dans un gésier très charnu, garni intérieurement d'un velouté cartilagineux, tout hérissé de tubercules, et suivi d'un intestin large et droit. Le foie verse la bile dans l'intestin par deux canaux de chaque côté. Une grande partie du test est remplie par l'ovaire dans la femelle, par les testicules dans le mâle.

Ces crustacés atteignent quelquefois deux pieds de longueur; ils habitent les mers des pays chauds et s'y tiennent le plus souvent sur leurs rivages. Il me paraît qu'ils sont propres aux Indes orientales et aux côtes de l'Amérique. Ici on désigne l'espèce qu'on y trouve (Limule *cyclope*) sous la dénomination de poisson *casserole*, parce qu'elle en a, en quelque sorte la forme, et qu'en enlevant les pattes, son test peut servir à puiser l'eau. Au témoignage de M. Leconte, naturaliste des plus instruits, et qui a si fort contribué par ses recherches et ses découvertes aux progrès de l'entomologie, on la donne à manger aux porcs. Les sauvages emploient le stylet de leur queue à faire des flèches; on en redoute

---

(1) Les deux pieds antérieurs pourraient représenter les mandibules des décapodes; les quatre suivants, leurs mâchoires, et les six derniers, leurs pieds-mâchoires; ceux du second bouclier répondraient aux pieds thoraciques.

la pointe. On mange leurs œufs à la Chine. Lorsque ces animaux marchent, on ne voit point leurs pieds. On en trouve de fossiles dans certaines couches d'une ancienneté moyenne (1).

Les uns ont les quatre pieds antérieurs terminés, du moins dans l'un des sexes, par un seul doigt.

On ne connaît qu'une seule espèce de cette division, et que j'ai vu figurée sur des velins chinois, c'est le *limule hétérodactyle*, servant de type au genre *tachypleus* du docteur Léach (2).

Dans les autres, les deux serres antérieures au plus, sont seules monodactyles. Tous les pieds ambulatoires sont didactyles, au moins dans les femelles.

Cette division se compose de plusieurs espèces, mais qui, vu le peu d'attention qu'on a donnée à la forme détaillée de leurs parties, aux différences de sexe et d'âge, des localités qui leur sont propres, n'ont pas encore été caractérisées d'une manière rigoureuse et comparative. C'est ainsi, par exemple, que le limule que l'on trouve communément en Amérique, vu dans son jeune âge, est blanchâtre ou de couleur blonde, avec six dents fortes tout le long de l'arête du milieu supérieur du test, et deux autres également fortes et pointues, sur chaque arête latérale du bouclier ou de la première pièce du test; tandis que dans les individus les plus âgés, et qui ont quelquefois plus d'un pied et demi de long, la couleur est d'un brun très foncé, ou presque noirâtre, et que les dents, particulièrement celles du milieu, s'oblitèrent presque. Ici encore les bords latéraux de la seconde pièce du test ont de fines dentelures, qui sont nulles ou peu sensibles dans les premiers. On rapportera aux jeunes individus le *limule*

---

(1) Knorr., Monum. du déluge, I, pl. xiv; Desmar., Crust. fossil., XI, 6, 7. Il semblerait, d'après ces figures, que les épines latérales de la seconde pièce du test ne forment que des dents plus petites, au lieu d'épines, s'articulant par leur base; mais ces articulations ont peut-être disparu.

(2) Ce limule est probablement le *kabutogani* ou *unkia* des Japonnais, et représentant, sur leur zodiaque primitif, la constellation du Cancer.

cyclops de Fabricius et le l. *de sowerby* de Leach (Zool. misc. LXXIV); son *limule* à *trois dents* et le *limule blanc* de M. Bosc; et aux seconds individus, ou les plus grands, mon *limule* des *Moluques* (*monoculus polyphemus*, Lin.; clus., exot. , liv. 6 , cap. 14 , pag. 128; Rumph., mus., XII, a. b.), que j'avais d'abord distingué spécifiquement , dans la croyance que ces grands individus habitaient exclusivement ces îles. Dans les uns et les autres, ou à tout âge , la queue est un peu plus courte que le corps , triangulaire , finement dentelée à l'arête supérieure, sans sillon prononcé en dessous. Nous désignerons cette espèce sous le nom de *limule polyphème*. Ces derniers caractères la distingueront de quelques autres, décrites par moi et M. Leach. (*Voyez* la seconde édition du nouveau dict. d'hist. naturelle; Desmarets, Consid. , pag. 344 — 358.)

La seconde famille , celle

DES SIPHONOSTOMES (SIPHONOSTOMA.),

Ne nous offre aucune espèce quelconque de mâchoires. Un suçoir ou siphon , tantôt extérieur et sous la forme d'un bec (1) aigu , inarticulé , tantôt caché ou peu distinct, tient lieu de bouche. Le nombre des pattes ne s'élève jamais au-delà de quatorze. Le test est très mince , et d'une seule pièce. Ces entomostracés sont tous parasites.

Nous partagerons cette famille en deux tribus.

La première, celle des CALIGIDES (*Caligides*, Latr.),

---

(1) La composition de ce bec n'est pas encore bien connue. Il est évident, d'après la figure qu'a donnée Jurine fils de l'argule foliacé, qu'il renferme un suçoir; mais en est-il ainsi de celui des autres, et quel est le nombre de ses pièces? C'est ce qu'on ignore. Je présume cependant que ce siphon se compose du labre, des mandibules et de la languette, qui forme la gaîne du suçoir. Dans l'entomostracé précédent, les quatre pieds antérieurs, et dont la forme est très différente de celle des suivants, correspondraient aux quatre mâchoires des décapodes.

est caractérisée par la présence d'un test, en forme
de bouclier ovale ou semi-lunaire; par le nombre
des pieds visibles, qui est toujours de douze (ou de
quatorze, si, avec M. Leach, on prend pour tels ceux
qui sont pour moi deux antennes inférieures); par
la forme et la grandeur de ceux des dix dernières
paires, qui sont, tantôt multifides, pinnés ou terminés en nageoire, et très propres, à toutes les
époques et dans l'état adulte, à la natation; tantôt en
forme de feuillets, ou larges et membraneux. Les
côtés du thorax ne présentent jamais d'expansions
en forme d'ailes, rejetées en arrière, et renferment
postérieurement le corps.

Ici le corps, offrant en dessus plusieurs segments,
est alongé et se rétrécit postérieurement, pour se terminer en manière de queue, avec deux filets ou deux
autres appendices saillants, au bout; cette extrémité
n'est point recouverte par une division des téguments
supérieurs, en forme d'une grande écaille arrondie,
et fortement échancrée au bord postérieur. Le test
occupe la moitié au moins de la longueur du corps.
Cette subdivision comprendra deux genres de Müller.

Le premier, celui

D'Argule (Argulus. Müll.),

Avait d'abord été désigné par nous sous le nom d'*o-
zole*, et décrit d'une manière incomplète. Jurine fils a,
depuis, observé l'espèce qui lui sert de type, avec l'attention la plus scrupuleuse, l'a suivie dans tous ses

âges, et nous en a donné une monographie qui ne laisse rien à désirer. Il a restitué à ce genre le nom que Müller lui avait primitivement imposé.

Les argules ont un bouclier ovale, échancré postérieurement, recouvrant le corps, à l'exception de l'extrémité postérieure de l'abdomen, portant sur un espace mitoyen, triangulaire, et distingué sous le nom de chaperon, deux yeux, quatre antennes très petites, presque cylindriques, placées en avant, dont les supérieures, plus courtes et de trois articles, ont à leur base un crochet fort, édenté et recourbé ; et dont les inférieures, de quatre articles, avec une petite dent au premier. Le siphon est dirigé en avant. Les pieds sont au nombre de douze. Les deux premiers se terminent par un empatement annelé transversalement, élargi circulairement au bout, strié et dentelé sur ses bords, offrant à l'intérieur une sorte de rosette formée par les muscles, et paraissant agir à la manière d'une ventouse ou d'un suçoir. Ceux de la paire suivante sont propres à la préhension, avec les cuisses grosses, épineuses, et les tarses composés de trois articles, dont le dernier, muni de deux crochets. Les autres pieds se terminent par une nageoire, formée de deux doigts ou pinnules alongés, garnis sur leurs bords de filets barbus; les deux premiers de ceux-ci, ou ceux de la troisième paire, en y comprenant les quatre précédents, ont un doigt de plus, mais recourbé. Les deux derniers sont annexés à cette portion du corps qui fait postérieurement saillie hors du test ou la queue. Les femelles n'ont qu'un seul oviducte et recouvert par deux petites pattes, situées en arrière de ces deux palettes. L'organe considéré comme le pénis du mâle est placé à l'extrémité interne du premier article des mêmes pattes, près de l'origine des deux doigts. Sur le même article des deux pattes précédentes, et en regard avec ces organes copulateurs, est une vésicule présumée séminale. L'abdomen, en considérant comme tel, cette partie du corps, qui s'étend en arrière, depuis les pattes ambulatoires, le bec et un tubercule renfermant le cœur, est entièrement libre, depuis sa naissance, sans articulations distinctes, et se termine immédiatement après les deux dernières pattes, par une sorte de queue, en forme de lame, arrondie, profondément échancrée ou bilobée, et sans poils au bout : c'est une sorte de nageoire. La transparence du corps permet de distinguer le cœur. Il est situé derrière la base du siphon, logé dans un tubercule solide, demi transparent et formé d'un seul ventricule. Le sang, composé de petits globules diaphanes, se dirige en avant, sous la forme d'une colonne, qui se divise bientôt en quatre rameaux, dont deux vont directement vers les yeux, et deux autres vers les antennes ; ceux-ci, réfléchis ensuite en arrière et réunis aux premiers, forment de chaque côté une seule colonne qui descend vers la ventouse, en contourne la base et disparaît. Un peu au-dessous des deux pattes suivantes, l'on distingue, de chaque côté, une autre colonne sanguine, qui se recourbe en dehors, s'étend ensuite près des bords du test, et, arrivée près des deux avant-dernières pattes, se replie en avant et cesse d'être visible. Une autre colonne, et où le sang, ainsi que dans la précédente, va de devant en arrière, parcourt longitudinalement le milieu de la queue ; elle se réunit postérieurement à deux autres courants que l'on observe sur les bords de cette queue, mais allant en sens contraire ou paraissant ramener le sang au cœur. Jurine fils a évité d'employer le mot *vaisseau*, parce que le sang chassé dans la partie antérieure paraît s'y répandre et s'y disséminer, de manière à faire croire que les globules du sang sont dispersés dans le parenchyme de ces parties, plutôt que d'être contenus dans des vaisseaux particuliers. Mais, d'après ce que nous avons dit à l'égard de la circulation des décapodes, on voit qu'ici le sang se distribue d'abord de la même manière, et les courants ou colonnes, dont nous venons de parler, semblent indiquer l'existence de vaisseaux propres. Aussi cet habile observateur convient-il après, que la circulation ne se fait point partout d'une manière aussi diffuse que dans la partie antérieure du test, où cependant elle paraît, selon nous, s'effectuer comme dans les décapodes. Le cerveau, placé derrière les yeux, lui a paru divisé en trois lobes égaux, un antérieur et deux latéraux. La partie antérieure de l'estomac donne naissance à deux grands appendices, divisés chacun en deux branches, qui se ramifient dans les ailes du test. Les matières alimentaires et de couleur bistrée qu'ils contiennent rendent ces ramifications sensibles. Le cæcum est pourvu, vers son origine, de deux apendices vermiformes.

Les mâles sont très ardents en amour, ce qui leur fait souvent prendre un sexe pour l'autre, ou les fait adresser à des femelles pleines ou mortes. Ils sont placés, dans l'accouplement, sur leur dos, auquel ils se cramponnent au moyen de leurs pieds à ventouse, et ils restent dans cet état plusieurs heures. La durée de la gestation est de treize à dix-neuf jours. Les œufs sont unis, ovales, et d'un blanc de lait. Ils sont fixés, avec un gluten, sur les pierres ou autres corps durs, soit en ligne droite, soit sur deux rangs, au nombre d'un à quatre cents; étant pressés les uns contre les autres, leur forme en devient presque hexagonale.

Vingt-cinq jours après la ponte, et après avoir d'abord pris une teinte jaunâtre et opaque, on commence à y distinguer les yeux et quelques parties de l'embryon. Au bout ensuite d'environ dix jours, ou vers le trente-cinquième après la ponte, la coquille se fend longitudinalement, et le petit ou têtard vient au monde. Il n'a guère alors que trois huitièmes de ligne de long. Sa forme, en général, ressemble à celle qu'il aura dans l'état adulte, mais ses organes locomotiles présentent des différences essentielles. Müller l'a décrit dans cet état, sous le nom d'*argulus charon*. Quatre rames ou longs bras, dont deux placés au-devant des yeux et les deux autres derrière, terminées chacune par un pinceau de soies flexibles et pennées, que l'animal meut simultanément et au moyen desquelles il nage facilement et par saccades, sortent de l'extrémité antérieure du test; elles ne représentent point les antennes, puisque l'on voit aussi ces derniers organes. Les pieds à ventouse sont remplacés par deux fortes pattes, coudées près de leur extrémité et terminées par un fort crochet, avec lequel ce crustacé peut se cramponner sur les poissons. D'autres pattes, propres à l'état adulte, celles de la seconde et de la troisième paire, ou les deux ambulatoires et les deux premières des natatoires, sont les seules qui soient développées et libres; les suivantes sont comme emmaillotées et appliquées sur l'abdomen. Le cœur, la trompe et les ramifications des appendices de l'estomac sont distincts. La première mue, qui s'opère au moyen d'une rupture de la face inférieure, ayant eu lieu, les rames ont disparu, et toutes les pattes natatoires se montrent. Trois jours après arrive la seconde mue, qui ne produit aucun changement important Mais à la troisième, qui s'opère deux jours après, l'on commence à apercevoir, vers le milieu des deux pattes antérieures, le commencement de la formation des ventouses. A la quatrième mue, qui a également lieu, au bout de deux jours, ces mêmes pattes sont enfin transformées en pattes à ventouse, en conservant néanmoins le crochet terminal. Au bout de six jours, nouveau changement de peau, et apparition des organes générateurs de l'un et l'autre sexe; mais il faut encore une mue, retardée de six jours, pour que ces animaux puissent se réunir et se multiplier. Ainsi, la durée de leur état d'enfance ou de leurs métamorphoses est de vingt-cinq jours. Ils n'ont cependant encore atteint que la moitié de leur grandeur. D'autres mues, et qui se font tous les six ou sept jours, sont pour cela nécessaires. Jurine s'est assuré que les femelles ne pouvaient devenir mères sans l'intervention des mâles. Celles qu'il avait isolées ont péri d'une maladie s'annonçant par l'apparition de plusieurs globules bruns, disposés en demi-cercle vers la partie postérieure du chaperon, et qui se forment, à ce qu'il paraît, dans le parenchyme, puisque les mues ne les détruisent point.

La seule espèce connue de ce genre, l'*Argule foliacée* ('Jurine fils, Ann. du Mus, d'hist., nat. VII, xxvi; *Monoculus foliaceus*, Linn.; *argulus delphinus* et *argulus charon*, Müll., Entom. ; *argulus delphinus*, Herm., fils, Mém. apter., V, 3, VI, 11; *monoculus gyrini*, Cuv., Tabl. élem. de l'hist. nat. des anim., pag. 454; *ozolus gasterostei*, Lat., Hist. nat. des crust. et des ins., IV, xxix, 1-7; Desmar. Consid. L., 1; pou du gastéroste, Baker, Microsc., II, xxiv,), se fixe sur le dessous du corps des têtards des grenouilles, des épinoches ou gastérostes et suce leur sang. Son corps est aplati, d'un vert jaunâtre clair, et long, d'environ deux lignes et demi. Hermann fils, qui avait très bien décrit ce crustacé dans son état parfait, et qui cite un manuscrit de Léonard Baldaneur, pêcheur de Strasbourg, portant la date de 1666, où le même animal est figuré, dit qu'on ne le rencontre guères, dans les environs de cette ville, que sur les truites, et qu'il leur donne souvent la mort, surtout à celles des viviers; on le trouve aussi sur les perches, les brochets et les carpes. Il ne l'a jamais rencontré sur les ouïes. Ainsi que les gyrins, ce crustacé se tourne sur lui-même en manière de girouette. Il dit que son corps est divisé en cinq anneaux, mais peu distincts sur le dos.

LES CALIGES. (CALIGUS. Müll.)

N'ont point de pattes à ventouse; celles des paires antérieures sont onguiculées; les autres sont divisées en un nombre plus ou moins considérable de pinnules, ou en forme de feuillets membraneux. Le test laisse à découvert une bonne partie du corps, qui se termine

13*

postérieurement, dans la plupart, par deux longs filets, et dans les autres par des appendices en forme de nageoire ou de stylet (1).

Le nom de *poux de poissons*, sous lequel on les désigne collectivement, nous annonce que leurs habitudes sont les mêmes que celles des argules et des autres siphonostomes. Plusieurs naturalistes ont considéré les filets tubulaires de l'extrémité postérieure de leur corps comme des ovaires ; j'ai quelquefois trouvé des œufs au-dessous des pieds postérieurs et branchiaux, mais jamais dans ces tubes. On ne voit d'ailleurs d'oviductes extérieurs, ainsi prolongés, que dans les femelles, qui doivent pondre leurs œufs dans des trous ou cavités profondes ; or les femelles des caliges ne sont point dans ce cas. Müller et d'autres zoologistes ont remarqué que ces crustacés redressent et agitent ces appendices. Nous pensons avec Jurine fils, et telle est aussi l'opinion de son père, qu'ils servent à la respiration, de même que les filets du bout de l'abdomen des apus (2).

Les uns, dont tous les pieds sont libres et annexés, à l'exception des deux derniers, à la partie antérieure du corps (céphalothorax, Latr.), recouverte par le bouclier ; où quelques-uns au moins des pieds postérieurs sont garnis de filets nombreux et pennacés ; où le siphon n'est point ap-

---

(1) Leur entre-deux offre aussi souvent quelques autres appendices, mais petits ou beaucoup moins saillants.

(2) On trouve dans le tome troisième (p. 343) des Annales générales des sciences physiques, imprimées à Bruxelles, un extrait des observations de M. le docteur Surriray, sur le fœtus d'une espèce de calige, qu'il croit être l'*elongatus*, et qui est très commune sur l'opercule de l'orphie (*esox belone*). Ce naturaliste nous apprend qu'ayant froissé les deux filets de la queue de ce crustacé, il en fit sortir beaucoup d'œufs transparents et membraneux, renfermant chacun un fœtus vivant, très différent de sa mère, et dont il donne la description. De ces observations, l'on pourrait déduire que ces filets sont des espèces d'oviductes extérieurs. Mais n'y a-t-il pas eu ici quelque méprise ? car j'ai étudié avec beaucoup d'attention ces mêmes organes sur plusieurs individus, conservés, à la vérité, dans de la liqueur, et je n'y ai jamais découvert aucun corps.

parent, ont l'abdomen nu en dessus et terminé par deux longs filets ou par deux stylets; ils composent le sous-genre.

Des Caliges proprement dits. (Caligus. — *Caligus, risculus.* Leach.) (1)

Dans tous les autres, le dessus de l'abdomen est imbriqué, ou cette partie du corps est renfermée comme dans une espèce d'étui, formé par les dernières pattes qui ressemblent à des membranes et se replient en dessus.

Parmi ces derniers, il en est dont les antennes ne sont jamais avancées en manière de petites serres, dont tous les pieds sont libres, et dont les derniers n'enveloppent point le corps en manière d'étui membraneux. Ils forment les sous-genres suivants.

Les Ptérygopodes. (Pterygopoda. Latr. — *Nogaus ?* Leach.)

Qui ont l'extrémité postérieure du corps terminée par deux espèces de nageoires; des pieds pinnés ou digités sur le dessous du post-abdomen, ou de la seconde division du corps non recouverte par le bouclier, et un bec distinct (2).

Les Pandares. (Pandarus. Leach.)

Qui ont deux filets à l'extrémité postérieure du corps; les pattes de la première et de la cinquième paire onguiculées et les autres digitées, mais dont le siphon n'est point apparent (3).

Les Dinémoures. (Dinemoura. Latr.)

Ayant aussi deux longs filets à l'anus, mais dont le si-

---

(1) *Caligus piscinus*, Lat.; *Caligus curtus*, Müll., Entomost., xxi, 1, 2; *Monoculus piscinus*, Linn.; — *Caligus Mulleri*, Leach.; Desmar., Consid., I, 4; sur la morue. L'*oniscus lutosus* de Slabber (Encyclop. méthod., atl. d'hist. natur., cccxxx, 7, 8,) paraît, à raison des appendices en nageoires de la queue, devoir former un sous-genre propre. Le *binocle à queue en plumet* de Geoffroy pourrait y être placé.

(2) Une seule espèce vivante, trouvée sur le requin. *Voyez* le genre *nogaus*, Desmar., Consid., pag. 340.

(3) *Pandarus bicolor*, Leach; Desmar., L, 5; — *Pandarus Boscii*, Leach, Encycl. brit., suppl. I, xx. *Voyez*, pour d'autres espèces, Desmar., *ibid.*, pag. 339

phon est apparent. Leurs deux pattes antérieures sont onguiculées ; les deux suivantes se terminent par deux longs
doigts ; les autres sont en forme de feuillets membraneux (1).

Le dernier sous-genre de cette sous-division , celui

d'Anthosome (Anthosoma. Leach.),

Se rapproche du précédent, quant à l'existence d'un siphon,
et quant aux deux filets du bout de la queue ; mais il s'en
éloigne, ainsi que de ceux qui le précèdent, à raison de deux
de ses antennes, portées en avant, en forme de petites serres monodactyles , et des six dernières pattes qui sont membraneuses, réunies inférieurement, repliées latéralement sur
le post-abdomen , pour l'envelopper , en manière d'étui ;
celles de la première et de la troisième paire sont onguiculés ;
les secondes se terminent par deux doigts courts et obtus (2).

Là le corps est ovale , sans appendices saillants , en
manière de queue, composée de filets ou d'appendices en
forme de nageoires, à son extrémité postérieure. Une portion de téguments supérieurs forme d'abord et par devant
un bouclier, ne recouvrant pas sa moitié antérieure ,
plus étroit qu'elle , arrondi et échancré antérieurement,
élargi et comme bilobé à l'autre bout ; puis viennent
successivement trois autres pièces ou écailles arrondies et
échancrées postérieurement, dont la seconde, la plus
petite de toutes, est presque en forme de cœur renversé,
et dont la dernière et la plus grande est voûtée. Les quatre
pieds postérieurs sont en forme de lames et réunies par
paires ; celles de la première et de la troisième sont
onguiculées ; les secondes ont leur extrémité bifide.
Le siphon est apparent. Les œufs sont recouverts par
deux grandes pièces ovales , contiguës, coriaces, placées
sous l'abdomen et le surpassant en longueur. Tels sont
les caractères du genre

----

(1) *Caligus productus*, Müll., Entom. xxxi , 3, 4 ; *Monoculus salmo-
neus*, Fab.

(2) *Anthosoma Smithii*, Leach ; Desm., Consid. , l, 3 ; *Caligus im-
bricatus* , Risso.

Des Cécrops. (Cecrops. Leach.)

Dont on ne connaît qu'une seule espèce, qu'on a trouvée fixée aux branchies du thon et du turbot, le *Cécrops de Latreille*. (Leach, Encyclop. brit., Supp. 1, pl. XX; 1, 3, mâle; 2, 4 femelle; 5, antennes grossies; Desmar., Consid., L, 2.)

La seconde tribu, celle des Lernæiformes (*Lernœiformes*. Lat.), se compose d'entomostracés encore plus rapprochés que les précédents, par leurs formes extérieures, des lernées. Le nombre des pattes discernables n'est que dix (1), et ces organes sont, pour la plupart, fort courts et point ou peu propres à la natation. Tantôt le corps est presque vermiforme, cylindracé, avec le segment antérieur simplement un peu plus large, et muni de deux pinces didactyles, avancées; tantôt, à raison de deux expansions latérales en forme de lobes ou d'ailes, rejetées en arrière du thorax, et de deux ovaires postérieurs, il forme une petite masse quadri-lobée. Cette tribu se compose de deux genres. Le premier, celui

De Dichelestion (Dichelestium. Herm. fils),

Nous présente un corps étroit et alongé, un peu dilaté en devant, composé de sept segments, dont l'antérieur (le corselet, Hermann) plus large, rhomboïdal, formé de la tête et d'une portion du thorax réunies. Il porte 1° quatre antennes courtes, dont les latérales filiformes, de sept articles, et dont les intermédiaires, avancées en manière de petits bras, de quatre articles, avec le dernier en forme de pince didactyle; 2° un siphon inférieur, membraneux et tubulaire; 3° trois sortes de

---

(1) Il y en a probablement deux de plus, comme dans les sous-genres précédents; mais elles sont ou très peu distinctes, ou sous une forme particulière, qui les fait méconnaître.

palpes difformes (deux pieds multifides?) de chaque côté, situés sur une éminence; 3º quatre pattes propres à la préhension, dont les deux premières formées d'une cuisse et d'une jambe, et terminées par divers crochets inégaux et dentelés, et dont les secondes consistant en une cuisse renflée, terminée par un fort onglet. Les second et troisième segments sont presque lunulés, et portent chacun une paire de pieds formés d'un article, terminé par deux sortes de doigts, dentelés au bout. Au quatrième segment est attachée une autre paire de pattes, la cinquième et dernière, mais sous la forme de simples vésicules ovales, divergentes et immobiles, et qu'Hermann présume être plutôt des ovaires que des pattes. Ce segment, ainsi que le suivant, sont presque carrés. Le sixième est beaucoup plus long et cylindrique. Le septième et dernier est trois fois plus court, presque orbiculaire, aplati et terminé par deux petites vésicules. Les yeux ne sont point distincts.

Le *Dichélestion* de *l'esturgeon* (*Dichelestium sturionis*, Hermann, fils, Mém. apterol., pag. 125, v. 7, 8; Desmar. Consid. L. , v.) a environ sept lignes de long, sur une de large. Le second segment, prolongé de chaque côté en une papille obtuse, et les quatre suivants sont rouges au milieu et d'un jaune blanchâtre latéralement. Les pattes ne paraissent point lorsqu'on voit l'animal en dessus. Il s'insinue profondément dans la peau et recouvre les arcs osseux des branchies, mais sans se placer, à ce qu'il paraît, sur leurs peignes. Hermann en a recueilli jusqu'à douze sur un seul poisson. Deux ou trois de ce nombre, des mâles peut-être, étaient d'un tiers plus courts que les autres et avaient le corps courbé; l'un de ces douze individus vécut trois jours. Ces crustacés se tournent beaucoup et avec vivacité. Ils s'accrochent très fortement au moyen de leurs pinces frontales.

Les Nicothoés. (Nicothoe. Aud. et Miln. Edw.)

Terminent la classe des crustacés, et s'en distinguent
par leur forme hétéroclite. Ils n'offrent, à la vue simple,
qu'un corps formé de deux lobes réunis en manière de
fer à cheval, en renfermant deux autres ; mais observés
au microscope, l'on découvre que les deux grands lobes
sont de grandes expansions latérales du thorax, en forme
d'ailes, presque ovales et rejetées en arrière ; que les
deux autres lobes sont des ovaires extérieurs ou des
grappes d'œufs, analogues à ceux des cyclopes femelles,
insérés, un de chaque côté, au moyen d'un court pédicule,
à la base de l'abdomen ; et que le corps de l'animal se compose des parties suivantes : 1° une tête distincte, portant
deux yeux écartés, deux antennes latérales, courtes,
sétacées, de onze articles, ayant chacun un poil au côté
interne, avec la bouche formée d'une ouverture circulaire, faisant l'office de ventouse, et accompagnée, de
chaque côté, d'appendices maxilliformes (pieds antérieurs); 2° un thorax de quatre segments, ayant en dessous
cinq paires de pieds, dont les deux antérieurs terminés
par un fort crochet, bidenté au côté interne, et dont
les huit autres, composés d'un grand article, terminé
par deux tiges presque cylindriques, presque égales,
garnies de soies et de trois articles chaque ; 3° un
abdomen, allant en pointe, de cinq anneaux, dont le
premier, plus grand, donnant naissance aux sacs ovifères, et dont le dernier terminé par deux longs poils.
Les expansions latérales ne paraissent être qu'un développement excessif du quatrième et dernier anneau du
thorax. On aperçoit, dans leur intérieur, deux espèces
de boyaux, partant de la ligne moyenne du corps, et
que l'on peut considérer comme deux cœcums ou divisions du canal intestinal, qui auraient fait hernie. Ils
sont doués de mouvements péristaltiques très pronon-

cés. Nous avons vu, en parlant des argules, que leur estomac offrait aussi deux cœcums, qui se ramifiaient dans l'intérieur des ailes de leur test, et peut-être les expansions thoraciques des nicothoés sont-elles aussi deux lobes analogues (1).

Nous devons la connaissance de la seule espèce, composant le genre

La *Nicothoé du homard* (*Nicothoé astaci.* Annal. des sc. nat., déc. 1826, XLIX, 1, 9) à MM. Victor Audouin et Milne Edwards ; elle est longue d'une demi-ligne sur près de trois lignes de largeur, y compris les prolongemeuts thoraciques. Elle est de couleur rosée, plus tendre sur les sacs ovifères, avec les expansions jaunâtres. Elle adhère intimement aux branchies du homard, et s'enfonce profondément entre les filaments de ces organes. On la trouve en petit nombre et simplement sur quelques individus. Tous les Nicothoés observés par ces deux naturalistes étaient pourvus d'ovaires ; il est probable que ces crustacés peuvent nager, avant que de se fixer, et que leurs lobes thoraciques aient acquis leur développement ordinaire ; de même qu'à l'égard du corps des ixodes, il pourrait être le produit de la surabondance des sucs nutritifs.

DES TRILOBITES. (TRILOBITES.)

Dans le voisinage des limules et des autres entomostracés pourvus d'un grand nombre de pieds, se rangent, dans l'opinion de l'un de mes confrères à l'Académie royale des sciences, M. Alexandre Brongniart, et de divers autres naturalistes, ces singuliers animaux fossiles, confondus d'abord sous la dénomination générale d'*entomolithe paradoxal*, désignés aujourd'hui sous celle de trilobites, et dont il a donné une excellente monographie, enrichie de très bonnes figures lithographiées (2). Il faut, dans cette hypothèse, admettre

---

(1) On pourrait dès lors placer ce genre près du précédent.
(2) M. Eudes Deslongchamps, professeur à l'université de Caen,

comme un fait positif, ou du moins très probable, l'existence d'organes locomotiles, quoique, malgré toutes les recherches, on n'ait pu en découvrir de vestiges (1). Supposant, au contraire, que ces animaux en étaient dépourvus, j'ai pensé qu'ils venaient plus naturellement près des oscabrions, ou plutôt qu'ils formaient la souche primitive des animaux articulés, se liant d'une part avec ces derniers mollusques, et d'autre part avec les crustacés ci-dessus, et même avec les gloméris (2), dont quelques trilobites, tels que les calymènes, paraissent se rapprocher, ainsi que des osca-

---

M. le comte de Rasoumhowski, M. Dalman et quelques autres savants, ont publié depuis de nouvelles observations sur ces fossiles. M. Victor Audouin, embrassant avec ardeur l'opinion de M. Brongniart, a combattu, dans un Mémoire particulier, celle que j'avais émise à cet égard, et d'après laquelle je les rapprochais des oscabrions. Le plus essentiel de la difficulté était de constater l'existence des pattes, et c'est ce qu'il n'a point fait. Quant à l'application de sa théorie du thorax des insectes aux trilobites, elle me paraît d'autant plus douteuse que, suivant ma manière de voir, les premiers anneaux de l'abdomen des insectes représentent seuls le thorax des crustacés décapodes.

(1) M. Owtlines (Oryctology) croit cependant en avoir aperçu, et soupçonne qu'ils sont onguiculés. *Voyez* aussi l'*entomostracite granuleux*, Brong.. Trilobites, iii, 6.

(2) Première édition de cet ouvrage, tom. III, pag. 150 et 151. Aucun branchiopode connu ne se contracte en manière de boule. Ce caractère n'est propre, dans la classe des crustacés, qu'aux typhis, aux sphéromes, aux tylos, aux armadilles; et parmi les insectes aptères, qu'aux gloméris, genre qui est à la tête de cette classe, et qui laisse entre lui et les derniers crustacés un vide considérable. Les calymènes se rapprochent évidemment, à l'égard de cette contractibilité, de ces derniers insectes, des typhis et des sphéromes; mais il ne paraît pas que l'extrémité postérieure de leur corps soit pourvue d'appendices natatoires latéraux, caractère négatif qui les éloignerait des sphéromes, mais les rapprocherait des armadilles, et surtout des tylos, dont le dessus des segments thoraciques est divisé en trois. L'examen d'un individu bien conservé m'a convaincu qu'ils avaient, de même que les limules, des yeux adossés à deux élévations, et dont la cornée était granuleuse ou à facettes. Sous le rapport de la non existence d'antennes supérieures, ces mêmes trilobites auraient encore une nouvelle affinité avec les limules.

brions, en ce qu'ils pouvaient prendre aussi, en se contractant, la forme d'un sphéroïde. Depuis la publication du travail de M. Brongniart, quelques naturalistes n'ont point partagé son sentiment, et ont, en tout ou en partie, adopté le mien; d'autres hésitent encore. Quoi qu'il en soit, ces animaux paraissent avoir été anéantis par les antiques révolutions de notre planète.

Si l'on en excepte un genre hétéromorphe, celui d'*agnoste*, les trilobites ont, de même que les limules, un grand segment antérieur, en forme de bouclier, presque demi circulaire ou lunulé, et suivi d'environ douze à vingt-deux segments (1), tous, hormis le dernier, transversaux, et divisés par deux sillons longitudinaux en trois rangées de parties ou de lobes, et de là l'origine de la dénomination de trilobites (2). Ce sont pour quelques savants, des *entomostracites*.

Le genre AGNOSTE (AGNOSTUS, Brong.) est le seul dont le corps soit demi circulaire ou réniforme. Dans

----

(1) Il semblerait que dans divers trilobites, et particulièrement dans les asaphes, le corps se compose, non compris le bouclier, d'une douzaine de segments bien détachés sur les côtés, et d'un autre formant le post-abdomen ou une queue, triangulaire ou semi-lunaire, n'offrant que des divisions superficielles, et qui ne coupent pas ses bords. Dans les paradoxides, au contraire, les lobes latéraux se terminent par des prolongements aigus bien prononcés, et on en compte bien vingt-deux. Une espèce de trilobite, dont M. le comte de Rasoumowsky a fait mention dans son Mémoire sur les fossiles (Annal. des scienc. nat., juin 1826, pl. xxviii, 11), et qu'il présume devoir constituer un nouveau genre, est, sous ce rapport, très remarquable. Ses lobes latéraux forment des sortes de lanières très longues et allant en pointe. Les pattes des nymphes des cousins sont en forme de lames alongées, aplaties, sans articulations, terminées par des filets, et repliées sur les côtés. Elles sont dans un état rudimentaire, et peuvent être analogues aux divisions latérales de cette espèce de trilobite, voisine des paradoxides.

(2) Les squilles, divers crustacés amphipodes et isopodes, ont aussi plusieurs de leurs segments divisés en trois par deux lignes enfoncées et longitudinales; mais ces lignes sont plus rapprochées des bords, et ne forment pas de profonds sillons.

tous les autres genres, il est ovale ou elliptique, et offre les caractères généraux que nous venons d'énoncer.

Les CALYMÈNES (CALYMENE, Brong.) se distinguent de tous les autres trilobites, par la faculté de pouvoir contracter le corps en boule, et de la même manière que les sphéromes, les armadilles, les gloméris, c'est-à-dire en rapprochant, en dessous, les deux extrémités de leur corps. Le bouclier, aussi large ou plus large que long, présente, ainsi que dans les asaphes et les ogygies, deux éminences oculiformes. Les segments ne débordent pas latéralement le corps, sont réunis jusqu'au bout, et le corps se termine postérieurement en une sorte de queue triangulaire et alongée.

Dans les ASAPHES (ASAPHUS, Brong.), les tubercules oculiformes semblent présenter une paupière ou sont granuleux; l'espèce de queue qui termine postérieurement le corps est moins alongée que dans les calymènes, et soit presque demi circulaire, soit en forme de triangle court (1).

Le bouclier des OGYGIES (OGYGIA, Brong.) est plus long que large, avec les angles postérieurs prolongés en manière d'épine. Les éminences oculiformes n'offrent ni paupière ni granulation. Le corps est elliptique.

Ces éminences, ayant l'apparence d'yeux, n'existent point ou ne se montrent point dans le genre PARADOXIDE (PARADOXIDES, Brong.). Les segments, ou du moins la plupart d'entre eux, débordent latéralement le corps, et sont libres à leur extrémité latérale.

Tels sont les caractères des cinq genres établis par M. Alexandre Brongniart, et que l'on pourrait distribuer en trois groupes principaux : les *réniformes* (le G.

---

(1) Dans *l'asaphe de Brongniart*, décrit et figuré par M. Eudes Deslongchamps, les angles postérieurs du bouclier, au lieu de se diriger en arrière, comme dans les autres epèces, sont recourbés.

agnoste), les *contractiles* (le G. calymène) et les *étendus* (les G. asaphe , ogygie et paradoxide).

Nous renverrons, quant à la connaissance des espèces et de leurs gissements, au beau travail de ce célèbre naturaliste , qui , à l'égard des crustacés fossiles proprement dits ou bien reconnus pour tels , s'est associé l'un de ses premiers élèves et correspondant de l'Académie des sciences , M. Anselme-Gaëtan Desmarest, souvent cité par nous, tant pour cette partie que pour son ouvrage sur les crustacés vivants. D'autres savants ont proposé à l'égard des trilobites quelques autres coupes génériques ; mais devant me borner aux considérations les plus générales , je m'arrête à celles que nous présente le meilleur ouvrage que nous ayons encore sur ces singuliers fossiles.

DEUXIÈME CLASSE DES ANIMAUX ARTICULÉS

ET POURVUS DE PIEDS ARTICULÉS.

LES ARACHNIDES. (ARACHNIDES.)

Sont, ainsi que les crustacés, dépourvues d'ailes, et ne sont point pareillement sujettes à changer de forme , ou n'éprouvent pas de métamorphoses, mais de simples mues. Elles ont aussi leurs organes sexuels éloignés de l'extrémité postérieure du corps, et situés, à l'exception de ceux de plusieurs mâles, à la base du ventre ; mais elles diffèrent de ces animaux, ainsi que des insectes, en plusieurs points. De même que dans ceux-ci, leur corps offre à sa surface des ouvertures ou fentes tranverses, nommées *stigmates* (1), destinées à l'entrée de l'air, mais en très petit nombre (huit au plus, plus communément deux), et uniquement situées à la partie inférieure de l'abdomen. La respiration d'ailleurs s'opère, soit au moyen de branchies aériennes, ou faisant l'office de poumons, renfermées dans des poches dont ces ouvertures forment l'entrée, soit au moyen de trachées (2) rayonnées. Les organes de la vision ne consistent qu'en de simples petits yeux lisses, groupés de diverses manières, lorsqu'ils sont nombreux. La tête, ordinairement confondue avec le thorax, ne présente à la place des antennes, que deux pièces articulées, en forme de petites serres didactyles ou monodactyles, qu'on a mal à propos comparées aux mandibules des insectes et désignées de même, se mouvant en sens contraire de celles-ci, ou de haut en bas, coopérant néanmoins à la manducation, et remplacées dans les arachnides dont la bouche est en forme de siphon ou de suçoir, par deux lames pointues, servant de lancettes (3). Une sorte de lèvre (*labium*, Fab.) ou plutôt de languette, produite par un pro-

---

(1) Désignation vague et impropre, et que l'on pourrait remplacer par celle de *pneumostome*, bouche à air, ou celle de soupirail, *spiraculum*.

(2) *Voyez*, pour ces organes respiratoires, les généralités de la classe des insectes.

(3) Des *chélicères* ou *antenne-pinces :* c'est ce qui résulte évidemment de leur comparaison avec les antennes intermédiaires des divers crustacés, et notamment de ceux de l'ordre des pœcilopodes. Il n'est donc pas rigoureusement vrai que les arachnides n'aient point d'antennes, caractère négatif qu'on leur avait jusqu'à nous exclusivement attribué.

longement pectoral, deux mâchoires formées par l'article radical du premier article de deux petits pieds ou palpes (1), ou par un appendice ou lobe de ce même article, une pièce cachée sous les mandibules, appelée *langue sternale* par M. Savigny (description et figure du *Phalangium copticum*), et qui se compose d'une saillie en forme de bec, produit de la réunion d'un très petit épistome ou chaperon, terminé par un labre très petit, triangulaire, et d'une carène longitudinale, inférieure, ordinairement très velue ; voilà ce qui, avec les pièces appelées mandibules, constitue généralement, à quelques modification près, la bouche de la plupart des arachnides. Le pharynx (2) est placé au-devant d'une

(1) Ils ne diffèrent des pieds proprement dits que par leurs tarses, composés d'un seul article, et ordinairement terminés par un petit crochet ; ils ressemblent, en un mot, aux pattes ordinaires des crustacés. *Voyez*, ci-après, les généralités du premier ordre. Ces mâchoires et ces palpes paraissent correspondre aux mandibules palpigères des décapodes, et aux deux pieds antérieurs des limules. Dans les faucheurs ou *phalangium*, les quatre pieds suivants ont, à leur origine, un appendice maxillaire, de sorte que ces quatre appendices sont les analogues des quatre mâchoires des animaux précédents. Dans une Monographie des espèces de ce genre, propres à la France, et publiée long-temps avant les Mémoires de M. Savigny sur les animaux sans vertèbres, j'avais décrit ces parties. D'après ces observations et les précédentes, il est facile de ramener la composition de ces animaux au même type général qui caractérise tous les animaux articulés, à pieds articulés. Les arachnides ne sont donc pas des sortes de crustacés sans tête, ainsi que l'avait dit ce savant, si exact et si admirable d'ailleurs dans ses observations anatomiques, et dont il a été, pour le malheur des sciences naturelles, une déplorable victime.

(2) Je n'ai jamais vu, ainsi que M. Straus, qu'une ouverture, quoique M. Savigny en admette deux ; je pense que c'est l'effet d'une illusion optique, provenant de ce qu'il n'a aperçu que les extrémités latérales de la fente, son milieu se trouvant caché par la langue, dont la face antérieure est épaissie dans sa partie moyenne.

saillie sternale, qu'on a considérée comme une lèvre, mais qui, d'après sa situation immédiate en arrière du pharynx et l'absence de palpes, est plutôt une languette. Les pieds, ainsi que ceux des insectes, sont communément terminés par deux crochets, et même quelquefois par un de plus, et tous annexés au thorax (ou plutôt céphalothorax), qui, un petit nombre excepté, n'est formé que d'un seul article, et très souvent intimement uni à l'abdomen. Cette dernière partie du corps est molle ou peu défendue dans la plupart.

Envisagées sous le rapport du système nerveux, les arachnides s'éloignent notablement des crustacés et des insectes; car si l'on en excepte les scorpions, qui, à raison des nœuds ou articles formant leur queue, ont quelques ganglions de plus, le nombre de ces renflements des deux cordons nerveux est de trois au plus; et même dans ces derniers animaux n'est-il, tout compris, que de sept.

La plupart des arachnides se nourrissent d'insectes, qu'elles saisissent vivants, ou sur lesquels ils se fixent, et dont ils sucent les humeurs. D'autres vivent en parasites, sur des animaux vertébrés. Il en est cependant que l'on ne trouve que dans la farine, sur le fromage, et même sur divers végétaux. Celles qui se tiennent sur d'autres animaux s'y multiplient souvent en grand nombre. Dans quelques espèces, deux de leurs pattes ne se développent qu'avec un changement de peau, et en général, ce n'est qu'après la quatrième ou cinquième mue au plus , que les animaux de cette classe deviennent propres à la génération (1).

DIVISION

DES ARACHNIDES EN DEUX ORDRES.

Les unes ont des sacs pulmonaires (2), un cœur avec des vaisseaux bien distincts , et six à huit yeux lisses. Elles composeront le premier ordre , celui des ARACHNIDES PULMONAIRES.

Les autres respirent par des trachées, et ne présentent point d'organes de circulation, ou , s'ils en ont , cette circulation n'est point complète. Les trachées se partagent près de leur naissance , en divers rameaux, et ne forment pas, comme dans les insectes, deux troncs, s'étendant parallèlement dans toute la longueur du corps, et recevant l'air de ses

---

(1) Nous avons vu, d'après les observations recueillies sur les argules par Jurine fils, qu'ils n'acquièrent cette faculté qu'après la sixième mue. Ce fait s'applique aussi aux insectes lépidoptères, et probablement à d'autres insectes changeant plusieurs fois de peau ; car les chenilles muent ordinairement quatre fois avant de passer à l'état de chrysalide, qui est une cinquième mue. L'insecte ne devient parfait qu'au bout d'une autre : voilà donc six mues.

(2) Sacs renfermant des branchies aériennes ou faisant l'office de poumons , et que j'ai distinguées de ces derniers organes par la dénomination de *pneumo-branchies*.

diverses parties, par des ouvertures (ou stigmates) nombreuses. Ici on n'en voit bien distinctement que deux au plus, et situées près de la base de l'abdomen (1). Le nombre des yeux lisses est de quatre au plus. Ces arachnides formeront notre deuxième et dernier ordre, celui des ARACHNIDES TRACHÉENNES.

LE PREMIER ORDRE DES ARACHNIDES,

LES PULMONAIRES. (PULMONARIÆ.—*Unogata.* Fab.)

Nous présente, ainsi que nous l'avons dit, un système de circulation bien prononcé et des sacs pulmonaires, toujours placés sous le ventre, s'annonçant à l'extérieur par des ouvertures ou fentes transverses (stigmates), tantôt au nombre de huit, quatre de chaque côté, tantôt au nombre de quatre ou de deux. Le nombre des yeux lisses est de six à huit (2), tandis que dans l'ordre suivant, il n'y en a

---

(1) Les pycnogonides n'offrent aucun stigmate, et sembleraient, sous ce rapport, se rapprocher des derniers crustacés, tels que les dichélestions, les cécrops et autres entomostracés suceurs. M. Savigny leur trouve plus d'affinité avec les lœmodipodes, dont cependant ils s'éloignent beaucoup, tant par l'organisation buccale que par les yeux et les pattes. Nous pensons néanmoins que, par l'ensemble de leurs caractères, ils appartiennent plutôt à la classe des arachnides, et qu'ils avoisinent surtout les *phalangium*, avec lesquels divers auteurs les ont rangés. Nous croyons aussi qu'ils pourraient respirer par la surface de leur peau. Il faut, au surplus, attendre que l'anatomie nous ait éclairés à cet égard.

(2) Les *tessarops* de M. Rafinesque n'auraient que quatre yeux; mais je présume qu'il n'a point aperçu les latéraux. *Voy.* le sous-genre *érèse.*

14*

tout au plus que quatre , le plus souvent que deux , quelquefois même très peu apparents ou nuls. L'organe respiratoire est formé de petites lames. Le cœur est un gros vaisseau qui règne le long du dos et donne des branches de chaque côté et en avant (1). Les pieds sont constamment au nombre de huit. Leur tête est toujours confondue avec le thorax , et offre à son extrémité antérieure et supérieure deux pinces (*mandibules* des auteurs , *chelicères* ou *antenne-pinces* de Latreille), terminées par deux doigts, dont l'un mobile ; ou par un seul en forme de crochet ou de griffe, et toujours mobile (2). La bouche se compose d'un labre (*Voyez* les généralités de la classe), de deux palpes, simulant quelquefois des bras ou de serres de deux ou quatre mâchoires, formées, lorsqu'il n'y en a que deux , par l'article radical de ces palpes, et de plus lorsqu'il y en a quatre, par le même article de la première paire de pieds, et d'une languette d'une ou de deux pièces (3). En pre-

---

(1) Suivant M. Marcel de Serres (Mémoire sur le vaisseau dorsal des nsectes), le sang , dans les aranéides et les scorpions, se porterait d'abord aux organes respiratoires, et de là, par des vaisseaux particuliers, aux diverses parties du corps. Mais, à en juger d'après les rapports qu'ont ces animaux avec les crustacés, cette circulation paraît devoir s'effectuer en sens contraire. *Voyez* le Mémoire de M. Tréviranus sur l'anatomie des araignées et des scorpions.

(2) Ces pièces sont formées d'un premier article très grand et ventru, dont un des angles supérieurs, lorsque la pince est didactyle, forme le doigt fixe, et d'un second article, celui qui forme le doigt opposé et mobile, ou le crochet, lorsqu'il n'y a qu'un doigt. Dans ce dernier cas, comme relativement à divers crustacés, j'emploierai le mot de *griffe*.

(3) Celle des scorpions paraît se composer de quatre pièces, en forme de triangle alongé et pointu, et dirigées en avant ; mais

nant pour base la diminution progressive du nombre des sacs pulmonaires et des stigmates, les scorpions, où il est de huit, tandis que les autres arachnides n'en offrent que quatre ou deux, devraient former le premier genre de cette classe, et dès lors notre famille des pédipalpes, à laquelle il appartient, devrait précéder celle des fileuses (1). Mais ces dernières arachnides s'isolent en quelque sorte, à raison des organes sexuels masculins, de la griffe ou crochet de leurs serres frontales, de leur abdomen pédiculé et de ses filières, et de leurs habitudes ; les scorpions d'ailleurs paraissent former une transition naturelle des arachnides pulmonaires, à la famille des faux-scorpions, la première de l'ordre suivant. Nous commencerons donc, ainsi que nous l'avions fait, par les arachnides fileuses.

La première famille des ARACHNIDES PULMONAIRES, celle

DES FILEUSES ou ARANÉIDES, (ARANEIDES.)

Se compose du genre des ARAIGNÉES (*Aranea*, Lin.). Elles ont des palpes en forme de petits pieds, sans

---

les deux latérales sont évidemment formées par le premier article des deux pieds antérieurs, et peuvent être considérées comme deux mâchoires, analogues aux deux premières. On voit, par les mygales, les scorpions, etc., que les palpes sont divisés en six articles, dont le radical, dans les autres aranéides, se dilate intérieurement et en avant, pour former le lobe maxilliforme. Ce lobe même, dans quelques espèces, s'articule à sa base, et devient ainsi un appendice maxillaire de ce même article. Si on fait abstraction de cet article, le palpe n'en offre que cinq, et tel est le mode de supputation le plus général. Dans les scorpions, le doigt mobile des pinces forme, ainsi que dans les serres des crustacés, le sixième article.

(1) Dans mon ouvrage sur les familles naturelles du règne animal, je

pince au bout, terminés au plus dans les femelles, par un petit crochet, et dont le dernier article renferme ou porte dans les mâles divers appendices plus ou moins compliqués, servant à la génération (1). Leurs serres frontales (mandibules des auteurs) sont terminées par un crochet mobile replié inférieurement, ayant en dessous, près de son extrémité, toujours très pointue, une petite fente, pour la sortie d'un venin renfermé dans une glande de l'article précédent. Les mâchoires ne sont jamais qu'au nombre de deux. La languette est d'une seule pièce, toujours extérieure et située entre les mâchoires, soit plus ou moins carrée, soit triangulaire ou semi-circulaire. Le thorax (2) ayant ordinairement une impression en forme de V, indiquant l'espace occupé par la tête, est d'un seul article, auquel est suspendu en arrière, au moyen d'un pédicule court, un abdomen mobile et ordinairement mou ; il est muni dans tous, au-dessous de l'anus, de quatre à six mamelons,

---

commence par les pédipalpes. Mon ami, M. Léon Dufour, pense aussi que les scorpions doivent être mis en tête.

(1) D'après toutes les observations qu'on a recueillies sur le mode d'accouplement des aranéides, je suis toujours porté à croire que ces appendices sont les organes de la copulation. J'ai vainement cherché à découvrir, sur la base du ventre d'une grande mygale mâle conservée dans de la liqueur, quelques organes particuliers. Il ne faut pas toujours juger d'après l'analogie : c'est ainsi que les organes sexuels des femelles des gloméris, des jules et autres chilognates, sont situés près de la bouche, fait dont on ne trouve pas un second exemple.

(2) L'expression de *céphalo-thorax* serait plus rigoureuse et plus juste ; mais n'étant pas usitée, je n'ai pas cru devoir m'en servir. Je n'emploierai pas non plus celle de corselet, quoique généralement admise, parce que, dans son application aux coléoptères, aux orthoptères, etc., elle ne convient qu'au prothorax ou au premier segment thoracique.

charnus au bout, cylindriques ou coniques, articulés,
très rapprochés les uns des autres et percés à leur
extrémité d'une infinité de petits trous (1), pour le
passage des fils soyeux d'une extrême ténuité, partant des réservoirs intérieurs. Les pieds, de formes
identiques, mais de grandeurs variées, sont composés de sept articles, dont les deux premiers forment
les hanches, le suivant la cuisse, le quatrième (2) et
le cinquième la jambe, et les deux autres le tarse : le
dernier est terminé par deux crochets ordinairement
dentelés en peigne, et dans plusieurs par un de plus,
mais plus petit et sans dentelures. Le canal intestinal
est droit ; il a d'abord un premier estomac, composé
de plusieurs sacs ; puis, vers le milieu de l'abdomen,
une seconde dilatation stomacale, entourée de
soie. Suivant les observations de M. Léon Dufour
(Annal. des scienc. physiq., tom. 6), il occupe la
majeure partie de la capacité abdominale, et se
trouve immédiatement enveloppé par la peau. Il
est d'une consistance pulpeuse, formée de petits
grains (3), dont les conduits excréteurs particuliers
se réunissent en plusieurs canaux hépatiques, versant

---

(1) Ces trous sont sur le dernier article, qui est souvent rentré. Si on
le presse fortement, on en fait sortir, du moins dans plusieurs espèces, de
très petites papilles percées au bout, et qui sont les filières propres.
Quelques naturalistes pensent que les deux petits mamelons situés au
milieu des quatre extérieurs ne fournissent point de soie.

(2) Cet article, ou le premier de la jambe, est une espèce de rotule.

(3) Le foie des scorpions se compose de lobules pyramidaux et fasciculés, ce qui semble annoncer une organisation plus avancée.

dans le tube alimentaire le produit de la sécrétion. Au milieu de sa face supérieure est une ligne enfoncée, où se loge le cœur, et qui divise cet organe en deux lobes égaux. Sa forme varie comme celle de l'abdomen, suivant les espèces; ainsi son contour est festonné dans l'épeïre soyeuse. Dans ce sous-genre ainsi que dans la lycose-tarentule, sa surface est recouverte d'un enduit d'un blanc de chaux, fendillé en aréoles, qui s'aperçoivent même aisément, à travers la peau glabre de plusieurs espèces; on les voit obéir au mouvement de sistole et de diastole du cœur. Les individus des deux sexes lancent souvent par l'anus une liqueur excrémentielle, composée d'une partie d'un blanc laiteux et d'une autre noire comme de l'encre.

Le système nerveux se compose d'un double cordon, occupant la ligne médiane du corps, et de ganglions qui distribuent des nerfs aux divers organes. M. Dufour n'a pu déterminer le nombre et les dispositions de ces ganglions; mais, d'après la figure qu'à donnée de ce système Treviranus (Veber deninnern, bau des arachniden, tab. 5, fig. 45.), le nombre des ganglions ne serait que de deux. Les observations de celui-ci suppléeront encore à celles de M. Dufour, relativement à l'organe de circulation qui, suivant lui ne paraît consister qu'en un simple vaisseau dorsal, ainsi que par rapport aux testicules et aux vaisseaux spermatiques, sur lesquels il n'a aucune donnée.

La région dorsale de l'abdomen offre dans plusieurs aranéides, notamment dans celles qui sont glabres ou peu velues, des points enfoncés ou ombilics, dont le nombre et la disposition varient. M. Dufour a reconnu que ces petites dépressions orbiculaires étaient déterminées par l'attache des muscles filiformes qui traversent le foie, et qu'il a aussi observés dans les scorpions.

Les cavités pulmonaires, au nombre d'une ou de deux paires, s'annoncent à l'extérieur par autant de taches jaunâtres ou blanchâtres, placées près de la base du ventre, immédiatement après le segment, qui, au moyen d'un filet charnu, unit l'abdomen avec le thorax. Chaque bourse pulmonaire est formée par la superposition d'un grand nombre de feuillets triangulaires, blancs, extrêmement minces, qui deviennent confluents autour des stigmates, dont le nombre est le même que celui des sacs pulmonaires. Lorsqu'il y en a quatre, une sorte de pli ou vestige d'anneau, existant même dans ceux où il n'y en a que deux, et placé immédiatement après eux, forme une ligne qui sépare les deux paires.

Les aranéides femelles ont deux ovaires bien distincts, logés dans une espèce de capsule formée par le foie. N'étant point fécondés, ils paraissent composés d'un tissu spongieux, comme floconneux, et constitué par l'agglomération de corpuscules arrondis, à peine sensibles, qui sont les germes des œufs. A mesure que la fécondation fait des progrès, la grappe formée par ces œufs (1) devient moins serrée, et on voit qu'ils sont insérés latéralement sur plusieurs canaux. Leur grande analogie avec les ovaires du scorpion fait présumer au même observateur qu'ils forment des mailles aboutissant à deux oviductes distincts, qui débouchent dans une même vulve. La configuration de celle-ci varie beaucoup ; tantôt c'est une fente longitudinale bilabiée, comme dans la micrommate argelasienne, tantôt elle est abritée par un opercule prolongé et terminé en manière de queue, comme dans l'épéïre-diadème, ou bien elle se présente sous la forme d'un tubercule.

A l'égard des yeux lisses, il remarque qu'ils brillent dans l'obscurité comme ceux des chats, et que les aranéïdes ont vraisemblablement la faculté de voir de jour et de nuit.

L'abdomen des aranéïdes se putréfie et s'altère tellement après la mort, que ses couleurs et même sa forme sont méconnaissables. M Dufour est parvenu, au moyen d'une dessication très prompte, et dont il indique le procédé, à remédier, autant que possible, à cet inconvénient.

Selon Réaumur, la soie subit une première élaboration dans deux petits réservoirs ayant la figure d'une larme de verre, placés obliquement, un de chaque côté, à la base de six autres réservoirs, en forme d'intestins, situés les uns à côté

______

(1) Voyez sur leur développement et celui du fœtus le beau travail de M. Hérold.

des autres, recoudés six ou sept fois, partant un peu au-dessous de l'origine du ventre, et venant aboutir aux mamelons par un filet très mince. C'est dans ces derniers vaisseaux que la soie acquiert plus de consistance et les autres qualités qui lui sont propres; ils communiquent aux précédents par des branches, formant un grand nombre de coudes et ensuite divers lacis (1). Au sortir des mamelons, les fils de soie sont gluants; il leur faut un certain degré de dessiccation ou d'évaporation d'humidité, pour pouvoir être employés. Mais il paraît que lorsque la température est propice, un instant suffit, puisque ces animaux s'en servent tout aussitôt qu'ils s'échappent de leurs filières. Ces flocons blancs et soyeux que l'on voit voltiger au printemps et en automne, les jours où il y a eu du brouillard, et qu'on nomme vulgairement *fils de la Vierge*, sont certainement produits, ainsi que nous nous en sommes assurés en suivant leur point de départ, par diverses jeunes aranéides, et notamment des épéires et des thomises; ce sont principalement les grands fils qui doivent servir d'attache aux rayons de la toile, ou ceux qui en composent la chaîne, et qui devenant plus pesants à raison de l'humidité, s'affaissent, se rapprochent les uns des autres, et finissent par se former en pelotons; on les voit souvent se réunir près de la toile commencée par l'animal, et où il se tient. Il est d'ailleurs probable que beaucoup de ces aranéides n'ayant pas en-

____

(1) *Voyez*, sur le même sujet, Tréviranus.

core une provision assez abondante de soie, se bornent à en jeter au loin de simples fils. C'est, à ce qu'il me paraît, à de jeunes lycoses qu'il faut attribuer ceux que l'on voit en grande abondance, croisant les sillons des terres labourées, lorsqu'ils réfléchissent la lumière du soleil. Analysés chimiquement, ces fils de la vierge offrent précisément les mêmes caractères que la soie des araignées; ils ne se forment donc point dans l'atmosphère, ainsi que l'a conjecturé, faute d'observations propres ou *ex visu*, un savant dont l'autorité est d'un si grand poids, M. le chevalier de Lamarck. On est parvenu à fabriquer avec cette soie des bas et des gants; mais ces essais n'étant point susceptibles d'une application en grand, et étant sujets à beaucoup de difficultés, sont plus curieux qu'utiles. Cette matière est bien plus importante pour les aranéides. C'est avec elle que les espèces sédentaires, ou n'allant point à la chasse de leur proie, ourdissent ces toiles (1) d'un tissu plus ou moins serré, dont les formes et positions varient selon les habitudes propres à chacune d'elles, et qui sont autant de piéges où les insectes dont elles se nourrissent, se prennent ou s'embarrassent. A peine s'y trouvent-ils arrêtés, au moyen des crochets de leurs tarses, que l'aranéide, tantôt placée au centre de son réseau ou au fond de sa

____

(1) Celles de quelques aranéides exotiques sont si fortes, qu'elles arrêtent de petits oiseaux, et opposent même à l'homme une certaine résistance.

toile , tantôt dans une habitation particulière située auprès et dans l'un de ses angles, accourt , s'approche de l'insecte , fait tous ses efforts pour le piquer avec son dard meurtrier, et distiller dans sa plaie un poison qui agit très promptement ; lorsqu'il oppose une trop forte résistance , ou qu'il serait dangereux pour elle de lutter avec lui, elle se retire un instant afin d'attendre qu'il ait perdu de ses forces ou qu'il soit plus enlacé ; ou bien, si elle n'a rien à craindre , elle s'empresse de le garrotter en dévidant autour de son corps des fils de soie, qui l'enveloppent quelquefois entièrement et forment une couche , le dérobant à nos regards.

Lister avait dit que des araignées éjaculent et lancent leurs fils , de la même façon que les porcs-épics lancent leurs piquants, avec cette différence qu'ici ces armes, suivant une opinion populaire, se détacheraient du corps, tandis que dans les araignées, ces fils, quoique poussés au loin, y restent attachés. Ce fait a été jugé impossible. Nous avons cependant vu des fils sortir des mamelons de quelques thomises, se diriger en ligne droite, et former comme des rayons mobiles, lorsque l'animal se mouvait circulairement. Un autre emploi de la soie, et commun à toutes les aranéides femelles, a pour objet la construction des coques destinées à renfermer leurs œufs. La contexture et la forme de ces coques est diversement modifiée selon les habitudes des races. Elles sont généralement sphéroïdes ; quelques-unes ont la forme d'un bonnet ou celle d'une tymbale ; on en connaît qui sont portées sur un pédicule , ou qui se terminent en massue. Des matières étrangères, comme de la terre, des feuilles, les recouvrent quelquefois, du moins partiellement ; un tissu plus fin, ou une sorte de bourre ou de duvet, enveloppe souvent les œufs à l'intérieur. Ils y sont libres ou agglutinés, et plus ou moins nombreux. Ces animaux étant très voraces, les mâles, pour éviter toute surprise, et n'être pas victimes d'un désir prématuré, ne s'approchent de leurs femelles, à l'époque des amours, qu'avec une extrême méfiance et la plus grande circonspection. Ils tâtonnent souvent long-temps avant que celles-ci se prêtent à leurs caresses ; lorsqu'elles s'y déterminent, ils appliquent alternativement, avec une grande promptitude, l'extrémité de leurs palpes, sur le dessous du ventre de la femelle, font sortir, à chaque contact, et comme par une espèce de ressort, l'organe fécondateur, contenu dans le bouton formé par le dernier article de ces palpes, et l'introduisent dans une fente située sous le ventre, près de sa base, entre les ouvertures propres à la respiration ; après quelques courts instants de repos, le même acte se renouvelle plusieurs fois. Voilà l'accouplement d'un petit nombre d'espèces et de la division des orbitèles. On ne lira pas sans éprouver un vif intérêt, ce qu'a écrit sur ce sujet le savant qui a le plus approfondi l'histoire de ces animaux, le célèbre M. Walckenaer, membre de l'académie des inscriptions et belles-lettres, et dont je m'honore d'être un ancien ami. L'appareil de la génération des mâles, ou du moins présumé tel, est ordinairement très compliqué et très varié, formé des pièces écailleuses, plus ou moins crochues et irrégulières, et d'un corps blanc, charnu, sur lequel on aperçoit quelquefois des vaisseaux d'une apparence sanguine, et que l'on regarde comme l'organe fécondateur proprement dit; mais dans les arachnides à quatre sacs pulmonaires, et dans quelques autres de la division de celles qui n'en ont que deux, le dernier article des palpes des mêmes individus n'offre qu'une seule pièce cornée, en forme de crochet ou de cure-oreille, sans la moindre ouverture distincte. Quoique Müller et d'autres aient eu tort, relativement à quelques entomostracés, de placer les organes sexuels masculins sur deux de leurs antennes, il n'en est pas moins vrai que les parties considérées comme analogues dans les aranéides, sont très différentes de celles que l'on observe aux antennes de ces crustacés, et que l'on ne conçoit pas quelle pourrait être leur destination, si on leur refuse celle-ci (1).

D'après les expériences d'Audebert, qui nous a donné une histoire des singes, digne des talents de ce grand peintre, il est prouvé qu'une seule fécondation peut suffire à plusieurs générations successives; mais, comme dans tous les insectes et autres classes analo-

____

(1) Elles seraient au moins des organes excitateurs.

gues , les œufs sont stériles si les deux sexes ne se sont pas réunis. L'accouplement, dans nos climats, a lieu depuis la fin de l'été jusqu'à la fin de septembre. Les œufs pondus les premiers éclosent souvent avant la fin de l'automne ; les autres passent l'hiver. On a remarqué que les femelles de quelques espèces de lycoses ou *d'araignées-loups* déchirent la coque des œufs, lorsque les petits doivent venir au monde. Les nouveau - nés grimpent sur le dos de leur mère et s'y tiennent pendant quelque temps. D'autres aranéides femelles portent leurs cocons sous le ventre, ou veillent à leur conservation , en se fixant auprès d'eux. Les deux pattes postérieures ne se développent, dans quelques petits, que quelque jours après leur naissance. Il en est qui , à la même époque , sont rassemblés pendant quelque temps en société et paraissent filer en commun. Leurs couleurs alors sont souvent plus uniformes, et le naturaliste qui anrait peu d'expérience pourrait multiplier mal à propos les espèces. L'un de nos collaborateurs pour l'Encyclopédie méthodique , M. Amédée Lepelletier de Saint-Fargeau , a observé que ces animaux jouissaient , ainsi que les crustacés , de la faculté de régénérer les membres perdus.

J'ai constaté qu'une seule piqûre d'aranéide de moyenne taille fait périr notre mouche domestique dans l'espace de quelques minutes. Il est encore certain que la morsure de ces grandes araneïdes de l'Amérique méridionale, qui y sont connues sous le nom d'araignées crabes et que nous rangeons dans le genre mygale, donne la mort à de petits animaux vertébrés, tels que de petits oiseaux, comme des colibris, des pigeons, et peut produire dans l'homme un accès violent de fièvre; la piqûre même de quelques espèces de nos climats méridionaux a été quelquefois mortelle. L'on peut donc, sans adopter toutes les fables que Baglivi et d'autres ont débitées sur le compte de la tarentule, se méfier, surtout dans les pays chauds, de la piqûre des aranéides et particulièrement des grosses espèces. Diverses espèces d'insectes du genre *Sphex* de Linnæus saisissent des aranéides, les percent de leur aiguillon et les transportent dans les trous où elles déposent leurs œufs, afin qu'elles servent de pâture à leurs petits. La plupart de ces animaux périssent à l'arrière-saison, mais il en est qui vivent plusieurs années, et de ce nombre sont les mygales, les lycoses et probablement plusieurs autres. Quoique Pline dise que les *phalangium* sont inconnus en Italie, nous présumons néanmoins que ces dernières aranéides et d'autres grandes espèces ne faisant point de toile, de même encore que les galéodes ou solpuges, sont les animaux que l'on désignait collectivement de la sorte, et dont l'on distinguait plusieurs espèces. Telle était aussi l'opinion de Mouffet qui a figuré (Theatr. insect., p. 219) comme une espèce de *phalangium* une lycose ou une mygale de l'île de Candie.

Lister, qui a, le premier, le mieux observé les

araneïdes dont il était à portée de suivre les habitudes, celles de la Grande-Bretagne, a jeté les bases d'une distribution naturelle, et dont celles qu'on a publiées depuis ne sont pour la plupart que des modifications. La connaissance plus récente de quelques espèces particulières aux pays chauds, telles que *l'araignée maçonne*, décrite par l'abbé Sauvages, et de quelques autres analogues, l'emploi des organes de la manducation, introduit dans la méthode par Fabricius, une étude plus précise de la disposition générale des yeux et de leurs grandeurs respectives, celle encore des longueurs relatives des pattes, ont contribué à étendre cette classification. M. Walckenaer est entré à cet égard dans les plus petits détails, et il serait difficile de découvrir une espèce qui ne trouvât sa place dans quelqu'une des coupes qu'il a établies. Il existait cependant un caractère dont on n'avait point généralisé l'application, la présence ou l'absence du troisième crochet du bout des tarses. M. Savigny nous a présenté, sur ce point de vue, une nouvelle méthode, mais dont je ne connais qu'un simple aperçu. (*Voyez* Walck., Faune franç., note terminant le genre *Atte*.) (1)

M. Léon Dufour, qui a publié d'excellents mé-

---

(1) Nous n'avons eu connaissance des observations de M. Savigny sur les araneïdes faisant partie de l'explication des planches d'histoire naturelle du grand ouvrage sur l'Égypte, que long-temps après la rédaction de notre article relatif aux mêmes animaux. Ne pouvant interrompre la continuation de notre travail, et revenir sans cesse sur ce que nous avons déjà rédigé, nous exposerons succinctement la distribution méthodique des aranéides proposée par M. Savigny, dans un supplément.

moires sur l'anatomie des insectes, qui a fait une étude spéciale de ceux du royaume de Valence, où il en a découvert plusieurs espèces nouvelles, et auquel la botanique n'est pas moins redevable, a donné une attention particulière aux organes respiratoires des aranéides, et c'est d'après lui que nous les partagerons en celles qui ont quatre sacs pulmonaires, (et à l'extérieur quatre stigmates, deux de chaque côté et très rapprochés), et en celles qui n'en ont que deux (1). Les premières, qui embrassent l'ordre des aranéides théraphoses de M. Valckenaer, et quelques autres genres de celui qu'il désigne collectivement sous la dénomination d'araignée, n'en composent d'après notre méthode, qu'un seul, celui

De MYGALE. (MYGALE.)

Leurs yeux sont toujours situés à l'extrémité antérieure du thorax et ordinairement très rapprochés. Leurs chélicères et leurs pieds sont robustes. Les organes copulateurs des mâles sont toujours saillants et souvent très simples. La plupart n'ont que quatre filières, dont les deux latérales ou extérieures, et situées un peu au-dessus des deux autres, plus longues, de trois articles, sans compter l'élévation formant leur pédoncule. Elles se fabriquent des tubes soyeux, leur servant d'habitation, et qu'elles cachent, soit dans des terriers qu'elles ont creusés, soit sous des pierres, des écorces d'arbres ou entre des feuilles.

Les théraphoses de M. Walckenaer formeront une pre-

---

(1) Section des araignées *territèles* de la première édition de cet ouvrage.

mière division ayant pour caractères : quatre (1) filières, dont les deux intermédiaires et inférieures ordinairement très courtes et dont les deux extérieures très saillantes. Crochets des chélicères repliés en dessous, le long de leur carène ou tranche inférieure, et non en dedans ou sur leur face interne. Huit yeux dans tous (le plus souvent groupés sur une petite éminence, trois de chaque côté, formant, réunis, un triangle renversé, et dont les deux supérieurs rapprochés ; les deux autres disposés transversalement au milieu des précédents).

La quatrième paire de pieds, et ensuite la première, sont les plus longues, la troisième est la plus courte.

Ici les palpes sont insérés à l'extrémité supérieure des mâchoires, de sorte qu'ils paraissent être composés de six articles, dont le premier, étroit et alongé, avec l'angle interne de l'extrémité supérieure saillant, fait l'office de mâchoire. La languette est toujours petite et presque carrée. Le dernier article des palpes des mâles est court, en forme de bouton, et portant à son extrémité les organes sexuels. Les deux jambes antérieures des mêmes individus ont une forte épine ou ergot à leur extrémité inférieure. Tels sont les caractères

Des MYGALES proprement dites. (MYGALE. Walck.)

Les unes n'offrent point à l'extrémité supérieure de leurs chelicères, immédiatement au-dessus de l'insertion de la griffe ou crochet qui les termine, une série transverse d'épines ou de pointes cornées et mobiles, disposées en manière de rateau. Les poils qui garnissent le dessous de leurs tarses forment une brosse épaisse et assez large, débordante, et cachant ordinairement les crochets. Les organes sexuels masculins consistent en une seule pièce écailleuse et terminée en une pointe entière, ou sans échancrure ni division ; tantôt elle a presque la forme d'un cure-oreille (M. *de le Blond*, Latr.); tantôt, et c'est le plus souvent, elle ressemble à une larme batavique, ou globuleuse infé-

---

(1) J'ai aperçu, dans les atypes, des vestiges de deux autres mamelons, ceux qui, dans les aranéides de la division suivante, sont placés entre les quatre extérieurs et très visibles ; mais comme ici ils sont très peu apparents, je n'ai pas cru devoir en tenir compte.

rieurement, elle se rétrécit ensuite, pour se terminer en pointe et former une espèce de crochet arqué.

Cette division se compose des espèces les plus grandes de la famille, et dont quelques-unes, dans l'état de repos, occupent un espace circulaire de six à sept pouces de diamètre, et saisissent quelquefois des colibris et des oiseaux-mouches. Elles établissent leur domicile dans les gerçures des arbres, sous leur écorce, dans les interstices des pierres ou des rochers, ou sur les surfaces des feuilles de divers végétaux. La cellule de la *Mygale aviculaire* a la forme d'un tube, rétréci en pointe à son extrémité postérieure. Elle se compose d'une toile blanche, d'un tissu serré, très fin, demi transparent et semblable en apparence à de la mousseline. M. Goudot m'en a donné une qui, développée, avait environ deux décimètres de long, sur près de six centimètres de large, mesurée dans son plus grand diamètre transversal. Le cocon de la même espèce avait la forme et la grandeur d'une grosse noix. Son enveloppe, composée d'une soie, de la même nature que celle de son habitation, était formée de trois couches. Il paraît que les petits y éclosent et y subissent leur première mue. Ce naturaliste m'a dit en avoir retiré d'un seul une centaine. (*Voyez* mon Mémoire sur les habitudes de l'araignée aviculaire, dans le recueil de ceux du muséum d'hist. nat., tom VIII, pag. 456.)

Cette mygale (*Aranea avicularia*, Lin. ; Kléem., insect. XI et XII, mâle.) est longue d'environ un pouce et demi, noirâtre, très velue, avec l'extrémité des palpes, des pieds et les poils inférieurs de la bouche rougeâtres. L'organe génital des mâles est creux à sa base, et finit en pointe alongée et très aiguë.

L'Amérique méridionale et les Antilles fournissent d'autres espèces, qui y sont connues des colons français, sous le nom *d'araignées-crabes*. Leurs morsures passent pour être très dangereuses. Les grandes Indes en ont aussi une espèce très grande (*M. fasciata;* Seba, Mus., I, LXIX, 1 ; Walck., Hist. des aran., IV, 1, fem.). On reçoit aussi du cap de Bonne-Espérance une espèce presque aussi grande que l'aviculaire. Une autre de la même division, la M. *valcn-*

cienne (*Valentina*), a été trouvée dans les lieux arides et déserts de Moxenta, en Espagne, par M. Dufour, qui l'a décrite et figurée dans le cinquième volume des Annales des sciences physiques, publiées à Bruxelles. M. Walckenaer en a fait connaître une autre de cette péninsule (M. *calpeiana*) qui a deux éminences au-dessus des organes respiratoires. Ces deux espèces forment un petit groupe particulier, ayant pour caractère, crochets des tarses saillants ou à découvert (1).

Dans les mygales suivantes (2), l'extrémité supérieure du premier article des antenne-pinces présente une série d'épines articulées et mobiles à leur base, d'après les observations de M. Dufour, et formant une sorte de rateau.

Les tarses sont moins velus en dessous que dans la division précédente, et leurs crochets sont toujours découverts. Les mâles d'une espèce, les seuls que j'aie vus, ont leurs organes copulateurs moins simples que ceux des espèces précédentes. La pièce écailleuse et principale renferme dans une cavité inférieure un corps particulier, semi-globuleux, et se terminant en une pointe, bifide (3).

Ces espèces se creusent, dans les lieux secs et montueux, situés au midi, des contrées méridionales de l'Europe et de quelques autres pays, des galeries souterraines, en forme de boyau, ayant souvent deux pieds de profondeur, et tellement fléchies, selon M. Dufour, qu'on en perd souvent la trace. Elles construisent à leur entrée, avec de la terre et de la soie, un opercule mobile, fixé par une charnière, et qui, à raison de sa forme, parfaitement adaptée à l'ouverture, de son inclinaison, de son poids naturel et de la situation supérieure de la charnière, ferme de lui-même et d'une manière très juste, l'entrée de l'habitation, et forme ainsi

---

(1) *Voyez*, pour ces espèces et les suivantes, ainsi que pour les autres genres de cette famille, les articles correspondants de la seconde édition du nouveau Dictionnaire d'histoire naturelle, que nous avons traités avec étendue.

(2) Le G. CTENIZE, *Cteniza*, Latr., Fam. natur. du règne animal.

(3) M. Dufour me contredit à cet égard. J'ai de nouveau vérifié le fait, et je me suis convaincu que je ne m'étais pas trompé. Peut-être que les individus qu'il a examinés n'offraient point ce caractère.

une trape, que l'on a de la peine à distinguer du terrain
environnant. Sa face intérieure est revêtue d'une couche
soyeuse, à laquelle l'animal s'accroche, pour attirer à lui
cette porte et empêcher qu'on ne l'ouvre. Si elle est un peu
béante, on est sûr qu'il est dans sa retraite. Mis à découvert
par une scission, pratiquée dans le conduit, en avant de
son issue, il reste stupéfait et se laisse prendre sans résistance. Un tube soyeux, ou le nid proprement dit, revêt l'intérieur de la galerie. Le savant précité est d'avis que les
mâles n'en creusent point. Outre qu'il ne les a jamais rencon-
trés que sous des pierres, ils lui paraissent moins favorisés
sous le rapport des organes propres à ces travaux. (*Voyez*
son beau Mémoire, ayant pour titre, Observations sur quelques arachnides quadripulmonaires.) Sans prononcer à cet
égard, nous présumons avec lui que notre *Mygale cardeuse*
(*Mygale carminans*, Nouv. dict. d'hist. nat., 2ᵉ édit., article
Mygale.) n'est que le mâle de l'espèce suivante ; cependant
M. Walckenaer en doute.

La *Mygale maçonne* (*M. cœmentaria*, Latr. ; *Araignée
maçonne*, Sauvag., Hist. de l'Acad. des scienc., 1758,
pag. 26 ; *Araignée mineuse*, Dorthès, Transact. lin., Soc.
II, 17, 8 ; Walck., Hist. des aran., fasc., III, x ; Faun. franç.,
arach., II, 4 ; Dufour, Annal. des sc. phys., V, lxxiii, 5.)
femelle est longue d'environ huit lignes, d'un roussâtre
tirant sur le brun et plus ou moins foncé, avec les bords
du corselet plus pâles. Les chélicères sont noirâtres, et ont
chacune en dessus, près de l'articulation du crochet, cinq
pointes, dont l'interne plus courte. L'abdomen est gris
de souris, avec des mouchetures plus foncées. Le premier
article de tous les tarses est garni de petites épines ; les
crochets du dernier ont un ergot à leur base, et une
double rangée de dents aiguës. Les filières sont peu
saillantes. Suivant M. Dufour (Annal. des sc. phys., V,
lxxiii, 4.), le mâle présumé, dont j'ai fait une espèce,
sous le nom de *M. cardeuse*, diffère de l'individu précédent par ses pattes plus longues, par les crochets des tarses
dont les dents sont une fois plus nombreuses, mais dépourvues d'ergots, et par ses filières plus courtes. Mais
un caractère plus apparent est la forte épine terminant

en dessous les deux jambes antérieures. Cette mygale se trouve dans les départements méridionaux de la France, situés sur les bords de la Méditerranée, en Espagne, etc.

La *M.pionnière*(*M.fodiens*, Walck., Faun. franç., arach., II, 1, 2; M. Sauvagesii, Dufour., Ann. des sc. phys. , V, LXXIII, 3; *Aranea Sauvagesii*, Ross.) femelle, est un peu plus grande que celle de l'espèce précédente, d'un brun roussâtre clair et sans taches. Les filières extérieures sont longues. Les quatre tarses antérieurs sont seuls garnis de petites épines; tous ont un ergot au bout, et leurs crochets n'offrent qu'une dent, située à leur base. Les chélicères sont plus fortes et plus inclinées que celles de la M. maçonne; les pointes du rateau sont un peu plus nombreuses; la première articulation offre, en-dessous, deux rangées de dents. Le mâle est inconnu. Cette espèce se trouve en Toscane et en Corse. Le Muséum d'histoire naturelle possède un petit bloc de terre, où l'on voit quatre de ses nids, disposés en un quadrilatère régulier.

M. Lefèvre, si zélé pour les progrès de l'entomologie, et qui a fait tant de sacrifices pour cette science, a rapporté de la Sicile une nouvelle espèce de mygale, dont le corps est entièrement d'un brun noirâtre. Le mâle n'offre point à l'extrémité des jambes antérieures cette forte épine qui paraît généralement propre aux individus du même sexe des autres mygales.

On trouve à la Jamaïque une autre espèce (*M. nidulans*), représentée, ainsi que son nid, par Brown, dans son Histoire naturelle de la Jamaïque, pl. XLIV, 3.

Là, les palpes sont insérées sur une dilatation inférieure du côté externe des mâchoires, et n'ont que cinq articles. La languette, d'abord très petite (atype), s'alonge et s'avance ensuite entre les mâchoires, et ce caractère devient général. Le dernier article des palpes des deux sexes est alongé et aminci en pointe vers le bout. Les mâles n'ont point de fort ergot à l'extrémité de leurs deux jambes antérieures.

Les ATYPES. (ATYPUS. Latr. — *Oletera*. Walck.)

Ont une très petite languette, presque recouverte par

la portion interne de la base des mâchoires, et les yeux très rapprochés et groupés sur un tubercule.

L'*Atype de Sulzer* (*Atypus Sulzeri*, Latr., Gener. crust. et insect., I, v, 2, mâle; Dufour, Ann. des scienc. physiq., V, LXXIII, 6; *Aranea picea*, Sulz; *Olétère atype*, Walck., Faun. franç., arachn., II, 3.) a le corps entièrement noirâtre et long d'environ huit lignes. Le thorax est presque carré, déprimé postérieurement, renflé, élargi et largement tronqué par devant, ce qui lui donne une forme très différente de celle qu'offre cette partie du corps dans les mygales. Les chélicères sont très fortes, et leur griffe a en-dessous, près de la base, une petite éminence en forme de dent. Le dernier article des palpes du mâle est pointu au bout. L'organe génital donne inférieurement naissance à une petite pièce demi transparente, en forme d'écaille, élargie et inégalement bidentée au bout, avec une petite soie ou cirrhe, à l'une de ses extrémités. Cette espèce se creuse, dans les terrains en pente et couverts de gazon, un boyau cylindrique, long de sept à huit pouces, d'abord cylindrique, incliné ensuite, où elle se file un tuyau de soie blanche, de la même forme et des mêmes dimensions. Le cocon est fixé avec de la soie et par les deux bouts, au fond de ce tuyau. On la trouve aux environs de Paris, de Bordeaux, et M. de Basoches a observé près de Séez une variété qui est constamment d'un brun clair.

M. Milbert, correspondant du Muséum d'histoire naturelle, a découvert aux environs de Philadelphie une autre espèce (*Atypus rufipes*) toute noire, avec les pattes fauves.

Les ÉRIODONS. (ÉRIODON. Latr. — *Missulena*. Walck.)

Diffèrent des atypes par leur languette alongée, étroite, s'avançant entre les mâchoires, et par leurs yeux disséminés sur le devant du thorax.

La seule espèce connue (*Eriodon occatorius*, Latr.; *Missulena occatoria*, Walck., Tabl. des aran., pl. II, 11, 12.) est longue d'un pouce, noirâtre, et propre à la Nouvelle-Hollande, d'où elle a été apportée par Péron et M. Lesueur (1).

---

(1) Dans un premier Mémoire de M. Dalman sur les insectes renfermés

Notre seconde et dernière division générale des aranéïdes quadripulmonaires ou mygales, nous présente des caractères communs aux ériodons, comme d'avoir la languette prolongée entre les mâchoirses, les palpes composés de cinq articles ; mais les griffes des chélicères sont repliées sur leur face interne, leurs filières sont au nombre de six, leur première paire de pattes, et non la quatrième, est la plus longue de toutes ; la troisième est toujours, d'ailleurs, la plus courte. Quelques-unes de ces arachnides n'ont que six yeux. Le nombre des sacs pulmonaires ne permet point d'éloigner les sous-genres de cette division des précédents, et comme ils nous conduisent aux drasses, aux clothos, aux ségestries, sous-genres n'offrant que deux sacs pulmonaires, l'ordre naturel ne nous permet point de passer des mygales aux lycoses et autres aranéïdes chasseuses ou vagabondes. Les mygales sont de véritables araignées tapissières, et c'est en effet dans cette division qu'on avait anciennement placé l'araignée aviculaire de Linnæus.

Cette seconde division comprend les deux sous-genres suivants.

Les Dysdères. (Dysdera. Latr.)

Qui n'ont que six yeux et disposés en fer en cheval, avec l'ouverture en devant; dont les chélicères sont très fortés et avancées, et dont les mâchoires sont droites, et dilatées à l'insertion des palpes (1).

Les Filistates. (Filistata. Latr.)

Qui ont huit yeux, groupés sur une petite élévation à

---

dans le succin, ce célèbre naturaliste mentionne (pag. 25) une araignée qui lui paraît devoir former un nouveau genre (*chalinura*). Les yeux sont portés sur un tubercule antérieur très élevé, et quatre d'entre eux, dont les deux antérieurs sont très grands et rapprochés, occupent le centre. Les filières extérieures sont fort alongées. Il semblerait, d'après ces caractères, que cette aranéïde avoisinerait les mygales ou quelques autre genre analogue.

(1) *Dysdera erythrina*, Latr.; Walck, Tab. des aran., V, 49, 50 ; Dufour, Ann. des scienc. phys., V, LXXIII, 7 ; *Aranea rufipes*, Fab.; — *Dysdera parvula*, Dufour, *ibid.*

l'extrémité antérieure du thorax; les chélicères petites, et les mâchoires arquées au côté extérieur et environnant la languette en manière de cintre (1).

Nous passons maintenant aux aranéïdes n'ayant qu'une paire de sacs pulmonaires et de stigmates. Toutes nous offrent des palpes à cinq articles, insérés sur le côté extérieur des mâchoires, près de leur base, et le plus souvent dans un sinus; une languette avancée entre elles, soit presque carrée, soit triangulaire ou semi-circulaire, et six mamelons ou filières à l'anus. Le dernier article des palpes des mâles est plus ou moins ovoïde, et renferme le plus souvent, dans une excavation, un organe copulateur compliqué et très varié; rarement (ségestrie) est-il à nu.

A l'exception d'un petit nombre d'espèces, rentrant dans le genre mygale, elles composent celui

D'ARAIGNÉE. (ARANEA) de Linnæus, ou d'*Araneus* de quelques auteurs.

Une première division comprendra les ARAIGNÉES SÉDENTAIRES. Elles font des toiles, ou jettent au moins des fils, pour surprendre leur proie, et se tiennent habituellement dans ces piéges ou tout auprès, ainsi que près de leurs œufs. Leur yeux sont rapprochés sur la largeur du front, tantôt au nombre de huit, dont quatre ou deux au milieu, et deux ou trois de chaque côté, tantôt au nombre de six.

Les unes, qui, dans leur marche, se portent toujours en avant, et que nous nommerons, pour cela, RECTIGRADES, ourdissent des toiles et sont toujours stationnaires; leurs pieds sont élevés dans le repos; tantôt les deux premiers et les deux derniers, tantôt ceux des deux paires antérieures, ou les quatrièmes et les troisièmes, sont les plus longs. Les yeux ne forment point par leur disposition générale un segment de cercle ou un croissant.

---

(1) *Filistata bicolor*, Latr.; Walck., Faun. franç., arachn., VI, 1-3. On trouve à la Guadeloupe une espèce de moyenne taille, dont le mâle a les pattes longues et grêles, les palpes courbes, avec les organes sexuels situés à l'extrémité du dernier article, et terminés par un crochet grêle et arqué en manière de faucille.

On peut les diviser en trois sections : la première, celle des Tubitèles ou Tapissières , a les filières cylindriques, rapprochées en un faisceau dirigé en arrière ; les pieds robustes , et dont les deux premiers ou les deux derniers et *vice versa*, plus longs dans les unes , et dont les huit presque égaux dans les autres.

Nous commencerons par deux sous-genres qui , sous le rapport des mâchoires , formant un cintre autour de la languette, se rapprochent des filistates et s'éloignent des suivants. Les yeux sont toujours au nombre de huit, disposés quatre par quatre sur deux lignes transverses. Le premier , celui

De Clotho. (Clotho Walck. — *Uroctea*. Dufour.)

Est des plus singuliers. Ses chélicères sont fort petites, peu susceptibles de s'écarter, ce qui rapproche ce sous-genre du dernier , et sans dentelures ; les crochets sont très petits ; par la forme courte du corps et ses longues pattes, il a l'aspect des araignées-crabes ou thomises. Les longueurs relatives de ces organes diffèrent peu ; la quatrième paire et la précédente ensuite sont seulement un peu plus longues que les quatre premières ; les tarses seuls sont garnis de piquants. Les yeux sont plus éloignés du bord antérieur du thorax que dans le sous-genre suivant , rapprochés et disposés de la même manière que dans le genre mygale de M. Walckenaer; trois de chaque côté forment un triangle renversé, ou dont l'impair est inférieur; les deux autres forment une ligne transverse, dans l'espace compris entre les deux triangles. Les mâchoires et la languette sont proportionnellement plus petites que celles du même sous-genre ; les mâchoires ont au côté extérieur une courte saillie ou faible dilatation , servant d'insertion aux palpes , et se terminent en pointe ; la languette est triangulaire et non presque ovale, comme celle des drases. Les deux filières supérieurs, ou les plus latérales, sont longues; mais ce qui, d'après M. Dufour, caractérise particulièrement ses uroctées ou nos clothos, c'est qu'à la place des deux filières intermédiaires, l'on voit

deux valves pectiniformes, s'ouvrant et se fermant à la volonté de l'animal (1).

On ne connaît encore qu'une seule espèce (*uroctea 5—
maculata*, Dufour, Annal. des scienc. phys., V, LXXVI,
1 ; *Clotho Durandii*, Latr.). Son corps est long de cinq lignes, d'un brun marron , avec l'abdomen noir , ayant en
dessus cinq petites taches rondes, jaunâtres, dont quatre
disposées transversalement par paires, et dont la dernière
ou l'impaire postérieure; les pattes sont velues. On voit par
les planches du grand ouvrage sur l'Egypte, que M. Savigny l'avait trouvée dans ce pays, et qu'il se proposait d'en
former une nouvelle coupe générique. M. le comte Dejean
l'a rapportée de la Dalmatie, et M. le chevalier de Schrei-
bers, directeur du cabinet impérial de Vienne, m'en a envoyé des individus recueillis dans les mêmes lieux. M. Dufour l'a aussi trouvée dans les montagnes de Narbonne ,
dans les Pyrénées, et dans les rochers de la Catalogne. On
lui doit, outre la connaissance des caractères extérieurs de
cette aranéide, des observations curieuses sur ses habitudes. « Elle établit, nous dit-il, à la surface inférieure des
grosses pierres ou dans les fentes des rochers une coque en
forme de calotte ou de patelle, d'un bon pouce de diamètre.
Son contour présente sept à huit échancrures, dont les angles seuls sont fixés sur la pierre, au moyen de faisceaux de
fils, tandis que les bords sont libres. Cette singulière tente
est d'une admirable texture. L'extérieur ressemble à un
taffetas des plus fins, formé, suivant l'âge de l'ouvrière,
d'un plus ou moins grand nombre de doublures. Ainsi lorsque l'uroctée, encore jeune, commence à établir sa retraite,
elle ne fabrique que deux toiles entre lesquelles elle se
tient à l'abri. Par la suite, et je crois, à chaque mue, elle

---

(1) J'ai vu, dans un individu bien conservé, six filières , dont les deux
supérieures beaucoup plus longues, terminées par un article alongé en
forme de lame elliptique , et quatre autres petites, les inférieures surtout,
disposées en carré. L'anus, placé sous un petit avancement, en forme
de chaperon et membraneux, offrait, de chaque côté, un pinceau de poils
rétractiles. Ces pinceaux sont les pièces que M. Dufour nomme valves
pectiniformes, et distinctes des deux filières intermédiaires, qui sont cachées par les deux inférieures.

ajoute un certain nombre de doublures. Enfin, lorsque l'époque marquée pour la reproduction arrive, elle tisse un appartement tout exprès, plus duveté, plus moelleux, où doivent être renfermés et les sacs des œufs et les petits récemment éclos. Quoique la calotte extérieure ou le pavillon soit, à dessein sans doute, plus ou moins sali par des corps étrangers qui servent à en masquer la présence, l'appartement de l'industrieuse fabricante est toujours d'une propreté recherchée. Les poches ou sachets qui renferment les œufs, sont au nombre de quatre, de cinq ou même de six, pour chaque habitation, qui n'est cependant qu'une seule habitation; ces poches ont une forme lenticulaire, et ont plus de quatre lignes de diamètre. Elles sont d'un taffetas blanc comme la neige et fournies intérieurement d'un édredon des plus fins. Ce n'est que vers la fin de décembre ou au mois de janvier que la ponte des œufs a lieu. Il fallait prémunir la progéniture contre la rigueur de la saison et les incursions ennemies. Tout a été prévu : le réceptacle de ce précieux dépôt est séparé de la toile, immédiatement appliquée sur la pierre par un duvet moelleux, et de la calotte extérieure par les divers étages dont j'ai parlé. Parmi les échancrures qui bordent le pavillon, les unes sont tout-à-fait closes par la continuité de l'étoffe, les autres ont leurs bords simplement superposés, de manière que l'uroctée soulevant ceux-ci, peut à son gré sortir de sa tente et y rentrer. Lorsqu'elle quitte son domicile pour aller à la chasse, elle a peu à redouter sa violation, car elle seule a le secret des échancrures impénétrables, et la clef de celles où l'on peut s'introduire. Lorsque les petits sont en état de se passer des soins maternels, ils prennent leur essor et vont établir ailleurs leurs logements particuliers, tandis que la mère vient mourir dans son pavillon. Ainsi ce dernier est en même temps le berceau et le tombeau de l'uroctée. »

Les Drasses. (Drassus. Walck.)

Diffèrent des clothos par plusieurs caractères. Leurs chélicères sont robustes, saillantes et dentelées en dessous; leurs mâchoires sont tronquées obliquement à leur extrémité, et la languette forme un ovale tronqué inférieurement ou un triangle curviligne alongé; les yeux sont plus rapprochés du bord antérieur du thorax, et la ligne formée par les quatre postérieurs est plus longue que l'antérieure ou la déborde sur les côtés. Les proportions des filières extérieures diffèrent peu, et l'on ne voit point entre elles ces deux valves pectiniformes qui sont propres aux clothos. Enfin, les quatrièmes pieds et ensuite les deux premiers sont très manifestement plus longs que les autres. Les jambes et le premier article des tarses sont armés de piquants.

Ces aranéïdes se tiennent sous les pierres, dans les fentes des murs, l'intérieur des feuilles, et s'y fabriquent des cellules d'une soie très blanche. Les cocons de quelques-unes sont orbiculaires, aplatis et composés de deux valves appliquées l'une sur l'autre. M. Walckenaer distribue les drasses en trois familles, d'après la direction et le rapprochement des lignes formées par les yeux, et le plus ou moins de dilatation du milieu des mâchoires.

L'espèce qu'il nomme *vert* (*viridissimus*, Hist. des aran., fasc. IV, 9.), et qui compose seule sa troisième division, construit sur la surface des feuilles une toile fine, blanche et transparente, sous laquelle elle s'établit. L'un des côtés des feuilles du poirier m'a quelquefois offert une toile semblable, mais anguleuse sur ses bords, en forme de tente, ainsi que celle que font les clothos, et sous laquelle était le cocon. Elle est, je présume, l'ouvrage de cette espèce de drasse, et nous montre l'analogie de ce sous genre avec le précédent. M. Léon Dufour nous a donné dans les Annales des sciences physiques (*Drassus segestriformis*, VI, xcv, 1.) une description très complète d'une espèce de drasse qu'il a trouvée sous les pierres, dans les hautes montagnes des Pyrénées, et jamais au-dessous de la zone alpine. C'est une des plus grandes de ce sous-genre, et qui me paraît avoir de grands rapports avec celle que j'ai nommée *melanogaster*, et que je crois être le drasse *lucifuge* de M. Walckenaer (Schœff., Icon., CI, 7.).

L'une des plus jolies espèces, et que l'on trouve assez communément aux environs de Paris, courant à terre, est le *drasse reluisant* (*D. relucens*.). Elle est petite, presque cylindrique, avec le thorax fauve, recouvert d'un duvet soyeux et pourpré; l'abdomen mélangé de bleu, de rouge et de vert, avec des reflets métalliques et deux lignes transverses d'un jaune d'or, dont l'antérieure arquée. On y voit aussi quelquefois quatre points dorés (1).

Dans les autres araignées tubitèles, les mâchoires ne forment point une espèce de cintre renfermant la languette; leur côté extérieur est dilaté inférieurement, au-dessous de l'origine des palpes.

Quelques-unes n'ont que six yeux, dont quatre antérieurs, formant une ligne transverse, et les deux autres postérieurs, situés, un de chaque côté, derrière les deux latéraux de la ligne précédente. Tel est le caractère essentiel

Des Ségestries. (Segestria. Latr.)

Leur languette est presque carrée et alongée. La première paire de pattes et ensuite la seconde sont les plus longues; la troisième est la plus courte. Ces aranéides se filent, dans les fentes des vieux murs, des tubes soyeux, cylindriques, alongés, où elles se tiennent, ayant leurs premières paires de pattes dirigées en avant; des fils divergents bordent extérieurement l'entrée de l'habitation et forment une petite toile propre à arrêter les insectes. L'organe génital de la *ségestrie perfide* (*aranea florentina*, Ross., Faun. etrusc., XIX, 3.), espèce assez grande, noire, à chélicères vertes, et qui n'est pas rare en France, est en forme de larme ou ovoïdoconique, très aigu au bout, entièrement saillant et rouge (2).

Les autres tubitèles ont huit yeux. On peut, à raison de la différence du milieu d'habitation, les partager en terrestres et en aquatiques. Quoique M. Walckenaer ait fait de celles-ci sa dernière famille des aranéides, celle des *nayades*, elles ont tant de rapport avec les autres tubitèles que, nonobstant cette disparité d'habitudes, il faut les placer avec elles. Dans celles qui sont terrestres, la languette est presque

---

(1) *Voyez*, quant aux autres espèces, la Faune parisienne de M. Walckenaer, et son tableau des aranéides.

(2) Ajoutez la *ségestrie sénoculée*, Walck., Hist. des aran., V, vii; *aranea senoculata*, Lin., Deg.

carrée ou très peu rétrécie, très obtuse ou tronquée au sommet; les mâchoires sont droites ou presque droites et plus ou moins dilatées vers leur extrémité; les deux yeux de chaque extrémité latérale du groupe oculaire sont généralement assez écartés l'un de l'autre, ou du moins ne sont point géminés et portés sur une petite éminence particulière, comme ceux des tubitèles aquatiques.

Les Clubiones. (Clubiona. Latr.)

Ne se distinguent guère du sous-genre suivant qu'en ce que les longueurs des filières extérieures sont peu différentes, et que la ligne formée par les quatre yeux antérieurs est droite ou presque droite. Elles font des tubes soyeux leur servant d'habitation et qu'elles placent soit sous des pierres, dans des fentes des murs, soit entre les feuilles. Les cocons sont globuleux (1).

Les Araignées propres. (Aranea.)

Que nous avions d'abord désignées sous le nom générique de *tégénaire* (*tegenaria*), conservé par M. Walckenaer, et auxquelles nous réunissons ses *agélènes* (*agelena*) et ses *nysses* (*nyssus*), ont leurs deux filières supérieures notablement plus longues que les autres, et leurs quatre yeux antérieurs disposés en une ligne arquée en arrière ou formant une courbe.

Elles construisent dans l'intérieur de nos habitations, aux angles des murs, sur les plantes, les haies et souvent sur les bords des chemins, soit dans la terre, soit sous des pierres, une toile grande, à peu près horizontale, et à la partie supérieure de laquelle est un tube où elles se tiennent sans faire de mouvement (2).

---

(1) *Aranea holosericea*, Lin.; De G., Fab., Walck., Hist. des aran., IV, III, fem.; — *Aranea atrox*, De G.; List., Aran., tit. XXI, 21; Albin, Aran., x, 48 et XVII, 82. *Voyez* aussi le tableau des aran. et la Faune parisienne de M. Walckenaer.

(2) *Aranea domestica*, Lin., De G., Fab.; Clerck., Aran. succ., pl. II, tab. IX; — *Tegeneria civilis*, Walck., Hist. des aran., V, v; — *Aranea labyrinthica*, Lin., Fab.; Clerck., Aran. succ., pl. II, tab. VIII. *Voyez* le tableau des aran. de M. Walckenaer.

Viennent maintenant les *nayades* de M. Walckenaer, ou nos tubitèles aquatiques, et qui composent le genre

D'ARGYRONÈTE. (ARGYRONETA. Latr.)

Les mâchoires sont inclinées sur la languette, dont la forme est triangulaire. Les deux yeux de chaque extrémité latérale du groupe oculaire sont très rapprochés l'un de l'autre et placés sûr une éminence spéciale ; les quatre autres forment un quadrilatère.

L'*Argyronète aquatique* (*Aranea aquatica*, Lin., Geoff., De G.), est d'un brun noirâtre, avec l'abdomen plus foncé, soyeux, et ayant sur le dos quatre points enfoncés.

Elle vit dans nos eaux dormantes, y nage, l'abdomen renfermé dans une bulle d'air, et s'y forme, pour retraite, une coque ovale, remplie d'air, tapissée de soie, de laquelle partent des fils, dirigés en tout sens et attachés aux plantes des environs. Elle y guette sa proie, y place son cocon, qu'elle garde assiduement, et s'y renferme pour passer l'hiver.

Le seconde section des araignées sédentaires et rectigrades, celle des INÉQUITÈLES, ou les ARAIGNÉES FILANDIÈRES, a les filières extérieures presque coniques, faisant peu de saillie, convergentes, disposées en rosette, et les pieds très grêles. Leurs mâchoires sont inclinées sur la lèvre et se rétrécissent, ou du moins ne s'élargissent pas sensiblement, à leur extrémité supérieure.

La plupart ont la première paire de pieds, et ensuite la quatrième plus longues. Leur abdomen est plus volumineux, plus mou, et plus coloré que dans les tribus précédentes. Elles font des toiles à réseau irrégulier, composées de fils qui se croisent en tout sens et sur plusieurs plans. Elles garottent leur proie, veillent avec soin à la conservation de leurs œufs, et ne les abandonnent point qu'ils ne soient éclos. Elles vivent peu de temps.

Les unes ont la première paire de pieds et ensuite la quatrième plus longues. Telles sont

LES SCYTODES. (SCYTODES. Latr.)

Qui n'ont que six yeux, et disposés par paires. Selon

M. Dufour, les crochets des tarses sont insérés sur un article supplémentaire.

On en connaît deux espèces, dont l'une, la *thoracique* (1), habite l'intérieur de nos appartements, et dont l'autre, la *blonde* (Annal. des scienc. phys., V, LXXVI, 5.), a été trouvée, par ce naturaliste, sous des débris calcaires, dans les montagnes du royaume de Valence. Elle se fabrique un tube, assez informe, d'une toile mince, d'un blanc laiteux, à peu près comme la dysdère erythrine.

Les Théridions. (Theridion. Walck.)

Dont les yeux sont au nombre de huit, et disposés ainsi : quatre au milieu en carré, dont les deux antérieurs placés sur une petite éminence, et deux de chaque côté, situés aussi sur une élévation commune. Le corselet est en forme de cœur renversé ou presque triangulaire. Ce sous-genre est très nombreux (2).

Le *Théridion malmignatte* (*Aranea* 13-*guttata*, Fab.; Ross., Faun. etrusc., II, IX, 10.) Yeux latéraux écartés entre eux; corps noir, avec treize petites taches rondes, d'un rouge de sang, sur l'abdomen. — Toscane, île de Corse.

On croit que sa morsure est très venimeuse, et même mortelle (3).

L'*A. mactans* de Fabricius, autre espèce de théridion, mais de l'Amérique méridionale, y inspire les mêmes craintes. Il semble que ces préventions ont leur source dans la couleur noire, coupée par des taches sanguines, de ces animaux.

---

(1) *Scytodes thoracica*, Latr., Gener. crust. et insect., I, V, 4; Walck., Hist. des aran., I, x et II, suppl.

(2) *Voyez* le Tableau et l'Histoire des aranéïdes de M. Walckenaer, les Annales des sciences naturelles et celles des sciences physiques. Il faut rapporter à ce genre les araignées *bipunctata*, *redimita* de Linnæus, l'*aranea albo-maculata* de De Géer, etc.

(3) Cette espèce est le type du genre *latrodecte* de M. Walckenaer, qu'il distingue de celui de *théridion* d'après les différences des longueurs respectives des pieds; mais il m'a paru qu'il y avait erreur à cet égard.

Son *théridion bienfaisant* (*benignum*), Hist. des aran., fasc. V, VIII, dont il a étudié avec beaucoup de soin les habitudes, s'établit entre les grappes de raisin, et les garantit de l'attaque de plusieurs insectes.

16*

Les Épisines. (Episinus. Walck.)

Ont aussi huit yeux, mais rapprochés sur une élévation commune, et le corselet étroit, presque cylindrique (1).

Les autres Inéquitèles ont la première paire de pieds et la seconde ensuite, plus longues. Tels sont

Les Pholcus. (Pholcus. Walck.)

Dont les yeux, au nombre de huit, sont placés sur un tubercule, et divisés en trois groupes : un de chaque côté, formé de trois yeux, disposés en triangle, et le troisième au milieu, un peu antérieur, composé de deux autres yeux, et sur une ligne transverse.

Le *Pholcus phalangiste* (*Araignée domestique, à longues pattes*, Geof.), *Ph. Phalangioides.*, Walck., Hist. des aran., fasc. 5, tab. x. Corps long, étroit, d'un jaunâtre très pâle ou livide, pubescent ; abdomen presque cylindrique, très mou, et marqué en dessus de taches noirâtres ; pattes très longues, très fines, avec un anneau blanchâtre à l'extrémité des cuisses et des jambes.

Commun dans les maisons, où il file aux angles des murs une toile composée de fils lâches et peu adhérents entre eux. La femelle agglutine ses œufs en un corps rond, nu, qu'elle porte entre ses mandibules.

M. Dufour en a trouvé une seconde espèce, le *Pholque à queue* (Annal. des scienc. physiq., V, lxxvi, 2.), dans les fentes des rochers, à Moxente, royaume de Valence. Son abdomen se termine en une saillie conique et formant ainsi une sorte de queue, comme celui de l'épeïre conique. De même que les précédentes, elle balance son corps et ses pattes. Les palpes du mâle ont l'organe génital très compliqué.

La troisième section des Araignées sédentaires rectigrades, celle des Orbitèles, ou les Araignées tendeuses de plusieurs, a les filières extérieures presque coniques, peu saillantes, convergentes et disposées en rosette, et les pieds

---

(1) *Episinus truncatus*, Latr., Gener. crust. et insect., tom. IV, pag. 371. Italie, environs de Paris.

grêles comme la précédente, mais en diffère par les mâchoires, qui sont droites et sensiblement plus larges à leur extrémité.

La première paire de pieds, et la seconde ensuite, sont toujours les plus longues. Les yeux sont au nombre de huit, et disposés ainsi : quatre au milieu, formant un quadrilatère, et deux de chaque côté.

Elle se rapprochent des *Inéquitèles* par la grandeur, la mollesse, la variété des couleurs de l'abdomen, et par la courte durée de leur vie ; mais elles font des toiles en réseau régulier, composé de cercles concentriques croisés par des rayons droits, se rendant du centre, où elles se tiennent presque toujours, et dans une situation renversée, à la circonférence. Quelques-unes se cachent dans une cavité ou dans une loge qu'elles se sont construite près des bords de la toile, qui est tantôt horizontale, tantôt perpendiculaire. Leurs œufs sont agglutinés, très nombreux, et renfermés dans un cocon volumineux.

On se sert pour les divisions du micromètre, des fils qui soutiennent la toile, et qui peuvent s'alonger d'environ un cinquième de leur longueur. Cette observation nous a été communiquée par M. Arrago.

Les Linyphies. (Linyphia. Latr.)

Bien caractérisées par la disposition de leurs yeux : quatre au milieu, formant un trapèze dont le côté postérieur plus large, et occupé par deux yeux beaucoup plus gros et plus écartés ; et les quatre autres groupés par paires, une de chaque côté, et dans une direction oblique. Leurs mâchoires ne s'élargissent qu'à leur extrémité supérieure.

Elles construisent sur les buissons, les genêts, une toile horizontale, mince, peu serrée, et tendent au-dessus, sur plusieurs points, ou d'une manière irrégulière, d'autre fils. Cette toile est ainsi un mélange de celles des inéquitèles et des orbitèles. L'animal se tient à la partie inférieure et dans une situation renversée (1).

____

(1) *Linyphia triangularis*, Walck., Hist. des aran., V, ix, fem. ; *Aranea resupina silvestris*, De Geer ; *Aranea montana*, Lin. ; Clerck. aran., Suec., pl. iii, tab. 1 ; — *Aranea resupina domestica*, De G.

Les Ulobores. (*Uloborus.* Latr.)

On t les quatre yeux postérieurs placés, à intervalles égaux, sur une ligne droite, et les deux latéraux de la première ligne plus rapprochés du bord antérieur du corselet que les deux compris entre eux, de sorte que cette ligne est arquée en arrière. Leurs mâchoires, ainsi que celles des épeïres, commencent à s'élargir un peu au-dessus de leur base, et se terminent en forme de palette ou de spatule. Les tarses des trois dernières paires de pattes se terminent par un seul onglet. Le premier article des deux postérieurs a une rangée de petits crins.

Ces fileuses, ainsi que les espèces du sous-genre suivant, ont le corps alongé et presque cylindrique. Placées au centre de leur toile, elles portent en avant et en ligne droite les quatre pieds antérieurs, et dirigent les deux derniers dans un sens opposé; ceux de la troisième paire sont étendus latéralement.

Ces arachnides font des toiles semblables à celles des autres orbitèles, mais plus lâches et horizontales. Elles emmaillotent, en moins de trois minutes, le corps d'un petit coléoptère qui s'est pris dans leur filet. Leur cocon est étroit, alongé, anguleux sur ses bords, et suspendu verticalement, par un de ses bouts, à un réseau. L'autre extrémité est comme fourchue, ou terminée par deux angles prolongés, dont l'un plus court et obtus; chaque côté a deux angles aigus.

Je suis redevable de ces observations intéressantes à mon ami M. Léon Dufour.

L'*Ulobore* de *Walckenaer* (*Ul. Walckenaerius*, Latr.) (1), long de près de cinq lignes, d'un jaunâtre roussâtre, couvert d'un duvet soyeux, formant sur le dessus de l'abdomen deux séries de petits faisceaux; des anneaux plus pâles aux pieds. — Des bois des environs de Bordeaux, et dans d'autres départements méridionaux.

---

(1) Latr., Gener. crust. et insect., I, 109; *voyez* aussi l'article *Ulobore* de la seconde édit. du Nouv. Dict. d'hist. natur.

Les Tétragnathes. (Tetragnatha. Latr.)

Dont les yeux sont situés, quatre par quatre, sur deux lignes presque parallèles, et séparés par des intervalles presque égaux ; et qui ont les mâchoires longues, étroites, élargies seulement à leur extrémité supérieure. Leurs chélicères sont aussi fort longues, surtout dans les mâles.

Leur toile est verticale (1).

Les Epeïres. (Epeira. Walck.)

Qui ont les deux yeux de chaque côté rapprochés par paires et presque contigus, et les quatre autres formant au milieu un quadrilatère. Leurs mâchoires se dilatent dès leur base, et forment une palette arrondie.

L'epeïre *cucurbitine* est la seule connue dont la toile soit horizontale; celle des autres est verticale ou quelquefois inclinée.

. Les unes s'y placent au centre, le corps renversé ou la tête en bas; les autres se font auprès une demeure, soit cintrée de toutes parts, tantôt en forme de tube soyeux, tantôt composée de feuilles rapprochées et liées par des fils, soit ouverte par le haut et imitant une coupe ou un nid d'oiseau. La toile de quelques espèces exotiques est composée de fils si forts, qu'elle arrête de petits oiseaux, et embarrasse même l'homme qui s'y trouve engagé.

Leur cocon est le plus souvent globuleux, mais celui de quelques espèces a la figure d'un ovoïde tronqué ou d'un cône très court.

Les naturels de la Nouvelle-Hollande (Voyage à la recherche de La Peyrouse, pag. 239) et ceux de quelques îles de la mer du Sud, mangent, au défaut d'autre aliment, une espèce d'épeïre, très voisine de l'*aranea esuriens* de Fabricius.

M. Walckenaer mentionne, dans son Tableau des aranéïdes, soixante-quatre espèces d'epeïres, et généralement remarquables par la variété de leurs couleurs, de leurs formes et

---

(1) *Tetragnatha extensa*, Walck., Hist. des aran., V, vi; *aranea extensa*, Lin., Fab., De G. ; — *Aranea virescens ?* Fab. ; — *Aranea maxillosa ?* ejusd. *Voyez* le Tableau des Aranéïdes de M. Walckenaer.

de leurs habitudes. Il les a distribuées en diverses petites familles très naturelles, et dont nous avons cherché, à l'article Epeïre de la seconde édition du Nouveau Dictionnaire d'histoire naturelle, à simplifier l'étude. Quelques considérations importantes, telles que celles des organes sexuels, ont été négligées ou n'ont pas été assez suivies; c'est ainsi, par exemple, que l'épeïre diadème femelle et d'autres offrent à la partie qui caractérise leur sexe, un appendice fort singulier, qui nous rappelle le tablier des femmes des Hottentots. Ces espèces doivent former une division particulière. On pourrait probablement en établir d'autres, non moins naturelles, en poursuivant cet examen.

Nous nous bornerons à citer quelques espèces principales, en commençant par les indigènes.

L'*Epeïre diadème* (*Aranea diadema*, Lin., Fab.) Rœs., Insect., IV, xxxv —xl. Grande, roussâtre, veloutée. Abdomen très volumineux dans les femelles, surtout lorsqu'elles sont sur le point de faire leur ponte; d'un brun foncé ou d'un roux jaunâtre, avec un tubercule gros et arrondi, de chaque côté du dos, près de sa base, et une triple croix formée de petites taches ou de points blancs; palpes et pieds tachetés de noir.

Très commune en Europe, en automne. Les œufs éclosent au printemps de l'année suivante.

L'*Epeïre scalaire* (*Aranea scalaris*, Fab.; Panz. Faun., IV, xxiv.) a le corselet roussâtre, le dessus de l'abdomen ordinairement blanc, avec une tache noire, en forme de triangle renversé, oblongue et dentée. Elle fait sa toile sur le bord des étangs, des ruisseaux, etc.

L'*Epeïre à cicatrices* (*Aranea cicatricosa*, De G.; *A. impressa*, Fab.), dont l'abdomen est aplati, d'un brun grisâtre ou d'un jaunâtre obscur, avec une bande noire, festonnée et bordée de gris, le long du milieu du dos, et huit à dix gros points enfoncés, situés sur deux lignes.

Elle file sa toile contre les murailles ou d'autres corps, et se tient cachée dans un nid de soie blanche, qu'elle se forme sous quelque partie saillante ou dans quelque cavité, à proximité de sa toile.

Elle ne travaille et ne prend de nourriture que dans la

nuit, ou lorsque la lumière du jour est faible. Elle se retire sous les vieilles écorces des arbres ou des pieux.

L'*Epeïre soyeuse* (*Sericea*, Walck., Hist. des aran., III, 11.) est couverte en dessus d'un duvet soyeux argenté ; son abdomen est aplati, sans taches et festonné sur ses bords. On la trouve dans le midi de l'Europe et au Sénégal.

L'*Epeïre brune* (*Fusca*, Walck., Hist. des aran., II, 1, fem.) est très commune dans les caves de la ville d'Angers. Son cocon est blanc, presque globuleux, fixé par un pédicule, et composé de fils très fins et doux au toucher, comme de la laine.

Celui de l'*Epeïre fasciée* (*Fasciata*, Walck., Hist. des aran., III, 1, fem.) est long d'environ un pouce, ressemble à un petit ballon, de couleur grise, avec des raies longitudinales noires, et dont une des extrémités est tronquée et fermée par un opercule plat et soyeux. L'intérieur offre un duvet très fin, qui enveloppe les œufs. Cette espèce s'établit sur les bords des ruisseaux, et y file une toile verticale, peu régulière, au centre de laquelle elle se tient. Elle est très commune au midi de la France. Son corselet est couvert d'un duvet soyeux et argenté ; son abdomen est d'un beau jaune, entrecoupé, par intervalles, de lignes transverses, noires ou d'un brun noirâtre, arquées et un peu ondées.

M. Léon Dufour nous a donné, dans les Annales des Sciences physiques (tom. VI, pl. XCV, 5), une description détaillée de cette espèce, de ses habitudes, et nous a, le premier, fait connaître son mâle. Il en a représenté l'organe sexuel. La verge est en forme de crin tortillé.

L'*Epeïre cucurbitine.* (*Aranea cucurbitina*, Lin.; *A. senoculata*, Fabr.) Walck., Hist. des aran., III, III. Petite; abdomen ovoïde, d'un jaune citron, avec des points noirs; une tache rousse à l'anus. Elle file, entre les tiges et les feuilles des plantes, une toile horizontale peu étendue.

L'*Epeïre conique* (*Aranea conica*, De G., Pall.) Walck., Hist. nat. des aran., III, III. Remarquable par son abdomen bossu en devant et terminé en forme de cône, avec l'anus placé au centre d'une élévation.

Elle suspend à un fil l'insecte qu'elle a sucé.

On peut placer à la suite de cette espèce celle que M. Dufour nomme *Epeïre de l'opuntia* (Annal. des scienc. phys., V-, LXIX, 3), parce qu'elle se tient constamment au milieu des feuilles de l'agavé et de l'opuntia, et y établit ses filets au moyen d'un réseau à fils lâches et irrégulièrement entrelacés. Elle est noire, avec des poils blancs et couchés, formant des apparences d'écailles. Son abdomen a de chaque côté deux tubercules pyramidaux, et se termine postérieurement par deux autres, mais obtus et séparés par une large échancrure. La face postérieure de chacun de ces tubercules pyramidaux offre une tache d'un beau blanc de neige nacré ; ces taches se lient entre elles et avec une ou deux autres qui leur sont postérieures, par des lignes blanches en zig-zag. Ces tubercules n'existent point dans les individus qui viennent de naître. Les cocons sont ovales, blanchâtres et formés de deux tuniques, dont l'intérieure est une espèce de bourre enveloppant les œufs. On trouve souvent sept, huit et même dix de ces cocons à la file l'un de l'autre. Cette espèce habite la Catalogne et le royaume de Valence.

Parmi les espèces exotiques, il y en a de très remarquables. Les unes ont l'abdomen revêtu d'une peau très ferme, avec des pointes ou des épines cornées (1). D'autres ont des faisceaux de poils aux pieds (2).

Nous passerons maintenant à des araignées sédentaires, ainsi que les précédentes, mais qui peuvent marcher de côté, à reculons et en avant, en un mot en tous sens. C'est la section des ARAIGNÉES LATÉRIGRADES. Les quatre pieds anté-

---

(1) Les araignées *militaris*, *spinosa*, *cancriformis*, *hexacantha*, *tetracantha*, *geminata*, *fornicata* de Fabricius. M. Vauthier, l'un de nos meilleurs peintres d'histoire naturelle, a décrit et figuré, dans les Annales des sciences naturelles (tom. I, pag. 261), une espèce de cette division (*curvicauda*), très remarquable par son abdomen élargi postérieurement et terminé par deux longues épines arquées : elle est de Java. Ces espèces épineuses pourraient former un sous-genre propre.

(2) Les araignées *pilipes*, *clavipes*, etc., de Fabricius. M. Leach forme avec son *A. maculata* le genre *nephisa*. *Voyez* le Tableau et l'Histoire des aranéides de M. Walckenaer.

rieurs sont toujours plus longs que les autres; tantôt la seconde paire surpasse la première, tantôt l'une et l'autre sont
presque égales; l'animal les étend, dans toute leur longueur,
sur le plan de position.

Les chélicères sont ordinairement petites, et leur crochet est replié transversalement, comme dans les quatre
tribus précédentes. Leurs yeux sont toujours au nombre de
huit, souvent très inégaux, et forment, par leur réunion,
un segment de cercle ou un croissant; les deux latéraux
postérieurs sont plus reculés en arrière, ou plus rapprochés
dés bords latéraux du corselet que les autres. Les mâchoires
sont, dans le grand nombre, inclinées sur la lèvre. Le corps
est d'ordinaire aplati, à forme de crabe, avec l'abdomen
grand, arrondi et triangulaire.

Ces arachnides se tiennent tranquilles, les pieds étendus,
sur les végétaux. Elles ne font point de toile, et jettent simplement quelques fils solitaires, afin d'arrêter leur proie.
Leur cocon est orbiculaire et aplati. Elles se cachent entre
des feuilles, dont elles rapprochent les bords, et le gardent
assidûment jusqu'à la naissance des petits.

Les MICROMMATES. (MICROMMATA. Latr. — *Sparassus.*
Walck.)

Qui ont les mâchoires droites, parallèles et arrondies au
bord, et les yeux disposés quatre par quatre, sur deux lignes
transverses, dont la postérieure plus longue, arquée en arrière. Les seconds pieds et les premiers ensuite sont les plus
longs de tous. La languette est demi circulaire (1).

On trouve communément dans les bois des environs de
Paris :

La *Micrommate smaragdine* (*Aranea smaragdula*, Fab.;
A. viridissima, De G.) Clerck., Aran. Suec., pl. 6,
tab. IV, qui est de grandeur moyenne, d'un vert de gra-
men, avec les côtés bordés d'un jaune clair, et l'abdomen

---

(1) M. Walckenaer place ce genre dans la série de ceux qui sont composés d'espèces à la fois vagabondes et sédentaires, tels que les *attes*, ou
nos saltiques, les *thomises*, les *philodromes*, les *drasses*, les *clubiones*,
et qui n'ont que deux crochets aux tarses.

d'un jaune verdâtre, coupé sur le milieu du dos par une ligne verte.

Elle lie trois à quatre feuilles en un paquet triangulaire, en tapisse l'intérieur d'une soie épaisse, et place au milieu son cocon, qui est rond, blanc, et laisse apercevoir les œufs. Ces œufs ne sont point agglutinés.

Le *Micrommate argelas* (Dufour, Ann. des Scienc. phys., VI, pag. 3o6, XCV, 1 ; Walck., Hist. des aran., IV, 11), dont la dénomination rappelle aux naturalistes l'un de nos savants les plus zélés, que j'ai signalé à leur estime comme mon sauveur dans la tourmente révolutionnaire, est l'une de nos plus grandes espèces, et dont M. Dufour a complété la description que j'en avais donnée, et observé les habitudes. Son corps est long de sept à huit lignes, d'un blond cendré, garni de duvet, et plus ou moins moucheté de noir. Le dessus de l'abdomen offre, depuis son milieu jusqu'au bout, une bande formée d'une suite de petites taches, en forme de hache, de cette dernière couleur. On voit sous le ventre une bande longitudinale, pareillement noire, mais grise dans son milieu. Les pieds sont annelés de noir. Cette espèce avait été découverte, aux environs de Bordeaux, par le naturaliste auquel je l'ai dédiée. M. Dufour l'a depuis trouvée dans les montagnes les plus arides du royaume de Valence. Elle court avec vélocité, les pattes étendues latéralement ; ses pelottes onguiculaires lui donnent la facilité de s'accrocher sur les surfaces les plus lisses et dans toute position. Elle établit à la face inférieure des fragments de rochers, une coque qui a beaucoup d'analogie, par sa contexture, avec celle du clotho de Durand. Elle s'y retire pour se mettre à l'abri des mauvais temps, échapper à ses ennemis et faire sa ponte. C'est une tente ovale, de près de deux pouces de diamètre, appliquée sur les pierres, à peu près comme les patelles marines. Elle se compose d'une enveloppe extérieure, d'un taffetas jaunâtre, fin comme de la pelure d'ognon, mais résistant, et d'un fourreau intérieur plus souple, plus moelleux et ouvert aux deux bouts. C'est par des ouvertures, munies de soupapes, que l'animal sort. Le cocon est globuleux, placé au-dessous de sa demeure, de manière qu'il peut le couver, et renferme environ une soixantaine d'œufs.

Le même naturaliste a décrit et figuré une autre espèce, le *M. à tarses spongieux* (Ann. des scienc. phys. , V , lxix, 6.), qu'il a trouvée sur un arbre, dans un jardin de Barcelone. Mais je présume, d'après ses habitudes, et quelques caractères descriptifs, que cette aranéide appartient au genre *philodrome* de M. Walckenaer (1).

Les Senelopes. (Senelops. Duf.)

Font le passage du sous-genre précédent au suivant. Les mâchoires sont droites ou très peu inclinées, sans sinus latéral, et vont en pointe, étant tronquées obliquement au côté interne. La languette est demi circulaire, comme celle des micrommates. Mais les yeux ont une autre disposition. On en voit six en devant, formant une ligne transverse ; les deux autres sont postérieurs et situés, un de chaque côté, derrière chaque extrême de la ligne précédente. Les pattes sont longues ; les seconds et ensuite ceux des deux paires suivantes surpassent les deux premiers en longueur.

L'espèce servant de type, le *Senelops omalosome* (Dufour, Ann. des scienc. phys. , V , lxix , 4.), a été trouvée par M. Dufour dans le royaume de Valence, mais elle y est fort rare. Son corps est long d'environ quatre lignes, très aplati, d'un roussâtre gris, avec des mouchetures cendrées, et des anneaux noirs aux pattes. L'abdomen semble présenter postérieurement des vestiges d'anneaux, formant latéralement des apparences de dents. Elle habite les rochers, et fuit avec la rapidité d'un trait. On la trouve aussi en Syrie (Collection de M. Labillardière) et en Égypte. Le Sénégal, le cap de Bonne-Espérance et l'île de France en fournissent d'autres espèces.

---

(1) *Voyez*, pour d'autres espèces, le tableau des aranéides de M. Walckenaer, et son Hist. des aranéides, fasc. IV, *Sparassus roseus*, X, mâle ;— *ibid.*, fasc. II, viii, mâle. Je crois qu'il faut rapporter à ce sous-genre l'*aranea venatoria* de Linnæus (Sloan, Hist. nat. de la Jam., ccxxv, 1, 2 ; Nhamdiu, 2 ? Pison) ; et une autre espèce des Grandes-Indes, très analogue à la précédente, que l'on voit figurée sur des dessins et des tapisseries venant de la Chine.

Les Philodromes. (Philodromus. Walck.) (1).

Diffèrent des deux sous-genres précédents par leurs mâ-choires inclinées sur la languette; cette partie est en outre plus haute que large. Les yeux, presque égaux entre eux, forment toujours un croissant ou un demi-cercle. Les latéraux ne sont jamais portés sur des tubercules ou sur des éminences. Les chélicères sont alongées et cylindriques. Les quatre ou les deux derniers pieds ne diffèrent pas notablement en longueur des précédents.

Suivant M. Walckenaer, ces aranéides courent avec rapidité, les pattes étendues latéralement, épient leur proie, tendent des filets solitaires pour la retenir, se cachent dans des fentes ou dans des feuilles, qu'elles raprochent pour faire leur ponte.

Les unes ont le corps aplati, large, l'abdomen court, élargi postérieurement et les quatre pattes intermédiaires plus alongées. Telle est le *Philodrome tigré* (thomise ti-grée, Latr.; *Araneus margaritarius*, Clerck., VI, iii; Schæff., Icon., lxxi, 8; Frisch., Ins., 10, centur., II, xiv; *Aranea levipes*, Lin. ?). Cette espèce est longue de trois lignes. Ses deux yeux intermédiaires antérieurs et les quatres latéraux sont situés sur un espace un peu plus élevé, et les latéraux, selon le même naturaliste, sont un peu plus gros ou du moins plus apparents. Le thorax est très large, aplati, d'un fauve rougeâtre, brun latérale-ment et postérieurement, et blanc par devant. L'abdomen, qui semble former un pentagone, est tigré, à raison des poils roux, bruns et blancs dont il est revêtu. Il est bordé de brun sur les côtés, et a, au milieu du dos, quatre ou six points enfoncés. Le ventre est blanchâtre. Les pattes sont longues, fines, rougeâtres, avec des taches brunes.

Cette espèce est très commune sur les arbres, les cloi-sons de bois, les murailles, etc., et s'y tient les pattes étendues et comme collées. Dès qu'on la touche, elle s'en-fuit avec une extrême rapidité, ou se laisse tomber en dévidant un fil qui la soutient. Son cocon est d'un beau

______

(1) Ce sous-genre formait, dans la première édition de cet ouvrage, notre première division des Thomises.

blanc et renferme environ cent œufs qui sont jaunes et libres. Elle le place dans les fentes des arbres ou des poteaux exposés au nord, et le garde assidument.

Les autres philodromes, qui, dans la méthode de M. Walckenaer, forment plusieurs petits groupes, ont le corps et quelquefois les chélicères proportionnellement plus longs. L'abdomen est tantôt pyriforme ou ovoïde, tantôt cylindrique. La seconde paire de pattes, et ensuite la première ou la quatrième sont les plus longues.

Nous citerons le *Philodrome rhombifère* (Faun. franç., aranéide, vi, 8, mâle). Son corps est long de trois lignes et demie, roussâtre; les seconds pieds et les deux derniers ensuite sont les plus longs; le thorax est brun sur les côtés; l'abdomen est ovoïde et offre en-dessus une tache noire ou brune, en losange, et bordée de blanc.

Le *Philodrome oblong* (Walck., *ibid.*, tab. ead., fig. 9), appartient à la même division, sous le rapport des proportions relatives des pattes et de la disposition des yeux; mais l'abdomen est plus long, presque cylindrique ou en cône alongé, avec trois raies longitudinales et des points bruns, sur un fond jaunâtre, qui est aussi la couleur du thorax. Cette partie offre, dans son milieu, deux raies brunes, formant un V alongé.

Ces deux espèces se trouvent aux environs de Paris. *Voyez*, quant aux autres, la Faune française, d'où nous avons extrait les descriptions précédentes.

Les Thomises. (Thomisus. Walck.)

Diffèrent des philodromes par leurs chélicères, proportionnellement plus petites et cunéiformes, et par leurs quatre pieds postérieurs, très sensiblement ou même subitement plus courts que les précédents. Les yeux latéraux sont souvent situés sur des éminences, tandis que ceux des philodromes sont constamment sessiles. Ici encore les deux latéraux postérieurs sont plus rejetés en arrière que les deux intermédiaires de la même ligne, tandis que dans les thomises ces quatre yeux sont à peu près de niveau.

Les espèces de ce sous-genre sont celles qu'on a plus particulièrement désignées sous le nom d'*Araignées crabes*. Les mâles sont souvent très différents, par les couleurs, des femelles, et beaucoup plus petits.

Les unes, toutes exotiques (1) ont les yeux disposés, quatre par quatre, sur deux lignes transverses, presque parallèles, et dont la postérieure plus longue.

Dans les autres, qui forment le plus grand nombre, l'ensemble de ces yeux représente un croissant, dont la convexité est antérieure et en dehors.

Le *Thomise arrondi* (*Aranea globosa*, Fab.) *Aranea irregularis*, Panz., Faun., Insect. Germ., fasc. 74, tab. xx, fem. ; Walck. Faun., franç., aranéid., vi, 4. Long de près de trois lignes, noir, avec l'abdomen globuleux, rouge ou jaunâtre tout autour du dos.

Le *Thomise à crête*. (*Cristatus* ; Clerck., Aran. suec., pl. 6, tab. vi. Taille du précédent; corps d'un roussâtre gris, quelquefois brun, parsemé de poils, avec de petites épines aux pieds; yeux latéraux plus gros, et portés sur un tubercule; une raie transverse, jaunâtre, sur le devant du corselet; deux autres formant un V, de la même couleur, sur son dos; abdomen arrondi, avec une bande jaunâtre, ayant de chaque côté trois divisions, en forme de dents, sur le milieu de son dos. Cette espèce est commune, et se trouve souvent à terre.

Le *Thomise citron* (*Aranea citrea.*, De G. ; Schœff., Icon. Insect., tab. xix, 13. D'un jaunâtre citron, avec l'abdomen grand, plus large en arrière, et ayant souvent, sur le dos, deux raies ou deux taches rouges, ou couleur de souci. Sur les fleurs (2).

Un sous-genre, établi par M. Walckenaer, sous le nom de STORÈNE (*Storena*), mais qui n'est encore connu qu'imparfaitement, paraît devoir terminer cette section et conduire aux onyopes, qui tiennent autant des araignées-crabes

---

(1) *Thomisus Lamarck*, Latr., espèce voisine de l'*aranea nobilis* de Fab. ; — *T. canceridus*, Walck., ejusd. ; — *T. leucosia* (*aranea regia?* Fab.) ; — *T. plagusius* ; — *T. pinnotheres.*

(2) *Voyez* le tableau des aranéides de M. Walckenaer, la Faune française, les Annales des sciences physiques, pour des espèces d'Espagne décrites par M. Dufour; et l'article *Thomise* du Nouv. Dict. d'hist. nat., 2e édition.

que des araignées-loups. Les storènes ont les mâchoires inclinées sur la languette, qui est presque aussi longue qu'elle, et en forme de triangle alongé; les chélicères coniques; les deux pieds antérieurs et ensuite les seconds les plus longs de tous; les deux suivants surpassent les derniers. Les yeux sont disposés sur trois lignes transveres, 2, 4, 2; les deux postérieurs forment avec les deux intermédiaires de la seconde ligne, un petit carré, et les deux antérieurs sont écartés (*Voyez* le Tabl. des aran. de M. Walck., IX, 85, 86.).

D'autres araignées, dont les yeux, toujours au nombre de huit, s'étendent plus dans le sens de la longueur du corselet que dans celui de sa largeur, ou du moins presque autant dans l'un que dans l'autre, et qui forment, par leur réunion, soit un triangle curviligne ou un ovale, tronqués, soit un quadrilatère, composent une seconde division générale, les Araignées vagabondes, que je nomme ainsi par opposition à celles de la première division ou des sédentaires.

Deux ou quatre de leurs yeux sont souvent beaucoup plus gros que les autres; le thorax est grand et les pieds sont robustes; ceux de la quatrième paire, les deux premiers, ou ceux de la seconde paire ensuite, surpassent ordinairement les autres en longueur.

Ces araignées ne font point de toiles, guettent leur proie, la saisissent à la course ou en sautant sur elle.

Nous les partagerons en deux sections.

La première, celle des Citigrades, se compose des Araignées-Loups de plusieurs. Les yeux forment, par leur disposition, soit un triangle curviligne ou un ovale, soit un quadrilatère, mais dont le côté antérieur est beaucoup plus étroit que le thorax, mesuré dans sa plus grande largeur. Cette partie du corps est ovoïde, rétrécie en devant, et en carène, dans le milieu de sa longueur. Les pieds ne sont généralement propres qu'à la course. Les mâchoires sont toujours droites et arrondies au bout.

La plupart des femelles se tiennent sur leur cocon, ou l'emportent même avec elles, appliqué contre la poitrine et à la base du ventre, ou suspendu à l'anus. Elles ne l'abandonnent que dans une extrême nécessité, et retournent le chercher lorsqu'elles n'ont plus rien à craindre. Elles veillent aussi, pendant quelque temps, à la conservation de leurs petits.

Les Oxyopes. (Oxyopes. Latr. — *Sphasus*. Walck.)

Qui ont les yeux rangés deux par deux , sur quatre lignes transverses, et dont les deux extrêmes plus courtes ; ils dessinent une sorte d'ovale, tronqué aux deux bouts. La languette est alongée , plus étroite à sa base, dilatée et arrondie vers le bout. La première paire de pattes est la plus longue; la quatrième et la seconde sont presque égales; la troisième est la plus courte (1).

Les Ctènes. (Ctenus. Walck.)

Ont les yeux disposés sur trois lignes transverses, s'alongeant de plus en plus (2, 4, 2), et formant une sorte de triangle curviligne, renversé, tronqué en devant ou à sa pointe. La languette est carrée et presque isométrique ; la quatrième paire de pieds et la première après sont les plus longues; la troisième est la plus courte.

Ce genre a été établi sur une espèce d'arachnide assez grande, qui se trouve à Cayenne. Depuis, on en a découvert quelques autres, soit de la même colonie, soit du Brésil, mais toutes inédites.

Les Dolomèdes. (Dolomedes. Latr.)

Dont les yeux, disposés sur trois lignes transverses, 4, 2, 2, représentent un quadrilatère, un peu plus large que long, avec les deux derniers ou postérieurs situés sur une éminence ; et qui ont la seconde paire de pieds aussi longue ou plus longue que la première, ceux de la quatrième sont plus longs. La languette est carrée et aussi large que haute, ainsi que celle des ctènes.

---

(1) *Sphasus heterophthalmus*, Walck., Hist. des aran., fasc. III, tab. viii, fem.; *Oxyopes variegatus*, Latr. ;—*Sphasus italicus*, Walck., ibid. , fasc. IV, tab. viii, fem. ; *Oxyopes lineatus*, Latr., Gener. crust. et ins. , tom, I, v, 5, fem. *Voyez* l'article Oxyope de la partie entomologique de l'Encycl. méthodique, le tableau des aranéides de M. Walckenaer, et la Faune française.

Les uns ont les deux yeux latéraux de la ligne antérieure plus gros que les deux mitoyens compris entre eux, et l'abdomen en ovale oblong et terminé en pointe.

Les femelles se construisent, aux sommités des arbres chargés de feuilles, ou dans les buissons, un nid soyeux, en forme d'entonnoir ou de cloche, y font leur ponte, et lorsqu'elles vont à la chasse, ou qu'elles sont forcées d'abandonner leur retraite, elles emportent toujours avec elles leur cocon, qui est fixé sur la poitrine. Clerck dit avoir vu des individus sauter très promptement sur des mouches qui volaient autour d'eux (1).

Les autres ont les quatre yeux de devant égaux, et l'abdomen ovale et arrondi au bout.

Ils habitent le bord des eaux, courent sur leur surface avec une vitesse surprenante, y entrent même un peu sans se mouiller. Les femelles font, entre les branches des végétaux, une grosse toile irrégulière, dans laquelle elles placent leur cocon. Elles le gardent jusqu'à ce que les œufs soient éclos.(2).

Les Lycoses. (Lycosa. Latr.)

Qui ont encore les yeux disposés en un quadrilatère, mais aussi long ou plus long que large, et dont les deux postérieurs ne sont point portés sur une éminence. La première paire de pieds est sensiblement plus longue que la seconde, mais plus courte que la quatrième, qui surpasse, sous ce rapport, toutes les autres. Les mâchoires sont tronquées obliquement à leur extrémité interne. La languette est carrée, mais plus longue que large.

Les lycoses se tiennent presque toutes à terre, où elles

_____

(1) *Araneus mirabilis*, Clerck., Aran. Suec., pl. v, tab. 10; *Aran. rufo-fasciata*, De G.; *A. obscura*, Fab. *Voyez* la Faune française (Dolomèdes sylvains) et les Annales des sciences physiques (*dolomède spinimane*, Dufour, V, LXXVI, 3).

(2) *Dolomedes marginatus*, Walck.; *Araneus undatus*, Clerck, V, tab. 1; De G., Insect., VII, XVI, fig. 13-15; Panz, Faun., LXXI; 22:— *Dolomedes fimbriatus*, Walck.; De G., Insect., VII, XVI, 9-11; — *Araneus fimbriatus*, Clerck., V, tab. IX. Ces espèces composent la division des dolomèdes riverains de M. Walckenaer.

17*

courent très vite. Elles s'y logent dans des trous, qu'elles trouvent formés, ou qu'elles ont creusés, en fortifiant les parois avec de la soie, et les agrandissent à mesure qu'elles croissent. Quelques-unes s'établissent dans les cavités et les fentes des murs, y font des tuyaux de soie, qu'elles recouvrent à l'extérieur de parcelles de terre ou de sable. C'est dans ces retraites qu'elles muent et qu'elles passent l'hiver, après en avoir fermé, à ce qu'il paraît, l'ouverture. C'est là aussi que les femelles font leur ponte. Elles emportent, lorsqu'elles vont en course, leur cocon, qui est fixé par des fils à l'anus. Les petits se cramponnent, à leur sortie de l'œuf, sur le corps de leur mère, et y demeurent attachés, jusqu'à ce qu'ils soient assez forts pour chercher eux-mêmes leur nourriture.

Les lycoses sont très voraces, et défendent courageusement la possession de leur domicile.

Une espèce de ce genre, la *Tarentule*, ainsi nommée de la ville de *Tarente*, en Italie, aux environs de laquelle elle est commune, jouit d'une grande célébrité. Dans l'opinion du peuple, son venin produit des accidents très graves, suivis même souvent de la mort, ou le *tarentisme*, et qu'on ne peut dissiper que par le secours de la musique et de la danse. Les personnes éclairées et judicieuses pensent qu'il est plus nécessaire de combattre les terreurs de l'imagination que les effets de ce venin, et la médecine, au surplus, offre d'autres moyens curatifs.

M. Chabrier a publié (*Soc. Acad. de Lille*, 4ᵉ cahier) des observations curieuses sur la lycose *tarentule* du midi de la France.

Ce genre est très nombreux en espèces, mais qu'on n'a pas encore bien caractérisées.

La *Lycose tarentule* (*Aranea tarentula*, Lin., Fab.) Albin., Aran., tab. xxxix; Senguerd. de Tarent. Longue d'environ un pouce. Dessous de l'abdomen rouge, traversé dans son milieu par une bande noire.

La *Tarentule* du midi de la France (*Lycose narbonnaise*, Walck., Faun. franç., aran., I, 1—4.) est un peu moins grande, avec le dessous de son abdomen très noir, bordé de rouge tout autour.

On trouve aux environs de Paris une espèce analogue, la *Lycose ouvrière* (*Fabrilis* , Clerck. , Aran. Suec. , pl. 4, tab. 11 ; Walck. , Faun. franç. , aran. II, 5.)

La *Lycose à sac* (*Aranea saccata* , Lin. ; *Araneus amentatus* , Clerck. , IV, tab. VIII ; Lister, tit. 25, fig. 25). Petite, noirâtre : carène du corselet d'un roussâtre obscur, avec une ligne cendrée ; un petit faisceau de poils gris, à la base supérieure de l'abdomen ; pieds d'un roux livide, entrecoupé de taches noirâtres ; cocon aplati et verdâtre. — Très commune aux environs de Paris (1).

Nous terminerons cette section par le sous-genre,

De Myrmécie (Myrmecia. Latr.),

Qui semble conduire à la suivante, et dont nous avons exposé les caractères dans les Annales des Sciences naturelles (tom. III, pag. 27). Les yeux forment un trapèze court et large ; il y en a quatre en devant, sur une ligne transverse ; deux autres, plus intérieurs que les deux extrêmes précédents, composent une seconde ligne transverse ; les deux derniers sont en arrière des deux précédents. Les chélicères sont fortes. Les mâchoires sont arrondies et très velues au bout. La languette est presque carrée, un peu plus longue que large. Les pieds sont longs, presque filiformes ; ceux de la quatrième paire et de la première sont les plus longs de tous. Le thorax semble être partagé en trois parties ; dont l'antérieure, beaucoup plus grande, est carrée, et dont les deux autres en forme de nœuds ou de bosses. L'abdomen est beaucoup plus court que le thorax, et recouvert, depuis sa naissance jusque vers son milieu, d'un épiderme solide.

La *Myrmécie fauve*, sur laquelle j'ai établi ce genre, se trouve au Brésil ; mais il paraît qu'il en existe d'autres espèces dans la Géorgie américaine.

La seconde section des ARAIGNÉES VAGABONDES, celle des SALTIGRADES, désignées par d'autres sous le nom d'*Araignées*

---

(1) *Voyez*, pour les autres espèces, le Tableau et l'Histoire des aranéïdes de M. Walckenaer, et la partie des aranéïdes du même, dans la Faune française. Consultez encore l'article *Lycose* de la seconde édition du Nouv. Dict. d'hist. natur.

phalanges, a les yeux disposés en un grand quadrilatère, et dont le côté antérieur, ou la ligne formée par les premiers, s'étend dans toute la largeur du corselet ; cette partie du corps est presque carrée ou en demi-ovoïde, plane ou peu bombée en dessus, aussi large en devant que dans le reste de son étendue, et tombe brusquement sur les côtés. Les pieds sont propres à la course et au saut.

Les cuisses des deux pieds de devant sont ordinairement remarquables par leur grandeur.

L'araignée *à chevrons blancs* de Geoffroy, espèce de saltique, très commune en été, sur les murs ou sur les vitres exposés au soleil, marche comme par saccades, s'arrête tout court après avoir fait quelques pas, et se hausse sur les pieds antérieurs. Vient-elle à découvrir une mouche, un cousin surtout, elle s'en approche tout doucement, jusqu'à une distance qu'elle puisse franchir d'un trait, et s'élance tout d'un coup sur l'animal qu'elle épiait. Elle ne craint pas de sauter perpendiculairement au mur, parce qu'elle s'y trouve toujours attachée par le moyen d'un fil de soie, et qu'elle le dévide à mesure qu'elle avance. Il lui sert encore à se suspendre en l'air, à remonter au point d'où elle était descendue, ou à se laisser transporter par le vent d'un lieu à l'autre. Ces habitudes conviennent, en général, aux espèces de cette division.

Plusieurs se construisent, entre des feuilles, sous des pierres, etc., des nids de soie, en forme de sacs ovales et ouverts aux deux bouts. Ces arachnides s'y retirent pour se reposer, changer de mue, et se garantir des intempéries des saisons. Si quelque danger les menace, elles en sortent aussitôt et s'enfuient avec agilité.

Des femelles se font, avec la même matière, une espèce de tente, qui devient le berceau de leur postérité, et où les petits vivent, pendant quelque temps, en commun avec leur mère.

Quelques espèces, semblables à des fourmis, élèvent leurs pieds antérieurs, et les font vibrer très rapidement.

Les mâles se livrent quelquefois des combats très singuliers par leurs manœuvres, mais qui n'ont aucune issue funeste.

Un sous-genre, établi par M. Rafinesque, celui

De Tessarops (Tessarops.),

Nous paraît se rapprocher beaucoup du suivant, à raison de la plupart de ses caractères et de ses habitudes, mais s'en éloigner beaucoup, s'il n'y a pas d'erreur, sous le rapport du nombre des yeux, qui ne serait que de quatre. (*Voy.* les Annales générales des Sciences physiques, tom. VIII, p. 88.)

Un autre sous-genre, qui ne nous est pareillement connu que par sa description, est celui

De Palpimane (Palpimanus.),

Publié par M. Dufour, dans les Annales des Sciences physiques (V, lxix, 5), et qui lui paraît intermédiaire entre les érèses et les saltiques. La disposition des yeux est à peu près la même que dans le premier de ces deux sous-genres. La languette est pareillement triangulaire et pointue, et les mâchoires sont encore dilatées et arrondies au bout; mais, suivant ce naturaliste, elles seraient inclinées et non droites comme celles des érèses. L'article terminal des tarses antérieurs serait inséré latéralement et dépourvu de crochets.

Il n'en décrit qu'une espèce (*Palpimane bossu*). Elle ne saute point, marche avec assez de lenteur, et se trouve sous les pierres, dans le royaume de Valence; mais elle y est très rare.

M. Lefèvre a rapporté de Sicile une nouvelle espèce d'aranéïde, qui me paraît être de ce genre.

Dans les deux sous-genres suivants, le nombre des yeux est toujours de huit, et les mâchoires sont droites.

Les Érèses. (Eresus. Walck.)

Qui ont près du milieu de l'extrémité antérieure du corselet, quatre yeux rapprochés en un petit trapèze, et les quatre autres sur ses côtés, et formant aussi un autre quadrilatère, mais beaucoup plus grand. Leur languette est triangulaire et pointue. Leurs tarses sont terminés par trois crochets (1).

---

(1) *Eresus cinnaberinus*, Walck; *Aranea quatuor-guttata*, Ross., Faun. etrusc., tom. II, 1, 8, 9; Coqueb., Illust., icon. Insect., decas. III, xxvii, 12; — *Aranea nigra*, Petag., Specim. insect. Ca-

Les Saltiques. (SALTICUS. Latr. — *Attus*. Walck.)

Qui ont quatre yeux, dont les deux intermédiaires plus gros, en avant du corselet, sur une ligne transverse, et les autres près des bords latéraux, deux de chaque côté; ils forment ainsi un grand carré ouvert postérieurement, ou une parabole. La languette est très obtuse ou tronquée au sommet. Les tarses n'offrent, à leur extrémité, que deux crochets.

Plusieurs mâles ont de très grandes chélicères.

Les uns ont le corselet épais et en talus, très incliné à sa base.

Le *Saltique de Sloane*. (*Aranea sanguinolenta*, Lin.) Noir, une ligne blanche formée par un duvet, de chaque côté du corselet; abdomen d'un rouge cinabre, avec une tache alongée, noire, au milieu du dos. — Midi de la France, sur les pierres (1).

Les autres ont le corselet très aplati, et presque insensiblement en pente, à sa base.

Tantôt leur corps est simplement ovale, garni de poils ou de duvet épais, avec les pieds courts et robustes.

Le *Saltique chevronné* (*Aranea scenica*, Lin.; l'*Araignée à chevrons*, Geoff.) *Araignée à bandes blanches*, De G., Insect., VII, xvii, 8, 9. Long d'environ deux lignes et demie; dessus noir, avec les bords du corselet et trois lignes en forme de chevrons sur le dessus de l'abdomen, blancs. — Très commune (2).

---

lab. M. Dufour a décrit, dans les Annales des sciences physiques, deux espèces d'Espagne, l'une, l'*érèse acanthophile* (VI, xcv, 3, 4) est mon *érèse rayé* du nouv. Dict. d'hist. natur.; l'autre, l'*érèse impérial* (V, lxix, 2) a de grands rapports avec l'*aranea nigra* de Pétagua, citée ci-dessus. Ces deux espèces sont représentées dans la Faune française, aran., pl. iv, 3, 4, 5. *Voyez* aussi, même planche, fig. 7, l'*érèse cinabre*.

(1) Cette division comprend les *attes* suivants de M. Walckenaer : *bicolor*, *chalybeius*, *niger*, *cupreus*, *muscorum*, l'*aranea grossipes* de De Géer.

(2) Ajoutez *attus tardigradus*, Walck, Hist. des aran., V, iv, fem. *Voyez* son tableau des aranéides.

Tantôt leur corps est étroit, alongé, presque cylindrique et ras; les pieds sont longs et grêles.

Le *Saltique fourmi* (*Formicarius.*) *Aranea formicaria*, De G. Insect., tom. VII, xviii, 1, 2; atte fourmi, Walck., Faun. Franç., aran, V, 1-3. Roux; devant du corselet noir; des bandes noires et deux taches blanches sur l'abdomen (1).

La seconde famille des ARACHNIDES PULMONAIRES, celle

DES PÉDIPALPES (PÉDIPALPI.),

Nous offre des palpes très grands, en forme de bras avancés, terminés en pince ou en griffe; des chélicères ou antenne-pinces à deux doigts, dont l'un mobile; un abdomen composé de segments très distincts, sans filières au bout, et les organes sexuels situés à la base du ventre. Tout le corps est revêtu d'un derme assez solide; le thorax est d'une seule pièce, et présente, près des angles antérieurs, trois ou deux yeux lisses, rapprochés ou groupés; et près du milieu de son extrémité antérieure, ou postérieurement, mais dans la ligne médiane, deux autres yeux lisses, pareillement rapprochés. Le nombre des sacs pulmonaires est de quatre ou de huit.

Les uns, qui forment le genre

TARENTULE (TARANTULA. Fabric.),

Ont l'abdomen attaché au thorax par un pédicule ou par une portion de leur diamètre transversal, sans la-

---

(1) *Voyez*, pour toutes les autres espèces de ce sous-genre, la partie des aranéides de la Faune française. M. Walckenaer, auteur de cette partie, mentionne, dans son tableau des aranéides, une espèce renfermée dans du succin.

mes en forme de peigne à sa base inférieure, ni d'aiguillon à son extrémité. Leurs stigmates, au nombre de quatre, sont situés près de l'origine du ventre, et recouverts d'une plaque. Leurs antenne-pinces (mandibules des auteurs) sont en griffe, ou terminées simplement par un crochet mobile. Leur languette est alongée, très étroite, en forme de dard et cachée. Ils n'ont que deux mâchoires, et formées par le premier article de leurs palpes.

Ils ont tous huit yeux, dont trois, de chaque côté, près des angles antérieurs, disposés en triangle; et deux près du milieu, au bord antérieur et portés sur un tubercule commun ou sur une petite éminence, un de chaque côté. Les palpes sont épineux. Les tarses des deux pieds antérieurs diffèrent des autres; ils sont composés de beaucoup d'articles, en forme de fil ou de soie; et sans onglet au bout.

Ces arachnides n'habitent que les pays très chauds de l'Asie et de l'Amérique. Leurs habitudes nous sont inconnues. On en fait aujourd'hui deux genres.

Les Phrynes. (Phrynus. Oliv.)

Qui ont des palpes terminés en griffe, le corps très aplati, le thorax large, presque en forme de croissant; l'abdomen sans queue, et les deux tarses antérieurs très longs, très menus, semblables à des antennes en forme de soie (1).

Les Thélyphones. (Thelyphonus. Latr.)

Se distinguent des phrynes par leurs palpes plus courts, plus gros, terminés en pince ou par deux doigts réunis; par leur corps long, avec le thorax ovale, et le bout de l'abdomen muni d'une soie articulée, formant une queue; leurs

---

(1) *Phalangium reniforme*, Lin.; Pall., Spicil. zool., fasc. IX, iii, 5, 6; Herbst., Monog. phal., iii; Indes orientales, îles Séchelles; Herbst., ibid, iv, 1, Amérique méridionale; — *Tarentula reniformis*, Fab.; Pall., Spicil. zool., 9, iii, 3, 4; Herbst., ibid, v. 1; ejusd., iv, 2, var.? Antilles.

deux tarses antérieurs sont courts, d'une même venue, et à articulations peu nombreuses (1). ·

Les autres ont l'abdomen intimement uni au thorax par toute sa largeur, offrant à sa base inférieure deux lames mobiles en forme de peigne, et terminé par une queue noueuse, armée d'un aiguillon à son extrémité ; leurs stigmates sont au nombre de huit, découverts et disposés quatre par quatre, de chaque côté, de la longueur du ventre ; leurs antenne-pinces sont terminées par deux doigts, dont l'extérieur mobile. Ils forment le genre

Des Scorpions. (Scorpio. Lin. Fab.)

Qui ont le corps long et terminé brusquement par une queue longue, grêle, composée de six nœuds, dont le dernier finit en pointe arquée et très aiguë, ou en un dard, sous l'extrémité duquel sont deux petits trous, servant d'issue à une liqueur venimeuse, contenue dans un réservoir intérieur. Leur thorax, en forme de carré long et ordinairement marqué, dans son milieu, d'un sillon longitudinal, a de chaque côté, près de son extrémité antérieure, trois ou deux yeux lisses, formant une ligne courbe, et vers le milieu du dos deux autres yeux lisses rapprochés. Les palpes sont très grands, avec une serre au bout, en forme de main ; leur premier article forme une mâchoire concave et arrondie. A l'origine de chacun des quatre pieds

---

(1) *Phalangium caudatum*, Linn.; Pall., Spicil. zool. fasc. IX, III, 1, 2, de Java. L'Amérique méridionale fournit une autre espèce, décrite et figurée dans le Journal de Physique et d'Histoire naturelle (1777) ; les habitants de la Martinique l'appellent le *vinaigrier*. Une troisième espèce, plus petite que les précédentes, et dont les pattes sont fauves, habite la presqu'île en-deçà du Gange.

antérieurs, est un appendice triangulaire, et ces pièces forment, par leur rapprochement, l'apparence d'une lèvre à quatre divisions, mais dont les deux latérales peuvent être considérées comme des sortes de mâchoires, et dont les deux autres forment la languette. L'abdomen est composé de douze anneaux, ceux de la queue compris; le premier est divisé en deux parties, dont l'antérieure porte les organes sexuels, et l'autre les deux peignes. Ces appendices sont composés d'une pièce principale, étroite, alongée, articulée, mobile à sa base, et garnie, le long de son côté inférieur, d'une suite de petites lames, réunies avec elle par une articulation, étroites, alongées, creuses intérieurement, parallèles, et imitant des dents de peigne; leur nombre est plus ou moins considérable, selon les espèces; il varie quelquefois d'une certaine quantité, et peut-être avec l'âge, dans la même. On n'a pas encore déterminé, par des expériences positives, quel est l'usage de ces appendices. Les quatre anneaux suivants ont chacun une paire de sacs pulmonaires et de stigmates. Immédiatement après le sixième, l'abdomen se rétrécit brusquement, et les six autres anneaux, sous la forme de nœuds, composent la queue. Tous les tarses sont semblables, de trois articles, avec deux crochets au bout du dernier. Les quatre derniers pieds ont une base commune, et le premier article de leurs hanches est soudé; les deux derniers sont même adossés, en partie, à l'abdomen.

Les deux cordons nerveux, partant du cerveau, se réunissent par intervalles, et forment sept ganglions, dont les derniers appartiennent à la queue. Dans toutes les autres arachnides, le nombre des ganglions est de trois au plus.

Les huit stigmates donnent dans autant de bourses blanches, renfermant chacune un grand nombre de petites lames très déliées, entre lesquelles il est probable que l'air se filtre. Un vaisseau musculeux règne le long du dos, et communique avec chaque bourse par deux vaisseaux (1); d'autres branches en partent pour toutes les parties. Le canal intestinal est droit et grêle. Le foie se compose de quatre paires de grappes glanduleuses, qui versent leur liqueur dans quatre points de l'intestin. Le mâle a deux verges sortant près des peignes, et la femelle deux vulves. Ces dernières donnent dans une matrice composée de plusieurs canaux qui communiquent les uns avec les autres, et que l'on trouve au temps du part, remplis de petits vivants : les testicules sont aussi formés de quelques vaisseaux anamostosés ensemble (2).

Ces arachnides habitent les pays chauds des deux hémisphères, vivent à terre, se cachent sous les pierres ou d'autres corps, le plus souvent dans les masures ou dans les lieux sombres et frais, et même dans l'intérieur des maisons. Ils courent vite, en recourbant leur queue en forme d'arc sur le dos. Ils la dirigent en tout sens, et s'en servent comme d'une arme offensive et défensive. Ils saississent avec leurs serres les cloportes et les différents insectes, tels que des carabes, des charançons, des orthoptères, etc., dont ils se nourrissent, les piquent avec l'aiguillon de leur queue, en la portant en avant, et font ensuite passer leur proie entre leurs chélicères et leurs mâchoires. Ils sont friands des œufs d'aranéïdes et de ceux d'insectes.

La piqûre du *Scorpion d'Europe* n'est pas, à ce qu'il paraît, ordinairement dangereuse. Celle du scorpion de Souvignargues, de Maupertuis, ou de l'espèce que j'ai nommée *roussâtre* (*Occitanus*), et qui est plus forte que la précédente, produit, d'après les expériences que le

---

(1) *Voyez* nos remarques précédentes sur la circulation des arachnides pulmonaires.

(2) Consultez, sur l'anatomie des scorpions, Tréviranus, Marcel de Serres et Léon Dufour (Journ. de physique, juin 1817).

docteur Maccary a eu le courage de faire sur lui-même, des accidents plus graves et plus alarmants; le venin paraît être d'autant plus actif que le scorpion est plus âgé. On emploie, pour en arrêter les effets, l'alkali volatil, soit extérieurement, soit à l'intérieur.

Quelques naturalistes ont avancé que nos espèces indigènes produisent deux générations par an. Celle qui me semble la mieux constatée a lieu au mois d'août. La femelle, dans l'accouplement, est renversée sur le dos. Suivant M. Maccary, elle change de peau avant de mettre bas ses petits. Le mâle en fait autant à la même époque.

La femelle fait ses petits à diverses reprises. Elle les porte sur son dos pendant les premiers jours, ne sort pas alors de sa retraite, et veille à leur conservation l'espace d'environ un mois, époque à laquelle ils sont assez forts pour s'établir ailleurs et pourvoir à leur subsistance. Ce n'est guère qu'au bout de deux ans qu'ils sont en état d'engendrer.

Les uns ont huit yeux, et forment le genre *Buthus* de M. Leach.

Le *Scorpion d'Afrique* (*Afer.*, Lin., Fab.). Rœs., insect., 3, LXV. — Herbst., monog., scorp., 1. Long de cinq à six pouces, d'un brun noirâtre, avec les serres grandes, en cœur, très chagrinées et un peu velues. Bord antérieur du corselet fortement échancré. Treize dents à chaque peigne. — Des Indes orientales, de Ceylan, etc.

Le *Scorpion roussâtre* (*Occitanus*, Amor.); *Tunetanus*, Herbst., monog., scorp., III, 3; *Buthus occitanus*, Leach., Zoolog. Miscell. CXLIII. Jaunâtre ou roussâtre; queue un peu plus longue que le corps, avec des lignes élevées et finement crénelées. Vingt-huit dents et au-delà (52-65, Maccary.) à chaque peigne. — Midi de l'Europe, Barbarie, et très commun en Espagne.

Les autres n'ont que six yeux, et composent le genre *Scorpion*, proprement dit, du même naturaliste.

Le *Scorpion d'Europe* (*Europæus*, Lin., Fab.). Herbst., Monog. scorp., III, 1, 2. D'un brun plus ou moins foncé,

avec les pieds et le dernier article de la queue d'un brun
plus clair ou jaunâtre ; serres en forme de cœur et anguleuses; neuf dents à chaque peigne.—Les départements les
plus méridionaux et orientaux de la France.

LE SECOND ORDRE DES ARACHNIDES,

Les TRACHÉENNES. (Tracheariæ.)

Différent du précédent par des organes respiratoires, consistant en des trachées (1) rayonnées ou

(1) Les trachées sont des vaisseaux qui reçoivent et distribuent le
fluide aérien dans tout l'intérieur du corps, et suppléent ainsi au défaut
de circulation. Elles sont de deux sortes. Les *tubulaires* ou *élastiques*
sont formées de trois membranes, dont l'intermédiaire, composée d'un
filet cartilagineux, élastique, roulé en spirale, et dont les deux autres
celluleuses. Les trachées *vésiculaires* ne sont formées que de deux membranes et de cette sorte. Ce sont des espèces de poches pneumatiques,
susceptibles de se gonfler et de s'abaisser. Les insectes aquatiques et plusieurs autres aériens en sont dépourvus. Elles communiquent entre elles par
des trachées tubulaires. Dans plusieurs orthoptères, où elles sont bien développées, des arcs cartilagineux, formés par des appendices des demi-anneaux
inférieurs de l'abdomen, servent d'attaches aux muscles qui les retiennent.
Les trachées sont divisées en deux troncs principaux, s'étendant longitudinalement, un de chaque côté, et recevant l'air au moyen d'ouvertures
latérales appelées *stigmates*, et jetant ensuite des branches et des rameaux
nombreux qui répandent ce fluide. Mais dans plusieurs insectes, il existe
aussi deux autres troncs plus ou moins longs, situés entre les deux précédents et communiquant avec eux. M. Marcel de Serres les distingue par
la dénomination de *pulmonaires* : les deux ordinaires sont pour lui des
trachées *artérielles*. Il distingue aussi deux sortes de stigmates : les uns,
simples, ou les stigmates ordinaires, consistent en deux lèvres membraneuses, ayant des fibres ou stries transverses, s'ouvrant au moyen d'une
simple contraction ; les autres stigmates, ceux qu'il nomme *trémaères*,
sont formés d'une ou de deux pièces, mais le plus souvent de deux, cornées,
mobiles, s'ouvrant ou se fermant comme des volets. De Geer (Descript.
du criquet de passage) les compare à des paupières. Ils sont propres à
certains orthoptères, et leur position indique que ce sont les stigmates
du mésothorax. M. Léon Dufour (Ann. des sc. natur., mai 1826) a donné

ramifiées, et ne recevant l'air que par deux ouvertures ou stigmates; par l'absence d'organe circulatoire (1), et à l'égard du nombre des yeux qui
n'est que de deux à quatre (2). Faute d'observations anatomiques assez générales, les limites de
cet ordre ne sont pas encore rigoureusement tra-
cées. Quelques-unes mêmes de ces arachnides, telles
que les pycnogonides, n'offrent aucun stigmate,
et leur mode de respirer est inconnu.

Les arachnides trachéennes se partagent très naturellement en celles qui sont pourvues d'antenne-
pinces terminées par deux doigts, dont l'un mo-

---

de très bonnes figures de ces diverses sortes de stigmates, mais sans employer les désignations du naturaliste précédent. Il paraîtrait, d'après sa
description des stigmates abdominaux, que ceux-ci ont les caractères des
trémaères, tandis que ceux qu'il décrit ensuite comme différents, sont
les stigmates ordinaires. Nous croyons, au surplus, que ces dissemblances
ne tiennent qu'à de simples modifications des lèvres. Réaumur (Mem., I,
ıv, 16) a figuré un stigmate de cette dernière sorte, mais dont les lèvres
ont un rebord intérieur, qui doit, selon toute apparence, être corné.
Supposons qu'elles soient presque entièrement de cette consistance, nous
aurons alors cette espèce de stigmate que M. Serres nomme trémaère.
Quelques larves aquatiques ont des appareils respiratoires particuliers et
dont nous parlerons en traitant de ces insectes.

(1) La présence des trachées exclut toute circulation complète, c'est-
à-dire la distribution du sang aux diverses parties, et son retour des organes de la respiration au cœur. Ainsi, quoique l'on ait récemment
découvert des vaisseaux dans quelques insectes (phasmes), quoique leur
existence soit possible dans diverses arachnides trachéennes, ces animaux
ne rentrent pas moins, sous ce rapport, dans le système général. M. Marcel de Serres a observé que le tube intestinal des phalangium ou faucheurs jette un très grand nombre de cœcums ou d'appendices vermiformes, qui semblent avoir de l'analogie avec les vaisseaux hépatiques,
et que les trachées rampent et se ramifient à l'infini sur ces cœcums.

(2) Suivant Müller, l'*hydrachne umbrata* a six yeux; mais n'est-ce pas
une erreur d'optique ou une méprise?

bile, ou bien par un seul, pareillement mobile, en forme de griffe ou de crochet; et en celles où ces organes sont remplacés par de simples lames ou lancettes, et qui, avec la languette, constituent un suçoir. Mais la plupart de ces animaux étant fort petits, cet examen entraîne de grandes difficultés, et l'on sent que de tels caractères ne doivent être employés que lorsqu'on ne peut faire autrement.

La première famille des ARACHNIDES TRACHÉEN=NES, celle

DES FAUX SCORPIONS (PSEUDO SCORPIONES.),

A le thorax articulé, avec le segment antérieur beaucoup plus spacieux, en forme de corselet; un abdomen très distinct et annelé, des palpes très grands, en forme de pieds ou de serres; huit pieds dans les deux sexes, avec deux crochets égaux au bout des tarses, les deux antérieurs au plus exceptés; deux antenne-pinces ou chélicères apparentes, terminées par deux doigts, et deux mâchoires formées par le premier article des palpes. Ils sont tous terrestres et ont le corps ovale ou oblong; cette famille ne comprend que deux genres.

Les GALÉODES. (GALEODES. Oliv. — *Solpuga*. Licht. Fab.)

Ont deux antenne-pinces très grandes, à doigts verticaux, fortement dentés, l'un supérieur, fixe et souvent muni, à sa base, d'un appendice (1) grêle, alongé, terminé en pointe, et l'autre mobile ; les palpes grands, avancés, en forme de pieds ou d'antennes, terminés par un article court, en forme de bouton, vésiculeux et sans crochet au bout ; les deux pieds antérieurs d'une figure presque semblable, pareillement mutiques, mais plus petits ; les autres terminés par un tarse, dont le dernier article, muni au bout de deux petites pelotes et de deux longs doigts, avec un crochet à leur extrémité ; cinq écailles en forme de demi-entonnoir et pédicellées, sur chaque pied postérieur, disposées en une rangée le long de leurs premiers articles ; et deux yeux très rapprochés sur une éminence antérieure du premier segment thoracique, qui représente une grande tête, portant, outre les parties de la bouche les deux pieds antérieurs.

Leur corps est oblong, généralement mou et hérissé de longs poils. Le dernier article des palpes, ou leur bouton, renferme, suivant M. Dufour, un organe particulier, en forme de disque ou de cupule, d'un blanc nacré, et qui ne se présente en dehors que lorsque l'animal est irrité. Les deux pieds antérieurs peuvent être considérés comme de seconds palpes. Le labre a la forme d'un petit bec très comprimé, recourbé, pointu et velu au bout. La languette est petite, en forme de carène, et se termine par deux soies barbues, divergentes, postées chacune sur un petit article. Les autres paires de pieds sont annexées à autant de segments. J'ai aperçu un grand stigmate, de chaque côté du corps, entre les premiers et les seconds pieds, ainsi qu'une fente à la base du ventre. L'abdomen est ovalaire et composé de neuf anneaux. (*Voyez*, pour d'autres particularités, la description d'une espèce découverte en Espagne par M. Dufour, et décrite et figurée par lui dans les Annales des sciences physiques, tom. V, pl. LXIX, 5.)

____

(1) Je ne crois pas qu'il soit exclusivement propre à l'un des sexes.

On soupçonne que les anciens ont désigné ces arachnides sous les noms de *phalangium, solifuga, tetragnatha*, etc. M. Poë en a découvert une espèce dans les environs de la Havane ; mais les autres sont propres aux pays chauds et sablonneux de l'ancien continent. Ces animaux courent avec une extrême vitesse, redressent leur tête, semblent vouloir se défendre, lorsqu'on les surprend, et sont réputés venimeux (1).

Les PINCES. (CHELIFER. Geoff. — *Obisium*. Ilig.)

Ont les palpes alongés, en forme de bras, avec une pince en forme de main et didactyle au bout ; tous les pieds égaux, terminés par deux crochets, et les yeux placés sur les côtés du thorax.

Ces animaux ressemblent à de petits scorpions privés de queue. Leur corps est aplati, avec le thorax presque carré, et ayant de chaque côté un ou deux yeux.

Ils courent vite, et souvent à reculons ou de côté, comme les crabes. Rœsel a vu une femelle pondre ses œufs et les rassembler en tas. Hermann père dit que ces individus les portent réunis en une pelotte sous leur ventre. Il croit même, d'après une autre observation, que ces arachnides peuvent filer.

Son fils (*Mém. aptérol.*) divise ce genre en deux sections. Les uns (*Chelifer*, Leach.) ont le premier segment du tronc, ou du thorax, partagé en deux par une ligne imprimée et transversale ; les tarses d'un seul article ; une espèce de stylet au bout du doigt mobile des chélicères, et les poils du corps en forme de spatule.

La *Pince crabe* (*Phalangium cancroides*, Lin. ; *Scorpio cancroides*, Fab.) Rœs., Ins., III, supp. LXIV, vulgaire-

―――――――――

(1) *Solpulga fatalis*, Fab. ; Herbst., Monog., solp. I, 1, du Bengale : — *S. chelicornis*, Fab. ; Herbst., *ibid.*, II, 1 ; — *Phalangium araneoides*, Pall., Spicil. zool., fasc. IX, III, 7, 8, 9. *Voyez*, en outre, la Monographie de ce genre publiée par Herbst., et les Voyages de Pallas et d'Olivier.

18[*]

ment *Scorpion des livres*, se trouve dans les herbiers, les vieux livres, etc., où elle se nourrit des petits insectes qui les rongent.

Une autre (*Scorpio cimicoides*, Fab.)Herm., Mém. aptér., VII, 9, habite sous les écorces d'arbres, les pierres, etc.

D'autres (*Obisium*, Leach.) ont le thorax sans division, les chélicères sans stylet, les poils du corps en forme de soies (1). Mais le nombre des yeux nous fournit un caractère plus important. Il est de quatre dans les Obisies et de deux dans les Pinces proprement dites (2).

La seconde famille des Arachnides trachéennes, celle

Des PYCNOGONIDES. (Pycnogonides.)

A le tronc composé de quatre segments, occupant presque toute la longueur du corps, terminé à chaque extrémité par un article tubulaire, dont l'antérieur plus grand, tantôt simple, tantôt accompagné d'antenne-pinces et de palpes, ou d'une seule sorte de ces organes, constitue la bouche (3). Les deux sexes ont huit pieds propres à la course; mais les femelles offrent, en outre, deux fausses pattes, situées près des deux antérieurs, et servant uniquement à porter les œufs.

---

(1) Herm., Mém. aptér., v, 6; vi, 14.

(2) *Voyez* la Monographie des scorpionides du docteur Leach, dans le troisième volume de son Zoological miscellany, tab. 141 et 142 ; et un Mémoire sur les insectes du Copal, par M. Dalman, où il en décrit et figure une espèce sous le nom d'*eucarpus*, et où il présente des observations sur d'autres espèces.

(3) Le siphon d'une grande espèce du sous-genre phoxichile, apportée du cap de Bonne-Espérance par feu Delalande, m'a offert des sutures longitudinales, de manière qu'il me paraît composé du labre, de la languette et de deux mâchoires, le tout soudé ensemble. Les palpes sont dès lors ceux de ces mâchoires.

Les *Pycnogonides* sont des animaux marins (1),
ayant de l'analogie, soit avec les *Cyames* et les
Chevrolles, soit avec les arachnides du genre *Phalangium*, ou les *Faucheurs*, auxquels Linnæus les a
réunis. Leur corps est ordinairement linéaire, avec
les pieds très longs, de huit à neuf articles, et terminés par deux crochets inégaux, paraissant n'en
former qu'un seul, et dont le plus petit est fendu.
Le premier article du corps, et qui tient lieu de
tête et de bouche, forme un tube avancé, presque
cylindrique ou en cône tronqué, ayant à son extrémité une ouverture triangulaire ou en trèfle. Il
porte à sa base les antenne-pinces et les palpes.
Les antenne-pinces sont cylindriques ou linéaires, simplement prenantes, composées de deux
pièces, dont la dernière en pince, avec le doigt
inférieur, ou celui qui est immobile, quelquefois
plus court. Les palpes sont en forme de fil, de cinq
ou neuf articles, avec un crochet au bout. Chaque
segment suivant, à l'exception du dernier, sert
d'attache à une paire de pieds (2); mais le pre-

---

(1) Suivant M. Savigny, ils font le passage des *arachnides* aux *crustacés*. Nous ne les plaçons ici qu'avec doute.

(2) M. Milne Edwards, qui a observé ces animaux sur le vivant,
m'a dit avoir vu dans l'intérieur de ces organes des expansions latérales du canal intestinal, ou des cœcums. J'en avais effectivement aperçu
les traces, sous la forme de vaisseaux noirâtres, dans divers nymphons.
Cette observation me porterait à croire que ces animaux respirent par la
peau, caractère d'après lequel ils pourraient former un ordre particulier,
et peut-être intermédiaire entre les arachnides et les insectes aptères de
l'ordre des parasites.

mier, ou celui avec lequel s'articule la bouche, a sur le dos un tubercule portant, de chaque côté, deux yeux lisses, et en dessous, dans les femelles seulement, deux autres petits pieds, repliés sur eux-mêmes, et portant les œufs qui sont rassemblés tout autour d'eux, en une ou deux pelottes. Le dernier segment est petit, cylindrique, et percé d'un petit trou à son extrémité. On ne découvre aucuns vestiges de stigmates.

Ces animaux se trouvent parmi les plantes marines, quelquefois sous les pierres, près des rivages, et quelquefois aussi sur des cétacés.

Les PYCNOGONONS. (PYCNOGONUM. Brun. Müll. Fab.)

Sont dépourvus d'antenne-pinces et de palpes, et la longueur de leurs pieds ne surpasse guère celle du corps, qui est proportionnellement plus court et plus épais que dans les genres suivants. Ils vivent sur des cétacés (1).

Les PHOXICHILES. (PHOXICHILUS. Latr.)

N'offrent point de palpes, de même que les précédents, mais ont des pieds fort longs et deux antenne-pinces (2).

Les NYMPHONS. (NYMPHON. Fab.)

Ressemblent aux *Phoxichiles* par la forme très étroite

---

(1) Müll., Zool. dan., cxix, 10-12, femelle. Trouvé sur nos côtes par MM. Surirey et d'Orbigny.

(2) Rapportez à ce genre le *pycnogonum spinipes* d'Othon Fabricius, sa variété du *P. grossipes*, sans antennes; les *phalangium aculeatum, spinosum* de Montagus (Lin. Trans.), le *nymphon femoratum* des Actes de la Soc. d'hist. natur. de Copenhague (1797); le *nymphon hirtum* de Fabricius, qui peut-être ne diffère pas des *phalangium spinipes, spinosum*, cités plus haut.

et oblongue de leur corps, la longueur de leurs pieds, et la présence des antenne-pinces; mais ont, en outre, deux palpes (1).

La troisième famille des ARACHNIDES TRACHÉENNES, celle

DES HOLÈTRES. (HOLETRA. Hermann.)

A le thorax et l'abdomen réunis en une masse, sous un épiderme commun : le thorax est tout au plus divisé en deux, par un étranglement, et l'abdomen présente seulement dans quelques-uns des apparences d'anneaux, formés par des plis de l'épiderme.

L'extrémité antérieure de leur corps est souvent avancée en forme de museau ou de bec; la plupart ont huit pieds et les autres six (2).

Cette famille ce compose de deux tribus.

La première tribu des ARACHNIDES HOLÈTRES, celle des PHALANGIENS (*Phalangita*, Latr.), a des antenne-pinces très apparentes, soit en

---

(1) *Pycnogorum grossipes*, Oth. Fab.; Müll., Zool. dan., CXIX, 5-9, fem.; à comparer avec les *nymphons gracile* et *femoratum* du docteur Leach. (Zool. miscell., XIX, 1, 2). Son genre *ammothea* (*A. carolinensis*, ibid., XIII) diffère de celui des *nymphons* par les antenne-pinces beaucoup plus courtes que la bouche, leur première pièce, ou celle de la racine, étant fort petite. Les palpes ont neuf articles, tandis que ceux des nymphons n'en offrent que cinq. Dans ce genre, ainsi que ceux de *phoxichile* et de *pycnogonon*, le second article des tarses est fort court. Le tubercule portant les yeux est quelquefois placé sur une saillie qui s'avance au-dessus de la base de l'article antérieur, ou la bouche.

(2) Le *trombidium longipes* d'Herman fils, Mém. aptér., pl. 1, 8, est représenté avec dix pieds, dont les deux premiers très longs. Il ne lui en donne que huit dans le texte.

saillie au-devant du tronc, soit inférieures, et toujours terminées en une pince didactyle, précédée d'un à deux articles.

Ils ont deux palpes en forme de fil, de cinq articles, dont le dernier terminé par un petit onglet; deux yeux distincts, deux mâchoires formées par le prolongement de l'article radical des palpes, et souvent quatre de plus (1), et qui ne sont aussi qu'une dilatation de la hanche des deux premières paires de pieds; le corps ovale ou arrondi, recouvert, du moins sur le tronc, d'une peau plus solide; des apparences d'anneaux ou des plis sur l'abdomen. Les pieds, toujours au nombre de huit, sont longs et divisés distinctement à la manière de ceux des insectes (2). Plusieurs au moins (faucheurs), ont à l'origine des deux pieds postérieurs, deux stigmates, un de chaque côté, mais cachés par leurs hanches.

----

(1) Dans la supposition que les deux mâchoires supérieures représentent, avec leurs palpes, les mandibules des crustacés décapodes, les quatre autres représenteront aussi les quatre mâchoires des mêmes crustacés, et les deux mâchoires, ainsi que la lèvre inférieure des insectes broyeurs. M. Marcel de Serres nous apprend que le ganglion venant immédiatement après le cerveau, est en face de la troisième paire de pattes, qui, d'après ces rapprochements, serait l'analogue de la première des insectes; or c'est là aussi qu'est placé, dans ceux-ci, le même ganglion. *Voyez* l'ordre des myriapodes.

(2) Hanches, cuisses, jambes et tarses de même que dans les familles précédentes. Mais les pieds des autres arachnides trachéennes sont composés d'articles courts, dont les proportions relatives ne diffèrent que graduellement, de sorte que ces distinctions de parties sont moins appréciables.

La plupart vivent à terre, sur les plantes, au bas des arbres, et sont très agiles; d'autres se cachent sous la pierre, dans la mousse. Leurs organes sexuels sont placés sous la bouche et intérieurs.

Les FAUCHEURS. (PHALANGIUM. Lin. Fab.)

Qui ont les antenne-pinces saillantes, beaucoup plus courtes que le corps, et les yeux portés sur un tubercule commun.

Leurs pieds sont très longs, fort menus; et détachés du corps, ils donnent, pendant quelques instants, des signes d'irritabilité. Les deux sexes sont placés vis-à-vis l'un de l'autre dans la copulation, qui a lieu vers la fin de l'été. L'organe générateur du mâle a la forme d'un dard, terminé en demi-flèche. La femelle a un oviducte membraneux, en forme de fil, flexible et annelé. Les trachées sont tubulaires.

Le *Faucheur des murailles* (*Cornutum*, Lin., mâle; *Opilio*, ejusd., femelle.) Herbst., *Monog. phal.*, 1, 3, mâle; *ibid.* 1, femelle. Corps ovale, roussâtre ou cendré en dessus, blanc en dessous; palpes longs; deux rangées de petites épines sur le tubercule portant les yeux, et des piquants sur les cuisses. Antenne-pinces cornues dans le mâle; une bande noirâtre, avec ses bords festonnés, sur le dos, dans la femelle (1).

Un célèbre entomologiste anglais, M. Kirby, a formé, sous le nom de GONOLÈPTE (*Gonoleptes.*), un genre propre sur des espèces qui ont les palpes épineux, avec les deux derniers articles presque de la même grandeur, subovalaires, et un fort onglet terminal; et dont les hanches des deux pieds postérieurs sont fort grandes, soudées et forment une plaque sous le corps. Ces pieds sont éloignés des autres

---

(1) Consultez les Monographies de ce genre publiées par Latreille (à la suite de l'Histoire des fourmis), Herbst et Hermann fils (Mém. aptérolog.).

et rejetés en arrière (1). Dans les *Faucheurs* proprement dits, les palpes sont filiformes, sans épines, terminés par un article beaucoup plus long que le précédent, avec un petit crochet au bout. Tous les pieds sont rapprochés, à à hanches semblables et contiguës à leur naissance. Telles sont toutes nos espèces indigènes.

Les SIRONS. (SIRO. Latr.)

A les antenne - pinces saillantes, presque aussi longues que le corps, les yeux écartés et portés chacun sur un tubercule isolé ou sans support (2).

Les MACROCHÈLES. (MACROCHELES. Latr.)

Ont aussi les antenne - pinces très-saillantes et fort longues ; mais leurs yeux sont nuls ou sessiles. Les deux pieds antérieurs sont fort longs et antenniformes; le dessus du corps forme une plaque ou écaille sans anneaux distincts.

Je rapporte à ce genre les *Acarus marginatus* et *testudinarius* d'Herman fils (Mémoire aptérol., pag. 76, pl. vi, fig. 6, et pag. 80, pl. ix, fig. 1.).

Les TROGULES. (TROGULUS. Latr.)

Dont l'extrémité antérieure du corps s'avance en forme de chaperon, et reçoit dans une cavité inférieure les antenne-pinces et les autres parties de sa bouche.

Leur corps est très aplati et recouvert d'une peau très ferme. Sous les pierres (3).

---

(1) *Gonoleptes horridus*, Trans. Lin. Soc. XII, xxii, 16; espèce du Brésil.

(2) *Siro rubens*, Latr., Gener. crust. et insect., I, vi, 2 ; — *Acarus crassipes*, Herm., Mém. aptér., iii, 6 et ix, Q. N.

(3) *Trogulus nepæformis*, Lat., Gener., crust. et insect., I, vi, 1 ; *Phalangium tricarinatum*, Lin.; Midi de la France, Espagne.

La seconde tribu des Arachnides Holètres, celle des Acarides (*Acarides*), a tantôt des antenne-pinces, mais simplement composées d'une seule pince, soit didactyle, soit en griffe, et cachée dans une lèvre sternale; tantôt un suçoir, formé de lames en lancette et réunies, ou n'a même pour bouche qu'une cavité, sans autres pièces apparentes.

Cette tribu est formée du genre

Des Mites. (Acarus. L.)

La plupart de ces animaux sont très petits ou presque microscopiques. Ils sont dispersés partout. Les uns sont errants, et parmi eux on en rencontre sous les pierres, les feuilles, les écorces des arbres, dans la terre, les eaux, ou bien sur les provisions de bouche, comme la farine, la viande desséchée, le vieux fromage sec, sur les substances animales en putréfaction; d'autres vivent, en parasites, sur la peau ou dans la chair de divers animaux, et les affaiblissent souvent beaucoup par leur excessive multiplication. On attribue même à quelques espèces l'origine de certaines maladies, et particulièrement de la gale. Il paraît résulter des expériences du docteur Galet, que les mites de la gale humaine, mises sur le corps d'une personne saine, lui inoculent le virus de cette maladie. On trouve aussi diverses sortes de mites sur des insectes, et plusieurs coléoptères vivant de substances cadavéreuses ou excrémentielles, en sont quelquefois tout couverts. On en a observé jusque dans le cerveau et les yeux de l'homme.

Les mites sont ovipares et pullulent beaucoup. Plusieurs ne naissent qu'avec six pieds, et les deux autres se développent peu de temps après. Leurs tarses se terminent de manières diverses et appropriées à leurs habitudes.

Les unes (les Acarides propres, *Acarides*, Latr.) ont huit pieds, uniquement propres à la course, et des antenne-pinces.

Les Trombidions. (Trombidium. Fab.)

Qui ont des antenne-pinces en griffe ou terminées par un crochet mobile ; des palpes saillants, pointus au bout, avec un appendice mobile ou une espèce de doigt sous leur extrémité ; deux yeux, situés chacun au bout d'un petit pédicule fixe , et le corps divisé en deux parties, dont la première ou l'antérieure très petite, et porte , outre les yeux et la bouche , les deux première paires de pieds.

Le *Trombidion satiné* (*T. holosericeum*, Fab.) Herm., Mém. aptér. , pl. I, 2, et II, 1 , très commun, au printemps , dans les jardins ; d'un rouge couleur de sang , abdomen presque carré, rétréci postérieurement, avec une échancrure ; dos chargé de papilles velues à leur base, et globuleuses à leur extrémité.

On trouve aux Indes orientales une autre espèce trois à quatre fois plus grande, et qui donne une teinture rouge : c'est le *T. colorant* (*T. tinctorium*, Fab.) Herm., Mém. apt. I, 1, (1).

Les Erythrées. (Erythræus. Latr.)

Qui ont les antenne-pinces et les palpes des *Trombidions*, mais dont les yeux ne sont point portés sur de pédicule, et dont le corps n'est pas divisé (2).

Les Gamases. (Gamasus. Lat. Fabr.)

Dont les antenne-pinces sont didactyles, et qui ont des palpes saillants ou très distincts, et en forme de fil.

---

(1) *T. fuliginosum*, Herm. , Mém. apt. , 1, 3 ;—*T. bicolor*, ibid. , 11, 2 ; — *T. assimile*, ibid. , 3 ; — *T. curtipes*, ibid. , 4 ; — *T. trigonum*, ibid. , 5 ; — *T. trimaculatum*, ibid. , 6.

(2) *Erythræus phalangioides*, Latr. ; *Trombidium phalangioides*, Herm. , ibid., 1, 10; — *Trombidium quisquiliarum*, ibid. , 9; — *T. parietinum*, ibid. , 12; — *T. pusillum*. ibid , 11, 4; — *T. murorum*, ibid., 5.

Les uns ont le dessus du corps revêtu, en tout ou en partie, d'une peau écailleuse (1).

Les autres ont le corps entièrement mou. Quelques espèces de cette division vivent sur différents oiseaux et quadrupèdes. On en connaît, tels surtout que l'*Acarus telarius* de Linnæus, ou le *Gamase tisserand*, qui forment sur les feuilles de plusieurs végétaux, particulièrement sur celles du tilleul, des toiles très fines, et leur nuisent beaucoup. Cette espèce est rougeâtre, avec une tache noirâtre de chaque côté de l'abdomen.

Les Cheylètes. (Cheyletus. Lat.)

Qui ont aussi des antenne-pinces didactyles, mais dont les palpes sont épais, en forme de bras et terminés en faulx (2).

Les Oribates. (Oribata. Latr. — *Notaspis*. Herm.)

Dont les antenne-pinces sont encore didactyles, mais dont les palpes sont très courts ou cachés; qui ont le corps recouvert d'une peau ferme, coriace ou écailleuse, en forme de bouclier ou d'écusson, et les pieds longs ou de grandeur moyenne.

Le devant du corps est avancé en forme de museau. On voit souvent une apparence de corselet. Le bout du tarse est terminé par un seul crochet dans les uns, par deux ou trois dans les autres, sans pelotte vésiculeuse.

Ils se trouvent sur les pierres, les arbres, dans la mousse, et marchent lentement (3).

---

(1) *Gamasus marginatus*, Latr.; *Acarus marginatus*, Herm., Mém. apt., VI, 6, trouvé sur le corps calleux du cerveau d'un homme; — *Trombidium longipes*, Herm., ibid., 1, 8; — *Acarus coleoptratorum*, Fab.; De Geer, Mém. insect., VII, VI, 5; — *Acarus hirundinis*, Herm., ibid., 1, 13; — *A. vespertilionis*, ibid., 14; — *Trombidium bipustulatum*, ibid., 11, 10; — *T. socium*, ibid., 11, 13; — *T. tiliarium*, ibid., 12; — *T. telarium*, ibid., 15 : ces trois espèces vivent en société sur les feuilles, les recouvrent de fils soyeux et très fins; — *T. celer*, ibid., 14; — *Acarus gallinæ*, De Geer, Insect., VII, VI, 13.

(2) *Acarus eruditus*, Schrank, Enum., Insect., Aust., n° 1058, tab. 11, 1; ejusd., *peciculus musculi*, ibid., n° 1024, 1, 5.

(3) *Voyez* Hermann, Mém. aptér., genre *notaspe*; et Olivier, Encycl. méthod., insect., article *Oribate*.

Les Uropodes. (Uropoda. Lat.)

Qui ont, à ce que l'analogie nous fait présumer, des chélicères en pince; dont les palpes ne sont point apparents ou saillants; dont le corps est encore recouvert d'une peau écailleuse, mais qui ont des pieds très courts, et un fil à l'anus, au moyen duquel ils se fixent sur le corps de quelques insectes coléoptères, et se suspendent en l'air (1).

Les Acarus. (Acarus. Fab. Latr. — *Sarcoptes.* Latr.)

Ayant, ainsi que les précédents, deux antenne-pinces didactyles, des palpes très courts ou cachés, mais dont le corps est très mou ou sans croûte écailleuse.

Les tarses ont, à leur extrémité, une pelotte vésiculeuse. Plusieurs espèces se nourrissent de nos substances alimentaires. D'autres se trouvent dans les ulcères de la gale de l'homme, de celles du cheval, du chien, du chat (2).

D'autres Mites (les Tiques, *Riciniæ,* Latr.) ont aussi huit pieds et uniquement propres à la course, mais sont dépourvus d'antenne-pinces proprement dites; ces organes sont remplacés par deux lames en lancettes, formant, avec la languette, un suçoir.

Tantôt elles ont des yeux distincts, des palpes saillants, filiformes et libres; un suçoir composé de pièces membraneuses et sans dentelures, et le corps très mou. Elles sont vagabondes.

Les Bdelles. (Bdella. Lat. Fab — *Scirus.* Herm.)

Qui ont les palpes alongés, coudés, avec des soies ou des poils au bout; quatre yeux et les pieds postérieurs plus longs. Leur suçoir est avancé en forme de bec conique ou en alène.

---

(1) *Acarus vegetans,* De Géer, Insect., VII, vii, 15. L'*acarus spini tarsus* d'Hermann, Mém. apt., vi, 5, forme peut être un genre intermédiaire entre celui-ci et le précédent.

(2) *Acarus domesticus,* De G., ibid., v, 1-4; — *Acarus siro,* Fab.; — *A. scabiei,* ibid., 12, 13 : *voyez* la Dissertation en forme de thèse du docteur Galet; — *A. farinæ,* ibid., 15; — *A. avicularum,* ibid.; vi, 9; — *A. passerinus,* ibid., 12, remarquable par la grandeur de sa troisième paire de pieds; — *A. dimidiatus,* Herm., Mém. apt. vi, 4; — *Trombidium expalpe,* ibid., 11, 8.

Elles se trouvent sous les pierres, les écorces d'arbres, ou dans la mousse.

La *Bdelle rouge* (*Acarus longicornis*, Lin.; La *Pince rouge*, Geoff.) *Scirus vulgaris*, Herm., Mém. apt., III, 9; IX, S. Longue à peine d'une demi-ligne, d'un rouge écarlate, avec les pieds plus pâles. Suçoir en forme de bec alongé et pointu. Palpes à quatre articles, dont le premier et le dernier plus longs; celui-ci un peu plus court et terminé par deux soies. — Commune aux environs de Paris; sous les pierres (1).

Les Smarides. (Smaridia. Latr.)

Se distinguent des bdelles par les palpes, qui ne sont guère plus longs que le suçoir, droits et sans soies au bout; par leurs yeux au nombre de deux, et en ce que les deux pieds antérieurs sont plus longs que les autres (2).

Tantôt ces mites à huit pieds et sans antenne-pinces n'ont point d'yeux perceptibles; leurs palpes sont, soit antérieurs et avancés, mais en forme de valvules élargies ou dilatées vers le bout, servant de gaîne au suçoir, soit inférieurs; les pièces du suçoir sont cornées, très dures et dentées; le corps est revêtu d'une peau coriace, ou a, du moins en avant, une plaque écailleuse.

Ces tiques sont parasites, se gorgent du sang de plusieurs animaux vertébrés, et d'abord très aplaties, acquièrent, par la succion, un très grand volume et une forme vésiculaire. Elles sont rondes ou ovales.

Les Ixodes. (Ixodes. Lat. Fab. — *Cynoræsthes*. Herm.)

Dont les palpes engaînent le suçoir et forment avec lui un bec avancé, court, tronqué et un peu dilaté au bout.

Les ixodes fréquentent les bois fourrés, s'accrochent aux

---

(1) *Scirus longirostris*, Herm., Mém. apt., VI, 2; — *S. latirostris*, ibid., II, III; — *S. setirostris*, ibid., III, 12; IX, T.

(2) *Acarus sambuci*, Schrank, et peut-être les trombidions suivants d'Herman; *Miniatum*, 1, 7; — *Papillosum*, II, 6; — *Squammatum*, ibid., 7. Le second est même très voisin de l'espèce qui sert de type au genre.

végétaux peu élevés, par les deux pieds antérieurs, et tiennent les autres étendus. Ils s'attachent aux chiens, aux bœufs, aux chevaux, à d'autres quadrupèdes, et même aux tortues, engagent tellement leur suçoir dans leur chair, qu'on ne peut les en détacher qu'avec force et en enlevant la portion de chair qui lui adhère. Ils pondent une quantité prodigieuse d'œufs, et par la bouche, suivant M. Chabrier. Leur multiplication sur un bœuf, un cheval, est quelquefois si grande, que ces animaux en périssent d'épuisement. Leurs tarses sont terminés par deux crochets insérés sur une palette, ou réunis à leur base sur un pédicule commun.

Il paraît que les anciens désignaient ces arachnides sous le nom de *Ricin*. Les piqueurs appellent *Louvette* l'espèce qui se fixe sur le chien, ou la suivante.

L'*Ixode ricin* (*Acarus ricinus*, Lin.) *Acarus reduvius* De G., Insect., VII, vi, 1, 2; d'un rouge de sang foncé, avec la plaque écailleuse antérieure plus foncée; côtés du corps rebordés, un peu poilus; palpes engaînant le suçoir.

L'*Ixode réticulé* (*Reticulatus*, Latr., Fab.), *Acarus reduvius*, Schrank, Enum. insect., Aust., n° 1043, iii, 1, 2; *Cynorhæstes pictus*, Hermann; cendré, avec de petites taches et de petites lignes annulaires d'un brun rougeâtre; bords de l'abdomen striés; palpes presque ovales. Il s'attache aux bœufs, et a, lorsqu'il est tuméfié, cinq à six lignes de longueur.

L'étude des espèces de ce genre n'a pas été suffisamment approfondie (1).

Les Argas. (Argas, Latr. — Rhynchoprion. Herm.)

Diffèrent des *Ixodes* par la situation inférieure de leur bouche et par leurs palpes qui n'engaînent pas le suçoir, ont une forme conique et sont composés de quatre articles, et non de trois, comme dans le genre précédent.

___

(1) *Acarus ægyptius*, Lin.; Herm., Mém. apt., iv, 9; L.; iv, 13; —*Acarus rhinocerotis*, De G., Insect., VII, xxxviii, 5, 6; —*Acarus americanus*, Lin.; — *A. nigua*, De G., *ibid.*, xxxvii, 9, 13. *Voyez* le genre *ixodes* de Fabricius, et le travail général du docteur Leach sur les insectes aptères de Linnæus (Trans. linn. Soc., tom. XI).

L'*Argas bordé* (*Ixodes reflexus*, Fab.) Lat. , Gen. crust. et insect., I, vi, 3 ; Herm., Mém. apt., IV, 10, 11 ; d'un jaunâtre pâle, avec des lignes couleur de sang foncé, ou obscures et anastomosées. — Sur les pigeons, dont il suce le sang.

Une autre espèce, l'*Argas de Perse* (*Malleh de Mianeh*), décrite par des voyageurs sous le nom de punaise venimeuse de Miana, a été, ainsi que d'autres ixodes, l'objet d'une notice très curieuse, publiée par M. Gotthef Fischer de Waldheim.

D'autres Mites (les Hydrachnelles, *Hydrachnellæ*, Lat.) ont encore huit pieds, mais ciliés et propres à la natation.

Elles forment le genre Hydrachna de Müller (1), ou celui d'*Athax* de Fabricius, et vivent uniquement dans l'eau. Leur corps est généralement ovale ou presque globuleux et très mou. Celui de quelques mâles se rétrécit postérieurement, d'une manière cylindrique ou en forme de queue ; leurs parties génitales sont placées à son extrémité ; la femelle les a sous le ventre. Le nombre des yeux varie de deux à quatre, et va même jusqu'à six, suivant Müller.

La bouche des espèces que j'ai pu étudier m'a offert les trois modifications suivantes, et qui ont servi de base à trois coupes génériques, mais auxquelles il est presque impossible de rapporter toutes les espèces d'hydrachnes de Müller, ce naturaliste ne les ayant pas décrites avec assez de détails.

Les Eylaïs. (Eylais. Latr.)

Qui ont des antenne-pinces terminées par un crochet mobile (2).

Les Hydrachnes. (Hydrachna. Latr.)

Dont la bouche est composée de lames formant un suçoir avancé, et dont les palpes ont, sous leur extrémité, un appendice mobile (3).

---

(1) *Hydrarachna*, Herm.
(2) *Atax extendens*, Fab. ; Müll., ix, 4.
(3) *A. geographicus*, Fab. ; Müll., viii, 3-5
  A. globator, Fab., Müll. ; ix, 1.

Les Limnochares. (Limnochares. Latr.)

Semblables aux *Hydrachnes* par la bouche en suçoir, mais dont les palpes sont simples (1).

D'autres Mites (les Microphthires, *Microphthira*, Latr.) enfin s'éloignent de toutes les autres arachnides par le nombre des pieds, qui n'est que de six.

Elles sont toutes parasites.

Les Caris. (Caris. Lat.)

Qui ont un suçoir et des palpes apparents, le corps arrondi, très plat et revêtu d'une peau écailleuse (2).

Les Leptes. (Leptus. Latr.)

Ayant aussi un suçoir et des palpes apparents, mais dont le corps est très mou et ovoïde.

Le *Lepte automnal (Autumnalis)*, *Acarus autumnalis*, Shaw., Misc. zool., tom. II, pl. xlii, espèce très commune en automne sur les graminées et d'autres plantes. Elle grimpe, s'insinue dans la peau, à la racine des poils, et occasione des démangeaisons aussi insupportables que celles produites par la gale. On le connaît sous le nom de *Rouget*. Il est en effet de cette couleur et très petit.

Les autres espèces se trouvent sur différents insectes, et rentrent dans la division des *Trombides hexapodes* d'Hermann (3).

Les Aclysies. (Aclysia. Aud.)

Dont le corps a la forme d'une cornemuse, avec un siphon, sans palpes distincts, situé au-dessous de son extré-

----

(1) *Acarus aquaticus*, Lin. ; — *Acarus aquaticus holosericeus*, De G., Insect., VII, ix, 15, 20; — *Trombidium aquaticum*, Herm., Mém. apt., I, 11.

(2) *Caris vespertilionis*, Latr., Gener. crust. et insect., I, 161.

(3) *Trombidium insectorum*, Herm., Mém. apt. I, 16; De G., insect, VII, vii, 5; —*T. latirostre*, Herm., ibid., 15; — *T. cornutum*, ibid., II, 11; —*T. aphidis*, ibid.; De G., Insect., VII, vii, 14;—*T. libellulœ*, Herm., ibid.; De G., *ibid.*, vii, 9; —*T. culicis*, Herm., ibid ; De G., ibid., vii, 12; *T. lapidum*, Herm., ibid., vii, 7.

mité antérieure, qui est rétrécie, courbée et obtuse; les pieds sont très petits.

Les aclysies vivent sur le corps des dytiques. On n'en avait d'abord découvert qu'une seule espèce (*A. du dytique,* Mém. de la Soc. d'hist. natur. de Paris, tom. 1, pag. 98, pl. v, fig. 2), celle d'après laquelle M. Victor Audouin a établi ce sous-genre. Mais M. le comte de Manheiren, naturaliste de Russie, qui a déjà bien mérité de la science par ses essais entomologiques et par son empressement à seconder les efforts de ceux qui s'y livrent, en a découvert, à ce qu'il paraît, une autre espèce.

Les Atomes. (Atoma. Latr.)

N'ont ni suçoir ni palpes visibles; leur bouche ne consiste qu'en une petite ouverture située sur la poitrine. Leur corps est ovale, mou, avec les pieds très courts (1).

Les Ocypètes. (Ocypete.)

De M. Leach appartiennent à cette tribu par le nombre des pieds, mais ont, suivant lui, des mandibules (2).

TROISIÈME CLASSE DES ANIMAUX ARTICULÉS

ET POURVUS DE PIEDS ARTICULÉS.

LES INSECTES. (Insecta.)

Ont des pieds articulés, un vaisseau dorsal, te-nant lieu de vestige de cœur, mais sans aucune branche pour la circulation (3); respirent par deux

---

(1) *Acarus parasiticus,* De G., VII., vii, 7; *Trombidium parasiti-cum,* Hermann.

(2) *Ocypete rubra,* Leach, Trans. lin. Soc., tom. XI, 396. Sur les tipulaires.

(3) Les anatomistes sont très partagés à l'égard de la nature de cet

trachées principales, s'étendant, parallèlement l'une à l'autre, dans toute la longueur du corps, ayant par intervalles des centres d'où partent beaucoup de rameaux, et qui répondent à des

organes : plusieurs y voient un véritable cœur; d'autres, et telle est l'opinion de M. Cuvier, et qui nous paraît avoir été pleinement confirmée par les belles recherches de M. Marcel de Serres (Mémoire sur le vaisseau dorsal des insectes, inséré dans le Recueil des Mémoires du Muséum d'hist. natur.), lui refusent cette qualité. Suivant ce dernier, il sécrèterait la graisse, qui serait ensuite élaborée dans le tissu adipeux qui l'enveloppe. Lyonet dit qu'il renferme une substance gommeuse de couleur orangée. Quelques observations très récentes paraissent établir l'existence de quelques petits vaisseaux; mais, outre que cette circulation serait très partielle, les insectes différeraient toujours beaucoup sous ce rapport des crustacés, en ce que le sang ne reviendrait point au cœur. M. Straus, en rendant compte (Bulletin univers. de M. le baron de Férussac) d'un Mémoire de M. Hérold sur ce sujet, nous a fait connaître l'opinion qu'il s'est formée à cet égard, d'après ses recherches anatomiques sur le hanneton. « Le vaisseau dorsal, dit-il, est le véritable cœur des insectes, étant, comme chez les animaux supérieurs, l'organe locomoteur du sang, qui, au lieu d'être contenu dans des vaisseaux, est répandu dans la cavité générale du corps. Ce cœur occupe toute la longueur du dos de l'abdomen, et se termine antérieurement par une artère unique, non ramifiée, qui transporte le sang dans la tête, où elle l'épanche, et d'où il revient dans l'abdomen, par l'effet même de son accumulation dans la tête, pour rentrer de nouveau dans le cœur ; et c'est à quoi se réduit toute la circulation sanguine chez les insectes, qui n'ont ainsi qu'une seule artère sans branches, et point de veines. Les ailes du cœur ne sont pas musculeuses, comme le prétend Hérold ; ce sont de simples ligaments fibreux qui maintiennent le vaisseau dorsal en place. Le cœur, c'est-à-dire la partie abdominale du vaisseau, est divisé intérieurement en huit chambres (*melolontha vulgaris*), séparées les unes des autres par deux valvules convergentes, qui permettent au sang de se porter d'arrière en avant d'une chambre dans l'autre, jusque dans l'artère qui le conduit dans la tête, mais qui s'opposent à son mouvement rétrograde. Chaque chambre porte latéralement, à sa partie antérieure, deux ouvertures en forme de fentes transversales, qui communiquent avec la cavité abdominale, et par lesquelles le sang contenu dans cette dernière peut entrer dans le cœur. Chacune de ces ouvertures est munie intérieurement d'une petite valvule en forme de demi-cercle, qui s'applique sur elle

ouvertures extérieures ou des *stigmates* (1) pour l'entrée de l'air. Ils ont tous deux antennes et une tête distincte. Le système nerveux de la plupart des insectes (les héxapodes) , est

---

lors du mouvement de systole. D'après cette courte description, on conçoit que, lorsque la chambre postérieure vient à se dilater , le sang contenu dans la cavité abdominale y pénètre par les deux ouvertures dont nous venons de parler, et que nous nommons *auriculo-ventriculaires.* Quand la chambre se contracte, le sang qu'elle contient ne pouvant pas retourner dans la cavité abdominale, pousse la valvule interventriculaire, passe dans la seconde chambre, qui se dilate pour le recevoir, et qui reçoit en même temps une certaine quantité de sang par les propres ouvertures auriculo-ventriculaires. Lors du mouvement de systole de cette seconde chambre, le sang passe de même dans la troisième, qui en reçoit également par les ouvertures latérales, et c'est ainsi que le sang est poussé d'une chambre dans l'autre jusque dans l'artère. Ce sont ces contractions successives des chambres du cœur qu'on aperçoit au travers de la peau des chenilles. » Le cœur des crustacés décapodes, des squilles , des limules, des araignées, etc. , offre aussi, d'après ce que m'a assuré ce profond observateur, des valvules semblables. Il est renfermé dans une espèce de sac ou péricarde, qui, suivant lui, tient lieu d'oreillette. Ces divisions ou chambres du vaisseau dorsal sont ce que Lyonet nomme ailes, et il a pareillement vu le vaisseau dorsal se prolonger jusqu'à la tête. et s'y terminer de la même manière ; mais il n'a point aperçu les ouvertures et les valvules dont parle M. Straus. La définition du vaisseau dorsal donnée par ce naturaliste, quelle que soit la composition intérieure de cet organe, prouve évidemment que ce n'est point un véritable cœur. Ces observations, d'ailleurs, ne nous apprennent point quelle est la nature de ce liquide, ni comment il se répand dans les autres parties du corps pour opérer leur nutrition. Toujours est-il certain, d'après les observations de Lyonet, que toutes les parties du corps communiquent avec le corps graisseux au moyen de fibrilles. Les trachées jettent des rameaux qui s'étendent jusque dans les extrémités des divers appendices du corps. L'action de l'air peut déterminer l'ascension des sucs nutritifs dans les interstices, formant des sortes de tubes capillaires.

(1) Le nombre des segments du corps des myriapodes étant indéterminé, celui de leurs stigmates l'est aussi, et va souvent au-delà de vingt. Dans les insectes hexapodes, il est souvent de dix-huit, neuf de chaque côté. Cette évaluation, néanmoins, est plutôt fondée sur l'animal en état de larve que dans son état parfait. Les chenilles , les larves de coléoptères

généralement composé d'un cerveau formé de deux ganglions opposés, réunis par leurs bases, donnant huit paires de nerfs et deux nerfs solitaires, et de douze ganglions (1), tous inférieurs. Les deux premiers sont situés près de la jonction de la tête avec le thorax, et contigus longitudinalement; l'antérieur donne des nerfs à la lèvre inférieure et aux parties

et celles d'un grand nombre de divers autres insectes, ont une paire de stigmates sur le premier segment, ou celui qui porte la première paire de pieds; le second et le troisième en sont dépourvus, parce que, je présume, le développement des ailes qui a lieu dans ces anneaux, rend ici inutile la présence d'ouvertures respiratoires. Le quatrième anneau et les sept suivants en offrent chacun une paire; mais dans les coléoptères en état parfait, outre les deux stigmates antérieurs, cachés dans la cavité du prothorax ou corselet, et qu'on n'avait pas aperçus, on en voit deux autres, situés entre l'origine des élytres et celle des ailes; ce sont ceux du mésothorax. Il n'y en a point au métathorax, à moins qu'on ne considère les deux du premier segment abdominal comme supplémentaires du thorax, en se fondant sur ce qui a lieu dans les hyménoptères à abdomen pédiculé et les diptères, où ces deux stigmates, avec le demi-segment dont ils dépendent, font partie du thorax. Ainsi, en général, tous les insectes hexapodes ont huit paires de stigmates à l'abdomen, mais dont les deux dernières souvent oblitérées. Dans les criquets, les truxales, les libellules, les côtés du mésothorax offrent chacun un stigmate, ceux que M. Marcel de Serres nomme *trémaères*. Dans ces derniers insectes, ainsi que dans les autres à ailes nues ou sans élytres, les deux premiers stigmates thoraciques sont placés en dessus, entre le prothorax et le mésothorax. Les libellules exceptées, le thorax proprement dit ne présente plus ensuite de stigmates distincts; je dis le thorax proprement dit, parce que, comme nous l'avons remarqué plus haut, les deux premiers de l'abdomen sont reportés, dans plusieurs, à l'extrémité postérieure du thorax. Le métathorax des pentatomes, des scutellères, offre inférieurement une paire de stigmates. Dans les spectres aptères, le second segment ou mésothorax en est dépourvu; mais le segment suivant ou le métathorax en a deux paires, l'une antérieure, et qui étant située près de l'articulation de ce segment avec le précédent, peut être censée appartenir à celui-ci, et l'autre plus petite et placée très près de celle du premier segment abdominal.

(1) Divers coléoptères lamellicornes, en état parfait, font exception.

adjacentes ; le second et les deux suivants sont propres à chacun des trois premiers segments ou ceux qui dans les insectes héxapodes, composent le thorax ; les autres ganglions appartiennent à l'abdomen , de manière que le dernier ou le douzième correspond à son septième anneau, suivi immédiatement de ceux qui composent les organes sexuels ; chacun de ces ganglions donne des nerfs aux parties de leurs segments respectifs. Les deux derniers, très rapprochés, en donnent aussi aux derniers anneaux du corps. La région frontale offre trois ganglions particuliers, désignés par Lyonet sous le nom de *frontaux,* et dont le premier produit postérieurement un gros nerf ayant des renflements , le plus long de tous, et qu'il nomme *récurrent.* Le premier ganglion ordinaire ou le sous-œsophagien pousse, selon lui, quatre paires de nerfs, et les suivants deux paires chacun ; de sorte qu'en y comptant les huit paires du cerveau , les dix brides épinières que l'on peut considérer comme autant de paires de nerfs , on en a , en tout, quarante-cinq paires, indépendamment des deux nerfs solitaires, ou douze à quatorze de plus que n'en offre le corps humain. Les deux cordons nerveux, qui forment par leur réunion les ganglions , sont tubulaires et composés de deux tuniques, dont l'extérieure offre des trachées ; une substance médullaire remplit le canal central. Le bel ouvrage de M. Hérold , sur l'anatomie de la chenille du grand papillon du chou, étudiée dans

sa croissance progressive et jusqu'à sa transformation en chrysalide, nous montre que le système nerveux et celui des organes digestifs éprouvent des
changements notables; que les cordons nerveux
sont dans l'origine plus longs et plus écartés, observation qui favorise l'opinion de l'un des plus grands
zootomistes de notre époque, le docteur Serres,
sur l'origine et le développement du système nerveux. Nous avons exposé dans les généralités communes aux trois classes des animaux articulés et
pourvus de pieds articulés, les divers sentiments
des physiologistes sur le siége des sens de l'ouïe
et de l'odorat. Nous nous bornerons à ajouter qu'à
l'égard du premier, les petits ganglions nerveux,
situés sur le front, dont nous avons parlé, semblent
confirmer l'opinion de ceux qui, tels que Scarpa,
placent ce sens près de la naissance des antennes.
Quelques lépidoptères m'ont offert deux petits trous
situés près des yeux, et qui sont peut-être des conduits auditifs. Si, dans plusieurs insectes, notamment ceux qui ont les antennes filiformes, ou
sétacées et longues, ces organes servent au tact, il
nous paraît difficile de rendre raison du développement extraordinaire qu'ils acquièrent dans certaines
familles, et plus particulièrement dans les mâles,
si l'on n'admet point qu'ils sont alors le siége de
l'odorat. Peut-être aussi que, relativement au goût,
les palpes jouent, dans quelques cas, comme lorsqu'ils sont très dilatés à leur extrémité, le principal

rôle ; la languette encore peut n'être pas étrangère à cette fonction.

Un appareil préparateur ou buccal, le canal intestinal, les vaisseaux biliaires, nommés aussi *hépatiques*, ceux qu'on appelle *salivaires*, mais qui sont moins généraux, ces vaisseaux libres ou flottants qui ont reçu la dénomination d'excrémentiels, l'épiploon ou le corps graisseux, et probablement encore le vaisseau dorsal, telles sont les considérations qu'embrasse le système digestif. Il est singulièrement modifié selon la diversité des aliments, ou forme un grand nombre de types particuliers, dont nous ferons l'exposition, en traitant des familles. Nous dirons seulement un mot de l'appareil buccal, et des divisions principales du canal intestinal, en commençant par celui-ci. Dans ceux, tels que les coléoptères carnassiers, où il est le plus composé, on y distingue le pharynx, l'œsophage, le jabot, le gésier, l'estomac ou ventricule chylifique, et des intestins que l'on divise en intestins grêles, en gros intestin ou cœcum, et en rectum. Dans les insectes où la langue proprement dite est appliquée sur la face antérieure ou interne de la lèvre, ou n'est pas dégagée, le pharynx est situé sur cette même face : c'est ce qui a généralement lieu (1). Nous ajouterons encore qu'à l'égard des vaisseaux biliaires, un naturaliste qui nous avait donné le premier de bonnes

---

(1) *Voyez* ce que nous avons dit, dans les généralités des trois classes, à l'occasion de la languette

observations sur les organes respiratoires des mygales, M. Gaëde, professeur d'Histoire naturelle à
Liège, ne considéré point ces vaisseaux comme
sécréteurs, ainsi qu'on le pense communément ;
mais cette opinion ne paraît pas suffisamment mo-
tivée, et les observations de M. Léon Dufour (1),
semblent même la détruire.

Des insectes, en petit nombre et toujours sans ailes,
tels que les *Myriapodes* ou les *Mille-pieds*, se rapprochent de plusieurs crustacés, soit par la quantité
des anneaux du corps et de leurs pieds, soit par
quelques traits d'analogie dans la conformation
des parties de la bouche ; mais tous les autres n'ont
constamment que six pieds, et leur corps, dont le
nombre des segments ne surpasse jamais celui de
douze, est toujours partagé en trois portions principales, la *tête*, le *tronc* et l'*abdomen*. Parmi ces
derniers, quelques-uns n'ont point d'ailes, conservent toute leur vie la forme qu'ils avaient en
naissant, et ne font que croître et changer de
peau (2). Ils ont, à cet égard, des rapports avec
les animaux des classes précédentes. Les autres in-

---

(1) Ce dernier naturaliste, que j'aurai souvent occasion de citer, a
exposé avec le plus grand détail tout ce qui a rapport au système digestif des insectes, dans une suite de beaux Mémoires, qui ont contribué à
enrichir les Annales des sciences naturelles. M. Victor Audouin en a offert
un résumé très bien fait, à son article INSECTES, du Dictionnaire classique
d'histoire naturelle.

(2) Ce sont ceux que je nomme *homotènes* (semblable jusqu'à la fin),
ou les *ametobolia* de M. Leach.

sectes à six pieds ont presque tous des ailes ; mais ces derniers organes, et souvent même les pieds, ne paraissent pas d'abord, et ne se développent qu'à la suite de changements plus ou moins remarquables, nommés *métamorphoses*, et que nous ferons bientôt connaître.

La tête (1) porte les *antennes*, les *yeux* et la *bouche*. La composition et la forme des antennes varient beaucoup plus que dans les crustacés, et sont souvent plus développées ou plus longues dans les mâles que dans les femelles.

Les yeux sont composés ou lisses : les premiers, d'après les recherches de M. le baron Cuvier, Marcel, de Serres et autres, sont formés : 1° d'une cornée, divisée en une multitude de petites facettes, d'autant plus convexe que l'insecte est plus carnassier, enduite à sa face interne d'une substance peu liquide, opaque, diversement colorée, mais ordinairement noire, ou d'un violet sombre ; 2° d'une choroïde, fixée dans son contour et par ses bords, à la cornée, recouverte d'un vernis noir, offrant une multitude de vaisseaux aériens, provenant de troncs assez gros de trachées situées dans la tête, et dont les rameaux forment autour de l'œil une tra-

____

(1) Sa surface est divisée en plusieurs petites régions ou aires, qu'on nomme *chaperon* (*nez*, Kirby,), la *face*, le *front*, le *vertex* ou *sommet*, les *joues*. La dénomination de chaperon étant équivoque, je l'ai remplacée par celle d'*epistome* ou sur-bouche. Cette partie sert d'insertion au labre ou lèvre supérieure.

chée circulaire : elle manque ainsi que la choroïde, dans divers insectes lucifuges ; 3° de nerfs qui naissent d'un gros tronc, partant immédiatement du cerveau, s'épanouissant ensuite en forme de cône renversé, et dont la base est du côté de la cornée, et dont les rayons ou filets traversant la choroïde et l'enduit de la cornée, aboutissent chacun à l'une de ses facettes ; il n'y a ni cristallin, ni humeur vitrée.

Plusieurs ont, outre les yeux composés, des yeux lisses, ou dont la cornée est tout unie. Ils sont ordinairement au nombre de trois, et disposés en triangle sur le sommet de la tête. Dans la plupart des insectes aptères et des larves de ceux qui sont ailés, ils remplacent les précédents, et sont souvent réunis en groupe ; à en juger par ceux des arachnides, ils devraient être propres à la vision.

La bouche des insectes à six pieds est, en général, composée de six pièces principales, dont quatre latérales, disposées par paires, et se mouvant transversalement ; les deux autres, opposées l'une à l'autre, dans un sens contraire à celui des précédentes, remplissent les vides compris entre elles : l'une est située au-dessus de la paire supérieure, et l'autre au-dessous de l'inférieure. Dans les insectes *broyeurs* ou qui se nourrissent de matières solides, les quatre pièces latérales font l'office de mâchoires, et les deux autres sont considérées comme des lèvres ; mais comme nous l'avons déjà observé, les deux mâchoires supérieures ont été distinguées par la dénomination particulière de *mandibules ;* les deux autres ont seules conservé celle de *mâchoires ;* elles ont d'ailleurs un ou deux filets articulés, qu'on appelle *palpes* ou *antennules,* caractère que n'offrent jamais, dans cette classe, les mandibules. Leur extrémité se termine souvent par deux divisions ou lobes, dont l'extérieure est nommée, dans l'ordre des orthoptères, *galète.* Nous avons encore dit qu'on était convenu d'appeler *labre* la lèvre supérieure. L'autre, ou la *lèvre* proprement dite, est formée de deux parties ; l'une plus solide et inférieure est le *menton ;* la supérieure, et qui porte le plus souvent deux palpes, est la *languette* (1).

Dans les insectes *suceurs,* ou ceux qui ne pren-

---

(1) *Voyez* ce que nous avons dit à cet égard dans les généralités qui précèdent l'exposition particulière de chaque classe. La lèvre inférieure ne nous paraît être qu'une modification des secondes mâchoires des crustacés décapodes, combinée avec leur languette. Les changements qu'éprouvent graduellement ces parties dans les crustacés, les arachnides et myriapodes, nous donnent lieu de le présumer. Dans cette hypothèse, les six pieds thoraciques seraient les analogues des pieds-mâchoires, et cela a déjà été reconnu par rapport aux crustacés du genre *apus.* Dès lors les cinq premiers segments de l'abdomen des insectes hexapodes représenteraient ceux qui, dans les crustacés décapodes, portent les pieds proprement dits, ou bien les troisièmes et les quatre suivants des crustacés amphipodes et isopodes. Tous les travaux qu'on a publiés sur le thorax des insectes, quoique très utiles et très recommandables d'ailleurs, subiront nécessairement des changements essentiels, lorsqu'on comparera cette partie du corps dans les trois classes des animaux articulés et à pieds articulés. La nomenclature est loin d'être fixée à cet égard.

nent que des aliments fluides, ces divers organes de la manducation se présentent sous deux sortes de modifications générales : dans la première, les mandibules et les mâchoires sont remplacées par de petites lames en forme de soies ou de lancettes, composant, par leur réunion, une sorte de suçoir, qui est reçu dans une gaîne tenant lieu de lèvre, soit cylindrique ou conique et articulée en forme de bec (le *rostre*), soit membraneuse ou charnue, inarticulée et terminée par deux lèvres (la *trompe*). Le labre est triangulaire, voûté, et recouvre la base du suçoir. Dans la seconde sorte d'organisation, le labre et les mandibules sont presque oblitérés ou extrêmement petits : la lèvre n'est plus un corps libre et ne se distingue que par la présence de deux palpes, dont elle est le support ; les mâchoires ont acquis une longueur extraordinaire, sont transformées en deux filets tubuleux, qui, se réunissant par leurs bords, forment une espèce de trompe, se roulant en spirale, et qu'on nomme *langue*, mais que, pour éviter tout équivoque, il serait préférable d'appeler *spiritrompe* (*spirignatha*); son intérieur présente trois canaux, dont celui du milieu est le conduit des sucs nutritifs. A la base de chacun de ces filets est un palpe, ordinairement très petit, et peu apparent.

Les myriapodes ou *mille-pieds* sont les seuls dont la bouche offre un autre type d'organisation, que j'exposerai en traitant de ces insectes.

Le tronc (1) des insectes, ou cette portion intermédiaire de leurs corps portant les pieds, est généralement désigné sous le nom latin de *thorax*, qu'on a rendu dans notre langue par celui de corselet. Il est composé de trois segments, qu'on n'avait pas d'abord bien distingués, et dont les proportions relatives varient. Tantôt, comme dans les coléoptères, l'antérieur beaucoup plus grand, séparé du suivant par une articulation, mobile et seul découvert, paraît au premier coup d'œil composer à lui seul le tronc, et porte le nom de *thorax* ou *corselet*; tantôt, comme dans les hyménoptères, les lépidoptères, etc., beaucoup plus court que le suivant, il a la forme d'un collier ou d'un rebord, et il constitue avec les deux autres un corps commun, tenant à l'abdomen par un pédicule, ou intimement uni avec lui, dans toute sa largeur postérieure, et qu'on appelle encore *thorax*. Ces distinctions établies à cet égard, étaient

(1) Cette dénomination est ici synonyme de celle de thorax. Je pense qu'afin d'éviter tout embarras, il ne faudrait appliquer la première qu'aux insectes aptères de Linnæus, ayant plus de six pieds, et où ces organes seraient portés sur des segments propres, c'est-à-dire où la tête serait distincte du tronc. A l'égard des crustacés où ces parties du corps se confondent, le thorax prendrait le nom de *thoracide* (*thoracida*), et celui de *céphalothorax* (*cephalothorax*), quant aux arachnides, animaux présentant le même caractère, mais où le tronc ou thorax est plus simple et muni d'appendices moins nombreux. Les entomostracés se rapprochent même, sous ce rapport, de ces derniers animaux; mais comme ils appartiennent à une autre classe, l'on conserverait encore pour eux l'expression de *thoracide*; celle de *thorax* serait exclusivement réservée aux insectes hexapodes.

insuffisantes et souvent ambiguës, attendu qu'elles ne reposaient point sur une division ternaire, que j'ai nettement annoncée dans la première édition de cet ouvrage, comme un caractère propre aux insectes héxapodes. M. Kirby ayant déjà employé la dénomination de *métathorax*, pour distinguer *l'arrière-thorax* (1), celles de *prothorax* et de *mesothorax*, la division ternaire une fois établie, se présentaient naturellement à la pensée, et c'est le célèbre professeur Nitzsch, qui en a le premier fait usage. Quelques naturalistes ont depuis nommé

---

(1) Ce segment ne doit pas être restreint, dans les hyménoptères, à cette division supérieure, très courte et transverse du thorax, sur les côtés de laquelle sont insérées les secondes ailes. Il est encore formé de cette portion thoracique qui s'étend en arrière jusqu'à l'origine de l'abdomen, et c'est ce que prouve évidemment la position des deux derniers stigmates du tronc, puisqu'ils sont placés sur les côtés de cette extrémité, derrière les ailes, et au-dessus des deux dernières pattes. Je pense même que cette observation doit s'appliquer à tous les insectes ailés. Leur métathorax sera divisé, du moins supérieurement, en deux parties ou demi-segments, l'une portant, dans les tétraptères, les secondes ailes et sans stigmates, et l'autre en étant pourvue; celle-ci tantôt paraît dépendre de l'abdomen, comme dans presque tous les insectes, à l'exception des hyménoptères à abdomen pédiculé, les rhipiptères et les diptères; tantôt elle est incorporée avec le tronc ou le thorax, et le ferme postérieurement, comme dans ces derniers insectes : c'est pour cela que j'ai nommé cette seconde division du métathorax segment médiaire. Ainsi, tous les segments du thorax auront chacun une paire de stigmates, mais dont ceux du mésothorax peu sensibles, ou oblitérés, dans les hyménoptères et les diptères ; et dont les deux postérieurs ou métathoraciques sont situés sur le segment qui vient immédiatement après celui qui porte les secondes ailes. Dans les orthoptères, les hyménoptères, les lépidoptères et les diptères, les deux antérieurs ou prothoraciques sont placés entre le prothorax et le mésothorax. L'abdomen sera composé de neuf segments complets, dont les trois derniers composant les organes de la génération.

collier, *collare*, le prothorax ou le segment antérieur, celui qui porte les deux premiers pieds.
Voulant conserver la dénomination de corselet, mais
en restreindre l'application dans de justes limites,
nous nous en servirons dans tous les cas où ce segment surpasse de beaucoup les autres en grandeur, et
où ceux-ci sont réunis avec l'abdomen et semblent en
faire partie intégrante ; c'est ce qui est propre aux coléoptères, aux orthoptères et à plusieurs hémiptères.
Lorsque le prothorax étant court, formera avec les
suivants une masse commune et à découvert, le
tronc, composé des trois segments réunis, conservera
la dénomination de thorax. Nous continuerons encore d'appeler poitrine la surface inférieure du
tronc, en la divisant suivant les segments, en trois
aires, l'avant-poitrine, la médi-poitrine et l'arrière-
poitrine. La ligne médiane sera aussi le sternum,
que nous partagerons encore en trois : l'avant-sternum, le médi-sternum et l'arrière sternum.

Les téguments des segments thoraciques, ainsi
que ceux des segments abdominaux, sont généralement divisés en deux anneaux ou demi-anneaux,
l'un dorsal ou supérieur, l'autre inférieur, et réunis
latéralement au moyen d'une membrane molle et
flexible, qui n'est, au surplus, qu'une portion des
mêmes téguments, mais moins solide dans beaucoup d'insectes, notamment les coléoptères. L'on
voit à la jonction de ces anneaux un petit espace
plus ferme, ou de la consistance de ceux-ci, et

portant chacun un stigmate, de sorte que les côtés de l'abdomen présentent une série longitudinale de petites pièces, ou que chaque segment est comme partagé en quatre. D'autres pièces, pareillement cornées, occupent les côtés inférieurs du méso-thorax et du métathorax, et immédiatement au-dessous de l'origine des élytres et des ailes, qui sont appuyées elles-mêmes sur une autre pièce disposée longitudinalement. Les relations de ces parties, la grandeur et la forme du premier article des hanches, la manière dont elles s'articulent avec le demi-anneau dont elles dépendent, l'étendue et la direction de ce demi-anneau variant, le thorax considéré sous ce point de vue, présente une combi-naison de caractères, qui est très avantageuse pour la méthode. Quelques naturalistes, notamment Knoch, en avaient déjà fait usage, mais sans aucun principe fixe, et avec des dénominations arbitraires. Il aurait fallu, au préalable, étudier soigneusement la composition du thorax, et la suivre comparati-vement dans tous les ordres de la classe des in-sectes. Feu Lachat, d'après mon invitation, avait commencé un tel travail. Son ami, M. Victor Audouin, a poursuivi ces recherches, et a pré-senté à l'Académie des sciences, un Mémoire sur ce sujet, qui a obtenu ses suffrages. Mais il ne nous est encore connu que par l'esquisse générale qu'en a donnée M. le baron Cuvier, dans son Rapport (1),

______

(1) L'exposé des parties du thorax et une nomenclature fixe créée pour

et par l'extrait qu'en a présenté l'auteur à l'article INSECTES, du Dictionnaire classique d'histoire naturelle. Pour adopter cette nomenclature, et en faire une application générale, nous attendrons que son travail et les figures qui doivent l'accompagner aient vu le jour; dans la pratique, d'ailleurs, les dénominations déjà introduites peuvent suffire. Un autre travail se rattachant au même

elles, dit M. le baron Cuvier dans son Rapport, devaient naturellement se placer en tête de l'ouvrage. Le tronc de l'insecte se laisse toujours diviser en trois anneaux, dont chacun porte une paire de pattes, et que M. Audouin nomme, d'après leur position, le *prothorax*, le *mésothorax* et le *métathorax*. Outre ces pattes, le mésothorax porte la première paire d'ailes, et le métathorax la seconde. Chacun de ces trois segments est composé de quatre parties : une inférieure, deux latérales (formant à elles trois la poitrine), et une supérieure, qui forme le dos; l'inférieure prend le nom de *sternum*; la partie latérale ou le *flanc* se divise en trois pièces principales, une qui tient au sternum et se nomme *épisternum*, l'autre; placée en arrière de celle-ci, et à laquelle la hanche s'articule, est nommée *épimère*. On nomme *trochantin*, par opposition à trochanter, une petite pièce mobile, jusqu'ici inconnue, qui sert à l'union de l'épimère et de la hanche. La troisième pièce du flanc, qui, dans le mésothorax et le métathorax, est placée en avant de l'épisternum et sous l'aile, est appelée *hypopthère*. Quelquefois il y a encore autour du stigmate une petite pièce cornée qui se nomme *péritrème*. La partie supérieure de chaque segment, que l'auteur nomme *tergum*, se divise en quatre pièces nommées, d'après leur position dans chaque anneau, *præscutum*, *scutum*, *postscutellum*. La première est souvent, et la quatrième presque toujours, cachée dans l'intérieur. Les naturalistes n'ont guère distingué que le *scutellum* du mésothorax, qui est souvent remarquable par sa grandeur et sa configuration, mais on retrouve son analogue dans les trois segments. Ainsi, le tronc des insectes peut se subdiviser en trente-trois pièces principales, et, si l'on compte les hypoptères, le nombre de ces pièces peut aller à quarante-trois, plus ou moins visibles à l'intérieur. Une partie de ces pièces donne, en outre, au dedans, diverses productions qui méritent aussi des noms, à cause de leur importance et de leurs usages; ainsi, de la partie postérieure du sternum de chaque segment, s'élève en dedans une apophyse verticale, quelquefois figurée en Y, et que M. Au

sujet, et que la justice ainsi que l'amitié nous commandent de signaler aux naturalistes, est celui de M. Chabrier, ancien officier supérieur d'artillerie, sur le vol des insectes. Il fait partie des Mémoires du Muséum d'histoire naturelle, mais se vend aussi séparément. Les figures sont exécutées sur une très grande échelle, ainsi que celles d'un Mémoire de Jurine père, sur les ailes des hyménoptères, ouvrage d'une admirable patience, de même que le précédent.

---

douin nomme *entothorax*. Elle fournit des attaches aux muscles, et protège le cordon médullaire; son analogue se montre dans la tête, et quelquefois dans les premiers anneaux de l'abdomen. D'autres proéminences intérieures résultent du prolongement des pièces externes voisines soudées ensemble. M. Audouin les nomme *apodèmes*. Les unes donnent attache aux muscles, d'autres aux ailes; enfin, il y a encore de petites pièces mobiles, soit à l'intérieur entre les muscles, soit à la base des ailes, que l'auteur nomme *épidèmes*. Nous avons dit que l'on retrouve toujours les pièces principales ou leurs vestiges; mais il s'en faut bien qu'elles se laissent toujours séparer. Plusieurs d'entre elles sont même toujours unies dans certains genres ou dans certains ordres; et ne se distinguent que par des traces de sutures. » M. Audouin a depuis changé, dans son article Insectes du Dictionnaire classique des sciences naturelles, la dénomination d'hypoptères en celle de *paraptère*. Celle d'enthorax changera aussi dans quelques circonstances, et s'appellera *entocéphale* (relativement à la tête), et *entogastre* (par rapport à l'abdomen). Il remarque que la tête des insectes est composée de plusieurs segments. Nous avons aussi observé que le bec de la cigale, représentant la lèvre inférieure, ne tient pas à la tête, mais à la membrane qui l'unit avec le thorax. Aussi les deux cordons médullaires forment-ils, sous la bouche, deux ganglions contigus. D'après ces motifs, considérons-nous le premier segment du corps des scolopendres, celui qui porte les deux crochets, comme une division de la tête analogue. Il paraît que Knoch avait distingué les épimères sous les dénominations de *scapulæ* et de *parapleuræ*; l'arrière-poitrine, par celle d'*acetabulum*, tandis que la medi-poitrine est le *peristœthium*. Le premier article des quatre hanches postérieures forme, dans la plupart des coléoptères, une lame transverse, s'emboîtant dans les flancs, et c'est, à ce qu'il me semble, la pièce qu'il nomme *mœrium*.

Les insectes ayant toutes sortes de séjours, ont aussi toutes sortes d'organes du mouvement, des *ailes* et des *pieds*, lesquels servent, dans plusieurs, de nageoires.

Les ailes sont des pièces membraneuses, sèches, élastiques, ordinairement transparentes et attachées sur les côtés du dos du thorax : les premières, lorsqu'il y en a quatre ou qu'elles sont uniques, sur ceux de son second segment, et les secondes sur ceux du suivant ou du métathorax. Elles sont composées de deux membranes appliquées l'une sur l'autre et parcourues en divers sens par des nervures plus ou moins nombreuses, qui sont autant de tubes trachéens, et formant tantôt un réseau, tantôt de simples veines. Un célèbre naturaliste, Jurine père, a tiré, pour la méthode, un parti avantageux de la disposition et du croisement de ces nervures (1). Les demoiselles, les abeilles, les guêpes, les papillons, etc., ont quatre ailes; mais celles des papillons sont couvertes de petites écailles, qui, au premier coup d'œil, ressemblent à de la poussière, et leur donnent les couleurs dont elles sont ornées. On les enlève aisément avec le doigt, et la portion de l'aile qui les a perdues est transparente. On voit au microscope, que ces écailles, de figures très variées, y sont implantées, par le moyen d'un pédicule, et disposées graduellement et par séries, ainsi que des tuiles sur un toit.

---

(1) *Voyez* les généralités des hyménoptères.

Au devant des ailes supérieures de ces insectes, sont deux espèces d'épaulettes (*ptérygodes*), qui se prolongent en arrière, le long d'une partie du dos, sur lequel elles s'appliquent. Dans certains insectes, les ailes restent droites, ou se replient sur elles-mêmes. Dans d'autres, elles sont doublées ou plissées longitudinalement en éventail. Tantôt elles sont horizontales, tantôt elles sont inclinées ou en toit ; dans plusieurs, elles se croisent sur le dos, ailleurs elles sont écartées (1). Les insectes à deux ailes, de l'ordre des diptères, ont au-dessous d'elles deux petits filets mobiles, terminés en massue, et qui, selon l'opinion la plus commune (2), semblent remplacer les deux ailes qui manquent. On les nomme *balanciers*. D'autres insectes à deux ailes, et des plus extraordinaires, ont aussi deux balanciers, mais situés à l'extrémité antérieure du thorax, et que nous nommerons, pour les distinguer des autres, des *prébalanciers*. Audessus des balanciers est un petite écaille membraneuse, formée de deux pièces réunies par l'un des bords, et semblables à deux battants de coquille

---

(1) L'insecte est supposé en repos. La rapidité des vibrations de ces organes nous paraît être l'une des principales causes du bourdonnement de divers animaux de cette classe. Les explications que l'on en a données ne sont pas encore satisfaisantes.

(2) Appendices, selon moi, des trachées du premier segment abdominal et correspondants à cet espace, percé d'un petit trou, adjacent au côté antérieur d'une ouverture, avec un diaphragme membraneux et intérieur, que l'on voit, de chaque côté, au même segment, dans plusieurs criquets ou *acrydiums*. (*Voyez* mon Mémoire sur les appendices articulés des insectes, dans le Recueil des Mémoires du Muséum d'hist. natur.)

bivalve ; c'est l'*aileron* ou le *cueilleron*. Quelques coléoptères aquatiques en offrent aussi au-dessous de leurs élytres, et insérés à leur base.

Beaucoup d'insectes, tels que les hannetons, les cantharides, etc., ont, au lieu des deux ailes supérieures ou antérieures, deux espèces d'écailles plus ou moins épaisses et plus ou moins solides, opaques, qui s'ouvrent et se ferment, et sous lesquelles les ailes se replient transversalement dans le repos. Ces espèces d'étuis ont reçu le nom d'*élytres* (1). Les insectes qui en sont munis sont appelés *coléoptères*, ou insectes à étuis. Ces pièces ne leur manquent jamais ; mais il n'en est pas toujours ainsi des ailes. Dans d'autres insectes, l'extrémité de ces écailles est tout-à-fait membraneuse, comme les ailes ; on les nomme des *demi-étuis* ou *hémélytres*.

L'écusson est une pièce ordinairement triangulaire, située sur le dos du mésothorax, entre les attaches des élytres ou des ailes. Elle est quelquefois très grande, et recouvre alors la plus grande partie du dessus de l'abdomen. Divers hyménoptères offrent en arrière d'elle, sur le métathorax, un petit espace qu'on nomme arrière-écusson ou faux-écusson.

Les pieds sont composés d'une hanche de deux articles, d'une cuisse, d'une jambe d'un seul arti-

---

(1) *Voyez*, pour leur composition chymique, un Mémoire précité de M. Odier, inséré dans le recueil des Mémoires de la Société d'histoire natur. de Paris, et l'article Insectes dudit Dict. classique d'hist. nat.

cle, et d'un doigt, qu'on nomme habituellement *tarse*, et qui est divisé en plusieurs phalanges. Le nombre de ses articulations varie de trois à cinq, ce qui dépend beaucoup des changements qu'éprouvent, dans leurs proportions, la première et l'avant-dernière. Quoique leur supputation puisse quelquefois embarrasser, et que cette série numérique ne soit pas toujours en rapport avec l'ordre naturel, elle fournit néanmoins un bon caractère pour la distinction des genres : la dernière articulation est ordinairement terminée par deux crochets. La forme des tarses est sujette à quelques modifications, suivant les habitudes des insectes. Ceux des espèces aquatiques sont ordinairement aplatis, très ciliés et en forme de rames (1).

L'abdomen, qui forme la troisième et dernière partie du corps, se confond avec le corselet dans les myriapodes ; mais il en est distinct dans tous les autres insectes, ou ceux qui n'ont que six pieds. Il renferme les viscères, les organes sexuels, et présente neuf à dix segments, mais dont quelques-uns sont souvent cachés ou très rapetissés. Les parties de la génération sont situées à son extrémité postérieure, et sortent par l'anus. Les ïules et les libellules font seuls exception. Les derniers anneaux de l'abdomen

---

(1) M. Kirby, dans sa Monographie des abeilles d'Angleterre, désigne les deux tarses antérieurs sous le nom de *main*. Le premier article est la *paume (palma)*. Conjointement avec M. Spence, il a publié des élémens d'entomologie, très détaillés et des plus complets.

forment , dans plusieurs femelles , un oviducte (*oviscapte , Marcel de Serres*) rétractile ou toujours saillant, plus ou moins compliqué, et leur servant de tarière. Il est remplacé par un aiguillon dans les femelles de beaucoup d'hyménoptères. Des crochets ou des pinces accompagnent presque toujours l'organe fécondateur du mâle (1). Les deux sexes ne se réunissent ordinairement qu'une seule fois, et cet accouplement suffit même, dans quelques genres, pour la fécondation de plusieurs générations successives. Le mâle se place sur le dos de sa femelle, et leur jonction dure quelque temps. Celle-ci ne tarde pas à faire sa ponte (2), et dépose ses œufs de la manière la plus favorable à leur conservation, de sorte que les petits venant à éclore , trouvent à leur portée les aliments convenables. Souvent même elle les approvisionne. Ces soins maternels excitent fréquem-

______

(1) Les organes générateurs mâles se composent d'un appareil préparateur de la semence et de pièces propres à la copulation. L'appareil préparateur est formé de testicules, de canaux déférents et de vésicules séminales. L'organe copulateur nous présente le pénis et une armure constituée par des pièces environnantes, de diverses formes, faisant l'office de pinces , et avec lesquelles ces individus saisissent l'extrémité postérieure du corps de la femelle. L'organe générateur de ces derniers individus a pour éléments l'ovaire, le réceptacle ou calice, formé par sa base, et l'oviducte. (Consultez, pour plus amples détails, les Mémoires de M. Dufour, faisant partie des Annales des sciences naturelles, et une Dissertation latine de M. Hegetschweiler, Zurich , 1820.)

(2) M. Audouin suppose qu'à l'égard d'un grand nombre d'insectes , les œufs sont fécondés, à leur passage, dans une poche située près de l'anus; mais cette opinion a besoin d'être confirmée par des expériences ; et l'un des naturalistes, qui a le plus étudié l'anatomie de ces animaux , M. Léon Dufour , ne la partage point

ment notre surprise, et nous dévoilent plus particulièrement l'instinct des insectes. Dans des sociétés très nombreuses de plusieurs de ces animaux, tels que les fourmis, les termès, les guêpes, les abeilles, etc., les individus composant la majeure partie de la population, et qui, par leurs travaux et leur vigilance, maintiennent ces sociétés, ont été considérés comme des individus neutres ou sans sexe. On les a aussi désignés sous les noms d'*ouvriers* et de *mulets*. Il est reconnu aujourd'hui que ce sont des femelles dont les organes sexuels ou les ovaires n'ont pas reçu parfaite élaboration, et qui peuvent devenir fécondes, si une amélioration dans leur nourriture développe, à une certaine époque de leur jeune âge, ces mêmes organes.

Les œufs éclosent quelquefois dans le ventre de la mère; elle est alors *vivipare*. Le nombre des générations annuelles d'une espèce dépend de la durée de chacune d'elles. Le plus souvent il n'y en a qu'une ou deux par année. Une espèce, toutes choses égales, est d'autant plus commune, que les générations se succèdent avec plus de rapidité, et que la femelle est plus féconde.

Uu *papillon femelle*, après s'être accouplé, pond des œufs, desquels il naît, non pas des *papillons*, mais des animaux à corps très alongé, partagé en anneaux, à tête pourvue de mâchoires et de plusieurs petits yeux, ayant des pieds très courts, dont six écailleux et pointus, placés en avant, et d'autres en nombre variable, membraneux, attachés aux derniers anneaux. Ces animaux, connus sous le nom de *chenilles*, vivent un certain temps dans cet état, et changent plusieurs fois de peau. Enfin il arrive une époque où, de cette *peau de chenille*, sort un être tout différent, de forme oblongue, sans membres distincts, et qui cesse bientôt de se mouvoir, pour rester long-temps avec l'apparence de mort et de dessèchement, sous le nom de *chrysalide*. En y regardant de très près, on voit en relief, sur la surface extérieure de cette chrysalide, des linéaments qui représentent toutes les parties du papillon, mais dans des proportions différentes de celles que ces parties auront un jour. Après un temps plus ou moins long, la peau de la *chrysalide* se fend, et le *papillon* en sort humide, mou, avec des ailes flasques et courtes; mais en peu d'instants il se dessèche, ses ailes croissent, se raffermissent, et il est en état de voler. Il a six longs pieds, des antennes, une trompe en spirale, des yeux composés; en un mot, il ne ressemble en rien à la chenille dont il est sorti, car on a vérifié que les changements d'état ne sont autre chose que des développements successifs des parties contenues les unes dans les autres.

Voilà ce qu'on appelle les *métamorphoses* des insectes. Leur premier état se nomme *larve*; le second, *nymphe*; le dernier, *état parfait*. Ce n'est que dans celui-ci qu'ils sont en état de produire.

Tous les insectes ne passent point par ces trois

états. Ceux qui n'ont point d'ailes sortent de l'œuf avec la forme qu'ils doivent toujours garder (1) : on les appelle insectes *sans métamorphose*. Parmi ceux qui ont des ailes, un grand nombre ne subit d'autre changement que de les recevoir : on les nomme insectes à *demi-métamorphose*. Leur *larve* ressemble à l'insecte parfait, à l'exception seulement des ailes, qui lui manquent tout-à-fait. La *nymphe* ne diffère de la larve que par des moignons ou rudiments d'ailes, qui se développent à sa dernière mue pour mettre l'insecte dans son état parfait. Telles sont les punaises, les sauterelles, etc. Enfin, le reste des insectes pourvus d'ailes, nommés à *métamorphose complète*, est d'abord une *larve* de la forme d'une chenille ou d'un ver, devient ensuite une *nymphe* immobile, mais présentant toutes les parties de l'insecte parfait, contractées et comme emmaillottées.

Ces parties sont libres, quoique très rapprochées et appliquées contre le corps, dans les *nymphes* des coléoptères, des nevroptères, des hyménoptères, etc.; mais elles ne le sont pas dans celles des lépidoptères, de beaucoup d'insectes à deux ailes. Une peau élastique ou d'une consistance assez ferme se moule sur le corps et ses parties extérieures, ou lui forme une sorte d'étui.

Celle des nymphes ou chrysalides des lépidop-

______

(1) La **Puce**, les femelles des *Mutilles*, les *Fourmis ouvrières*, et quelques autres insectes, mais en petit nombre, exceptés.

tères, ne consistant qu'en une simple pellicule, appliquée sur les organes extérieurs, suivant tous leurs contours, et formant, pour chacun d'eux, autant de moules spéciaux, comme l'enveloppe d'une momie, permet de les reconnaître et de les distinguer (1); mais celle des mouches, des syrphes, formée de la peau desséchée de la larve, n'a que l'apparence d'une coque en forme d'œuf. C'est une espèce de capsule ou d'étui, où l'animal est renfermé (2).

Beaucoup de larves, avant de passer à l'état de nymphe, se préparent, avec de la soie qu'elles tirent de leur intérieur, et au moyen des filières de leur lèvre, ou avec d'autres matériaux qu'elles réunissent, une coque où elles se renferment. L'insecte parfait sort de la nymphe par une fente ou une scission qui se fait sur le dos du corselet. Dans les nymphes des mouches, une de ses extrémités se détache, en forme de calotte, pour le passage de l'insecte.

Les larves et les nymphes des insectes à demi-métamorphose ne diffèrent de ces mêmes insectes en état parfait, qu'à raison des ailes. Les autres organes extérieurs sont identiques. Mais dans la métamorphose complète, la forme du corps des larves n'a point de rapport constant avec celle qu'auront ces insectes dans leur dernier état. Il est ordi-

---

(1) *Pupa obtecta*, Lin.
(2) *Pupa coarctata*, ejusd.

nairement plus alongé ; la tête est souvent très différente, tant par sa consistance que par sa figure, n'a que des rudiments d'antennes ou en manque absolument, et n'offre jamais d'yeux composés.

Les organes de la manducation sont encore très disparates, ainsi qu'on peut le voir en comparant la bouche d'une chenille avec celle d'un papillon, la bouche de la larve d'une mouche avec celle de l'insecte entièrement développé.

Plusieurs de ces larves n'ont point de pieds ; d'autres, telles que les *chenilles*, en ont beaucoup, mais qui, à l'exception des six premiers, sont tous membraneux et n'ont point d'ongles au bout. Quelques insectes, tels que les éphémères, nous présentent, dans leur métamorphose, une exception singulière. Parvenus à l'état parfait, ils se dépouillent encore une fois de leurs ailes.

Les insectes qui composent nos trois premiers ordres conservent toute leur vie la forme qu'ils ont en naissant. Les myriapodes, néanmoins, nous montrent une ébauche de métamorphose. Ils n'ont d'abord que six pieds, ou en sont même, suivant M. Savi, tout-à-fait privés ; les autres, ainsi que les segments dont ils dépendent, se développent avec l'âge.

Il est bien peu de substances végétales qui soient à l'abri de la voracité des insectes ; et comme celles qui sont nécessaires ou utiles à nos besoins ne sont pas plus épargnées que les autres, ils nous causent de grands dommages , surtout dans les années favorables à leur multiplication. Leur destruction dépend beaucoup de la connaissance de leurs habitudes et de notre vigilance. Il en est d'omnivores, et tels sont les termès, les fourmis, etc., dont les ravages ne sont que trop connus. Plusieurs de ceux qui sont carnassiers, et les espèces qui se nourrissent de matières soit cadavéreuses, soit excrémentielles, sont un bienfait de l'auteur de la nature , et compensent un peu les pertes et les incommodités que les autres nous font éprouver. Quelques-uns sont employés dans la médecine, dans les arts et dans l'économie domestique.

Ils ont aussi beaucoup d'ennemis : les poissons détruisent une grande quantité d'espèces aquatiques; beaucoup d'oiseaux, de chauves-souris , de lézards, etc. , nous délivrent d'une partie de celles qui font leur séjour sur terre ou dans les airs. La plupart des insectes essaient de se soustraire, par la fuite ou par le vol, aux dangers qui menacent leur existence; mais il en est qui emploient, à cette fin, des ruses particulières ou des armes naturelles.

Parvenus à leur dernière transformation , ou jouissant de toutes leurs facultés, ils se hâtent de propager leur race, et ce but étant rempli, ils cessent bientôt d'exister. Aussi, dans nos climats, chacune des trois belles saisons de l'année nous offre-t-elle plusieurs espèces qui lui sont propres. Il paraît cependant que les femelles et les individus neutres de celles qui vivent en société, ont une carrière plus longue. Plusieurs individus, nés en automne, se dérobent aux rigueurs de l'hiver, et reparaissent au printemps de l'année suivante.

Ainsi que les végétaux, les espèces sont soumises à des circonscriptions géographiques. Celles, par exemple, du Nouveau-Monde, à l'exception d'un petit nombre et toutes boréales, lui sont essentiellement propres; il offre aussi plusieurs genres particuliers. L'ancien continent en possède à son tour qui sont inconnus dans l'autre. Les insectes du midi de l'Europe, de l'Afrique septentrionale et des contrées occidentales et méridionales de l'Asie ont de grands rapports entre eux. Il en est de même de ceux des Moluques et des îles plus orientales, celles de la mer du Sud comprises. Plusieurs espèces du nord se retrouvent dans les montagnes des pays méridionaux. Celles d'Afrique diffèrent beaucoup de celles des contrées opposées de l'Amérique. Les insectes de l'Asie méridionale, à partir de l'Indus ou du Sind, et en allant à l'est, jusqu'aux confins de la Chine, ont de grands traits de ressemblance. Les régions intertropicales, couvertes de très grandes forêts et très arrosées, sont les plus riches en insectes; et, sous ce rapport, le Brésil et la Guyane sont le plus favorisés.

Toutes les méthodes générales relatives aux insectes se réduisent essentiellement à trois. Swammerdam a pris pour base les métamorphoses; Linnæus s'est fondé sur la présence et l'absence des ailes, leur nombre, leur consistance, leur superposition, la nature de leur surface, et sur l'existence ou l'absence d'un aiguillon ; Fabricius n'a employé que les parties de la bouche. Les crustacés et les arachnides, dans toutes ces distributions, font partie des insectes, et ils en sont même les derniers dans celle de Linnæus, qu'on a généralement adoptée. Brisson cependant les en avait distraits, et sa classe des crustacés, qu'il place avant celle des insectes, renferme tous ceux de ces animaux qui ont plus de six pieds, c'est-à-dire les crustacés et les arachnides de M. de Lamarck, ou les insectes *apiropodes* de M. Savigny. Quoique cet ordre fût plus naturel que celui de Linnæus, il n'avait pas été suivi, et ce n'est que dans ces derniers temps que les observations anatomiques et l'exactitude rigoureuse des applications qu'on en a faites, nous ont ramenés à la méthode naturelle (1).

Je partage cette classe en douze ordres, dont les trois premiers, composés d'insectes privés d'ailes, ne changeant point essentiellement de formes et d'habitudes, sujets seulement, soit à de simples mues, soit à une ébauche de métamorphose, qui accroît le nombre des pieds et des anneaux du corps,

---

(1) Cuvier, Tabl. élém. de l'Hist. nat. des anim., et Leçons d'anat comparée ; Lamark, Système des anim. sans vertèbres ; Latreille, Précis des caract. génér. des insectes, et gener. crust. et insectorum. Consultez, pour plus de détails, l'excellente introduction à l'Entomologie de MM. Kirby et Spence, déjà citée, p. 312.

répondent à l'ordre des *arachnides antennistes* de M. de Lamarck. L'organe de la vision n'est ordinairement, dans ces animaux, qu'un assemblage plus ou moins considérable d'yeux lisses, sous la forme de petits grains. Les ordres suivants composent la classe des insectes du même naturaliste. Par ses rapports naturels, celui des suceurs, qui ne comprend que le genre puce, semble devoir terminer la classe. Mais comme je mets en tête les insectes qui n'ont point d'ailes, cet ordre, pour la régularité de la méthode, doit succéder immédiatement à celui des parasites.

Quelques naturalistes anglais ont établi, d'après la considération des ailes, de nouveaux ordres ; mais je ne vois pas la nécessité de les admettre, à l'exception cependant de celui des *strésisptères*, dont la dénomination me paraît vicieuse (1), et que j'appellerai *rhipiptères* (2).

Le premier ordre, les Myriapodes, a plus de six pieds (24 et au-delà), disposés dans toute la longueur du corps, sur une suite d'anneaux, qui en portent chacun une ou deux paires, et dont la première, et même dans plusieurs la seconde, semblent faire partie de la bouche. Ils sont aptères (3).

---

(1) Ailes torses. Les parties que l'on prend pour des *élytres* n'en sont pas. *Voyez* cet ordre.

(2) Ailes en éventail.

(3) Privés d'ailes et d'écusson.

Le second ordre, les Thysanoures, a six pieds, et l'abdómen garni sur les côtés de pièces mobiles, en forme de fausses pattes, ou terminé par des appendices propres pour le saut.

Le troisième ordre, les Parasites, a six pieds, manque d'ailes, n'offre pour organes de la vue, que des yeux lisses; leur bouche est, en grande partie, intérieure, et ne consiste que dans un museau renfermant un suçoir rétractile, ou dans une fente située entre deux lèvres, avec deux mandibules en crochet

Le quatrième ordre, les Suceurs, a six pieds, manque d'ailes (1); leur bouche est composée d'un suçoir renfermé dans une gaîne cylindrique, de deux pièces articulées.

Le cinquième ordre, les Coléoptères, a six pieds, quatre ailes, dont les deux supérieures en forme d'étuis; des mandibules et des mâchoires pour la mastication; les ailes inférieures pliées simplement en travers, et les étuis crustacés (toujours horizontaux). Ils subissent une métamorphose complète.

Le sixième ordre, les Orthoptères (2), a six

---

(1) Ils subissent des métamorphoses, et acquièrent des organes locomotiles, qu'ils n'avaient pas à leur naissance. Ce caractère est commun aux ordres suivants, mais dans ceux-ci la métamorphose développe une autre sorte d'organes locomotiles, les ailes.

(2) De Géer avait établi cet ordre et lui avait donné le nom de *dermaptères*, qu'Olivier a changé mal à propos en celui d'*orthoptères*. Nous conservons cependant ce dernier, parce que les naturalistes français l'ont généralement adopté.

pieds; quatre ailes, dont les deux supérieures en forme d'étuis; des mandibules et des mâchoires pour la mastication (recouvertes à leur extrémité par une galète); les ailes inférieures, pliées en deux sens, ou simplement dans leur longueur, et les étuis ordinairement coriaces, le plus souvent croisés au bord interne; ils ne subissent que des demi-métamorphoses.

Le septième ordre, les HÉMIPTÈRES, a six pieds; quatre ailes, dont les deux supérieures en forme d'étuis crustacés, avec l'extrémité membraneuse, ou semblables aux inférieures, mais plus grandes et plus fortes; les mandibules et les mâchoires remplacées par des soies formant un suçoir, renfermé dans une gaîne d'une seule pièce, articulée, cylindrique ou conique, en forme de bec.

Le huitième ordre, les NÉVROPTÈRES, a six pieds; quatre ailes membraneuses et nues; des mandibules et des mâchoires pour la mastication; leurs ailes sont finement réticulées, et les inférieures sont ordinairement de la grandeur des supérieures, ou plus étendues dans un de leurs diamètres.

Le neuvième ordre, les HYMÉNOPTÈRES, a six pieds; quatre ailes membraneuses et nues; des mandibules et des mâchoires pour la mastication; les ailes inférieures plus petites que les supérieures; l'abdomen des femelles presque toujours terminé par une tarière ou par un aiguillon.

Le dixième ordre, les LÉPIDOPTÈRES, a six pieds;

quatre ailes membraneuses, couvertes de petites écailles colorées, semblables à une poussière ; une pièce cornée, en forme d'épaulette, rejetée en arrière, insérée au-devant de chaque aile supérieure ; les mâchoires remplacées par deux filets tubulaires, réunis et composant une espèce de langue roulée en spirale sur elle-même (1).

Le onzieme ordre, les RHIPIPTÈRES, a six pieds ; deux ailes membraneuses et plissées en éventail ; deux corps crustacés, mobiles, en forme de petits élytres, situés à l'extrémité antérieure du thorax (2) ; et pour organes de la manducation, simples mâchoires, en forme de soies, avec deux palpes.

Le douzième ordre, les DIPTÈRES, a six pieds ; deux ailes membraneuses, étendues, accompagnées, dans presque tous, de deux corps mobiles, en forme de balanciers, situés en arrière d'elles ; et pour organes de la manducation, un suçoir d'un nombre variable de soies, renfermé dans une gaîne inarticulée ; le plus souvent sous la forme d'une trompe, terminée par deux lèvres.

---

(1) *Spiritrompe.* Voyez les généralités de la classe. Le thorax des Lépidoptères a plus d'analogie avec celui des Névroptères qu'avec celui des Hyménoptères, le segment que j'ai nommé médiaire paraissant faire partie de l'abdomen, tandis que, dans ceux-ci et les Diptères, il est incorporé avec le thorax.

(2) Formés, à ce que nous présumons, par des pièces analogues aux épaulettes ou *ptérygodes* des lépidoptères.

LE PREMIER ORDRE DES INSECTES,

Les MYRIAPODES. (MYRIAPODA. — *Mitosata*. Fab.)

Nommés vulgairement *mille-pieds*, sont les seuls animaux de cette classe qui aient plus de six pieds dans leur état parfait, et dont l'abdomen ne soit pas distinct du tronc. Leur corps, dépourvu d'ailes, est composé d'une suite ordinairement considérable d'anneaux, le plus souvent égaux, et portant généralement chacun, à l'exception des premiers, deux paires de pieds, le plus souvent terminés par un seul crochet, soit que ces anneaux soient indivis, soit qu'ils soient partagés en deux demi - segments, ayant chacun une paire de ces organes, et dont l'un seulement offre deux stigmates (1).

Les myriapodes ressemblent, pour la plupart, à de petits serpents ou à des néréides, ayant des pieds très rapprochés les uns des autres, dans toute la longueur du corps. La forme de ces organes s'étend même jusqu'aux parties de la bouche. Les mandibules sont biarticulées et immédiatement suivies d'une pièce en forme de lèvre, quadrifide,

---

(1) Les anneaux du corps des insectes ont généralement deux stigmates. Si l'on considère sous ce point de vue les anneaux du corps des scolopendres, notamment des grandes espèces, celles qui ont vingt-une paires de pattes, l'on verra qu'ils sont alternativement pourvus ou privés de deux stigmates, et qu'ainsi, comparativement à ces derniers animaux, ce ne sont réellement que des demi-anneaux. Dès lors chaque segment complet a deux paires de pattes, mais dont une surnuméraire, puisque, dans les autres insectes, les anneaux munis de pattes n'en ont que deux.

à divisions articulées ou semblables à de petits pieds,
et qui par sa situation correspond à la languette des
crustacés ; viennent ensuite deux paires de petits
pieds, dont les seconds en forme de grands crochets
dans plusieurs, paraissent remplacer les quatre
mâchoires de ces derniers, ou bien les deux ainsi
que la lèvre inférieure des insectes : ce sont des
sortes de pieds buccaux. Les antennes, au nombre
de deux, sont courtes, un peu plus grosses vers le
bout ou presque filiformes, de sept articles dans
les uns, d'un grand nombre dans les autres et sétacées. Leurs yeux sont ordinairement formés d'une
réunion d'yeux lisses, et si dans les autres, ils offrent
une cornée à facettes, ces lentilles sont néanmoins
proportionnellement plus grandes, plus rondes et
plus distinctes que celles des yeux des insectes. Les
stigmates sont souvent très petits, et leur quantité,
à raison de celle des anneaux, est ordinairement
plus considérable que dans ces derniers, où elle n'est
au plus que de dix-huit ou vingt. Le nombre de ces
anneaux et celui des pieds augmente avec l'âge,
caractère qui distingue encore les myriapodes des
insectes, ceux-ci naissant toujours avec le nombre de
segments qui leur est propre, et toutes leurs pattes à
crochets, ou proprement dites, se développant à la
fois, soit à la même époque, soit lorsqu'ils passent à
l'état de nymphe. M. Savi, fils, professeur de minéra-
logie à Pise, qui a fait une étude particulière des iules ;
a observé qu'ils sont privés, à la sortie de l'œuf, de

ces organes : ces animaux éprouvent donc une véritable métamorphose. Dans les uns, les organes sexuels masculins sont toujours placés immédiatement après la septième paire de pattes, sur le sixième ou septième segment du corps, et ceux de la femelle près de l'origine des seconds pieds ; dans les autres, ces deux sortes d'organes sont situées, comme d'ordinaire, à l'extrémité postérieure du corps. La position des parties masculines des premiers, comparée avec celle qu'elles ont dans les crustacés et les arachnides, semblerait indiquer la séparation du tronc et de l'abdomen ; à l'égard des autres myriapodes, où les organes sexuels sont postérieurs, l'on remarque qu'il s'opère dans une portion analogue du corps de certaines espèces (*scolopendra morsitans*), un inversion dans l'ordre successif des stigmates, ce qui paraîtrait annoncer la même distinction.

Les myriapodes vivent et croissent plus longtemps que les autres insectes, et suivant M. Savi, il faut au moins deux ans à quelques-uns (les ïulés), pour que les organes génitaux deviennent apparents.

De cet ensemble de faits, l'on peut conclure que ces animaux se rapprochent d'une part des crustacés et des arachnides, et de l'autre des insectes ; mais sous la considération de la présence, de la forme et de la direction des trachées, ils appartiennent à la classe des derniers.

Nous les partagerons en deux familles, parfaite-

ment distinctes, tant à raison de leur organisation,
que de leurs habitudes, et composant dans Linnæus,
deux coupes génériques.

La première famille des MYRIAPODES, celle

DES CHILOGNATHES (CHILOGNATHA.. Latr.), ou le genre des IULES (*Iulus*) de Linnæus,

A le corps généralement crustacé et souvent
cylindrique ; les antennes, un peu plus grosses
vers le bout ou presque d'égale grosseur, et composées de sept articles ; deux mandibules épaisses,
sans palpes, très distinctement divisées en deux
portions par une articulation médiane, avec des
dents imbriquées et implantées dans une concavité
de son extrémité supérieure ; une espèce de lèvre
(languette) (1), située immédiatement au-dessous
d'elles, les recouvrant, crustacée, plane, divisée à
sa surface extérieure par des sutures longitudinales
et des échancrures, en quatre aires principales,
tuberculées au bord supérieur, et dont les deux intermédiaires plus étroites et plus courtes, situées à
l'extrémité supérieure d'une autre aire, leur servant
de base commune ; les pieds très courts et toujours
terminés par un seul crochet ; quatre pieds situés
immédiatement au-dessous de la pièce précédente,
de la forme des suivants, mais plus rapprochés à

---

(1) Lèvre inférieure composée des deux paires de mâchoires des crustacés, selon M. Savigny.

leur base, avec l'article radical proportionnellement plus long ; et la plupart des autres, attachés par double paire, à un seul anneau. Les organes génitaux masculins sont situés immédiatement après la septième paire de pieds, et ceux de l'autre sexe derrière les seconds. Les stigmates sont placés alternativement, en dehors de l'origine de chaque paire de pieds, et très petits.

Les chilognathes marchent très lentement ou se glissent, pour ainsi dire, sur le plan de position, et se roulent en spirale ou en boule. Le premier segment du corps, et dans quelques-uns le suivant, est plus grand, et présente la forme d'un corselet ou d'un petit bouclier. Ce n'est guère qu'au quatrième dans les uns, qu'au cinquième ou au sixième dans les autres, que la duplicature des paires de pieds commence ; les deux ou quatre premiers pieds sont même entièrement libres jusqu'à leur naissance, ou ils n'adhèrent à leurs segments respectifs, que par une ligne médiane ou sternale. Les deux ou trois derniers anneaux sont apodes. On voit de chaque côté du corps une série de pores, qu'on avait pris pour des stigmates, mais qui, d'après M. Savi, sont simplement destinés à la sortie d'une liqueur acide et d'une odeur désagréable, qui paraît servir à la défense de ces animaux ; les ouvertures propres à la respiration, et dont on lui doit la découverte, sont placées sur la pièce sternale de chaque segment, et communiquent intérieurement avec une double série de poches pneumatiques, disposées en chapelet, tout le long du corps, et d'où partent des branches trachéennes qui vont se répandre sur les autres organes. Suivant une observation de M. Straus, les poches ou trachées vésiculeuses ne sont point liées les unes aux autres, ainsi que de coutume, par une trachée principale.

Aux environs de Pise, où M. Savi a recueilli les observations précitées, les amours de l'iule commun commencent vers la fin de décembre et finissent vers la mi-mai. Les organes copulateurs du mâle sont placés dans cette espèce sous le sixième segment, mais ils ne se montrent sous cette forme que lorsque l'individu est parvenu environ au tiers de sa taille ordinaire; jusqu'alors cette place est occupée par une paire de pattes, la quinzième, et qui existe toujours dans les femelles; ici, l'orifice des parties sexuelles est placé entre le premier et deuxième segment. Des gloméris et des iules femelles m'ont offert par derrière la naissance de la seconde paire de pattes, deux petits mamelons convexes qui paraissent caractériser ce sexe; celui des mâles consiste aussi en deux mamelons, mais terminés chacun par un crochet écailleux et contourné. Dans l'accouplement, ces insectes redressent et appliquent l'une contre l'autre, face à face, les extrémités antérieures de leurs corps, et s'entrelacent inférieurement. Le corps des individus venant de naître est en forme de rein, parfaitement uni et sans appendices. Dix-

huit jours après, il subissent une première mue,
et ils prennent seulement alors la forme des adultes ;
mais ils n'ont encore que vingt-deux segments, et
le nombre total de leurs pattes est de vingt-six
paires. M. Savi paraît contredire l'assertion de
De Géer, qui dit n'en avoir compté que trois paires
et que huit anneaux dans les jeunes individus; mais
est-il bien certain que la mue dont parle M. Savi
soit réellement la première, et ne doit-on pas, au
contraire, présumer que ces jeunes individus ne
passent pas subitement d'un état où ils n'offrent
aucun appendice locomotile, à celui où ils en
montrent jusqu'à vingt-six paires, ou qu'en un mot
d'autres changements de peau, mais qui ont pu
échapper à M. Savi, ont eu lieu et ont développé
successivement ce nombre de pattes? Les observations du Réaumur suédois ne confirment-elles pas
ces transitions graduelles? Quoi qu'il en soit, selon
M. Savi, les dix-huit premières paires de pattes
servent seules à la locomotion; à la seconde mue,
l'animal en offre trente-six paires et à la troisième
quarante-trois; le corps alors se compose de trente
segments. Enfin, dans l'état adulte, le mâle
en a trente-neuf et la femelle soixante-quatre;
deux ans après, ils muent encore, et c'est alors
seulement qu'apparaissent les organes de la génération. Depuis la naissance, qui a lieu en mars, jusqu'en novembre, époque où M. Savi a cessé ses
observations, ces changements de peau se renou-

vellent à peu près de mois en mois. On découvre dans la dépouille jusqu'à la membrane qui tapisse intérieurement le canal alimentaire et les trachées. Les organes de la bouche sont les seules parties que M. Savi n'a pu retrouver (1).

Ces insectes se nourrissent de substances soit végétales, soit animales, mais mortes et décomposées, et pondent dans la terre un grand nombre d'œufs.

Ils ne forment dans Linnæus, qu'un genre.

Les Iules. (Iulus. L.)

Que nous divisons comme il suit :

Les uns ont le corps crustacé, sans appendices au bout, et les antennes renflées vers leur sommet.

Les Gloméris. (Glomeris. Latr.)

Semblables à des cloportes, ovales, et se roulant en boule.

Leur corps, convexe en dessus et concave en dessous, a, le long de chacun de ses côtés inférieurs, une rangée de petites écailles, analogues aux divisions latérales des trilobites. Il n'est composé, la tête non comprise, que de douze segments ou tablettes, dont le premier, plus étroit, forme une sorte de collier en demi-cercle transversal, et dont le suivant et le dernier les plus grands de tous; celui-ci est voûté et arrondi au bout. Le nombre des pattes est de trentequatre dans les femelles, et de trente-deux dans les mâles, ses organes sexuels remplaçant la paire qui manque. Ces ani-

---

(1) *Voyez* le Bulletin général et universel de M. le baron de Férussac, décembre 1823. Les observations de M. Savi, dont ce journal offre un extrait, sont consignées dans le mémoire suivant : *Osservazioni per servire alla storia di una specie di julus communissima*, Bologna, 1817. Le même savant en a publié un autre, en 1819, sur le *Julus fœtidissimus*.

maux sont terrestres et vivent sous les pierres dans les terrains montueux (1).

Les Iules propres. (Iulus. Lin.)

Qui ont le corps cylindrique et fort long, se roulant en spirale, et sans saillie en forme d'arête ou de bord tranchant sur les côtés des anneaux.

Les plus grandes espèces vivent à terre, particulièrement dans les lieux sablonneux, les bois, et répandent une odeur désagréable. Les plus petites se nourrissent de fruits, de racines ou de feuilles de plantes potagères. On en trouve quelques autres sous les écorces d'arbres, dans la mousse, etc.

L'*Iule très-grand* (*I. maximus* , Lin.) Marcg., Bras., p. 255. Propre à l'Amérique méridionale, a jusqu'à sept pouces de long.

L'*Iule des sables* (*I. sabulosus* , Lin.) Schæff., Elem., entom, LXXIII. — *I. fasciatus*, De G., Insect., VII, XXXVI, 9, 10; Leach., Zool., miscell., CXXXIII; long d'environ seize lignes, d'un brun noirâtre, avec deux lignes roussâtres le long du dos; cinquante-quatre segments, dont l'avant-dernier terminé par une pointe forte, velue et cornée au bout. — En Europe.

L'*Iule terrestre* (*I. terrestris*. Lin.) Geoff., Insect., II, XXII, 5; d'un quart plus petit, cendré bleuâtre, entrecoupé de jaunâtre clair; quarante-deux à quarante-sept segments. — Avec le précédent (2).

Les Polydèmes. (Polydesmus. Lat.)

Semblables aux ïules par la forme linéaire de leur corps et l'habitude de se rouler en spirale, mais dont les segments

---

(1) *Iulus ovalis*, Lin.; Gronov., Zooph., pl. XVII, 4, 5; — *Oniscus zonatus*, Panz., Faun., Insect. germ., IX, XXIII; *Glomeris marginata*, Leach, Zool. miscell., CXXXII;—*Oniscus pustulatus*, Fab.; Panz., *ibid*., XXII.

(2) *Voyez* les deux Mémoires précités de M. Savi, et le Zoolog. miscel; de M. Leach, tom. III, à l'égard de ces deux espèces et de quelques autres d'Angleterre. Ajoutez *Iulus indus*, Lin.; De G., VII, XLIII, 7; Séb., Mus. II, XXIV, 4, 5; — Séb., Mus. I, LXXXI, 5; — Schræt., Abhandl., I, III, 7.

sont comprimés sur les côtés inférieurs, avec une saillie en forme de rebord ou d'arête au-dessus.

On les trouve sur les pierres, et le plus souvent dans les lieux humides (1).

Les espèces qui ont des yeux apparents forment le genre *Craspedosome* de M. Leach (2).

Les autres ont le corps membraneux, très mou, et terminé par des pinceaux de petites écailles. Leurs antennes sont de la même grosseur. Tels sont

Les Pollyxènes. (Pollyxenus. Latr.)

Qui ne comprennent encore qu'une seule espèce, rangée avec les Scolopendres (*Sc. lagura.* L.) par Linnæus, Geoffroy et Fabricius.

C'est le *Iule à queue en pinceau* de DeGeer, Insect., VII, xxxvi, 1, 2, 3; Zool. miscell., cxxxv, B. Cet insecte est très petit, oblong, avec des aigrettes de petites écailles sur les côtés, et un pinceau blanc à l'extrémité postérieure du corps. Il a douze paires de pieds, placées sur autant de demi-anneaux.

Il se tient dans les fentes des murs et sous les vieilles écorces.

La seconde famille de Myriapodes,

Les CHILOPODES (Chilopoda. Lat.), ou le genre des Scolopendres (*Scolopendra*) de Linnæus, etc.

Ont les antennes plus grêles vers leur extrémité, de quatorze articles et au-delà; une bouche composée de deux mandibules, munies d'un petit appendice en forme de palpe, offrant dans leur milieu l'apparence d'une soudure, et terminées en manière

---

(1) Les Iules *complanatus* (Zool. miscel., cxxxv, A) *depressus, stigma, tridentatus* de Fabricius; Ses Scolopendres? *dorsalis, clypeata.*

(2) Les espèces, inconnues avant M. Leach, paraissent propres à la Grande-Bretagne. *Voyez* la planche cxxxiv de son Zoological miscellany, tom. III.

de cuilleron dentelé sur ses bords; d'une lèvre (1) quadrifide, dont les deux divisions latérales plus grandes, annelées transversalement, semblables aux pattes membraneuses des chenilles; de deux palpes ou petits pieds réunis à leur base, onguiculés au bout; et d'une seconde lèvre (2) formée par une seconde paire de pieds dilatés et joints à leur naissance, et terminés par un fort crochet, mobile et percé sous son extrémité d'un trou, pour la sortie d'une liqueur vénéneuse.

Le corps est déprimé et membraneux. Chacun de ses anneaux est recouvert d'une plaque coriace ou cartilagineuse, et ne porte, le plus souvent, qu'une paire de pieds (3); la dernière est ordinai-

----

(1) Pièce analogue à la lèvre inférieure des Chilognates, représentant, selon moi, la langue des crustacés, mais pouvant aussi faire l'office de mâchoires; c'est ce que M. Savigny nomme première lèvre auxiliaire.

(2) Seconde lèvre auxiliaire du même. Elle n'est point annexée avec la tête, mais avec l'extrémité antérieure du premier demi-segment. Les deux pieds à crochets forment, par la réunion et la dilatation de leur premier article, une plaque en forme de menton et de lèvre. Le même demi-segment porte les deux premiers pieds ordinaires. Dans les Scolopendres propres de M. Leach, les deux premiers stigmates sont situés sur le troisième demi-segment, abstraction faite du premier; le second et le suivant composeront le premier anneau complet, et alors les deux premiers stigmates se trouveront placés, comme dans les autres insectes, sur un espace correspondant au prothorax. Cette seconde lèvre auxiliaire pourra ainsi représenter la lèvre inférieure des insectes hexapodes broyeurs. Mais ici le pharynx est situé en avant de cette lèvre, au lieu que, dans les myriapodes, il est placé au-devant de la première lèvre auxiliaire. C'est d'après ces rapports et plusieurs autres, fournis par les entomostracés et les arachnides, que je considère les pieds des insectes hexapodes comme les analogues des six pieds-mâchoires des crustacés décapodes.

(3) Ils ne sont, dans ce cas, que des demi-anneaux. *Voyez* les généralités de l'ordre.

ment rejetée en arrière, et s'alonge en forme de queue. Les organes de la respiration sont composés en totalité ou en partie de trachées tubulaires.

Ces animaux courent très vite, sont carnassiers, fuient la lumière, et se cachent sous les pierres, les vieilles poutres, les écorces des arbres, dans la terre, le fumier, etc. Les habitants des pays chauds les redoutent beaucoup, les espèces qu'on y trouve étant fort grandes, et leur venin pouvant être plus actif. La scolopendre *mordante* est désignée aux Antilles par l'épithète de *malfaisante*. On en connaît qui ont une propriété phosphorique.

Les organes sexuels sont intérieurs et situés à l'extrémité postérieur du corps, comme dans la plupart des insectes suivants. Les stigmates sont plus sensibles que dans la famille précédente, et latéraux ou dorsaux.

Cette famille, qui, dans la méthode de M. Leach, forme son ordre des *Syngnathes*, peut, d'après ces derniers caractères, la nature des organes respiratoires et les pieds, se diviser ainsi :

Les unes n'ont que quinze paires de pattes (1), et leur corps vu en dessus présente moins de segments qu'en dessous.

Les Scutigères. (Scutigera. Lam. — *Cermatia*. Ilig.)

Qui ont le corps recouvert de huit plaques en forme d'écussons, sous chacune desquelles M. Marcel de Serres a observé deux poches pneumatiques ou trachées vésiculaires,

____

(1) Le docteur Leach compte deux paires de plus, parce qu'il comprend dans ce nombre les palpes et les pieds en forme de crochets de la tête.

recevant l'air, et communiquant avec des trachées tubulaires latérales et inférieures. Le dessous du corps est divisé en quinze demi-anneaux, portant chacun une paire de
pieds terminés par un tarse fort long, grêle et très articulé ;
les dernières paires sont plus alongées ; les yeux sont grands
et à facettes.

Elles ont des antennes grêles et assez longues ; les deux
palpes saillants et garnis de petites épines. Le corps est plus
court que dans les autres genres de la même famille, avec
les articles des pieds proportionnellement plus longs.

Les scutigères, qui, d'après ces caractères, font le passage
de la famille précédente à celle-ci, sont fort agiles, et perdent
souvent une partie de leurs pieds lorsqu'on les saisit.

L'espèce de notre pays (1) se cache entre les poutres ou
les solives des charpentes des maisons.

Les LITHOBIES. (LITHOBIUS. Leach.)

Qui ont les stigmates latéraux, le corps divisé, tant en
dessus qu'en dessous, en un pareil nombre de segments,
portant chacun une paire de pieds, et les plaques supérieures alternativement plus longues et plus courtes, en recou-
vrement, jusque près de l'extrémité postérieure.

Le *Lithobie fourchu* (*Scolopendra forficata*, Lin.) Fabr.,
De G. ; Geoff., Hist. des insect., II, xxii, 3 ; Panz., Faun.,
insect. Germ. L., xiii; Leach., Zool., miscell., cxxxvii (2).

Les autres ont au moins vingt-une paires de pattes et
les segments sont, tant en dessus qu'en dessous, de grandeur égale et en même quantité.

Les SCOLOPENDRES propres. (SCOLOPENDRA. Lin.)

Celles qui à partir des deux pieds venant immédiatement
après les deux crochets formant la lèvre extérieure, n'en of-

---

(1) La *Scolopendre à vingt-huit pattes* de Geoffroy, qui paraît différer
de la *S. coleoptrata* de Panzer, Faun. insect. Germ., L., xii, et de celle
de Linnæus ; — *Iulus araneoides*, Pall.; Spicil. Zool., IX, iv, 16 ; —
Scolopendra longicornis, Fab.; de Tranquebar. *Voyez* aussi Leach,
Zool. miscel, *Cermatia livida*, cxxxvi, et le 14ᵉ volume des Transactions
linnéennes.

(2) *L. variegatus, lœvilabrum*, Leach, Trans. linn. Soc., XI. *Voyez*
aussi le troisième volume de son *Zoological miscellany.*

frent que vingt-une paires, et dont les antennes ont dix-sept
articles composant les genres *Scolopendre* et *Crytops* de
M. Leach. Les yeux sont distincts, au nombre de huit, quatre
de chaque côté, dans le premier et celui qui comprend les
plus grandes espèces ; ils sont nuls ou très peu visibles dans
le second.

Les départements les plus méridionaux de la France et
d'autres contrées du sud de l'Europe nous offrent une espèce (*Scolopendra cingulata*, Latr.; *Sc. morsitans*, Vill.,
entom., tom. IV, xi, 17, 18.) presque aussi grande quelquefois que l'espèce ordinaire des Antilles, mais ayant le corps
plus aplati (1).

Les crytops ont leurs antennes plus grenues que les
scolopendres et les deux pieds postérieurs plus grêles. Le
docteur Leach en mentionne deux espèces trouvées dans
les environs de Londres (2).

Dans les *Scolopendres* composant le genre *Géophile*
(*Geophilus*) du même, le nombre des pieds est au-dessus
de quarante-deux et souvent très considérable. Les antennes n'ont que quatorze articles et leur extrémité est moins
amincie ; le corps est proportionnellement plus étroit et
plus long. Les yeux sont peu distincts. Quelques espèces
sont électriques (3).

LE SECOND ORDRE DES INSECTES,

Les THYSANOURES (Thysanoura.),

Comprend des insectes aptères, portés seulement
sur six pieds, sans métamorphose, et ayant de

---

(1) *Scolopendra morsitans*, Lin. ; De Géer, Insect., VII, xliii, 1.
Voyez, pour d'autres espèces, le troisième vol. du Zoolog. miscellany du
docteur Leach; la *Scolopendra gigantea* de Linnæus (Brown., Jam., xlii, 4),
et d'autres grandes espèces, mais incomplétement décrites.

(2) *Crytops hortensis*, Zool. misc., cxxxix; ejusd., ib. ; *Crytops Savignii*.

(3) *S. electrica*, Lin. ; Frisch., Insect., XI, viii, 1; — *S. occidentalis*. Lin.; List. itin., vi ; — *S. phosphorea*, Lin. Tombée du ciel

plus, soit sur les côtés, soit à l'extrémité de l'abdomen, des organes particuliers de mouvement.

La famille première des THYSANOURES, celle

DES LÉPISMÈNES (LEPISMENÆ. Lat.),

A les antennes en forme de soies, et divisées, dès
leur naissance, en un grand nombre de petits articles; des palpes très distincts et saillants à la bouche; l'abdomen muni de chaque côté, en dessous,
d'une rangée d'appendices mobiles, en forme de
fausses pattes, et terminé par des soies articulées,
dont trois plus remarquables; et le corps toujours
garni de petites écailles luisantes.

Elle ne comprend qu'un genre de Linnæus.

LES LÉPISMES. (LEPISMA. L.)

Leur corps est alongé et couvert de petites écailles,
souvent argentées et brillantes, ce qui a fait comparer
l'espèce la plus commune à un petit poisson. Les antennes sont en forme de soies, et ordinairement fort longues. La bouche est composée d'un labre, de deux mandibules presque membraneuses, de deux mâchoires à
deux divisions, avec un palpe de cinq à six articles, et
d'une lèvre à quatre découpures et portant deux palpes
à quatre articulations. Le thorax est de trois pièces.
L'abdomen, qui se rétrécit peu à peu vers son extrémité
postérieure, a, le long de chaque côté du ventre, une
rangée de petits appendices portés sur un court article,

---

sur un vaisseau, à 100 milles du continent. *Voyez* le tome troisième du
Zool. miscellan. de M. Leach. *Geophilus maritimus*, CXL, 1, 2; — *G.
longicornis*, Tab. ead., 3-6, et quelques autres espèces.

et terminés en pointes soyeuses ; les derniers sont plus longs ; de l'anus sort une espèce de stylet écailleux, comprimé et de deux pièces ; viennent ensuite les trois soies articulées, qui se prolongent au-delà du corps. Les pieds sont courts, et ont souvent des hanches très grandes, fortement comprimées et en forme d'écailles.

Plusieurs espèces se cachent dans les fentes des châssis qui restent fermés, ou qu'on n'ouvre que rarement, sous des planches un peu humides, dans les armoires. D'autres vivent retirées sous les pierres.

Ces insectes courent très vite ; quelques-uns sautent par le moyen des filets de leur queue.

On en fait deux sous-genres.

Les Machiles. (Machilis. Latr. — *Petrobius*. Leach.)

Dont les yeux sont très composés, presque contigus, et occupent la majeure partie de la tête ; qui ont le corps convexe et arqué en dessus, et l'abdomen terminé par des petits filets propres pour le saut, et dont celui du milieu, placé au-dessus des deux autres, est beaucoup plus long.

Les palpes maxillaires sont très grands et en forme de petits pieds. Le thorax est étranglé, avec son premier segment plus petit que le second et en voûte.

Ces insectes sautent très bien et fréquentent les lieux pierreux et couverts. Toutes les espèces connues sont d'Europe (1).

Les Lépismes. (Lepisma. Lin. — *Forbicina*. Geoff. Leach.)

Qui ont les yeux très petits, fort écartés, composés d'un petit nombre de grains ; le corps aplati, et terminé par trois filets de la même longueur, insérés sur la même ligne, et ne servant point à sauter.

---

(1) *Lepisma polypoda*, Lin. ; *L saccharina*, Vill, Entom., Lin., IV, xi, 1 ; Roem., Gener., insect., xxix, 1 ; *Forbicine cylindrique*, Geoff. ; — *Lepisma thezeana*, Fab. ; — *Petrobius maritimus*, Leach, Zoolog. miscellan, cxlv.

Leurs hanches sont très grandes. La plupart des espèces se trouvent dans l'intérieur des maisons.

Le *Lépisme du sucre* (*L. saccharina*, Lin.), — la *Forbicine plate.*, Geoff., Insect., II, xx, 3 ; Schœff., Elem. entom., lxxv ; long de quatre lignes, d'une couleur argentée et un peu plombée, sans taches, est, dit-on, originaire de l'Amérique, et devenu commun dans nos maisons.

On trouve souvent avec lui et dans les mêmes lieux le *Lépisme rubanné* (*vittata*, Fab.), qui a le corps cendré, pointillé de noirâtre, avec quatre raies de cette dernière couleur le long du dos de l'abdomen. Il y en a d'autres espèces sous les pierres.

La seconde famille des THYSANOURES, celle

DES PODURELLES (PODURELLÆ. Lat.),

Dont les antennes sont de quatre pièces, dont la bouche n'offre point de palpes distincts et saillants, et qui a l'abdomen terminé par une queue fourchue, appliquée, dans l'inaction, sous le ventre, et servant à sauter, ne forme aussi dans Linnæus qu'un genre.

DES PODURES. (PODURA. L.)

Ces insectes sont très petits, fort mous, alongés, avec la tête ovale et deux yeux formés chacun de huit petits grains. Leurs pieds n'ont que quatre articles distincts. La queue est molle, flexible et composée d'une pièce inférieure, mobile à sa base, à l'extrémité de laquelle s'articulent deux tiges, susceptibles de se rapprocher, de s'écarter ou de se croiser, et qui sont les dents de la fourche. Ces insectes peuvent redresser leur queue, la pousser avec force contre le plan de position, comme s'ils débandaient un ressort, et s'élever ainsi en l'air, et sauter, de même que les puces, mais à une hauteur moindre. Ils retombent ordinairement sur le dos, la queue étendue en arrière. Le milieu de leur ventre offre une partie relevée, ovale et divisée par une fente.

Les uns se tiennent sur les arbres, les plantes, sous les écorces ou sous les pierres; d'autres, à la surface des eaux dormantes, quelquefois sur la neige même, au temps du dégel. Plusieurs se réunissent en sociétés nombreuses, sur la terre, les chemins sablonneux, et ressemblent de loin à un petit tas de poudre à canon. La multiplication de quelques espèces paraît se faire en hiver.

Les PODURES proprement dites. (PODURA. Latr.)

Ont les antennes de la même grosseur et sans anneaux ou petits articles à la dernière pièce. Leur corps est presque linéaire ou cylindrique, avec le tronc distinctement articulé, et l'abdomen étroit et oblong (1).

Les SMYNTHURES. (SMYNTHURUS. Latr.)

Ont les antennes plus grêles vers leur extrémité, et terminées par une pièce annelée ou composée de petits articles. Le tronc et l'abdomen sont réunis en une masse globuleuse ou ovalaire (2).

LE TROISIÈME ORDRE DES INSECTES,

Les PARASITES (PARASITA. Lat.—*Anoplura*. Leach.),

Ainsi nommés de leurs habitudes (voyez plus bas), n'ont que six pieds, et sont aptères de même

---

(1) *Podura arborea*, Lin.; De Géer, Insect., VII, 11, 1-7; — *P. nivalis*, Lin.; De G. *ibid.*; 8-10; — *P. aquatica*, Lin.; De G., *ibid.*, 11 17; — *P. plumbea*, Lin.; De G., *ibid*, 111, 1-4; — *P. ambulans*, Lin.; De G., *ibid.*, 5-6;—*P. aquatica grisea*, De G., *ibid.*, 11, 18, 21. Les Podures *vaga*, *villosa*, *cincta*, *annulata*, *pusilla*, *lignorum*, *fimetaria*, de Fabricius.

(2) *Podura atra*, Lin.; De Géer, *ibid.*, 111, 7-14; les Podures *viridis*, *polypoda*, *minuta*, *signata*, de Fab.

que les thysanoures; mais leur abdomen n'a point d'appendices articulés et mobiles. Ils n'ont, pour organes de la vue, que quatre ou deux petits yeux lisses; leur bouche est en grande partie intérieure, et présente au dehors soit un museau ou un mamelon avancé renfermant un suçoir rétractile, soit deux lèvres membraneuses et rapprochées, avec deux mandibules en crochets. Ils ne forment dans Linnæus que le genre des

Poux. (Pediculus. L.)

Leur corps est aplati, presque transparent, divisé en douze ou onze segments distincts, dont trois pour le tronc, portant chacun une paire de pieds. Le premier de ces segments forment souvent une espèce de corselet. Les stigmates sont très distincts. Les antennes sont courtes, de la même grosseur, composées de cinq articles et souvent insérées dans une échancrure. Chaque côté de la tête offre un ou deux petits yeux lisses. Les pieds sont courts et terminés par un ongle très fort ou par deux crochets, dirigés l'un vers l'autre. Ces animaux s'accrochent ainsi facilement, soit aux poils des quadrupèdes, soit aux plumes des oiseaux, dont ils sucent le sang, et sur le corps desquels ils passent leur vie et se multiplient. Ils attachent leurs œufs à ces appendices cutanés. Leurs générations sont nombreuses et se succèdent très rapidement. Quelques causes particulières, et qui nous sont inconnues, les favorisent d'une manière extraordinaire, et c'est ce qui a lieu, par rapport au pou *de l'homme*, dans la maladie pédiculaire ou *phtiriase*, et même dans notre enfance. Ces insectes vivent constamment sur les mêmes quadrupèdes et sur les mêmes oiseaux, ou du moins sur des animaux de ces classes qui ont des caractères et des habitudes analogues. Un oiseau en nourrit souvent de deux sortes. Leur démarche est, en général, assez lente.

Les uns (*Pediculea*, Leach), tels que

Les Poux proprement dits (Pediculus. Deg.),

Ont pour bouche un mamelon très petit, tubulaire, situé à l'extrémité antérieure de la tête, en forme de museau, et renfermant, dans l'inaction, un suçoir. Leurs tarses sont composés d'un article dont la grosseur égale presque celle de la jambe, terminé par un ongle très fort, se repliant sur une saillie, en forme de dent de la jambe, et faisant avec cette pointe l'office de pince. Ceux que j'ai observé ne m'ont offert que deux yeux lisses, un de chaque côté.

L'homme en nourrit de trois sortes ; leurs œufs sont connus sous le nom de *lentes*.

Dans les deux espèces suivantes, le thorax est bien distinct de l'abdomen, de sa largeur et de longueur moyenne. Elles forment le genre *pediculus*, proprement dit, du docteur Leach (1).

Le *Pou humain du corps* (*P. humanus corporis*, De G., Insect., VII, 1, 7). D'un blanc sale, sans taches, avec les découpures de l'abdomen moins saillantes que dans la suivante. Elle vient uniquement sur le corps de l'homme, et pullule d'une manière effrayante dans la maladie pédiculaire.

Le *Pou humain de la tête*. (*P. humanus capitis*, De G., Insect., VII, 1, 6.) Cendré, avec les espaces où sont situés les stigmates bruns ou noirâtres ; lobes ou découpures de l'abdomen arrondis. — Sur la tête de l'homme, et particulièrement des enfants.

Les mâles de cette espèce et de la précédente ont, à l'extrémité postérieure de leur abdomen, une petite pièce écailleuse et conique, en forme d'aiguillon, probablement l'organe sexuel.

Les Hottentots, les Nègres, différents singes, mangent les

____

(1) Zoolog. miscellan., III.

poux, ou sont *phtirophages*. Oviédo prétend avoir observé que cette vermine abandonne, à la hauteur des Tropiques, les nautoniers espagnols qui vont aux Indes, et qu'elle les reprend au même point, lorsqu'ils reviennent en Europe. On dit encore que dans l'Inde, quelque sale que l'on soit, l'on n'en a jamais qu'à la tête.

Il fut un temps où la médecine employait le pou de l'homme pour les suppressions d'urine, en l'introduisant dans le canal de l'urètre.

Le docteur Leach forme un genre propre, *phthirus*, avec le *Pou du pubis* (*P. pubis*, Lin.), Red. , Exp., XIX, 1 ; qui a le corps arrondi et large, le thorax très court, se confondant presque avec l'abdomen, et les quatre pieds postérieurs très forts. On le désigne vulgairement sous le nom de *Morpion*. Il s'attache aux poils des parties sexuelles et des sourcils. Sa piqûre est très forte.

Consultez , pour ces espèces vivant sur l'homme, le beau traité des maladies de la peau du docteur Alibert, médecin du roi.

Redi a figuré, mais grossièrement, plusieurs autres espèces, qui se trouvent sur divers quadrupèdes. Celle qui vit sur le porc a le thorax très étroit, avec l'abdomen fort large. Elle est le type du genre *Hæmatopinus* de M. Leach (1), le *pou du bufle*, figuré par De Géer (Insect., VII, 1, 12), présente des caractères plus importants.

Les autres (*Nirmidea*, Leach), tels que

Les **Ricins** (**Ricinus**. De G.; — *Nirmus*, Herm. Leach.),

Ont la bouche inférieure , et composée à l'extérieur de deux lèvres et de deux mandibules en crochet. Leurs tarses sont très distincts , articulés et terminés par deux crochets égaux.

A l'exception d'une seule espèce , celle du chien , toutes les autres se trouvent exclusivement sur les oiseaux. Leur

______

(1) Zoolog. miscellan. , CXLVI ; *P. suis*, Panz. , Faun. insect. Germ. , LI, XVI.

Le *Pou du cerf*, Panz, *ibid.* , XV, appartient au genre *Mélophage* , de l'ordre des *Diptères*.

tête est ordinairement grande, tantôt triangulaire, tantôt en demi-cercle ou en croissant, et a souvent des saillies angulaires. Elle diffère quelquefois dans les deux sexes, de même que les antennes. J'ai aperçu, dans plusieurs, deux yeux lisses rapprochés de chaque côté de la tête. Suivant des observations que m'a communiquées M. Savigny, ces insectes ont des mâchoires avec un palpe très petit sur chacune d'elles, et cachées par la lèvre inférieure, qui a aussi deux organes de la même sorte. Ils ont encore une espèce de langue.

M. Leclerc de Laval m'a dit avoir vu, dans leur estomac, des parcelles de plumes d'oiseaux, et croit que c'est leur seule nourriture. De Géer assure cependant avoir trouvé l'estomac du ricin du *pinçon* rempli de sang, dont il venait de se gorger. L'on sait aussi que ces insectes ne peuvent vivre long-temps sur les oiseaux morts. On les voit alors se promener avec inquiétude sur leurs plumes, particulièrement sur celles de la tête et des environs du bec.

Rédi en a aussi représenté un grand nombre d'espèces.

Les unes ont la bouche située près de l'extrémité antérieure de la tête. Les antennes sont insérées à côté, loin des yeux, et très petites (1).

Dans les autres, la bouche est presque centrale; les antennes sont placées très près des yeux, et leur longueur égale presque la moitié de celle de la tête (2).

Un célèbre naturaliste allemand, le docteur Nitzsch, professeur à Halle, a fait une étude très approfondie de l'organisation tant intérieure qu'extérieure de ces animaux, ainsi que l'atteste son Mémoire sur les insectes épizoïques, inséré dans le Magazin entomologique de M. Germar. Le genre

---

(1) *Pediculus sternæ hirundinis*, Lin.; De G., Insect., VII, IV, 12; — *Pediculus corvi coracis*, Lin.; De G., *ibid.*, 11; — *Ricinus fringillæ*, De G., *ibid.*, 5, 6, 7; — *Pediculus tinnunculi*, Panz., *ibid.*, XVII.

(2) *Ricinus gallinæ*, De G., *ibid.*, 15 : sur la poule, les perdrix et les faisans; — *R. emberizæ*, De G., *ibid.*, 9; — *R. mergi*, De G., *ibid.*, 13, 14; — *R. canis*, De G., *ibid.*, 16; — *Pediculus pavonis*, Panz., *ibid.*, XIX; Latr., Hist. nat. des Fourm., 389, XII, 5. *Voyez* encore Panzer; *ibid.*, pl. XX-XXIV. Son *Pediculus ardeæ*, XVIII, paraît être le même que le *Ricin du plongeon* de De G., IV, 13.

pediculus proprement dit, ou celui dont les espèces sont munies d'un suçoir, est rangé, par lui, avec les hémiptères épizoïques. Les ricins de De Géer et d'autres, ou les nirmes d'Hermann fils, c'est-à-dire les espèces pourvues de mandibules, de mâchoires, sont rapportés à l'ordre des orthoptères, et désignés collectivement par la dénomination de *mallophages*. Deux genres de cette division se rapprochent des précédents, en ce que ces animaux vivent aussi sur des mammifères, tels sont ceux de TRICHODECTE (*Trichodectes*) et de GYROPE (*Gyropus*). Dans le premier, les palpes maxillaires sont nuls ou indistincts, et les antennes sont filiformes et de trois articles. Les espèces se trouvent sur le chien, le blaireau, la belette, la fouine, etc. Dans le second, les palpes maxillaires sont apparents, les antennes sont plus grosses vers le bout et de quatre articles. Ses mandibules n'ont point de dents, les palpes labiaux sont nuls et les quatre tarses postérieurs n'ont qu'un seul crochet au bout. Ces derniers caractères le distinguent d'un autre genre ayant aussi des palpes maxillaires visibles, des antennes de quatre articles et plus grosses vers le bout, et la bouche antérieure, celui de LIOTHÉE (*Liotheum*). Ici les mandibules sont bidentées; les palpes labiaux sont distincts, et tous les tarses sont terminés par deux crochets. Les espèces se trouvent sur divers oiseaux, au lieu que les gyropes vivent sur les quadrupèdes nommés vulgairement *Cochons d'inde*. Un quatrième et dernier genre, dont les espèces sont exclusivement propres aux oiseaux, est celui de PHILOPTÈRE (*Philopterus*). Les antennes ont cinq articles, dont le troisième offre souvent, dans les mâles, un rameau, formant avec le premier une pince; ces organes sont filiformes. Les palpes maxillaires sont invisibles. Les tarses ont deux crochets à leur extrémité, mais non divergents, comme le sont ceux des liothées. Ici, d'ailleurs, les mâles ont six testicules, trois de chaque côté, et leurs quatre vaisseaux biliaires sont épaissis vers le milieu de leur longueur. Ceux des trichodectes et des philoptères n'offrent point ce renflement, et leurs testicules ne sont qu'au nombre de quatre, deux de chaque côté. Dans ces deux genres, encore, il y a dix ovaires, cinq de chaque côté; dans les

liothées femelles, où ce savant a pu les observer, il n'en a
vu que six, trois de chaque côté. Il n'a point de connaissance positive sur le nombre de ceux des gyropes femelles
et de celui des testicules de l'autre sexe. Dans tous ces genres,
le thorax est biparti, c'est-à-dire que le prothorax et le mésothorax composent le tronc apparent, et que sa troisième division ou le métathorax se réunit et se confond avec l'abdomen. M. Kirby avait le premier, à ce que je crois, désigné ainsi
ce segment; mais M. Nitzsch me paraît avoir aussi employé,
le premier les deux autres dénominations (*voyez* les généralités de la classe des insectes). Les limites de cet ouvrage nous
interdisent l'exposition des sous-genres qu'il a établis. Nous
remarquerons seulement que celui qu'il nomme *Goniodes*, le
quatrième du genre philoptère, est uniquement propre aux
gallinacés. Dans le recueil de mémoires qui termine notre
histoire des fourmis, nous avons décrit avec détail une espèce de ricin (*Philoptère*).

M. Léon Dufour a formé avec le *pou de la mélitte* de
M. Kirby, déjà très bien observé par De Géer, qui le prend
pour la larve du méloë proscarabée, ainsi que par ce célèbre entomologiste anglais, un nouveau genre (*Trion-*
gulin des andrenettes), dont il a publié et représenté les
caractères dans le tome treizième (9, B.) des Annales des
sciences naturelles. Si cet insecte n'était point la larve de ce
méloë, ainsi que le pense M. Kirby, nul doute qu'il ne
formât, dans l'ordre des parasites, un sous-genre propre;
mais, d'après les recherches de MM. Lepeletier et Servile,
le sentiment de De Géer est confirmé.

LE QUATRIÈME ORDRE DES INSECTES,

Les SUCEURS (Suctoria. De G.;—*Siphonaptera.* Latr.).

Qui composent le dernier des insectes aptères,
ont pour bouche un suçoir de trois (1) pièces, ren-
fermeés entre deux lames articulées, formant, réu-

---

(1) Rœsel n'en représente que deux; mais MM. Kirby et Straus en

nies, une trompe ou un bec, soit cylindrique, soit conique, et dont la base est recouverte par deux écailles. Ces caractères distinguent exclusivement cet ordre de tous les autres, et même de celui des hémiptères, dont il se rapproche le plus sous ces rapports, et dans lequel Fabricius a placé ces insectes. Les suceurs subissent en outre de véritables métamorphoses, analogues à celles de plusieurs insectes à deux ailes, comme les *tipulaires*.

Cet ordre n'est composé que d'un seul genre, celui

Des Puces. (Pulex. L.)

Leur corps est ovale, comprimé, revêtu d'une peau assez ferme, et divisé en douze segments, dont trois composent le tronc, qui est court, et les autres l'abdomen. La tête est petite, très comprimée, arrondie en dessus, tronquée et ciliée en devant; elle a, de chaque côté, un œil petit et arrondi, derrière lequel est une fossette où l'on découvre un petit corps mobile, garni de petites épines. Au bord antérieur, près de l'origine du bec, sont insérées les pièces que l'on prend pour les antennes, qui sont à peine de la longueur de la tête et composées de quatre articles presque cylindriques. La gaîne ou bec est divisée en trois articles. L'abdomen est fort grand, et chacun de ses anneaux est divisé en deux ou formé de deux lames, l'une supérieure et l'autre inférieure. Les pieds sont forts, particulièrement les derniers, propres pour le saut, épineux, avec les hanches et les cuisses grandes, et les tarses composés de cinq ar-

---

ont observé une de plus. Suivant celui-ci, les deux écailles, recouvrant la base du bec, sont des palpes.

ticles, dont le dernier se termine par deux crochets alongés ; les deux pieds antérieurs sont presque insérés sous la tête , et le bec se trouve dans leur entre-deux.

Le mâle est placé, dans l'accouplement, sous sa femelle , de manière que leurs têtes sont en regard. La femelle pond une douzaine d'œufs, blancs et un peu visqueux ; il en sort de petites larves sans pieds , très alongées , semblables à de petits vers, très vives, se roulant en cercle ou en spirale , serpentant dans leur marche ; d'abord blanches et ensuite rougeâtres. Leur corps est composé d'une tête écailleuse, sans yeux, portant deux très petites antennes , et de treize segments, ayant de petites touffes de poils , avec deux espèces de crochets au bout du dernier. Leur bouche offre quelques petites pièces mobiles, dont ces larves font usage pour se pousser en avant. Après avoir demeuré une douzaine de jours sous cette forme, les larves se renferment dans une petite coque soyeuse, où elles deviennent nymphes , et dont elles sortent en état parfait au bout d'un espace de temps de la même durée.

Chacun connaît la *Puce commune* (*Pulex irritans*, L.), Rœs., Ins., II, ιι, ιv, qui se nourrit du sang de l'homme , du chien, du chat; sa larve habite parmi les ordures, sous les ongles des hommes malpropres, dans les nids des oiseaux, surtout des pigeons, s'attachant au cou de leurs petits, et les suçant au point de devenir toute rouge.

La *Puce pénétrante* (*Pul. penetrans*, L.), Catesb., Carol., III, x, 3 (1), forme probablement un genre particulier. Son bec est de la longueur du corps. Elle est connue en Amérique sous le nom de *Chique*. Elle s'introduit sous les ongles des pieds et sous la peau du talon , et y acquiert bientôt le volume d'un petit pois par le prompt accrois-

----

(1) M. Duméril a donné une excellente figure de cet animal , dans son ouvrage intitulé : Considérations générales sur la classe des insectes; et dans le Dictionnaire des sciences naturelles.

sement des œufs qu'elle porte dans un sac membraneux sous le ventre.

La famille nombreuse à laquelle elle donne naissance occasione, par son séjour dans la plaie, un ulcère malin difficile à détruire, et quelquefois mortel. On est peu exposé à cette incommodité fâcheuse si on a soin de se laver souvent, et surtout si l'on se frotte les pieds avec des feuilles de tabac broyées, avec le roucou et d'autres plantes âcres et amères. Les Nègres savent extraire avec adresse l'animal de la partie du corps où il s'est établi.

Divers quadrupèdes et oiseaux nourrissent des puces qui paraissent différer spécifiquement des deux précédentes.

LE CINQUIÈME ORDRE DES INSECTES,

Les COLÉOPTÈRES (Coleoptera;—*Eleutherata.*Fab.),

Ont quatre ailes, dont les deux supérieures crustacées, en forme d'écailles, horizontales, et se joignant au bord interne par une ligne droite; des mandibules et des mâchoires; et les ailes inférieures pliées seulement en travers, et recouvertes par les deux autres, qui leur forment des sortes d'étuis; et que l'on désigne sous ce nom ou par celui d'élytre (1).

Ils sont, de tous les insectes, les plus nombreux et les mieux connus. Les formes singulières, les couleurs brillantes ou agréables que présentent plusieurs de leurs espèces, le volume de leur corps, la consistance plus solide de leurs téguments, qui rend leur conservation plus facile, les avantages

____

(1) *Voyez*, pour les caractères anatomiques des insectes de cet ordre, les Annales des sciences naturelles, tome VIII, pag. 36, où M. Dufour en présente un résumé.

nombreux que l'étude retire de la variété de formes de léurs organes extérieurs, etc., leur ont mérité l'attention particulière des naturalistes.

Leur tête offre deux antennes de formes variées, et dont le nombre des articles est presque toujours de onze ; deux yeux à facettes, point d'yeux lisses (1); et une bouche composée d'un labre, de deux mandibules, le plus souvent de consistance écailleuse, de deux mâchoires, portant chacune un ou deux palpes, et d'une lèvre formée de deux pièces, le menton et la languette, et accompagnée de deux palpes, ordinairement insérés sur cette dernière pièce. Ceux des mâchoires, ou leurs extérieurs, lorsqu'elles en portent deux, n'ont jamais au-delà de quatre articles ; ceux de la lèvre n'en ont ordinairement que trois.

Le segment antérieur du tronc, ou celui qui est au-devant des ailes, et qu'on nomme habituellement le *corselet*, porte la première paire de pieds, et surpasse de beaucoup, en étendue, les deux autres segments (2). Ceux-ci s'unissent étroitement avec la base de l'abdomen, et leur partie inférieure, ou la *poitrine*, sert d'attache aux deux autres paires de

---

(1) On a aperçu dans quelques brachélytres deux petits points jaunâtres, que l'on a pris pour des yeux lisses, mais, à ce que je pense, sans examen approfondi, d'autant plus que les forficules, genre d'orthoptères le plus voisin des coléoptères, n'en offrent point.

(2) La membrane intérieure offre, de chaque côté, par derrière, un stigmate, caractère qu'on n'avait pas encore, à ce que je crois, remarqué, mais dont l'existence était présumable.

pieds (1). Le second, sur lequel est placé l'écusson, se rétrécit en devant, et forme un court pédicule qui s'emboîte dans la cavité intérieure du premier, et lui sert de pivot dans ses mouvements.

Les élytres et les ailes prennent naissance sur les bords latéraux et supérieurs de l'arrière-tronc. Les élytres sont crustacées, et, dans le repos, s'appliquent l'une contre l'autre, par une ligne droite, le long de leur bord interne, ou à la suture, et toujours dans une position horizontale. Presque toujours elles cachent les ailes, qui sont larges et pliées transversalement. Plusieurs espèces sont aptères, mais les élytres existent toujours. L'abdomen est sessile ou uni au tronc par sa plus grande largeur. Il est composé, à l'extérieur, de six à sept anneaux, membraneux en dessus, ou d'une consistance moins solide qu'en dessous. Le nombre des articles des tarses varie depuis trois (2) jusqu'à cinq.

Les coléoptères subissent une métamorphose complète. La larve ressemble à un ver, ayant une tête écailleuse, une bouche analogue, par le nombre et les fonctions de ses parties, à celle de l'insecte parfait, et ordinairement six pieds. Quelques espèces, en petit nombre, en sont dépourvues, ou n'ont que de simples mamelons.

---

(1) Le mésothorax est toujours court et étroit, et le métathorax, souvent spacieux, est sillonné longitudinalement dans son milieu.

(2) A en juger par analogie, les coléoptères dits monomères ont probablement trois articles aux tarses, mais dont les deux premiers échappent à la vue ; cette section et celle des dimères ont été supprimées.

La nymphe est inactive, et ne prend pas de nourriture. L'habitation, la manière de vivre et les autres habitudes de ces insectes, soit dans leur premier âge, soit dans le dernier, varient beaucoup.

Je divise cet ordre en quatre sections, d'après le nombre des articles des tarses.

La première comprend les *Pentamères*, ou ceux dont tous les tarses ont cinq articles, et se compose de six familles, dont les deux premières distinguées des autres par l'existence d'un appareil excrémentiel double (1).

La première famille des COLÉOPTÈRES PENTAMÈRES,

LES CARNASSIERS Cuv. (CARNIVORA. — *Adéphages.* Clairv.) (2).

A deux palpes à chaque mâchoire, ou six en tout. Les antennes sont presque toujours en forme de fil ou de soie, et simples.

Les mâchoires se terminent par une pièce écailleuse, en griffe, ou crochue, et le côté intérieur est garni de cils ou de petites épines. La languette est enchâssée dans une échancrure du menton. Les deux pieds antérieurs sont insérés sur les côtés d'un ster

---

(1) D'après M. Dufour, les boucliers ou *Silpha*, genre de la quatrième famille, en offrent aussi un, mais unique, ou sur un seul côté.

(2) Cette famille, l'une des plus considérables des coléoptères, déjà illustrée, quant à la méthode, par les travaux de MM. Weber, Clairville et Bonelli, sortira enfin du cahos, sous le rapport des espèces, si M. le comte Dejean continue le *Species* des coléoptères de sa collection, dont il a publié deux volumes, ouvrage remarquable par l'exactitude des descriptions.

23*

num comprimé et portés sur une grande rotule ; les deux postérieurs ont un fort trochanter à leur naissance ; leur premier article est grand, paraît se confondre avec l'arrière-poitrine, et a la forme d'un triangle curviligne, avec le côté extérieur excavé.

Ces insectes font la chasse aux autres, et les dévorent. Plusieurs n'ont point d'ailes sous leurs élytres. Les tarses antérieurs de la plupart des mâles sont dilatés ou élargis.

Les larves sont aussi très carnassières. Elles ont, en général, le corps cylindrique, alongé, et composé de douze anneaux ; la tête, qui n'est pas comprise dans ce nombre, est grande, écailleuse, armée de deux fortes mandibules recourbées à leur pointe, et offre deux antennes courtes et coniques, deux mâchoires divisées en deux branches, dont l'une est formée par un palpe, une languette portant deux palpes plus courts que les précédents, et six petits yeux lisses de chaque côté. Le premier anneau est recouvert d'une plaque écailleuse ; les autres sont mous ou peu fermes. Les trois premiers portent chacun une paire de pieds, dont l'extrémité se courbe en avant.

Ces larves diffèrent selon les genres. Celles des cicindèles et de l'ariste *bucéphale* ont le dessus de la tête très enfoncé dans son milieu, en forme de corbeille, tandis que sa partie inférieure est bombée. Elles ont, de chaque côté, deux petits yeux lisses beaucoup plus gros, et semblables à ceux des lycoses ou des *araignées-loups*. La plaque supérieure du premier segment est grande, et en bouclier demi-circulaire. Le huitième anneau a sur le dos deux mamelons à crochets; le dernier n'a point d'appendices remarquables.

Dans les autres larves de cette famille qui nous sont connues, à l'exception de celle des omophrous, la tête est moins forte et plus égale. Les yeux lisses sont très petits et semblables. La pièce écailleuse du premier anneau est carrée, et ne déborde point le corps. Le huitième n'a point de mamelons, et le dernier est terminé par deux appendices coniques, outre un tube membraneux formé par le prolongement de la partie du corps où est l'anus. Ces appendices sont cornés et dentés dans les larves des calosomes et des carabes. Ils sont charnus, articulés et plus longs dans celles des harpales et des licines. Le corps des avant-dernières est un peu plus court, avec la tête un peu plus grosse. La forme des mandibules des unes et des autres se rapproche de celle qu'elles ont dans l'insecte parfait. La larve de l'omophron *bordé*, d'après les observations de M. Desmarest, a une forme conique, une tête grande, avec deux très fortes mandibules, et n'offre que deux yeux; l'extrémité postérieure du corps, qui se rétrécit peu à peu, se termine par un appendice de quatre articles. Je n'en ai compté que deux à ceux des larves des licines et des harpales.

Cette famille a toujours un premier estomac

court et charnu ; un second alongé, comme velu à l'extérieur à cause des nombreux petits vaisseaux dont il est garni, un intestin court et grêle. Les vaisseaux hépatiques, au nombre de quatre, s'insèrent près du pylore.

Il y en a de terrestres et d'aquatiques.

Les *terrestres* ont des pieds uniquement propres à la course, et dont les quatre postérieurs sont insérés à égales distances, les mandibules entièrement découvertes, la pièce terminant les mâchoires, droite inférieurement, et seulement courbée à son extrémité, et, le plus souvent, le corps oblong, avec les yeux saillants. Toutes leurs trachées sont tubulaires ou élastiques. Leur intestin se termine par un cloaque élargi, muni de deux petits sacs qui séparent une humeur âcre (1).

---

(1) M. Léon Dufour a présenté, dans les Annales des sciences naturelles (VIII, p. 36), le résumé suivant des caractères anatomiques des insectes de cette division :

« Les Carabiques sont chasseurs et carnassiers. La longueur de leur tube *digestif* ne surpasse pas plus de deux fois celle de leur corps. L'œsophage est court ; il est suivi d'un *jabot* musculo-membraneux bien développé, très dilatable ; puis vient un *gésier* ovale ou arrondi, à parois celluleuses et élastiques, armé intérieurement de pièces cornées mobiles, propres à la trituration, et muni d'une valvule à ses deux orifices. Le *ventricule chylifique*, qui lui succède, est d'une texture molle et expansible, constamment hérissé de papilles plus ou moins prononcées, et rétréci en arrière. L'*intestin grêle* est assez court. Le *coecum* a la forme du jabot. Le *rectum* est court dans les deux sexes. Les *vaisseaux hépatiques* ne sont qu'au nombre de deux, en arc diversement reployé, et s'implantent, par quatre insertions isolées, autour de la terminaison du ventricule chylifique. Les *testicules* sont formés chacun par les circonvolutions agglomérées d'un seul *vaisseau spermatique*, tantôt presqu'à nu, tantôt revêtues d'une couche adipeuse, d'une sorte de *tunique vaginale*.

Ils se divisent en deux tribus.

La première, celle des CICINDÉLÈTES (*Cicinde-letæ*, Lat.), comprend le genre

DES CICINDÈLES. (CICINDELA. L.)

Qui a, au bout des mâchoires, un onglet qui s'articule, par sa base, avec elles.

Leur tête est forte, avec de gros yeux, des mandibules très avancées et très dentées, et la languette fort courte, cachée derrière le menton. Leurs palpes labiaux sont composés distinctement de quatre articles; ils sont généralement velus, ainsi que les maxillaires. La plupart des espèces sont exotiques.

Les unes ont une dent au milieu de l'échancrure du menton; les palpes labiaux écartés à leur naissance, avec le premier article presque cylindrique, sans prolongement angulaire à son extrémité; et les palpes maxillaires extérieurs manifestement avancés au-delà du labre.

Ici les tarses sont semblables et à articles cylindriques dans les deux sexes; l'abdomen est large, presque en forme de cœur, et entièrement embrassé par des élytres soudées, et dont le bord extérieur forme une carène.

Les *canaux déférents* sont souvent repliés en épididyme. Les *vésicules séminales*, au nombre de deux seulement, sont filiformes. Le *conduit éjaculateur* est court, la *verge* grêle et alongée, l'*armure copulatrice* plus ou moins compliquée. Les *ovaires* n'ont que sept à douze gaînes ovigères à chacun, multiloculaires, réunies en un faisceau conoïde. L'*oviducte* est court. La *glande sébacée*, composée d'un vaisseau sécréteur, tantôt filiforme, tantôt renflé à son extrémité, et d'un réservoir. La *vulve* s'acccompagne de deux crochets rétractiles. Les *œufs* sont ovales-oblongs. L'existence d'un appareil de *sécrétion excrémentitielle* est un des traits anatomiques les plus saillants de tous les Carabiques. Il consiste en une ou plusieurs grappes d'*utricules sécrétoires* dont la forme varie selon les genres, en un long canal *efférent*, en une *vessie* ou réservoir contractile, en un *conduit excréteur* dont le mode d'excrétion varie, et en un liquide excrété qui a des qualités ammoniacales. L'*organe respiratoire* a des *stigmates* ou boutons bivalves, et des *trachées* toutes *tubulaires*. Le *système nerveux* ne diffère pas de celui des Coléoptères en général ».

Les Manticores. (Manticora. Fab.)

Les deux seules espèces (1) connues habitent exclusivement la Cafrerie; ce sont les plus grandes du genre. L'une d'elles (*Manticora pallida*, Fab.) est rapportée, avec doute, par M. Williams Mac-Leay, à un nouveau genre, qu'il nomme Platychile (*Platychile*), et qui ne nous paraît guère différer des manticores qu'en ce que les élytres ne sont point soudées (2).

Là les trois premiers articles des deux tarses antérieurs sont sensiblement plus dilatés ou plus larges dans les mâles que dans les femelles.

Tantôt le corps est simplement ovale ou oblong, avec le corselet presque carré, sub-isométrique, ou plus large que long, et point globuleux, ni en forme de nœud. Le troisième article des tarses antérieurs des mâles ne s'avance point intérieurement, et le suivant est inséré à son extrémité.

Parmi celles-ci, les espèces dont les palpes labiaux sont sensiblement plus longs que les maxillaires externes, avec le pénultième article plus long que le dernier, forment deux sous-genres.

Les Mégacéphales. (Megacephala. Lat.)

Qui ont le labre très court, transversal, et le premier article des palpes labiaux beaucoup plus long que le suivant, et saillant au-delà du menton (3).

Les Oxycheiles. (Oxycheila. Dej.)

Dont le labre est en forme de triangle alongé, et dont le premier article des palpes labiaux n'est pas beaucoup plus

---

(1) *Manticora maxillosa*, Fab. ; Oliv., col. III, 37, 1, 2; Hist. nat. des coléopt. d'Eur., I, 1, 1; — *Manticora pallida*, Fab.

(2) Annulosa javanica, I, pag. 9.

(3) *Cicindela megalocephala*, Fab.; Oliv., II, 33, 11, 12; *C. carolina*, Oliv., *ibid.*, XI, 22; — *Magacephala euphratica*, Hist. natur. des coléopt. d'Eur., I, 1, 2. *Voyez*, pour les autres espèces, le Species général des coléopt. de M. le comte Dejean, tom. I, pag. 6 et suiv.

long que le suivant, et ne dépasse point l'échancrure du menton (1).

Dans les espèces suivantes, les palpes labiaux sont tout au plus de la longueur des maxillaires externes, avec le dernier article plus long que le précédent. Elles composent aussi deux sous-genres.

Les Euprosopes. (Euprosopus. Lat., Dej.)

Où le troisième article des palpes labiaux est plus épais que le dernier, et dont les trois premiers articles des tarses antérieurs des mâles sont peu alongés, aplatis, carénés en dessous, et également ciliés des deux côtés. Les yeux sont très gros, ces insectes se tiennent sur les arbres (2).

Les Cicindèles propres. (Cicindela. Lat.)

Ne s'éloignant guère des euprosopes qu'en ce que le troisième article des palpes labiaux n'est pas notablement plus épais que le suivant; et par leurs tarses antérieurs, dont les trois premiers articles sont, dans les mâles, fort alongés, plus fortement ciliés au côté interne qu'à l'opposé, et sans carène en dessous.

Leur corps est ordinairement d'un vert plus ou moins foncé, mélangé de couleurs métalliques et brillantes, avec des taches blanches sur les étuis. Elles fréquentent les lieux secs, exposés au soleil, courent très vite, s'envolent dès qu'on les approche, et prennent terre à peu de distance. Si on continue de les inquiéter, elles ont recours aux mêmes moyens.

Les larves de deux espèces indigènes, les seules qu'on ait observées, se creusent dans la terre un trou cylindrique assez profond, en employant leurs mandibules et leurs pieds. Pour le déblayer, elles chargent le dessus de leur tête des molécules de terre qu'elles ont détachées, se retournent,

---

(1) *Cicindela tristis*, Fab.; Oliv., Coléopt., II, 33, iii, 35; *Oxycheila tristis*, Dej., Species génér. des coléopt., I, pag. 16; — *Cicindela bipustulata*, Latr.; Voyag. de MM. Humb. et Bonpl.; Observ. d'anat. et de zool., n° 13, xvi, 1, 2.

(2) *Cicindela 4-notata*, Hist. natur. des coléopt. d'Eur., I, 1, 6; *Euprosopus 4-notatus*, Dej., Spec. génér. des coléopt., I, pag. 151.

grimpent peu à peu, se reposent par intervalles, en se cramponnant aux parois intérieures de leur habitation, à l'aide des deux mamelons de leur dos, et arrivées à l'orifice du trou, rejettent leur fardeau. Dans le moment qu'elles sont en embuscade, la plaque de leur tête ferme exactement et au niveau du sol l'entrée de leur cellule. Elles saisissent leur proie avec leurs mandibules, s'élancent même sur elle, et la précipitent au fond du trou, en inclinant brusquement et par un mouvement de bascule, leur tête. Elles y descendent aussi très promptement, au moindre danger. Si elles se trouvent trop à l'étroit ou que la nature du terrain ne leur soit point favorable, elles se font un nouveau domicile. Leur voracité s'étend jusqu'aux autres larves de leur propre espèce qui se sont établies dans les mêmes lieux. Elles bouchent l'ouverture de leur demeure, lorsqu'elles doivent changer de peau ou se métamorphoser en nymphe. Une partie de ces observations m'a été communiquée par feu M. Miger, qui a étudié avec beaucoup de soin un grand nombre de larves de coléoptères, et en a découvert plusieurs qui avaient échappé aux recherches des naturalistes.

La *C. champétre* (*C. campestris*, Lin.), Panz., Faun., Insect., Germ., LXXXV, III. Longue d'environ six lignes, d'un vert-pré en dessus, avec le labre blanc, faiblement unidenté au milieu. Cinq points blancs sur chaque élytre.

Très commune en Europe, au printemps.

La *C. hybride* (*C. hybrida*, Lin.), Panz., ibid., IV, qui a sur chaque élytre deux taches en croissant et une bande blanche; une de ces taches située à la base extérieure et l'autre au bout; suture cuivreuse.—Dans les sablonnières, ne se mêlant point avec la précédente (1).

Une autre espèce de notre pays, la *Cicindèle germanique* (*Cicindela germanica*, Lin.), et quelques autres, ont une forme plus étroite et plus alongée, et semblent for-

---

(1) Aj. *Cicindela sylvatica*, Lin.; Clairv., Entom. helv., II, XXIV, A; — *C. sinuata*, Fab.; Clairv., *ibid.*, B, b; — *C. germanica*, Lin.; Panz, Faun. insect. Germ., VI, V. *Voyez* aussi, pour ces espèces et les autres d'Europe, l'Hist. natur. des coléopt. d'Eur. par MM. Latreille et le comte Dejean, fasc. I, pag. 37 et suiv; et tant pour les mêmes que pour un grand nombre d'exotiques, le Species génér. de ce dernier savant.

mer une coupe particulière. Elle ne s'envole pas, ainsi
que les précédentes, dès qu'on veut la saisir, mais s'é-
chappe, en courant très vite. M. Gotth. Fischer, dans son
Entomog. de la Russie, en a placé une espèce du Brésil
dans le sous-genre thérate (*T. marginatus*).

Toutes ces espèces ont des ailes; mais on en connaît d'aptères, dont l'abdomen est d'ailleurs plus étroit et ovalaire,
et dans lesquelles la dent de l'échancrure du menton est
très petite, à peine sensible. Telle est celle que nous avons
représentée dans notre Hist. natur. des coléopt. d'Europe
(I, 1, 5.), sous le nom de *Coarctata*. M. le comte Dejean
(Spec. gén. des Col., II, p. 434) a formé avec elles un nouveau genre, celui de *Dromica*.

Tantôt le corps est long et étroit, avec le corselet alongé,
en forme de nœud, rétréci en devant. Le troisième article
des deux tarses antérieurs des mâles est en forme de palette
et avancé intérieurement; le suivant est inséré extérieurement près de sa base.

Les Cténostomes. (Ctenostoma. Klüg. — *Caris*, Fisch.)

Ce sous-genre paraît être jusqu'ici particulier aux contrées intra-tropicales de l'Amérique méridionale. La tête est
grosse, avec les antennes presque aussi longues que le corps
et presque sétacées; les palpes extérieurs très saillants et
terminés par un article plus gros, en forme de poire alongée; le pénultième article des maxillaires externes plus court
que le suivant; les deux premiers des labiaux fort courts,
et le lobe terminal des mâchoires sans onglet sensible au
bout. L'abdomen est ovalaire, étranglé à sa base et pédiculé. Les pattes sont longues et déliées.

Les cténostomes se rapprochent, sous le rapport de la grandeur des palpes, des mégacéphales et à d'autres égards des
tricondyles et des thérates (1).

---

(1) *Voyez* l'*Entomologiœ brasilianœ specimen* de M. Klug; le Species
général des coléopt. d'Eur. de M. le comte Dejean, tom. 1, pag. 152 et
suiv., et le Suppl. du tom. II; l'Hist. natur. des coléopt. d'Eur., Fasc. I,
pag. 35; l'Entomographie de la Russie, de M. Gotthelf Fischer, tom. I;
Gener. insect, pag. 98.

Les autres n'ont point de dent au milieu de l'échancrure du menton. Les palpes labiaux sont contigus à leur naissance, avec leur premier article obconique ou en forme de pyramide renversée, et dilaté ou prolongé intérieurement, à son extrémité, en manière d'angle ou de dent ; les maxillaires extérieures ne dépassent guère le labre. Ces espèces ont été réparties dans trois sous-genres.

Les Thérates. (THERATES. Latr. — *Eurychile*, Bonelli.)

Semblables, pour la forme générale, aux cicindèles propres, mais qui s'en distinguent, ainsi que de tous les sous-genres analogues, par leurs palpes maxillaires internes très petits, et d'une forme aciculaire. Les tarses sont semblables dans les deux sexes, avec le pénultième article en forme de cœur, sans échancrure, et simplement creusé en-dessus pour l'insertion du dernier.

Ces insectes sont exclusivement propres aux îles les plus orientales de l'Asie, comme Java, celles de la Sonde, et celles qui sont au nord de la Nouvelle-Hollande (1).

Dans les deux sous-genres suivants, et tous propres aux Indes orientales ou aux îles plus reculées vers l'est, le corps est étroit et alongé, avec le corselet presque cylindrique ou en forme de nœud. Le troisième ou le quatrième article des tarses est prolongé intérieurement en manière de lobe.

Les Colliures. (COLLIURIS. Latr. — *Collyris*, Fab.)

Ils sont ailés. Les antennes sont plus grosses vers le bout. Le dernier article des palpes labiaux est presque en forme de hache, et le précédent souvent courbe. Le corselet est presque cylindrique, rétréci et étranglé en devant, avec le bord antérieur évasé. L'abdomen, qui est aussi presque cylindrique, s'élargit et s'agrandit postérieurement. Les tarses sont semblables dans les deux sexes, avec le pénultième article prolongé obliquement, au côté interne, aussi grand que le

---

(1) *Voyez* Latr. et Dej., Hist. natur. des coléopt. d'Eur., fasc. I, pag. 63 ; le Spec. génér. des coléopt. de M. le comte Dejean, tom. I, pag. 57, et le Supplém. du tom. II, et surtout le Mémoire de M. Bonelli sur ce genre.

précédent, et celui-ci en forme de triangle renversé, avec les angles aigus (1).

Les Tricondyles. (Tricondyla: Lat.)

Ici les ailes manquent, les antennes sont filiformes, et l'avant-dernier article des palpes labiaux est le plus long et le plus épais de tous. Le corselet est en forme de nœud, sub-ovoïde, étranglé, tronqué et rebordé aux deux bouts. L'abdomen est ovalaire, oblong, rétréci vers sa base, et un peu gibbeux postérieurement. Les trois premiers articles des tarses antérieures sont dilatés dans les mâles; le troisième est prolongé obliquement, au côté interne, en manière de lobe; le suivant est presque semblable, mais beaucoup plus petit et moins prolongé (2).

La seconde tribu, celle des CARABIQUES (*Carabici*, Lat.), comprend le genre

CARABE. (CARABUS. L.)

Qui a les mâchoires terminées simplement en pointe ou en crochet, sans articulation à son extrémité.

Leur tête est ordinairement plus étroite que le corselet, ou tout au plus de sa largeur; leurs mandibules, à l'exception de celles d'un petit nombre, n'ont point, ou que très peu de dentelures; la languette est ordinairement saillante, et les palpes labiaux n'offrent que trois articles libres (3). Beaucoup sont privés d'ailes et n'ont que des élytres. Ils répandent souvent une odeur fétide, et lancent par l'anus une liqueur âcre et caus-

---

(1) *Voyez* les mêmes ouvrages que ci-dessus. L'espèce que j'ai décrite et figurée sous le nom de *longicollis* est distincte de celle que Fabricius désigneainsi; c'est le *Colliuris emarginata* de M. Dejean, Spec. génér., I, pag. 165;

(2) *Item.*

(3) Dans les Cicindèles, l'article radical est dégagé, et c'est pour cela que les palpes ont quatre articles; mais ici il est entièrement adhérent,et ne forme qu'un support, dont on ne tient pas compte.

tique. Geoffroy a présumé que les anciens les avaient désignés sous le nom de *Buprestes*, insectes qu'ils regardaient comme un poison très dangereux, particulièrement pour les bœufs (1).

Les carabes se cachent dans la terre, sous les pierres, les écorces des arbres, et sont, pour la plupart, très agiles. Leurs larves ont les mêmes habitudes. Cette tribu est très nombreuse, et d'une étude difficile.

Nous composerons une première division générale avec ceux dont les palpes extérieurs ne sont point terminés en manière d'alène; leur dernier article n'est point réuni avec le précédent pour former un corps soit ovalaire et très pointu au bout, soit conoïde, avec une pointe grêle et aciculaire au bout.

Ces carabes peuvent se subdiviser en ceux dont les deux jambes antérieures ont au côté interne une forte échancrure séparant les deux épines, qui, d'ordinaire, sont placées l'une près de l'autre, à l'extrémité de ce côté; et en ceux où les jambes n'ont point d'échancrure, ou ne présentent qu'un canal oblique, linéaire, n'avançant point sur le côté antérieur de ces jambes.

Nous partagerons cette subdivision en plusieurs sections.

1° Les Etuis-tronqués (*Truncatipennes*), ainsi nommés à raison de leurs élytres presque toujours tronquées à leur extrémité postérieure. La tête et le corselet sont plus étroits que l'abdomen. La languette est le plus souvent ovale ou carrée, et rarement accompagnée, sur les côtés, de divisions (paraglosses) saillantes.

Les unes ont les crochets des tarses simples ou sans dentelures, disposées en manière de peigne.

Nous commencerons par ceux dont la tête n'est point rétrécie brusquement à son extrémité postérieure, et ne tient point au corselet par une sorte de cou formé brusquement, ou par une espèce de rotule. Le corselet est toujours en forme de cœur tronqué. Les palpes extérieurs ne sont jamais terminés par un article beaucoup plus gros et en forme de ha-

______

(2) *Voyez* le genre Méloë.

che. Les deux tarses antérieurs des mâles ne sont point ou que très peu dilatés ; le pénultième article de ces tarses et des autres, n'est jamais profondément bilobé.

Les trois sous-genres suivants ont un caractère négatif commun, celui d'être privés d'ailes.

Les Anthies. (Anthia. Web., Fab.)

Ont une languette cornée, ovale, et s'avançant entre les palpes, jusque près de leur extrémité.

Le labre est souvent grand et denté ou anguleux.

Leurs palpes extérieurs sont filiformes, avec le dernier article presque cylindrique ou en cône renversé et alongé. L'échancrure du menton n'offre point de dent. L'abdomen est ovalaire, le plus souvent convexe, et les élytres sont presque entières ou peu tronquées.

Ces insectes, ainsi que ceux du sous-genre suivant, ont le corps noir, tacheté de blanc, couleur formée par un duvet, et habitent les déserts ou des lieux semblables de l'Afrique (1) et de quelques parties de l'Asie. Les anthies, d'après une observation de feu Leschenault de Latour, jettent, par l'anus, lorsqu'on les inquiète, une liqueur caustique. Les espèces sont généralement grandes, et dans les mâles de quelques-unes, le thorax se dilate plus ou moins en arrière et se termine par deux lobes (2).

Les Graphiptères. (Graphipterus. Lat. — *Anthia*, Fab.)

Qu'on avait confondu avec les précédents, mais qui en diffèrent par leur languette entièrement membraneuse, à l'exception du milieu ; par leurs antennes comprimées et dont le troisième article est beaucoup plus long que les autres. Leur abdomen est d'ailleurs toujours aplati, orbicu-

---

(1) Quoiqu'on ait trouvé dans la partie méridionale de l'Espagne et de l'Italie plusieurs insectes du nord de l'Afrique, on n'y a pas encore découvert une seule espèce d'anthie ni de graphiptère.

(2) *Voyez* le second fascicule de l'Histoire naturelle des coléoptères d'Europe; le premier volume du Species de M. le comte Dejean; l'excellent ouvrage de M. Schœnherr sur la Synonymie des insectes, et la partie zoologique du Voyage de M. Cailliaud, où j'ai décrit et figuré les insectes recueillis par lui en Afrique.

laire, et l'une des deux épines terminant les jambes postérieures est beaucoup plus grande que l'autre, et en forme de
lame.

Les espèces de ce sous-genre sont exclusivement propres
à l'Afrique, et plus petites que les précédents (1).

Les APTINES (APTINUS. Bon. — *Brachinus*, Web., Fab.)

Ont le dernier article des palpes extérieurs un peu plus
gros, celui des labiaux surtout, et une dent au milieu de
l'échancrure du menton. Leur languette ressemble d'ailleurs
à celle des graphiptères, mais les divisions latérales ou paraglosses forment une petite saillie pointue. Mais ce qui les
distingue plus particulièrement, ainsi que le sous-genre
suivant, est que leur abdomen ovale et assez épais, renferme des organes sécrétant une liqueur caustique, sortant
avec explosion par l'anus, se vaporisant aussitôt, et d'une
odeur pénétrante. Cette liqueur, lorsqu'on tient l'animal
entre les doigts, produit sur la peau une tache analogue à
celle qu'y ferait de l'acide nitrique, et même, si l'espèce est
assez grande, une brulûre, avec douleur. M. Léon Dufour
nous a fait connaître (2) les organes qui la sécrètent.

Ces insectes se trouvent, et souvent rassemblés en société,
du moins au printemps, sous les pierres. Ils font usage de
ce moyen de défense pour épouvanter leurs ennemis, et peuvent réitérer l'explosion un assez grand nombre de fois. Les
plus grandes espèces se trouvent entre les tropiques et dans
les autres pays chauds, jusqu'aux limites de la zône tem-
pérée.

Nous citerons, 1° l'*Aptine tirailleur* (*Brachinus displo-
sor*, Duf.; *Aptinus balista*, Dej., Hist. natur. des coléopt.
d'Eur., II, VIII, 1). Il est long de cinq à huit lignes, noir,
avec le corselet fauve et les élytres sillonnées. Dans la Na-
varre, diverses contrées de l'Espagne et en Portugal.

---

(1) *Voyez* le second fascicule de l'Hist. nat. des coléopt. d'Eur., et le
premier volume du Species de M. le comte Dejean; l'*Anthia exclamatio-
nis* de Fabricius est un Graphiptère figuré dans le Dict. d'hist. nat.,
tom. X, E, 2, 7, sous le nom de *trilinée*.

(2) Mém. sur le *Brachine tirailleur*, Ann. du Mus. d'hist. natur, XVII,
70, V, et les Annales des sciences naturelles, VI, p. 320.

2º L'*Aptine des Pyrénées* (*Aptinus pyrenœus*, Dej., Hist.
natur. des coléopt. d'Eur, II, viii, 3. Il est long de trois
à quatre lignes, d'un noir foncé, avec les antennes et les
palpes fauves, et les pattes d'un jaune roussâtre. Les élytres
sont sillonnées. Il a été découvert dans le département des
Pyrénées-Orientales par M. le comte Dejean (1.)

LES BRACHINES. (BRACHINUS. Web. Fab.)

Ne diffèrent guère des aptines qu'en ce qu'ils sont pourvus d'ailes, et que l'échancrure du menton n'offre point de
dent.

Les uns, et généralement plus grands, et pour la plupart
exotiques, ont les élytres très distinctement sillonnées ou à
côtes, et de ce nombre est une espèce commune aux Antilles
et à Cayenne,

Le *Brachine aplati* (*Brachinus complanatus*, Fab. ; *Carabus planus*, Oliv., III, vi, 63). Son corps est long de six
à huit lignes, d'un jaune roussâtre, avec les élytres noires,
et offrant un point huméral, une bande sinuée, traversant leur milieu, et une tache à leur extrémité, de la couleur du corps; c'est aussi celle de leur bord extérieur. Les
angles postérieurs du corselet se prolongent en pointe.

Les autres brachines ont les élytres unies ou légèrement
sillonnées.

On trouve communément aux environs de Paris les espèces suivantes :

Le *Brachine pétard* (*Brachinus crepitans*, Fab. ; Hist.
natur. des coléop. d'Eur., II, viii, 6; Panz., Faun., insect.
germ., XX, 5). Sa longueur moyenne est de quatre lignes. Il est fauve, avec les élytres tantôt d'un bleu foncé,
tantôt d'un vert bleuâtre, faiblement sillonnées, et les
antennes fauves; mais ayant le troisième et le quatrième
article noirâtres. La poitrine, à l'exception de son milieu,
et l'abdomen, sont de cette couleur. On avait confondu
avec cette espèce celle que M. Duftschmid a nommée *ex-
plodens* (Hist. natur. des coléop. d'Eur., II, viii, 7), et qui

---

(1) *Voyez* le second fascicule de l'Hist. natur. des coléopt. d'Eur., et
le premier volume du Species de M. le comte Dejean.

est aussi très commune. Elle est de moitié plus petite, avec les élytres bleues et presque lisses. Celle que M. Bonelli a distinguée sous le nom de *glabratus* n'en diffère que par le défaut de taches aux antennes.

Le *Brachine pistolet* (*Brachinus sclopeta*, Fab.; Hist. natur. des coléop. d'Eur., II, IX, 3) ressemble tout-à-fait à la dernière, mais s'en distingue, ainsi que des précédentes, par la suture des élytres, qui est d'un rouge fauve, depuis la base jusqu'au milieu. Le corps est aussi proportionnellement plus large et de la même couleur, tant en dessus qu'en dessous.

Une autre espèce, le *Brachine bombarde* (*Brachinus bombarda*, Ilig.; Hist. nat. des coléopt. d'Eur., II, IX, 2), tient le milieu entre la dernière et la première. Les élytres ont autour de l'écusson une tache fauve, mais qui ne se prolonge pas le long de la suture.

Le département de l'Hérault nous offre deux autres jolies espèces, l'une (*exhalans*) ayant les élytres d'un bleu obscur, avec quatre points jaunâtres, et l'autre (*causticus*) toute fauve, avec une bande le long de la suture et une tache postérieure noirâtre (1).

Nous avions d'abord (Hist. nat. des coléopt. d'Eur.) placé le genre *Catascopus* de M. Kirby après les brachines. Nous pensons, d'après un nouvel examen, qu'il appartient plutôt à la section des *simplicimanes*. L'extrémité postérieure des élytres offre bien une échancrure profonde, mais elle se termine en pointe, du côté de la suture, et n'est point tronquée. Plusieurs espèces de cette division présentent aussi le même sinus, quoique cependant moins profond et moins aigu.

Entre les brachines et les catascopes, M. le comte Dejean (Spec., I, p. 226) place le genre *Corsyra* de M. Steven, qui a pour type le *Cymindis fusula* de l'Entomographie de la Russie par M. Fischer (I, XII, 3). Il diffère de ce dernier par ses tarses, dont les crochets sont simples. Le corps est d'ailleurs aplati, comme dans le précédent et autres sous-genres voisins, court, assez large, avec les palpes filiformes, le men-

______

(1) *Voyez* les ouvrages cités aux sous-genres précédents.

ton unidenté, le labre transversal, le corselet plus large que la tête et presque demi orbiculaire.

On n'en connaît qu'une seule espèce.

Les autres Carabiques de la même division, et dont les chrochets sont pareillement simples, s'éloignent des précédents par la forme de leur tête, qui est resserrée brusquement dès sa naissance, et présente l'apparence d'un cou ou d'une rotule.

Viendront d'abord ceux dont les tarses sont presque identiques dans les deux sexes, subcylindriques ou linéaires, et dont le pénultième article au plus est profondément échancré ou bilobé.

Tantôt les palpes extérieurs sont filiformes ou peu renflés au bout, avec le dernier article presque ovalaire; la tête a la même forme, et se rétrécit graduellement en arrière des yeux. Le premier article des antennes est toujours court ou peu alongé. Le corselet est toujours étroit et alongé. Le corps est assez épais. L'échancrure du menton offre une dent dans son milieu. La languette est presque carrée, avec les paraglosses saillantes et allant en pointe.

Les Casnonies. (Casnonia. Latr.; — *Ophionœa*. Klug.)

Dont le corselet a presque la forme d'un cône tronqué ou d'un cylindre rétréci antérieurement (1).

Les Leptotrachèles. (Leptotrachelus. Latr.)

Où cette partie du corps est à peu près cylindrique, sans rétrécissement sensible en devant; où les élytres ne sont point tronquées, et dont les tarses ont leur pénultième article bilobé (2).

---

(1) Consultez l'Entomol. brasil. de M. Klüg; le Species général de M. le comte Dejean, tom I, pag. 170; l'Hist. nat. des coléopt. d'Eur., fasc. II, vii, 6. L'espèce qui est figurée (*cyanocephala*) forme, à raison du pénultième article des tarses, une division particulière. Elle se trouve au Bengale. Toutes les autres, et dont la principale est l'*attelabus pensylvanicus* de Linnæus, sont américaines, et ont tous les articles des tarses entiers.

(2) *Odocantha dorsalis*, Fab.

Les Odacanthes. (Odacantha. Payk., Fab.)

Semblables, quant au corselet, mais à élytres tronquées et à articles des tarses entiers.

L'espèce servant de type au genre, l'*Odacanthe mélanure* (*Odacantha melanura*, Fab.; Clairv., Entom. Helv. II. v.; Hist. nat. des coléopt. d'Eur., II, x. 6)', est longue de trois lignes, d'un bleu verdâtre, avec les élytres, leur extrémité excepté, d'un jaune roussâtre. La base des antennes, la poitrine et la majeure partie des pattes sont aussi de cette couleur. Le bout des élytres est d'un bleu noirâtre. Cette espèce fréquente les lieux aquatiques, et habite plus particulièrement les départements du nord de la France, l'Allemagne et la Suède (1).

Tantôt les palpes extérieurs sont terminés par un article plus gros, en forme de cône renversé ou triangulaire; la tête, immédiatement après les yeux, est brusquement rétrécie, et d'une forme triangulaire ou de celle d'un cœur.

Les uns, dont le corps est aplati, et que Fabricius a placés avec ses galérites, ont tous les articles des tarses entiers, le corselet en forme de cœur, tronqué postérieurement, et les mandibules ainsi que les mâchoires de longueur ordinaire ou peu saillantes.

Le premier article des antennes est en cône renversé et alongé. La languette est carrée, et ses divisions latérales sont le plus souvent aussi longues qu'elle. On aperçoit une dent au milieu de l'échancrure du menton. Ces carabiques, dont les espèces indigènes se trouvent sous les pierres, les écorces d'arbres, et le plus souvent près des eaux, forment les trois sous-genres suivants :

Les Zuphies. (Zuphium. Latr.)

Qui ont le premier article des antennes aussi long au moins que la tête, et les palpes maxillaires extérieures fort alongés (2)

---

(1) L'*Odacantha tripustulata* de Fab. est une espèce de notoxe.

(2) *Galerita olens*, Fab.; Clairv., Entom. Helv., II, xvii, A, a, Hist. nat. des coléopt. d'Eur., fasc. II, x, 3.

Les Polistiques. (Polistichus. Bon.)

Où, comme dans le sous-genre suivant, le premier article
des antennes est plus court que la tête, et où les palpes maxillaires sont de longueur ordinaire; mais dont les second, troisième et quatrième articles des tarses, ceux des deux antérieures surtout, sont courts, presque orbiculaires, et dont
la languette terminée supérieurement par un bord droit,
a ses divisions latérales saillantes, en forme d'oreillettes
arquées, étroites et pointues (1).

Les Helluo. (Helluo. Bon.)

Qui ne se distinguent guère du sous-genre précédent que
par leur languette entièrement cornée, arrondie au bout
supérieur, et sans divisions distinctes. Les espèces sont toutes
exotiques (2).

Les autres, et qui, avec ceux qui suivent immédiatement,
paraissent se rapprocher beaucoup des brachines (3), ont le
pénultième article de tous les tarses profondément bilobé;
les mandibules et les mâchoires longues, étroites et avancées;
le corps assez épais, avec la tête en forme de triangle étroit et
alongé, et le corselet presque cylindrique, un peu rétréci
postérieurement.

Le premier article des antennes est fort long et rétréci à

---

(1) *Galerita fasciolata*, Fab.; Clairv., *ibid.*, B, b; Hist. natur. des
coléopt. d'Eur., *ibid.*, 4; — *Polisticus discoideus*, ibid., 5. *Voyez* le
Species génér. de M. le comte Dejean, I, pag. 194.

(2) *Helluo costatus*, Hist. nat. des coléopt. d'Eur., fasc. II, vi, 5, —
Galerita hirta, Fab. *Voyez* le Species génér. de M. le comte Dejean,
I, pag. 283.

Un helluo inédit du Brésil me paraît devoir former un nouveau sous-
genre, à raison de ses palpes filiformes, et dont le dernier article est cylindrique.

(3) Les Dryptes ont aussi des rapports avec les Cychrus, et paraissent
lier les Cicindélètes avec la section des Carabiques grandipalpes. Plusieurs sections de cette famille semblent se rattacher, comme autant de
rameaux, aux Cicindèles. La plupart des autres familles d'insectes sont
dans le même cas, ou forment des troncs ramifiés. En un mot, des
séries continues n'existens pas dans la nature.

sa base. Le menton est presque en forme de croissant, sans dent au milieu de l'échancrure. La languette est saillante, étroite, presque linéaire, et terminée par trois épines, et accompagnée de deux petites paraglosses. Le dessous des tarses est garni de duvet. Tels sont les caractères

Des Dryptes. (DRYPTA. Latr., Fab.)

Toutes les espèces connues sont de l'ancien continent ou de la Nouvelle-Hollande. On en trouve deux en Europe, et toujours à terre. La plus commune et la *Drypte échancrée* (*Drypta emarginata*, Fab. ; Clairv., Entom. Helv., II, xvii ; Histoire naturelle des coléoptères d'Europe, fasc. II, x, 1); elle est longue d'environ quatre lignes, d'un beau bleu azuré, avec la bouche, les antennes et les pattes fauves. L'extrémité du premier article des antennes et le milieu du troisième sont noirâtres. Les élytres ont des stries pointillées ; elle est plus commune dans le midi de la France qu'au nord. M. Blondel fils l'a trouvée cependant en abondance dans une localité des environs de Versailles (1).

Succèdent maintenant des carabiques très analogues aux précédents par leurs caractères divisionnaires, mais qui s'en éloignent par la forme des tarses. Les quatre premiers articles, ou du moins ceux des tarses antérieurs des mâles, sont très dilatés et bifides ; le pénultième de tous est dans les deux sexes constamment échancré ou dilaté. Les palpes extérieurs et le premier article des antennes sont toujours longs.

Les Trichognathes. (TRICHOGNATHA. Latr.)

Ont le dernier article des palpes extérieurs en forme de cône renversé et alongé, et une saillie triangulaire et velue au côté extérieur des mâchoires. Les palpes sont fort longs. Le labre offre deux crenelures et trois dents obtuses. Le sommet de la languette est armé de trois épines. Les quatre tarses posté-

---

(1) *Voyez*, pour les autres espèces, l'Hist. natur. des coléopt. d'Eur., fasc. II, x, 2, et le Species génér. de M. le comte Dejean, tom. I, pag. 182.

rieurs ne sont point dilatés, du-moins dans les femelles. L'insecte (*marginipennis*) servant de type a été apporté du Brésil, par le célèbre botaniste M. de Saint-Hilaire.

Les GALÉRITES. (GALERITA. Fab.)

Qui diffèrent des sous-genres précédents par leurs palpes extérieurs, dont le dernier article est triangulaire, ou en forme de hache, et par leurs mâchoires non dilatées au côté extérieur.

Les deux tarses antérieurs des mâles sont élargis ; les échancrures des quatre premiers articles sont aiguës, et leurs divisions internes sont plus grandes et plus prolongées que les extérieures. La languette est tridentée au sommet et ses paraglosses sont très distinctes. L'échancrure du menton est unidentée.

Quelques espèces (*Galerita occidentalis*, Dej.; — *G. africana*, ejusd.), forment par leur tête ovalaire, leur corselet plus alongé et plus étroit, une division particulière. La plupart sont américaines (1).

Les CORDISTES. (CORDISTES. Latr. — *Calophœna*. Klüg. — *Odocantha*. Fab.)

Ont les palpes extérieurs filiformes et terminés par un article ovalaire et pointu.

Les quatre premiers articles de tous les tarses sont dilatés. Le premier est en forme de cône renversé et alongé ; les lobes des deux suivants sont égaux, étroits et pointus ; le quatrième est en forme de cœur ou de triangle renversé, sans échancrure; sa face supérieure est excavée, pour l'insertion du suivant. La tête est presque ovalaire (2).

Nous terminons cette section par ceux dont les crochets des tarses sont dentelés en dessous, en manière de peigne,

---

(1) *Voyez* le second fascicule de l'Hist. natur. des coléopt. d'Eur., et le premier volume du Spec. génér. de M. le comte Dejean.

(2) *Voyez* le second fascicule de l'Hist. natur. des coléopt. d'Eur. ; le premier volume du Spec. génér. de M. le comte Dejean, et principalement l'Entom. brasil., specimen de M. le doct. Klüg. Toutes les espèces décrites sont de l'Amérique méridionale.

et nous commencerons par ceux dont la tête ovalaire ou ovoïde est séparée du corselet par un étranglement brusque, très prononcé, formant une sorte de nœud ou de rotule. Le pénultième article de leur tarse est toujours divisé jusqu'à sa base en deux lobes ; les précédents sont larges, en forme de cœur ou de triangle renversé. Le premier article des antennes est peu alongé. Toutes les espèces connues sont du nouveau continent.

Les Cténodactyles. (Ctenodactyla. Dej.)

Leurs palpes extérieurs sont filiformes, avec le dernier article, ovalaire. Le corps est peu alongé aplati, avec le corselet presque en forme de cœur alongé et tronqué postérieurement (1).

Les Agres. (Agra. Fab.)

Les palpes maxillaires extérieurs sont filiformes, et les labiaux se terminent par un article plus grand, sécuriforme ou triangulaire. Le corps est long, étroit, avec le corselet en forme de cône alongé, rétréci en devant.

Le menton est suborbiculaire, avec une dent au milieu de l'échancrure. La languette est presque cylindrique, sans paraglosses bien distinctes (2).

Maintenant la tête n'est point distincte du corselet par un étranglement très brusque, en forme de nœud ou de rotule (3). Les articles des tarses sont entiers dans plusieurs, et les premiers sont rarement dilatés. Le corps est toujours aplati. Les paraglosses ne sont jamais saillantes, et forment simplement une marge membraneuse, arrondie ou obtuse au bout.

Ici le corselet est isométrique ou plus long que large, en

---

(1) *Ctenodactyla Chevrolatii*, Dej., Spec., I, pag. 227 ; de Cayenne.

(2) *Voyez* l'excellente Monographie de ce genre publiée par le docteur Klüg ; le second fasc. de l'Hist. nat. des coléopt. d'Eur., et le premier tome du Spec. génér. de M. le comte Dejean. Toutes les espèces sont de l'Amérique intratropicale.

(3) Un peu rétrécie postérieurement dans les Démétrias et les Dromies, mais point fixée au corselet par une rotule.

forme de cœur, tronqué postérieurement. Le corps est alongé. Tels sont :

Les CYMINDIS. (CYMINDIS. Latr.—*Cymindis, anomœus.* Fisch. — *Tarus.* Clairv. — *Carabus.* Fab.)

Qui ont les palpes maxillaires extérieurs filiformes ou guère plus gros à leur extrémité, avec le dernier article presque cylindrique ; et le même des labiaux plus grand, presque en forme de hache ou de triangle renversé, dans les mâles au moins ; dont la tête n'est point rétrécie postérieurement, et dont tous les articles des tarses sont entiers et presque cylindriques (1).

LES CALLÉÏDES. (CALLEIDA. Dej.)

Entièrement semblables aux cymindis, aux tarses près, le pénultième article étant bifide, et les précédents triangulaires. Ce sous-genre est propre à l'Amérique (2)

Les DÉMÉTRIAS. (DEMETRIAS. Bon.)

Analogues aux calléides par les tarses, mais ayant la tête ovalaire, rétrécie postérieurement, et tous les palpes extérieurs presque filiformes, avec le dernier article presque ovoïde ou subcylindrique.

Ce sous-genre, ainsi que le suivant, se compose de très petites espèces, fréquentant, pour la plupart, les lieux aquatiques ou humides et couverts, et presque toutes européennes (3).

Les DROMIES. (DROMIAS. Bon.)

Généralement aptères, à articles des tarses entiers, d'ailleurs semblables aux démétrias (4).

Là, le corselet est sensiblement plus large que long, en forme de segment de cercle ou de cœur, largement et transversalement tronqué postérieurement.

____

(1) *Voyez* les second et troisième fascicules de l'Histoire natur. des coléopt. d'Eur., et le premier vol. du Spec. génér. de M. le comte Dej.

(2) Les mêmes ouvrages que ci-dessus.

(3) *Item.*

(4) *Item.*

Il en est où le milieu du bord postérieur du corselet se prolonge et arrière. Telles sont :

Les LÉBIES (LEBIA. Latr. — *Lebia, lamprias.* Bon.)

Les palpes extérieurs se terminent par un article un peu plus grand, presque cylindrique ou ovalaire et tronqué au bout. Les quatre premiers articles des tarses sont presque triangulaires, et le quatrième est plus ou moins bifide ou bilobé.

Ces insectes sont agréablement colorés. Une espèce des plus communes en Europe, est la *Lébie tête-bleue* (*Carabus cyanocephalus*, Lin., Fab. ; le *Bupreste bleu à corselet rouge*, Geoff. ; Panz., Faun. insect. Germ., LXXV, 5 ; Hist. natur. des coléopt. d'Eur., fasc. III, XII, 7). Son corps a de deux lignes et demie à trois lignes et demie de long. Il est bleu ou vert et très luisant en dessus, avec le premier article des antennes, le corselet et les pattes, d'un rouge fauve ; l'extrémité des cuisses noire, et les élytres pointillées, marquées de stries légères et ponctuées.

Une autre espèce de nos environs est la *Lébie hémor-rhoïdale* (*Carabus hœmorrhoidalis*, Fab.; Hist. natur. des coléopt. d'Eur., fasc. III, XIII, 8), qui n'a guère plus de deux lignes de long, dont le corps est fauve, avec les élytres noires, et terminées par une tache d'un fauve jaunâtre ; elles ont des stries peu enfoncées, ponctuées, et deux points enfoncés plus distincts, près de la troisième, en commençant par la suture (1).

Dans les suivants, le corselet se termine postérieurement par une ligne droite, sans avancement au milieu.

Les PLOCHIONES. (PLOCHIONUS. Dej.)

Qui ont les antennes presque grenues, le dernier article des palpes labiaux grand, presque sécuriforme, les quatre premiers des tarses courts, en forme de cœur renversé, et dont le quatrième est bilobé (2).

---

(1) Les mêmes ouvrages que ci-devant.
(2) *Item.*

Les Orthogonies. (Orthogonius. Dej.)

Ayant des tarses conformés de même, mais à antennes filiformes et à palpes extérieurs terminés par un article presque cylindrique (1).

Les Coptodères. (Coptodera. Dej.)

Ayant les palpes des orthogonies, les antennes plus ou moins grenues, les trois premiers articles des tarses antérieurs courts, larges, les mêmes des quatre tarses postérieurs étroits, presque filiformes, et le pénultième de tous bifide, mais non divisé en deux lobes. Toutes les espèces mentionnées par M. le comte Dejean (Spec. 1, pag. 273) sont étrangères et pour la plupart américaines.

2° La seconde section, celle des Bipartis (*Bipartiti. — Scaritides.* Dej.), que l'on pourrait, sous les rapport des habitudes, appeler aussi celle des fouisseurs, est formée de carabiques à élytres entières ou légèrement sinuées à leur extrémité postérieure; ayant des antennes souvent grenues et coudées, la tête large, le corselet grand, ordinairement en forme de coupe, ou presque demi orbiculaire, séparé de l'abdomen par un intervalle, ce qui fait paraître celui-ci pédiculé; les pieds généralement peu alongés, avec les tarses le plus souvent courts, semblables ou peu différents dans les deux sexes, sans brosse en dessous et simplement garnis de poils ou de cils ordinaires. Les deux jambes antérieures sont dentées extérieurement, comme palmées ou digitées, dans plusieurs, et les mandibules sont souvent fortes et dentées. L'échancrure du menton offre une dent. Ils se tiennent tous à terre, se cachent soit dans des trous qu'ils y creusent, soit sous des pierres, et souvent ne quittent leur retraite que pendant la nuit; leur couleur est généralement d'un noir uniforme. La larve du Ditome bucéphale, la seule que l'on ait observée, a la forme et la manière de vivre de celles des Cicindèles. Ces insectes habitent plus particulièrement les pays chauds.

Trois sous-genres, et par lesquels nous débuterons, forment, à raison de leurs palpes labiaux terminés par un ar-

---

(1) Dej., Spec., I, p. 279, espèces toutes exotiques; près de ce sous-genre doit peut-être venir celui d'*Hexagonia* de M. Kirby (Lin., Trans., XIV).

ticle plus grand, en forme de hache ou triangulaire, un groupe particulier; le dernier de ces sous-genres nous conduit aux scarites, tandis que le premier, qui, à l'égard de l'absence d'échancrure au côté interne des deux jambes anterieures, fait exception, semble se lier avec les premiers sous-genres de la famille. Ils ont tous des mandibules fortes et dentées. Les palpes maxillaires extérieurs se terminent par un article un peu plus gros; le corselet est en forme de coupe, ou de cœur tronqué; l'abdomen est pédiculé.

Deux de ces sous-genres forment dans ce groupe une subdivision spéciale. Leurs jambes antérieures ne sont point palmées. Leurs antennes se composent d'articles presque cylindriques ou en forme de cône renversé. Le menton recouvre presque tout le dessous de la tête jusqu'au labre, et souvent n'offre point de suture transverse à sa base. Le corps est très aplati, et dépourvu d'ailes dans plusieurs. Ils sont tous de l'ancien continent ou de la Nouvelle-Hollande.

Les Encélades. (Enceladus. Bon.)

Leurs jambes antérieures n'ont point d'échancrure au côté interne. Le premier article de leurs antennes est peu alongé et presque cylindrique; le troisième est plus court que le second. Le milieu du bord supérieur de la languette est avancé en manière d'angle ou de dent. Le corselet est presque en forme de cœur, largement tronqué, avec les angles postérieurs un peu dilatés et pointus. Le labre est échancré ou presque bilobé.

La seule espèce décrite, l'*Encelade géant* (*Enceladus gigas*, Bon., Mém. de l'acad. des scien. de Turin), est de la côte d'Angole.

Les Siagones. (Siagona. Latr.—*Cucujus, galerita.* Fab.)

Ont une échancrure bien prononcée au côté interne des deux jambes antérieures; le premier article des antennes alongé, en cône renversé, et le second plus court que le troisième; le sommet de languette droit, sans avancement; le corselet presque en forme de coupe, presque aussi long que large et sans saillies postérieures, et le labre dentelé.

Les unes ont l'abdomen ovale et sont aptères (1). Dans les

____

(1) *Siagona rufipes*, Latr., Gener. crust. et insect., I, vii, 9; *Cucujus rufipes*, Fab.; — *Siagona fuscipes*, Dej., Spec., 1, p. 359.

autres il est ovale, tronqué à sa base, et ces espèces sont ailées. M. Lefèvre en a découvert une nouvelle en Sicile. Toutes les autres, tant de cette division que de la précédente, habitent l'Afrique septentrionale ou les Indes orientales (1).

Le troisième sous-genre, par ses antennes moniliformes, les dents du côté extérieur de ses deux premières jambes, les proportions ordinaires du menton, la forme générale du corps, se rapproche évidemment des scarites.

Les CARÉNUMS. (CARENUM. Bon.)

Les mâchoires sont droites, sans crochet terminal. La languette est arrondie à son sommet. Le dernier article des palpes maxillaires extérieurs est renflé et une fois plus long que le précédent.

La seule espèce connue (*Scarites cyaneus*, Fab.) habite la Nouvelle-Hollande.

Aucun des autres carabiques de cette section n'offre de palpes labiaux terminés par un article plus grand et sécuriforme; le dernier est en forme de cône renversé et alongé, ou presque cylindrique et aminci à sa base; le même des maxillaires extérieurs est aussi presque cylindrique; tous ces palpes sont à peu près de la même grosseur partout, ou quelquefois amincis à leur extrémité.

Une première subdivision très naturelle, et qui comprend les scarites de Fabricius, moins l'espèce précédente, se composera des carabiques bipartis, dont les deux jambes antérieures sont palmées, ou du moins digitées au bout, c'est-à-dire terminées extérieurement par une longue pointe, en forme d'épine, opposée à un éperon interne très fort. Leurs antennes sont grenues, avec le second article aussi long et souvent même plus long que le suivant. Les mandibules, celles d'un petit nombre excepté, sont robustes, avancées, anguleuses ou dentées au côté interne. Le labre est très court, transversal et crustacé. La languette est le plus souvent en-

---

(1) Les Siagones *atrata*, *depressa* (*Galerita depressa*, Fab.), *Fejus* (*Galerita flejus*, Fab.), *Schupelii*, Dej., *ibid.*; — *Scarites lœvigatus*, Herbst., col. CLXXV, 6.

tièrement cornée, hérissée de poils ou de cils, largement
échancrée ou évasée au sommet, avec les angles latéraux
avancés.

Les uns ont les mandibules très fortes, avancées et ordinairement dentées; le labre crustacé, très denté au bord
antérieur; la languette courte, point saillante au-delà du
menton, entièrement cornée ou crustacée, hérissée de poils,
évasée au bord supérieur. Leurs jambes antérieures sont
toujours palmées.

Les espèces sont généralement grandes.

L'un de ces sous-genres, celui

De Pasimaque. (Pasimachus. Bon.)

Se rapproche du dernier relativement aux mâchoires, qui
sont droites et sans crochet terminal.

Les antennes sont d'égale grosseur. Le corps est très aplati,
ovale, avec le corselet en forme de cœur, largement tronqué en arrière, presque aussi large à son bord postérieur
qu'en devant et que la base des élytres; ce bord est presque
droit et simplement un peu concave dans son milieu. Ce
sous-genre est propre à l'Amérique (1).

Selon M. le comte Dejean (Spec., II, pag. 471), après les
pasymaques doit venir le genre qu'il a formé sous la dénomination de Scaptère (*Scapterus*) et sur une espèce des
Indes orientales qui lui a été communiquée par l'un de nos
plus zélés entomologistes, M. Guérin, auquel elle est dédiée. J'ignore si les mâchoires ressemblent à celles du sous-
genre précédent, mais le corps a des proportions différentes;
il est alongé et cylindrique. Les antennes sont proportionnellement plus courtes que d'ordinaire; le second article
est carré, un peu plus gros que les autres, qui sont courts,
presque carrés, et vont en grossissant.

Les suivants ont les mâchoires arquées et crochues au

---

(1) Rapportez à ce sous-genre les Scarites *depressus* et *marginatus* de
Fabricius et d'Olivier. *Voyez* le premier volume du Species de M. le
comte Dejean, pag. 405; les Observations entomologiques de M. Bonelli,
et l'ouvrage de Palisot de Beauvois sur les insectes recueillis par lui en
Amérique et en Afrique.

bout. Les antennes grossissent insensiblement vers le bout. Le corselet est toujours séparé postérieurement de la base des élytres par un vide ou par un angle rentrant, bien prononcé.

Ici les palpes extérieurs sont terminés par un article presque cylindrique, point rétréci en pointe, au bout.

Les Acanthoscèles. (Acanthoscelis. Lat.)

Sont remarquables par leurs quatre jambes postérieures, qui sont en forme de palette alongée, arquées, planes et un peu concaves à leur face interne, convexes, chargées de petits grains et de petites épines sur la face opposée, avec la tranche supérieure dentée, et les dents postérieures grandes et comprimées; le trochanter des deux cuisses postérieures est fort grand.

Le corps est court, large, convexe en dessus, avec le corselet transversal, arrondi latéralement, sinué au bord postérieur; les éperons des jambes antérieures fort longs et les autres presque en forme de lames.

La seule espèce connue (*Scarites ruficornis*, Fab.) habite le Cap de Bonne-Espérance.

Les Scarites. (Scarites. Fab.)

Ont les quatre jambes postérieures étroites, généralement unies, n'offrant de petites épines que sur leurs arêtes; les intermédiaires ont au plus sur le côté extérieur une ou deux dents; le trochanter des cuisses postérieures est beaucoup plus petit qu'elles. Les mandibules sont en forme de triangle alongé, et fortement dentées à leur base. Les second et troisième articles des antennes sont en forme de cône renversé, presque de la même épaisseur, et les suivants sont grenus.

Les uns ont deux dents au côté extérieur des jambes intermédiaires.

Les *Scarites pyracmon* (*Scarites pyracmon*, Bonelli; Dej., Spec. I, p. 367; *Scarites gigas*, Oliv., col. III, n° 36; I. 1; Clairv., Entom., Helv. II, ix. a). Il est long d'environ un pouce, sans ailes, aplati, d'un noir luisant, avec les élytres un peu élargies postérieurement, marquées de stries très fines, légèrement ponctuées, et dont la troisième offrant près de l'extrémité deux points enfoncés plus distincts. La tête, selon M. Dejean, est beaucoup plus grande dans le mâle que dans la femelle; elle a deux impressions et de petites rides sur le front. Le corselet a postérieurement une dent de chaque côté. On en compte trois aux jambes antérieures. Il se trouve sur les bords de la Méditerranée, dans le midi de la France, et la partie orientale de l'Espagne. M. Lefebvre de Cerisy, officier distingué de marine et très bon entomologiste, a publié quelques observations sur ses habitudes.

Le *Scarite terricole*. (*Scarites terricola*, Bonelli.; Dej., Spec. I, p. 398.) Son corps est ailé, long de huit à neuf lignes, et noir. Les jambes antérieures ont trois fortes dents, suivies de trois autres très petites; le côté extérieur des deux jambes suivantes n'en offre qu'une. Les élytres sont alongées, striées et un peu rugueuses, et dont deux points enfoncés près de la troisième strie. Il se trouve avec le précédent.

Le *Scarite des sables* (*Scarites sabulosus*, Oliv., col. III, 36, 1, 8; Clairv., Entom. Helv., II, ix, 6.; *Scarites lœvigatus*, Fab., Dej.), ressemble beaucoup au précédent, mais il est un peu plus petit, plus déprimé, sans ailes, avec les élytres faiblement striées. Les jambes antérieures n'ont que deux dentelures, après les trois dents ordinaires. Il habite encore les mêmes localités que le premier, et se trouve aussi en Sicile, d'où il a été apporté par M. Lefèvre.

Les Oxygnathes. (Oxygnathus. Dej.)

Semblables essentiellement, quant aux antennes et aux palpes, aux scarites, mais ayant, ainsi que les deux sousgenres suivants, des mandibules longues, étroites, sans dents, se croisant fortement en manière de pince; et le corps étroit, alongé et cylindrique. Les antennes sont plus courtes que la tête et les mandibules réunies. Le labre est peu distinct. Le corselet est presque carré.

L'espèce servant de type (*Scarites elongatus*, Wiedem.; *Oxygnathus elongatus*, Dej., Spec., II, p. 474.) est des Indes orientales.

Là, les quatre palpes extérieurs, ou les labiaux au moins,

se terminent par un article en forme de fuseau et finissant en pointe. Le corps est alongé et cylindrique, et les mandibules sont longues, étroites, sans dents notables, ainsi que celles des oxygnathes.

Les Oxystomes. (Oxystomus. Latr.)

Dont les palpes labiaux, presque aussi longs que les maxillaires externes, sont recourbés, avec le premier article saillant, cylindrique, le suivant peu alongé et le dernier, en fuseau, long et très pointu au bout; les antennes sont parfaitement moniliformes, à partir du milieu de leur longueur, avec le premier article aussi long que les trois suivants réunis (1).

Les Camptodontes. (Camptodontus. Dej.)

Où les palpes labiaux sont sensiblement plus courts que les maxillaires externes, non recourbés, et terminés, ainsi qu'eux, par un article en fuseau, et dont les antennes sont composées en majeure partie d'articles en forme de cône renversé; la longueur du premier ne surpasse guère celle des deux suivants pris ensemble (2).

Les autres, et dont les jambes antérieures ne sont point dentées extérieurement, mais simplement didactyles au bout, ont des mandibules courtes, peu avancées au-delà du labre; le labre coriace, entier; la languette saillante au-delà de l'échancrure du menton, glabre ou peu velue, avec des paraglosses séparées, saillantes et membraneuses; les palpes extérieurs sont terminés par un article ovalaire, acuminé au bout.

Ces carabiques sont petits, fréquentent les lieux humides, et ne sont pas étrangers aux régions septentrionales.

Les Clivines. (Clivina. Lat.)

Ont trois fortes dents au côté extérieur des deux jambes antérieures et une à celui des deux suivantes (3).

---

(1) *Oxystomus cylindricus*, Dej., Spec., I, p. 410, du Brésil.

(2) *Camptodontus cayennensis*, ibid., II, pag. 477.

(3) *Tenebrio fossor*, Lin.; *Scarites arenarius*, Fab.; Clairv., Entom. Helv., II, viii, A, a, espèces; les Clivines de M. Dejean (Spec. 1, pag. 411), 1-7.

Les Dyschiries. (Dyschirius. Bon.—*Clivina*, Dej.)

Qui n'ont au plus que des dentelures ou de petites épines très peu distinctes, au côté externe des deux jambes anté-rieures, et où ce côté se prolonge ordinairement à son extré-mité en une longue pointe, en forme d'épine ou de doigt, et opposée à un autre doigt constitué par un fort éperon du côté interne. Le dernier article des palpes labiaux est pro-portionnellement plus gros que le même des clivines, et presque en massue sécuriforme. Le corselet est ordinaire-ment globuleux (1).

Notre seconde et dernière subdivision des bipartis com-prendra ceux dont les jambes antérieures ne sont ni dentées extérieurement, ni bidigittées au bout, et dont le second article des antennes est sensiblement plus court que le sui-vant. Ils se rapprochent beaucoup, quant aux organes de la manducation des deux derniers sous-genres, et ils avaient été confondus par quelques auteurs avec les scarites, dont ils ont, en effet, le port et les habitudes.

Les uns ont le corps étroit, alongé, presque parallélipipède, avec le corselet presque carré ; les antennes en tout ou en partie grenues ; le dernier article des palpes extérieurs pres-que cylindrique, et le même des labiaux presque en forme de cône renversé ou de hache. Ils sont tous exotiques.

Les Morions. (Morio. Lat.)

Ont des antennes d'égale grosseur partout, le labre pro-fondément échancré, les palpes extérieurs filiformes, les cuisses ovales et les jambes triangulaires (2).

Dans

Les Ozènes. (Ozæna. Oliv.)

Les antennes sont plus grosses ou renflées à leur extré-mité, le labre est entier, les palpes labiaux se terminent

---

(1) *Clivines*, nᵒˢ 8-21, de M. le comte Dejean ; mais la huitième, ou *l'arctica*, semble offrir les caractères des Céphalotes.

(2) *Harpalus monilicornis*, Latr., Gener. crust. et insect., I, p. 206; *Morio monilicornis*, Dej., Spec. I, p. 430; *Scarit. Georgiæ*, Palis. de Beauv., VII, xv, 5 ; — *Morio brasiliensis*, Dej, *ibid.* ; — *Morio orientalis*, ejusd., ibid.

par un article plus large, presque en forme de hache ou de triangle; les cuisses et les jambes sont étroites et alongées (1).

Les autres ont le corps ovale ou oblong, avec le corselet soit presque en forme de coupe ou de cœur, soit presque orbiculaire; les antennes filiformes, composées d'articles, pour la plupart presque cylindriques, surtout les derniers (les autres plus amincis à leur base, presque en forme de cône renversé), et le dernier article des palpes extérieurs presque ovalaire ou en fuseau. Le labre est échancré.

Ceux-ci sont propres aux pays chauds et sablonneux des contrées occidentales de l'ancien continent.

Les Ditomes. (Ditomus. Bon. — *Carabus, Calosoma, Scaurus*, Fab.)

Dont les palpes sont plus courts que la tête; dont le corselet est en forme de coupe ou de cœur, et dont les tarses sont courts.

Quelques espèces, celles auxquelles M. Ziégler restitue la dénomination générique de *ditomus*, ont le corps plus alongé, de la même largeur, avec la tête séparée de chaque côté du corselet par un angle rentrant, et ordinairement armée, dans les mâles, d'une ou de deux cornes (2).

Les autres, ou celles qui composent le genre *Aristus*, du même, ont le corps plus court, plus large en devant, avec la tête presque continue avec le corselet, s'y enfonçant jusqu'aux yeux; ses angles antérieurs sont pointus (3).

---

(1) *Ozæna dentipes*, Oliv., Encyclop. méthod.; — *Ozæna Rogerii*, Dej, Spec., p. 434; — *Ozæna brunnea*, ejusd., ibid.; — *Ozæna Gyllhenalii*, ejusd., ibid.

(2) Dej., Spec., I, pag. 439, première division des Ditomes. Le *Carabus calydonius* de Fabricius, d'après une étiquette mise par lui sous un individu provenant de la collection de M. Desfontaines, forme une espèce très distincte du *Ditomus calydonius* de M. le comte Dejean. Le mâle a les mandibules fourchues ou comme partagées en deux cornes; la corne du milieu se termine en pointe, ou plutôt en fer de lance. Le *Calosoma longicornis* de Fabricius est probablement la femelle de cette espèce ou d'une autre très voisine.

(3) Seconde division des Ditomes de M. le comte Dejean, *ibid.*, p. 444.

Les Apotomes. (Apotomus. Hoffm. — *Scarites*, Ross.)

Dont les palpes antérieurs sont fort longs, dont le corselet est orbiculaire, et dont les tarses sont filiformes et alongés. Les palpes maxillaires extérieurs sont beaucoup plus longs que la tête, et terminés par un article ovoïdocylindrique; le même des labiaux est en forme de fuseau alongé. Je n'ai pas aperçu de dent dans l'échancrure du menton (1).

3° Notre troisième section des carabiques, celle des Quadrimanes (*Quadrimani — Harpaliens*), Dej. (2), renferme ceux qui, semblables d'ailleurs aux derniers par leurs élytres terminées postérieurement en pointe, ont, dans les mâles, les quatre tarses antérieurs dilatés; les trois ou quatre premiers articles sont en forme de cœur renversé ou triangulaires, et presque tous terminés par des angles aigus; leur dessous est ordinairement (les ophones exceptés) garni de deux rangées de papilles ou d'écailles, avec un vide linéaire, intermédiaire.

Le corps est toujours ailé, généralement ovalaire et arqué en dessus ou convexe, avec le corselet plus large que long; ou tout au plus presque isométrique, carré ou trapézoïdal. La tête n'est jamais brusquement rétrécie postérieurement. Les antennes sont de la même grosseur partout, ou un peu et insensiblement épaissies vers le bout. Les mandibules ne sont jamais très fortes. Les palpes extérieurs sont terminés par un article plus long que le précédent, ovalaire ou en fuseau. La dent de l'échancrure du menton est toujours entière, et manque dans quelques-uns (3). Les pieds sont robustes, avec les jambes épineuses et les crochets des tarses

---

(1) *Scarites rufus*, Oliv., col. III, ?6, 11, 13, a, b; Rossi, Faun. etrusc., I, iv, 3; *Apotomus rufus*, Dej., Spec., I, pag. 450; — ejusd., *Apotomus testaceus*, ibid., pag. 451.

(2) Cette dénomination est en harmonie avec celle des deux sections suivantes, et fondée sur un caractère exclusif; elle me semble donc préférable à celle d'*harpalici*, employée par M. Bonelli.

(3) La languette, ainsi que dans les deux sections suivantes, est toujours notablement saillante, obtuse ou tronquée au bout, et accompagnée de deux paraglosses distinctes, membraneuses, en forme d'oreillettes.

simples. Les tarses intermédiaires, dans les femelles mêmes, sont courts, et, à la dilatation près, conformés à peu près ainsi que les précédents. Ces carabiques se plaisent dans les lieux sablonneux et exposés au soleil.

Cette section se compose du genre *harpale*, tel que M. Bonelli l'a restreint dans le tableau présentant la distribution générale des carabiques. De nouvelles coupes en ont encore depuis diminué l'étendue. Elles sont subordonnées aux trois divisions suivantes.

La première aura pour caractères : échancrure du menton unidentée (1), labre échancré, tête et extrémité antérieure du corselet aussi larges ou plus larges que l'abdomen (2). Elle comprend trois sous-genres.

Les ACINOPES. (ACINOPUS. Ziégl., Dej.)

A antennes filiformes, composées d'articles courts, mais cylindracés, et à corselet rétréci insensiblement de devant en arrière, avec les angles postérieurs très obtus ou arrondis. Le labre est fortement échancré ; les mandibules n'ont point de dents ; celle du milieu de l'échancrure du menton est largement tronquée (3).

Les DAPTES. (DAPTUS. Fisch. — *Acinopus*. Dej.)

A antennes, à commencer au cinquième article, moniliformes ; à corselet rétréci brusquement vers ses angles postérieurs, qui se terminent en pointe. L'une des mandibules est avancée et très pointue. Les quatre jambes antérieures, surtout celles des mâles, sont très garnies de petites épines (4).

---

(1). Si les Cyclosomes (*Voy*. la pag. 394.) ont les quatre tarses antérieurs dilatés, ils formeront une quatrième division, à raison des deux dents de l'échancrure du menton.

(2) Tête forte, paraglosses assez larges, comparativement à la languette propre, et arrondies au bout ; second article des antennes un peu plus court que le suivant ; tarses intermédiaires des mâles un peu moins dilatés que les antérieurs.

(3) *Harpalus megacephalus*, Latr., Gener. crust. et insect., I, p. 206 ; *Carabus megacephalus*, Fab.; Ross., Faun. etrusc., Append., tab. III, H; *Acinopus megacephalus*, Dej., Catal.

(4) *Acinopus maculipennis*, Dej.; *Daptus pictus*, Fisch., Entom. de

Près des daptes paraît devoir venir le genre *Pangus* de M. Megerle, mentionné par M. le comte Dejean dans le catalogue de sa collection de coléoptères.

D'après l'étude de l'une (*Pensylvanicus*) des deux espèces que celui-ci y rapporte, je n'ai pu découvrir les caractères qui distinguent cette coupe de la précédente.

La seconde division se compose d'harpales, ayant aussi l'échancrure du menton unidentée, mais dont le corps, plus ou moins ovalaire ou ovoïde, est plus étroit en devant, et dont le labre est entier ou simplement un peu concave. Ce sont :

Les HARPALES propres. (HARPALUS. Dej.)

Une espèce des plus communes dans toute l'Europe est l'*Harpale bronzé* (*Carabus æneus*, Fab.; Panz., Faun. insect. Germ., LXXV, 3, 4.); son corps est long d'environ quatre lignes, d'un noir luisant, avec les antennes et les pattes fauves; le dessus du corselet et des élytres le plus souvent vert ou cuivreux et brillant, quelquefois d'un noir bleuâtre. Le corselet est transversal, rétréci postérieurement, finement rebordé sur les côtés et au bord postérieur, avec un enfoncement pointillé de chaque côté, près des angles postérieurs. Les élytres sont striées, ont une incision près de leur bout, et de petits points enfoncés dans les intervalles des stries extérieurs. On lui a aussi donné le nom de *protée*, à raison des changements nombreux de ses couleurs (1).

L'absence de toute dent sensible dans l'échancrure du menton, distingue les carabiques de la troisième et de la dernière division de cette section, et qui, par la forme du

---

la Russie, II, xxvi, 2, xlvi, 2; — *D. vittatus*, ejusd., ibid., 7, var. ? *Ditoma vittiger*, Germ.; — *D. chloroticus*, ejusd., ibid.

(1) *Voyez*, pour les espèces, le Catalogue de la collection de M. le comte Dejean, genre *Harpalus*, pag. 14, et, quant à leur synonymie, Schœnherr, Synonymia insectorum, et la Faune d'Autriche de M. Duftschmid. Fabricius n'en a décrit qu'un petit nombre, et parmi lesquels nous citerons celles qu'il nomme : *caliginosus, ruficornis, binotatus, tardus, heros, analis, flavilabris*, etc. Les *Carabus signatus, hirtipes* de Panzer font aussi partie de ce sous-genre.

corps et le labre, ressemblent d'ailleurs à ceux de la division précédente.

Les OPHONES. (OPHONUS. Ziégl., Dej.)

Dont les mâles ont les quatre tarses antérieurs fortement dilatés ou sensiblement plus larges et généralement garnis en-dessous de poils nombreux et serrés, formant une brosse continue; le pénultième article n'est point bilobé. Le dernier des palpes extérieurs est tronqué ou très obtus.

Le dessus du corps est très finement pointillé. Le corselet est le plus souvent en forme de cœur, tronqué postérieurement (1).

Les STÉNOLOPHES. (STENOLOPHUS. Ziég., Dej.)

Qui ne diffèrent des ophones que par la forme de l'avant-dernier article des quatre tarses antérieurs, du moins dans les mâles, et même des postérieurs, dans quelques-uns; il est divisé jusqu'à sa base en deux lobes (2).

Les ACUPALPES. (ACUPALPUS. Lat. — *Stenolophus*, Dej.)

Dont les quatre tarses antérieurs des mâles diffèrent peu des postérieurs, avec les articles intermédiaires arrondis, presque grenus et velus; et dont les palpes extérieurs se terminent par un article pointu au bout.

Ces carabiques sont très petits et semblent se lier avec le tréchus (3).

4° La quatrième section, celle des SIMPLICIMANES (*Simplicimani*), se rapproche de la précédente, quant à la manière dont se terminent les élytres; mais les deux tarses antérieurs sont seuls dilatés dans les mâles, sans former néanmoins de palette carrée ou orbiculaire; tantôt les trois premiers articles sont notablement plus larges, et le suivant alors est tou-

---

(1) *Voyez* le Catalogue de M. le comte Dejean, pag. 13.

(2) *Stenolophus vaporariorum*, Dej., *ibid.*; *Carabus vaporariorum*, Lin.; Panz, Faun. insect. Germ., XVI, 7; *Harpalus saponarius*, Dufour. Du Sénégal.

(3) Les Sténolophes du Catalogue de M. Dejean, à l'exception du précédent. Nous citerons, entre autres, le *Carabus meridianus* de Linnæus et de Fabricius, et l: *C. vespertinus* de Panzer, XXXVII, 21.

jours beaucoup plus petit que le précédent ; tantôt celui-ci et les deux précédents sont plus larges, presque égaux, en forme de cœur renversé ou triangulaires : les premiers articles des quatre tarses suivants sont plus grêles et plus alongés, presque cylindriques ou en forme de cône alongé et renversé.

Les uns ont les crochets des tarses simples ou sans dentelures.

Ici le troisième article des antennes est, au plus, une fois plus long que le précédent. Les pieds sont généralement robustes, avec les cuisses épaisses, plus ou moins ovalaires ; le corselet, mesuré dans son plus grand diamètre transversal, est aussi large que les élytres.

Tantôt les mandibules sont évidemment plus courtes que la tête, et ne dépassent le labre que de la moitié au plus de leur longueur.

Nous commencerons par ceux dont tous les palpes extérieurs sont filiformes.

Les Zabres. (Zabrus. Clairv. Bon.—*Pelor*. Bon.)

Se distinguent des suivants par le dernier article de leurs palpes maxillaires, qui est sensiblement plus court que le précédent, et par les deux épines qui terminent les deux jambes antérieures (1).

Les Pogones. (Pogonus. Zieg., Dej.)

Qui, dans l'ordre naturel, nous paraissent très rapprochés des *amara* de M. Bonelli, s'éloignent des autres carabiques de cette division par le mode de dilatation propre aux deux tarses antérieurs des mâles ; les deux premiers articles, et dont le radical plus grand, sont seuls dilatés ; les deux suivants sont petits et égaux. Leur corps est généralement plus oblong que celui des *amara*. Ces insectes paraissent d'ail-

______

(1) *Carabus gibbus*, Fab. ; *Zabrus gibbus*, Clairv., Entom. Helv., II, xi. *Voyez*, pour les autres espèces, le Catal. de la coll. de M. le comte Dejean, et le troisième vol. de son Species. Les espèces aptères, telles que le *Blaps spinipes* de Fabricius (Panz., Faun. insect. Germ., xcvi, 2), forment le genre *Pelor*.

leurs habiter presque exclusivement les bords de la mer ou
les bords des étangs salés (1).

Ce n'est guère encore que par un caractère analogue que
l'on peut distinguer de ces derniers

Les Tétragonodères. (Tetragonoderus. Dej.)

Les tarses antérieurs des mâles sont proportionnellement
moins dilatés que dans les suivants, leurs premiers articles
étant plus étroits et plus alongés, et plutôt en forme de cône
renversé qu'en forme de cœur. Ces insectes sont propres à
l'Amérique méridionale (2).

Les Féronies. (Feronia. Lat.)

Où les tarses antérieurs des mâles ons leurs trois premiers
articles fortement dilatés, en forme de cœur renversé, et
dont le second et le troisième plutôt transversaux que longitudinaux.

Ce sous-genre comprendra un grand nombre de coupes
génériques, indiquées dans le catalogue de la collection de
M. le comte Dejean, tels que les suivantes : *Amara*, *Pœcilus*, *Argutor*, *Omaseus*, *Platysma*, *Pterostichus*, *Abax*, *Steropus*, *Percus*, *Molops*, *Cophosus*. Ce savant entomologiste
a reconnu depuis (troisième volume de son *Species*) (3) l'im-
possibilité de les signaler, et, à l'exception du premier, qu'il
conserve encore, il réunit les autres dans une grande coupe
générique, qu'il nomme avec moi, *Féronie*. Mais quant aux
amara même, vainement ai-je cherché, dans les antennes,
les parties de la bouche, des caractères qui les distinguas-
sent nettement des autres genres. Celui que l'on tire de la
dent du milieu de l'échancrure du menton, sans parler de
son peu d'importance, est très équivoque ; cette dent, dans
tous ces carabiques, m'a paru avoir au bout une échan-

---

(1) *Voyez* le Catal. de M. le comte Dejean. M. Germar en a représenté, dans sa Faune des insectes d'Europe, deux espèces : *Pogonus halo-
philus*, X, 1 ; *Harpalus luridipennis*, VII, 2, voisine du *Pogonus
pallidipennis* du premier.

(2) *Harpalus circumfusus* de M. Germar, Insect., Species nov., I, 26?

(3) Actuellement sous presse et dont il m'a communiqué quelques
passages.

crure, mais un peu plus distincte ou plus profonde dans les uns que dans les autres. Les antennes de plusieurs sont un peu grenues ou composées d'articles relativement plus courts et plus arrondis au sommet ; mais on ne peut assigner d'une manière rigoureuse les limites de cette distinction. J'en dis autant de la concavité du bord antérieur du labre et de la forme du corselet.

Les féronies peuvent former trois divisions : 1° les espèces, généralement ailées, dont le corps, plus ou moins ovale, est un peu convexe ou arqué en-dessus, avec les antennes plus filiformes, la tête proportionnellement plus étroite et les mandibules un peu moins saillantes. Par leurs habitudes, ces espèces se rapprochent des zabres et des harpales. Tels sont les AMARES (*Amara*) (1), dont le corselet est transversal ; les POECILES (*Pœcilus*), où il est presque aussi long que large, et dont les antennes, assez courtes, ont le troisième article comprimé et anguleux ; et les ARGUTORS (*Argutor*), semblables aux pœciles, mais à antennes proportionnellement plus longues, et dont le troisième article n'est point anguleux.

2° Les espèces généralement ailées, mais dont le corps est droit, plan ou horizontal, en dessus, avec la tête presque aussi large que lui. Elles fréquentent les lieux frais ou humides. Tel est le genre PLATYSME (*Platysma*) de M. Bonelli, auquel nous réunissons celui d'*omaseus*, de MM. Ziégler et Dejean, et celui de *catadromus*, de M. Mac Leay fils (2).

---

(1) Des espèces plus raccourcies, dont le corselet s'élargit de devant en arrière, forment le genre *Leirus* de quelques auteurs. Le *Scolytus flexuosus* de Fabricius semblerait se rapporter à cette division ; mais, suivant M. le comte Dejean, les quatre tarses antérieurs sont dilatés : il m'a paru qu'ils l'étaient plus en dehors qu'en dedans. Cet insecte peut former un sous-genre propre (*Cyclosomus*). *Voyez*, quant aux précédents, le troisième volume du Species de ce naturaliste.

(2) Celles dont le corps est très aplati, avec le corselet notablement rétréci postérieurement, en forme de cœur tronqué, formeront une première division, tel est le *Carabus picimanus* de M. Duftschmid, ou le *C. monticola* de quelques autres ; M. le comte Dejean le place avec les *Pterostichus* ; quelques espèces du Brésil y entreront aussi. M. Germar

3° La troisième division des féronies se composera d'espèces analogues à celles de la précédente par l'ensemble de leurs caractères, mais qui en diffèrent par l'absence des ailes.

Parmi ces espèces, les unes, et les plus nombreuses, et dont le corselet n'est pas toujours en forme de cœur tronqué, ont à la base des élytres un pli ou rebord transversal, bien marqué, continu, s'étendant jusqu'à la suture.

Tantôt le corselet est presque carré ou en cœur tronqué, avec les angles postérieurs aigus.

Celles dont le corps est en carré long ou cylindrique avec le corselet presque carré, guère plus étroit postérieurement qu'en devant, forment le genre COPHOSE (*Cophosus*) de MM. Ziégler et Dejean. Il a été établi sur une espèce (*Cylindricus*) d'Autriche (1).

Celles dont le corps est généralement ovale, déprimé, ou peu convexe en dessus, avec le corselet grand, presque carré et subisométrique, toujours fortement rebordé latéralement, aussi large ou presque aussi large à son bord postérieur que la base des élytres, composent le genre ABAX (*Abax*) de M. Bonelli.

(Insect. nov. spec., I, pag. 21) en a décrit une sous le nom de *Molops Corinthius.*

Ceux dont le corps est presque parallélipipède, avec le corselet presque carré, point ou peu rétréci en arrière, formeront une seconde division. De ce nombre sont le *Platysma nigra* de MM. Bonelli et Dejean, les *Omaseus* du dernier (Catal., pag. 12), et le *Carabus tenebrioides* d'Olivier, type du sous-genre *Catadromus* de M. Mac Leay fils (Annul. jav., I, pag. 18, 1, v), qui ne diffère de celui d'*Omaseus* que par la dent du menton, qui est beaucoup plus grande et entière. Ses élytres ont à leur extrémité un grand sinus, ou plutôt une échancrure. C'est une des plus grandes espèces de cette famille.

Les Harpales, *nigrita*, *anthracinus* et *aterrimus* de M. Gyllenhall, sont des *omaseus*. Le dernier a les angles postérieurs du corselet obtus, ce qui le distingue de tous les autres. On place dans le même sous-genre le *Carabus leucopthalmus* de Fabricius, ou le *Melanarius* d'Iliger, mais il est aptère.

(1) Nous y joindrons l'*Omaseus melanarius* de M. le comte Dejean, ainsi qu'une autre espèce d'Allemagne, intermédiaire entre les précédentes et le *Cophosus cylindricus*, et qui est, je crois, l'*Omaseus elongatus* de M. Ziégler.

L'Allemagne en fournit plusieurs espèces. Celle qu'on a nommée *metallicus* et le *molops striolatus* de M. le comte Dejean, qui ont les antennes composées d'articles plus courts, ou qui sont presque grenues, ont paru devoir former un nouveau genre, celui de *cheporus* (1).

On trouve souvent dans les parties froides ou humides des forêts de nos environs. l'*Abax petites-stries* (*Carabus striola*, Fab.; *Carabus depressus*, Oliv., col. III, 35, IV, 46.) (2).

Tantôt, le corselet toujours terminé postérieurement par deux angles bien prononcés ou aigus, est sensiblement rétréci par derrière. Sa coupe se rapproche plus ou moins de celle d'un cœur tronqué. ·

Parmi ces espèces, plusieurs ont le corps déprimé ou plan en dessus, et les antennes composées d'articles assez alongés, plutôt obconiques que turbinés. M. Bonelli les distingue généralement sous le nom de PTÉROSTICHE (*Pterostichus.*·)

Elles habitent plus particulièrement les hautes montagnes de l'Europe et le Caucase.

Les environs de Paris n'en fournissent qu'une seule (*Carabus oblongo-punctatus*, Fab.; Panz., Faun. insect. Germ., LXXIII, 2.) (3)

D'autres, dont les antennes sont presque grenues, ont le dessus du corps assez convexe, et proportionellement plus large, avec l'abdomen plus court. C'est le genre MOLOPS (*Molops*) de M. Bonelli, qui conduit évidemment à d'autres féronies très analogues, mais dont le corselet est arrondi aux angles postérieurs, et dont l'abdomen est ovalaire, l'angle extérieur de la base des élytres étant obtus ou point saillant. Le corps et les antennes sont, en général, proportionellement plus longs. Ces dernières espèces ont été détachées des pté-

---

(1) Les *Platysmes*, décrits et figurés par M. Fischer (Entomol. de la Russie, II, xix, 4 et 5), sont probablement des abax analogues.

(2) *Voyez*, pour les autres espèces, le Catalogue de M. le comte Dejean, et la Faune d'Autriche de M. Duftschmid.

(3) *Voyez*, pour les autres espèces, le Catalogue de M. le comte Dejean, et le bel ouvrage de M. Fischer sur les insectes de la Russie (II, p. 123, xix, fig. 1; xxxvii, 8, 9). Je pense avec lui que le *G. myosodus* de M. Mégerle ne diffère pas essentiellement de celui de *Pterostichus*.

rosticlies pour former un nouveau genre, celui de STÉROPE (*Steropus*, Meg.) (1).

Nous terminerons enfin ce sous-genre par des espèces généralement assez grandes, dont le corselet a presque toujours la forme d'un cœur tronqué, et dont la base des élytres n'a point de pli transversal, ou ne présente au plus qu'un espace lisse, s'effaçant, et sans bord postérieur bien terminé. Tel est le caractère qui me paraît le mieux signaler le genre PERCUS (*Percus*) de M. Bonelli. Ni la longeur relative des deux derniers articles des palpes maxillaires, ni l'inégalité des proportions des mandibules, ni quelques légères différences sexuelles prises des derniers anneaux de l'abdomen , ne le distinguent nettement des autres sous-genres. Ces espèces habitent exclusivement l'Espagne , l'Italie et les grandes îles de la Méditerrannée. Quelques-unes sont aplaties en dessus (2).

LES MYAS (MYAS.)

De M. Ziégler, ressemblent aux féronies, avec lesquelles on a formé le genre *cheporus*; mais leur corselet est plus dilaté latéralement, rétréci près des angles postérieurs, et offre immédiatement avant eux une petite échancrure. Les palpes labiaux se terminent par un article évidemment plus épais, presque triangulaire. On en connaît deux espèces,

---

(1) *Voyez*, tant pour celui-ci que pour le précédent, le Catalogue de M. le comte Dejean et M. Germar (Insect. spec. nov., I, p. 26 et suiv.). Quelques espèces , telles que le *Molops terricola* (*Scarites piceus* , Panz, Faun. insect. Germ., XI, 2); le *Molops elatus* (*Scarites gagates*, ejusd., XI, 1); le *Steropus hottentota* (*Scarites hottentotus*, Oliv., col. III , 36, 11, 19), avaient été rangés avec les *Scarites*. Le *Carabus madidus* de Fabricius (Faun., insect. Eur., V, 2), espèce assez commmune dans quelques départements méridionaux, est un stérope. M. le comte Dejean forme un nouveau genre avec le St. hottentot, à raison de ses pieds antérieurs, dont les jambes sont arquées, et de quelques autres caractères.

(2) *Carabus Paykulii*, Ross., Faun. etrusc , mant. 1, tab. V , f. C, — *Percus ebenus*, Charp. Hor. Entom. , V, I. *Voyez* aussi les Annales des sciences naturelles , et celles des sciences physiques par MM. Bory de Saint-Vincent, Drapiez et Van-Mons. Je rapporte au même sous-genre l'*Abax corsicus* de M. le comte Dejean.

l'une de Hongrie (*Chalybæus*), et l'autre de l'Amérique sep-
septentrionale, où elle a été découverte par M. Leconte (1).

Tantôt les mandibules sont aussi longues que la tête, et
s'avancent fortement au-delà du chaperon. Le corps est toujours oblong, avec le corselet en forme de cœur alongé. Les
uns ressemblent à des scarites, et les autres à des lébies.

Les Céphalotes. (Céphalotes. Bon. — *Broscus*. Panz.)

Ont des antennes dont la longueur égale au plus la moitié
de celle du corps, composées d'articles courts, et dont le
premier plus court que les deux suivants pris ensemble;
la mandibule droite fortement unidentée au côté interne,
et le labre entier (2).

Les Stomis. (Stomis. Clairv.)

Où les antennes sont plus longues que la moitié du corps,
composées d'articles alongés, et dont le premier plus long
que les deux suivants réunis; dont la mandibule droite
offre près du milieu de son côté interne une forte entaille,
et dont le labre est échancré (3).

Le sous-genre suivant, celui

De Catascope (Catascopus. Kirb.),

Se distingue des deux précédents, dont il se rapproche
d'ailleurs par la longueur relative du troisième article des
antennes, en ce que le corps est aplati, proportionnellement plus large, avec le corselet plus court, les élytres
fortement échancrées latéralement à leur extrémité postérieure, et que le labre est alongé. Les yeux sont grands et

---

(1) Quelques autres espèces, analogues par la forme des palpes labiaux,
mais à mandibules plus fortes, dont la dent mitoyenne du menton est
beaucoup plus grande, et propres aux Indes orientales, forment le genre
Trigonotoma de M. Dejean, dont les caractères sont exposés dans le troisième volume de son Species. Ici encore paraît devoir se placer le genre
Pseudomorpha de M. Kirby (Lin., Trans , XIV , 98).

(2) *Carabus cephalotes*, Fab. ; Panz., Faun. insect. Germ. , LXXXIII, 1;
Ind. entom. , p. 62.

(3) *Stomis pumicatus* , Clairv., Entom. helv. , II , VI.

saillants. Ces insectes ont des couleurs brillantes, et ressemblent, au premier aspect, à des cicindèles ou à des élaphres (1).

Là, la longueur du troisième article des antennes est triple, ou peu s'en faut, de celle du précedent. Ces organes ainsi que les pieds sont généralement grêles.

Dans ceux-ci, les quatre premiers articles des tarses antérieurs des mâles sont larges, et le pénultième est bilobé.

Les Colpodes. (Colpodes. Macl.)

Ce sous-genre, établi par M. Mac Leay fils (Annul. javan., I, p. 17, t. 1, fig. 3), paraît avoir de grands rapports avec le précédent et les suivants. Suivant lui, le labre est en carré transversal et entier. L'échancrure du menton est simple ou sans dent. La tête est preque de la longueur du corselet.

---

(1) Ce sous-genre a été établi par M. Kirby sur une espèce de carabique (*Catascopus Hardwickii*, Trans. lin. soc. , XIV , III , 1 ; Hist. nat. des coléopt. d'Eur. , II , VII , 8) des Indes orientales, ayant la tête et le corselet verts, les élytres d'un bleu verdâtre, avec des stries ponctuées, et le dessous du corps presque noirâtre. M. Mac Leay fils (Annul. javan. , I , p. 14) place les Catascopes dans sa famille des Harpalides, immédiatement après les Chlænies, et y rapporte le Carabe élégant de Fabricius, rangé avec les Élaphres par M. Weber. Il les distingue d'un autre sous-genre très voisin, qu'il établit sous la dénomination de *Pericalus*, par ses antennes, dont le second et le troisième articles sont presque de longueur égale, tandis qu'ici le troisième est plus long ; par les mandibules, qui sont courtes, épaisses et courbées, au lieu d'être avancées et presque parallèles ; à raison encore des palpes, qui sont courts, épais, avec le dernier article ovoïde, presque tronqué, tandis que ceux des Péricales sont grêles et cylindriques ; enfin parce qu'ici la tête est plus large que le corselet, ce qui n'a pas lieu dans les Catascopes. Les yeux, en outre, sont très saillants et globuleux dans les Péricales, ce qui leur donne quelque ressemblance avec les Élaphres et les Cicindèles. Il n'en décrit qu'une espèce (*Pericalus cicindeloides*, 1, 2) ; mais nous ignorons encore quelles sont les différences sexuelles, surtout relativement aux tarses. La forme de la languette des Catoscopes et celle de leurs jambes les éloignent des Élaphres et des Tachys. Ces insectes se rapprochent beaucoup plus des Chlænies, des Anchomènes, des Sphodres, etc. Plusieurs Carabiques simplicimanes ont l'extrémité de leurs élytres fortement sinuée au bout, et se distinguant à peine, sous ce rapport, des *Troncatipennes*.

Celui-ci est presque en forme de cône tronqué, échancré en devant, avec les côtés arrondis et un peu rebordés. Les élytres sont un peu échancrées. Les lobes du pénultième article des tarses antérieurs du mâle sont plus grands. Le corps est un peu convexe. Il ne cite qu'une seule espèce (*Brunneus*).

Dans ceux-là, tous les articles des tarses des deux sexes sont entiers.

Les Mormolyces. (Mormolyce. Hegemb.)

Le corps est très aplati, foliacé, et beaucoup plus étroit dans sa moitié antérieure. La tête est fort longue, très étroite, presque cylindrique. Le corselet est ovalaire et tronqué aux deux bouts. Les élytres sont très dilatées et arquées extérieurement, avec une échancrure profonde au côté interne, près de leur extrémité.

La seule espèce connue (*Phyllodes*) a été l'objet d'une monographie particulière publiée par M. Hagembach, et se trouve à Java.

Les Sphodres. (Sphodrus. Clairv. Bon. — *Lœmosthenus.* Bon. — *Carabus.* Lin.

Ont le corps déprimé, mais non foliacé, avec la tête ovoïde, le corselet en forme de cœur et les élytres sans dilatation extérieure ni échancrure interne.

Plusieurs de ces insectes se tiennent dans les caves (1).

Les derniers simplicimanes se distinguent de tous les autres par les dentelures intérieures des crochets du bout de leurs tarses.

Les uns ont tous leurs palpes extérieurs filiformes, et le corselet soit en forme de cœur rétréci et tronqué postérieurement, soit en trapèze et s'élargissant de devant en arrière.

Les Cténipes. (Ctenipus. Latr. — *Lœmosthenus*, Bon.)

Dont le corps est droit, alongé, avec le corselet en forme

---

(1) *Carabus leucopthalmus*, Lin.; *Carabus planus*, Fab.; Panz., Faun. insect. Germ., XI, 4. Dans le *Sphodrus terricola* (*Carabus terricola*, Payk; Oliv. Col. III, XXXV, 11, 124), les crochets des tarses offrent quelques petites dentelures, comme dans le sous-genre suivant.

de cœur, rétréci et tronqué postérieurement. Le troisième article des antennes est alongé (1).

Les Calathes. (Calathus. Bon.)

Dont le corps est ovale, arqué en dessus, avec le corselet carré ou trapézoïde, plus large postérieurement (2).

Les autres ont les palpes labiaux terminés en massue, en forme de toupie ou de cône renversé, et le corselet presque orbiculaire,

Les Taphries. (Taphria. Bonelli.-*Synuchus*. Gyllenh.)

L'échancrure du menton est bidentée, ainsi que dans le sous-genre précédent (3).

5° La section cinquième, celle des Patellimanes. (*Patellimani*), n'est distinguée de la précédente que par la manière dont se dilatent dans les mâles les deux tarses antérieurs; les premiers articles (ordinairement les trois premiers, le quatrième en sus ou les deux premiers seulement dans d'autres), tantôt carrés, tantôt en partie de cette forme, et les autres en forme de cœur ou de triangle renversé, mais toujours arrondis à leur extrémité, et point terminés comme dans les sections précédentes, par des angles aigus, forment une palette orbiculaire ou un carré long, dont le dessous est le plus souvent garni de brosses ou de papilles serrées, sans vide au milieu.

Les pieds sont ordinairement grêles et alongés. Le corselet est souvent plus étroit dans toute sa longueur que l'abdo-

---

(1) Les Sphodres *janthinus*, *complanatus*, et plusieurs autres de M. le comte Dejean, qui se distinguent des vrais Sphodres par le raccourcissement du troisième article des antennes et les dentelures des crochets des tarses. Ces deux sous-genres se confondent presque insensiblement. M. Fischer a figuré plusieurs espèces de l'un et de l'autre, sous la dénomination générique de Sphodre, dans le second volume de son Entomographie de la Russie.

(2) *Carabus melanocephalus*, Fab.; Panz., Faun. insect. Germ., XXX. 19; — *C. cisteloides*, ibid., XI, 12; — *C. fuscus*, Fab.; — *C. frigidus*, ejusd. *Voyez* le Catal de la coll. de M. le comte Dejean, et M. Germar. Insect. Spec. nov., I, pag. 13.

(3) *Carabus vivalis*, Illig.; Panz., *ibid.*, XXXVII, 19.

men. Ils fréquentent, pour la plupart, les bords des rivières ou les les lieux aquatiques.

Nous partagerons les patellimanes en ceux dont la tête se rétrécit insensiblement par derrière ou à sa base, et en ceux où le rétrécissement se forme brusquement derrière les yeux, de manière que la tête semble être portée sur une espèce de cou ou de pédicule.

Les premiers peuvent aussi se subdiviser en deux.

Les uns, dont les mandibules se terminent toujours en pointe, et dont la palette des tarses est toujours étroite, alongée, et formée par les trois premiers articles, dont le second et le troisième carrés ont le labre entier ou sans échancrure notable, et une ou deux dents dans l'échancrure du menton; l'extrémité antérieure de la tête n'est point rebordée.

Ici le dessous de la palette des tarses offre, comme dans les précédents, deux séries longitudinales de papilles ou de poils, avec un vide intermédiaire, et non une brosse serrée et continue. Les palpes extérieurs sont toujours filiformes et terminés par un article presque cylindrique ou cylindrico-ovalaire.

Tantôt le corps est très aplati.

Les Doliques (Dolichus. Bon.)

Qui se rapprochent des derniers sous-genres et s'éloignent de tous les suivants, par les crochets de leurs tarses dentelés en dessous. Leur corselet est en forme de cœur tronqué (1).

Les Platynes. (Platynus. Bon.)

Semblables, quant à la forme du corselet, mais à crochets des tarses simples.

Les ailes manquent ou sont imparfaites dans quelques-uns (2).

Les Agones. (Agonum. Bon.)

Où le corselet est presque orbiculaire (3).

---

(1) *Carabus flavicornis*, Fab.; Preysl., Bohem. insect., I, III, 6, et quelques autres espèces du cap de Bonne-Espérance.

(2) *Platynus complanatus*, Bon.; — *Carabus angusticollis*, Fab.; Panz., Faun. insect. Germ., LXXIII, 9; — *Platynus blandus*, Germ. insect., Spec. nov., I, p. 12; — *Carabus scrobiculatus*, Fab.; — *Harpalus livens*, Gyll.

(3) *Harpalus viduus*, Gyll.; Panz., *ibid.*, XXXVII, 18; — *Ca-*

Tantôt le corps est d'une épaisseur ordinaire Le corselet toujours en forme de cœur tronqué.

Les Anchomènes. (Anchomenus. Bon.) (1)

Là le dessous de la palette des tarses est garnie d'une brosse serrée et continue. Les palpes extérieurs et surtout les labiaux sont, dans plusieurs, terminés par un article plus épais ou plus large, en forme de triangle renversé.

Nous commencerons pár ceux où ils sont filiformes.

Les Callistes. (Callistus. Bon.)

Ont la dent de l'échancrure du menton entière, les palpes extérieurs terminés par un article ovalaire et pointu au bout, et le corselet en forme de cœur tronqué (2).

Les Oodes. (Oodes. Bon.)

Ressemblent aux callistes quant à la dent de l'échancrure du menton, mais ont le dernier article des palpes maxillaires extérieurs cylindrique, et le même des labiaux en ovale tronqué. Le corselet est trapézoïdal, plus étroit en devant, et de la largeur de la base de l'abdomen à son bord postérieur (3).

Les Chlænies. (Chlænius. Bon.)

Où la dent de l'échancrure du menton est bifide ; qui ont les palpes maxillaires extérieurs terminés par un article presque cylindrique, un peu aminci à sa base, et le dernier des labiaux en forme de cône renversé et alongé.

---

rabus marginatus, Fab.; Panz. , *ibid.*, XXX, 14; — C. 6-*punctatus*, Fab.; Panz., *ibid.*, XXX, 13 et XXXVIII, 17? — *C. parum-punctatus*, Fab. ; Panz. , *ibid.* , XCII, 4; — *C.* 4-*punctatus*, Fab. ; Oliv., col. III, 35, XIII, 158. *Voyez* le Catal. de M. le comte Dejean. L'*A. rotundatum* et quelques autres forment, pour lui, un nouveau genre.

(1) *Carabus prasinus*, Fab.; Panz., *ibid.*, XVI, 6 ; — *Carabus albipes*, Fab. ; Panz., *ibid.*, LXXIII, 7 ; — *C. oblongus*, Fab.; Panz., *ibid.*, XXXIV, 3.

(2) *Carabus lunatus*, Fab. ; Panz., Faun. insect. Germ, XVI, 5; Dej., Spec., II, p. 296.

(3) *C. helopioides*, Fab.; Panz., *ibid.*, XXX, 11. *Voyez* le second volume du Species de M. le comte Dejean, pag. 374.

26*

Le *Carabe savonnier* d'Olivier (col. III, 36, III , 26), dont on se sert au Sénégal, en guise de savon , est de ce sous-genre (1).

Dans les suivants les palpes extérieurs sont terminés par un article plus large , comprimé , en forme de triangle renversé ou de hache , et plus dilaté dans les mâles La dent de l'échancrure du menton est toujours bifide.

Les ÉPOMIS. (EPOMIS. Bonelli.)

Auxquels nous réunirons les DINODES (*Dinodes*), dont le dernier article des palpes est un peu plus dilaté (2).

Le genre *Lissauchenus*, de M. Mac-Leay fils (Annul. javan. I , 1 , 1) me paraît peu différer du précédent.

Les autres ont le plus souvent les mandibules très obtuses , ou comme tronquées et fourchues ou bidentées à leur extrémité. Leur labre est distinctement échancré ou bilobé, et la portion antérieure de la tête, qui lui donne naissance, est rebordée et souvent concave. L'échancrure du menton n'offre point de dent. La palette des tarses de plusieurs est large , presque orbiculaire.

Ceux-ci ont les mandibules terminées en pointe , sans échancrure ni dent au dessous d'elle.

La palette des tarses des mâles est formée par les trois premiers articles.

Les REMBES. (REMBUS. Latr.)

Le labre est bilobé. Les palpes maxillaires extérieurs sont

---

(1) *C. cinctus*, Fab.; Herbst., Archiv., XXIX , 7 ; — *C. festivus*, Fab.; Panz., *ibid.*, XXX , 15 ; — *C. spoliatus*, Fab.; Panz., *ibid.*, XXXI, 6 ;—*Chlœnius velutinus*, Dej.; *Carabus cinctus*, Oliv., col. III, 35, III , 28 ; — *C. holosericeus*, Fab.; Panz., *ibid.*, XI , 9 , a ; — *C. nigricornis* , Fab.; Panz., *ibid.*, XI , 9 , b , c.; — *C. agrorum*, Oliv., *ibid.*, XII , 144 ; — *C. 4-sulcatus*, Payk., et plusieurs autres espèces exotiques de Fabricius, telles que les suivantes : *tenuicollis*, *oculatus*, *posticus*, *micans*, *quadricolor*, *stigma*, *ammon*, *carnifex*, etc. *Voyez* le second vol. du Spec. de M. Dejean , pag. 297 et suiv.

(2) *Dinodes rufipes*, Bon.; Dej., Spec., II, pag. 372; *Carabus azureus*, Duft.; *Chalœnius azureus*, Sturm., V, CXXVII ; — *Epomis circumscriptus*, Dej., Spec., II, p. 369; *Carabus cinctus*, Ross., Faun. etrusc., I , IV , 9 ; — *Carabus crœsus*, Fab.

filiformes, et le dernier article des labiaux est un peu renflé, en forme de cône renversé et alongé.

La tête est étroite, relativement à la largeur du corps. Les antennes et les palpes sont grêles (1).

Les Dicæles. (Dicælus. Bon.)

Le labre est simplement échancré, avec une ligne imprimée et longitudinale au milieu. Le dernier article des palpes extérieurs est plus grand et presque en forme de hache.

Le corps est presque parallélipipède, avec la tête presque aussi large que le corselet, et les élytres fortement striées et souvent carénées latéralement. Les mandibules sont arquées inférieurement, au bord interne, et comme tronquées ensuite et terminées en pointe. Les espèces connues sont américaines (2).

Ceux-là on des mandibules très obtuses, échancrées à leur extrémité, ou unidentées en dessous.

Les Licines. (Licinus. Latr.)

Ont le dernier articles des palpes extérieurs plus grand, presque en forme de hache. La palette des tarses des mâles est large, suborbiculaire et formée par les deux premiers articles, dont le basilaire fort grand (3).

Les Badister. (Badister. Clairv. *Amblychus.* Gyllenh.)

Où le dernier article des palpes extérieurs est ovalaire ; celui des labiaux est simplement un peu plus gros (terminé souvent en pointe aiguë). La palette des tarses est en carré long et formée par les trois premiers articles (4).

---

(1) *Rembus politus*, Dej ; *Carabus politus*, Fab. ; Herbst., Archiv., XXIX, 2 ; — *R. impressus*, Dej. ; *Carabus impressus*, Fab.

(2) Voyez le Spec. gen. des col. de M. le comte Dejean., II., 283.

(3) *Carabus agricola*, Oliv., col. III, 35, V, 53 ; — *C. silphoides*, Fab.; Sturm. III, LXXIV, a ; — *C. emarginatus*, Oliv., *ibid.*, XIII, 150 ; *Carabus cassideus*, Fab.; — *C. depressus*, Payk.; Sturm., *ibid.*, LXXIV, o, O ; — *C. Hoffmanseggii*, Panz., Faun. insect. Germ., LXXXIX, 5. *Voyez* le Species de M. le comte Dejean, II, pag. 392-401

(4) *Carabus bipustulatus*, Fab ; Clairv., Entom. Helv., II, XIII ; — *C. peltatus*, Ilig.; Panz., *ibid.*, XXXVII, 20. *Voyez* le second volume du Spec. de M. le comte Dejean, pag. 405-411.

Les derniers patellimanes, ou ceux qui composent leur seconde division générale, ont leur tête rétrécie brusquement derrière les yeux, et comme distinguée du corselet par une espèce de cou ou de pédicule. Elle est souvent petite, avec les yeux saillants. Dans plusieurs, la languette est courte et s'avance peu au-delà de l'échancrure du menton.

Ici cette échancrure n'a point de dent; les mandibules sont fortes, et le labre est fortement échancré et presque bilobé. Tels sont

Les Pélécies. (Pelecium. Kirby.)

Le dernier article des palpes extérieurs est en forme de hache. La languette est courte. Le corps est oblong, plus étroit en devant. Les quatre premiers articles des tarses antérieurs des mâles sont en forme de triangle renversé, garnis de brosse en-dessous, et le quatrième est bifide.

Les espèces de ce sous-genre et du suivant sont propres à l'Amérique méridionale (1).

Là, l'échancrure du menton offre une dent; les mandibules sont généralement petites et moyennes dans les autres. Le labre est entier ou faiblement échancré.

Quelques-uns se rapprochent des pélécies à l'égard des palpes extérieurs, terminés aussi par un article plus grand, en forme de hache ou de triangle renversé. Leur tête est toujours petite, et le corselet est orbiculaire ou trapézoïde.

Les Cynthies. (Cynthia. Lat. — Aupar. *Microcephalus*.)

Dans les mâles desquels les premiers articles des tarses antérieurs sont en forme de triangle renversé et composent la palette; ils sont garnis de brosse en-dessous, et le quatrième est bifide.

La tête et les mandibules sont proportionnellement plus fortes que dans le sous-genre suivant. Les palpes extérieurs sont moins alongés, mais plus comprimés au bout. Le corps est ovale, avec le corselet trapézoïdal, plus large postérieurement, plan, rebordé, sillonné longitudinalement (2).

---

(1) *Pelecium cyanipes*, Kirb., Transact. linn. soc., XII, XXI, 1.

(2) Sous-genre établi sur des espèces du Brésil, ayant, ainsi que les dicles, le port des *Abax* de M. Bonelli.

Les PANAGÉES. (PANAGÆUS. Lat.)

Dont la palette des tarses, propre aux mâles, n'est formée que par les deux premiers articles.

La tête est très petite, comparativement au corps, avec les yeux globuleux. Les mandibules, les mâchoires et la languette sont aussi très petites. Le corselet est le plus souvent suborbiculaire (1).

Dans les sous-genres suivants, et qui terminent cette section, les palpes extérieurs sont filiformes ; le dernier article des maxillaires est presque cylindrique et le même des labiaux est presque ovalaire ou presque en cône renversé et alongé. Le premier sous-genre, celui

De LORICÈRE. (LORICERA. Lat.)

Est très remarquable. Ses antennes sont sétacées, courbes, avec le second article et les quatre suivants plus courts que les derniers et garnis de faisceaux de poils. Les mandibules sont petites. Les mâchoires sont barbues extérieurement. Le labre est arrondi en devant. Les palpes labiaux sont plus longs que les maxillaires. Les yeux sont très saillants. Le corselet est presque orbiculaire ou en forme de cœur, largement tronqué et arrondi aux angles postérieurs. Les trois premiers articles des tarses antérieurs sont dilatés dans les mâles (2).

Les PATROBES. (PATROBUS. Meg.)

Ont des antennes filiformes, droites, sans faisceaux de poils, avec le quatrième article et les suivants égaux, presque cylindriques ; les mandibules de grandeur ordinaire ; le labre en carré transversal, avec le bord antérieur droit. La

____

(1) *Carabus crux-major*, Fab. ; Clairv., Entom. Helv., II, xv ; — *Carabus notulatus*, Fab. ; — *Cychrus reflexus*, Fab. ; Oliv. ; col III, 35, vii, 77 ; — *Carabus angulatus*, Fab. ; Oliv., *ibid.*, vii, 76 ; — *Panagée à quatre taches*, Cuv., Reg. anim., IV, xiv, 1. *Voyez* l'article *Panagée* de l'Encyclop. méthod., et le second volume du Species de M. le comte Dejean, pag. 283 et suiv.

(2) *Loricera ænea*, Latr. ; *Carabus pilicornis*, Fab. ; Panz., Faun. insect. Germ., XI, 10 ; Oliv. ; col. III, 35, xi, 119 ; Dej., Spec., II, pag. 293.

longueur des palpes labiaux n'excède pas celle des maxil
laires. Le corselet est en forme de cœur tronqué, avec les
angles postérieurs aigus. Les deux premiers articles des
tarses antérieurs sont seuls dilatés dans les mâles. Les yeux
sont moins saillants et le cou est moins étroit que dans le
sous-genre précédent (1).

Nous passerons maintenant aux carabiques dont les jambes antérieures n'ont point d'échancrure au côté interne, ou
qui en offrent une, mais commençant très près de l'extrémité de ces jambes, ou ne s'avançant point sur leur
face antérieure et ne formant qu'un canal oblique et linéaire.
La languette est souvent très courte, terminée en pointe au
milieu de son sommet, et accompagnée de paraglosses allant
aussi en pointe. Les mandibules sont robustes. Le dernier
article des palpes extérieurs est ordinairement plus grand,
comprimé en forme de triangle renversé ou de hache dans
les uns, presque en forme de cuiller dans les autres (2).
Les yeux sont saillants. Les élytres sont entières ou simplement sinuées à leur extrémité postérieure. L'abdomen est
ordinairement volumineux, comparativement aux autres
parties du corps. Ces carabiques sont, pour la plupart, de
grande taille, ornés de couleurs métalliques brillantes, courent très vite et sont très carnassiers. Ils composeront une
section particulière, la sixième du genre, et que nous nommerons GRANDIPALPES (*Grandipalpi*) (3).

Une première division aura pour caractères : corps toujours épais, sans ailes; labre toujours bilobé; dernier article des palpes extérieurs toujours très grand; échancrure du
menton sans dent; côté interne des mandibules entièrement ou presque entièrement dentelé dans sa longueur.

Ici les mandibules sont arquées, fortement dentées dans
toute leur longueur, et l'extrémité latérale et extérieure des

---

(1) *Carabus rufipes*, Fab.; *C. excavatus*, Payk.; Panz., *ibid.*, XXXIV
2. M. le comte Dejean, dans le Catalogue de sa collection, en mentionne
deux autres espèces, l'une du Portugal et l'autre de l'Amér. septent.

(2) Il est souvent plus dilaté dans les mâles; cela est surtout très sensible dans les Procèrus.

(3) Dénomination plus caractéristique que celle d'*abdominaux*, que
nous lui avions donnée auparavant.

deux premières jambes est prolongée en une pointe. Le dernier article de leurs palpes extérieurs est en demi-ovale, longitudinal, avec le côté interne arqué ; les palpes maxillaires internes sont droits, avec le dernier article beaucoup plus grand que le premier et presque ovoïde. L'échancrure du menton est peu profonde. Tels sont les caractères

Des Pambores. (Pamborus. Latr.)

On n'en connaît encore qu'une seule espèce, le *Pambore alternant* (Cuv., Règ. anim., V, xiv, 2 ; Dej., Spec., II, p. 18, 19), et qui a été apportée de la Nouvelle-Hollande par Peron et M. Lesueur.

Là les mandibules sont droites, simplement arquées ou crochues et dilatées à leur extrémité. Les deux jambes antérieures ne se prolongent point en manière d'épine à leur extrémité latérale. Le dernier article des palpes extérieurs est beaucoup plus large que les précédents, concave en dessus, presque en forme de cuiller. Le menton est profondément échancré, proportionnellement plus alongé que dans les sous-genres suivants, épaissi sur les côtés dans la plupart, et comme divisé longitudinalement en trois espaces. Les élytres sont soudées, carénées latéralement, et embrassent une partie des côtés de l'abdomen. Ces carabiques composent le genre *Cychrus* de Pykull et de Fabricius, mais qu'on a modifié depuis, de la manière suivante :

Ceux dont les tarses sont semblables dans les deux sexes, dont le corselet est en forme de cœur tronqué, plus étroit postérieurement, ou presque orbiculaire, et point relevé sur les côtés, avec les angles postérieurs nuls ou arrondis, ont seuls conservé la dénomination générique

De Cychrus. (Cychrus. Latr.,Dej.) (1)

Ceux où les mâles ont les trois premiers articles des tarses antérieurs dilatés, mais faiblement et sous forme de pa-

---

(1) *Cychrus rostratus*, Fab. ; Panz., Faun. insect. Germ., LXXIV, 6 ; Clairv., Entom. Helv., II, xix, A ; — *C. attenuatus*, Fab. ; Panz., *ibid.*, II, 3 ; Clairv., *ibid.*, xix, B ; — *C. italicus*, Bonel., Observ. entom. (Mém. de l'Acad. de Turin). *Voyez*, pour les autres espèces, Spec. de M. le comte Dejean, II, pag. 4 et suiv.

lette, et dont le corselet est en trapèze, large, échancré aux deux bouts, relevé sur les côtés avec les angles postérieurs aigus et recourbés, composent une autre coupe générique, celle

Des Scaphinotes. (Scaphinotus. Latr., Dej.) (1).

D'autres espèces enfin, ayant le port des cychrus, mais dont les tarses antérieurs ont, dans les mâles, les deux premiers articles très dilatés et formant avec le suivant, qui l'est moins, et dont la figure est celle d'un cœur, une palette, sont pour M. le comte Dejean

Des Sphærodères. (Sphæroderus.) (2).

Les espèces de ces deux derniers sous-genres sont particulières à l'Amérique.

La seconde division de cette section nous offrira des carabiques ayant aussi comme les précédents le corps épais, le plus souvent privé d'ailes, mais dont le menton est muni, au milieu de son échancrure, d'une dent entière ou bifide, et dont les mandibules sont, au plus, armées d'une ou de deux dents et situées à leur base.

Le corselet est toujours en forme de cœur tronqué. L'abdomen est le plus souvent ovalaire.

Les uns, dont le labre est quelquefois entier, ont tous les tarses identiques dans les deux sexes.

Les Tefflus. (Tefflus. Leach.)

Sont les seuls de cette division dont le labre soit entier ou sans échancrure.

Le *Tefflus* de *Megerle* (*Carabus Megerlei*, Fab.; Voet., col. II, xxxix, 49), a près de deux pouces de long, et habite la côte de Guinée et l'extrémité orientale du Sénégal. Il est tout noir, avec le corselet ridé, et les élytres divisées par des côtes longitudinales et ayant dans leurs sillons des points élevés. Le dernier article des palpes extérieurs est très grand, en forme de hache alongée,

---

(1) *Cychrus elevatus*, Fab.; Knoch, Beytr., I, viii; 12; Dej., Spec., II, pag. 17.
(2) Dej., Spec., II, pag. 14 et suiv.

avec le côté interne curviligne. La dent de l'échancrure du menton est petite. Le troisième article des antennes est trois fois au moins plus long que le second.

Les Procèrus. (Procerus. Meg.)

Ont le labre bilobé. Toutes les espèces connues sont pareillement de grande taille, soit entièrement noires, soit de cette couleur en dessous, et bleues ou verdâtres en dessus, avec les élytres très chagrinées. Elles habitent généralement les montagnes des contrées orientales et méridionales de l'Europe, et celles du Caucase et du Liban (1).

Les autres, et dont le labre est toujours divisé en deux ou trois lobes, ont les tarses antérieurs très sensiblement dilatés dans les mâles.

Ceux-ci n'ont jamais d'ailes. Leurs mandibules sont lisses, et l'on remarque à leur base, ou à l'une d'elles au moins, une ou deux dents. Le corselet est en forme de cœur tronqué, subisométrique ou plus long que large. L'abdomen est ovalaire.

Les Procrustes. (Procrustes. Bon.)

Dont le labre est trilobé, et dont la dent de l'échancrure du menton est bifide (2).

Les Carabes. (Carabus. Lin. Fab. — *Tachypus*. Web.)

Où le labre est simplement échancré ou bilobé, et dont la dent de l'échancrure du menton est entière.

M. le comte Dejean en a décrit cent vingt-quatre espèces, qu'il a distribuées dans seize divisions. Les treize premières comprennent celles dont les élytres sont convexes ou

____

(1) *Carabus scabrosus*, Fab. ; *C. gigas*, Creutz., Entom., I, ii, 13 ;— *C. scabrosus*, Oliv., col. III, 35, vii, 83, décrit et figuré depuis longtemps par Mouffet, Ins. *theath.*, 159; — *P. tauricus*, Dej., Spec., II, 24; *Carabus scabrosus*, Fisch., Entom. de la Russie, I, ii, 1, b, d, f; — *Procerus caucasicus*, Dej., *ibid.*, p. 25; *Carabus scabrosus*, Fisch., *ibid.*, c., e. M. Labillardière a trouvé, dans le Liban, une autre espèce, mais inédite.

(2) *Carabus coriaceus*, Fab.; Panz., Faun. insect. Germ., LXXXI, 1. *Voyez* le second volume du Species de M. le comte Dejean, pag. 26 et suiv.

bombées , et les trois dernières , celles où elles sont planes, et dont M. Fischer forme deux genres, *plectes* et *cechenus* (1), fondés sur les proportions relatives de la tête et du corselet. La considération de la surface des élytres fournit les autres caractères secondaires de ces divisions, et telle a été la méthode de MM. Clairville et Bonelli. La majeure partie de ces espèces habite l'Europe, le Caucase, la Sibérie, l'Asie mineure, la Syrie et le nord de l'Afrique, jusqu'au trentième degré environ de latitude nord. On en trouve aussi quelques-unes aux deux extrémités de l'Amérique, et il est probable que les montagnes des contrées intermédiaires en possèdent aussi quelques-autres.

Parmi les espèces à corps convexe et oblong, l'une des plus communes est le *C. doré* (*C. auratus*, Lin.), Panz., Faun. insect. Germ., LXXXI, 4, qu'on nomme vulgairement le *Jardinier*. Long de près d'un pouce, d'un vert doré en dessus, noir en dessous, avec les premiers articles des antennes et les pieds fauves ; élytres silonnées, unidentées au bord extérieur, près de leur extrémité, surtout dans la femelle, avec trois côtes unies sur chaque.

Ce carabe disparaît au midi de l'Europe, ou ne s'y trouve plus que dans les montagnes (2).

----

(1) *Carabus hispanus*, Fab. ; Germ. Faun. insect. Europ., VIII, 2 ; — *C. cyaneus*, Fab. ; Panz., Faun. insect. Germ., LXXXI, 2 ; — *C. Creutzeri*, Fab. ; Panz., *ibid.*, CIX, 1 ; — *C. depressus*, Bonel. ; — *C. osseticus*, Dej. ; *Plectes osseticus*, Fisch., Entom. de la Russie, II, XXXIII, 3 ; — *C. Fabricii*, Panz., *ibid.*, CIX, 6 ; — *C. irregularis*, Fab. ; Panz., *ibid.*, V, 4 ; — *C. pyrenæus*, Dufour. — Les deux dernières rentrent dans le genre *Cechenus* de M. Fischer. Leur tête est proportionnellement plus large que celles des espèces précédentes ou des *Plectes* de M. Fischer.

(2) Ajoutez *C. auro-nitens*, Fab. ; Panz., *ibid.*, IV, 7 ; — *C. nitens*, Fab. ; Panz., *ibid.*, LXXXV, 2 ; — *C. cœlatus*, F. ; Panz., *ibid.*, LXXXVII, 3 ; — *C. purpurascens*, F. ; Panz., *ibid.*, IV, 5 ; — *C. catenatus*, F. ; Panz., *ibid.*, LXXXVII, 4 ; — *C. catenulatus*, F. ; Panz., *ibid*, IV, 6 ; — *C. affinis*, Panz., *ibid.*, CIX, 3 ; — *C. Scheidleri*, F. ; Panz., *ibid.*, LXVI, 2 ; — *C. monilis*, F. ; Panz., *ibid.*, CVIII, 1 ; — *C. consitus*, Panz., *ibid.*, 3 ; — *C. cancellatus*, F. ; Panz., *ibid.*, LXXXV, 1 ; — *C. arvensis*, F. ; Panz., *ibid.*, LXXIV, 3, LXXXI, 3 ; — *C. mor-*

Ceux-là sont le plus souvent ailés. Leurs mandibules sont striées transversalement, sans dents sensibles au côté interne. Le corselet est transversal, également dilaté et arrondi latéralement, sans prolongements aux angles postérieurs. L'abdomen est presque carré. Leurs palpes extérieurs sont moins dilatés à leur extrémité. Les mâchoires se courbent brusquement à leur extrémité. Le second article des antennes est court et le troisième alongé. Les quatre jambes postérieures sont arquées dans plusieurs mâles.

Les **Calosomes**. (CALOSOMA. Web. Fab. *Calosoma, Callisthenes*, Fischer.)

Ce sous-genre est beaucoup moins nombreux que le précédent, mais ses espèces s'étendent depuis le nord jusqu'à l'équateur.

Le *C. sycophante* (*Carabus sycophantha*, Lin.), Clairv., Entom. Helvet., II, xxi, A.

Long de huit à dix lignes, d'un noir violet, avec les élytres d'un vert doré ou cuivreux très brillant, très finement striées, et ayant chacune trois lignes de petits points enfoncés et distants.

Sa larve vit dans le nid des *chenilles processionnaires*, dont elle se nourrit. Elle en mange plusieurs dans la même journée ; d'autres larves de son espèce, encore jeunes et petites, l'attaquent et la dévorent, lorsqu'à force de s'être repue, elle a perdu son activité. Elles sont noires, et on les trouve quelquefois courant à terre ou sur les arbres, et sur le chêne particulièrement (1).

---

billosus, F. ; Panz., *ibid.*, LXXXI, 5 ; — *C. granulatus*, F. ; Panz., *ibid.*, 6 ; — *C. violaceus*, F. ; Panz., *ibid.*, IV, 4 ; — *C. marginalis*, F. ; Panz., *ibid.*, XXXIX, 7 ; — *C. glabratus*, F. ; Panz., *ibid.*, LXXIV, 4 ; — *C. convexus*, F. ; Panz., *ibid.*, 5 ; — *C hortensis*; F. ; Panz., *ibid.*, V, 2 ; — *C. nodulosus*, F. ; Panz., *ibid.*, LXXXIV, 4 ; — *C. sylvestris*, F. ; Panz, *ibid.*, V, 3 ; — *C. gemmatus*, F.; Panz., *ibid.*, LXXIV, 2 ; — *C. cœruleus*, Panz., *ibid.*, CIX, 2 ; — *C. concolor*, F. ; Panz. ; *ibid.*, CVIII, 2 ; — *C. Linnæi*, Panz., *ibid.*, CIX, 5 ; — *C. angustatus*, Panz., *ibid.*. 4. *Voyez*, quant à la synonymie de ces espèces et quant aux autres du même sous-genre, le second volume du Species de M. le comte Dejean, pag. 30-189.

(1) Ajoutez *C. inquisitor*, Fab. ; Panz., Faun. insect. Germ., LXXXI,

La troisième et dernière division des grandipalpes nous offre un ensemble de caractères qui la signalent distinctement des précédentes. La plupart ont des ailes. Les tarses antérieurs des mâles sont toujours dilatés. le labre est entier. Les palpes extérieurs sont simplement un peu dilatés ou un peu plus gros à leur extrémité, avec le dernier article en forme de cône renversé et alongé. Le côté interne des mandibules ne présente point de dents notables ; celle du milieu de l'échancrure du menton est bifide. Le milieu du bord supérieur de la languette s'élève en pointe. Les jambes antérieures de plusieurs ont au côté interne une courte échancrure ou l'un des deux éperons inséré plus haut que l'autre, de sorte que ces carabiques sont sous ce rapport ambigus et pourraient venir, ainsi que ceux de la section suivante, immédiatement après les patellimanes (1). Ils fréquentent généralement les lieux humides et aquatiques. Quelques-uns même, comme les omophrons, paraissent lier cette tribu avec la suivante ou les carnassiers aquatiques.

Les uns, dont le corps est aplati, ou bombé et suborbiculaire, ont des yeux de grandeur ordinaire, les antennes linéaires et composées d'articles généralement alongés, presque cylindriques, le côté extérieur des mâchoires barbu et les deux éperons internes des deux jambes antérieures de niveau à leur origine; ces jambes n'ont qu'un simple canal longitudinal.

Tantôt le corps est ovale-oblong, aplati, avec le corselet en cœur tronqué, rétréci postérieurement. L'écusson est distinct. Les trois premiers articles des tarses antérieurs des mâles sont dilatés.

Les Pogonophores. (Pogonophorus. Lat., Gyllenh. — *Leistus*, Frœl., Clairv. — *Carabus*, Fab. — *Manticora*, Panz.)

Remarquables par l'alongement de leurs palpes extérieurs,

---

7 ;—*C. reticulatum*, F., Panz., *ibid.*, 9 ; — *C. indagator*, F.; Clairv, Ent. Helv., II, XXI, B ; — *C. scrutator*, F.; Leach, Zool. misc., XCIII; — *C. calidum*, F.; Oliv., col. III, 35, IV, 45, et II, 21. —Le *C. porculatum* de Fabricius est un *Hélops*. *Voyez* le second volume du Species de M. le comte Dejean, pag. 190 et suiv.

(1) Les Pogonophores sont très voisins des Loricères.

et dont les labiaux plus longs que la tête ; par leurs mandibules, dont le côté externe forme un angle saillant et aplati ; enfin par leur languette avancée et terminée par trois épines. Leur tête est brusquement rétrécie derrière les yeux, et les articles de leurs antennes sont longs et menus. Toutes les espèces connues sont européennes (1).

Les Nébries. (Nebria. Lat.)

Qui ne diffèrent des pogonophores que par des caractères négatifs, ou en ce que les palpes sont beaucoup plus courts, que le côté externe des mandibules est peu ou point dilaté et ne forme plus qu'une très petite oreillette, ne s'avançant point au-delà de la base des mâchoires ; que la languette est courte, et que la tête n'offre point d'étranglement ou de cou. Les antennes sont aussi proportionnellement plus épaisses et composées d'articles plus courts (2).

Les Alpées. (Alpæus.) de M. Bonelli.

Ne sont que des nébries aptères, un peu plus oblongues, et qui habitent plus spécialement les hautes montagnes (3).

Tantôt le corps, bombé ou convexe en dessus, est presque orbiculaire avec le corselet fort court, transversal, très échancré en devant, plus large et lobé postérieurement. L'écusson n'est point apparent. Le premier article des deux tarses antérieurs des mâles (et quelquefois le même des tarses intermédiaires, comme dans l'*O. mélangé*) est seul sensiblement dilaté.

----

(1) *Carabus spinibarbis*, Fab ; *Leistus cœruleus*, Clairv., Entom. Helv., II, xxiii, A, a ; — *C. spinilabris*, Fab. ; *Leistrus rufescens*, ibid., B, b ; — *C. rufescens*, Fab. ; *Carabus terminatus*, Panz , Faun. insect. Germ., VII, 11. *Voyez*, pour les autres espèces, le second volume du Species de M. le comte Dejean, pag. 212 et suiv.

(2) *Nebria arenaria*, Latr., Génér. crust. et insect, I 2, vii, 6 ; — *Carabus brevicollis*, Fab. ; Panz., *ibid.*, XI, 8 ; Clairv., *ibid.*, XXII, B ; — *C. subulosus*, Fab. ; Clairv., *ibid.*, A ; Panz., *ibid.*, XXXI, 4 ; — *C. picicornis*, Fab. ; Panz., *ibid.*, XCII, 1 ; — *C. psammodes*, Ross., Faun. etrusc, mant. I, v, M.

(3) Le *C. Helwigii* de Panzer, *ibid.*, LXXXIX, 4, est un Alpée. *Voyez* le Species de M. le comte Dejean, II, pag. 221 et suiv.

Les Omophrons. Omopron. Latr.—*Scolytus*. Fab.

Ce sous-genre se compose d'un petit nombre d'espèces que l'on trouve sur les bords des eaux, en Europe, dans l'Amérique septentrionale, en Égypte et au cap de Bonne-Espérance. M. Desmarest a fait connaître la larve de l'espèce la plus commune. Sa forme se rapproche de celle des larves de dytiques. Les observations anatomiques de M. Dufour paraissent confirmer ces rapports (1).

Les autres, dont le corps est assez épais, ont de grands yeux et très saillants; des antennes grossissant un peu vers leur extrémité, et composées d'articles courts, pour la plupart en forme de toupie ou de cône renversé; l'un des deux éperons de l'extrémité interne des deux jambes antérieures inséré.plus haut que l'autre, avec une entaille dans l'entre-deux: Les quatre ou trois premiers articles des tarses antérieurs des mâles sont peu dilatés dans la plupart. Les palpes ne sont jamais alongés. Ces insectes sont riverains et tous d'Europe ou de Sibérie.

Tantôt le labre est très court, transversal et terminé par une ligne droite. Le dernier article des palpes extérieurs est presque en forme de cône renversé, plus gros et tronqué au bout. Les mandibules s'avancent notablement au-delà du labre. Les tarses antérieurs des mâles sont sensiblement dilatés.

Les Élaphres. (Elaphrus. Fab.-*Elaphrus, Blethisa, Pelo-phila*. Dej.)

Les uns, et les plus grands (Bléthises, *Blethisa*, Bonelli), ont le corselet plus large que long, plan, rebordé latéralement, presque carré, un peu rétréci vers les angles postérieurs.]

Ici les trois premiers articles des tarses antérieurs sont fortement dilatés et cordiformes dans les mâles. Ce sont les Pélophiles (*Pelophila*) de M. Dejean (2).

---

(1) *Voyez* l'article *omophron* d'Olivier, Encyclop. méthod.; l'Entomol. Helvet., II, xxvi; Latr., Gener. crust. et insect., I, 225, vii, 7, et le second vol. du Spec. de M. le comte Dejean, p. 257 et suiv.

(2) *Carabus borealis*, Fab.; *Nebria borealis*, Gyllenh.; Panz., Faun. insect. Germ., LXXV, 8.

Là, les quatre premiers articles des tarses antérieurs des mâles sont faiblement dilatés ; ce sont les BLÉTHISES (*bléthisa*) du même (1).

Les autres ont le corselet aussi long au moins que large, convexe, en forme de cœur tronqué. Le corps est proportionnellement plus convexe que dans les précédents. Les quatre premiers articles des tarses antérieurs sont légèrement dilatés dans les mâles. Ceux-ci composent exclusivement son genre ÉLAPHRE.

L'*Élaphre uligineux* (*C. uliginosus*, Fab. ; *elaphrus riparius*, Oliv., col., II, 34, 1, 1. A-E.) est long d'environ quatre lignes, d'un bronzé noirâtre, très ponctué, avec des impressions ou petites fossettes sur le front et sur le corselet, et d'autres à fond violet, élevées dans leur contour et réunies les unes aux autres, sur les élytres. Les tarses sont d'un noir bleuâtre ; mais les jambes sont tantôt de cette couleur tantôt roussâtres. Ces derniers individus ont été considérés comme formant une espèce propre (*Cupreus*), par MM. Megerle et le comte Dejean. Il est très rare aux environs de Paris, mais commun dans d'autres parties de la France, en Allemagne, en Suède, etc.

. L'*Élaphre des rivages* (*Cicindela*, *riparia*, Lin. ; *Elaphrus riparius*, Fab. ; Clairv., Entom. helvet., II, xxv, A. a. ; *elaphrus*, *paludosus*, Oliv., col. II, 34, 1, 4, a b ; Panz., Faun. insect. Germ., xx, 1.). D'un tiers environ plus petit que le précédent, très finement pointillé et d'un cuivreux mat et mêlé de vert, en dessus, avec des impressions circulaires, mamelonées au centre, vertes, disposées sur quatre lignes, et une tache cuivreuse, polie et luisante, près la suture, sur chaque élytre. Commun aux environs de Paris (2).

Tantôt le labre est presque demi-circulaire et arrondi en devant ; les palpes extérieurs se terminent par un article subovalaire, rétréci en pointe au bout. Les mandibules s'avancent peu au-delà du labre. Les tarses sont identiques dans les deux sexes.

____

(1) *Carabus multipunctatus*, Fab. ; Panz., *ibid.*, XI, 5.

(2) *Voyez* pour les autres espèces, le second volume du Species de M. le comte Dejean, pag. 268 et suiv.

L'extrémité antérieure de la tête forme un petit museau. Le dessus du corps est plan, avec le corselet trapézoïde, presque aussi large que la tête, un peu rétréci postérieurement.

Les Notiophiles. (Notiophilus. Dumér. — *Elaphrus*. Fab., Oliv.) (1)

Notre seconde division générale de cette tribu, les Subulipalpes (*Subulipalpi*), est distinguée de la précédente par la forme des palpes extérieurs, dont l'avant-dernier article, en forme de cône renversé, se réunit avec le suivant, et compose avec lui un corps commun ovalaire ou en fuseau, terminé, soit insensiblement, soit subitement, en pointe ou en manière d'alène. Les deux jambes antérieures sont toujours échancrées au côté interne. Ces insectes ressemblent beaucoup aux derniers, tant pour les formes que pour la manière de vivre.

Les Bembidions. (Bembidion. Latr. — *Bembidium*. Gyllenh., Dejean.)

Ont l'avant-dernier article des palpes extérieurs grand, renflé, en forme de toupie, et le dernier beaucoup plus grêle, très court, conique ou aciculaire. Le premier article des deux tarses antérieurs est dilaté dans les mâles.

MM. Ziégler et Megerle ont divisé ce sous-genre en plusieurs autres (2), mais sans en donner les caractères et en se

---

(1) *Cicindela aquatica*, Lin.; *Elaphrus aquaticus*, Fab.; Panz., Faun. insect. Germ., XX, 3; — *Elaphrus biguttatus*, Fab., et auquel M. le comte Dejean rapporte son *C. semipunctatus*. Consultez le Species de ce dernier, II, p. 276 et suiv.

(2) Ce sous-genre peut se diviser ainsi. Les uns ont le corselet moins déprimé, aussi long au moins que large, beaucoup plus étroit postérieurement qu'en devant, en cœur tronqué, à angles postérieurs très courts ou peu prolongés.

Ceux où cette partie du corps n'offre aux angles postérieurs aucune impression bien marquée, et dont les yeux sont très gros et font paraître la tête un peu plus large que le corselet, forment le *G. tachypus* de M. Megerle.

Ceux dont les yeux, ainsi que dans tous les suivants, ont moins de

fondant uniquement, à ce qu'il paraît, d'après les changements de formes du corselet.

L'espèce suivante est rangée par M. le comte Dejean avec ses tachypes.

Le *B. à pieds-jaunes* (*Cicindela flavipes*. Lin.) Panz. Faun. insect. Germ. XX, 2, très semblable à l'élaphre des rivages, long de deux lignes ; corselet un peu plus étroit que la tête, en forme de cœur tronqué, aussi long que large ; yeux gros ; dessous du corps d'un vert-noirâtre ; dessus bronzé, marbré de rouge cuivreux ; deux gros points enfoncés près de la suture, sur chaque étui ; base des antennes, palpes et pieds jaunâtres. — Très commun aux environs de Paris (1).

---

saillie, de manière que le corselet n'est pas plus large que la tête, mais offre d'ailleurs les mêmes caractères, sont les *Bembidiums* proprement dits de M. le comte Dejean.

Avec M. Megerle, il range dans le genre *Lopha*, ceux dont le corselet ayant la même forme et les mêmes proportions, offre, à chaque angle postérieur, une impression bien prononcée, de sorte que ces angles sont bien rebordés.

Les autres Bembidions ont le corps plus aplati, le corselet plus large que long, et proportionnellement moins rétréci postérieurement ; ses angles postérieurs ont toujours une forte impression et une petite carène oblique.

Des espèces dont le corselet, quoique rétréci près des angles postérieurs, l'est cependant moins que dans les autres, de sorte que le bord postérieur n'est guère plus étroit que l'antérieur, composent le genre *Notaphus* du même et de M. Megerle.

Parmi celles dont le corselet est notablement rétréci en arrière, tantôt sa longueur est seulement un peu plus grande que sa largeur et il est en forme de cœur tronqué ; tels sont les *Peryphus* de ces savants. Tantôt, beaucoup plus court proportionnellement, sa forme se rapproche de celle d'une coupe ou d'un cœur très évasé ; dans quelques-uns même, il est arrondi aux angles postérieurs. Ces espèces constituent, pour eux, le genre *Leja*. Les Tachypes, à raison de la saillie extraordinaire de leurs yeux, de leurs autres rapports avec les Élaphres, sont assez distincts ; mais il n'en est pas ainsi des autres genres : il est impossible de les signaler par des caractères rigoureux. Ceux que l'on pourrait tirer des longueurs respectives et comparées des second et troisième articles des antennes m'ont encore paru incertains. *Voyez* le Catal. de la coll. des coléopt. de M. Dejean.

(1) Ajoutez *Carabus tricolor*, Fab. ;—ejusd., *C. modestus*,—*cursor*.

Les Tréchus. (Trechus. Clairv.)

Qui ont le dernier article de leurs palpes extérieurs aussi long ou plus long que le précédent, de sa grosseur à son origine , de sorte que ces deux articles forment réunis un corps en fuseau (1).

Les Coléoptères pentamères carnassiers aquatiques forment une troisième tribu, celle des Hydrocanthares (Hydrocanthari , Lat.) ou des *Nageurs*.

Elle a des pieds propres à la natation ; les quatre derniers sont comprimés, ciliés ou en forme de lame, et les deux derniers sont éloignés des autres ; les mandibules sont presque entièrement recouvertes ;

— *bi-guttatus*, — *quatuor-guttatus* , — *guttula* ; — *C. minutus*, Panz. , Faun. insect. Germ. , XXXVIII , 10 ; — *C. pygmœus*, F. ; Panz. , *ibid.* ; 11 ; — *C. articulatus*, Panz., *ibid.* , XXX , 21 ; — *Cicindela quadrimaculata* , Lin. ; *Carabus pulchellus*, Panz., *ibid.*, XXXVIII, 8 ; XL, 5 ; — *C. doris*, Panz., *ibid.* , 9 ; — *Elaphrus rupestris*, Fab. ; Panz., *ibid.*, XL, 6 ; — *C. decorus*, Panz., *ibid.* , LXXIII, 4 ; — *C. ustulatus*, Lin. ; Panz., *ibid.*, XL, 7, 9 ; — *C. bi-punctatus*, Lin. ; Oliv., col. III , 35 ; xiv , 163 ; — *Elaphrus rufcollis*, Panz., *ibid.*, XXXVIII, 21 ; — *Elaphrus impressus*, F. ; Panz., *ibid.*, XL, 8 ; — *Elaphrus paludosus*, *ibid.*, XX , 4.

(1) *Trechus rubens*, Clairv., Entom. helv., II, 11, B, b. Le *Carabus meridianus*, qu'il représente même planche, A, a, est un sténolophe. — *Carabus micros*, Panz., Faun. insect. Germ. , XL, 4. — Le *G.* masoreus de MM. Ziégler et Dejean, me paraît avoisiner celui de *Trechus*. L'espèce sur laquelle il est fondé est très voisine de l'*Harpalus collaris* de M. Gyllenhall. Les palpes maxillaires se terminent, ainsi que ceux des Tréchus, en manière de fuseau ; seulement l'avant-dernier article est beaucoup plus court que le suivant. Les tarses antérieurs sont légèrement dilatés dans les mâles. Cet insecte semble lier les Tréchus avec diverses petites espèces de sténolophes de M. Dejean.

Ses Blémus (*Blemus*) des mêmes naturalistes sont des espèces de Trechus plus étroits et plus alongés, à corselet subisométrique, en forme de triangle renversé et tronqué, et à mandibules notablement plus grandes et prolongées au-delà du labre. On les trouve sous des pierres, sur nos côtes maritimes ou dans la mer même.

le corps est toujours ovale, avec les yeux peu saillants et le corselet beaucoup plus large que long. Le crochet qui termine les mâchoires est arqué dès sa base ; ceux du bout des tarses sont souvent inégaux.

Ces insectes composent les genres *Dytiscus* et *Gyrinus* de Geoffroy. Ils passent le premier et le dernier état de leur vie dans les eaux douces et tranquilles des lacs, des marais, des étangs, etc. Ils nagent très bien et se rendent de temps en temps à la surface pour respirer. Ils y remontent aisément en tenant leurs pieds en repos et se laissant flotter. Leur corps étant renversé, ils élèvent un peu leur derrière hors de l'eau, soulèvent l'extrémité de leurs étuis ou inclinent le bout de leur abdomen, afin que l'air s'insinue dans les stigmates qu'ils recouvrent, et de là dans les trachées. Ils sont très voraces et se nourrissent des petits animaux qui font, comme eux, leur séjour habituel dans cet élément. Ils ne s'en éloignent que pendant la nuit ou à son approche. Lorsqu'on les retire de l'eau, ils répandent une odeur des plus nauséabondes. La lumière les attire quelquefois dans l'intérieur des maisons.

Leurs larves ont le corps long et étroit, composé de douze anneaux, dont le premier plus grand, avec la tête forte et offrant deux mandibules puissantes, courbées en arc et percées près de leur pointe, de petites antennes, des palpes, et de chaque côté six yeux lisses rapprochés. Elles ont six pieds assez longs, souvent frangés de poils, et terminés par deux petits ongles. Elles sont agiles, carnassières, et respirent soit par l'anus, soit par des espèces de nageoires, imitant des branchies. Elles sortent de l'eau pour se métamorphoser en nymphes.

Cette tribu se compose de deux genres principaux.

Les Dytisques. (Dytiscus. Geoff.)

Qui ont des antennes en filets plus longues que la tête, deux yeux, les pieds antérieurs plus courts que les suivants, et les derniers terminés le plus souvent par un tarse comprimé, allant en pointe (1). Ils nagent avec beaucoup de vitesse, à l'aide de leurs pieds garnis de franges de longs poils, et particulièrement des deux derniers. Ils s'élancent sur les autres insectes, les vers aquatiques, etc. Dans la plupart des mâles, les quatre tarses antérieurs ont leurs trois premiers articles élargis et spongieux en dessous; ceux de la première paire sont surtout très remarquables dans les grandes espèces; ces trois articles y forment une grande palette, dont la surface inférieure est couverte de petits corps, les uns en papilles, les autres plus grands, en forme de godets ou de suçoirs, etc. Quelques femelles se distinguent de leurs mâles par les étuis sillonnés. Les larves ont le corps composé de onze à douze anneaux et recouverts d'une plaque écailleuse; elles sont longues, ventrues au milieu, plus

---

(1) Selon M. Léon Dufour, leur jabot se termine en arrière par un bourrelet annulaire, caractère qu'on n'observe pas dans la tribu précédente. Leur cœcum forme une vessie natatoire. Leur poitrine renferme une ou deux utricules pneumatiques, tandis que les trachées des autres parties sont tubulaires. Le tissu adipeux splanchnique a les caractères d'un véritable épiploon ou d'un mésentère. Leurs stigmates diffèrent aussi de ceux des carnassiers terrestres.

grêles aux deux extrémités, particulièrement en arrière, où les derniers anneaux forment un cône alongé, garni sur les côtés d'une frange de poils flottants, avec lesquels l'animal pousse l'eau et fait avancer son corps, qui est terminé ordinairement par deux filets côniques, barbus et mobiles. Dans l'entre-deux sont deux petits corps cylindriques, percés d'un trou à leur extrémité, et qui sont des conduits aériens, auxquels aboutissent les deux trachées ; on distingue cependant sur les côtés de l'abdomen des stigmates. La tête est grande, ovale, attachée au corselet par un cou, avec des mandibules très arquées, et sous l'extrémité desquelles De Géer a aperçu une fente longitudinale ; de sorte qu'à cet égard ces organes ressemblent aux mandibules des larves de *fourmis-lions*, et servent de suçoirs ; la bouche offre néanmoins des mâchoires et une lèvre avec des palpes. Les trois premiers anneaux portent chacun une paire de pattes assez longues, dont la jambe et le tarse sont bordés de poils, qui sont encore utiles à la natation. Le premier anneau est plus grand ou plus long, et défendu en dessous, aussi-bien qu'en dessus, par une plaque écailleuse.

Ces larves se suspendent à la surface de l'eau au moyen des deux appendices latéraux du bout de leur queue, et qu'elles tiennent à sec. Lorsqu'elles veulent changer subitement de place, elles donnent à leur corps un mouvement prompt et vermiculaire, et battent l'eau avec leur queue. Elles se nourrissent plus particulièrement des larves de libellules, de celles des cousins et des stipules, et d'aselles. Lorsque le temps de leur transformation est venu, elles quittent l'eau, gagnent le rivage et s'enfoncent dans la terre ; mais il faut qu'elle soit toujours mouillée ou très humide. Elles s'y pratiquent une cavité ovale et s'y renferment.

Suivant Rœsel, les œufs du dytisque bordé éclosent dix à douze jours après la ponte. Au bout de quatre à cinq, la larve a déjà quatre à cinq lignes de long, et mûe pour la première fois. Le second changement de peau a lieu au bout d'un intervalle de même durée, et l'animal est une fois plus grand. La longueur de deux pouces est le terme de son accroissement. En été, on en a vu se changer en nymphe au bout de quinze jours, et en insecte parfait quinze ou vingt jours après. Outre le cloaque des insectes de cette famille, les dytisques ont un cœcum assez long, qui s'aperçoit dès l'état de larve.

Ce grand genre se subdivise comme il suit :

Les uns ont les antennes composées de onze articles distincts, les palpes extérieurs filiformes ou un peu plus gros vers leur extrémité, et la base de leurs pieds postérieurs, ainsi que celle des autres découverte.

Tantôt l'épaisseur des antennes diminue graduellement depuis leur origine jusqu'à leur extrémité; le dernier article des palpes labiaux est simplement obtus à son extrémité, sans échancrure. Tels sont

Les Dytisques proprement dits. (Dytiscus.)

Dont tous les tarses ont cinq articles très distincts, et dont les deux antérieurs ont, dans les mâles, les trois premiers articles très larges, et formant ensemble une palette, soit ovale et transverse, soit orbiculaire.

Le *D. très large* (*D. latissimus*, Lin.), Panz., Faun. insect. Germ., LXXXVI, 1, long de près d'un pouce et demi, et très distinct par la dilatation comprimée et tranchante de la marge extérieure des étuis, dont le rebord est jaunâtre; corselet bordé tout autour de la même couleur; étuis sillonnés et à côtes dans la femelle. Dans le département des Vosges, au nord de l'Europe et en Allemagne.

Le *D. bordé* (*D. marginalis*, Lin.), Panz., *ibid.*, 3, d'un quart environ plus petit, ayant aussi une bordure jaunâtre tout autour du corselet, et une ligne de la même couleur sur le bord extérieur et non dilaté des étuis; ceux de la femelle sillonnés depuis leur base jusqu'aux deux tiers environ de leur longueur.

Fabricius dit que, renversé sur le dos, il se rétablit, en sautant, dans sa position ordinaire.

Esper conservait depuis trois ans et demi, dans un grand bocal de verre, un dytisque bordé et toujours bien portant. Il lui donnait chaque semaine, et quelquefois plus souvent, gros comme une noisette, du bœuf cru, sur lequel il se jetait avec avidité, et dont il suçait le sang de la manière la plus complète. Il peut jeûner au moins quatre semaines. Il tue l'hydrophile brun, quoiqu'une fois plus grand que lui, en le perçant entre la tête et le corselet, la seule partie du corps qui est sans défense. Suivant Esper, il est sensible aux changements de l'atmosphère, et les indique par la hauteur à laquelle il se tient dans le bocal.

Le *D. de Rœsel* (*D. Rœselii*, Fab.), Rœs., Insect., II, Aquat., class. I, II, plus étroit ou plus ovale, et plus déprimé que les précédents; bord extérieur du corselet et des étuis jaunâtre; ces étuis très finement striés dans la femelle. Aux environs de Paris et en Allemagne.

Le *D. à antennes en scie* (*D. serricornis*, Payk., Nov. act. Acad. scient. Stockh., XX, 1, 3.) très singulier par la forme anomale des antennes du mâle, dont les quatre derniers articles forment une masse comprimée et dentée en scie (1).

---

(1) Le docteur Leach a fondé sur ce caractère son genre AGABUS (Zool. miscell. III, pag. 69 et 72). Quelques légères différences dans la forme et les proportions relatives des articles des palpes maxillaires extérieurs l'ont aussi déterminé à en établir quelques autres, telles que ceux d'HYDATICUS (*D. Hybneri, transversalis, stagnalis, 4-vittatus*); d'ACILIUS (*D. sulcatus*), et de TROGUS (*D. lateralis*). Le dernier seul pourrait être conservé, à raison de quelques autres caractères. Les pieds postérieurs ont les jambes courtes, très larges, et leurs tarses ne sont terminés que par un seul crochet. Aux espèces décrites ci-dessus, ajoutez *D. sulcatus*, Fab.; Clairv., Entom. helv., II, XX;—*D. costalis*, Oliv., col. III, 40, 1, 7;—*D. punctatus*, ibid., 1, 6, b, et 1, e;—*D. aciculatus*, ibid., III, 30;—*D. lœvigatus*, ibid., 23;—*D. tripunctatus*, ibid., 24;—*Ruficollis*, ibid., II, 20; — *D. vittatus*, ibid., 1, 5; — *D. griseus*, ibid. II, 12;—*D. sticticus*, ibid, II, 11; — *D. circumflexus*, F.

Les Colymbètes. (Colymbetes. Clairv.)

Dont tous les tarses ont aussi cinq articles très distincts, mais dont les quatre antérieurs ont, dans les mâles, leurs trois premiers articles presque également dilatés, et ne formant ensemble qu'une petite palette en carré long; leurs antennes sont au moins de la longueur de la tête et du corselet. Le corps est parfaitement ovale, a plus de largeur que de hauteur; les yeux ne sont point ou peu saillants (1).

Les Hygrobies. (Hygrobia. Lat.—*Hydrachna*. Fab., Clairv. — *Pælobius*. Schœnh.)

Qui ont encore des tarses à cinq articles distincts, et dont les quatre antérieurs dilatés presque également, à leur base, dans les mâles, en une petite palette en carré long; mais dont les antennes sont plus courtes que la tête et le corselet; qui ont le corps ovoïde, très épais dans son milieu, et les yeux saillants (2).

---

(1) *D. fuscus*, Panz.; Faun. insect. Germ., LXXXVI, 5;— *D. cinereus*, F.; Panz., *ibid.*, XXXI, 11; — *D. zonatus*, F.; Panz., *ibid.*, XXXVIII, 3; — *D. bi-punctatus*, F.; Panz.; *ibid.*, XCI, 6; — *D. fenestratus*, F.; Panz., *ibid.*, XXXVIII, 16; — *D. chalconatus*, F.; Panz., *ibid.*, 17; — *D. ater*, F.; Panz., *ibid.*, 15; — *D. guttatus*, Payk.; Panz., *ibid.*, XC, 1; — *D. fulginosus*, F.; Panz., *ibid.*, XXXVIII, 14; — *D. bi-pustulatus*, F.; Panz., *ibid.*, CI, 2; — *D. stagnalis*, F.; Panz., *ibid.*, XCI, 7; — *D. transversalis*, F.; Panz., *ibid.*, LXXXVI; 6; — *D. abbreviatus*, F.; Panz., *ibid.*, XIV, 1; — *D. maculatus*, F.; Panz., *ibid.*, 7; — *D. agilis*, F.; Panz., *ibid.*, XC, 2; — *D. adspersus*, F.; Panz., *ibid.*, XXXVIII, 18; — *D. minutus*, F.; Panz., XXVI, 3, 5; — *D. leander*, Oliv., *ibid.*, III, 25; — *D. varius*, Oliv., *ibid.*, II, 17; — *D. bimacutatus*, Oliv., *ibid.*, 18. *Voyez* Clairville, Entom. helv., tom. II, genre *Colymbetes*.

Quelques petites espèces n'ayant point d'écusson distinct, et dont les tarses antérieurs sont peu dilatés dans les mâles, composent le genre Lacophilus du docteur Leach. Il cite les suivantes : *D. hyalinus*, Marsh.; — *D. interruptus*, Panz? — *D. minutus*, Lin.; — *D. marmoreus*, Oliv. *Voyez* son Zool. miscell., III, pag. 72.

(2) *Hydrachna Hermanni*, Fab.; Latr., Gen. crust. et insect.; I, VI, 5; Clairv., Entom. helv, II, XXVII, A, a; — *H. ulginosa*, Clairv., *ibid.*, B, b.

Ces insectes et les Haliples forment, dans la méthode de M. Leach

Les Hydropores. (Hydroporus. Clairv. — *Hyphydrus*. Lat.,
Schœnh.)

Dont les quatre tarses antérieurs, presque semblables et
spongieux en dessous, dans les deux sexes, n'ont que
quatre articles distincts, le quatrième étant nul ou très petit et caché, ainsi qu'une partie du dernier, dans une fissure
profonde du troisième.

Ils n'ont point d'écusson apparent (1).

On pourrait en détacher quelques espèces (2), dont le corps
est très bombé ou presque globuleux, et dont le dernier article des quatre tarses antérieures est très petit et peu saillant au-delà du précédent (*Hyphydrus*. Latr.). Les autres
ont le corps ovale et moins épais (3).

Tantôt les antennes sont un peu dilatées et plus larges
vers le milieu de leur longueur; le dernier article des palpes
labiaux a une échancrure, et paraît fourchu.

Les Notères. (Noterus. Clairv.)

L'écusson manque; les tarses ont cinq articles distincts;
les deux premiers des quatre antérieurs sont dilatés dans
les mâles et forment une palette alongée. Le premier article des deux tarses antérieurs est recouvert dans les mêmes

---

(Zool. miscell., III, pag. 68), un groupe particulier, ayant pour caractères : un écusson, tous les pieds propres à la marche, cinq articles à tous
les tarses, deux crochets au bout du dernier

Les Hygrobies ont les palpes extérieurs un peu renflés à leur extrémité, deux forts éperons et rapprochés au bout des jambes, et leurs
tarses antérieurs susceptibles de se replier sous les jambes, dont ils dépendent.

(1) Les précédents, à l'exception de quelques petites espèces, en ont
un très sensible.

(2) Les Hydrachnes : *gibba, ovalis, scripta*, de Fabricius; *Hyphydrus
lyratus*, Schœnh., Synon. insect., II, iv, 1.

(3) Les Dytiscus : *inæqualis, reticulatus, confluens, picipes, pictus,
geminus, lineatus, halensis, duodecim-pustulatus, dorsalis, sex-pustu-
latus, palustris, depressus; lituratus, planus, erythrocephalus, nigrita,
granularis*, de Fabricius. *Voyez* Schœnherr., Synon. insect., tom. II,
genre *Hyphydrus*;—Panzer, Index. entom., genre *Hydroporus*; et Clairv.,
Entom. helv., tom. II, même genre.

individus par un large éperon, en forme de lame. La pièce pectorale, qui porte les derniers pieds, a, de chaque côté, une rainure ou coulisse profonde (1).

Les autres n'ont que dix articles distincts aux antennes; leurs palpes extérieurs se terminent en alène ou par un article plus grêle et allant en pointe; la base de leurs pieds postérieurs est recouverte d'une grande lame en forme de bouclier.

Le corps est bombé en dessous et ovoïde, comme dans les hygrobies; mais ils n'ont point d'écusson, et tous leurs tarses sont filiformes, à cinq articles distincts et presque cylindriques, et ont à peu près la même forme dans les deux sexes. Ce sont:

Les HALIPLES. (HALIPLUS. Lat. — *Hoplitus*. Clairv. — *Cnemidotus*. Illig.) (2)

Le second genre ou celui

DES GYRINS. (GYRINUS. L.)

Comprend ceux dont les antennes sont en massue, plus courtes que la tête; les deux premiers pieds sont longs, avancés en forme de bras, et les quatre autres très comprimés, larges et en nageoires. Les yeux sont au nombre de quatre.

Le corps est ovale et ordinairement très luisant. Les antennes, insérées dans une cavité, au devant des yeux, ont le second article prolongé extérieurement, en forme d'oreillette, et les articles suivants (3), très courts, fort serrés, et se réunissent en une masse, presque en forme de fuseau et un peu courbe. La tête est enfoncée dans le corselet jusqu'aux yeux, qui sont

---

(1) *Dytiscus crassicornis*, Fab.; Clairv.; Entom. helv., II, xxxii.

(2) Les Dytisques: *fulvus*, *impressus*, *obliquus* de Fabricius. *Voyez* Latreille, Gener. crust. et insect., I, pag. 234; Clairv., Entom. helv., tom. II, genre *Hoplitus*, XXXI; Panz., Ind. entom. genus, id., et Schœnherr., Synon. insect., II, genre *Cnemidotus*.

(3) On n'en voit bien que sept, dont le premier et le dernier plus longs.

grands, et partagés par un rebord, de manière qu'il en paraît deux en dessus et deux en dessous. Le labre est arrondi et très cilié en devant. Les palpes sont très petits, et l'intérieur des maxillaires manque ou avorte dans plusieurs espèces, notamment dans les plus grandes. Le corselet est court et transversal. Les élytres sont obtuses ou tronquées au bout postérieur, et laissent à découvert l'anus, qui se termine en pointe. Les deux pieds antérieurs sont grêles, longs, repliés en double et presque à angle droit avec le corps, dans la contraction, et terminés par un tarse fort court, très comprimé, dont le dessous est garni d'une brosse fine et serrée dans les mâles. Les quatre autres sont larges, très minces, comme membraneux, et les articles des tarses forment de petits feuillets, disposés en falbalas.

Les gyrins sont en général de taille petite ou moyenne. On les voit, depuis les premiers jours du printemps jusqu'à la fin de l'automne, à la surface des eaux dormantes, et même sur celles de la mer, souvent assemblés en troupes, y paraître, par l'effet de la lumière, comme des points brillants, nager ou courir avec une extrême agilité, y faire des tours et détours circulaires, obliques et dans toutes les directions, et de là le nom de *puce aquatique*, de *tourniquet*, que des auteurs leur ont donné. Quelquefois ils se reposent sans se donner le moindre mouvement; mais pour peu qu'on les approche, ils se sauvent aussitôt à la nage et s'enfoncent dans l'eau avec une grande célérité. Les quatre derniers pieds leur servent d'avirons, et ceux de devant à saisir leur proie Placés à la surface de l'eau, le dessus de leur corps reste toujours à sec, et lorsqu'ils plongent, une petite bulle d'air, semblable à un globe argentin, reste attachée à leur derrière. Si on les saisit, ils font suinter de leur corps une liqueur laiteuse qui se répand sur lui, et qui produit peut-être cette odeur désagréable et pénétrante qu'ils exhalent alors, et qui se conserve long-temps aux doigts. Ils s'accouplent sur la surface de l'eau. Quelque-fois ils restent au fond, accrochés aux plantes : c'est là aussi probablement qu'ils se cachent pour passer l'hiver (1).

Le *G. nageur.* (*G. natator.* Lin.) Panz. Faun. Insect., Germ., III, 5 ; De Géer, Insect., IV, xiii, 4, 19. Long de trois lignes, ovale, très glabre, fort luisant, d'un noir bronzé en dessus, noir en dessous, avec les pattes fauves. Écusson triangulaire, très pointu, un peu plus long que large ; élytres arrondies au bout, avec des petits points enfoncés, formant des lignes régulières et longitu-dinales.

La femelle pond ses œufs sur les plantes aquatiques. Ils sont très petits, en forme de petits cylindres, et d'un blanc un peu jaunâtre. La larve a le corps long, effilé, linéaire, composé de treize anneaux, dont les trois pre-miers portent chacun une paire de pieds. La tête grande, en ovale alongé et très aplatie, offre les mêmes parties que celles des larves des dytisques ; mais, ici, le quatrième anneau et les sept suivants ont, de chaque côté, un filet conique, membraneux, flexible et barbu sur ses bords. Le douzième anneau en a quatre semblables, mais beau-coup plus longs, et plus dirigés en arrière. Deux trachées très fines parcourent toute la longueur du corps, et re-çoivent de chaque filet un vaisseau artérien. Le dernier an-neau du corps est très petit, et terminé par quatre cro-chets longs et parallèles. Cette larve vit dans l'eau, et en sort au commencement d'août pour passer à l'état de nym-phe. Elle forme avec une matière qu'elle tire de son corps, et semblable à du papier gris, une petite coque ovale, pointue aux deux bouts, qu'elle fixe aux feuilles de ro-seau, et où elle s'enferme.

Cette espèce est très commune en Europe (2).

---

(1) M. Léon Dufour a publié dans les Annales des sciences naturelles (octobre 1824) quelques observations anatomiques sur ces insectes. L'in-testin grêle est remarquable par sa longueur. Le cœcum n'est point laté-ral comme celui des dytisiques. Les organes génitaux mâles diffèrent de ceux des autres carnassiers.

(2) *Voyez*, pour les autres espèces, Olivier, col. III, n° 41, et Schœn-

La seconde famille des COLÉOPTÈRES PENTAMÈRES,

Les BRACHÉLYTRES, Cuv. (MICROPTERA, Gravenhorst.)

N'ont qu'un palpe aux mâchoires, ou quatre en
tout ; les antennes, tantôt d'égale épaisseur, tantôt
un peu plus grosses vers le bout, sont ordinairement
composées d'articles en forme de grains ou lenticu-
laires ; les étuis sont beaucoup plus courts que le
corps, qui est étroit et alongé, avec les hanches
des deux pieds antérieurs très grandes, et deux vésicules près de l'anus, que l'animal fait sortir à
son gré.

Ces coléoptères composent le genre

STAPHYLIN (STAPHYLINUS) de Linnæus.

On les a considérés comme faisant le passage des coléoptères aux forficules ou *perce-oreilles*, premier genre
de l'ordre suivant. Sous quelques rapports, ils avoisinent
encore les insectes de la famille précédente, et sous
plusieurs autres les boucliers, les nécrophores, genre
de la quatrième. Ils ont, le plus souvent, la tête
grande et aplatie, de fortes mandibules ; des antennes

herr, Synon. insect. II, n° 55. On trouve encore aux environs de Paris les
Gyrins *minutus* et *bicolor* de Fabricius. Les espèces les plus grandes, et
toutes exotiques, n'ont pas d'écusson sensible, et leurs palpes ne sont
qu'au nombre de quatre.

M. Mac Leay fils (Annul. javan., I, pag. 30), forme un genre propre,
sous le nom de DINEUTES, avec des espèces dont le labre n'est point cillé,
dont les palpes sont en massue, qui ont les pieds antérieurs de la longueur
du corps, et les antennes terminées un peu en pointe. Il ne mentionne
qu'une seule espèce (*Politus*).

courtes, le corselet aussi large que l'abdomen, les étuis tronqués à leur extrémité, et recouvrant néanmoins les ailes, qui conservent leur étendue ordinaire. Les demi-anneaux du dessus de l'abdomen sont aussi écailleux que les inférieurs. Les vésicules de l'anus consistent en deux pointes coniques et velues que l'animal fait sortir et rentrer à volonté; il s'en échappe une vapeur subtile, et qui, dans quelques espèces, sent fortement l'éther sulfurique. M. Léon Dufour (*Annales des sciences natur.*, t. VIII, pag, 16) a donné la description de l'appareil qui la produit. Le dernier segment de l'abdomen, celui où est l'anus, se prolonge et se termine en pointe.

Ces coléoptères, lorsqu'on les touche ou qu'ils courent, relèvent le bout de leur abdomen et lui donnent toute sorte d'inflexions. Ils s'en servent aussi pour pousser leurs ailes sous les étuis et les y faire rentrer. Les deux pieds antérieurs ont souvent les tarses larges et dilatés; leurs hanches, ainsi que celles des pieds intermédiaires, sont fort grandes. Ils vivent, pour la plupart, dans la terre, le fumier, les matières excrémentielles; d'autres se trouvent dans les champignons, la carie ou les plaies des arbres, sous les pierres; quelques-uns n'habitent que les lieux aquatiques. On en connaît encore, mais de très petits, qui se tiennent sur les fleurs. Tous sont voraces, marchent d'une grande vitesse, et prennent vol très promptement.

Leurs larves ressemblent beaucoup à l'insecte parfait; elles ont la forme d'un cône alongé, dont la base ou la partie la plus épaisse est occupée par la tête, qui est très grande; le dernier anneau se prolonge en manière de tube, et est accompagné de deux appendices coniques et velus. Ces larves se nourrissent des mêmes matières que l'insecte dans son dernier état.

Le premier estomac des staphylins est petit et sans

plis ; le deuxième très long et très velu ; l'intestin est très court (1).

Ce genre est considérable. Nous le divisons en cinq sections.

La première, celle des FISSILABRES (*Fissilabra*), a la tête entièrement nue et séparée du corselet, qui est tantôt carré ou en demi ovale, tantôt arrondi ou en cœur tronqué, par un cou ou un étranglement visible. Le labre est profondément divisé en deux lobes. Tels sont :

Les OXYPORES. (OXYPORUS. Fab.)

Dont les palpes maxillaires sont filiformes, et les labiaux terminés par un article très grand et en croissant.

Les antennes sont grosses, perfoliées et comprimées. Les tarses antérieurs ne sont point dilatés ; le dernier article et le second ensuite sont les plus longs. Ils vivent dans les bolets et les agarics.

L'*O.roux* (*Staphylinus rufus*, Lin.), Panz., Faun. insect. Germ., XVI, 19, long d'environ trois lignes, fauve, avec la tête, la poitrine, l'extrémité et le bord intérieur des étuis, ainsi que l'anus, noirs (2).

Les ASTRAPÉES. (ASTRAPÆUS. Grav.)

Où les quatre palpes sont terminés par un article plus grand et presque triangulaire. Les tarses antérieurs sont très dilatés ; le premier et les dernier articles sont le plus longs (3).

---

(1) Selon M. Dufour, leur canal alimentaire ne diffère essentiellement de celui des coléoptères carnassiers que par l'absence du jabot. Leurs vaisseaux biliaires sont insérés sur un même point latéral, et, dans quelques espèces au moins, offrent, vers leur milieu, un nœud ou une vésicule, ce qu'on ne remarque dans aucun insecte. Leur appareil générateur diffère beaucoup de celui des coléoptères carnassiers (*Voyez* Annal. des sc. nat. (octobre, 1825).

(2) Ajoutez O. *maxillosus*, Fab. ; Panz., *ibid.*, 20. Les autres Oxypores de Fabricius appartiennent à des sous-genres de notre quatrième section. *Voyez* Olivier, Encyclop. méthod., genre *Oxypore*, et M. Gravenhorst, *Coleoptera microptera.*

(3) *Staphylinus ulmi*, Oliv. ; Ross., Faun. etrusc., I, v, 6 ; Panz., *ibid.*, LXXXVIII, 4 ; Latr., Gener. crust. et insect., I, 284.

Les Staphylins propres. (Staphylinus. Fab.)

Qui ont tous les palpes filiformes, et les antennes insérées au-dessus du labre et des mandibules, entre les yeux.

Les uns, et surtout les mâles, ont les tarses antérieurs très dilatés, les antennes écartées à leur naissance, et dont le premier article égale au plus en longueur le quart de leur longueur totale. La tête est peu alongée. Les espèces offrant ces caractères composent seules dans quelques méthodes le genre *Staphylin*. On en a même séparé, pour en former un autre, le *S. dilaté* (*S. dilatatus*, Fab., Germ.; Faun. insect. d'Europe, VI, xiv), à raison de ses antennes formant une massue alongée et dentée en scie. Selon les observations de M. Chevrolat, entomologiste très zélé, cet insecte se nourrit de chenilles, qu'ils va chercher sur les arbres.

Le *S. bourdon* (*S. hirtus*, Lin.), Panz., Faun. insect. Germ., IV, 19, long de dix lignes, noir, très velu, avec le dessus de la tête, du corselet et les derniers anneaux de l'abdomen couverts de poils épais, d'un jaune doré et lustré; étuis d'un gris cendré, avec la base noire; dessous du corps d'un noir bleuâtre. — Nord de l'Europe, France et Allemagne.

Le *S. odorant* (*S. olens*, Fab.), Panz., ibid., XXVII, 1, long d'un pouce, d'un noir mat, avec la tête plus large que le corselet, et les ailes roussâtres. Ses œufs sont d'une grosseur très remarquable.

Très commun aux environs de Paris, sous les pierres.

Le *S. à mâchoires* (*S. maxillosus*, Lin.), Panz., ibid., 2, ayant près de huit lignes de longueur, noir, luisant; tête plus large que le corselet; grande partie de l'abdomen et des élytres d'un gris cendré, avec des points et des taches noires. — Dans la terre et le fumier.

Le *S. gris de souris* (*S. murinus*, F.), Panz., ibid., LXVI, 16, long de quatre à six lignes; tête, corselet et étuis d'un bronze foncé, luisant, avec des taches obscures; écusson jaunâtre, marqué de deux taches très noires; abdomen noir; majeure partie des antennes roussâtres. — Avec les précédents.

Le *S. à élytres rouges* (*S. erythropterus*, Lin.), Panz.,

XXVIII, 4, long de six à dix lignes, noir, avec les étuis, la base des antennes et les pieds fauves (1).

Les autres, dont la forme est linéaire avec la tête et le corselet alongés, en forme de carré long, ont les antennes rapprochées à leur base, fortement coudées et grenues; leurs tarses antérieurs ordinairement ne sont point ou que très peu dilatés. Les jambes antérieures sont épineuses, avec une forte épine au bout. Le labre est petit. Ceux-ci composent le genre Xantholin (*Xantholinus*) de quelques entomologistes (2).

Les Pinophiles. (Pinophilus. Grav.)

Qui ont aussi les palpes filiformes, mais dont les antennes sont insérées au-devant des yeux, en dehors du labre, et près de la base extérieure des mandibules (3).

Les Lathrobies. (Lathrobium. Grav. — *Pœderus*, Fab.)

Dont les palpes sont terminés brusquement par un article beaucoup plus petit que le précédent, pointu, souvent peu distinct. Les maxillaires sont beaucoup plus longs que les labiaux, et l'insertion des antennes est la même que dans le genre précédent. Les tarses antérieurs sont très dilatés dans les deux sexes. La longueur du dernier article des quatre postérieurs égale presque celle des quatre articles précédents réunis (4).

---

(1) *Voyez* la Monographie de cette famille (*Coleoptera microptera*) de M. Gravenhorst; Panz., Index entom., pars 1, pag. 208 et suiv.; Latr., *ibid*, I, 285. Rapportez à ce genre les espèces suivantes d'Olivier : *aureus, œneus, hœmorrohidalis, oculatus, erythrocephalus, similis, cyaneus, pubescens, cupreus, stercorarius, brunnipes, pilosus, politus, amœnus*, en outre des cinq dont nous donnons ici la description.

(2) Les Staphylins *fulgidus, fulmineus, pyropterus, elegans, elongatus, ochraceus, alternans, melanocephalus* de M. Gravenhorst.

(3) *Pinophilus latipes*, Grav., Amer. septent. Il est réuni au genre suivant dans son *Mantissa*.

(4) *Voyez* Gravenhorst, *Coleopt. microp.*, et Latr., Gener. crust. et insect., I, 289. Le *L. elongatum* (*S. elongatus* Lin.), a été figuré par Panzer, *ibid.*, IX, 12; — *Staphylinus linearis?* Oliv., col. III, 2, iv,

La seconde section, les Longipalpes (*Longipalpi*), qui ont aussi la tête entièrement découverte, mais dont le labre est entier, et dont les palpes maxillaires sont presque aussi longs que la tête, terminés en massue, formée par le troisième article, avec le quatrième caché ou très peu distinct, et sous la figure d'une petite pointe, terminant cette massue lorsqu'il est visible; le précédent est très renflé. Ces insectes vivent sur les bords des eaux.

Les Pédères. (Pæderus. Fabr.)

Où les antennes, insérées devant les yeux, sont filiformes ou grossissent insensiblement, et plus longues que la tête; dont le corps est long et étroit, avec les mandibules dentées au côté interne et terminées en une pointe simple.

Les uns (Pedères, Latr.) ont le pénultième article des tarses bifide (1).

Le *P. des rivages* (*Staphylinus riparius*, Panz. Faun. insect. Germ. IX, 11), long d'environ trois lignes, très étroit et fort alongé, fauve, avec la tête, la poitrine, l'extrémité supérieure de l'abdomen et les genoux noirs; élytres bleus. Très commun dans le sable humide, sous les pierres, à la racine des arbres, etc.

Les autres (Stiliques, *Stilicus*, Latr.) ont tous les articles des tarses entiers (2).

---

38. *Voyez* aussi Gyllenh., Insect. Suec. I, pars II, pag. 363 et suiv., et le Catal. de la collect. de M. le comte Dejean, pag. 24.

(1) M. Lefèvre a rapporté de Sicile un insecte voisin des Pédères, mais formant évidemment un nouveau genre. Le quatrième et dernier article des palpes maxillaires est ici très distinct, et les termine en manière de massue. Le dernier des antennes est plus grand que le précédent et ovoïdo-conique. La tête tient au corselet par un pédicule alongé et de niveau, à son origine, avec la tête. Le corselet est étroit et alongé. Les deux tarses antérieurs sont très dilatés; le premier article des autres est fort long, et leur pénultième m'a paru échancré ou bifide. Je désignerai ce genre par la dénomination de *Procirrus*, et cette espèce sera consacrée au zélé naturaliste (*Lefeburi*) qui l'a découverte.

(2) *Voyez* Latr., Gener. crust. et insect., I, pag. 290 et suiv., et Gyllenh., Insect. Suec. I, pars. II, pag. 372.

Les Evæsthètes. (Evæsthetus. Grav.)

Dont les antennes sont pareillement insérées devant les yeux, mais guère plus longues que la tête et presque entièrement moniliformes; le corps est peu alongé, avec la tête aussi large que le corselet (1).

Les Stènes (Stenus. Latr.)

Où les antennes, insérées près du bord interne des yeux, sont terminées par une massue de trois articles. Ils ont l'extrémité des mandibules fourchue et de gros yeux.

Le *S. à deux points* (*Staphylinus* 2-*guttatus*, Lin.), Panz., Faun. insect. Germ., XI, 18, long de deux lignes, tout noir, avec un point roussâtre sur chaque étui (2).

La troisième section, celle des Denticrures. (*Denticrura*), diffère de la précédente par les palpes maxillaires, qui sont beaucoup plus courts que la tête, et toujours de quatre articles distincts; les jambes antérieures au moins sont dentées au épineuses au côté extérieur. Les tarses qui, dans la plupart, se replient sur les jambes, ont le dernier article aussi long ou plus long que les précédens pris ensemble; le premier ou les deux premiers sont ordinairement si petits ou si cachés, que leur nombre total ne paraît être que de deux ou de trois.

Le devant de la tête, et quelquefois même le corselet, est armé de cornes dans plusieurs mâles. Les antennes sont insérées devant les yeux.

Les uns, dont les palpes se terminent en manière d'alène, dont les antennes sont en majeure partie grenues et vont en grossissant, n'offrent distinctement que trois articles aux tarses (3).

---

(1) *Evæsthetus scaber*, Grav.; Germ. Faun. insect. Europ., VII, 13; Gyllenh., Insect., suec. I, pars. II, pag. 461. M. Blondel fils, de Versailles, en a découvert une nouvelle espèce dans les environs de cette ville.

(2) Ajoutez *Staphylinus juno*, Payk.; —*Pæderus proboscideus*, Oliv., col. III, 44, 1, 5; —*Staphylinus clavicornis*, Panz., Faun. insect. Germ, XXVII, 2. *Voyez* Gravenhorst, *Coleopt. microp.*; Latr., Gener. crust. et insect., genre *Stenus*, et Gyll., *ibid.*, p. 463.

(3) Si l'on en excepte les Tachines, les tarses antérieurs ne sont plus notablement dilatés.

Les Oxytèles. (OXYTELUS. Grav.) (1).

Les autres ont les palpes filiformes et quatre articles au moins, bien apparents, aux tarses.

Les Osorius. (OSORIUS. Leach. Dej.)

Ont le corps cylindrique, toutes les jambes élargies et dentées; la tête aussi longue que large, le corselet presque en forme de cœur rétréci et tronqué postérieurement, et les antennes, en majeure partie, grenues, grossissant insensiblement vers le bout, plus courtes que la tête et le corselet; les mandibules beaucoup plus courtes que la tête, très croisées, terminées en une pointe simple, et le menton grand et en forme de bouclier.

On n'en connaît qu'un petit nombre d'espèces, qu'on n'a pas encore décrites, et qui habitent la Guiane française et le Brésil.

Les Zirophores. (ZYROPHORUS. Dalm. — *Leptochire*. Germ. — *Irenæus*. Leach. — *Oxytelus*. Oliv. — *Piestus*. Grav.)

Dont le corps est déprimé; dont les jambes antérieures, plus larges que les autres, sont seules dentées extérieurement; qui ont la tête transverse, le corselet carré, les antennes de la même grosseur partout, aussi longues au moins que la tête et le corselet, composées d'articles pour la plupart ovalaires, ou cylindriques et arrondis aux deux bouts, et les mandibules aussi longues que la tête, et dentées à leur extrémité (2).

---

(1) *Voyez* l'article OXYTÈLE de l'Encyclop. méthod.; la Monographie précitée de M. Gravenhorst, et Gyllenhall, Insect. Suec., I, pars. II, pag. 444.

(2) *Voyez* Dalman, Anal. entom., pag. 23; son *Z. Fronticornis*, IV, fig. 1, paraît être l'*Oxytelus bicornis* d'Olivier (Encyclop. méthod.). Celui qu'il nomme *penicillatus*, ibid., fig. 2, paraît avoir de grands rapports avec le *Piestus sulcatus* de M. Gravenhorst. Le *Leptochirus scoriaceus* de M. Germar (Insect. Spec. nov., I, 1) est une espèce très distincte des précédentes.

**Les Prognathes. (Prognatha. Latr., Blond. — *Siagona.*
Kirby.)**

Qui ne diffèrent guère des zirophores que par leurs
antennes filiformes, composées d'articles alongés (1).

**Les Coprophiles. (Coprophilus. Latr.—*Omalium.* Grav.,
Oliv., Gyll.)**

Où le corps est encore aplati, mais dont toutes les jambes
sont dentées ou épineuses extérieurement; dont les antennes,
beaucoup plus longues que la tête, sont grenues, grossissent insensiblement vers le bout; et dont les mandibules
arquées extérieurement, presque en croissant, ne sont
point sensiblement dentées, et se prolongent peu à leur
extrémité (2).

La quatrième section, celle des Aplatis (*Depressa*),
nous offre, ainsi que la précédente, une tête dégagée, un
labre entier, des palpes maxillaires courts et à quatre articles distincts; mais les jambes sont simples ou sans dents
ni épines au côté extérieur, et les tarses ont manifestement
cinq articles.

Ici les palpes sont filiformes.

Les Omalies. (Omalium. Grav.)

Dont le corselet est de la largeur des élytres, plus large
que la tête, presque en carré transversal (avec les angles
ou du moins les antérieurs arrondis), et souvent rebordé
latéralement, et dont les antennes vont en grossissant vers
leur extrémité (3).

Les Lestèves. (Lesteva. Latr. — *Anthophagus.* Grav.)

Qui ont le corselet en forme de cœur, rétréci et tronqué
postérieurement, presque isométrique, de la largeur de la

---

(1) *Siagonum quadricorne,* Kirb. et Spence, Introd. entom., I, 1, 5;
Blondel, Annal. des sc. natur., avril 1817, XVII, 14-17.

(2) *Omalium rugosum,* Gravenhorst, et d'autres espèces à élytres
courtes.

(3) *Voyez* Gravenhorst, l'article *Omalie* de l'Encyclop. méthod., et
Gyllenhal, *ibid.,* pag. 198.

tête, plus étroit que les élytres et les antennes généralement filiformes et à articles alongés (1).

Là, les palpes se terminent en alène.

Les Micropèples. (Micropeplus. Latr.)

Distingués par leurs antennes finissant en une massue solide et se logeant dans des fossettes du corselet (2).

Les Proteines. (Proteinus. Latr.)

Où les antennes grenues, un peu perfoliées et plus grosses vers le bout, mais sous forme de massue et toujours à découvert, sont insérées devant les yeux; où le corselet est court, et dont les élytres recouvrent la majeure partie de l'abdomen (3).

Les Aléochares. (Aleochara. Grav.)

Où les antennes sont insérées entre les yeux ou près de leur bord inférieur, et à nu, à leur naissance, avec les trois premiers articles sensiblement plus longs que les suivants, ceux-ci perfoliés, et le dernier alongé et conique. Le corselet est presque ovale, ou en carré arrondi aux angles (4).

La cinquième section, les MICROCÉPHALES (*Microcephala*), ont la tête enfoncée postérieurement jusque près des yeux,

---

(1) *Voyez* Latr., Gener. crust. et insect., I, p. 296, 297; Gravenhorst et Gyllenhall, genre *Anthophagus*.

(2) *Voyez* Latr., Gener. crust. et insect., IV, p. 377; *Omalium porcatum*, Gyll., Insect. Succ., I, pars II, pag. 211; *Micropeplus porcatus*, Charp. horæ entom., VIII, 9; — Gyll., *ibid.*, *O. staphylinoides*, pag. 213.

(3) *Voyez* Latr., *ibid.*, I, pag. 298, et les *Omalium ovatum* et *macropterum* de Gravenhorst.

(4) *Staphylinus canaliculatus*, Fab.; Panz., *ibid.*, XXVII, 13; — *Staphylinus impressus*, Oliv., Col., *ibid.*, v, 41; — *S. Boleti*, Lin; Oliv., Col., *ibid.*, iii, 25; — *S. collaris*, ejusd., *ibid.*, ii, 13; — *S. minutus*, ejusd., *ibid.*, vi, 53; — *S. socialis*, ejusd., *ibid.*, iii, 25, et généralement les trois premières familles du genre *Aleochara* de Gravenhorst, Col. mic., tom. II. *Voyez* aussi Gyllenhall, Insect. Succ. I, pars II, pag. 377. Mais on observera que ni cet auteur, ni M. Gravenhorst, n'ont point assigné aux Aléochares et aux Loméchuses de caractères clairs et rigoureux; ces deux sous-genres réclament un nouveau travail.

dans le corselet; elle n'est point séparée par un cou, ni par un étranglement visible; le corselet a la forme d'un trapèze, et s'élargit de devant en arrière.

Ils ont le corps moins alongé que les précédents, et se rapprochant davantage de la forme elliptique; la tête beaucoup plus étroite, rétrécie et avancée en devant; les mandibules de grandeur moyenne, sans dentelures, et arquées simplement à la pointe. Les élytres, dans plusieurs, recouvrent un peu plus de la moitié de la longueur du dessus de l'abdomen. Les uns vivent dans les champignons, sur les fleurs, et les autres dans les fientes. Fabricius en a réuni plusieurs espèces avec les oxypores.

Les Loméchuses. (Lomechusa , Aleochara. Grav.)

Qui n'ont point d'épines aux jambes, et dont les antennes, depuis le quatrième article, forment une massue perfoliée ou en fuseau alongé, et dont les palpes sont terminés en alène; les antennes sont souvent plus courtes que la tête et le corselet (1).

Les Tachines. (Tachinus. Grav.)

Qui ont les jambes épineuses; dont les antennes sont composées d'articles en cône renversé ou en poire, et grossissant insensiblement, et dont les palpes sont filiformes (2).

---

(1) Les unes ont le corselet uni et non relevé sur ses bords; telles sont les Aléocharès *bipunctata*, *lanuginosa*, *nitida* (*Staphylinus bi-pustulatus*, Lin.; Oliv., Col., III, 42, v, 44); *fumata*, *nana* de Gravenhorst, ou ses familles III-VI (Col. micropt., tom: 2). Les autres ont les bords du corselet relevés et forment son genre *Lomechusa*; *L. paradoxa*; *Staphylinus emarginatus*, Oliv., *ibid.*, II, 12 ; — *L. dentata*, Grav.; *Staphylinus strumosus*, Payk., V.

(2) *Oxyporus subterraneus*, Fab.; — *O. bi-pustulatus*, ejusd., Panz., Faun. insect. Germ., XVI, 21;—*O. marginellus*, Panz., *ibid.*, IX, 13; *Staphylinus fuscipes*, ibid., XXVII, 12; — *Oxyporus suturalis*, ibid., XVIII, 20;—*O. pygmæus*, ibid., 27;—*O. lunulatus*, ibid. XXII, 19; 15; — *Staphylinus atricapillus*, F.; — *Oxyporus merdarius*, Panz., *ibid.*, XXVI, 18; — *Staphylinus striatus*, Oliv., *ibid.*; v, 47; — *S. lunatus*, Lin. *Voyez* aussi, tant pour ce sous-genre que pour le suivant, la seconde partie du premier volume des Insectes de Suède de M. Gyllen-

Les Tachypores. (*Tachyporus.* Grav.)

Semblables aux *tachines* par les jambes et les antennes, mais ayant des palpes terminés en manière d'alène (1).

. Le genre Callicerus de M. Gravenhorst m'est inconnu. Celui de Stenosthetus de M. Megerle, indiqué dans le Catalogue de la collection des Coléopt. de M. le comte Dejean, offre tous les caractères d'un véritable psélaphe, et doit être supprimé ; telle est aussi maintenant l'opinion de ce dernier naturaliste.

La troisième (2) famille des Coléoptères Pentamères,

Les SERRICORNES (Serricornes),

Ne nous offrent, ainsi que la famille précédente et les suivantes du même ordre, que quatre palpes. Leurs

---

hall. On y trouve d'excellentes remarques sur les différences sexuelles de plusieurs espèces, et dont l'application pourrait être très utile.

Les Tachines qui, telles que l'*Atricapillus*, ont le corselet presque aussi long que large, le museau avancé, les quatre tarses postérieurs sensiblement plus longs que leurs jambes respectives, paraissent devoir former une coupe particulière.

(1) *Oxyporus rufipes*, Fab. ; Panz., *ibid.*, XXVII, 20 ; — *O. marginatus*, F. ; Panz, *ibid.*, 17 ; — *O. chrysomelinus*, F. ; Panz.. *ibid.*, IX, 14 ; — *O. analis*, F. ; Panz., *ibid.*, XXII, 16 ; — *O. abdominalis*, F.

(2) Les Boucliers ou *Silpha* sont les seuls coléoptères pentamères qui présentent, ainsi que les précédents, un appareil excrémentiel, encore n'est-il point binaire, comme dans ceux-ci, et le conduit extérieur se dégorge directement dans le rectum, comme l'urèthre des oiseaux. Il paraîtrait donc, d'après ces rapports, que les Boucliers devraient venir, ainsi que d'autres Clavicornes, immédiatement après les Brachélytres. D'autres considérations m'avaient conduit au même rapprochement. (*Voyez* la Préface de mon ouvrage intitulé. Considérations générales sur l'ordre naturel des crustacés, etc.). Suivant M. Léon Dufour, qui m'a fourni ces observations anatomiques, les conduits hépatiques des Buprestides et des Éntérides, ou de mes Sternoxes, ressemblent, par leur nombre, leur longueur et leur mode d'insertion, à ceux des Carabiques. Les Lampyres et les Mélyrides n'ont aussi que deux vaisseaux hépatiques ; mais il y en

élytres recouvent l'abdomen , ce qui les distingue avec quelques autres caractères des brachélytres , dont nous venons de faire l'exposition. Les antennes, à quelques exceptions près, sont de la même grosseur partout , ou plus menues à leur extrémité , dentées , soit en scie, soit en peigne , ou formant même l'éventail, et plus développées sous ce rapport dans les mâles. Le pénultième article des tarses est souvent bilobé ou bifide. Ces caractères se présentent très rarement dans la famille suivante , celle des clavicornes , et à laquelle on arrive par des transitions si nuancées , qu'il est très difficile d'assigner rigoureusement ses limites.

Les uns, dont le corps est toujours de consistance ferme et solide , le plus souvent ovale ou elliptique , avec les pieds en partie contractiles , ont la tête engagée verticalement jusqu'aux yeux dans le corselet; et le présternum, ou la portion médiane de cette dernière partie du corps ; alongé, dilaté, ou avancé en devant jusques sous la bouche, distingué ordinairement de chaque côté, par une rainure où s'appliquent les antennes (toujours courtes), et prolongé postérieurement en une pointe, reçue dans un enfoncement de l'extrémité antérieure du mésosternum. Ces pieds antérieurs sont éloignés

---

a quatre dans les Téléphores, les Lycus et les Ptiniores. Les Malachies , les Drilles et les Vrillettes, sont, de tous les insectes de la famille des Serricornes dont il a étudié l'organisation , ceux où le tube alimentaire est le plus long.

de l'extrémité antérieure du corselet. Ces serricornes formeront une première section, celle des STERNOXES (*Sternoxi*).

D'autres, ayant aussi la tête engagée postérieurement dans le corselet, ou du moins recouverte par lui à sa base, mais dont le présternum n'est point dilaté et avancé antérieurement en manière de mentonnière, ni ordinairement (1) terminé postérieurement en une pointe reçue dans une cavité du mésosternum ; dont le corps est le plus souvent, en tout ou en partie, de consistance molle ou flexible, composeront une seconde section, celle des MALACODERMES (*Malacodermi*).

Une troisième et dernière, celle des LIME-BOIS, (*Xylotrogi*), comprendra des serricornes dont le présternum n'est point pareillement prolongé à son extrémité postérieure, mais dont la tête est entièrement à découvert et séparée du corselet, par un étranglement ou espèce de cou.

Nous diviserons les STERNOXES en deux tribus.

La première, celle des BUPRESTIDES (*Buprestides*), a la saillie postérieure du présternum aplatie et point terminée en une pointe comprimée latéralement, et simplement reçue dans une dépression ou

____

(1) Les Cébrions font exception et se rapprochent, à cet égard, des Taupins ; mais l'extrémité inférieure du présternum ne s'avance point sur le dessous de la tête. Les mandibules sont avancées, arquées et simples ; les palpes sont filiformes ; les pieds ne sont point contractiles, et les deux antérieurs sont peu éloignés, à leur naissance, de l'extrémité antérieure du corselet, et très rapprochés.

dans une échancrure du mésosternum. Les mandibules se terminent souvent en une pointe entière ou sans échancrure ni fissure. Les angles postérieurs du corselet ne sont point ou très peu prolongés. Le dernier article des palpes est le plus souvent presque cylindrique, guère plus gros que les précédents, et globuleux ou ovoïde dans les autres. La plupart de ceux des tarses sont communément larges ou dilatés, et garnis en dessous de pelottes. Ces insectes ne sautent point, caractère qui les distinguent éminemment de ceux de la tribu suivante (1); ils composent le genre

BUBRESTE (BUPRESTIS) de Linnæus.

La dénomination générique de *Richard* donnée par Geoffroy à ces coléoptères, nous annonce la beauté de leur parure. Plusieurs espèces indigènes et beaucoup d'exotiques, d'ailleurs remarquables par la grandeur de leur taille, ont l'éclat de l'or poli sur un fond d'émeraude; dans d'autres, l'azur brille sur l'or, où sont réunies plusieurs autres couleurs métalliques. Leur corps, en général, est ovale, un peu plus large et obtus, ou tronqué, en devant, et rétréci en arrière depuis la base de l'abdomen, qui occupe la plus grande partie de sa longueur. Les yeux sont ovales, et le corselet est court et large. L'écusson est petit ou nul. L'extrémité des élytres est plus ou moins dentée dans un grand nombre. Les pieds sont courts.

---

(1) Les insectes de cette tribu diffèrent encore de tous les autres de cette famille par leurs trachées vésiculaires, tandis qu'elles sont tubulaires dans les autres serricornes. *Voyez* les Observations anatomiques de M. Léon Dufour.

Ils marchent lentement, mais leur vol est très agile, lorsque le temps est chaud et sec. Si on veut les saisir, ils se laissent tomber à terre. Les femelles ont à l'extrémité postérieure de l'abdomen, une partie coriace ou écornée, en forme de lame conique, composée de trois pièces (les derniers anneaux), et qui est probablement une tarière avec laquelle elles déposent leurs œufs dans le bois sec, où vivent leurs larves. On rencontre plusieurs des petites espèces sur les fleurs et les feuilles; mais les autres se tiennent pour la plupart dans les forêts, les chantiers : ils éclosent quelquefois dans les maisons, y étant transportés en état de larve ou de nymphe, avec le bois.

Tantôt les antennes sont tout au plus en scie. Les articles intermédiaires des tarses sont en forme de cœur renversé et le pénultième au moins est bifide. Les palpes sont filiformes ou légèrement plus épais au bout. Les mâchoires sont bilobées.

Les Richards propres. (Buprestis, Lin.)

Dont les antennes sont de la même grosseur partout, et en scie, depuis le troisième ou quatrième article.

Les uns n'ont point d'écusson.

Le *R. à faisceaux* (*B. fasciculata.* Lin.), Oliv., Col. 11, 32, iv, 38, long d'environ un pouce, ovoïde, convexe, très ponctué et ridé, d'un vert doré ou cuivreux, quelquefois obscur, avec de petites touffes de poils jaunâtres ou rougeâtres; étuis entiers. — Au cap de Bonne-Espérance, et quelquefois en si grande abondance sur le même arbuste, qu'il semble tout chargé de fleurs.

Le *R. sternicorne* (*B. sternicornis,* Lin.), Oliv., Col. *ibid.*, vi, 52, a, un peu plus grand, même forme, d'un vert un peu doré, très brillant; de gros points enfoncés, dont le fond est garni d'écailles blanchâtres, sur les étuis : trois dents à leur extrémité; sternum postérieur avancé en forme de corne. — Indes orientales.

Le *R. chrysis* (*B. chrysis,* Fab.), Oliv., *ibid.*, II, 8, vi, 52, b, diffère du précédent par les étuis d'un brun marron et sans taches blanchâtres.

Le *R. bande-dorée* (*B. vittata* F.), Oliv., *ibid.*, III, 17, long de près d'un pouce et demi, plus étroit et plus alongé que les précédents, déprimé, d'un vert bleuâtre; quatre lignes élevées et une bande dorée et cuivreuse sur chaque étui, dont le bout a deux dents. — Des Indes orientales.

Le *R. ocellé* (*B. ocellata* F.), Oliv., *ibid.*, I, 3, presque semblable, pour la taille et la forme, a sur chaque étui une grande tache jaune et phosphorique, située entre deux autres de couleur d'or ; le bout de chaque étui est terminé par trois dents.

Les autres ont un écusson.

Le *R. géant* (*B. gigas* Lin.), Oliv., *ibid.*, I, 1, long de deux pouces; corselet cuivreux, mêlé de vert brillant, avec deux grandes taches lisses, couleur d'acier bruni; étuis terminés par deux pointes, cuivreuses dans leur milieu, d'un vert bronzé sur leurs bords, avec des points enfoncés, des lignes élevées et des rides. — De Cayenne.

Nous citerons parmi les espèces de notre pays,

Le *R. à fossettes* (*B. affinis.* F.), *B. chrysostigma*, Oliv., *ibid.*, VI, 54, bronzé en dessus, cuivreux et brillant en dessous, dont les élytres, dentelées en scie à leur pointe, ont trois lignes longitudinales élevées, et deux impressions dorées sur chacune.

Le *R. vert* (*B. viridis.* Lin.), Oliv., *ibid.* XI, 127, long d'environ deux lignes et demie, à forme linéaire, d'un vert bronzé, avec les étuis entiers et pointillés. — Sur les arbres.

Fabricius a détaché des richards propres ceux qui ont le corps court, plus large proportionnellement et presque triangulaire; le front excavé, le corselet transversal et lobé postérieurement, et les tarses fort courts, avec les pelotes larges; les cinq derniers articles des antennes forment seuls des dents de scie; les précédents, à l'exception des deux premiers, sont petits, presque grenus, ou en cône renversé; les deux premiers sont beaucoup plus gros. Ces espèces composent le genre Trachys (*trachys*). De ce nombre (1) est

____

(1) *Voyez* les autres espèces citées par Fabricius, System. eleut., II, 218, et, quant aux divisions à établir dans ce genre nombreux, l'ouvrage de M. Schœnherr sur la synonymie des insectes.

Le *R. nain* (*B. minuta* Lin.), Oliv., *ibid.*, II, 14, noir en dessous, d'un brun cuivreux en dessus, avec le milieu du front enfoncé, le corselet sinué à son bord postérieur, et des raies blanchâtres, ondées, formées par des poils et transverses, sur les étuis. — Commun sur le coudrier, dont il ronge les feuilles.

LES APHANISTIQUES. (APHANISTICUS. Latr.)

Ont les antennes terminées en une massue brusque, oblongue, comprimée, légèrement en scie, formée par les quatre derniers articles. Le dernier des palpes est un peu plus gros, presque ovalaire. L'entre-deux des yeux est excavé, ainsi que dans les trachis. On en connaît deux ou trois espèces, toutes très petites et à forme linéaire (1).

Tantôt les antennes sont très pectinées (d'un seul côté) dans les mâles, fortement en scie dans l'autre sexe; les articles des tarses sont presque cylindriques et entiers; les palpes sont terminées par un article beaucoup plus gros que les précédents et presque globuleux. Les mâchoires se terminent par un seul lobe.

LES MÉLASIS. (MÉLASIS. Oliv.)

Leur corps est cylindrique, et les angles postérieurs du corselet sont prolongés en une dent aiguë, caractères qui, de même que ceux pris des tarses et des palpes, annoncent que ces insectes font le passage de cette tribu à la suivante (2).

La seconde tribu, celle des ÉLATÉRIDES, ne diffère essentiellement de la précédente qu'en ce que le stylet postérieur de l'avant-sternum, terminé en une pointe comprimée latéralement et souvent un peu arquée et unidentée, s'enfonce à la volonté

---

(1) *Buprestis emarginata*, F.; Oliv., *ibid.*, x, 116; Germ. Faun. insect. Europ, III, 9; — *ejusd.*, *Buprestris lineola*, ibid., 10.

(2) *Melasis buprestoides*, Oliv., II, 30, 1, 1; — *Melasis elateroides*, Illig., différant suivant lui, de l'*elater buprestoides* de Linnæus.

de l'animal, dans une cavité de la poitrine, située immédiatement au-dessus de la naissance de la seconde paire de pieds, et que ces insectes, placés sur le dos, ont la faculté de sauter (*voyez* ci-après). Ils ont, pour la plupart, des mandibules échancrées ou fendues à leur extrémité, les palpes terminés par un article beaucoup plus grand que les précédents, en forme de triangle ou de hache, et les articles des tarses entiers. Cette tribu ne comprend que le genre

TAUPIN (ELATER) de Linnæus.

Leur corps est généralement plus étroit et plus alongé que celui des buprestides, et les angles postérieurs du corselet se prolongent en pointe aiguë, en forme d'épine.

On les a nommés en français *scarabées à ressort*, et en latin *notopeda*, *elater*. Couchés sur le dos, et ne pouvant se relever, à raison de la briéveté de leurs pieds, ils sautent et s'élèvent perpendiculairement en l'air jusqu'à ce qu'ils retombent dans leur position naturelle ou sur leurs pieds. Pour exécuter ces mouvements, ils les serrent contre le dessous du corps, baissent inférieurement la tête, et le corselet, qui est très mobile de haut en bas, puis, rapprochant cette dernière partie de l'arrière-poitrine, ils poussent avec force la pointe du présternum contre le bord du trou situé en avant du mésosternum, où elle s'enfonce ensuite brusquement et comme par ressort. Le corselet avec les pointes latérales, la tête, le dessus des élytres, heurtant avec force contre le plan de position, surtout s'il est ferme et uni, concourent, par leur élasticité, à faire élever le corps en l'air. Les côtés de l'avant-sternum sont distingués par une rainure où ces insectes logent, en partie, leurs antennes, qui sont en peigne ou en longues barbes, dans plusieurs mâles. Les femelles ont à l'anus une espèce de tarière alongée, avec deux pièces latérales et pointues au bout, entre lesquelles est l'oviducte proprement dit.

Les taupins se tiennent sur les fleurs, les plantes, et même à terre ou sur le gazon ; ils baissent la tête en marchant, et quand on les approche, ils se laissent tomber à terre, en appliquant leurs pieds sous le dessous du corps.

De Géer a décrit la larve d'une espèce de ce genre (*undulatus*). Elle est longue, presque cylindrique, pourvue de petites antennes, de palpes, de six pieds, a douze anneaux couverts d'une peau écailleuse, dont celui de l'extrémité postérieure forme une plaque rebordée et anguleuse sur les bords avec deux pointes mousses et courbées en dedans ; au-dessous est un gros mamelon charnu et rétractile, qui fait l'office de pied. Elle vit dans le terreau de bois pourri ; on en trouve aussi dans la terre. Il paraît même que celle du *T. strié* de Fabricius ronge les racines du blé, et fait beaucoup de dégât lorsqu'elle se multiplie.

L'estomac des taupins est long, ridé en travers, quelquefois gonflé à la partie postérieure ; leur intestin est médiocre.

On peut rapporter à deux divisions principales les divers sous-genres qu'on a formés dans cette tribu. Ceux dont les antennes peuvent se loger entièrement dans des cavités inférieures du corselet composeront la première.

Tantôt elles sont reçues, de chaque côté, dans une rainure longitudinale, pratiquée immédiatement au-dessous des bords latéraux du corselet, et toujours filiformes et simplement en scie. Les articles des tarses sont toujours entiers et sans prolongements, en forme de palette, en dessous. Le corselet est convexe ou bombé, du moins sur les côtés, et se dilate vers les angles postérieurs en manière de lobe.

allant en pointe, ou triangulaire. Ces insectes se rapprochent des buprestides.

Les GALBA. (GALBA. Lat.)

Dont les mandibules se terminent en une pointe simple; dont les machoires n'offrent qu'un seul lobe ; dont le dernier article des palpes est globuleux et le corps presque cylindrique (1).

Les EUCNÉMIS. (EUCNEMIS. Arb.)

Où les mandibules sont bifides et les mâchoires bilobées ; où le dernier article des palpes est presque en forme de hache et le corps presque elliptique (2).

Tantôt les antennes, quelquefois en massue, se logent, du moins en partie, soit dans les rainures longitudinales des bords latéraux du présternum, soit dans des fossettes situées sous les angles postérieurs du corselet. Les tarses ont souvent des petites palettes, formées par le prolongement des pelottes inférieures, ou le pénultième article est bifide.

Quelques-uns, à antennes filiformes, ont les articles des tarses entiers et sans palettes en dessous; les deux pattes antérieures se logent, dans la contraction, dans des enfoncements latéraux du dessous du corselet. Tels sont

Les ADÉLOCÈRES. (ADELOCERA. Lat.) (3).

D'autres, à antennes pareillement de la même grosseur partout, ont les articles des tarses entiers, mais avec les pelottes

---

(1) J'en ai vu trois espèces et toutes du Brésil. L'une a de grands rapports avec le *Melasis tuberculata* de M. Dalman (Anal. entom.). Les mâchoires se terminent par un lobe très petit et pointu.

(2) M. le comte de Mannherheim a publié une très belle Monographie de ce sous-genre, dont on a donné un extrait et reproduit les planches dans le troisième volume des Annales des sciences naturelles. J'y ai ajouté quelques observations sur la trop grande étendue que ce savant a donné à ce sous-genre. L'espèce qu'il nomme *Capucinus* est, selon moi, la seule qui doive y rester, et telle fut d'abord l'opinion de celui qui l'établit.

(3) *Elater ovalis*, Germ.; — *Elater fuscus*, Fab., et quelques autres des Indes orientales, rapportés par M. de Labillardière.

inférieures prolongées et avancées en manière de petites palettes ou de lobes. Leur tête est découverte. Ce sont

Les Lissomes (Lissomus. Dalm. — *Lissodes*. Lat. —
*Drapete*s. Meg. , Dej.) (1).

D'autres à antennes pareillement filiformes , mais dont le
second et troisième article plus grands que les suivants et
aplatis, se logeant seuls dans les rainures sternales; les tarses
sont semblables à ceux des lissomes ; la tête est cachée en
dessous et comme recouverte par un corselet demi circulaire , où elle est enfoncée. Tels sont

Les Chélonaires. (Chelonarium. Fab.)

Les antennes , dans le repos, s'étendent parallèlement le
long de la poitrine; le premier et le quatrième article sont
les plus petits de tous ; les sept suivants sont de la même
grandeur, et, à l'exception du dernier qui est ovoïde,
presque en forme de cône renversé et égaux. Le corps est
ovoïde, avec les jambes antérieures plus larges que les autres. Toutes les espèces connues sont de l'Amérique méridionale (2).

Le dernier sous-genre de cette première division , celui

De Throsque. (Throscus. Lat. — *Trixagus*. Kugel. ,
Gyllenh. — *Elater*. Lin.)

Se distingue de tous ceux de cette tribu par ses antennes
terminées en une massue de trois articles, et logée dans une
cavité latérale et inférieure du corselet. Le pénultième article des tarses est bifide. La pointe des mandibules est entière (3).

---

(1) Dalm., Ephem. entom. , 1824. Son *Lissomus punctulatus* a de
grands rapports avec le *Drapetes castaneus* de M. le comt Dejean , et
l'*Elater lævigatus* de Fabricius.

L'Europe possède une espèce de ce sous-genre, l'*Elater equestris* de
celui-ci, figuré par Panzer, Faun. insect. Germ. , XXXI, 21.

(2) Fab., Syst. eleut. , I, 101; Lat., Gener. crust insect. , I, viii; 7
et II, 44, ; Dalm. , Ephem. entom. , 1824, pag. 29

(3) *Elater dermestoides*, Lin. ; *E. clavicornis*, Oliv., col II, 31,
VIII, 85 , a, b.; *Dermestes adstrictor*, Fab.; Panz. , Faun. insect. Germ.,
LXXV, 15. Sa larve vit dans le bois du chêne.

Notre seconde division de cette tribu comprendra tous les élatérides dont les antennes sont toujours à découvert ou extérieures.

Nous en détacherons d'abord ceux dont le dernier article des palpes, des maxillaires surtout, est beaucoup plus grand que les précédents, presque en forme de hache.

Un seul sous-genre, celui

De Cérophyte. (Cerophytum. Lat.)

S'éloigne des suivants par ses tarses, dont les quatre premiers articles courts, en forme de triangle, et dont le pénultième article est bifide.

Les antennes des mâles sont branchues au côté interne, la base du troisième article et des suivants se prolongeant en un rameau élargi et arrondi au bout; celles de la femelle sont en scie (1).

Dans tous les autres sous-genres, les articles des tarses sont presque cylindriques et entiers.

Tantôt la tête s'enfonce jusqu'aux yeux dans le corselet. L'extrémité antérieure du présternum s'avance sur le dessous de la tête et son bord est arqué.

Quelques-uns ont le labre et les mandibules cachés par l'extrémité antérieure du présternum, le chaperon ou épistome étant élargi et s'appliquant sur cette partie. Tels sont :

Les Cryptostomes. (Cryptostoma. Dej. — *Elater*. Fab.)

Qui ont l'angle interne du sommet du troisième article des antennes et des sept suivants se prolongeant en manière de dent; les second et quatrième articles plus courts, le dernier long et étroit, et un rameau droit et linéaire au côté interne du troisième, près de son origine.

Les mandibules sont unidentées sous la pointe. Les mâchoires ne présentent qu'un seul lobe; elles sont, ainsi que

---

(1) Latr., Gen. crust. et insect., IV, 375. Le *Melasis sphondyloides* de Germar, Faun. insect. Europ, XI, 5, a une grande affinité avec la femelle de l'espèce servant de type. Le *Melasis picea* de Palisot de Beauvois, Insect. d'Afr. et d'Amér., VII, 1, a aussi de l'analogie avec les Cérophytes.

la languette, petites et membraneuses. Les palpes sont très courts. Les tarses sont petits, menus et presque sétacés.

La seule espèce connue (*Elater denticornis*, Fab.) se trouve à Cayenne, d'où elle a été envoyée au Muséum d'histoire naturelle par M. Banon.

Les Nématodes. (NEMATODES. Lat.)

Où les antennes ont le premier article alongé, les cinq suivants en cône renversé, égaux, à l'exception du premier d'entre eux ou du second, qui est un peu plus court, et les cinq derniers plus épais, presque perfoliés, et celui du sommet ovoïde.

Le corps est presque linéaire (1).

Le labre et les mandibules sont maintenant découverts.

Ici, les antennes des mâles sont terminées en éventail. Ce sont

Les Hémirhipes. (HEMIRHIPUS. Lat.)

Les espèces sont toutes exotiques (2).

Là, ces organes, dans le même sexe, sont pectinés, dans leur longueur.

Les Ctenicères. (CTENICERA. Lat.) (3).

Dans le sous-genre suivant, ou

Les Taupins proprement dits (ELATER),

Les antennes des mâles sont simplement en scie (4).

Le *T. cucujo* (*E. noctilucus*, Lin.), Oliv., col., II, 31, 11, 14, a, long d'un peu plus d'un pouce, d'un brun obscur, avec un duvet cendré; une tache jaune, ronde, convexe, luisante, de chaque côté du corselet, près de ses

---

(1) *Eunemis filum*, Manner.

(2) *Elater flabellicornis*, Fab. ; ejusd., *E. fascicularis*, etc.

(3) Ses Elater *pectinicornis, cupreus, hæmatodes; — T. doublecroix*, Cuv. Regn. anim., IV, xiv, 3.

(4) L'extrémité antérieure de la tête est tantôt de niveau avec le labre ou sur le même plan horizontal, tantôt plus élevée et terminée brusquement; mais ces différences, souvent inappréciables, ne peuvent servir à établir des coupes génériques, et le genre que j'avais nommé *Ludie* sollicite un nouvel examen.

angles postérieurs; des lignes de petits points enfoncés sur les étuis. — De l'Amérique méridionale.

Ses taches répandent pendant la nuit une lumière très forte, et qui permet de lire l'écriture la plus fine, surtout si on réunit plusieurs de ces insectes dans le même vase. C'est à cette lueur que des femmes font leurs ouvrages; elles le placent aussi, comme ornement, dans leurs coiffures, pour leurs promenades du soir. Les Indiens les attachent à leur chaussure, afin de s'éclairer dans leurs voyages nocturnes. Brown prétend que toutes les parties intérieures de l'insecte sont lumineuses, et qu'il peut suspendre à volonté sa propriété phosphorique (1). Nos colons l'appellent *Mouche lumineuse*, et les Sauvages *Cucuyos*, *Coyouyou*; de là le nom espagnol *Cucujo*. Un individu de cette espèce, transporté à Paris, dans du bois, en état de larve ou de nymphe, s'y est métamorphosé, et a excité, par la lumière qu'il jetait, la surprise de plusieurs habitants du faubourg Saint-Antoine, témoins de ce phénomène, inconnu pour eux.

Le *T. bronzé* (*E. œneus*, Lin.), Oliv., Col., *ibid.*, viii, 83, long de six lignes, d'un vert bronzé, luisant, avec les étuis striés et les pattes fauves. — En Allemagne et au nord de l'Europe.

Le *T. germanique* (*E. germanus*, Lin.) Oliv., *ibid.*, 11, 12, très commun aux environs de Paris, ne diffère du précédent que par la couleur des pieds, qui sont noirs.

Le *Taupin porte-croix* (*E. cruciatus*, Oliv., *ibid.*, IV, 40), jolie espèce d'Europe, ayant le port du T. bronzé, mais plus petite, noire, avec deux bandes rouges et longitudinales sur le corselet, près des bords latéraux; les élytres sont d'un rouge jaunâtre, et ont près des angles antérieurs de leur base une ligne noire, et deux bandes de cette couleur formant une croix à la suture. Elle est rare aux environs de Paris.

Le *T. marron* (*E. castaneus*. Lin.), Oliv. *ibid.*, III, 25; v, 51,

---

(1) M. de la Cordaire, qui a observé cet insecte vivant, m'a dit que le principal réservoir de la matière phosphorisque était situé inférieurement à la jonction de l'abdomen avec le thorax.

noir ; corselet couvert d'un duvet roussâtre ; élytres jaunâtres, avec l'extrémité noire ; antennes du mâle en peigne. — D'Europe.

Le *T. corselet fauve* (*E. ruficollis*, Lin.), Oliv., *ibid.*, VI, 61, a, b, long de trois lignes, d'un noir luisant, avec la moitié postérieure du corselet rouge. — Du nord de l'Europe.

Le *T. ferrugineux* (*E. ferrugineus*. Lin.), Oliv., *ibid.*, III, 35, long de dix lignes, noir avec le corselet, à l'exception de son bord postérieur, et les étuis d'un rouge de sang foncé. Sur le saule. C'est la plus grande espèce d'Europe (1).

Tantôt la tête est dégagée postérieurement ou ne s'enfonce pas jusqu'aux yeux, qui sont saillants et globuleux. Les antennes sont insérées sous les bords d'une saillie frontale, déprimée et arquée en devant. Le corps est long et étroit, ou presque linéaire. Tels sont

Les CAMPYLES. (CAMPYLUS. Fischer. — *Exophthalmus*. Latr. — *Hammionus*. Mühfeld.) (2).

Des élatérides à palpes filiformes, à antennes pectinées, depuis le quatrième article, composeront un dernier sous-genre, celui

De PHYLLOCÈRE. (PHYLLOCERUS.) (3).

---

(1) *Voyez*, pour les autres espèces, Oliv., *ibid.*; Panz., Faun. insect. Germ., et son Ind. entom.; ainsi qu'Herbst., Col., et M. Palisot de Beauvois, Insect. d'Afr. et d'Amér. Le genre DIMA de M. Ziégler, et dont l'espèce nommée *elateroides* a été figurée par M. Charpentier, dans son ouvrage intitulé *Horæ entomolog.*, VI, 8, ne m'a offert aucun caractère qui le distingue nettement du précédent.

(2) *Voyez* Fischer, Entomog. de la Russie, tom. II, pag. 153. Ce sous-genre comprend l'*Elater linearis* de Linnæus, dont son *Mesomelas* n'est qu'une variété; l'*E. borealis* de Gyllenhall, et son *E. cinctus*.

(3) M. le comte Dejean n'ayant recueilli qu'un seul individu, je n'ai pu le sacrifier, pour en étudier en détail les caractères. Deux insectes de Java m'ont offert un port semblable. Ici seulement (et probablement des femelles) les antennes sont simplement en scie. Les mandibules m'ont paru se terminer en une pointe entière ou sans dent. Le dernier article des palpes est un peu plus grand, presque oblonique. Supposé que les mandibules des phyllocères soient semblables, ces espèces exotiques seront congénères.

Notre seconde section, celle des MALACODERMES, sera partagée en cinq tribus.

La première, les CÉBRIONITES (*Cébrionites*), ainsi nommée du genre *Cébrion* d'Olivier, auquel se rattachent les autres, a les mandibules terminées en une pointe simple ou entière, les palpes de la même grosseur ou plus grêles à leur extrémité, le corps arrondi et bombé dans les uns, ovale ou oblong, mais arqué en dessus, et incliné par devant, dans les autres. Il est le plus souvent mou et flexible, avec le corselet transversal, plus large à sa base, et dont les angles latéraux sont aigus ou même prolongés, dans plusieurs, en forme d'épine. Les antennes sont ordinairement plus longues que la tête et le corselet. Les pieds ne sont point contractiles.

Leurs habitudes sont inconnues. Beaucoup se tiennent sur les plantes, dans les lieux aquatiques. Ces insectes peuvent être réunis un seul genre, celui

DE CÉBRION. (CEBRIO. Oliv., Fab.)

Les uns, établissant une connexion de cette tribu avec la précédente, dont la consistance est même aussi solide que celle des sternoxes, dont les pieds ne sont jamais propres à sauter, et dont le corps est généralement ovale oblong, avec les antennes soit flabellées ou pectinées, soit en scie, dans les mâles, les palpes filiformes ou un peu plus gros à leur extrémité, les angles postérieurs du corselet prolongés en pointe aiguë, nous offrent des mandibules s'avançant au-delà du labre, étroites et très arquées, ou en forme de crochets. Le labre est ordinairement très court, échancré ou bilobé.

Là, ainsi que dans les élatérides, le presternum se termine postérieurement en une pointe, reçue dans un enfoncement du mesosternum.

Les antennes, longues dans les mâles de quelques espèces, sont composées de onze articles, pectinées ou en scie. Le dernier article des palpes est presque cylindrique ou en cône renversé.

LES PHYSODACTYLES. (PHYSODACTYLUS. Fisch.)

Où les trois articles intermédiaires des tarses présentent en dessous une pelotte membraneuse (sole ou semelle), orbiculaire; dont les cuisses postérieures sont renflées, et dont les antennes, du moins dans l'un des sexes, sont fort courtes, en scie et insensiblement amincies vers le bout.

Ce sous-genre a été établi par le célèbre auteur de l'entomographie de la Russie, sur un insecte de l'Amérique septentrionale (*P. Henningii*, lettre sur le physodactyle, Moscou, 1824, Annales des scienc. nat., décem. 1824, XXVII, B.).

LES CÉBRIONS propres. (CEBRIO. Oliv. Fab.),

Dont tous les articles des tarses sont entiers et sans pelottes, et où les cuisses postérieures ne sont guère plus grosses que les autres.

Les espèces propres à l'Europe paraissent en quantité après les pluies d'orage. La femelle (1) de l'espèce la plus connue (*gigas*, Fab.; *C. longicornis*, Oliv., col. II, 30 bis. 1, 1, a, b, c; Taupin, I, 1, a, b, c.), diffère singulièrement du mâle; ses antennes ne sont guère plus longues que la tête; leur premier article est beaucoup plus long que les

____

(1) *Cebrio brevicornis*, Oliv., col. II, 30 *bis*, I, 2, a, b, c; *Tenebrio dubius*, Rossi, Faun. etrusc., I, 1, 2. Cette femelle m'avait paru, à raison de ses antennes, devoir former un nouveau genre, que j'avais nommé *Hammonie*. On trouve au cap de Bonne-Espérance une espèce dont les articles des antennes jettent chacun, à la base de leur côté interne, un rameau long et linéaire, et dont les palpes se terminent par un article ovoïde, et non en forme de cône renversé, comme dans les autres espèces. Celle-ci pourrait en être séparée.

autres; le quatrième et les suivants composent, réunis, une petite massue oblongue et presque perfoliée. Les ailes avortent en partie. Les pieds sont plus courts, mais proportionnellement plus robustes que ceux des mâles. La larve vit probablement en terre. Le *C. bicolor* de Fabricius (1) et quelques autres espèces d'Amérique dont le corps est alongé, moins arqué en dessus ou presque droit, avec les antennes plus courtes, ont paru au docteur Leach, devoir composer une nouvelle coupe générique (2).

Ici le présternum ne se prolonge point notablement en pointe, et le mésosternum n'offre point antérieurement de cavité.

Tantôt tous les articles des tarses sont entiers et sans palette membraneuse et avancée en dessous.

Les Anelastes. (Anelastes. Kirby.)

Dont les antennes sont écartées à leur naissance, courtes, presque grenues, avec le dernier article (3) presque en croissant; et dont le même des palpes est presque en forme de cône renversé. M. Kirby n'en mentionne qu'une seule espèce (A. *Drurii*, Linn. Trans., XII, xxi, 2).

Les Callirhipis. (Callirhipis. Latr.)

Dont les antennes sont très rapprochées à leur naissance, insérées sur une éminence, et à partir du troisième article, forment dans les mâles un grand éventail. Le dernier des palpes est ovoïde. Le même des tarses est presque aussi long que les autres pris ensemble, et présente entre ses crochets un petit appendice linéaire et soyeux.

---

(1) Palis. de Beauv., Insect. d'Afr. et d'Am., I, 1, 2, a, b.

(2) Les *Cebrions fuscus* et *ruficollis* de Fabricius ont la forme de l'espèce qu'il nomme *Gigas*. M. Lefèvre a rapporté la secoude de Sicile. Le *Cebrio femoratus* de M. Germar n'appartient point au genre *Anelastes* de M. Kirby, ainsi que je l'avais d'abord soupçonné.

(3) Le troisième est plus long que le précédent et le suivant, tandis que, dans les Cébrions, cet article et le second sont plus courts que le quatrième et suivants. Ces organes, de même que ceux des Elatérides, semblent avoir douze articles, le onzième étant brusquement aminci vers le bout, et terminé en une pointe, ayant l'apparence d'un petit article conique ou triangulaire

L'espèce servant de type (*C. Dejeanii*), se trouve à Java et a été envoyée au Muséum d'Histoire naturelle par M. Diard et feu M. Duvaucel. Les antennes n'ont que onze articles, et diffèrent par là de celles des rhipicères, qui ont bien la même figure, mais dont les articles sont beaucoup plus nombreux, dans les individus du même sexe, ou les mâles.

Tantôt les tarses ont en dessous des palettes membraneuses, ou leur pénultième article est profondément bilobé.

Dans les deux sous-genres suivants, les quatre premiers articles des tarses offrent chacun, en dessous, deux lobes membraneux et avancés ; le dernier est long et terminé, entre les crochets, par un petit appendice soyeux. Les antennes des uns sont composées de plus de onze articles, et disposés en éventail ; celles des autres n'en ont que onze, en dent de scie, et dont les quatre derniers plus gros, formant une massue.

Les SANDALUS. (SANDALUS. Knoch.)

Les antennes, du moins celles des femelles, sont simplement un peu plus longues que la tête, composées de onze articles, dont le troisième et suivants, le dernier excepté, en forme de dents de scie, et dont les quatre derniers, un peu plus dilatés, composent une massue ; le terminal est presque ovoïde, arrondi ou très obtus au bout (1).

Les RHIPICÈRES. (RHIPICERA. Lat. Kirb. — *Ptyocerus.* Hoffmans. — *Polytomus.*Dalm.)

Les antennes forment dans les deux sexes un éventail, et sont composées d'un grand nombre d'articles (20-40), mais en moindre quantité dans les femelles.

Ce sous-genre se compose de cinq à six espèces, dont deux de la Nouvelle-Hollande et les autres d'Amérique (2).

---

(1) *Sandalus petrophya*, Knog, N. Beyt., I, p. 131, v, 5 ; — *S. niger*, ejusd., ibid.

(2) *Rhipicera marginata*, Latr., Cuv, Regn. anim., III, p. 235 ;

Les trois premiers articles des tarses des deux sous-genres suivants sont en forme de cœur renversé, sans prolongements membraneux en dessous ; le quatrième est profondément bilobé ; le dernier, peu alongé, ne présente point, entre ses crochets, d'appendice saillant et soyeux. Les antennes sont filiformes, simples ou tout au plus pectinées, et n'ont jamais au-delà de onze articles.

Les PTILODACTYLES. (PTILODACTYLA. Ilig. — *Pyro-chroa*, De G.)

Se distinguent par leurs antennes demi pectinées ou en scie dans les mâles.

Ce sous-genre se compose d'espèces propres à l'Amérique (1).

Les DASCILLES. (DASCILLUS. Lat. — *Atopa*. Fab.)

N'en diffèrent que par leurs antennes simples dans les deux sexes (2).

Les autres cébrionites ont des mandibules petites, peu ou point saillantes au-delà du labre, le corps généralement mou, presque hémisphérique ou ovoïde, et les palpes terminées en pointe. Les antennes sont simples ou faiblement dentées. Dans plusieurs, les pattes postérieures servent à sauter.

Ces insectes habitent les plantes des lieux aquatiques.

Ceux-ci ont le pénultième article des tarses bilobé. Le second et le troisième des antennes sont plus courts que le suivant.

Kirb., Lin. trans., XII, xxi, 3 mas. ; *Polytomus marginatus*, Dalm., Anal. entom., p. 22 ; — ejusd., *P. femoratus*, ibid., 21 ; — ejusd., *P. mystacinus*, p. 22 ; *Hispa mystacina*, Fab. ; Drur. ins., III, viii, 7. J'ai vu, dans la Collection de M. le comte Dejean, une autre espèce, toute fauve, recueillie dans l'Amér. sept. par M. Leconte.

(1) *Ptylodactyla elaterina*, Ilig. ; *Pyrochroa nitida*, De G., Insect., V, xiii, 6-17.

(2) *Atopa cervina*, Fab. ; ejusd., *A. cinerea*, var. ; *Ptinus testaceo-villosus*, De G., IV, ix, 8 ; *Cistela cervina*, Oliv., col. III, 54, 1, 2, a.

Les Élodes. (Élodes. Lat. — *Cyphon.* Fab., Dej.)

Où les cuisses postérieures diffèrent peu en grosseur des précédentes (1).

Les Scyrtes. (Scyrtes. Lat. — *Cyphon.* Fab.)

Dont les pattes postérieures ont les cuisses très grosses, et les jambes terminées par deux forts éperons, dont l'un très long, ce qui donne à ces insectes la faculté de sauter.

Les palpes labiaux sont fourchus. Le premier article des tarses postérieurs est aussi long que les autres pris ensemble (2).

Ceux-là ont tous les articles des tarses entiers.

Les Nyctées. (Nycteus. Lat. — *Hamaxobium.* Ziégl. — *Eucynetus.* Schüppel.)

Où le troisième article des antennes est très petit et beaucoup plus court que le second et le suivant, et où les derniers sont presque grenus ; et dont les quatre pieds ont les jambes terminées par deux éperons très distincts, avec les tarses longs, plus grêles vers le bout (3).

Les Eubries. (Eubria. Ziég., Dej.)

Qui ont les antennes un peu dentées en scie, avec le second article très petit, les deux suivants les plus grands de tous, et le dernier un peu échancré au bout et allant en pointe. Les éperons des jambes sont très petits ou presque nuls. Les tarses sont filiformes (4).

La seconde tribu des malacodermes, celle des Lampyrides (*Lampyrides*), se distingue de la précédente, par le renflement qui termine leurs palpes, ou du moins les maxillaires, à raison de leurs corps, toujours

---

(1) La première division des *Cyphons* de Fabricius.
(2) La seconde. *Voyez* le Catal. de la Coll. de M. le comte Dejean.
(3) *Eucinetus hæmorrhoïdalis*, Germ., Faun. insect. Europ., V, 11. *Voyez* le Catal. de la collect. des Coléopt. de M. le comte Dejean, p. 35.
(4) *Cyphon palustris*, Germ., *ibid.*, IV, 3.

mou, droit, déprimé ou peu convexe, et dont le corselet, tantôt demi circulaire, tantôt presque carré ou en forme de trapèze, s'avance sur la tête, qu'il recouvre entièrement ou en partie. Les mandibules sont généralement petites, terminées en une pointe grêle, arquée, très aiguë et entière au bout dans la plupart. Le pénultième article des tarses est toujours bilobé, et les crochets du dernier ne sont ni dentés, ni appendicés.

Les femelles de quelques-uns sont dépourvues d'ailes, ou n'ont que des élytres très courtes.

Lorsqu'on saisit ces insectes, ils replient leurs antennes et leurs pieds contre le corps, et ne font aucun mouvement, comme s'ils étoient morts. Plusieurs recourbent alors l'abdomen en dessous. Ils comprennent le genre

Des Lampyres (Lampyris. Lin.)

Antennes très rapprochées à leur base, tête soit découverte et prolongée antérieurement en manière de museau, soit cachée entièrement ou en majeure partie sous le corselet, avec les yeux grands et globuleux dans les mâles, bouche petite, tel est le signalement d'une première division de cette tribu, et que nous partagerons en ceux dont aucun des sexes n'est phosphorescent et en ceux où les femelles au moins jouissent de cette propriété. Tous les individus des premiers sont ailés, ont la tête découverte, souvent rétrécie et avancée par devant, ou sous la forme d'un museau, et le corselet élargi postérieurement, avec les angles latéraux pointus. Les deux ou trois derniers anneaux de leur abdomen ne présentent point cette teinte d'un jaune pâle ou blanchâtre, qui affecte cette partie du corps dans les lampyres propres et annonce leur phosphorence. Les élytres vont, dans plusieurs, en s'élargissant, et sont même quelquefois très dilatées et arrondies postérieurement, dans les femelles particulièrement. Elles sont très ponctuées et souvent réticulées.

Les Lycus. (Lycus. Fab. Oliv. — *Cantharis*. Lin.)

Nous restreindrons ce sous-genre aux espèces de Fabricius, dont le museau est aussi long ou plus long que la portion de la tête qui le précède, et dont les antennes sont en scie. Les élytres sont le plus souvent dilatées, soit latéralement, soit à leur extrémité postérieure, et les deux sexes diffèrent ordinairement beaucoup à cet égard, particulièrement dans quelques espèces propres à l'Afrique (1).

D'autres espèces du même auteur, mais à museau très court, et dont les antennes comprimées, tantôt simples, et tantôt en scie ou pectinées, ont leur troisième article plus long que le précédent, et où les articles intermédiaires des tarses sont en forme de cœur renversé, composeront un autre sous-genre, celui

De Dictyoptère. (Dictyoptera. Latr.)

L'on trouve dans quelques bois des environs de Paris, sur les fleurs de millefeuille et autres, et quelquefois abondamment,

Le *Lycus sanguin* (*Lampyris sanguinea*, Lin., Panz., Faun. insect. Germ., XLI, 9). Il est long d'environ trois lignes, noir, avec les côtés du corselet et les élytres d'un rouge de sang. Ces élytres sont soyeuses et faiblement striées. Sa larve vit sous les écorces du chêne. Elle est linéaire, aplatie, noire, avec le dernier anneau rouge, en forme de plaque, ayant à son extrémité deux espèces de cornes cylindriques, comme annelées ou articulées et arquées en dedans. Elle a six petits pieds.

Une autre espèce, mais plus petite, toute noire, à l'exception des élytres qui sont rouges, et du bout des anten-

____

(1) Les Lycus *latissimus*, *rostratus*, *proboscideus*, etc , de Fabricius. *Voyez*, pour d'autres espèces, l'appendix de la troisième partie du premier tome de la Synonymie des insectes de M. Schœnher, où il en décrit et figure plusieurs.

nes qui est roussâtre , le *Lycus nain* (*Lycus minutus* , Fab.;
Panz. , Faun. insect. Germ., XLI , 2), se trouve aussi en
France, mais dans les bois de sapins des montagnes (1).

Les Omalises. (Omalisus. Geoff. , Oliv. , Fab.)

N'ont point de museau sensible. Les articles de leurs antennes sont presque cylindriques , un peu amincis à leur
base, et le second et le troisième sont beaucoup plus courts
que les suivants. Le pénultième des tarses est seul en forme
de cœur renversé ; les autres sont alongés et cylindriques.
Les élytres sont d'une consistance assez solide.

L'*Omalise sutural* (*O. suturalis* , Fab.; Oliv., col. II,
24 , 1 , 2) est long d'un peu plus de deux lignes, noir,
avec les étuis, leur portion intérieure ou la suture exceptée,
d'un rouge de sang. Dans les bois des environs de Paris,
et particulièrement dans la forêt de Saint-Germain , sur
les chênes , au printemps (2).

Les autres lampyrides de notre première division se distinguent des précédentes , non-seulement, en ce qu'aucune
n'offre de museau, que leur tête , presque entièrement occupée par les yeux dans les mâles , est cachée totalement ou
en majeure partie, sous un corselet demi circulaire ou carré,
mais encore par un caractère très remarquable , soit commun aux deux sexes, soit propre aux femelles , celui d'être
phosphorescent ; et de là les noms de *vers luisants*, de *mouches lumineuses* , *mouches à feu* , donnés à ces insectes.

Le corps de ces insectes est très mou, surtout l'abdomen,
qui est comme plissé. La matière lumineuse occupe le dessous
des deux ou trois derniers anneaux de cette dernière partie,
qui sont autrement colorés , et ordinairement jaunâtres ou
blanchâtres. La lumière qu'ils répandent est plus ou moins
vive , d'un blanc verdâtre ou blanchâtre, comme celle des
différents phosphores. Il paraît que ces insectes peuvent , à
volonté, varier son action ; ce qui a lieu surtout lorsqu'on
les saisit ou qu'on les tient dans la main. Ils vivent très long-
temps dans le vide et dans différents gaz, excepté dans le gaz
acide nitreux , muriatique et sulfureux, dans lequel ils meu-

____

(1) Les Lycus *reticulatus* , *bicolor*, *serraticornis*, *fasciatus*, *aurora*, etc.
(2) *Voyez* l'article *Omalise* de l'Encyclop. méthod.

rent en peu de minutes. Leur séjour dans le gaz hydrogène le rend, du moins quelquefois, détonnant. Privés, par mutilation, de cette partie lumineuse du corps, ils continuent encore de vivre, et la même partie, ainsi détachée, conserve pendant quelque temps sa propriété lumineuse, soit qu'on la soumette à l'action de différents gaz, soit dans le vide ou à l'air libre. La phosphorescence dépend plutôt de l'état de mollesse de la matière, que de la vie de l'insecte. On peut la faire renaître en ramollissant cette matière dans l'eau. Les lampyres luisent, avec vivacité, dans de l'eau tiède, et s'éteignent dans l'eau froide : il paraît que ce liquide est le seul agent dissolvant de la matière phosphorique (1). Ces insectes sont nocturnes; on voit souvent des mâles voler, ainsi que des phalènes, autour des lumières, d'où l'on peut conclure que l'éclat phosphorique que jettent principalement les femelles a pour but d'attirer les individus de l'autre sexe; et si les larves et les nymphes de l'espèce de notre pays sont, suivant de Géer, lumineuses, on doit seulement en conclure que la substance phosphorique se développe dès le premier âge. On a dit que quelques mâles n'avaient pas la même propriété; mais ils en jouissent encore, quoique très faiblement. Presque tous les lampyres des pays chauds, tant mâles que femelles, étant ailés, et s'y trouvant en grande quantité, offrent à leurs habitants, après le coucher du soleil, et pendant la nuit, un spectacle amusant, une illumination naturelle, par cette multitude de points lumineux, qui, comme des étincelles ou de petites étoiles, errent dans les airs. On peut s'éclairer en réunissant plusieurs de ces insectes.

Suivant M. Dufour (Annal. des sc. natur., III, p. 225), le canal alimentaire de la femelle de notre lampyre commun (*splendidula*) est environ une fois plus long que le corps. Son œsophage est extrêmement court et se dilate aussitôt

---

(1) Outre les expériences rapportées dans les Annales de chimie, consultez les Annales générales des sciences physiques, par MM. Bory de Saint-Vincent, Drapiez et Van Mons, tom. VIII, pag. 31, où sont exposées les recherches de M. Grotthuss sur la phosphorence du *Lampyris italica*.

en un jabot court et séparé du ventricule chylifique par un
étranglement valvulaire. Cette dernière partie est fort longue, lisse, boursouflée et cylindrique jusqu'aux deux tiers
de sa longueur, et ensuite intestiniforme. L'intestin grêle
est fort court, flexueux, et offre un renflement représentant
le cœcum, mais peut-être inconstant, et qui se termine par
un rectum alongé.

Du genre *Lampyris* de Linnæus, on en a séparé quelques
espèces du Brésil, dont les mâles ont des antennes composées de plus de onze articles, en forme de barbes de plumes.
Ces espèces forment le genre d'AMYDÈTE (*Amydetes*,
Hoffm., Germ.) (1).

D'autres lampyres, et propres aussi à l'Amérique méridionale, n'ayant que onze articles aux antennes, nous offrent
des caractères particuliers qui leur ont valu la même distinction générique, celle de PHENGODE (*Phengodes*, Hoffm.).
Le troisième article de ces organes et les suivants jettent
chacun, au côté interne, deux filets longs, ciliés, paraissant articulés, et roulés sur eux-mêmes. Les élytres sont
rétrécies brusquement en pointe. Les ailes sont étendues
dans toute leur longueur, et simplement plissées longitudinalement. Les palpes maxillaires sont très saillants et presque filiformes. Le corselet est transversal. Les tarses sont filiformes, avec le pénultième article fort court et à peine bilobé.
Le corps est étroit et alongé, avec la tête découverte (2).

Les autres espèces composent maintenant le genre

De LAMPYRE proprement dit (*Lampyris.*)

Qui, à raison de la forme des antennes, de la présence
ou de l'absence des élytres, des ailes, etc., est susceptible
de plusieurs divisions.

Le *L. luisant* (*L. noctiluca*, Lin.), Panz., Faun. insect.
Germ., XLI, 7. Mâle long de quatre lignes, noirâtre; antennes simples ; corselet demi circulaire, recevant entièrement la tête, avec deux taches transparentes, en croissant ;
ventre noir ; derniers anneaux d'un jaunâtre pâle.

---

(1) *Lampyris plumicornis*, Latr., Voyag. de MM. Humb. et Bonpl.,
Zool., XVI, 4; — *Amydetes apicalis*, Germ. insect., Sp. nov., p. 67.
(2) Illig., Mag., VI, p. 342.

L. splendidule (*L. splendidula*, Lin.), Panz., *ibid.*, 8, très voisin du précédent, un peu plus grand. Corselet jaunâtre, avec le disque noirâtre et deux taches transparentes en devant; élytres noirâtres; dessous du corps et pieds d'un jaunâtre livide; premiers anneaux du ventre tantôt de cette couleur, tantôt plus obscurs.

Femelle privée d'élytres et d'ailes, noirâtre en dessus, avec le pourtour du corselet et le dernier anneau jaunâtres; angles latéraux du second et du troisième anneaux, couleur de chair; dessous du corps jaunâtre, avec les trois derniers anneaux couleur de soufre.

C'est particulièrement à ces individus qu'on a donné le nom de *vers luisants*. On les trouve parout à la campagne, et aux bords des chemins, dans les haies, les prairies, etc., aux mois de juin, de juillet et d'août. Ils pondent un grand nombre d'œufs, qui sont gros, sphériques et d'un jaune citrin, dans la terre ou sur les plantes; ils sont fixés au moyen d'une matière visqueuse qui les enduit.

La larve ressemble beaucoup à la femelle; mais elle est noire, avec une tache rougeâtre aux angles postérieurs des anneaux; ses antennes et ses pieds sont plus courts. Elle marche fort lentement, peut alonger, raccourcir ou recourber en dessous son corps. Elle est probablement carnassière.

Le *L. d'Italie* (*L. italica*. Lin.), Oliv., col. II, 28, 11, 12, nommé par les habitants *Lucciola*. Corselet ne recouvrant pas toute la tête, transversal, rougeâtre, ainsi que l'écusson, la poitrine, et une partie des pieds; tête, étuis et abdomen noirs; les deux derniers anneaux du corps jaunâtres. Les deux sexes sont ailés (1).

Dans notre seconde division des lampyrides, les antennes sont notablement écartées l'une de l'autre à leur naissance; la tête n'est point prolongée ni rétrécie antérieurement en forme de museau, et les yeux sont de grandeur ordinaire dans les deux sexes.

Les Driles. (Drilus. Oliv. — *Ptilinus*. Geoff., Fab.)

Les mâles sont ailés, et le côté interne de leurs antennes,

---

(1) *Voyez* Fabricius, et Olivier, col. II, n° 28.

à commencer au quatrième article, se prolonge en forme de dent de peigne. Celles de la femelle sont plus courtes, un peu perfoliées et légèrement en scie. Dans l'un et l'autre sexe les palpes maxillaires sont plus gros vert le bout, et se terminent en pointe. Le côté interne des mandibules offre une dent.

La femelle de l'espèce servant de type au genre, et dont le mâle est assez commun, avait été inconnue jusque dans ces derniers temps, ainsi que les métamorphoses des deux sexes. Des observations faites à Genève, par M. le comte Mielzinsky, sur la larve de cet insecte et sur l'individu femelle en état parfait, excitèrent l'attention de deux naturalistes français, qui avaient déjà donné des preuves de leurs talents, M. Desmarest, professeur à l'école vétérinaire d'Alfort, et M. Victor Audouin; celui-ci avait reçu de l'auteur de cette découverte des larves en état vivant. Elles avaient été trouvées dans l'intérieur de la coquille dite *livrée*, ou l'*Helix nemoralis* de Linnæus. M. Mielzinsky les fit connaître ainsi que la femelle parvenue à sa dernière transformation, seule sorte d'individus qu'il avait obtenue en état parfait. Mais il s'était trompé, en considérant comme des nymphes des larves parvenues à leur dernière grosseur, et qui passent l'hiver dans l'intérieur de ces coquilles. Sous cette forme, ces insectes ont assez de ressemblance avec les larves de nos lampyres, mais les côtés de leur abdomen offrent une rangée de mamelons coniques, et deux séries de houppes de poils, placées sur d'autres mamelons ou prolongements dermiques. L'extrémité postérieure du corps est fourchue, et l'anus sert à l'animal dans la progression. Il dévore, et assez promptement, l'habitant naturel de la coquille, et de là le nom générique de COCHLÉOCTONE (*Cochleoctonus*), donné à cet insecte par ce naturaliste. M. Desmarest présuma, avec raison, que puisque ces larves étaient assez communes aux environs de Genève, on pouvait aussi les rencontrer aux environs de Paris. Aidé par ses élèves, il s'en procura en effet, un grand nombre d'individus, ce qui lui permit de donner une histoire complète de cet insecte, et de découvrir que les individus en état parfait décrits par M. Mielzinsky étaient des femelles du *drile jaunâtre* ou la *pa-*

nache jaune de Geoffroy (1, 1, 2 ; Oliv., col. II, 23, 1, 1), dont le corps est long d'environ trois lignes, noir, avec les élytres jaunâtres. La femelle est presque trois fois plus grande, d'un jaune orangé ou rougeâtre, et ressemble à celles des lampyres, mais sans être phosphorescente. M. Audouin en a publié l'anatomie; il a remarqué que la vieille peau de la larve bouche exactement l'entrée de la coquille, et lui forme une sorte d'opercule. Tant que l'insecte est en état de larve, s'il se retire au fond de son habitation, il s'y place de manière que l'extrémité postérieure de son corps en regarde l'ouverture; mais ayant passé à l'état de nymphe, il s'y tient en sens contraire. Cette observation est due à M. Desmarest (*Voyez* les Annales des sciences naturelle, janvier, juillet et août 1824, et le Bulletin des la Soc. philom., avril de la même année). M. Léon Dufour a publié aussi quelques observations anatomiques faites sur le mâle de cette espèce.

On en trouve en Allemagne une autre (*Ater*, Dej.), toute noire et à antennes moins pectinées. Elle a été figurée, ainsi qu'une troisième (*ruficollis*), découverte par M. le comte Dejean en Dalmatie, dans un Mémoire de M. Audouin (Annal. des scienc. nat., août 1824), qui, sous le titre de Recherches anatomiques sur la femelle du drile jaunâtre, et sur le mâle de cette espèce, forme une monographie complète de ce genre, enrichie d'excellentes figures.

Tous les individus des autres lampyrides de cette seconde division sont ailés, et leurs palpes maxillaires ne sont pas beaucoup plus longs que les labiaux. Ils embrassent une grande partie du genre *cantharis* de Linnæus, ou de celui de *cicindela* de Geoffroy.

Les Téléphores. (Telephorus. Schœff. — *Cantharis*. Lin.)

Où les palpes sont terminés par un article en forme de hache, et dont le corselet n'offre point d'échancrures latérales. Ils sont carnassiers, et courent sur les plantes. Leur estomac est long, ridé en travers; leur intestin très court.

Le *T. ardoisé* (*Cantharis fusca*. Lin.), Oliv., col. II, 26, 1, 1, long de cinq à six lignes; partie postérieure de la tête, étuis, poitrine et grande partie des pieds d'un noir ardoisé; les autres parties d'un rouge jaunâtre; une tache noire sur le corselet. Se trouve fréquemment, en Europe, au printemps. Sa larve est presque cylindrique, alongée, molle, d'un noir mat et velouté, avec les antennes, les palpes et les pieds d'un roux jaunâtre. La tête est écailleuse, avec de fortes mandibules. Sous le douzième et dernier anneau est un mamelon, dont elle fait usage en marchant. Elle vit dans la terre humide et se nourrit de proie.

On a vu, des années, pendant l'hiver, au milieu de la neige, en Suède, et même dans des parties montagneuses de la France, une étendue considérable de terrain recouverte d'une quantité infinie de ces larves, ainsi que de différentes autres espèces d'insectes vivants. On soupçonne, avec fondement, qu'ils avaient été enlevés et transportés par des coups de vent, à la suite de ces violentes tempêtes qui déracinent et abattent un très grand nombre d'arbres, particulièrement de pins et de sapins. Telle est l'origine de ce qu'on a nommé *pluie d'insectes*. Les espèces que l'on trouve alors, et quelquefois même sur des lacs glacés, sont probablement du nombre de celles qui paraissent de bonne heure.

Le *T. livide* (*Cantharis livida*, Lin.), Oliv., *ibid.*, II, 28. Grandeur et forme du précédent; corselet roussâtre, sans tache; étuis d'un jaune d'ocre, et bout des cuisses postérieures noir. — Sur les fleurs (1).

Les Silis. (Silis. Meg., Dej., Charp.)

Ne diffèrent des téléphores qu'en ce que leur corselet **est** échancré, de chaque côté, postérieurement, et qu'on y voit en dessous (du moins dans le *S. spinicollis*), un petit appendice coriace, terminé en massue, et dont l'extrémité, probablement plus membraneuse, forme dans les individus desséchés l'apparence d'un article. M. Toussaint de Charpentier en a figuré une espèce (*rubricollis*) dans ses *Horæ entomol.*, p. 194, 195, VI, 7.

____

(1) Consultez, pour les autres espèces, Schœnherr, Synon. insect., II, pag. 60, et Panzer, Ind. entom., pag. 91.

LES MALTHINES. (MALTHINUS. Lat., Schœnh. — *Necyda-lis*. Geoff.)

Dont les palpes sont terminés par un article ovoïde.

La tête est amincie en arrière ; les étuis sont plus courts que l'abdomen, dans plusieurs.

Sur les plantes, et plus particulièrement sur les arbres (1).

La troisième tribu des Malacodermes, les MÉLYRIDES, (*Melyrides*), offre des palpes le plus souvent filiformes et courts ; des mandibules échancrées à la pointe ; un corps le plus souvent étroit et alongé, avec la tête seulement recouverte à sa base, par un corselet plat ou peu convexe, ordinairement carré ou en quadrilatère alongé, et les articles des tarses entiers ; les crochets du dernier sont unidentés ou bordés d'une membrane. Les antennes sont ordinairement en scie, et même pectinées dans les mâles de quelques espèces.

La plupart sont très agiles, et se trouvent sur les fleurs et sur les feuilles.

Cette tribu, qui n'est qu'un démembrement des genres *Cantharis* et *dermestes* de Linnæus, composera celui

DE MELYRE. (MELYRIS. Fab.)

Les uns ont les palpes de la même grosseur partout.

Ici l'on découvre sous chaque angle antérieur du corselet et de chaque côté de la base de l'abdomen, une vésicule en

---

(1) Latr., Gen. crust. et insect., 1, 261 ; Schœnh., Synon., insect., II, p. 73 ; Panz., Ind. entom., p. 73. Les Télephores *biguttatus* et *minimus* d'Olivier sont de ce genre.

forme de corne ou de cocarde, rétractile, susceptible de se dilater, que l'animal fait sortir lorsqu'il est effrayé, et dont on
ignore l'usage. Le corps est proportionnellement plus court
que dans le sous-genre suivant, plus large et plus déprimé, avec
le corselet plus large que long. On voit sous chaque crochet du
bout des tarses un appendice membraneux, en forme de dent.

Les Malachies. (Malachius. Fab., Oliv. — *Cantharis*. Lin.)

L'un des sexes a, dans quelques espèces, un appendice en
forme de crochet, au bout de chaque étui, que l'individu
de l'autre sexe saisit par derrière, avec ses mandibules, pour
l'arrêter lorsqu'il fuit ou qu'il court trop vite. Les premiers
articles des antennes sont souvent dilatés et irréguliers dans
les mâles. Ces insectes ont des couleurs agréables.

Le *M. bronze* (*Cantharis ænea*, Lin.), Panz., *ibid.*, X, 2,
long de trois lignes, d'un vert luisant, avec les étuis
rouges au bord, et le devant de la tête jaune.

Le *M. à deux pustules* (*Cantharis bipustulata*, L.), Panz.,
ibid., 3, un peu plus petit, d'un vert luisant, avec le bout
des étuis rouge (1).

Parmi les mélyrides suivants, à palpes filiformes, et dont
le corselet et l'abdomen sont dépourvus de vésicules rétractiles, nous placerons d'abord ceux dont les antennes sont de
la longueur au moins de la tête et du corselet ; dont le corps
est généralement étroit, alongé et quelquefois linéaire, et
dont les crochets des tarses sont ordinairement, ainsi que
ceux des malachies, bordés inférieurement par un appendice membraneux.

Les Dasytes. (Dasytes. Payk., Fab. — *Dermestes*. Lin.)

Le *D. bleuâtre* (*D. cœruleus*, F.), Panz., Faun. insect.
Germ., XCVI, 10, long de trois lignes, alongé, vert ou
bleuâtre, luisant et velu. — Très commun aux environs
de Paris, sur les fleurs, dans les champs.

Le *D. très noir* (*Dermestes hirtus*, Lin.), Oliv., col. II,
21, 11, 28, un peu plus grand, moins oblong, tout noir et

---

(1) *Voyez* les mêmes ouvrages, et Schœnh., Syn. insect., II, p. 67.

très velu. Une épine à la base des tarses antérieurs, beaucoup plus forte et très crochue dans l'un des sexes. — Sur les graminées (1).

D'autres mélyrides à crochets des tarses unidentés, ainsi que ceux des dasytes, dont ils sont très voisins, et avec lesquels Olivier les confond, s'en éloignent par des antennes plus courtes que la tête et le corselet, et dont le troisième article est une fois au moins plus long que le second. Leur corps est moins alongé, de consistance plus solide, avec la tête un peu prolongée et rétrécie en avant, le corselet presque semi-orbiculaire et tronqué en devant. Ils ont une certaine ressemblance avec les coléoptères du genre *silpha* de Linnæus. Tels sont

LES ZYGIES. (ZYGIA. Fab.)

Le quatrième article des antennes et les suivants forment presque une massue alongée, comprimée, dentée en scie, et la plupart de ces articles sont transversaux. Le corselet est très convexe.

La *Zygie oblongue* (*Z. oblonga*, Fab.) se trouve en Espagne et en Égypte, dans l'intérieur des maisons et plus particulièrement, à ce que m'a appris M. le comte Dejean, dans les greniers. Il paraît qu'on la rencontre aussi quelquefois en France, dans le département des Pyrénées-Orientales. On en a découvert une autre espèce en Nubie.

LES MÉLYRES. (MELYRIS. Fab.)

Dont les antennes grossissent insensiblement, sans former de massue, et dont les articles sont moins dilatés latéralement et presque isométriques. Le corselet est moins convexe (2).

Les autres et derniers mélyrides ont les palpes maxillaires terminés par un article plus grand et en forme de hache. Ce

---

(1) *Voyez*, pour les autres espèces, Fabricius; les *Mélyres* d'Olivier, nº 6-17; Panz., Ind. entom., p. 143; Latr., Gen. crust. et Insect., I, p. 264; Germ. insect. Spec. nov. Le Brésil en fournit d'assez grandes, et dont quelques-unes forment une division particulière.

(2) *M. viridis*, Fab.; Oliv., Col., II, 21, 1, 1; — *M. abdominalis*, Fab.; Oliv., *ibid.*, I, 7; — *Opatrum granulatum*, Fab.; Coqueb., Illust. icon. insect., III, xxx, 7.

caractère, la briéveté du premier article des tarses et quelques autres considérations semblent les rapprocher des insectes de la tribu suivante. Ce sont

Les Pélocophores. (Pelocophorus.)

De M. le comte Dejean, qui les place avec les coléoptères tétramères (1).

La quatrième tribu des Malacodermes, celle des Clairones (*Clerii*), dont le nom nous rappelle celui de Clairon, genre principal de cette tribu, se distingue par l'ensemble des caractères suivants. Deux de leurs palpes au moins sont avancés et terminés en massue. Les mandibules sont dentées. Le pénultième article des tarses est bilobé, et le premier est très court ou peu visible dans plusieurs. Les antennes sont tantôt presque filiformes et dentées en scie, et tantôt terminées en massue, ou grossissent insensiblement vers le bout. Le corps est ordinairement presque cylindrique, avec la tête et le corselet plus étroits que l'abdomen, et les yeux échancrés.

La plupart de ces insectes se trouvent sur les fleurs, les autres sur les troncs des vieux arbres ou dans le bois sec. Celles des larves que l'on a observées sont carnassières.

____

(1) Catalogue de la collection des Coléoptères de M. Dejean, p. 115; *Notoxus Illigeri*, Schœnh., Synon. insect., I, 2, p. 53, iv, 7, a. Je rapporterai à la même subdivision des Mélyrides un sous-genre nouveau que je nommerai *Diglobicère (Diglobicerus)*. Les antennes n'ont que dix articles distincts, et dont les deux derniers sont plus gros et globuleux. Il est établi sur un insecte qui m'a été envoyé par M. Lefébure de Cérisy.

Cette tribu comprendra le genre

DES CLAIRONS. (CLERUS. Geoff.)

Il y en a dont les tarses vus sous leurs deux faces, offrent distinctement cinq articles. Leurs antennes sont toujours dentées, en majeure partie, en manière de scie.

Quelques-uns, parmi eux, ont des palpes maxillaires filiformes ou légèrement plus gros vers le bout.

Les CYLIDRES. (CYLIDRUS. Lat.)

Ont des mandibules longues, très croisées, terminées en une pointe simple, avec deux dents au côté interne. Les quatre premiers articles des antennes sont cylindriques et alongés ; les six suivants ont la figure de dents de scie, et le dernier est oblong. Les palpes sont terminés par un article alongé ; celui des maxillaires, est cylindrique et le même des labiaux est un peu plus gros et en cône renversé. Le pénultième article des tarses est formé de deux lobes distincts. La tête est alongée.

La seule espèce connue (*Trichodes cyaneus*, Fab.), se trouve à l'île de France.

Les TILLES. (TILLUS. Oliv., Fab.) (1)

Ont des mandibules de grandeur moyenne, et refendues ou bidentées au bout ; des antennes tantôt dentées en scie, depuis le quatrième article jusqu'au dixième inclusivement, avec le dernier ovoïde, tantôt terminées brusquement, depuis le sixième, en une massue dentée en scie. Le dernier article des palpes labiaux est très grand, en forme de hache. La tête est courte, arrondie. Le troisième et le quatrième

---

(1) *Tillus elongatus*, Oliv., col. II, 22, 1, 1; *Chrysomela elongata*, Lin. ; — *Clerus unifasciatus*, Fab.; Oliv., *ibid.*, IV, 76, 11, 21. Le premier a les antennes en scie depuis le quatrième article, et le corselet cylindrique. Dans le second, les antennes se terminent, à partir du sixième article, en une massue dentée en scie. Le corselet est rétréci postérieurement. Le dernier article des palpes maxillaires est proportionnellement plus long que le même de la première espèce, et comprimé.

article des tarses sont dilatés et en forme de triangle renversé.

On trouve ces insectes sur les vieux bois ou sur les troncs
d'arbres.

Les autres insectes de cette tribu, et toujours distinctement
pentamères, ont les quatre palpes terminés en massue; le
dernier article des labiaux est presque toujours en forme de
hache.

Ici les quatre premiers articles des tarses sont garnis en
dessous de pelottes membraneuses, avancées, en forme de
lobes. Le corselet est alongé, presque cylindrique.

Les Priocères. (Priocera. Kirb.)

Le corps est convexe, avec le corselet resserré postérieurement. Le dernier article des palpes maxillaires est moins
dilaté que le même des labiaux, en forme de triangle renversé et oblong. Le labre est échancré.

On n'en connaît qu'une espèce (*Priocera variegata*,
Kirb., Lin. Trans. XII, p. 389, 390, xxi, 7).

Les Axines. (Axina. Kirb.)

Le corps est déprimé. Le dernier article des quatre palpes
est fort grand, en forme de hache.

On n'en a encore décrit qu'une seule espèce (*Axina
analis*, Kirb., *ibid.*, fig. 6.), et qui se trouve au Brésil.

Là, le pénultième article des tarses est seul distinctement
bilobé. Le corselet est carré. Le corps est d'ailleurs déprimé,
comme dans le sous-genre précédent, et les palpes se terminent de même.

Les Eurypes. (Eurypus. Kirb.)

L'*E. rougeâtre* (*Eurypus rubens*, Kirb., *ibid.*, fig. 5.),
habite aussi le Brésil. J'en ai vu une seconde espèce, du
même pays, dans la belle collection de M. de la Cordaire.

Maintenant les tarses, vus en dessus, ne paraissent composés que de quatre articles, le premier des cinq ordinaires
étant fort court et caché sous le second (1).

---

(1) Les insectes de cette subdivision composent le genre *Clairon* proprement dit de Geoffroy; M. Dufour admet que les tarses postérieurs

Tantôt les antennes grossissent insensiblement ou se terminent graduellement en massue ; les articles intermédiaires, à partir du troisième, sont presque en forme de cône renversé; les deux à quatre avant-derniers sont presque en forme de triangle renversé, et le dernier est ovoïde.

Les Thanasimes. (THANASIMUS. Lat. — *Clerus*. Fab.)

Ont les palpes maxillaires filiformes et le dernier article des labiaux grand, en forme de hache (1).

Les Opiles. (OPILO. Lat. — *Notoxus*. Fab.)

Dont les quatre palpes sont terminés par un grand article, en forme de hache (2).

Tantôt les trois derniers articles des antennes sont beaucoup plus larges que les précédents, et forment une massue brusque, soit simple et en forme de triangle renversé, soit en scie.

Ceux où cette massue est simple ou point dentée en scie composent deux sous-genres.

Les Clairons proprement dits. (CLERUS. Geoff. — *Trichodes*. Fab.)

Leurs palpes maxillaires sont terminés par un article en forme de triangle renversé et comprimé ; le dernier des labiaux, qui sont plus grands que les précédents, est en forme de hache. La massue des antennes n'est guère plus longue que large, et se compose d'articles serrés; le troisième est plus long que le second. Les mâchoires se terminent par un lobe saillant et frangé. Le corselet est déprimé en devant.

Ces insectes se trouvent sur les fleurs; leurs larves dévorent celles de quelques apiaires.

Leur estomac est plus large en avant, sans rides; leur intestin est court, avec deux renflemeuts en arrière. Suivant

---

ont cinq articles, mais dont le premier est fort court ; le même article n'est que rudimentaire aux tarses intermédiaires, et nul aux deux antérieurs.

(1) *Attelabus formicarius*, Lin.; *Clerus formicarius*, Oliv., col. IV, 76, 1, 13 ; — *Clerus mutillarius*, Fab.; Oliv., *ibid.*, 1, 12.

(2) *Attelabus mollis*, Lin.; *Clerus mollis*, Oliv., *ibid.*, 1, 10.

M. Dufour, leurs jabot est si court, qu'il est presque entièrement caché dans la tête (1).

Le *C.* des *Ruches* (*Attelabus apiarius*, Lin. ; *Trichodes apiarius*, Fab. ; Oliv., col. IV, 76, 1, 4), est bleu, avec les étuis rouges. Ils sont traversés par trois bandes d'un bleu foncé, dont la dernière occupe l'extrémité. La larve dévore celle de l'abeille domestique, et nuit beaucoup aux ruches.

Celle d'une autre espèce (*Trichodes alvearius*, Fab. ; Oliv., *ibid.*, I, 5 a, b; Reaum., insect., VI, viii, 8-10), presque semblable à la précédente, mais ayant une tache d'un noir bleuâtre à l'écusson, vit dans les nids des *abeilles maçonnes* (*G. osmie*) de Réaumur, et se nourrit aux dépens de leur postérité.

Les Nécrobies. (Necrobia. Latr. — *Corynetes.* Fab.)

Ont les quatre palpes terminés par un article de la même grandeur, en forme de triangle alongé et comprimé; les second et troisième articles des antennes presque égaux, et la massue terminale alongée et à articles lâches. Le devant du corselet n'offre point de dépression.

La *Nécrobie violette* (*Necrobia violacea*, Oliv., col., *ibid.*, 76 *bis*, 1, 1 ; *Dermestes violaceus*, Lin.) est petite, d'un bleu violet ou verdâtre, avec les pieds de la même couleur. Ses étuis ont des points disposés en séries longitudinales. Elle est très commune au printemps, dans les maisons. On la trouve aussi dans les charognes (2).

Nous terminerons cette tribu par un sous-genre, dont les deux avant-derniers articles des antennes, plus ou moins dilatés au côté interne, en manière de dents, composent avec le dernier, qui a une forme ovalaire, une massue en scie ou semi-pectinée. Les palpes sont terminés par un ar-

---

(1) L'organe générateur mâle est beaucoup plus compliqué que celui des Mélyrides, des Lampyrides, et autres Malacodermes. Le dernier anneau de l'abdomen est largement échancré. Ce sont, avec les *Peltis* de Fabricius, les seuls coléoptères qui aient six vaisseaux biliaires. Leur insertion est cœcale.

(2) *Voyez* Olivier, genre *Nécrobie*, et Scœhnh., Synon. insect., I, 2, pag. 50.

ticle plus grand, soit en forme de triangle alongé et comprimé, soit en forme de hache. Tels sont

Les Énoplies. (*Enoplium*, Latr. — *Tillus*, Oliv., Fab. — *Corynetes*, Fab.) (1).

La cinquième tribu des Malacodermes, celle des Ptiniores (*Ptiniores*), a pour type le genre *Ptinus* de Linnæus et quelques autres qui en dérivent, ou qui s'en rapprochent le plus. Le corps de ces insectes est de consistance assez solide, tantôt presque ovoïde ou ovalaire, tantôt presque cylindrique, mais généralement court et arrondi aux deux bouts. La tête est presque globuleuse ou orbiculaire, et reçue, en grande partie, dans un corselet très cintré ou voûté, en forme de capuchon. Les antennes des uns sont filiformes ou vont en s'amincissant vers le bout, soit simples, soit flabellées, pectinées ou en scie; et celles des autres se terminent brusquement par trois articles plus grands et beaucoup plus longs. Les mandibules sont courtes, épaisses et dentées sous la pointe. Les palpes sont très courts et terminés par un article plus grand, presque ovoïde ou en triangle renversé. Les jambes sont sans dentelures, et les éperons de leurs extrémités sont très petits. Les couleurs sont toujours obscures et peu variées. Tous ces insectes sont de petite taille. Lorsqu'on les touche, ils con-

____

(1) *Tillus serraticornis*, Oliv., col. II, 22, 1, 2; — *T.*, *Weberi*, Fab.;—ejusd., *T. damicornis*;—*Dermestoïdes*, Scheff., Elem., entom., 138; *Corynetes sanguinicollis*, Fab. *Voyez* Schœnh., Synon. insect., I, 2, pag. 46.

trefont le mort, en baissant la tête, en inclinant leurs antennes et en contractant leurs pieds; ils demeurent quelque temps dans cette léthargie apparente. Leurs mouvements sont, en général, assez lents; les individus ailés prennent rarement le vol pour s'échapper. Leurs larves nous sont très nuisibles, et ont une grande ressemblance avec celles des scarabées. Leur corps, souvent courbé en arc, est mou, blanchâtre, avec la tête et les pieds bruns et écailleux. Leurs mandibules sont fortes. Elles se construisent, avec les fragments des matières qu'elles ont rongées, une coque, où elles se changent en nymphes. D'autres espèces établissent leur domicile à la campagne, dans le vieux bois, les pieux et sous les pierres; elles ont d'ailleurs les mêmes habitudes.

Tels sont les caractères généraux du genre

Des Ptines. (Ptinus. Lin.)

Les uns ont la tête et le corselet, ou la moitié antérieure du corps, plus étroits que l'abdomen, des antennes toujours terminées d'une manière uniforme, simples, ou très peu en scie, et presque aussi longues au moins que le corps.

Les Ptines propres (Ptinus. Lin., Fab. — *Bruchus*. Geoff.)

Ont les antennes insérées entre les yeux, qui sont saillants ou convexes. Leur corps est oblong.

Ils se tiennent, pour la plupart, dans l'intérieur des maisons, principalement dans les greniers et les parties inhabitées. Leurs larves rongent les herbiers et les dépouilles préparées et sèches d'animaux. Les antennes des mâles sont plus longues que celles des femelles, et dans plusieurs espèces, ces derniers individus sont dépourvus d'ailes.

Le *P. voleur* (*P. fur.*, Lin., Fab.; *P. latro, striatus*, F.),

Oliv., col. II, 17, 1, 1, 3; 11, 9, var. du mâle; long d'une ligne et demie, d'un brun clair; antennes de la longueur du corps; corselet ayant de chaque côté une éminence pointue, et deux autres arrondies et couvertes d'un duvet jaunâtre, dans l'intervalle; deux bandes transverses, grisâtres, formées par des poils, sur les étuis.

Suivant de Géer, il se nourrit de mouches et autres insectes morts qu'il rencontre. Sa larve fait un grand dégât dans les herbiers et les collections d'histoire naturelle.

L. *P. impérial* (*P. imperialis*, Fab.), Oliv., *ibid.*, I, 4, remarquable par deux taches des étuis représentant, par leur réunion, la figure grossière d'une aigle à deux têtes. Vit sur le vieux bois (1).

J'ai trouvé fréquemment sur des excréments le *P. germain* (Latr., Gen. crust. et insect., I, pag. 279), qui a beaucoup de rapports avec le *P. voleur* (2).

LES GIBBIES. (GIBBIUM. Scop. — *Ptinus*. Fab., Oliv.)

Où les antennes sont insérées au-devant des yeux, qui sont aplatis et très petits; où l'écusson manque ou n'est point distinct, et dont le corps est court, avec l'abdomen très grand, renflé, presque globuleux et demi transparent. Les antennes sont plus menues vers leur extrémité, et les étuis sont soudés. Ces insectes font aussi leur séjour dans les herbiers et les collections (3).

Les autres ont le corps soit ovale ou ovoïde, soit presque cylindrique; le corselet de la largeur de l'abdomen, du

---

(1) Cette espèce nous paraît devoir être placée dans le genre HÉDOBIE (*Hedobia*) du Catalogue de la collection de M. le comte Dejean. Il diffère de celui de Ptine par les antennes plus écartées, un peu en scie, et surtout par les tarses, qui sont courts et composés d'articles presqu'en forme de cœur, larges, le dernier surtout; les crochets de celui-ci sont même cachés. Dans les Ptines, ces tarses sont étroits, avec le dernier article en forme de cône renversé. Les antennes sont rapprochées à leur base.

(2) *Voyez*, pour la Synonymie des espèces de ce genre, Schœnherr, Synon. insect., II, p. 106.

(3) *Ptinus scotias*, Fab.; Oliv., col., *ibid.*, 1, 2; Panz., Faun. insect. Germ., V, 8; — *P. sulcatus*, Fab.

moins à sa base; les antennes tantôt uniformes et en scie ou pectinées, tantôt terminées par trois articles beaucoup plus grands que les précédents; elles sont plus courtes que le corps.

Les Ptilins. (Ptilinus. Geoff. , Oliv. — *Ptinus*. Lin.)

Dont les antennes, depuis le troisième article, sont fortement pectinées ou en panache dans les mâles, et en scie dans les femelles.

Ces insectes vivent dans le bois sec, et le percent de petits trous. C'est là aussi qu'ils s'accouplent; l'un des sexes est en dehors et suspendu en l'air (1).

Les Xylétines. (Xyletinus. Latr. — *Ptilinus*. Fab.)

Auxquels nous réunissons les Ochines (*Ochina*) de MM. Ziégler et Dejean, ont les antennes simplement en scie dans les deux sexes (2).

Les Dorcatomes. (Dorcatoma. Herbst, Fab.)

Où les antennes finissent brusquement par trois articles plus grands, et dont les deux avant-derniers en forme de dents de scie; elles ne sont composées que de neuf articles (3).

Les Vrillettes. (Anobium. Fab., Oliv. — *Ptinus*. Lin. — *Byrrhus*. Geoff.)

Où les antennes sont également terminées par trois articles plus grands ou plus longs, mais dont les deux avant-derniers en cône renversé et alongé, et celui du bout ovale ou presque cylindrique; elles ont onze articles.

---

(1) *Ptilinus pectinicornis*, Fab.; Oliv. col. II, 17 *bis*, 1, 1; — *P. pectinatus*, Fab.; *ejusd.*, *P. serratus*; *Ptinus denticornis*, var ; Panz., *ibid.*, VI, 9; XXXV, 9.

(2) *Ptilinus pallens*, Germ. ;—*Ptinus serricornis*, Fab. Dans l'*Ochina hederæ*, les antennes sont un peu plus longues que celles des Xylétines, un peu moins en scie, avec les second et troisième articles presque de longueur égale Je n'ai point examiné les autres espèces d'Ochines mentionnées par M. le comte Dejean dans son Catalogue (p. 40).

(3) *Dorcatoma dresdensis*, Herbst., col. IV, xxxix, 8.

Plusieurs espèces de ce genre habitent l'intérieur de nos maisons, où elles nous font beaucoup de tort dans leur premier état, celui de larve, en rongeant les planches, les solives, les meubles en bois, les livres, qu'elles percent de petits trous ronds, semblables à ceux que l'on ferait avec une vrille très fine. Leurs excréments forment ces petits tas pulvérulents de bois vermoulu que nous voyons souvent sur le plancher. D'autres larves de vrillettes attaquent la farine, les pains à cacheter que l'on garde dans les tiroirs, les collections d'oiseaux, d'insectes, etc.

Les deux sexes, pour s'appeler dans le temps de leurs amours et se rapprocher l'un et l'autre, frappent plusieurs fois de suite et rapidement, avec leurs mandibules, les boiseries où ils sont placés, et se répondent mutuellement. Telle est la cause de ce bruit, semblable à celui du battement accéléré d'une montre, que nous entendons souvent, et que la superstition a nommé l'*horloge de la mort*.

La *V. damier* (*A. tesselatum*. Fab.), Oliv., col. II, 16, 1, 1, longue de trois lignes, d'un brun obscur et mat, avec des taches jaunâtres, formées par des poils; corselet uni; étuis sans stries.

La *V. opiniâtre* (*Ptinus pertinax*, Lin.; *A. striatum*, F.), Oliv., *ibid.* I, 4, noirâtre; corselet ayant, à chaque angle postérieur, une tache jaunâtre, et près du milieu de sa base une élévation comprimée, divisée en deux, en devant, par une dépression; étuis à stries ponctuées. Elle préfère, d'après les observations de de Géer, se laisser brûler à petit feu, plutôt que de donner le moindre signe de vie, lorsqu'on la tient.

La *V. striée* d'Olivier, ou l'*Anobium pertinax* de Fabricius (Panz., *ibid.*, LXVI, 5), ressemble beaucoup à la précédente; mais elle est plus petite et n'a pas de taches jaunes aux angles postérieurs du corselet. Elle est très commune dans les maisons. M. Dufour a observé que des appendices forment autour de son pylore une sorte de fraise.

La *V. de la farine* (*A. paniceum*, Fab.; *A. minutum*, ejusd.), Oliv., *ibid.* II, 9, est très petite, fauve, avec le corselet lisse, et les étuis triés. Elle ronge les substances farineuses, et ravage les collections d'insectes, lorsqu'on la laisse s'y multiplier. Elle s'établit aussi dans le liége (1).

La troisième et dernière section des Serricornes, formant aussi une dernière tribu, celle des Lime-bois (*Xylotrogi*), et se distinguant, comme nous l'avons déjà dit, des deux précédentes à raison de la tête entièrement dégagée, se compose du genre

De Lyméxylon. (Lymexylon. Fab.)

Nous le partagerons ainsi :

Les uns ont les palpes maxillaires beaucoup plus grands que les labiaux, pendants, en forme de peigne ou de houppe dans les mâles, terminés par un grand article ovoïde dans les femelles. Les antennes sont courtes, un peu élargies vers leur milieu et amincies vers le bout. Les tarses sont filiformes, avec tous les articles entiers ; les quatre postérieurs sont longs et très grêles.

Ceux dont les élytres sont très courtes, sous la forme d'une petite écaille, composent le genre

D'Atractocère. (Atractocerus. Palis. de Beauv. — *Necydalis*. Lin. — *Lymexylon*. Fab.)

Les antennes sont comprimées, presque en fuseau. Le corselet est carré et l'abdomen déprimé.

L'*A. necydaloïde* (*A. necydaloides*, Palis. de Beauv., Magaz. encycl.; *Necydalis brevicornis*, Lin.; *Lymexylon abbreviatum*, Fab.; *Macrogaster abbreviatus*, Thunb.') se trouve en Guinée, et paraît peu différer d'un autre espèce que l'on reçoit du Brésil. Le Muséum d'histoire naturelle en possède une seconde beaucoup plus petite, et parfaitement distincte, renfermée dans du succin. On en trouve une autre à Java.

Ceux où les élytres sont de la longueur de l'abdomen ou guères plus courtes forment deux sous-genres.

____

(1) *Voyez* Schœnh., Synon. insect., 1, 2, p. 101. Quelques espèces de Fabricius se rapportent au genre *Cis*.

Ici les antennes sont comprimées, en scie et à articles transversaux; le corselet est presque carré. Tels sont

Les HYLÉCOETES. (HYLECOETUS. Latr. — *Meloe, cantharis.* Lin. — *Lymexylon.* Fab.)

L'*H dermestoïde* (*Meloe. Marci*, Lin., le mâle; *Lymexylon morio*, Fab., et *L. proboscideum*, item; *Cantharis dermestoides*, Lin., la femelle; *L. dermestoides*, Fab., item.; Oliv., col. II, 25; I, 1, 2, item). La femelle est longue de six lignes, d'un fauve pâle, avec les yeux et la poitrine noirs. Le mâle est noir, avec les étuis tantôt noirâtres, tantôt roussâtres, avec l'extrémité noire. — En Allemagne, en Angleterre et au nord de l'Europe.

Là, les antennes sont simples, peu ou point comprimées, presque moniliformes. Le corselet est presque cylindrique.

Les LYMÉXYLONS propres. (LYMEXYLON, Fab. — *Cantharis.* Lin. — *Elateroides.* Schæff.)

Le *L. naval* (*L. flavipes*, Fab., mâle; ejusd., *L. navale*, fem.; Oliv., *ibid.* I, 4), de la longueur du précédent, mais plus étroit, d'un fauve pâle, avec la tête, le bord extérieur et le bout des étuis noirs; cette dernière couleur domine un peu plus dans le mâle. Cet insecte est très commun dans les forêts de chênes du nord de l'Europe, mais assez rare aux environs de Paris; sa larve est fort longue et très grêle, presque semblable à une filaire. Elle s'était, il y a quelque temps, tellement multipliée à Toulon, dans les chantiers de la marine, qu'elle y avait causé de grands ravages (1).

Les autres ont les palpes fort courts et semblables dans les deux sexes (2). Les antennes sont toujours simples et de

---

(1) Le *Lymexylon proboscideum* d'Olivier, dont l'individu a servi de type à sa description, et qui fait maintenant partie de la collection de M. le comte de Jousselin, à Versailles, doit former un genre propre. *Voyez* aussi le *Lymexylon flabellicorne* de Panzer, Faun. insect. Germ., XI, 10.

(2) Le dernier article, celui des maxillaires au moins, est un peu plus gros, presque ovoïde.

la même grosseur partout. Les tarses sont courts, et le pénultième artième article est bilobé dans quelques-uns.

Le corps est de consistance solide, avec le dessus de la tête inégal ou sillonné, et le corselet presque carré ou suborbiculaire.

LES CUPÈS. (CUPES. Fab.)

Où les antennes sont composés d'articles presque cylindriques, et où le pénultième des tarses est bifide.

Les mandibules sont unidentées sous la pointe. Les palpes, les mâchoires et la languette sont découverts. La languette est bilobée, et le menton est presque semi-orbiculaire. On en connaît deux espèces, et propres l'une et l'autre à l'Amérique septentrionale (1).

LES RHYSODES. (RHYSODES. Latr, Dalm.)

Dont les antennes sont grenues et dont tous les articles des tarses sont entiers.

Les mandibules sont, à ce qu'il m'a paru, rétrécies et presque tricuspidées à leur extrémité. Le menton est corné, très grand, en forme de bouclier, terminé supérieurement par trois dents ou pointes. Les palpes sont fort courts.

Nonobstant le nombre des articles des tarses, ce genre paraît se rapprocher des cucujes et même de certains brentes, à trompe courte dans les deux sexes. Les habitudes sont les mêmes que celles des xylophages (2).

La quatrième famille des COLÉOPTÈRES PENTA-MÈRES, celle

DES CLAVICORNES. (CLAVICORNES.)

Ayant, de même que la précédente, quatre palpes, et des étuis recouvrant le dessus de l'abdomen ou sa plus grande portion, en diffère par ses antennes presque toujours plus grosses vers leur extrémité, souvent

---

(1) *Cupes capitata*, Fab ; Latr., Gen. crust. et insect., I, VIII, 2 ; Coqueb., Illust. icon. insect., III, XXX, 1.

(2) *Rhysodes exaratus*, Dalm., Analect. entom., pag. 93. M. Léon Dufour vient de découvrir cette espèce dans les Pyrénées.

même en massue, perfoliée ou solide; elles sont plus longues qu les palpes maxillaires, avec la base nue ou à peine recouverte. Les pieds ne sont point propres à la natation , et les articles des tarses, ou du moins ceux des postérieurssont ordinairement en-tiers.

Ils se nourrissent, dans leur premier état, au moins de matières animales.

Nous diviserons cette famille en deux sections, dont la première aura pour caractères communs : antennes toujours composées de onze articles , plus longues que la tête , ne formant point depuis la troisième, de massue en fuseau ou presque cylin-drique ; leur second article. point dilaté en ma-nière d'oreillette. Dernier article des tarses ainsi que ses crochets , de longueur moyenne ou petit. Ces clavicornes vivent hors de l'eau , tandis que ceux de la seconde section sont aquatiques ou ri-verains, et nous conduisent ainsi aux palpicornes, coléoptères pour la plupart aquatiques, et dont les antennes n'ont jamais au-delà de neuf articles.

La premièr esection comprendra plusieurs petites tribus.

La première , celle des PALPEURS (*Palpatores*), nous paraît devoir venir, dans une série naturelle, près des psélaphes et des coléoptères de la famille des brachélytres (1). Leurs antennes, de la lon-

---

(1) C'est ce qui nous paraît résulter des organes de la manducation et des habitudes.

gueur au moins de la tête et du corselet, vont un peu en grossissant vers le bout, ou sont presque filiformes, avec les deux premiers articles plus longs que les suivants. La tête est distinguée du corselet par un étranglement et ovoïde. Les palpes maxillaires sont longs, avancés, et renflés vers leur extrémité. L'abdomen est grand, ovalaire ou ovoïde, et embrassé latéralement par les élytres. Les pieds sont alongés, avec les cuisses en massue, et les articles des tarses entiers.

Ces insectes se tiennent à terre, sous des pierres ou d'autres corps. Quelques-uns (les scydmènes) fréquentent les lieux humides. Nous les réunirons en un seul genre, celui

DE MASTIGE. (MASTIGUS.)

LES MASTIGES. (MASTIGUS. Hoffm. — *Ptinus*. Fab.)

Ont les antennes composées d'articles ayant presque la forme d'un cône renversé, dont le premier fort long, et dont les derniers guère plus gros que les autres. Les deux derniers des palpes maxillaires composent une massue ovalaire. Le corselet est presque de figure ovoïde. L'abdomen est ovalaire (1).

LES SCYDMÈNES. (SCYDMÆNUS. Latr., Gill. — *Pselaphus*, Ilig., Payk. — *Anthicus*. Fab.)

Ont les antennes grenues, sensiblement renflées vers leur extrémité, et peu coudées. Les palpes maxillaires se terminent par un article très petit et pointu. Le corselet est pres-

---

(1) *Mastigus palpalis*, Latr., Gen. crust. et insect., I, 281; viii, 5. *Voyez* Schœnh., Synon. insect., I, ii, p. 59, et Klüg, Entomol. monog., pag. 163.

que globuleux, et l'abdomen, presque ovoïde, est proportionnellement plus court que celui des mastiges (1).

Dans tous les clavicornes suivants, la tête s'enfonce généralement dans le corselet, et les palpes maxillaires ne sont jamais à la fois aussi avancés et en massue; l'ensemble de leur physionomie présente d'ailleurs d'autres dissemblances.

Le genre des escarbots (HISTER) formera notre seconde tribu, que nous nommerons, avec M. le baron Paykull, qui l'a si bien étudiée, HISTÉROÏDES (*Histeroïdes*).

Ici les quatre pieds postérieurs sont plus écartés entre eux, à leur origine, que les deux antérieurs, caractère qui distingue, lui seul, cette tribu de toutes les autres de la même famille. Les pieds sont contractiles, et le côté extérieur des jambes est denté ou épineux. Les antennes sont toujours coudées et terminées en une massue solide, ou composée d'articles très serrés. Le corps est d'une consistance très solide, le plus souvent carré, ou parallélipipède, avec le présternum souvent dilaté en devant, et les élytres tronquées. Les mandibules sont fortes, avancées, et souvent d'inégale

---

(1) *Scydmænus Helwigii*, Latr.; *Anthicus Helwigii*, Fab.; *Notoxus minutus*, Faun. insect. Germ., XXIII, 5;—*S. Godarti*, Latr., I, VIII, 6; *S. hirticollis?* Gyll.; — *S. minutus*, ejus.; *Anthicus minutus*, Fab. *Voyez* Schœnh., Synon. insect., I, II, p. 57. M. Duros, garde-du-corps du roi, qui a un talent particulier pour découvrir les petites espèces de nos environs, a trouvé dans une fourmilière le *S. clavatus de* M. Gyllenhall. Ce fait et quelques autres me confirment dans l'opinion que ces insectes viennent, avec les Psélaphes, à la suite des Brachélytres.

grandeur. Les palpes sont presque filiformes ou légèrement plus gros à leur extrémité, et terminés par un article ovalaire ou ovoïde.

Sous le rapport des habitudes et à raison des dentelures de leurs jambes et de quelques autres caractères, ces insectes semblent se rapprocher des lamellicornes coprophages. Mais, par d'autres considérations, fondées sur l'anatomie, ils viennent naturellement près des boucliers ou *silpha ;* telle est aussi l'opinion de M. Dufour (Annal. des Scienc. nat., octob. 1824). Le canal digestif de l'espèce qu'il a disséquée (*sinuatus*) a quatre à cinq fois la longueur du corps. L'œsophage est très court ; le renflement oblong venant immédiatement après, offre à travers ses parois quelques traits brunâtres, qui sembleraient annoncer l'existence de pièces intérieures propres à la trituration, et s'il en était ainsi, ce renflement mériterait le nom de gésier ; le ventricule chylifique est fort long, replié sur lui-même, et hérissé de papilles pointues et très saillantes. Les vaisseaux hépatiques ont six insertions distinctes autour du ventricule chylifique (*Ibid.* juillet, 1825). Leur nombre, selon Ramdohr, ne serait que de trois, et chacun d'eux aurait ainsi deux insertions : mais une telle disposition de ces vaisseaux est douteuse.

Ces animaux se nourrissent de matières cadavéreuses ou stercoraires, de substances végétales corrompues, comme le fumier, les vieux champignons, etc. ; quelques autres font leur séjour sous les écorces des arbres. Leur démarche est lente ; ils sont d'un noir très brillant, ou de couleur bronzée. Celles de leurs arves qu'on a observées (*merdarius*, *cadaverinus*) se nourrissent des mêmes substances que l'insecte parfait. Leur corps est presque de forme linéaire, déprimé, presque glabre, mou et d'un blanc jaunâtre, à l'exception de la tête et du premier segment, dont le derme est écailleux et brun ou rougeâtre ; il est pourvu de six pattes courtes, et se termine postérieurement par deux appendices articulés, et un prolongement anal et tubulaire ; la plaque écailleuse du premier segment est cannelée longitudinalement.

Cette tribu comprendra exclusivement, ainsi que nous l'avons dit plus haut, le genre

DES ESCARBOTS. (HISTER. Lin.)

M. le baron Paykull s'était borné à en détacher quelques espèces à forme très aplatie, et dont il compose celui d'hololepte ; mais le docteur Leach (Zool. miscell., III, p. 76.) en a établi quatre autres.

Les uns ont les jambes, ou les antérieures au moins, triangulaires, dentées extérieurement, les antennes toujours découvertes et libres, le corps généralement carré, peu ou point renflé.

On peut les diviser en deux sous-genres. Dans le premier, celui

D'HOLOLEPTE (HOLOLEPTA. Payk.),

Le corps est très aplati, le présternum ne s'avance point sur la bouche, et les quatre jambes postérieures n'ont qu'un seul rang d'épines ; le lobe terminal des mâchoires est prolongé ; le menton est profondément échancré, et les palpes, proportionnellement plus avancés, sont formés d'articles presque cylindriques.

Ils se tiennent sous les écorces des arbres. L'animal figuré par M. Paykull comme la larve d'une espèce de ce sous-genre est celle d'une espèce de syrphe ou de mouche (1).

Les autres histéroïdes, dont le présternum s'avance sur la bouche, dont les mâchoires se terminent par un lobe court, avec les palpes peu avancés et composés d'articles qui, à l'exception du dernier, sont plutôt en cône renversé que cylindriques, et dont le menton, enfin, est légèrement échancré, rentreront dans le sous-genre.

D'Escarbot proprement dit. (Hister.)

Quelques espèces dont les quatre jambes postérieures n'ont, ainsi que les hololeptes, qu'une seule rangée de petites épines, et vivent aussi sous les écorces d'arbres, composent les genres Platysome (*Platysoma*), et Dendrophile (*Dendrophilus*), de M. Leach. Le premier (2) ne diffère du second (3) qu'en ce que le corps est aplati en dessus, et que le corselet est plus court, et rétréci en devant. Une espèce de la même division, l'*escarbot à trompe* (*H. proboscideus*, Payk., Monog., VIII, 4), a une forme particulière. Son corps est long et étroit, avec le corselet plus d'une demi-fois plus long que large.

Les autres escarbots ont deux rangées d'épines aux quatre jambes postérieures. Ce sont les seuls que M. Leach laisse dans le genre *hister*.

L'*E. unicolor* (*H. unicolor*, Lin.; Payk., *ibid.*, II, 7), long de quatre lignes, entièrement noir, luisant; trois dentelures au côté extérieur des deux premières jambes ; deux stries de chaque côté du corselet, et quatre sur la partie extérieure de chaque étui, de leur longueur, et dont la plus voisine du bord interrompue. Très commun.

Le nombre des dentelures des jambes, celui des stries du corselet et des élytres, leur ponctuation, la forme du corps ont fourni à M. Paykull d'excellents caractères, au moyen desquels il a bien signalé les espèces.

Une dernière division de cette tribu comprend des histé-

---

(1) Hister. monog., pag. 101 et suiv.

(2) *Hister picipes*, Fab.; Payk., *ibid.*, VIII, 5 ; — *H. flavicornis*, ejusd., VIII, 6; — *H. oblongus*, ejusd., X, 3.

(3) *A. punctatus*, ejusd., VII, 5.

roïdes très petits, à corps épais, presque globuleux, dont le présternum peu ou point comprimé latéralement, point avancé sur la bouche, est droit en devant. Dans les uns (ABRÉE, *Abrœus*, Leach.), il se prolonge jusqu'aux angles antérieurs du corselet, et recouvre entièrement les antennes dans leur contraction ; il est plus étroit dans les autres (ONTHOPHILE, *Onthophilus*, ejusd.); mais ici la massue des antennes se loge dans une cavité orbiculaire et très distincte, située sous l'angle antérieur du corselet. Les jambes antérieures sont souvent étroites, presque linéaires et sans dents. Le dernier demi-segment supérieur de l'abdomen est courbé inférieurement et paraît le terminer (1).

Les autres clavicornes ont les pieds insérés à égale distance les uns des autres. Ceux de ces coléoptères où ces organes ne sont point contractiles, ou dont les tarses, à plus, se replient contre la jambe, qui ont des mandibules le plus souvent saillantes et aplaties, ou peu épaisses, et dont le présternum n'est jamais dilaté antérieurement, composeront cinq autres tribus.

La troisième tribu de la famille, celle des SIL-PHALES (*Silphales*), offre cinq articles très distincts à tous les tarses, et les mandibules terminées en une pointe entière, ou sans échancrure ni fissure (2). Les antennes se terminent en une

---

(1) Le docteur Leach rapporte au *G. abrœus* l'*H. globosus*, Payk., VIII, 2 ; — l'*H. minutus*, ejusd., VIII, 1 ; et à son genre *Onthophilus*, les escarbots suivants : *H. striatus*, Payk., *ibid.*, XI, 1 ; *H. sulcatus*, X, 8 ; L'*H. hispidus* du même, XI, 2, paraît être congénère. Le genre *ceutocerus* de M. Germar (Insect. Spec. nov., I, p. 85, 1, 2) semble venir naturellement après les Histéroïdes, d'après la forme des antennes, des pattes, etc. ; mais les élytres recouvrent l'abdomen, et les mandibules ne sont point saillantes. Je n'ai vu aucun individu de ce genre.

(2) Le côté interne cependant offre quelquefois des dentelures, et telles sont celles des *Sphérites*.

massue le plus souvent perfoliée, et de quatre à cinq articles. Les mâchoires ont dans la plupart une dent cornée au côté interne. Les tarses antérieures sont souvent dilatés , du moins dans les mâles. Les élytres du plus grand nombre ont au bord extérieur une gouttière, avec un fort rebord.

Cette tribu se compose du genre

Des Boucliers. (Silpha. Lin. — *Peltis*. Geoff.)

Ici les antennes se terminent brusquement en une massue courte et solide, formée par les quatre derniers articles ; le second est plus grand que les suivants. Le corps est presque carré, avec les élytres tronquées, les jambes dentées, les tarses simples, les mandibules bidentées au côté interne, et le dernier article des palpes maxillaires aussi long que les deux précédents réunis. Les mâchoires ont une dent cornée au côté interne. Ces insectes ressemblent tellement aux escarbots, que Fabricius les a confondus avec eux. Tels sont

Les Sphérites. (Sphærites. Dufst. — *Sarapus*. Fisch. — *Hister*. Fab. — *Nitidula*. Gyll.) (1)

Là , les antennes se terminent en une massue perfoliée.

Tantôt le corps est oblong , avec la tête étranglée postérieurement, aussi large ou guère plus étroite que le bord antérieur du corselet ; cette partie est en forme de carré arrondi aux angles ; les élytres sont en carré long, brusquement et fortement tronquées à leur extrémité postérieure. Les cuisses postérieures, du moins dans les mâles , sont ordinairement renflées. Le dernier article des palpes maxillaires est un peu plus grêle que le précédent, presque cylindri-

---

(1) Dufst., Faun. aust. , I, p. 206 ; *Hister glabratus*, Fab.; Sturm., 1 , xx; *Sarapus*, Fisch., Mém. de la Soc. des natur. de Moscou.

que, un peu aminci vers le bout et obtus. Les tarses antérieurs sont dilatés dans les mâles.

Les Nécrophores. (Necrophorus. Fab. — *Silpha*. Lin. —
Dermestes. Geoff.)

Les antennes, guère plus longues que la tête, sont terminées brusquement en une massue presque globuleuse,
de quatre articles; le premier est long et le second beaucoup plus court que le suivant. Le corps est presque parallélipipède, avec le corselet plus large en devant, toutes les
jambes fortes, élargies à leur extrémité et terminées par de
forts éperons, et les élytres tronquées à angle droit.

Les mâchoires sont dépourvues d'onglet corné. L'instinct
qu'ils ont d'enfouir les cadavres des taupes, des souris, et
autres petits quadrupèdes, les a fait nommer *enterreurs*,
porte-morts. Ils se glissent dessous, creusent la terre, jusqu'à
ce que la fosse soit assez profonde pour contenir le corps, et
l'y font entrer peu à peu, en le tirant à eux; ils y déposent
leurs œufs, et leurs larves trouvent ainsi leur nourriture.
Elles sont longues, d'un blanc grisâtre, avec le dessus de
leurs anneaux antérieurs revêtu d'une petite plaque écailleuse d'un brun fauve, et de petites pointes élevées sur les
derniers. Elles sont munies de six pattes et de mandibules
assez fortes. Pour passer à l'état de nymphes, elles s'enfoncent profondément dans la terre, et s'y construisent une
loge, qu'elles enduisent d'une substance gluante. Ces insectes, ainsi que beaucoup d'autres qui vivent dans des matières cadavéreuses, ont une forte odeur de musc. Leurs habitudes ont, dans ces derniers temps, fixé l'attention de ceux qui
font métier de la destruction des taupes, et l'ouvrage intitulé l'Art du taupier, nous offre à cet égard quelques faits
qui avaient échappé à l'observation des naturalistes. Il faut
que ces insectes aient un odorat très fin, puisque peu de
temps après qu'une taupe a été tuée, l'on ne tarde pas à
voir voler autour des nécrophores, qu'on eût vainement
cherché dans ce lieu auparavant.

Le canal digestif des nécrophores et des boucliers est trois
fois au moins plus long que le corps. L'œsophage est très
court et suivi d'un gésier ellipsoïde, dont la tunique interne

et un peu scarieuse est hérissée, du moins dans plusieurs espèces, de soies pointues, dirigées en divers sens, mais disposées en huit bandes longitudinales, séparées par des intervalles lisses. Le tube intestinal est fort long, surtout dans les nécrophores et les nécrodes. La surface de l'intestin, dans les derniers, ainsi que dans les boucliers, est toute couverte de points saillants et granuleux. Il s'ouvre, soit latéralement, soit directement, dans un renflement lisse que l'on peut, selon M. Dufour (Annal. des scienc. nat., octob. 1824) comparer à un cœcum. Il reçoit par côté une bourse pédicellée, ovalaire ou oblongue, faisant partie de l'appareil excrémentiel. Le nombre des vaisseaux biliaires, qui sont grêles, très longs, fort repliés, et ont chacun une insertion propre, autour de l'extrémité du ventricule chylifique (Dufour, *ibid.*, juillet 1825), est de quatre. Il paraît, d'après la figure du canal digestif du *necrophorus vespillo*, donnée par Ramdohr, que son gros intestin, au lieu d'être couvert de papilles granuleuses, aurait des rubans musculeux, transversaux, formant des plis annulaires.

Le *N. fossoyeur* ou *point de Hongrie* (*Silpha vespillo*, Lin.; Oliv., col. II, 10, 1, 1), est long de sept à neuf lignes, noir, avec les trois derniers articles des antennes rouges, et deux bandes orangées, transverses et dentées sur les étuis et les hanches des deux pieds postérieurs armées d'une forte dent; leurs jambes sont courbes.

Le *N. des morts* (*N. mortuorum*, Fab.; Panz., Faun. insect. germ., XLI, 3), est plus petit, avec les antennes entièrement noires. La seconde bande transverse orangée des élytres de l'espèce précédente, ne forme ici ordinairement qu'une grande tache en croissant.

On la trouve spécialement dans les bois et souvent dans les champignons.

Le *N. germanique* (*N. germanicus*, Fab.; Oliv., *ibid.*, 1, 2, a, b), a souvent plus d'un pouce de longueur. Il est tout noir, avec le bord extérieur des élytres fauve, et une tache d'un jaune ferrugineux sur le front.

Le *N. inhumeur* (*humator*, Fab.; Oliv., *ibid.*, 1, 2, c.), diffère du précédent par la couleur orangée de la massue des antennes. Il est aussi constamment plus petit.

L'Amérique septentrionale en fournit plusieurs espè-
·ces, dont une surtout (*grandis*, Fab.) surpasse toutes
les autres en grandeur. Ce genre paraît, jusqu'ici, restreint aux contrées septentrionales de ce continent et de
l'Europe (1).

Les NÉCRODES. (NECRODES. Wilk.—*Silpha*. Lin., Fab.)

Ont des antennes manifestement plus longues que la tête,
terminées en une massue alongée, de cinq articles ; le second est plus grand que le troisième. Le corps est ovale-
oblong, avec le corselet presque orbiculaire, plus large dans
son milieu, les jambes étroites, alongées, peu élargies au
bout, et terminées par deux éperons de grandeur ordinaire,
et les étuis tronqués obliquement.

On trouve des espèces de ce sous-genre en Europe, dans
les contrées équatoriales du nouveau monde, aux Indes
orientales et à la Nouvelle-Hollande (2).

Tantôt le corps est ovalaire ou ovoïde, avec la tête peu ou
point étranglée postérieurement, plus étroite que le corselet ; le corselet soit presque demi circulaire et tronqué en
devant, soit trapézoïde et plus large en arrière ; les élytres
arrondies ou simplement échancrées à leur extrémité postérieure. Les pieds postérieurs ne diffèrent point ou peu sexuel-
lement.

Les mâchoires sont armées intérieurement d'une dent ou
crochet écailleux.

Les BOUCLIERS proprement dits. (SILPHA. Lin., Fab.
— *Peltis*. Geoff.)

Dont le corps est presque en forme de bouclier, déprimé
ou peu élevé, avec le corselet demi circulaire, tronqué ou
très obtus en devant, les élytres fortement rebordées et creu-
sées en goutière extérieurement, les palpes filiformes, et dont
le dernier article est presque cylindrique et terminé en
pointe dans plusieurs. La plupart vivent dans les charognes

______

(1) *Voyez*, pour les autres espèces, Fabricius, Olivier, et Schœnh.,
I, 11, p. 117.

(2) *Silpha littoralis*, Fab. ; Oliv., col., II, 11, 1, 8, a, b, c ; — *S.
surinamensis*, Fab. ; Oliv., *ibid.*, II, 11 ; — *S. lachrymosa*, Schreib.,
Lin. Trans., VI, xx, 5 ; — *S. indica*, Fab., etc.

et diminuent ainsi la quantité des miasmes qu'elles répandent. Quelques autres grimpent sur les plantes, et notamment les tiges de blé, où sont de petits hélix, pour en manger l'animal. D'autres se tiennent sur des arbres élevés et dévorent les chenilles. Les larves sont pareillement agiles, vivent de la même manière, et souvent rassemblées en grande quantité. Elles ont beaucoup de ressemblance avec l'insecte parfait. Leur corps est aplati, composé de douze segments dont les angles postérieurs sont aigus, avec l'extrémité postérieure plus étroite et terminé par deux appendices coniques.

Dans la plupart des espèces, les deux tarses antérieurs des mâles sont seuls plus dilatés que les autres. Les antennes grossissent insensiblement où se terminent brusquement en une massue de quatre articles au plus ; les second et troisième articles sont peu différents ; le dernier des maxillaires est de la longueur au plus du précédent, et souvent un peu plus court et un peu plus menu.

Les espèces où l'extrémité des antennes est distinctement perfoliée ou composée d'articles, qui, à l'exception du dernier, sont transversaux et plus larges que longs, où cette massue est brusque, et dont les élytres sont échancrées à leur extrémité, dans les mâles au moins, forment le genre THANATOPHILE (*thanatophilus*) de M. Leach (1).

Celles où les élytres sont entières, mais qui ont d'ailleurs des antennes semblables, composent celui qu'il nomme OICEPTOME (*Oiceptoma*).

Le *B. thoracique* (*S. thoracica*, Lin., Fab.; Oliv., col. II, 11, 1, 3, a, b.), dont le corps est noir, avec le corselet rouge, soyeux, et trois lignes élevées, flexueuses, dont l'extérieure plus courte, formant une carène et se terminant près d'un tubercule transversal, sur chaque élytre. Dans le mâle, l'extrémité postérieure de ces élytres finit en pointe à la suture. Cette espèce habite plus particulièrement les bois.

Une autre espèce, propre aussi aux forêts, mais qui

----

(1) *Silpha sinuata*, Fab.; Oliv., *ibid.*, II, 12 ; — *S. dispar*, Ilig., Gyllenh, etc.

se tient communément sur les jeunes chênes, pour y vivre de chenilles, est le *B. à quatre points* (*S. quadripunctata*, Lin., Fab.; Oliv., ibid., 1, 7, a, b.). Son corps est noir, avec le limbe du corselet et les élytres jaunâtres. Elles ont chacune deux points noirs, l'un à la base et l'autre au milieu (1).

Les boucliers dont les antennes sont pareillement perfoliées à leur extrémité, mais dont la massue est formée graduellement, conservent seuls, dans la méthode du même naturaliste, la dénomination générique de *Silpha*. Ces espèces se tiennent habituellement dans les champs, sur les bords des chemins, etc.

Le *B. lisse* (*S. lœvigata*, Fab.; Oliv., ibid., 1, 1, a, b), qui est d'un noir luisant, très pointillé, avec le corselet beaucoup plus étroit en devant, et les élytres sans lignes élevées.

Le *B. obscur* (*S. obscura*, Lin., Fab.; Oliv., ibid., II, 18), d'un noir obscur, avec le corselet tronqué en devant, les élytres plus profondément ponctuées, et trois lignes élevées, mais peu saillantes, courtes, et dont l'intermédiaire plus longue, sur chaque élytre.

Le *B. réticulé* (*S. reticulata*, Lin.; Panz., Faun. insect. Germ., V, 9), d'un noir opaque, avec le corselet tronqué en devant, trois lignes élevées sur chaque élytre, dont l'extérieure plus forte, formant une carène, terminée par un tubercule, et des rides transverses dans les intervalles (2).

Dans quelques-uns, les antennes ne sont point nettement perfoliées à leur extrémité, les derniers articles étant presque globuleux. Ce sont Les Phosphuges (*Phosphuga*) du même (3).

Une espèce de bouclier d'Allemagne, et qui pourrait former un sous-genre propre (*Necrophilus*, Latr.), s'éloigne des précédentes par plusieurs caractères. Les quatre

---

(1) Ajoutez *S. rugosa*, Fab.; Oliv., II, ibid., 17;—*S. laponica*, Fab.

(2) Ajoutez *S. opaca*, Fab.; Herbst, col., LI, 16;— *S. tristis*, Illig., etc.

(3) *S. atrata*, Fab.; *ejusd.*, *Pedemontana*, var.; Oliv., ibid., 1, 6.

tarses antérieurs sont semblables et dilatés à leur base, les deux premiers articles étant sensiblement plus larges, du moins dans les mâles, que les deux suivants. Le troisième article des antennes est plus long que le précédent, et les cinq derniers forment brusquement une massue perfoliée. Le dernier des maxillaires est aussi long que les deux précédents réunis. Cette espèce est la *Silpha subterranea* d'Iliger et de divers autres entomologistes.

Les Agyrtes. (Agyrtes. Frœh. — *Mycetophagus.* Fab.)

Ont le corps assez épais, convexe ou arqué en dessus, point en forme de bouclier, avec le corselet presque carré, un peu plus large que long et un peu plus étroit en devant, la marge extérieure des élytres inclinée et sans canal, le dernier article des palpes maxillaires plus gros et ovoïde (1).

Des clavicornes qui nous paraissent se rapprocher par plusieurs caractères et par leurs habitudes des agyrtes, mais dont les mandibules sont fendues ou bidentées à leur extrémité, composeront une quatrième tribu, celle des Scaphidites (*Scaphidites*). Leurs tarses ont cinq articles très distincts et entiers. Leur corps est ovalaire, rétréci aux deux bouts, arqué ou convexe en dessus, épais au milieu, avec la tête basse, reçue póstérieurement dans un corselet trapézoïde, point ou faiblement rebordé, plus large postérieurement. Les antennes sont généralement aussi longues au moins que la tête et le corselet, et terminées en une massue alongée, de cinq articles. Le dernier article des

---

(1) *Agyrtes castaneus*, Gyllenh., Insect. Succ., I, III, p. 682; *Mycetophagus castaneus*, Fab.; *M. spinipes*, Panz., Faun. insect. Germ , XXIV, 20 Je soupçonne que l'*A. subniger* de M. Dejean n'est que la femelle.

palpes est conique. Les pieds sont alongés et grêles. Si l'on en excepte quelques espèces (les cholèves), les tarses sont presque identiques dans les deux sexes.

Cette tribu composera le genre

DE SCAPHIDIE. (SCAPHIDIUM.)

Les SCAPHIDIES propres. (SCAPHIDIUM. Oliv., Fab. — *Silpha.* Lin.)

Les cinq derniers articles de leurs antennes sont presque globuleux et composent la massue. Les palpes maxillaires sont peu saillants et se terminent graduellement en pointe, le pénultième article n'étant guère plus épais que le dernier, à leur jonction. Le corps a une forme naviculaire, avec le corselet un peu rebordé et les étuis tronqués. Ils vivent dans les champignons On n'en connaît qu'un petit nombre d'espèces, dont l'une de Cayenne, et les autres du nord de l'Europe (1).

Les CHOLÈVES. (CHOLEVA. Latr., Spence. — *Catops.* Fab. — *Peltis.* Geoff.)

Ont. la massue de leurs antennes composée d'articles, pour la plupart, presque en forme de toupie, et plus ou moins perfoliée ; les palpes maxillaires très saillants et terminés brusquement en manière d'alène ; le corps ovoïde, avec le corselet plan, sans rebords. Les quatre premiers articles des tarses antérieurs et le premier des intermédiaires sont dilatés dans les mâles de quelques espèces (*Catops blapoides*, Germ.).

Dans les *Cholèves* proprement dits, les antennes sont de la longueur environ de la tête et du corselet ; leur huitième article ou le second de la massue, est sensiblement plus court que le précédent et le suivant, et même quelquefois peu distinct ; le dernier est semi-ovoïde et pointu (2). Dans es MYLOEQUES. (MYLOECHUS. Latr., Oliv. — *Catops.* Payk.

---

(1) Oliv., col. 11, 20.

(2) Latr., Gener. crust. et insect., II, pag. 26. *Voyez* la Monographie de ce genre publiée par M. Spence, dans les Transactions de la Société linnéenne de Londres, Paykull et Gyllenhall.

Gyll.) les antennes sont plus courtes, le huitième article est plus grand que le précédent et presque égal au suivant, le dernier est arrondi et obtus au sommet (1).

La cinquième tribu, celle des Nitidulaires (*Nitidulariæ*), se rapproche de celle des silphales, par le corps en forme de bouclier et rebordé ; mais les mandibules sont bifides ou échancrées à leur extrémité ; leurs tarses semblent n'être composés que de quatre articles , le premier et le suivant, dans les uns, ne se montrant qu'en dessous et n'y formant qu'une petite saillie , le pénultième dans les autres étant très petit et sous la forme d'un nœud, renfermé entre les lobes du précédent. La massue des antennes est toujours perfoliée, de trois ou deux articles , et ordinairerement courte ou peu alongée.

Les palpes sont courts , filiformes ou un peu plus gros à leur extrémité. Les élytres sont courtes ou tronquées dans plusieurs. Les pieds sont peu alongés, avec les jambes souvent élargies à leur extrémité , et les tarses garnis de poils ou de pelotes. L'habitation de ces insectes varie selon les espèces ; on en trouve sur les fleurs , dans les champignons , les viandes corrompues et sous les écorces d'arbres. Ils forment le genre

Des Nitidules. (Nitidula.)

Dans quelques-uns, la massue des antennes n'est que de

---

(1) Latr. , *ibid.* , p. 30, VIII, 11 ; Oliv. , Encyclop. méthod. , article *Mylœque.*

deux articles ; et le devant de la tête s'avance en manière de chaperon demi circulaire, aplati, recouvrant les mandibules et les autres parties de la bouche.

Les Colobiques. (Colobicus. Latr.)

Dans ce sous-genre et le suivant, les tarses, à partir du point où ils sont mobiles, semblent n'avoir que quatre articles, dont les trois premiers, beaucoup plus courts que le dernier, entiers et simplement garnis en dessous de poils plus ou moins abondants ; ainsi que dans plusieurs clairons d'Olivier, le premier proprement dit ne se montre qu'en dessous, et y fait une petite saillie ; il est aussi garni de poils. Les palpes des colobiques et ceux du sous-genre suivant se terminent par un article un peu plus gros que le précédent (1).

Dans les autres nitidulaires, la massue des antennes est de trois articles, et la tête ne s'avance point au-dessus de la bouche.

Tantôt le premier article des tarses, ainsi que dans les colobiques, est fort court, les trois suivants sont alongés, entiers, égaux et simplement velus en dessous ; les palpes sont plus gros à leur extrémité.

Les Thymales. (Thymalus. Latr. — *Peltis*. Fab. — *Silpha*. Lin.)

Dans les espèces dont le corps est presque hémisphérique (*limbatus*), la massue des antennes est proportionnellement plus courte, le troisième article et les suivants sont plus menus que le second ; les éperons des jambes sont extrêmement petits (2).

Tantôt les trois premiers articles des tarses, du moins ceux des mâles, sont courts, larges, échancrés ou bilobés ; le quatrième est très petit, peu ou point apparent ; les palpes maxillaires, au moins, sont filiformes.

Ici les jambes, ou du moins les antérieures, sont élargies à leur extrémité, en forme de triangle renversé ; le premier

---

(1) Latr., Gener. crust. et insect, II, p. 9, et I, xvi, 1.
(2) *Voyez* Fabricius, Gyllenhall et Schœnherr.

article des antennes est ordinairement plus grand que le
second; les élytres sont généralement tronqués ou très obtus au bout.

Dans les deux sous-genres suivants, le troisième article
des antennes est sensiblement plus long que le suivant; la
massue est formée brusquement, presque orbiculaire ou
presque ovalaire.

Les Ips. (Ips. Fab.— *Nitidula*. Oliv., Latr. — *Silpha*. Lin.)

Dont le corps est toujours ovale-oblong, déprimé, avec
l'extrémité postérieure de l'abdomen découverte; dont l'une
de leurs mandibules (la gauche) est comme tronquée et tridentée à son extrémité, et l'autre élargie et largement échancrée ou concave au même bout; et où le lobe terminal des
mâchoires est alongé (1).

Les Nitidules propres. (Nitidula. Fab. — *Nitidula.*
Strongylus. Herbst. — *Silpha*. Lin.)

Où les deux mandibules se rétrécissent vers le bout et se
terminent en pointe échancrée ou bifide.

Les unes sont aplaties, oblongues ou ovoïdes; les autres
sont orbiculaires et bombées, ou proportionnellement plus
convexes que les précédentes. Aussi quelques auteurs en
ont-ils placé certaines espèces dans des genres d'une forme
analogue, mais très différents, tels que ceux des sphéridies
et des Tritomes.

On trouve en grande abondance sur les fleurs, la *N.
bronzée* (*N. œnœa*, Fab., ejusd., *N. viridescens*, *rufipes*,
Var.; Oliv., col. II, 11, 12; III, 20, a, b; V, 33, a, b). Elle
est petite, ovoïde-oblongue, d'un vert bronzé brillant,
très ponctuée, avec les antennes noirâtres, terminées par
une grande massue obtuse; le corselet transversal, légèrement échancré en devant, rebordé latéralement, et les
pieds tantôt d'un brun noirâtre, tantôt fauves (2).
Maintenant, le second et le troisième article des antennes

____

(1) Quelques espèces de Fabricius paraissent devoir être rapportées à
son genre *Engis*.

(2) *Voyez* Fab., Oliv., Gyllenh., Schœnh., etc.

sont presque de la même grandeur, et la massue est alongée, en forme de cône renversé ou de poire.

LES CERQUES. (CERCUS. Latr. — *Catheretes.* Herbst., Ilig. — *Dermestes.* Lin., Fab. — *Sphæridium.* Fab., Gyllen. — *Nitidula.* Oliv.)

Le corps est déprimé, avec les élytres tronqués. Les deux premiers articles des antennes sont beaucoup plus grands dans les mâles de quelques espèces que dans leurs femelles, et peut-être ce sous-genre ne devrait-il comprendre que ces espèces; les autres seraient reportées dans le précédent (1).

Là, les jambes sont longues, étroites, presque linéaires; les élytres recouvrent l'abdomen et ne sont point tronquées.

Le corps est ovale, avec le corselet trapézoïde; la massue des antennes est oblongue, les deux premiers articles sont presque égaux et le troisième n'est guère plus long que le suivant.

LES BYTURES. (BYTURUS. Lat., Schœnh. —*Dermestes.* Geoff., Fab., Oliv.—*Ips.* Oliv.) (2).

Une sixième tribu, celle des ENGIDITES (*Engidites*), analogue aux dernières, quant à l'échancrure de l'extrémité des mandibules, s'en distingue en ce qu'elles ne débordent point ou de très peu, et simplement sur les côtés, le labre. Le corps est ovalaire, ou elliptique, avec l'extrémité antérieure de la tête un peu avancée en pointe obtuse ou tronquée. Les tarses ont cinq (3) articles distincts, entiers, et tout au plus un peu velus en dessous; le pénultième est simplement un peu plus court que le

____

(1) *Voyez* Gyllenh., Insect. Suec., 1, p. 245.

(2) *Voyez* Schœnh., Synon. insect., I, 11, p. 95.

(3) Suivant des auteurs, quelques Cryptophages, ou du moins leurs mâles, sont hétéromères.

précédent. Les antennes se terminent en une massue perfoliée, de trois articles; les élytres recouvrent entièrement l'abdomen; les palpes sont un peu plus gros à leur extrémité. Quelques espèces, très petites, vivent dans l'intérieur des maisons, et on les trouve souvent derrière les vitres des croisées.

Ces clavicornes seront réunis en un seul genre, celui

DE DANCÉ. (DACNE.)

Les DACNÉS propres. (DACNE. Lat. — *Engis,* Fab. , Dej. — *Erotylus.* Oliv.)

Leurs antennes se terminent brusquement en une massue assez grande, orbiculaire ou ovoïde, comprimée, composée d'articles serrés, et dont celui du milieu au moins beaucoup plus large que long; le troisième article est plus long que le précédent et le suivant.

Le milieu du bord postérieur du corselet est dilaté en arrière ou lobé, et l'extrémité supérieure du menton est avancée, terminée en pointe tronquée ou bidentée (1).

Les CRYPTOPHAGES. (CRYPTOPHAGUS. Herbst., Schœnh.—*Dermestes.* Lin., Fab.—*Ips.* Oliv., Lat.—*Antherophagus.* Knoch.)

Dont les antennes moniliformes, avec le second article aussi grand ou plus grand que le précédent, se terminent en une massue moins brusque, plus étroite que dans les dacnés, et espacée (2).

---

(1) *Voyez* Fabricius, Syst. eleut.

(2) *Voyez* Schœnh. , Synou. insect. , I, 11, pag. 96.

Les antennes des *Antherophagus* sont proportionnellement plus grosses, composées d'articles plus transversaux, et terminées presque graduellement en massue; à partir du second jusqu'au huitième, ils sont presque égaux. Le *Cryptophagus silaceus* de M. Gyllenhall a de chaque côté du dessous de la tête, une saillie en forme de dent ou de corne. Les *Triphylles* de MM. Mégerle et Dejean ne diffèrent des Cryptophages que par le nombre des articles des tarses.

Nous passerons maintenant à quelques tribus où le présternum est souvent dilaté antérieurement en manière de mentonnière, et qui diffèrent des précédentes par leurs pieds en tout ou en partie con-tractiles ; les tarses peuvent être libres, mais les jambes au moins se replient contre leurs cuisses. Les mandibules sont courtes, généralement épaisses et dentées. Le corps est ovoïde, épais, garni d'écailles ou de poils caduques, qui le colorent diversement. Les antennes sont ordinairement plus courtes que la tête et le corselet, et droites. La tête est en-foncée dans le corselet jusqu'aux yeux. Le cor-selet est peu ou point rebordé, trapézoïde, plus large postérieurement ; le milieu de son bord pos-térieur est souvent un peu prolongé ou lobé. Les larves sont velues, et se nourrissent pour la plupart, de dépouilles ou de cadavres d'animaux. Plusieurs d'entre elles sont très nuisibles aux collections en-tomologiques.

Ceux donc, dont les pieds ne sont pas complète-ment contractiles, les tarses restant toujours libres, avec les jambes étroites et alongées, forment notre septième tribu, les DERMESTINS (*Dermestini*), et le genre

DES DERMESTES. (DERMESTES.)

LES ASPIDIPHORES. (ASPIDIPHORUS. Ziegl., Dej.)

Sont les seuls de cette tribu dont les antennes n'offrent que dix articles distincts, et dont les palpes très courts et renflés inférieurement vont ensuite en pointe. Le corps est orbiculaire (1).

Parmi ceux dont les antennes ont onze articles distincts, et dont les palpes sont filiformes ou vont en grossissant, nous séparerons d'abord ceux dont les antennes ne sont point reçues dans des fossettes spéciales du dessous du corselet. Le présternum avance rarement (2) sur la bouche.

Dans les uns, les antennes sont terminées brusquement en une massue perfoliée, grande, formée par les trois derniers articles.

Les DERMESTES propres. (DERMESTES. Lin., Geoff., Fab.)

Où les antennes sont semblables ou peu différentes dans les deux sexes; la longueur du dernier article ne surpasse jamais notablement celle des précédents.

Quelques espèces font de grands ravages dans les pelleteries, les cabinets d'histoire naturelle; aussi de Géer les désigne-t-il sous le nom de *disséqueurs*. Le *Dermeste du lard*, en effet, coupe et réduit en pièces les insectes des collections où il pénètre. Les autres dévorent les cadavres.

Le *Dermeste du lard* (*D. lardarius*, Lin.; Oliv., col. II, 9, 1, 1) est noir, avec la base des étuis cendrée et ponctuée de noir. Sa larve est alongée, diminuant insensiblement de grosseur de devant en arrière, d'un brun marron en dessus, blanche en dessous, garnie de longs poils, avec deux espèces de cornes écailleuses, sur le dernier anneau. Elle jette des excréments en forme de longs filets (3).

Les MÉGATOMES. (MEGATOMA. Herbst, Lin., Geoff., Fab.)

Ne diffèrent des dermestes que par la massue de leurs antennes, qui est beaucoup plus alongée dans les mâles que dans les femelles; le dernier article est en forme de triangle alongé ou lancéolé.

-----

(1) *Nitidula orbiculata*, Gyllenh.

(2) Le *Dermestes undatus* (Mégatome) de Fabricius et les *Limnichus* font seuls exception.

(3) Ajoutez *D. vulpinus*, *murinus*, *affinis*, *laniarius*, *tesselatus*, *trifasciatus* de Gyllenhall (Insect. Succ.; I, p. 145 et suiv.).

Le *M. des pelleteries* (*Dermestes pellio*, Lin. ; Oliv., *ibid.*, II, 11) n'a que deux lignes et demie de long. Son corps est noir, avec trois points blancs sur le corselet, et un sur chaque étui ; ils sont formés par un duvet. La larve est fort alongée, d'un brun roussâtre, luisante, garnie de poils roux et dont ceux de l'extrémité postérieure forment. une queue. Elle marche en glissant, et comme par secousses, ce que fait aussi l'insecte parfait, ainsi que les dermestes (1).

Dans les autres, tels que

Les LIMNICHUS (LIMNICHUS. Ziég., Dej.),

Les antennes grossissent insensiblement, et se terminent par un article plus grand et ovoïde ; elles sont grenues et se logent sous les angles antérieurs du corselet. Les mâchoires se terminent par deux lobes, dont l'extérieur étroit, en forme de palpe. Les palpes labiaux sont très petits, et le dernier article des maxillaires est plus grand que les précédents, et ovoïde (2).

Dans tous les sous-genres suivants, les antennes, ou du moins leur massue, se logent dans des cavités particulières et latérales du dessous du corselet. Le présternum est toujours dilaté ou avancé en devant, en manière de mentonnière.

Ici la massue des antennes est perfoliée et non solide.

Les ATTAGÈNES. (ATTAGENUS. Lat. — *Megatoma*. Ejusd. — *Dermestes*. Fab.)

Où la massue des antennes est fort grande, presque en scie, et composée seulement de trois articles, dont le premier et le dernier, dans les mâles surtout, plus grands.

Le corps est ovoïde, court, peu convexe. Le dernier article des palpes maxillaires est plus grand et ovoïde (3).

---

(1) Ajoutez le *Dermestes megatoma* de Fab., dont son *Macellarius* paraît être la femelle ; le *D. emarginatus* de Gyllenhall ; le *D. undatus* de Fab. Le présternum, dans cette dernière espèce, s'avance sur la bouche.

(2) *Byrrhus serioeus*, Duft. ; *B. pygmœus*, Sturm.

(3) *Dermestes serra*, Fab. ; *Attagenus serra*, Lat., Hist. nat. des crust.

Les Trogodermes. (Trogoderma. Latr., Dej. — *Anthrenus*. Fab..)

Où la massue des antennes est de quatre articles au moins.
Le corps est ovoïde, oblong, et les palpes sont filiformes (1).

La massue des antennes est maintenant solide ou formée
d'articles très serrés. Le corps est ovoïde, court, tout couvert
de petites écailles caduques. Le corselet est lobé postérieurement.

Les Anthrènes. (Anthrenus. Geoff., Fab. — *Byrrhus*. Lin.)

Dont les antennes, terminées en une massue en forme de
cône renversé, se logent dans des cavités courtes, prati-
quées sous les angles antérieurs du corselet.

Ces coléoptères sont très petits, vivent sur les fleurs en
état parfait, et rongent, sous la forme de larves, les matières animales sèches et particulièrement les insectes des collections. Ces larves sont ovales et garnies de poils, dont
plusieurs sont dentelés; ils y forment des aigrettes, et les
derniers se prolongent en arrière, sous l'apparence d'une
queue. Leur dernière dépouille sert de coque à la nymphe.

L'*A. à bandes* (*Byrrhus verbasci*, Lin. ; Oliv., col. II,
10, 1, 2), gris en dessus, d'un jaune roussâtre en dessous, avec les angles postérieurs du corselet, deux bandes
transverses sur les étuis et une tache près de leur extrémité gris (2).

Les Globicornes. (Globicornis. Latr.)

Où les antennes terminées en une massue globuleuse, se
logent dans des fossettes prolongées jusque près des angles
postérieurs du corselet (3).

---

et des insect., IX, p. 244; *ejusd.*, *Megatoma serra*, Gener. crus et insect., I, viii, 10; *Anthrenus viennensis*, Herbst., Col. VII, cxv,
10, k.

(1) *Anthrenus elongatus*, Fab. ; *A. ruficornis*, Latr., Gen. crust. et
insect., II, p. 59 ;—*A. versicolor*, Creutz., Ent. vers., I, 11, 21, a ;—
Dermestes subfasciatus, Gyll., Insect. Succ., I, pag. 155.

(2) *Voyez* Oliv., *ibid.*, et Fabricius, Syst. eleut., I, p. 106.

(3) *Megatoma rufitarsis*, Latr., Gener. crust. et insect., II, p. 35;
Dermestes rufitarsis, Panz., Faun. insect. Germ., xxxv, 6.

La huitième tribu, celle des Byrrhiens (*Birrhii*), diffère de la précédente en ce que les pieds sont parfaitement contractiles, les jambes pouvant se replier sur les cuisses et les tarses sur les jambes (1), de sorte que l'animal semble, lorsque ces organes sont contractés et appliqués sur le dessous du corps, être absolument sans pattes et inanimé. Les jambes sont ordinairement larges et comprimées. Le corps est court et bombé.

Cette tribu se compte principalement du genre

Byrrhe (Byrrhus) de Linnæus.

Les Nosodendres. (Nosodendron. Latr.)

Qui s'éloignent des autres byrrhes par leur menton entièrement découvert, très grand, en forme de bouclier. Leurs antennes se terminent brusquement en une massue courte, perfoliée, de trois articles.

On les trouve dans les plaies des arbres, de l'orme particulièrement (2).

Les Byrrhes propres. (Byrrhus. Lin. — *Cistela*. Geoff.)

Diffèrent des nosodendres par leur menton de grandeur ordinaire et enclavé, du moins partiellement, par le présternum, dont l'extrémité antérieure est dilatée.

Dans les uns les antennes grossissent insensiblement ou se terminent en une massue alongée, formée de cinq à six articles.

Le *B. pilule* (*B. pilula*, Lin. ; Oliv., col. II, 13, 1, 1), long de trois à quatre lignes, noir en dessous, d'un bronzé noirâtre ou couleur de suie, et soyeux en dessus,

---

(1) Dans les Anthrènes, toutes les jambes se replient sur le côté postérieur des cuisses ; mais dans les autres, les deux antérieures se replient du côté de la tête, et les autres en arrière.

(2) Latr, *ibid.*, II, p. 43 ; Oliv., Encyclop. méthod., art. *Nosodendre.*

avec de petite taches noires, entrecoupées par d'autres plus claires, disposées en lignes.

M. Waudouer a découvert la larve d'une variété de cette espèce. Elle est étroite, alongée, avec la tête grosse, la plaque du premier segment grande, et les deux derniers plus longs que les autres. Elle se tient sous la mousse.

Une autre espèce (*Striato-punctatus*, Dej.), ayant des antennes conformées de la même manière, forme, à raison de ses tarses, dont le quatrième article est très petit et caché entre les lobes du précédent, une division particulière.

Un autre byrrhe, très petit et hérissé de poils, a des antennes terminées en une massue de trois articles. Cette espèce forme le genre TRINODE (*Trinodes*) de MM. Mégerle et Dejean (1).

D'après cette considération, on pourrait aussi détacher des byrrhes quelques-autres espèces analogues (2), dont la massue antennaire n'est composée que de deux articles, et dont le dernier beaucoup plus gros, presque globuleux.

Tous les byrrhes se tiennent généralement à terre, dans les lieux sablonneux (3).

On ne peut signaler les clavicornes de notre seconde section, quoique très naturelle, que par la réunion de plusieurs caractères; quelques-uns de ces insectes s'éloignent de tous les autres clavicornes à raison de leurs antennes, de neuf ou six articles; ce sont ceux qui, à cet égard, semblent le plus se rapprocher de la famille suivante. Les antennes des autres clavicornes de la même section

---

(1) *Anthrenus hirtus*, Fab.; Panz., Faun. insect. Germ., XI, 16.

(2) *Byrrhus erinaceus*, Ziegl.; — *B. setiger*, Illig.

(3) *Voyez*, pour les autres espèces, Fabricius, Olivier, Schœnherr, Gyllenhall, etc.

Le *G. murmidius* de M. Leach appartient, suivant lui, à cette tribu. Les antennes n'ont que dix articles, dont le dernier forme une massue ovoïdo-globuleuse. *Voyez* le 13e vol. des Trans. linn., p. 41.

sont composées de onze ou dix articles; mais tantôt elles ne sont guère plus longues que la tête, et forment dès le troisième article une massue presque cylindrique, ou en fuseau, arquée et un peu dentelée en scie ; tantôt elles sont presque filiformes, de la longueur de la tête et du corselet; mais ici, ainsi que dans la plupart des autres sous-genres de la même division, les tarses sont terminés par un grand article, avec deux fort crochets au bout. Ceux de quelques-uns (*Hétérocère*, *géorisse*) n'ont que quatre articles.

Le corps de ces coléoptères est généralement ovoïde, avec la tête enfoncée jusqu'aux yeux dans un corselet trapézoïde, rebordé latéralement et terminé postérieurement par des angles aigus, le présternum dilaté antérieurement (1), et les pieds imparfaitement contractiles. On les trouve dans l'eau, sous les pierres, près des rivages, et souvent enfoncés dans la boue; par la construction et la brièveté de leurs antennes, quelques-uns (*Dryops*) ont de l'affinité avec les gyrins.

Je diviserai cette section en deux tribus (2) ; la

---

(1) Les Potamophiles exceptés.

(2) On pourrait encore partager cette section de la manière suivante

I. Antennes de onze articles.

A. Antennes en massue, très courtes.

a. Jambes épineuses; tarses de quatre articles.

Le *G. hétérocère*.

b. Jambes simples; tarses de cinq articles.

Les *G. potamophile*, *Dryops*.

première, celle des ACANTHOPODES (*Acanthopoda*), est remarquable par leurs jambes aplaties, assez larges, armées extérieurement d'épines; les tarses courts, de quatre articles, et dont les crochets de grandeur ordinaire, et par leur corps déprimé. Le présternum est dilaté. Les antennes sont un peu plus longues que la tête, arquées, de onze articles, dont les six derniers forment une massue presque cylindrique, un peu dentée en scie; le second est court et sans dilatation.

Cette tribu se compose d'un seul genre, celui

D'HÉTÉROCÈRE. (HETEROCERUS. Bosc, Fab.)

Ces insectes se tiennent dans le sable ou dans la boue, près des bords des ruisseaux ou des mares, et sortent de leurs trous lorsqu'on les inquiète par la marche ou le trépignement des pieds. La forme de leurs jambes leur permet de fouiller la terre, et de s'y cacher; les tarses peuvent se replier sur elles. C'est là aussi que vit la larve, que feu M. Miger a observée le premier.

L'*Hétérocère bordé* (*H. marginatus*, Fab.; ejusd., *H. lævigatus*, Panz., Faun. insect. Germ., XXIII, 12) est un petit insecte noirâtre, soyeux, avec de petites taches jaunâtres ou roussâtres, dont le nombre et la forme varient, disparaissant même quelquefois sur les élytres.

M. Gyllenhal remarque que les tarses ont réellement

B. Antennes filiformes ou légèrement plus grosses vers le bout, de la longueur de la tête et du corselet.

Le *G. elmis*.

II. Antennes de neuf ou six articles.

Les *G. macronyque*, *géorisse*.

33*

cinq articles, mais dont le premier petit et oblique. (Insect. Suec. I, p. 138.)

La seconde tribu, celle des MACRODACTYLES (*Macrodactyla*), renferme des clavicornes à jambes simples, étroites, à tarses longs, tous composés, à l'exception d'un seul sous-genre (*géorisse*), bien distingué de tous les autres de cette tribu, par ses antennes de neuf articles, et dont les trois derniers forment une massue presque solide, de cinq articles distincts, dont le dernier grand, avec deux forts crochets au bout. Le corps est épais ou convexe. Le corselet est moins arrondi, et se termine le plus souvent de chaque côté par des angles aigus.

Cette tribu a pour type principal le genre

DRYOPS (DRYOPS) d'Olivier,

Ou celui de *Parnus* de Fabricius, qui se divise de la manière suivante :

1° Ceux dont les antennes, jamais guère plus longues que la tête, sont composées de dix à onze articles qui, à partir du troisième, forment une massue presque cylindrique ou un peu en fuseau, arquée, et un peu en scie.

Les POTAMOPHILES. (POTAMOPHILUS. Germ. — *Parnus*. Fab.)

Que, sans connaître l'établissement de ce sous-genre, nous avions nommé (Regn. anim., III, p. 268) HYDÈRE (*Hydera*), ont leurs antennes à découvert, ne se logeant point dans des cavités particulières un peu plus longues que la tête, avec le premier article presque aussi long que les suivants pris ensemble, et le second court et globuleux. Les palpes sont saillants, la bouche est entièrement à nu, le présternum ne s'avançant point sur elle, caractère exclusivement propre dans cette tribu à ce sous-genre (1).

Les Dryops proprement dits. (Dryops. Oliv. — *Parnus.* Fab.)

Dont les antennes plus courtes que la tête sont reçues dans une cavité située sous les yeux, et recouvertes, en grande partie, par le second article, qui est grand, dilaté, en forme de palette presque triangulaire, et fait une saillie en manière d'oreillette; de là le nom de *Dermeste à oreilles*, donné par Geoffroy à l'espèce la plus commune (2). Les palpes ne sont point saillants.

2° Ceux dont les antennes, composées de onze articles, sont filiformes où à peine un peu plus grosses vers le bout, et presque aussi longues au moins que la tête et le corselet.

Les Elmis. (Elmis. Latr. — *Limnius.* Ilig.)

On les trouve dans l'eau, sous les pierres, ou sur les feuilles du nénuphar (3).

3° Ceux dont les antennes, toujours fort courtes, n'offrent que neuf ou six articles et qui se terminent en une massue presque solide, ovale ou presque globuleuse.

Les Macronyques. (Macronychus. Müll., Germ.)

Ont cinq articles distincts aux tarses, le corps oblong, des antennes de six articles, dont le dernier (composé peut-être de trois) formant une massue ovale; elles sont susceptibles de se replier sous les yeux (4).

---

(1) *Parnus acuminatus*, Fab.; Panz., Faun. insect. Germ., VI, 8; — *Dryops picipes*, Oliv., III, 41, 1, 2.

(2) Latr., Gen. crust. et insect., II, 55; Schœnh., Synon. insect., I, 11, p. 116. Le *Dryops de Duméril* présente quelques différences dans la longueur des pattes, la forme des antennes et du corselet, et d'après lesquelles le docteur Leach a cru devoir former avec cette espèce un genre propre, *Dryops*. Les autres espèces rentrent dans celui de *Parnus*.

(3) Latr., *ibid.*, II, p. 49; Schœn., *ibid.*, I 11, p. 117; Gyllenh., Insect. Suec, I, p. 551.

(4) *Macronychus quadrituberculatus*, Müll.; Ilig., Mag., V; Latr., Gener. crust. et insect., II, pag. 58; *Parnus obscurus*, Fab.; Germ insect. Spec. nov., I, p. 89.

Les Géorisses. (Georissus. Latr., Gyll. — *Pimelia*. Fab.)

Où les tarses ne paraissent composés que de quatre articles ; dont le corps est court, renflé, presque globuleux, avec l'abdomen embrassé par les élytres ; et dont les antennes offrent neuf articles, et se terminent en une massue ronde, formée par les trois derniers (1).

La cinquième famille des Coléoptères pentamères, celle

Des PALPICORNES (Palpicornes),

Nous offre, comme la précédente, des antennes terminées en massue et ordinairement perfoliée, mais de neuf articles au plus dans tous, insérées sous les bords latéraux et avancés de la tête, guère plus longues qu'elle et les palpes maxilliaires, souvent même plus courtes que ces derniers organes. Le menton est grand et en forme de bouclier.

Le corps est généralement ovoïde, ou hémisphérique, bombé ou voûté. Les pieds sont, dans plusieurs, propres à la natation, et n'ont alors que quatre articles bien distincts, ou cinq, mais dont le premier beaucoup plus court que le suivant ; tous les articles sont entiers.

Ceux dont les pieds sont propres à la natation, avec le premier article des tarses beaucoup plus court que les suivants, et dont les mâchoires sont

______

(1) *Pimelia pygmæa*, Fab.; *Georissus pygmœus*, Gyll., Insect. Succ., I, iii, p. 675; *Trox dubius*, Panz., Faun. insect. Germ., LXII, 5.

entièrement cornées, composeront une première tribu, celle des HYDROPHILIENS (*Hydrophilii*), qui embrasse le genre

Des HYDROPHILES (HYDROPHILUS) de Geoffroy.

Linnæus n'en a formé qu'une division (la première) de son genre *Dytiscus* ; mais l'anatomie de ces insectes diffère essentiellement. Le canal digestif des hydrophiles a beaucoup d'analogie, par sa longueur, surpassant quatre ou cinq fois celle du corps, et par sa contexture, de celui des lamellicornes, et ne se rapproche de celui des carnassiers que sous le rapport des vaisseaux biliaires. Ils n'ont ni la vessie natatoire ni l'appareil excrémentiel qui caractérisent les hydrocanthares. Dans les femelles seulement, cet appareil est remplacé par des organes sécrétant la matière propre à former le cocon renfermant les œufs, et l'anus présente, à cet effet, deux filières. Enfin, les organes génitaux masculins ont les plus grands rapports avec ceux des coléoptères de la famille précédente (1).

Les uns, dont le corps est tantôt ovale, oblong, et déprimé, ou alongé et étroit, avec le corselet inégal ou raboteux et rétréci postérieurement, les jambes grêles, munies de petits éperons, et les tarses filiformes, peu ou faiblement ciliés et terminés par deux forts crochets, ont des antennes (toujours composées de neuf articles) finissant en une massue presque en forme de cône renversé, légèrement perfoliée ou presque solide, et l'extrémité des mandibules entière ou terminée par une seule dent. Ces palpicornes sont tous très petits, nagent peu ou mal, habitent les eaux stagnantes et s'en éloignent quelquefois, pour se cacher dans la terre

---

(1) « La conformation et la structure des organes génitaux mâles des palpicornes justifient pleinement la place que M. Latreille leur a assignée dans le cadre entomologique. » (Léon Dufour, Annal. des sc. nat., VI, pag. 172).

ou sous des pierres. Ils composent la famille des Hélophori-
dées (*Helophoridea*) de M. Leach , dénomination qui nous
rappelle le genre *Elophorus* de Fabricius.

Ici la longueur des palpes maxillaires ne surpasse pas
celle des antennes ou lui est même inférieure. Le chaperon
est entier ou sans échancrure notable.

Tantôt les palpes maxillaires sont terminés par un article
plus gros et ovalaire.

Les Élophores. (Elophorus. Fab. — *Silpha.* Lin. — *Dermes-*
tes. Geoff. — *Hydrophilus.* De G.)

Ont le corps ovale , le corselet transversal , et les yeux peu
élevés (1).

Les Hydrochus. (Hydrochus. Germ. — *Elophorus.* Fab.)

Qui ne se distinguent des précédents que par leur forme
étroite et alongée , leur corselet en carré long , et la proéminence de leurs yeux (2).

Tantôt les palpes maxillaires se terminent en manière d'a-
lène, ou par un article plus grêle, court et conique.

Les Ochthébies. (Ochthelius. Leach., Germ. — *Elophorus.*
Fab. — *Hydræna.* Illig. , Latr.)

Le corselet est presque semi-orbiculaire (3).

Là , les palpes maxillaires , terminés par un article plus
grand que le précédent, en forme de fuseau et pointu au
bout, sont beaucoup plus longs que les antennes et la tête.
Le chaperon est fortement échancré. Ils ont d'ailleurs le port
des Ochthébies.

Les Hydræenes. (Hydræna. Kugel., Leach.) (4)

Les autres Hydrophiliens ont le corps ovoïde ou presque

---

(1) Les Élophores de Fabricius, à l'exception des espèces des sous-genres
suivants.

(2) *Elophorus elongatus*, Fab. ; — *E. crenatus*, ejusd. ; — *E. brevis*,
Gyllenh.; *Voyez* Germ. insect. Spec. nov. , I , pag. 90.

(3) *E. pygmæus*, Fab. ; *Hydræna riparia*, Latr. ; — *Hydræna mar-*
gipallens, Latr. ; *Elophorus marinus*, Gyll.; *Voyez* Germ., *ibid.*, p. 90.

(4) *E. minimus*, Fab. ; Gyll.; *Hydræna riparia*, Kugel.; *H. longi-*
palpis, Schœnh. ; Germ. , Faun. insect. Europ. , VIII, 6 ; *Voyez*, pour
d'autres espèces, Germ. insect. Spec. nov. , I, p. 93.

hémisphérique et généralement convexe ou bombé, avec le corselet toujours beaucoup plus large que long, et uni, les jambes terminées par de forts éperons, et les tarses le plus souvent ciliés. L'extrémité de leurs mandibules présente deux dents. Ils embrassent la famille des Hydrophilidés (*Hydrophilidea*) du docteur Leach, ou le genre hydrophile de Fabricius.

Quelques-uns n'ont que six articles aux antennes, et leur chaperon est échancré. Tels sont

Les Sperchés. (Spercheus. Fab.) (1)

Dans les suivants, les antennes sont toujours composées de huit ou neuf articles, et le chaperon est entier ou légèrement concave au bord antérieur.

Une espèce qui nous a été communiquée par notre ami M. Leach, nous a présenté des caractères singuliers, et qui m'ont déterminé à considérer cet insecte comme le type d'un nouveau sous-genre (2), celui

De Globaire. (Globaria.)

Que je nommerai ainsi parce que son corps est presque sphérique, comprimé latéralement, et qu'il paraît susceptible de se mettre en boule, à la manière des agathidies. Ses antennes ne m'ont paru composées que de huit articles, dont le cinquième dilaté en manière d'épine au côté interne, le suivant en cône renversé, alongé, le septième cylindrique et le dernier ou le huitième conique; ces derniers articles forment une massue fort alongée, presque cylindrique et terminée en pointe. Les palpes maxillaires sont un peu plus courts que les antennes. Les yeux sont gros et saillants. Le

---

(1) *Spercheus emarginatus*, Fab.; Panz., Faun. insect. Germ., XCI, 4 M. Bourdon, naturaliste français, qui explore maintenant les états de la république de la Colombie, a le premier découvert cette espèce aux environs de Paris.

(2) Il semble venir plus naturellement près de celui de Bérose de M. Leach; mais, à raison du nombre des articles des antennes, j'ai cru devoir le placer immédiatement après les Sperchés. On pourrait, au surplus, renverser cet ordre, en commençant par les sous-genres qui ont neuf articles aux antennes, et en terminant par ceux où elles en ont un et trois de moins, ou par les Globaires et les Sperchés.

corselet est presque semi-lunaire. Les élytres embrassent entièrement l'abdomen. La poitrine est dépourvue d'épine sternale. Les quatre jambes postérieures ont à leur extrémité un faisceau de soies, presque aussi long que le tarse : l'écusson est petit, en triangle alongé et étroit.

La seule espèce connue (*G. de Leach*) est petite et exotique. Je la crois de l'Amérique méridionale.

Tous les autres hydrophiliens ont neuf articles aux antennes, et la massue est ovalaire ou ovoïde. Le corps n'est point susceptible de se contracter en boule.

Les espèces les plus grandes ont les deux articles intermédiaires de la massue antennaire, ou le septième et le huitième, en forme de rein ou de croissant irrégulier, obtus à l'un de leur bout, prolongés, arqués et pointus à l'autre, avec un vide ou écart notable entre eux ; le premier de cette massue est cupulaire, plus prolongé au côté antérieur. Le milieu du sternum est relevé en carène, et terminé postérieurement en une pointe plus ou moins longue et très aiguë. Les palpes maxillaires sont plus longs que les antennes, avec le dernier article plus court que le précédent. Les tarses, surtout les derniers, sont comprimés, garnis d'une frange de poils ou de cils au côté interne, et terminés par deux crochets généralement petits, inégaux et unidentés inférieurement. L'écusson est assez grand.

Ces espèces composeront le sous-genre

D'HYDROPHILE proprement dit (HYDROPHILUS. Geoff., Fab., Leach. — *Dytiscus*. Lin.)

Ici l'épine sternale est fortement prolongée en arrière. Le dernier article des deux tarses antérieurs des mâles est dilaté en manière de palette triangulaire. L'écusson est grand. Ce sont les *Hydrous* de M. Leach (1).

Les larves ressemblent à des espèces de vers, mous, à forme conique et alongée, pourvus de six pieds, avec la tête assez grande, écailleuse, plus convexe en dessous qu'en dessus et armées de mandibules fortes et crochues. Elles

---

(1) *Zool. miscel.*, III, pag. 94.

respirent par l'extrémité postérieure du corps. Elles sont très voraces et nuisent beaucoup aux étangs, en dévorant le frai.

L'*H. brun* (*H. piceus*, Fab.; Oliv., col. III, 39, 1, 1), est long d'un pouce et demi, ovale, d'un brun noir, comme poli ou enduit d'un vernis, avec la massue des antennes en partie roussâtre, et quelques stries peu marquées sur les élytres, dont l'extrémité postérieure est arrondie extérieurement et prolongée en une petite dent à l'angle interne.

Il nage et vole très bien, mais il marche mal. Sa pointe sternale peut quelquefois blesser, lorsqu'on le tient dans la main, et qu'on lui laisse la liberté de se mouvoir.

L'anus de la femelle a deux filières, avec lesquelles elle forme une coque ovoïde, surmontée d'une pointe en forme de corne arquée et de couleur brune. Son tissu extérieur est une pâte gommeuse, d'abord liquide, se durcissant ensuite et devenant impénétrable à l'eau. Les œufs qu'elle enveloppe y sont disposés avec symétrie et maintenus par une sorte de duvet blanc. Ces coques flottent sur l'eau.

La larve est déprimée, noirâtre, ridée, avec la tête d'un brun rougeâtre, lisse, ronde et pouvant se renverser en arrrière. Cette faculté lui donne le moyen de saisir les petites coquilles qui nagent à la surface de l'eau. Son dos lui sert de point d'appui, et c'est sur cette sorte de table qu'elle les casse et dévore l'animal qu'elles renferment. Le corps de ces larves devient flasque, lorsqu'on les prend. Elles nagent avec facilité, et ont, au-dessous de l'anus, deux appendices charnus, qui servent à les maintenir à la surface de l'eau, la tête en bas, lorsqu'elles y viennent respirer. Suivant M. Miger, qui nous a fourni ces observations (Annal. du Mus. d'hist. natur., XIV, 441), d'autres larves d'hydrophyles sont dépourvues de ces appendices, ne nagent point et ne se suspendent point comme les précédentes. Les femelles de ces espèces nagent difficilement, et portent leurs œufs sous l'abdomen, dans un tissu soyeux; mais ces espèces appartiennent aux derniers sous-genres de cette tribu.

Celui d'*hydrophile* propre du docteur Leach se compose

des espèces dont les tarses sont identiques dans les deux sexes et point dilatés, dont l'épine pectorale se termine avec l'arrière-sternum, et dont l'écusson est proportionnellement plus petit (1).

Dans tous les hydrophiliens suivants, les deux articles intermédiaires de la massue des antennes sont parfaitement transversaux, de forme régulière, point prolongés en manière de dent à l'un de leurs bouts, et sans vide entre eux ; le dernier est obtus ou arrondi au bout. La poitrine n'offre ni carène ni épine. Les tarses sont moins ou peu propres à la natation, peu ou point ciliés et terminés par des crochets grands, égaux et simples.

Ceux dont les palpes maxillaires sont beaucoup plus longs que les antennes, avec le dernier article plus court que le précédent et cylindrique ; dont le corps est peu élevé, avec le bout des élytres tronqué ou très obtus, composent le genre

De LIMNÉBIE (LIMNEBIUS) du docteur Leach (2).

Ceux dont les palpes maxillaires ne sont guère plus longs que les antennes, avec le dernier article aussi long ou plus long que le précédent, presque ovalaire et dont le corps est bombé, sont compris par le même savant anglais, dans deux autres genres. L'un, celui

D'HYDROBIE (HYDROBIUS)

A les yeux déprimés ou peu convexes. L'extrémité antérieure de la tête n'est point rétrécie brusquement, et la base du corselet est de la largueur de celle des élytres (3).

Les BÉROSES. (BEROSUS.)

Ont, au contraire, des yeux très saillants, l'extrémité antérieure de la tête brusquement rétrécie et le corselet

---

(1) Rapportez aux Hydroüs de M. Leach, outre le *piceus*, les espèces suivantes de Fabricius : *ater, olivaceus, rufipes*, etc. Celles que celui-ci nomme *Caraboides, ellipticus*, etc., sont des Hydrophiles proprement dits, pour le naturaliste anglais.

(2) *H. griseus, truncatellus*, Fab.

(3) Les *H. scarabæoides, melanocephalus, orbicularis*, etc.

plus étroit à sa base, que les élytres. Le corps est très bombé(1).

La seconde tribu, les Sphæridiotes (*Sphæri-diota*), est formée de palpicornes terrestres, à tarses composés de cinq articles très distincts et dont le premier aussi long au moins que le suivant. Les palpes maxillaires sont un peu plus courts que les antennes, avec le troisième article plus grand, renflé, en forme de cône renversé. Les lobes maxillaires sont membraneux.

Le corps est presque hémisphérique, avec le présternum prolongé en pointe à son extrémité postérieure, et les jambes épineuses; les antérieures sont palmées ou digitées dans les grandes espèces. Les antennes sont toujours composées de neuf articles, ou simplement de huit, si l'on considère le dernier comme un appendice du précédent. (*Voyez* les taupins et plusieurs autres genres de coléoptères).

Ces insectes sont petits, et habitent les bouzes et autres matières excrémentielles; quelques espèces se tiennent près du bord des eaux.

Ils composent le genre

Des Sphéridies (Sphæridium) de Fabricius.

Mais dont il faut séparer plusieurs espèces, ce qu'avait déjà fait Olivier. Le docteur Leach n'y conserve même que celles dont les tarses antérieurs sont dilatés dans les mâles. Tel est

Le *S. à quatre taches* (*Dermestes scarabæoides*, Linn.;

____

(1) *H. luridus*, Fab.

Oliv., col. II, 15, 1 et 3, II, 11). Il est d'un noir luisant, lisse, avec l'écusson alongé, les pieds très épineux, une tache d'un rouge de sang à la base de chaque étui, et leur extrémité rougeâtre. Ces taches diminuent ou s'oblitèrent dans plusieurs individus.

Les espèces dont les tarses sont semblables dans les deux sexes, et dont la massue des antennes est lâchement imbriquée, composent le genre *Cercydion* (1) de ce savant. On pourrait, d'après la considération de la forme des jambes, de la disposition de leurs épines ou de leurs dentelures, diviser les sphéridies en plusieurs autres coupes qui faciliteraient l'etude des espèces, et dont le nombre paraît avoir été trop multiplié (2).

La sixième et dernière famille des COLÉOPTÈRES PENTAMÈRES, celle

DES LAMELLICORNES (LAMELLICORNES),

Nous offre des antennes insérées dans une fossette profonde, sous les bords latéraux de la tête, toujours courtes, de neuf ou dix articles le plus souvent, et terminée dans tous en une massue, ordinairement composée des trois derniers, qui sont en forme de lames, tantôt disposées en éventail, ou à la manière des feuillets d'un livre, s'ouvrant ou se fermant de même, quelquefois contournées et s'emboîtant concentriquement, le premier ou l'inférieur de cette massue ayant alors la forme

---

(1) Les Sphéridies, *unipunctatum*, *melanocephalum*, etc.; Zool. miscell., III, pag. 95.

(2) *Voyez*, pour les autres espèces, Olivier, Schœnherr, Gyllenhal, Dejean, etc.

d'un demi-entonnoir, et recevant les autres, tantôt disposées perpendiculairement à l'axe et formant une sorte de peigne.

Le corps est généralement ovoïde ou ovalaire et épais. Le côté extérieur des deux jambes antérieures est denté, et les articles des tarses, à l'exception de quelques mâles, sont entiers et sans brosses ni pelotte en dessous. L'extrémité antérieure de la tête s'avance ou se dilate le plus souvent en manière de chaperon. Le menton est ordinairement grand, recouvre la languette, ou est incorporé avec elle et porte les palpes. Les mandibules de plusieurs sont membraneuses, caractère qu'on n'observe dans aucun autre coléoptère. Souvent les mâles diffèrent des femelles, soit par des élévations en forme de cornes ou de tubercules du corselet ou de la tête, soit par la grandeur de leurs mandibules.

Cette famille est très considérable, et l'une des plus belles des insectes de cet ordre, sous le rapport de la grandeur du corps, de la variété de formes du corselet et de la tête, considérés dans les deux sexes, et souvent aussi, quant aux espèces, vivant en état parfait, de substances végétales, par l'éclat des couleurs métalliques dont il est orné. Mais la plupart des autres espèces, se nourrissant de végétaux décomposés, tels que le fumier, le tan, ou de matières excrémentielles, sont communément d'une teinte noire ou brune et uniforme. Quelques coprophages cependant ne le cèdent point, à cet égard aux précédents. Tous ont des ailes et la démarche lourde.

Les larves ont le corps long, presque demi cylindrique, mou, souvent ridé, blanchâtre, divisé en douze anneaux, avec la tête écailleuse, armée de fortes mandibules, et six pieds écailleux. Chaque côté du corps a neuf stigmates; son extrémité postérieur est plus épaisse, arrondie et presque toujours courbée en dessous, en sorte que ces larves, ayant le dos convexe ou arqué, ne peuvent s'étendre en ligne droite, marchent mal sur un plan uni, et tombent à chaque instant à la renverse ou sur le côté. On peut se faire une idée de leur forme par celle de la larve si connue des jardiniers, sous le nom de *ver blanc*, celle du hanneton ordinaire. Quelques-unes ne se changent en nymphe qu'au bout de trois à quatre ans; elles se forment dans leur séjour, avec de la terre ou les débris des matières qu'elles ont rongées, une coque ovoïde ou en forme de boule alongée, dont les parties sont liées avec une substance glutineuse, qu'elles font sortir du corps. Elles ont pour aliments les bouzes, le fumier, le terreau, le tan, les racines des végétaux, souvent même de ceux qui sont nécessaires à nos besoins, d'où résultent pour le cultivateur des pertes considérables. Les trachées de ces larves sont élastiques, tandis que celles de l'insecte parfait sont tubulaires. Le système nerveux, considéré dans ces deux âges, présente aussi des différences remarquables. Les ganglions sont moins nombreux et plus rapprochés dans l'insecte párvenu à sa dernière transformation, et les deux postérieurs jettent un grand nombre de filets disposés en rayons. D'après les observations de M. Marcel de Serres sur les yeux des insectes, ceux de la plupart des lamellicornes offrent des caractères particuliers, et qui rapprochent leur organisation de celle des yeux des ténébrionites, des blattes et autres insectes lucifuges.

Le tube alimentaire est généralement fort long, surtout dans les coprophages, contourné sur luimême, et le ventricule chylifique est hérissé de papilles, que M. Dufour a reconnu être des bourses destinées au séjour du liquide alimentaire. Les vaisseaux biliaires ressemblent, par leur nombre et leur mode d'implantation, à ceux des coléoptères carnassiers, mais ils sont beaucoup plus longs et plus déliés.

Nous partagerons cette famille en deux tribus (1).

La première, celle des SCARABÉÏDES (*Scarabœides*), nous offre des antennes terminées en massue feuilletée et plicatile dans la plupart, composée, dans les autres, d'articles emboîtés, soit en forme de cône renversé, soit presque globuleux.

____

(1) L'anatomie est, selon M. Dufour, si différente, que ces deux tribus devraient constituer deux familles. Les sections seraient alors des tribus, et formeraient quelques-unes de leurs divisions, autant de genres principaux (*Bousier*, *Aphodie*, *Géotrupe*, *Scarabée*, *Rutèle*, *Hanneton*, *Glaphyre*, *Cétoine*, pour la première tribu).

Les mandibules sont identiques ou presque semblables dans les deux sexes ; mais la tête et le corselet des individus mâles offrent souvent des saillies ou des formes particulières ; quelquefois aussi leurs antennes sont plus développées.

Cette tribu répond au genre

DES SCARABÉES. (SCARABÆUS. Lin.)

Le tube alimentaire est généralement beaucoup plus long que celui des lamellicornes de la tribu suivante ou des lucanides, et l'œsophage est proportionnellement beaucoup plus court. Le tissu adipeux ou l'épiploon est généralement presque nul, tandis qu'ici il est bien plus prononcé. Mais c'est surtout par l'appareil génital masculin que les scarabéïdes se distinguent, non-seulement de ces derniers, mais encore de tous les autres pentamères. Leurs testicules, d'après les observations de M. Dufour, consistent en capsules spermatiques (des houppes selon M. Cuvier) assez grosses, bien distinctes, pédicellées, et dont le nombre varie selon les genres.

Les larves (Cuv., Règne anim.) ont un estomac cylindrique entouré de trois rangées de petits cœcums, un intestin grêle très court, un colon extrêmement gros, boursouflé, et un rectum médiocre.

Nous diviserons ce genre en plusieurs petites sections, établies sur la considération des organes masticateurs, des antennes, des habitudes, coupes dont la distinction a été confirmée par les recherches anatomiques du savant précité.

Les COPROPHAGES (*Coprophagi*), ou les scarabéïdes de notre première section, ont des antennes ordinairement composées de neuf articles et de huit dans les autres, et dont les trois derniers forment la massue. Le labre et les mandibules sont membraneux et cachés. Le lobe terminant les mâchoires est aussi de cette consistance, large et arqué au bord supérieur et courbé en-dedans. Le dernier article des palpes maxillaires est toujours le plus grand de tous, presque ovalaire ou presque cylindrique; mais le même des labiaux est presque toujours plus grêle que les précédents, ou très petit. Derrière chacun de ces derniers palpes est une saillie membraneuse, en forme de languette. Le menton est échancré. Le sternum n'offre aucune proéminence particulière, et les crochets des tarses sont toujours simples. Les tarses antérieurs manquent souvent dans plusieurs, soit par naissance, soit parce qu'ils sont caduques.

Le tube alimentaire est toujours fort long, et cette longueur est même quelquefois (*copris lunaris*) dix à douze fois plus considérable que celle du corps. Le ventricule chylifique, en occupant la majeure partie, est hérissé de papilles conoïdes ou en forme de clous, très replié sur lui-même et maintenu dans cet état d'agglomération par de nombreuses brides trachéennes. L'intestin est filiforme et terminé par un renflement. Les testicules des coprophages disséqués par M. Dufour, lui ont paru composés de six capsules spermatiques, orbiculaires, un peu déprimées, ordinairement réunies, par des trachées, en un paquet, portées chacune sur un pédicule tubuleux, assez long, et qui aboutit à un canal déférent de peu de longueur. Il n'y a qu'une paire de vésicules séminales; elles sont filiformes, très longues et fort repliées.

Cette première section répond à la troisième division du genre scarabée d'Olivier, ou à celui de Bousier (*copris*), mais en y ajoutant quelques scarabées (*aphodies*) de ce naturaliste.

Les uns ont les deux pieds intermédiaires beaucoup plus écartés entre eux à leur naissance que les autres; les palpes labiaux très velus, avec le dernier article beaucoup plus petit que les autres ou même peu distinct; l'écusson nul ou très petit et l'anus découvert.

Des coprophages de cette division, propres à l'ancien continent, à corps arrondi, ordinairement déprimé en-dessus ou peu bombé, semblable ou peu différent et sans cornes, dans les deux sexes ; dont les antennes de neuf articles se terminent en massue feuilletée ; sans écusson, ni hiatus sutural indiquant sa place ; dont les quatre jambes postérieures, ordinairement garnies, ainsi que les tarses, de franges de poils ou de cils, sont grêles, alongées, point ou peu dilatées à leur extrémité, tronquées obliquement et terminées par un seul éperon, robuste et en forme d'épine ou de pointe, dont le chaperon enfin est plus ou moins lobé ou denté, forment le genre

D'ATEUCHUS (ATEUCHUS), de M. Weber et de Fabricius.

Mais restreint depuis aux espèces dont les élytres ont le bord extérieur droit ou sans échancrure ni sinus, près de leur base, et mettant à découvert la portion correspondante des bords supérieurs de l'abdomen. Les jambes et les tarses des quatre derniers pieds sont garnis de longs poils ; les quatre premiers articles des tarses sont généralement plus longs que dans les autres ; le premier des labiaux est presque cylindrique ou en cône renversé ; le chaperon est le plus souvent divisé en trois lobes ou festons, et son contour présente six dents.

Ces insectes, que M. Mac Leay fils, dans un livre plein de recherches et d'aperçus ingénieux, intitulé *Horæ entomolog.* (1 vol., 1ʳᵉ part., p. 184), désigne sous le nom générique de *scarabée*, comme étant celui qu'ils reçurent primitivement des latins (1), et dont il a donné, dans le même ouvrage (part. 2ᵉ, p. 497), une excellente monographie, enferment leurs œufs dans des boules de fiente, et même d'excréments humains, semblables à de grandes pilules, ce qui leur a fait donner par quelques auteurs le nom de *pilulaires*. Ils les font rouler avec leurs pieds de derrière et souvent de compagnie, jusqu'à ce qu'ils aient trouvé des trous propres à les recevoir, ou des lieux où ils puissent les enfouir.

Deux espèces d'ateuchus faisaient partie du culte religieux des anciens Égyptiens et de leur écriture hiéroglyphique. Tous leurs monuments nous en retracent, et sous

---

(1) Les heliocantharos des Grecs.

diverses positions, et souvent sous des dimensions gigantesques, leur effigie. On les représentait aussi séparément, en employant même les substances les plus précieuses, comme l'or; on en formait des cachets, des amulettes, que l'on suspendait au cou, et que l'on ensevelissait avec les momies. On a trouvé l'insecte lui-même renfermé dans quelques-uns de leurs cercueils (1).

Le *Scarabée sacré* de Linnæus, ou l'*Ateuchus sacré* (Oliv., col. I, 3, VIII, 59), que l'on trouve, non-seulement dans toute l'Égypte, mais dans les contrées méridionales de la France, en Espagne, en Italie, et en général au sud de l'Europe, avait été regardé jusqu'ici comme l'objet de cette superstition; mais une autre espèce, découverte dans le Sennâri par M. Caillaud de Nantes, paraît, à raison de ses couleurs plus brillantes, du pays où on la trouve, et qui fut le premier séjour des Égyptiens, avoir d'abord fixé leur attention. Celle-ci, que j'ai nommée l'*Ateuchus des Égyptiens* (Voyage à Méroé, au fleuve Blanc, IV, p. 272, Atl. d'hist. nat. et d'antiq., II, LVIII, 10), est verte, avec une teinte dorée, tandis que la première est noire. Le chaperon a de part et d'autre six dentelures, mais ici le vertex a deux petites éminences ou tubercules, au lieu que celle de l'autre ou de l'A. des Égyptiens n'offre qu'une faible éminence alongée, lisse et très luisante. Le corselet, à l'exception du milieu du dos, est entièrement ponctué, et même chagriné latéralement, avec les bords dentelés. Les intervalles des stries des élytres sont, en outre, finement chagrinés, et offrent des points enfoncés, assez nombreux et assez larges. Le côté interne des deux jambes antérieures présente une série de petites dents. Dans notre *Ateuchus sacré*, ce même côté a ordinairement deux dents assez fortes.

Des ateuchus (*S. æsculapius*, Oliv., et une autre espèce, *Hippocrates*) dont le corselet et l'abdomen sont plus courts, plus arrondis et plus convexes; dont le premier article des palpes labiaux est aussi plus court et

____

(1) *Voyez* mon Mémoire relatif aux insectes peints et sculptés sur les monuments antiques de l'Égypte, et les ouvrages de M. de Champollion le jeune.

plus large, en forme de triangle renversé, composent le genre *Pachysoma* de M. Kirby (1).

Les ateuchus dont les élytres ont au côté extérieur, près de leur base, une forte échancrure, sont maintenant

Des Gymnopleures. (Gymnopleurus. Ilig.)

Les quatre jambes postérieures sont ordinairement simplement ciliées ou munies de petites épines, et le dernier article de leurs tarses est aussi long ou plus long que les précédents pris ensemble. Le premier des labiaux est dilaté au côté interne, presque triangulaire. Le corselet a de chaque côté une fossette (2).

D'autres coprophages très analogues aux précédents, et rangés aussi avec les ateuchus par Fabricius, s'en distinguent par leurs jambes intermédiaires, dont l'extrémité, ainsi que celle des deux dernières, souvent dilatée ou en massue, offre deux éperons ou épines. Le chaperon n'a, dans plusieurs, que quatre ou deux dents. Le premier article des palpes labiaux est toujours plus grand que le suivant, et dilaté au côté interne. Le troisième et dernier article est distinct. Viendront d'abord

Les Sisyphes. (Sisyphus. Latr.)

Qui diffèrent des autres coprophages par leur antennes n'ayant que huit articles, et à raison de la forme triangulaire de leur abdomen. Les quatre derniers pieds sont longs, étroits, avec les cuisses en massue. Le corps est court et épais. L'écusson manque (3).

---

(1) Outre les Ateuchus précités, rapportez au même sous-genre les *A. laticollis, variolosus, semipunctatus, miliaris, sanctus*, etc., de Fabricius, et quelques autres. *Voyez* l'ouvrage précité de M. Mac Leay fils, et l'Entomographie de la Russie, où quelques espèces de ce sous-genre et des suivants sont parfaitement figurées.

(2) Les *Ateuchus, sinuatus, pilularius, flagellatus, Leei, Kœnigii, cupreus, profanus*, etc., de Fab.; le *Sc. fulgidus* d'Oliv., etc. Les Ateuchus de Fabricius, qui sont propres à l'Amérique, appartiennent à d'autres sous-genres. M. Mac Leay fils (Hor. entom., I, pars II, pag. 510), conserve encore les Gymnopleures avec les Ateuchus ou ses Scarabées, mais il en fait une division dont il indique les espèces.

(3) *Ateuchus Schœfferi*, Fab.; — *Sc. longipes*, Oliv., et quelques autres espèces inédites du cap de Bonne-Espérance.

Les Circellies. (Circellium. Latr.)

Dont le corps est hémisphérique, bombé, avec l'abdomen presque demi circulaire, et les bords latéraux du corselet droits ou point dilatés dans leur milieu. Il n'y a point d'écusson. Le chaperon offre quatre ou six dentelures (1).

Les Coprobies. (Coprobius. Latr.)

Pareillement sans écusson, et dont le corps est ovoïde, point ou peu bombé, avec le milieu des bords latéraux du corselet dilaté en manière d'angle mousse ou arrondi, l'abdomen presque carré, et le chaperon bidenté. Ces insectes sont plus particulièrement propres au nouveau continent (2).

Les espèces dont les quatre jambes postérieures sont proportionnellement plus courtes, dilatées ou élargies notablement à leur extrémité, avec les premiers articles des tarses plus larges, composent le genre Choeridie (*Chœridium*) de MM. Lepeletier de Saint-Fargeau et Serville (Encyclop. méthod.). Nous réunirons encore aux coprophiles celui qu'ils nomment *Hyboma* (ibid.).

Un autre sous-genre, voisin des précédents, dont les espèces sont aussi américaines; celui qu'ils appellent *Æschrotes*, mais que M. Dalman avait publié (Éphém. Entom., 1824) avant eux sous une autre dénomination.

Celle d'Eurysterne. (Eurysternus.)

Diffère des précédents par la présence d'un écusson. Le corps est d'ailleurs ovale-oblong, plan en dessus, avec les côtés postérieurs du corselet coupés brusquement et d'une manière oblique. Les hanches intermédiaires sont dirigées dans le sens de la longueur du corps, et parallèlement à ses côtés.

Dans tous les coprophages suivants, les quatre jambes postérieures sont toujours dilatées à leur extrémité et presque en forme de triangle alongé; les intermédiaires se terminent

---

(1) Les *Ateuchus Bacchus, Hollandiæ*, de Fab.

(2) Les *A. volvens, violaceus, triangularis, 6-punctatus*, etc., de Fabricius.

d'ailleurs, comme dans les derniers, par deux fortes épines ou éperons; mais la tête, ou le corselet, ou l'un et l'autre offrent, dans les mâles, des cornes ou des éminences qui les distinguent de l'autre sexe. Dans plusieurs, les trois derniers articles des antennes, en forme de demi-godets, ou semi-cupulaires, s'emboîtent ou s'empilent concentriquement. Ces insectes se rapportent aux genres *Onitis* et *Copris* de Fabricius.

Deux sous-genres à massue antennaire feuilletée nous présentent un caractère qui leur est, dans cette section, exclusivement propre : le troisième article des palpes labiaux est peu ou point distinct, et le précédent est plus grand que le premier.

(Les ONITICELLES. (ONITICELLUS. Ziég., Dej.)

Ont le corps oblong, déprimé, avec le corselet grand, presque ovale et presque aussi long que large, toujours uni. L'écusson est distinct. De simples lignes élevées ou des tubercules de la tête distinguent les mâles des femelles (1).

Les ONTHOPHAGES. (ONTHOPHAGUS. Lat.—*Copris*. Fab.)

N'offrent point d'écusson. Leur corps est court, avec le corselet assez épais, plus large que long, soit presque semi-orbiculaire, soit presque orbiculaire, mais fortement échancré ou tronqué en devant. La tête, et souvent aussi le corselet, est cornue dans les mâles.

L'*O. taureau* (*S. taurus*, Lin.; Oliv., col. I. 3, VIII, 63), petit, noir; deux cornes arquées en demi-cercle sur la tête du mâle; deux lignes élevées et transverses sur celle de la femelle. — Dans les bouses de vache.

L'*O. nuchicorne* (*S. nuchicornis*, Lin.; Panz., Faun. insect. Germ. I, 1, et XLIX, 8), petit, noir, avec les étuis gris et parsemés de petites taches noires; une élévation comprimée et en forme de lame, et terminée en une pointe presque droite sur le derrière de la tête du mâle; deux lignes élevées et transverses sur celle de la femelle; un tubercule à la partie antérieure de son corselet. Avec le précédent.

____

(1) Dej., Catal., p. 53.

L'Afrique et les Indes orientales en offrent plusieurs autres espèces, dont quelques-unes très brillantes, mais toutes de petite taille (1).

Deux autres sous-genres offrant un écusson ou un hiatus sutural, indiquant sa place, dont les pieds antérieurs sont souvent dépourvus de tarses et souvent encore plus longs, grêles et arqués dans les mâles, sont distingués de tous les autres coprophages par la forme de la massue de leurs antennes; son premier article, ou le septième de tous, est en forme de demi-cornet, emboîte le suivant, dont une portion au moins est cachée et a la figure d'un fer à cheval; le troisième, ou le dernier, est en forme de cupule renversée. Le corselet est grand, et offre ordinairement, près du milieu du bord postérieur, deux petites fossettes.

Les Onitis. (Onitis. Fab.)

Où le second article des palpes labiaux est le plus grand de tous, et où l'écusson, quoique très petit et enfoncé, est cependant visible.

Les pieds antérieurs sont généralement plus longs, plus grêles et arqués dans les mâles. Leurs tarses manquent le plus souvent. Le corselet, un petit nombre excepté, est sans cornes (2).

Les Phanées. (Phanæus. Mac L. — *Lonchophorus*. Germ. — *Scarabæus*. Lin. — *Copris, onitis*. Fab.)

Où le premier article des palpes labiaux est le plus grand de tous et dilaté au côté interne. Un simple vide sutural indique la place de l'écusson. Les mâles diffèrent beaucoup de leurs femelles par les proéminences, en forme de cornes, de la tête et du corselet; mais les longueurs respectives des pattes sont identiques.

Plusieurs grandes et belles espèces de bousiers ou copris de Fabricius, propres au nouveau continent et plus particulièrement à ses contrées équinoxiales, composent ce sous-genre (3).

---

(1) Dej., *ibid. Voyez* Latr., Gener. crust. et insect., II, p. 83.

(2) Consultez l'article *Onitis de l'Encyclopédie méthodique.*

(3) *Ibid.*, article *Phanée*, et surtout l'ouvrage de M. Mac Leay fils,

Les Bousiers proprement dits. (Copris. Geoff., Fab. —
Scarabœus. Lin.)

Ne comprennent plus maintenant que ceux dont les antennes se terminent par une massue à trois feuillets; dont
les quatre jambes postérieures sont fortement dilatées et
tronquées à leur extrémité; qui n'ont ni écusson, ni vide
à sa place; dont le corps est toujours épais, et diffère, en
dessus, selon les sexes; et qui ont les palpes labiaux composés de trois articles distincts, dont le premier plus grand,
presque cylindrique, point dilaté au côté interne:

Les plus grandes espèces habitent les contrées de l'A-
frique et des Indes orientales, situées entre les tropiques
ou dans leur voisinage.

On trouve très communément en Europe le *B. lunaire*
(*S. lunaris*, Lin.; Oliv., *ibid.*, v, 36), qui est long de
huit lignes, noir; très luisant, avec la tête échancrée au
bord antérieur, portant une corne élevée, plus longue et
pointue dans le mâle, courte et tronquée dans la femelle
(*S. emarginatus*, Oliv., *ibid*, viii, 64). Le corselet est
tronqué en devant, avec une corne de chaque côté. Les
étuis sont profondément striés (1).

Ainsi que les lamellicornes des sections suivantes, les derniers coprophages ont tous les pieds insérés à égale distance les uns des autres, et un écusson très distinct. Les
palpes labiaux sont glabres ou peu velus, avec le troisième
et dernier article plus grand ou plus long au moins que les
précédents. Les élytres enveloppent entièrement le pourtour
de l'abdomen, ou lui forment une voûte, caractère qui les
rapproche des scarabéïdes de la section suivante. Ces insectes ont d'ailleurs les plus grands rapports, quant aux antennes et aux pattes, avec ceux du sous-genre précédent;

---

intitulé Horæ entomolog., I, pars I, p. 124. Il y rapporte les Scarabées
suivants d'Olivier: *bellicosus, lancifer, Jasius, Mimas, Belzebut, festivus,
carnifex*, etc.

(1) Les *Copris : Antenor, Hamadryas, Midas, gigas, bucephalus, mo-
lossus, hispanus, nemetrinus, nemestrinus, sabœus, Jachus*, etc., de Fabricius; l'*Ateuchus Tmolus* de M. Fischer (Entom. de la Russ., I, viii,
1, 2) est un Copris.

mais les différences sexuelles sont moins prononcées, et ne consistent souvent qu'en de simples petites éminences, en forme de tubercules. Tous ces coprophages sont d'ailleurs de petite taille. Plusieurs espèces paraissent dès les premiers jours du printemps. Ils composent deux sous-genre.

Les APHODIES. (APHODIUS. Ilig., Fab. — *Scarabæus*. Lin. ; Geoff. — *Copris*. Oliv.)

Le dernier article des palpes est cylindrique ; celui des labiaux est un peu plus grêle que les précédents, ou du moins pas plus gros. Les mâchoires n'ont point au côté interne d'appendice ou de lobe corné et denté. Le corps est rarement court, avec l'abdomen très bombé, et lorsqu'il offre ces caractères, le corselet n'est point sillonné transversalement.

L'*A. du fumier* (*S. fimetarius*, Lin. ; Panz., Faun. insect. Germ., XXXI, 2), long de trois lignes, noir, avec les étuis et une tache de chaque côté du corselet, fauves ; trois tubercules sur la tête ; des stries ponctuées sur les élytres (1).

Les PSAMMODIES. (PSAMMODIUS. Gyll.)

Dont le dernier article des palpes est presque ovalaire, et le plus long et le plus épais de tous, et dont le lobe interne des mâchoires est corné et divisé en deux dents. Le corps est court, avec le corselet sillonné transversalement et l'abdomen renflé (2).

---

(1) *Voyez* Schœnh., Synon. insect., I, 1, p. 66 ; Panz., Ind. entom., p. 7.

(2) Je n'y rapporte que le *Psammodius sulcicollis* de M. Gyllenhall (Insect. Suec., I, p. 9). Les autres espèces, la première exceptée (*voyez Ægialie*), sont de vrais Aphodies. *Voyez* l'Encyclopédie méthod., article *Psammodie*.

Le genre EUPARIE (*Euparia*) établi dans l'Encyclopédie méthodique, par MM. Lepeletier et Serville, appartient, sans aucun doute, à cette section ; mais comme ils ne l'ont point signalé complétement, et que je n'ai point vu l'espèce servant de type, je ne puis assigner sa place. Selon eux, les côtés de la tête sont dilatés, et forment un triangle. Les angles postérieurs du corselet sont échancrés, et les angles huméraux des élytres

Ce sous-genre nous conduit naturellement au premier de la section suivante, celle des Arénicoles (*Arenicoli*). Ces scarabéïdes sont, avec les aphodies et les psammodies, les seuls dont les élytres recouvrent entièrement l'extrémité postérieure de l'abdomen, de sorte que l'anus est caché ; mais plusieurs caractères les distinguent de ceux-ci. Le labre est coriace et déborde le plus souvent le chaperon. Les mandibules sont cornées, ordinairement saillantes et arquées. Le lobe terminant les mâchoires est droit et point courbé en dedans. Le troisième et dernier article des palpes labiaux est toujours très distinct, et presque aussi long au moins que le précédent. Quelques-uns exceptés, les antennes sont composées de dix ou onze articles.

Ces coléoptères vivent aussi de fiente, creusent des trous profonds dans la terre, volent plus spécialement le soir, après le coucher du soleil, et contrefont les morts, lorsqu'on les prend à la main. M. Léon Dufour nous apprend que le canal digestif des géotrupes, l'un des principaux sous-genres de cette section, a un peu moins d'étendue que celui des *Copris*, et que le ventricule chilifique n'offre aucun vestige de papilles (Annal. des sc. natur., III, p. 234).

Ici (*Geotrupides*, Mac L.) la lèvre est terminée par deux lobes ou languettes saillantes ; les mandibules sont généralement saillantes et arquées ; le labre est en tout ou en partie découvert ; les antennes sont composées, dans le plus grand nombre, de onze articles. Le corps est noir ou rougeâtre, avec les élytres lisses ou simplement striées. Les mâles ont le plus souvent des saillies en forme de cornes, ou diffèrent extérieurement, par d'autres caractères, des individus de l'autre sexe. Ces insectes se nourrisent plus particulièrement de matières excrémentielles.

Les uns ont neuf articles aux antennes.

Les AÉGIALIES. (AÉGIALIA. Latr.' — *Aphodius*. Fab.)

Ont le labre très court, transversal, à peine apparent, en-

---

sont prolongés en avant, en manière de pointe. La seule espèce indiquée est l'*E. marron* (*Castanea*). Ces caractères et la couleur même me font soupçonner que ce genre est très voisin de celui d'*Eurysterne* de M. Dalman, dont nous avons parlé.

tier ; les mandibules terminées en pointe bifide ; le lobe interne des mâchoires corné et bidenté ; le corps court, renflé, avec le corselet transversal et l'abdomen gibbeux ; les quatre jambes postérieures épaisses, incisées, et dont les deux dernières terminées par deux éperons comprimés, presque elliptiques ou en forme de spatule ; les deux antérieures n'ont point de dent au côté interne ; les cuisses postérieures sont plus fortes (1).

Les CHIRONS. (CHIRON. Mac L. — *Diosomus*. Dalm. — *Sino-dendron*. Fab.)

Se rapprochent, par la massue des antennes, plutôt semipectinée que feuilletée, des lamellicornes de la seconde tribu, et y ont en effet été placés par M. Mac Leay fils ; mais ils appartiennent, par l'ensemble des autres caractères, à la présente section. Leur labre est entièrement découvert, grand, cilié et quadridenté. Leurs mandibules sont robustes, en forme de triangle alongé, avec deux dents au côté interne. Les deux lobes maxillaires sont coriaces et inermes. Le corps est étroit, alongé, presque cylindrique, avec le corselet longitudinal, séparé de l'abdomen par un profond étranglement ; l'abdomen alongé, et les jambes antérieures larges, digitées, et munies, au côté interne, à la suite de l'éperon, d'une dent soyeuse au bout. Les cuisses ont une forme lenticulaire, et les antérieures sont plus grandes. L'extrémité antérieure de la tête offre une rangée transverse de petits tubercules (2).

D'autres ont onze (3) articles aux antennes.

---

(1) *Psammodius arenarius*, Gyll., Insect. Succ., I, pag. 6 ; *Scarabæus globosus*, Panz., Faun. insect. Germ., XXXVII, 2 ; *Aphodius arenarius*, Fab.

(2) *Sinodendron digitatum*, Fab. ; *Chiron digitatus*, Mac L., Hor. entom. I, pars 1, pag. 107 ; *Diasomus digitatus*, Dalm., Ephem. entom., I, pag. 4.

(3) Cette supputation est quelquefois douteuse, attendu qu'il n'est pas toujours facile de distinguer l'article qui précède la massue, et qu'il peut, en apparence, se confondre avec le premier de cette massue. La base du second forme aussi une sorte de nœud ou de rotule, que l'on peut prendre pour un article.

Quelques-uns sont distingués de tous les autres par la massue en cône renversé, et composée d'articles ou de feuillets contournés en manière d'entonnoir et emboîtés concentriquement; et par leurs mandibules entièrement dentées en scie au côté interne, offrant en dessous, surtout dans les mâles, un avancement ou corne. Le corselet est très échancré en devant, dans ces individus, avec les angles antérieurs très prolongés en avant. L'abdomen est fort court, presque semi-circulaire, et les dernières pattes sont peu éloignées de son extrémité. Les palpes labiaux sont un peu plus longs que les autres, avec le second article alongé et les deux autres presque d'égale longueur. Les mâchoires sont munies intérieurement de poils et de cils en forme de petites épines; leur lobe terminal est étroit et alongé. Le menton est en forme de triangle, tronqué transversalement à son extrémité. Tels sont

Les Léthrus. (Lethrus. Scop., Fab.)

Dont les espèces, en très petit nombre, sont propres à la Hongrie et aux contrées occidentales de la Russie.

Le *Léthrus céphalote* (*Lethrus cephalotes*, Fab.; Fisch., Entom. de la Russ., 1. p. 133, XIII, 1), distingué des autres espèces par sa couleur entièrement noire, son corselet et ses élytres lisses, est, suivant le célèbre professeur Gothelf Fischer, un animal très nuisible aux endroits cultivés, parce qu'il cherche de préférence les gemmes ou feuilles à peine apparentes, et les coupe nettement avec les pinces tranchantes de ses mandibules. C'est pourquoi on l'appelle en Hongrie, où il fait beaucoup de mal aux vignes, coupeur, *schneider*. La poitrine avançant beaucoup au-dessous de l'abdomen, et les pattes de derrière paraissant être insérées près de l'anus, il grimpe très bien, et fait son chemin de retour en reculant. Après avoir coupé le cœur d'une plante, il recule comme une écrevisse, portant sa proie dans chaque trou. Chaque trou creusé dans la terre est occupé par paire; mais du temps de l'accouplement, il se montre souvent un mâle étranger qui désire y être admis. Là se livre un combat véhément, durant lequel la femelle, ferme l'entrée du trou et pousse toujours le mâle du derrière. Ce combat ne cesse qu'avec la mort ou la fuite du mâle étranger. Ce savant en décrit trois autres espèces, inconnues avant lui (*Ibid.*, p. 136-140).

Tous les autres arénicoles ont la massue des antennes composée de feuillets de forme ordinaire, et appliqués les uns sur les autres dans un même sens, ou comme ceux d'un livre. Ils composent notre sous-genre de Géotrupe (*Geotrupes*), ou celui de *Scarabée* (*Scarabæus*), de Fabricius, et dont on a détaché depuis les sous-genres suivants.

Ceux dont la massue des antennes est ovale ou ovoïde, et dont tous les feuillets ont, même dans la contraction, leurs tranches ou bords totalement ou particiellement découvertes, en composent deux.

Les Géotrupes proprement dits. (Geotrupes. Lat.)

Ont le labre en carré transversal, entier ou simplement denté ; les mandibules arquées, très comprimées, dentées à leur extrémité et souvent sinueuses au côté extérieur ; les mâchoires garnies d'une frange très épaisse de poils ; le dernier article de leurs palpes guère plus grand que le précédent, mais le même des labiaux plus grand ; le menton profondément échancré ; les jambes antérieures alongées, avec un grand nombre de dents au côté extérieur, et un seul éperon ou épine à leur extrémité interne ; et le chaperon en forme de lozange.

Tantôt les mâles ont le corselet armé de cornes. Ce sont les *ceratophyus* de M. Fischer, ou les *armidens* de M. Ziégler.

Le *G. phalangiste* (*S. typhœus*, Lin. ; Oliv., col. 1, 3 , vii, 52), noir; trois cornes avancées, en forme de pointes, et dont l'intermédiaire plus courte, au-devant du corselet du mâle. Etuis striés. Dans les lieux sablonneux et élevés.

Le *G. momus* (*S. momus*, Fab.), découvert en Espagne par M. le comte Dejean, diffère du précédent par ses élytres lisses, et lui ressemble pour le reste.

Le *G. dispar* mâle (*Ceratophyus dispar*, Fisch., Entom. de la Russ., II, xviii), espèce que l'on trouve en Italie et en Russie, a une corne sur la tête et sur le corselet.

Tantôt les deux sexes sont dépourvus de cornes. Ce sont les géotrupes propres.

Le *G. stercoraire* (*Scarabæus stercorarius*, Lin. ; Oliv. ; *ib.*, V, 39), d'un noir luisant ou d'un vert foncé en dessus, violet ou d'un vert doré en dessous; un tubercule sur le vertex ; des raies pointillées sur les élytres , les intervalles lisses; deux dentelures à la base des cuisses postérieures.

Le *G. printanier* (*S. vernalis*, Lin.; Oliv., *ibid.*, IV, 23), plus court que le précédent, se rapprochant de la forme hémisphérique, d'un noir violet ou bleu, avec les antennes noires et les élytres lisses.

Les OCHODÉES. (OCHODÆUS. Meg.—*Melolontha*. Fab.)

Ont le labre fortement échancré et presque en forme de cœur tronqué postérieurement ; les mandibules en forme de triangle alongé , et dont l'une, terminée en une pointe simple, avec une entaille en dessous, et l'autre par deux dents obtuses; le lobe extérieur des mâchoires bordé de petites épines ou de gros cils, crochus au bout, avec deux petites dents cornées et égales, internes ; l'autre lobe, ou l'interne, formé d'un pinceau de soies et rétréci en pointe; le dernier article de leurs palpes beaucoup plus long que le précédent, cylindrique ; le second des palpes labiaux plus grand que les autres, et le suivant ou dernier en ovoïde tronqué. Les jambes antérieures n'ont que deux dents au côté extérieur, et l'extrémité du côté opposé ou l'interne a deux épines, dont l'inférieure plus petite. Le corps est proportionnellement moins élevé que celui des autres géotrupes et sans cornes (1).

Les géotrupes où la massue des antennes est grande, orbiculaire ou presque globuleuse, et dont le premier et le dernier feuillet enveloppent entièrement, dans la contraction, l'intermédiaire ou le dixième, ou lui formant une sorte de boîte, composant trois autres sous-genres.

Celui d'ATHYRÉE. (ATHYREUS. Mac L.)

Se rapproche des coprophages par ses pattes inter-

---

(1) *Melolontha chrysomelina*, Fab. ; Panz., Faun. insect. Germ., XXXIV, 2.

médiaires plus écartées à leur naissance que les autres (1).

Les ÉLÉPHASTOMES. (ELEPHASTOMUS. Mac L.)

Sont remarquables par leur chaperon dilaté de chaque
côté et prolongé, en devant, dans leur milieu, en une lame
presque carrée, plus épaisse et fourchue au bout; en outre,
par la longueur de leurs palpes maxillaires, qui est presque
triple de celle des labiaux. Le menton est profondément
échancré, et les deux mandibules sont dentées à leur extrémité (2).

Les BOLBOCÈRES. (BOLBOCERAS. Kirb. — *Odontæus*. Ziégl.
— *Scarabœus*. Lin., Fab.)

Où, comme dans les ochodées, dont ils se rapprochent
beaucoup, l'une des mandibules est simple et l'autre bidentée au bout; où les palpes maxillaires ne sont guère
plus longs que les labiaux, et dont le menton n'offre point
d'échancrure.

Nous en avons une espèce en France, celle qu'on a
nommée *Mobilicorne* (*S. mobilicornis*, Fab.; Panz., Faun.
insect.; Germ., XII, 2), elle est petite, noire en dessus,
fauve en dessous, avec une corne très longue, linéaire,
un peu recourbée et mobile, sur la tête; le corselet profondément ponctué, canaliculé au milieu, et muni antérieurement de quatre tubercules. Les élytres ont des stries
pointillées. Son corps est quelquefois entièrement fauve
(*S. testaceus*, Fab.).

L'un des fils du célèbre voyageur et ornithologiste Le Vail-
lant a remarqué que les grenouilles et les crapauds étaient
très friands de cet insecte, et il s'en est procuré un grand
nombre d'individus en éventrant ces reptiles (3).

Notre première division des scarabéides arénicoles se
terminera par ceux dont les antennes, ainsi que dans la plu-

___

(1) Horæ entomol., I, 1, p. 123.

(2) *Ibid.*, p. 121; *Scarabæus proboscideus*, Schreib., Trans. lin. Soc.,
VI, p. 189.

(3) *Bolboceras Australasiæ*, Kirb., Trans. linn. Soc., XII, xxiii, 5;
— les Scarabées *quadridens, cyclops, lazarus*, de Fabricius.

part des autres scarabéides venant après, ont dix articles aux antennes.

Le dernier article de leurs palpes est alongé. Les lobes maxillaires sont membraneux. Le labre est moins saillant que dans les précédents ou peu avancé. Les mandibules ne sont point ou que très peu dentées. Le chaperon est court, soit arqué et arrondi, soit avancé en manière d'angle. Ces insectes sont tous très petits, avec le corselet sans cornes.

Les Hybosores. (Hybosorus. Mac L. — *Scarabæus*, *geotrupes*. Fab.)

Le premier article de leurs antennes est en forme de cône renversé et alongé, et l'article intermédiaire de la massue est enveloppé entièrement par les deux autres, ainsi que dans les derniers sous-genres. Les jambes sont étroites et alongées. Le chaperon est arrondi par devant (1).

Les Acanthocères. (Acanthocerus. Mac L.)

Les antennes ont leur premier article fort grand, dilaté supérieurement, en forme de lame, et les bords du feuillet intermédiaire de la massue, lorsqu'elle est pliée, découverts. Les jambes, surtout les quatre dernières, sont lamelliformes et recouvrent les tarses, repliés sur elles dans la contraction des pieds. Le chaperon va en pointe ou se termine par un angle. Le corselet est presque semi-lunaire (2).

Là, ou dans notre seconde division des arénicoles (*Trogides*, Mac L.), les antennes, guères plus longues que la tête, sont toujours composées de dix articles, dont le premier grand et très velu. La languette est entièrement cachée par le menton. Le labre et les mandibules sont peu découverts; ces dernières parties sont épaisses. Les palpes sont courts. Le menton est très velu. Les mâchoires sont armées de dents au côté interne. Le corps, cendré ou couleur de terre, est

---

(1) Mac L., Horæ entom., I, 1, p. 120; *Geotrupes arator*, Fab.

(2) Mac L., *ibid.*, pag. 136; *A. œneus*, espèce dont je dois la communication à l'un de nos plus habiles ingénieurs constructeurs de la marine, M. Lefebure de Cerisy, et non moins instruit en Entomologie. M. Mac Leay rapporte au même genre le *Trox. spinicornis* de Fab.

très raboteux ou tuberculeux en dessus. La tête est inclinée, se termine par un angle ou va en pointe. Le corselet est court, transversal, sans rebords latéraux, sinueux postérieurement, avec les angles antérieurs avancés. L'abdomen est grand, bombé, et recouvert par des élytres très dures. Les pieds antérieurs sont avancés, et leurs cuisses recouvrent le dessous de la tête. Ces insectes produisent une stridulation au moyen du frottement réitéré et alternatif du pédicule du mésothorax, contre les parois internes de la cavité du corselet.

Ces insectes se tiennent dans la terre ou dans le sable, paraissent ronger les racines des végétaux. Ils forment le genre

Trox (Trox) de Fabricius et d'Olivier.

M. Mac Leay fils en a séparé, sous le nom générique de Phobère (*Phoberus*), ceux dont les côtés du corselet sont déprimés, dilatés, et bordés d'épines et qui n'ont point d'ailes. Le bord postérieur du corselet a, de chaque côté, une forte échancrure, et le chaperon est arrondi par devant (1).

Une troisième section, celle des Xylophiles (*Xylophili*), comprendra les géotrupes de Fabricius et quelques-unes de ses cétoines. Ici l'écusson est toujours distinct, et les élytres ne recouvrent point l'extrémité postérieure de l'abdomen. Les crochets des tarses de plusieurs sont inégaux. Les antennes ont toujours dix articles, dont les trois derniers forment une massue feuilletée, et dont le feuillet intermédiaire

---

(1) *Trox horridus*, Fab.; Mac L., Horæ entom., I, 1, p. 137. Les Trox de Fabricius ne changent point de place. *Voyez* cet auteur, Olivier et Schœnher.

Les genres *Cryptodus* et *Mæchidius*, que M. Mac Leay met dans sa famille des *Trogidæ*, immédiatement après celui de *Phoberus*, ont l'extrémité postérieure de l'abdomen découverte, et neuf articles aux antennes, caractères qui paraissent les éloigner du Trox. Je soupçonne que les Mæchidies, à raison de la *forme* et de l'échancrure du labre, et de quelques autres caractères, avoisinent les Mélolonthes. Les cryptodes se distinguent de tous les autres Scarabéides par leur menton, qui recouvre presque entièrement la bouche en-dessous, et même par les palpes labiaux, situés, ainsi que la languette, derrière lui. Ces deux genres ont été établis sur des insectes de l'Australasie, et que je n'ai point vus.

35*

n'est jamais entièrement caché par les deux autres ou emboîté. Le labre n'est point saillant, et son extrémité antérieure au plus est découverte. Les mandibules sont entièrement cornées et débordent latéralement la tête. Les mâchoires sont cornées ou de consistance solide, droite et ordinairement dentées. La languette est recouverte par un menton de forme ovoïde ou triangulaire, rétréci et tronqué à son extrémité, dont les angles sont souvent dilatés. Tous les pieds sont insérés à égale distance les uns des autres.

Une première division comprendra les géotrupes de Fabricius. Les mâles diffèrent de leurs femelles par des éminences particulières, sous la forme de cornes, de tubercules, soit de la tête ou du corselet, soit de ces deux parties, et quelquefois aussi par la forme de la dernière. Le chaperon est petit, triangulaire, soit pointu, soit tronqué ou bidenté au bout. Le labre est presque toujours entièrement caché. Ici les mâchoires se terminent par un simple lobe coriace, crustacé, plus ou moins velu, sans dents; là elles sont entièrement écailleuses, vont en pointe, et n'offrent qu'un petit nombre de dents, accompagnées de poils. Le menton est ovoïde ou en triangle tronqué. La poitrine n'offre point de saillie. Les crochets des tarses sont généralement égaux. L'écusson est petit ou moyen. Les couleurs tirent sur le noir ou sur le brun.

Tantôt les mâchoires sont terminées par un lobe coriace ou crustacé, sans dents, et simplement velu ou muni de cils spinuliformes.

Les Oryctès. (*Oryctes*. Ilig. — *Scarabœus*. Lin.)

Dont les pieds diffèrent peu en longueur, et dont les quatre jambes postérieures sont épaisses, fortement incisées ou échancrées, avec l'extrémité très évasée, comme étoilée dans plusieurs.

L'*O. nasicorne* (*S. nasicornis*, Lin.; Rœs., II, vi, vii), long de quinze lignes, d'un brun marron luisant, avec la pointe du chaperon tronqué; une corne conique, plus ou moins longue, arquée en arrière, sur la tête; devant du corselet coupé obliquement, avec trois dents ou tubercules à la partie élevée et postérieure de la troncature;

étuis lisses. — Il vit, ainsi que sa larve, dans les couches de tau.

On trouve, dans le midi de l'Europe, une autre espèce, (*G. silenus*, Fab.; Oliv., col. 1, 3, viii, 62, a—c.), plus petite que la précédente, d'un brun marron plus clair; une petite corne, recourbée et pointue, sur la tête du mâle; une excavation profonde au milieu de son corselet; le dernier article de ses deux tarses antérieurs renflé, avec deux crochets très inégaux; élytres finement et vaguement pointillées (1).

Les Agacéphales. (Agacephala. Manh.)

Dont les pieds antérieurs, dans les mâles au moins, sont plus longs que les suivants, et dont les quatre jambes postérieures sont grêles ou peu épaisses, presque cylindriques, légèrement dilatées à leur extrémité, sans entailles ou incisions latérales profondes.

Le labre est entièrement caché. Le lobe terminant les mâchoires est simplement velu. Les antennes ont dix articles, et c'est par erreur que dans l'Encyclop. méthod. (art. *Scarabée*), on ne leur en donne que neuf.

J'en connais deux espèces, et l'une et l'autre du Brésil (2).

Tantôt les mâchoires, ordinairement cornées ou écailleuses, sont plus ou moins dentées.

Les Scarabées proprement dits. (Geotrupes. Fab.)

Ont le corps épais, convexe, et le côté extérieur des mandibules sinué ou denté.

----

(1) Ajoutez les Géotrupes *boas*, *rhinoceros*, *stentor*, etc., de Fabricius.

Le *G. orphnus* de M. Mac Leay, établi sur le *G. bicolor* de Fab., ne diffère pas du précédent. Le bord antérieur du labre est saillant ou découvert. Les mâchoires sont terminées par un faisceau de cils spinuliformes, arqué extérieurement, avec un lobe crustacé, triangulaire. La massue des antennes est presque globuleuse. Son genre *Dasygnathus*, qu'il place dans sa famille des Dynastidés, nous est inconnu; mais nous soupçonnons, d'après l'exposition de ses caractères, qu'il se rapproche des précédents et du suivant. Les mâchoires ne sont point dentées.

(2) Le *G. Ægeon* de Fabricius est peut-être congénère.

Les contrées équatoriales des deux mondes en fournissent des espèces très remarquables.

Le *S. Hercule* (*S. Hercules*, Lin.); Oliv., col. 1, 3, 1, xxiii, 1), long de cinq pouces, noir, avec les étuis d'un gris verdâtre, mouchetés de noir; le mâle a sur la tête une corne recourbée et dentée, et une autre longue, avancée, velue en-dessous, avec une dent, de chaque côté, sur le corselet. — Amérique méridionale. Quelques voyageurs l'ont nommé *Mouche cornue* (1).

Le *S. branchu* (*S. dichotomus*, Oliv., *ibid.*, xvii, 156), d'un brun marron; une grande corne fourchue et à branches divisées en deux, sur la tête; une autre plus petite, courbée et bifide à son extrémité, sur le corselet. Mâle. — Indes orientales.

Le *S. longs-bras* (*S. longimanus*, Lin.); Oliv., *ibid.*, iv, 27, d'un brun fauve, sans cornes ni tubercules sur la tête et le corselet. Les deux pieds antérieurs de moitié plus longs que le corps, et arqués. — Indes orientales.

La France ne nous offre qu'une seule espèce de ce sous-genre, le *S. ponctué* (Oliv., *ibid.*, VIII, 70); son corps est noir, ponctué, sans élévation en forme de corne, dans aucun sexe. Le chaperon est tronqué en devant, avec les angles de la troncature un peu relevés, en manière de dents. Le milieu de la tête offre deux tubercules rapprochés (2).

Les Phileures. (**Phileurus.** Lat. — *Geotrupes.* Fab.)

Ne diffèrent des scarabées que par leurs mandibules plus étroites, sans sinus ni dents au côté externe, et par leur corps déprimé, et dont le corselet est dilaté et arrondi sur les côtés (3).

---

(1) Cette espèce est le type du genre *Dynastes* de M. Kirby. Le *S. Actæon* en forme un autre, celui de *Megasoma*. *Voyez* le 14ᵉ volume des Transactions linnéennes.

(2) Les Géotrupes de Fabricius, à l'exception des espèces précitées, formant le *G. oryctes*, et de celles du genre suivant.

(3) *G. dydimus, valgus, depressus*, de Fab. Quelques espèces inédites du Brésil et de Cayenne, ayant quelque analogie avec les Sinoden-

Notre seconde division offre des scarabéïdes très voisins des précédents, à quelques égards, mais très rapprochés aussi de divers hannetons et particulièrement des cétoines, dont ils ont le port extérieur, mais dont l'organisation buccale est différente; c'est même avec elles que Fabricius et Olivier ont placé la plupart de ces insectes. Leur corps est généralement plus court, plus arrondi, plus lisse que celui des scarabées, et orné de couleurs brillantes. La tête et le corselet sont identiques et sans éminences particulières dans les deux sexes. Le bord antérieur du labre est presque toujours découvert ou apparent. Les mâchoires sont entièrement écailleuses, comme tronquées au bout, avec cinq à six fortes dents au côté interne. Le menton est proportionnellement plus court et plus large que celui des mêmes coléoptères, et moins rétréci supérieurement. Le mésosternum se prolonge souvent en manière de corne ou de pointe mousse entre les secondes pattes et au-delà. L'écusson est ordinairement grand. Les crochets des tarses sont communément inégaux. Un petit nombre excepté, ces xylophiles sont particuliers aux contrées équatoriales du nouveau continent.

Ici, de même que dans tous les scarabéïdes précédents, l'on ne voit point entre les angles postérieurs du corselet et les extérieurs de la base des élytres de pièce axillaire (1), remplissant le vide compris entre ces parties.

Exposons d'abord les sous-genres où le milieu de la poitrine ne présente aucun prolongement, en manière de pointe ou de corne.

Les Héxodons. (Hexodon. Oliv., Fab.)

Leur corps est presque orbiculaire, plan en dessous,

---

drons, ont le corps plus épais, et lient les Phileures avec nos Scarabées ou les Géotrupes de Fabricius, genre dont l'étude n'a pas été assez approfondie, sous le rapport de l'organisation buccale.

(1) Pièce latérale du mésosternum, plus grande et plus épaisse que d'ordinaire, et qui répond peut-être à cette petite écaille arrondie, nommée *Tégule* par quelques auteurs, que l'on voit à l'origine des ailes supérieures des Hyménoptères. *Voyez*, à cet égard, le Mémoire de M. Audouin sur le thorax des insectes.

avec la tête carrée, reçue dans une échancrure profonde du corselet, le bord extérieur des élytres dilaté, et précédé d'une gouttière, les pieds grêles, et les crochets des tarses très petits, égaux.

Le labre n'est point apparent. La massue des antennes est petite. Les mâchoires sont fortement dentées (1).

Les **Cyclocephales.** (Cyclocephala. Latr. — *Chalepus.* Mac L. — *Melolontha.* Fab.)

Ont le corps ovoïde, avec la tête dégagée, les élytres fai-blement rebordées, sans dilatation ni gouttière latérales, et les tarses antérieurs terminés par un article en massue, à crochets inégaux, l'un et l'autre bifides.

Le bord antérieur du labre est apparent. Les mandibules sont étroites, sans échancrure ou sinus notable au côté extérieur, et peu débordantes (2).

Dans les sous-genres suivants, le sternum s'avance en pointe conique, plus ou moins longue, pointue ou arrondie au bout, entre les secondes pattes.

Le bord antérieur du labre est toujours apparent. Les mandibules sont ordinairement crenelées ou dentées au côté extérieur. Les crochets des tarses sont inégaux.

Les **Chrysophores.** (Chrysophora. Dej.)

Dont les mâles ont les pieds postérieurs très grands, avec les cuisses grosses, les jambes arquées et terminées à l'angle interne en une pointe très forte (3).

---

(1) *Voyez* Olivier et Latr., Gener. crust., II, p. 106.

(2) Les Mélolonthes *geminata*, *barbata*, *castanea*, *signata*, *ferruginea*, *melanocephala*, *pallens*, etc., de Fabricius. Dans les premières, les mandibules sont fortes, arquées et crochues au bout. Celles des *M. signata*, *melanocephala*, etc, sont plus petites, droites, tronquées ou obtuses au bout Les sommités des mâchoires et du menton sont, en outre, garnies de poils. On pourrait, d'après cela, former avec ces espèces et leurs analogues, un sous-genre propre. Tous ces insectes sont de l'Amérique méridionale.

(3) *Melolontha chrysochlora*, Latr.; Voy. de MM. Humb. et Bonpl., II, xv, 1, fem., 2 mâle; — *Scarabœus macropus*, Shaw., Nat. mis., CCCLXXX, iv.

Les **Rutèles**. (**Rutela**. Latr. — *Rutela, pelidnota*. Mac L.,
  Kirb. — *Oplognathus*. Kirb., Mac L.)

Dont les pattes ne diffèrent point notablement sous le
rapport des proportions, dans les deux sexes; dont le menton est presque isométrique; où l'écusson est petit ou de
grandeur moyenne, et où la pointe sternale est courte, n'at-
teignant pas l'origne des deux pieds antérieurs. Le corps est
ovoïde ou ovalaire (1).

  Les **Macraspis**. (**Macraspis**. Mac L.— *Cetonia*. Fab.)

Qui diffèrent des rutèles, sous le rapport des proportions
du menton, qui est sensiblement plus long que large; de la
forme courte et arrondie du corps; de la longueur de l'écusson, égalant au moins le tiers de celle des élytres, et de celle de
la pointe sternale, dont l'extrémité atteint ou dépasse la naissance des deux pieds antérieurs. Les mandibules sont presque triangulaires, avec l'extrémité pointue et échancrée. Les
mâchoires ont plusieurs dents. Le menton est en forme de
carré alongé, légèrement rétréci près de son extrémité supérieure, et sans cils à son bord supérieur. L'un des crochets
des tarses ou des quatre antérieurs au moins est bifide, et
l'autre entier (2).

  Les **Chasmodies**. (**Chasmodia**. Mac L.)

Semblables aux macraspides par la forme générale du corps,
les proportions de l'écusson et de la pointe sternale, mais
dont les mandibules, plus étroites, ont l'extrémité obtuse et
entière; où les mâchoires n'ont que deux dents, avec un
pinceau de cils; et dont le menton est en forme d'ovoïde
alongé, notablement rétréci vers son extrémité supérieure,
avec son bord garni de cils. Tous les crochets des tarses sont
en outre entiers (3).

---

(1) *Voyez* le Catal de la coll. de M. le comte Dejean; M. Mac Leay
fils, Horæ entomol., I, pars I, et l'article *Rutèle* de l'Encyclop. méthod.
Les caractères des *G. pelidnota* et *oplognathus* ne me paraissent point
suffisamment tranchés.

(2) *Item, ibid.*

(3) *Voyez* l'article *Rutèle* de l'Encyclop. méthod., et l'ouvrage précité de M. Mac Leay fils.

Là, une pièce axillaire (la même que celle que l'on voit à la même place dans les cétoines ou celle que M. Audouin nomme *épimère*) remplit le vide compris entre les angles postérieurs du corselet, et les extérieurs de la base des élytres.

Les Ométis. (OMÉTIS. Latr.) (1).

Le genre *melolontha* de Fabricius composera nos quatrième et cinquième sections.

La quatrième, celle des PHYLLOPHAGES (*phyllophagi*), est formée de scarabéides très rapprochés de ceux des derniers sous-genres; mais les mandibules sont recouvertes en dessus par le chaperon, et cachées en dessous par les mâchoires; leur côté extérieur est seul à découvert, sans déborder néanmoins; elles n'offrent point extérieurement les sinus ou les dentelures que l'on y observe dans les rutèles et autres sous-genres analogues. La tranche antérieure du labre est à découvert, et tantôt sous la figure d'un triangle renversé et large, et tantôt et le plus souvent sous la forme d'une lame transverse, échancrée dans son milieu. Le nombre des articles des antennes n'est point constant, et varie de huit à dix; il en est de même de ceux de la massue, et dans plusieurs, les deux sexes diffèrent beaucoup à cet égard. La languette est entièrement recouverte par le menton, ou incorporée avec sa face antérieure, et les élytres se joignent entièrement tout le long de la suture, caractères qui distinguent ces insectes de ceux de la cinquième section.

La famille des anoplognathides de M. Mac Leay, et quelques autres sous-genres, très voisins de quelques-uns de ceux de la section précédente, composeront notre première division. Le chaperon est épaissi antérieurement, et forme avec le labre ou seul, une facette verticale, en triangle renversé, et dont la pointe s'appuie sur le menton. Cette dernière pièce est tantôt presque ovoïde, très velue, avec l'extrémité

---

(1) *Rutela cetonioides*, Encyclop. méthod. ; — *Rutela cerata*, Germ. ; —*Anisoplia histrio ?* Dej. , mais antennes de neuf articles.

Ce sous-genre semble lier ces insectes et les précédents avec les Cétoines.

soit arrondie, soit tronquée et sans échancrure; tantôt en
carré transversal, avec le milieu du bord supérieur prolongé
en manière de dent simple, ou échancré. Les mâchoires des
uns se terminent par un lobe coriace ou membraneux, très
velu, sans dents, ou n'en ayant que de très petites, et situées
près du milieu du bord interne; celles des autres sont entièrement cornées, ressemblent à des mandibules, soit tronquées ou obtuses et entières au bout, soit terminées par
deux ou trois dents.

Ceux dont le menton est presque ovoïde et très velu, et
dont les mâchoires se terminent par un lobe triangulaire, pareillement velu, sans dents ou n'en ayant que de très petites,
et situées près du milieu de son bord interne, forment deux
sous-genres (1).

Les Pachypes (Pachypus. Dej. — *Geotrupes*, *Melolontha*. Fab.)

Les antennes des mâles n'ont que huit articles, dont les
cinq derniers composent la massue. Les mandibules sont en
forme de feuillets très minces, triangulaires, alongés, et entièrement cachés, ainsi que le labre. Le lobe terminal des
mâchoires est très petit, à peine distinct, sans dents. Le menton est très proéminent, avancé et arrondi au sommet. Le
dernier article des palpes est le plus long de tous, presque
cylindrique.

Le corps est épais, avec le chaperon demi circulaire, creusé
en dessus en manière de corbeille, et distingué postérieurement du vertex par une carène transverse. Le corselet des
mâles est excavé et armé en devant d'une corne; les quatre
jambes postérieures sont fortes, incisées profondément en
travers, avec leur extrémité évasée et couronnée d'une
rangée de petites épines; les éperons sont grands. Les tarses
sont longs, grêles, velus, et terminés par deux crochets
petits, égaux et simples.

Aux antennes et à la forme du chaperon près, ce sous-
genre se rapproche beaucoup plus des oryctès que des hannetons (2).

---

(1) Le sternum n'offre aucune saillie.

(2) *Geotrupes excavatus*, Fab., mâle; *Melolontha cornuta*, Oliv.,

Les Amblytères. (Amblyteres. Mac L.)

Ont dix articles aux antennes, dont les trois derniers composent la massue. Le labre est découvert et lobé. Les mandibules sont fortes et écailleuses. Le lobe maxillaire est de grandeur moyenne et armé de dents cornées au côté interne. Le milieu de l'extrémité supérieure du menton est un peu prolongé, tronqué, avec les angles arrondis et portant les palpes; leur dernier article est ovoïde, le même des mâchoires est fort alongé et presque cylindrique. L'écusson est grand (1).

Dans les autres sous-genres de la même division, le menton est en carré transversal, avec le milieu du bord supérieur avancé en manière de dent, entier ou échancré. Les mâchoires sont entièrement cornées, ressemblent à des mandibules, terminées par une forte dent, penchée, alongée, soit entière et très obtuse au bout, soit divisée à son extrémité en deux ou trois pointes. Les mandibules sont toujours écailleuses et robustes. Le labre est à découvert.

Les uns, et propres à l'Australasie, ont une pointe sternale, et les crochets des tarses entiers et inégaux. Tels sont

Les Anoplognathes. (Anoplognathus. Repsimus. Leach.)

Les antennes sont composées de dix articles, et l'extrémité des mâchoires est tronquée ou obtuse et entière. Ces insectes sont généralement assez grands et ornés de belles couleurs (2).

---

col. I, 5, vii, 74, a, b, mâle; *Scarabœus candidæ*, Petag., Insect. Calab., I, 6; a, b, mâle; var. noire, observée aussi en Corse par M. Peyraudeau et ensuite en Sicile par M. Lefèvre; — *M. atriplicis*, Fab., femelle d'une autre espèce.

(1) Mac L., Horæ entom., I, pars I, p. 142. Ce savant ne parle point des crochets des tarses, ni des différences sexuelles. D'après la description de l'espèce servant de type, le corselet n'aurait point de cornes; les jambes antérieures ont trois dents au côté extérieur; on n'en voit que deux aux mêmes des Pachypes.

(2) *Voyez* Mac Leay fils, Horæ entomol., I, pars I, p. 143, et le 12e vol. des Trans. de la Soc. linn., p. 401 et 405.

Les autres, et propres aux pays chauds des deux continents, n'ont point de saillie sternale; les crochets des tarses, ou l'un d'eux, sont bifides; leurs mâchoires se terminent souvent par deux ou trois dents.

Tantôt les antennes ont dix articles, et l'extrémité supérieure des mâchoires est entière ou tout au plus échancrée ou bidentée.

Les Leucothyrées. (Leucothyreus. Mac L.)

Où l'un des crochets tarsiers est entier et l'autre bifide.

Les tarses, ou du moins les antérieurs, sont garnis de brosses en dessous; ceux-ci sont dilatés dans les mâles. Le dessous de leur tête est plus velu que dans l'autre sexe (1).

Les Apogonies. (Apogonia, Kirb. ; Mac L.)

Où tous les crochets des tarses sont bifides (2).

Tantôt les antennes n'ont que neuf articles, et l'extrémité des mâchoires offre trois dents.

Les Géniates. (Geniates. Kirb.)

L'extrémité des mandibules est échancrée. Le menton des mâles offre en dessous une espèce de brosse circulaire, formée de poils très serrés, plane ou comme coupée en manière de vergette. Les quatre premiers articles de leurs tarses antérieurs sont dilatés et garnis de brosses en dessous. L'un des crochets de tous les tarses est entier, et l'autre bifide. L'antérieur des deux premiers est accompagné à sa base, d'une lame cornée, échancrée inférieurement, arrondie au bout, formant une espèce d'ergot (3).

---

(1) Mac L., Hor. entom., I, pars I, p. 145;—*Melolontha sulcicollis*, Germ. insect. Spes nov., p. 124.

(2) Kirb., Trans. linn. Soc., XII, p. 401; — *A. gemellata*, ejusd., *ibid.* XXI, 9.

(3) Kirb., *ibid.*, p. 401; — *Geniates barbatus*, ibid., xxxi, 8. Les Mélolonthes *obscura*, *lanata* de Fabricius, l'espèce nommée *nigrifons* par M. Stevens, et décrite dans la Synon. des insect de M. Schœnh. (I, 3, app. 115), et probablement d'autres espèces, paraissent devoir former un sous-genre propre, voisin de celui de Géniate, mais à tarses non dilatés.

Une seconde division des xylophiles, et qui comprendra la famille des mélolonthides de M. Mac Leay fils, nous offre les caractères suivants : le labre est en forme de feuillet transversal, et le plus souvent fortement échancré en dessous, dans son milieu, de sorte que vu en devant, il a presque la figure d'un cœur renversé et à demi tronqué. Le menton est aussi long ou plus long que large, un peu rétréci avant le sommet, soit presque carré, soit presque en forme de cœur; son bord supérieur est droit, ou plus ou moins échancré ou concave dans son milieu, mais sans dilatation en forme de dent. Les mâchoires sont ordinairement écailleuses et armées de plusieurs (5 à 6 communément) dents.

On peut partager cette division en deux coupes, dont l'une embrassera le *G. melolontha* de Fabricius, tel qu'Iliger et moi l'avions restreint; et l'autre, celui d'*hoplia* de ce dernier. La première de ces subdivisions pourrait conserver le nom de *melolonthides*, et l'autre recevoir celui d'*hoplides*.

Nous signalerons ainsi la première. Nombre des feuillets complets de la massue de plus de trois dans plusieurs. Corps ordinairement épais. Mandibules fortes, entièrement ou en majeure partie cornées, n'offrant au plus, qu'un appendice membraneux et velu, situé dans la concavité ou l'échancrure du côté interne; l'extrémité supérieure fortement tronquée, avec deux ou trois dents ou saillies angulaires. Tous les tarses terminés par deux crochets; le premier article des deux antérieurs point prolongé inférieurement en un appendice crochu. Labre ordinairement apparent. Dents maxillaires robustes.

Les espèces de melolonthes de Fabricius qui formeront le sous-genre

De Hanneton proprement dit (Melolontha. Fab.)

Ont les antennes de dix articles, dont les cinq ou sept derniers, dans les mâles, et les six ou quatre derniers dans les femelles, composent la massue. Le labre est épais et fortement échancré en dessous. Tous les crochets des tarses sont égaux, terminés en une pointe entière et simplement unidentés à leur base. L'extrémité postérieure de l'abdomen finit le plus souvent en pointe ou en un stylet, du moins dans les mâles.

Parmi les espèces où la massue antennaire est de sept feuillets dans les mâles et de six dans l'autre sexe, nous citerons:

Le *H. foulon* (*Scarabæus fullo*, Lin.; Oliv., col. I, 5, III, 28), long d'environ un pouce et demi, brun ou noirâtre, avec trois lignes sur le corselet, deux taches ovoïdes à l'écusson, et beaucoup d'autres, irrégulières, sur les élytres, blanches. La massue des antennes du mâle est très grande.

On le trouve sur les côtes maritimes, dans les dunes.

Le *H. ordinaire* (*S. melolontha*, Lin.; Oliv., *ibid.*, I, I, a—d.) (1), noir, velu, avec les antennes, le bord antérieur du chaperon, les élytres et la majeure partie des pieds, d'un bai rougeâtre. Corselet un peu dilaté et marqué d'une impression, vers le milieu de ses bords latéraux, tantôt noir, tantôt rouge. Quatre lignes élevées sur les élytres, dont le bord extérieur est de la couleur du fond. Des taches triangulaires blanches sur les côtés de l'abdomen. Stylet anal rétréci insensiblement en pointe.

Le *H.* de l'*Hippocastanum* (*M. Hippocastani*, Fab.; Oliv., *ibid.*, I, 3, a, b, c.), qu'on avait d'abord confondu avec le précédent, est un peu plus petit, plus court, plus convexe, avec les élytres bordées de noir, le stylet anal proportionnellement plus court et resserré avant l'extrémité, qui paraît ainsi plus large et obtuse.

Le tube alimentaire du hanneton commun est, suivant M. Dufour (Annal. des sc. natur., III, p. 234), moins étendu que celui des bousiers, mais à parois plus robustes. Le ventricule chylifique est tout-à-fait dépourvu de papilles, et

---

(1) Au moment où nous livrions cet ouvrage à l'impression, celui de M. Straus sur l'anatomie de cet insecte était offert à l'Académie royale des sciences, qui l'avait fait exécuter à ses frais. Nous regrettons vivement de n'avoir pas eu le temps de mettre à profit ce beau travail. Déjà M. Léon Dufour nous avait fait connaître tout ce qui est relatif au système digestif et aux organes de la génération. M. Chabrier avait aussi décrit et figuré avec une grande exactitude les muscles des ailes et le thorax. M. Straus a rempli parfaitement les autres lacunes.

offre à sa surface des franges élégantes formées par des vaisseaux hépatiques. L'intestin grêle est suivi d'une espèce de colon, ayant des valvules intérieures, sous la forme de petites poches triangulaires, imbriquées, disposées sur six séries longitudinales, séparées par autant de cordons musculeux. Ce savant a souvent trouvé ces poches remplies d'une pulpe végétale verte. Les vaisseaux biliaires sont d'une structure très délicate, forment des replis très multipliés et plusieurs d'entre eux ont, à gauche et à droite, de petits barbillons en manière de frange. L'armure copulatrice du mâle est fort grosse, très dure, terminée par deux crochets robustes, et présente, vers son tiers postérieur, une articulation favorable à ses mouvements. Chaque testicule est une agglomération de six capsules spermatiques, orbiculaires, comme ombiliquées et munies chacune d'un conduit propre, tubuleux, de manière qu'elles ressemblent à ces feuilles désignées par les botanistes sous la désignation de *peltées* ou *ombiliquées.*

Cet insecte paraît, certaines années, en si grande abondance, qu'il dépouille, en peu de temps, de feuilles, de grandes étendues de bois. La larve n'est pas moins nuisible aux plantes de nos jardins. Elle est vulgairement nommée *ver blanc.*

Une quatrième espèce, le *H. cotonneux* (*M. villosa*, Oliv., *ibid.*, I, 4), se distingue des précédentes par la massue des antennes, qui est de cinq feuillets dans les mâles et de quatre dans les femelles. Le corps est d'un brun plus ou moins foncé, quelquefois rougeâtre en-dessous, avec trois lignes grises, formées par un duvet, sur le corselet; l'écusson et le dessous du corps sont garnis d'un duvet semblable, et formant des taches sur les côtés de l'abdomen (1).

Désormais la massue antennaire ne nous présentera, dans les deux sexes, que trois feuillets.

---

(1) Ajoutez *M. hololeuca*, Fisch., Entom. de la Russ., II, xxviii, 3; — ejusd., *M. Anketeri*, 4; — *M. pilosa*, Fab.; Fisch., *ibid.*, 9. — *M. occidentalis*, Fab., etc. *Voyez* Schœnh., Synon. insect., I, 3, p. 162.

Les Rhisotrogues. (Rhisotrogus. Lat.)

Ressemblent parfaitement aux hannetons, quant à la forme générale du corps, celle du labre et des tarses ; mais leurs antennes, de neuf ou dix articles, n'ont que trois feuillets à la massue (1).

Les Céraspis. (Ceraspis. Lepel., Serv.)

Ont au milieu du bord postérieur du corselet deux petites incisions longitudinales, et l'espace compris forme une dent, dont l'extrémité est reçue dans une échancrure correspondante de l'écusson. Les antennes ont dix articles. Tous les crochets des tarses, à l'exception des antérieurs, sont inégaux ; le plus fort des intermédiaires est entier dans le mâle ; les autres et les six dans la femelle sont bifides. Le corps est recouvert ou parsemé de petites écailles.

On n'en connaît que peu d'espèces et toutes du Brésil (2).

Les Aréodes. (Areodes. Leach, Mac L.)

Ont dix articles aux antennes, le sternum cornu, et tous les crochets des tarses égaux dans les individus présumés femelles (Lepel. et Serv.), et inégaux dans les mâles ; le plus gros des deux antérieurs de ceux-ci est bifide, et tous les autres sont entiers.

Ces insectes ont des couleurs brillantes (3).

Tous les phyllophages précédents, quelques-uns exceptés, nous ont présenté des antennes de dix articles. Dans tous les

---

(1) Comme il n'est pas toujours facile de bien distinguer le nombre des articles qui précèdent immédiatement la massue des antennes, je réunis le genre que j'avais nommé *Amphimalle*, et où ces organes n'ont que neuf articles, à celui de Rhisotrogue. Les *M. solstitialis, pini, serrata, fervida, atra, æquinoxialis, ruficornis*, etc., de Fabricius. Le troisième article paraît se décomposer.

(2) Le *Ceraspis pruinosa* de MM. Lepel. et Serv. (Encycl. méthod.) est le *M. bivulnerata* de M. Germar. Le *M. variegata* de celui-ci me paraît être aussi un Céraspis.

(3) Mac L., Hor. entom., I, pars I, p. ı58.

suivants et de la même division, ou celle des melolonthides, nous n'en compterons plus que neuf.

Ici tous les crochets des tarses sont égaux; l'un des deux antérieures au plus est quelquefois plus gros.

Les Dasyus. (Dasyus. Lepel. et Serv.)

Où les crochets des deux tarses antérieurs, du moins dans les mâles, sont bifides, et les autres entiers (1).

Les Sériques. (Serica. Mac L.— *Omalopia.* Dej.)

Qui ont tous les crochets des tarses bifides, le corps ovoïde, bombé (soyeux et souvent avec un reflet changeant), avec le corselet beaucoup plus large que long (2).

Les Diphucéphales. (Diphucephala. Dej.)

Ont aussi tous les crochets des tarses bifides; mais le corps est étroit, alongé, avec le corselet presque carré. Les premiers articles des quatre (mâle) ou deux (femelles) tarses antérieurs sont courts et garnis en-dessous de brosses; ces mêmes articles sont dilatés ou plus larges aux quatre premiers tarses des mâles. Le chaperon est fortement et angulairement échancré.

Ces insectes sont propres à l'Australasie (3).

·Les Macrodactyles. (Macrodactylus. Latr.)

Ressemblent aux diphucéphales, quant aux crochets des tarses et à l'alongement du corps; mais ici le corselet est plus long, presque hexagonal, et tous les articles des tarses sont semblables dans les deux sexes, alongés et simplement velus. Ces insectes sont particuliers au nouveau continent (4).

Là, les crochets des tarses intermédiaires sont seuls inégaux.

---

(1) Encyclop. méthod. , article *Scarabéides.*

(2) Mac L., Hor. entom., I, pars I, p. 146. Les *M. brunnea, variabilis, ruricola,* etc., de Fabricius. M. Mac Leay dit que les antennes ont dix articles, mais je n'en ai compté que neuf. La longueur et la forme de ceux des tarses varie.

(3) *Melolontha colaspidoides,* Schœnh., Synon. insect., I, 3 app., pag. 101. *Voyez* le Catal. de la coll. de M. le comte Dejean, p. 58.

(4) *M. subspinosa,* Fab., et plusieurs autres espèces inédites.

Les Plectris. (Plectris. Lepel. et Serv.)

Le plus gros de ces crochets et les deux des autres tarses sont bifides; le premier article des tarses postérieurs est fort long (1).

Dans les autres, tous les crochets des tarses sont inégaux; ceux des deux postérieurs au moins sont toujours entiers; l'un au moins des deux ou quatre tarses antérieurs des mâles et quelquefois des femelles, est bifide.

Les Popilies. (Popilia. Leach.)

Où le sternum s'avance, entre les premières pattes, en manière de lame comprimée et tronquée ou très obtuse (2).

Les Euchlores. (Euchlora. Mac L. — *Anomala*. Meg., Dej.)

N'ayant point de saillie sternale; où l'un des crochets des quatre tarses antérieurs est bifide dans les mâles, et où le corps est bombé, avec le chaperon court et transversal (3).

Les Anisoplies. (Anisoplia. Meg., Dej.)

Pareillement sans prolongement sternal, mais où l'un des crochets des quatre tarses antérieurs est bifide dans les deux sexes, où le dos est déprimé, et le chaperon ordinairement rétréci en devant et relevé à son extrémité (4).

Les Lépisies. (Lepisia. Lepel. et Serv.)

N'offrant pas non plus de corne sternale, et distincts des précédents par leurs quatre tarses antérieurs, dont les deux crochets sont bifides (5).

Les *Hoplides*, ou les phyllophages de notre troisième et dernière division, ont les mandibules petites, déprimées,

---

(1) Encyclop. méthod., article *Scarabéïdes.*

(2) *Trichius 2-punctatus*, Fab.

(3) Les *M. viridis, bicolor, errans, marginata, cyanocephala, vitis, Julii, Frischii, holosericea, aurata*, etc., de Fab. *Voyez* Mac L., Hor. entom., I, pars I, p. 147. Le genre *Mimela* de M. Kirby me paraît se rapprocher beaucoup de celui d'Euchlore; mais n'en ayant vu aucun individu, je me borne à cette simple indication.

(4) Les *M. horticola, floricola, arvicola, fruticola, agricola, lineata*, etc., de Fab.

(5) Encyclop. méthod., article *Scarabéïdes.*

36*

comme divisées longitudinalement en deux parties, dont l'interne membraneuse et l'autre cornée; l'extrémité supérieure n'offre point de dentelures sensibles. Le labre est caché ou peu apparent (1). Les mâchoires n'ont souvent que de petites dentelures. Le corps est court, déprimé, large, avec les élytres rétrécies postérieurement, au côté extérieur. Les deux derniers tarses n'ont ordinairement qu'un seul crochet; dans ceux où tous en ont deux (*Dicranie*), le premier article des tarses antérieurs est prolongé inférieurement, et, offre au côté interne, une forte dent crochue.

M. Léon Dufour remarque que le canal digestif des hoplies est beaucoup moins long que celui des hannetons, et qu'il se rapproche davantage de celui des cétoines. Le ventricule chylifique est lisse et flexueux. L'intestin grêle est moins court que dans les hannetons, et présente souvent à son origine un renflement ovoïde. Il est suivi d'un gros intestin alongé, dépourvu d'anfractuosités valvuleuses. Le rectum en est distinct par un bourrelet et bien marqué. Les organes de la génération ne diffèrent presque pas de ceux du hanneton.

Les Dicranies. (Dicrania. Lepel. et Serv.)

Ont deux crochets, tous égaux et bifides, à tous les tarses, et dont les deux antérieurs ont leur premier article prolongé inférieurement en une dent crochu. Le corps est très lisse, sans écailles, avec l'écusson assez grand, deux fortes épines à l'extrémité des quatre jambes postérieures; le bout inférieur des deux dernières jambes est dilaté. Ces insectes habitent le Brésil (2).

Les Hoplies. (Hoplia. Ilig.)

Ont un seul crochet aux deux tarses postérieurs; les deux des autres sont inégaux et bifides. L'extrémité des quatre dernières jambes est couronnée par de petites épines, et dont aucune n'est manifestement plus longue que les autres. Le

---

(1) Dans les derniers sous-genres précédents, cette pièce, vue en devant, n'offre non plus qu'une tranche linéaire, transverse, entière, ou légèrement échancrée dans son milieu.

(2) Encyclop. méthod., article *Scarabéides*.

corps est généralement garni d'écailles. Le chaperon est presque carré ou presque semi-circulaire. Les cuisses des deux pieds postérieurs sont médiocrement renflées, et leurs jambes sont longues, droites, sans dent crochue à leur extrémité.

On trouve très communément dans le midi de la France, près des bords des ruisseaux ou des rivières, la plus belle espèce connue de ce sous-genre, l'*H. violette* (*H. formosa*, Illig. ; *Melolontha farinosa*, Fab. ; Oliv., col. 1, 5, 11, 14, a, c.). Ses antennes ont neuf articles. Tout son corps est recouvert d'écailles brillantes, argentées, dont les supérieures ont un reflet d'un bleu violet, et dont les inférieures sont un peu verdâtres ou dorées.

Les antennes de quelques autres ont dix articles (1).

Les Monochèles. (Monocheles. Illig.)

Ne diffèrent des hoplies que par leur chaperon, qui est en forme de triangle tronqué à son extrémité antérieure, et par les deux pieds postérieurs, dont les cuisses sont très grosses, et dont les jambes sont courtes, avec une forte dent crochue à leur extrémité (2).

Des scarabéides, très voisins des derniers de la section précédente, et qu'on avait d'abord réunis avec eux dans le genre mélolonthe, mais dont les paraglosses ou les deux divisions de la languette font saillie au-delà de l'extrémité supérieure du menton, et dont les élytres sont béantes ou un peu écartées du côté de la suture, à leur extrémité postérieure, ce bout étant rétréci en pointe ou arrondi, composant une cinquième section, celle des ANTHOBIES (*anthobii.*)

Les antennes ont neuf à dix articles, dont les trois derniers forment seuls la massue dans les deux sexes. Le lobe terminant les mâchoires est souvent presque membraneux, soyeux, en forme de pinceau, coriace, et dentelé au bord interne dans les autres. Le labre et les mandibules sont plus ou moins solides selon que ces parties sont à nu ou cachées. Ces insectes vivent sur les fleurs ou sur les feuilles.

---

(1) *Voyez* Latr., Gener. crust. et insect., II, p. 115.
(2) Encyclop. méthod., article *Scarabéides*.

Les uns ont les mandibules et le labre saillants, et deux crochets entiers et égaux à tous les tarses.

Les antennes ont dix articles; les palpes maxillaires sont un peu plus gros vers le bout, avec le dernier article court ou peu alongé et tronqué ; les mandibules sont cornées.

Quelques-uns de ces insectes habitent le nord de l'Afrique et d'autres contrées situées sur la Méditerannée; la plupart des autres fréquentent les pays élevés de l'Asie occidentale.

Dans ceux-ci, le premier article de la massue des antennes est concave, et emboîte les autres.

LES GLAPHYRES. (GLAPHYRUS. Latr.)

Ont le bord interne des mandibules dentelé et un angle aigu à l'autre bord; la massue des antennes presque ovoïde; les téguments fermes et les cuisses postérieures renflées. Les palpes maxillaires sont notablement plus grands que les labiaux, avec le dernier article plus long que le précédent. Le lobe interne des mâchoires est en forme de dent ; l'extérieur ou le terminal est coriace. Le corselet est oblong. Les pieds postérieurs sont grands (1).

LES AMPHICOMES. (AMPHICOMA. Latr.)

Ont des mandibules arrondies et arquées au côté extérieur, sans dentelures au bord interne; la massue des antennes globuleuse, l'abdomen mou, et tous les pieds de grandeur ordinaire.

Le chaperon est très rebordé. Les jambes antérieures ont trois dents au côté extérieur. Les quatre premiers articles de leurs tarses sont fortement ciliés dans les mâles.

Dans ce sous-genre et le suivant, les mâchoires se terminent par un lobe membraneux, étroit, alongé, en forme de lanière. Leurs palpes ne sont guère plus longs que les labiaux, et la longueur de leur dernier article ne surpasse guère celle du précédent (2).

---

(1) Latr., Gener. crust. et insect., II, pag. 117.

(2) *Voyez* Latr., Gener. crust et insect , II, pag. 118; *G. amphi-coma*, 1re division.

Dans ceux là, tels que

LES ANTHIPNES. (ANTHIPNA. Escholtz.)

La massue des antennes est formée de feuillets libres et ovale.

Le chaperon n'est point rebordé en devant; la portion médiane de la tête forme avec lui une plaque en carré long, rebordée latéralement et postérieurement. Les jambes antérieures ont deux dents au côté extérieur. Les quatre premiers articles des tarses sont dilatés et en forme de dents, dans les mâles. Ces insectes ressemblent d'ailleurs aux amphicomes (1).

Les autres ont le labre et les mandibules recouverts ou point saillants, et quelques-uns au moins des crochets de leurs tarses sont bifides. Le menton est alongé et velu.

Tantôt tous les tarses ont deux crochets. Les antennes n'ont jamais que neuf articles. Le chaperon est ordinairement transversal. Les palpes sont peu alongés, avec le dernier article ovalaire.

Ici les pieds postérieurs diffèrent peu des autres.

LES CHASMOPTÈRES. (CHASMOPTERUS. Dej. — *Melolontha*. Illig.)

Ont tous les crochets des tarses bifides; le lobe terminal des mâchoires étroit, alongé, avec deux dents écartées au bord interne; le corps presque ovalaire, avec le corselet arrondi, et les élytres d'égale largeur partout (2).

LES CHASMÉS. (CHASME, Lepel. et Serv.)

Ne paraissent différer des chasmoptères que par les crochets des deux tarses postérieurs, dont le plus gros est seul bifide (3).

Là, les pieds postérieurs ont, du moins dans les mâles, les cuisses très grosses, dentées, les jambes épaisses et terminées par un fort crochet.

---

(1) *Amphicoma abdominalis*, Latr., Gen. crust. et insect., II, p. 119; *M. alpina*, Oliv., col. I, 5, x, 112.

(2) *Voyez* Dej., Catal. de sa coll. des Coléopt., p. 60.

(3) Encyclop. méthod., art. *Scarabéïdes*.

Les Dichèles. (Dicheles. Lepel. et Serv. — *Melolontha.* Fab., Oliv.)

Le corps est court, peu velu, avec les élytres rétrécies vers leur extrémité, en triangle alongé. Les pieds postérieurs sont en partie contractiles. Tous les crochets des tarses sont égaux et bifides. Le lobe terminal des mâchoires est dentelé le long du bord interne, comme dans les hoplies, dont ce sous-genre se rapproche beaucoup (1).

Tantôt les deux tarses postérieurs n'ont qu'un seul crochet (ceux des autres sont inégaux et bifides).

Quelques-uns n'ont, comme les précédents, que neuf articles aux antennes.

Les Lépitrix. (Lepitrix. Lepel. et Serv. — *Trichius, Melolontha.* Fab.)

Le corps est court, avec le corselet plus étroit que l'abdomen, presque carré, un peu rétréci postérieurement ; l'abdomen large, et les pattes postérieures grandes. Le dernier article des palpes maxillaires est beaucoup plus long que dans les sous-genres précédents. Le lobe terminal des mâchoires est très petit, en forme de triangle court (2).

Les autres ont dix articles aux antennes.

Le corps est court, très velu, avec le chaperon en forme de triangle alongé, tronqué ou très obtus au bout ; les palpes saillants, terminés par un article long et cylindrique, le lobe maxillaire long, étroit, saillant à son extrémité, sans dents ; l'abdomen grand, et les pieds postérieurs longs.

Les Pachycnèmes. (Pachycnemus. Lepel. et Serv.— *Melolontha, Trichius.* Fab.)

Ont les élytres rétrécies vers leur extrémité, les cuisses et les jambes des deux pieds postérieurs renflées ; celles-ci presque en massue, avec l'un des deux éperons du bout beaucoup plus fort que l'autre.

Les Anisonyx. (Anisonyx. Lat. — *Melolontha.* Fab.)

Dont les élytres forment un carré long, arrondi posté-

---

(1) Encyclop. méthod., art. *Scarabéides.*
(2) *Ibid., item.*

rieurement; où les jambes postérieures sont presque cylindriques, ou en forme de cône alongé, avec les deux éperons du bout de grandeur égale.

La sixième et dernière section des scarabéides, celle des Mélitophiles (*Melitophili*), se compose d'insectes dont le corps est déprimé, le plus souvent ovale, brillant, sans cornes, avec le corselet trapéziforme ou presque orbiculaire; une pièce axillaire occupe, dans le plus grand nombre, l'espace compris entre les angles postérieurs et l'extérieur de la base des élytres. L'anus est découvert. Le sternum est souvent prolongé en manière de pointe ou de corne avancée. Les crochets des tarses sont égaux et simples. Les antennes ont dix articles, dont les trois derniers forment une massue, toujours feuilletée. Le labre et les mandibules sont cachés, en forme de lames aplaties, entièrement ou presque entièrement membraneuses. Les mâchoires se terminent par un lobe soyeux, en forme de pinceau, sans dents cornées. Le menton est ordinairement ovoïde, tronqué supérieurement, ou presque carré, avec le milieu du bord supérieur plus ou moins concave ou échancré. La languette n'est point saillante.

Des observations anatomiques faites sur plusieurs de ces insectes par M. Léon Dufour, l'on peut conclure qu'ils sont, de tous les scarabéides, ceux où le tube alimentaire est le plus court. Le ventricule chylifique a, communément, sa tunique externe couverte de fort petites papilles superficielles, en forme de points saillants. Le renflement qui termine l'intestin grêle n'est point caverneux, comme celui des hannetons. L'armure copulatrice des mâles diffère aussi de celle de ces derniers. Les capsules spermatiques sont au nombre de dix ou de douze par chaque testicule. Leurs conduits propres ne confluent pas tous ensemble en un même point, pour la formation du canal déférent, mais ils s'abouchent entre eux de diverses manières. Le nombre des vésicules séminales est d'une ou trois paires. Le conduit éjaculateur se contourne et se renfle beaucoup, avant de pénétrer dans l'appareil copulateur (*Voyez* Annal. des scienc. natur., tom. III, p. 235, et IV, p. 178.)

Les larves vivent dans le vieux bois pourri. On trouve

l'insecte parfait sur les fleurs, et souvent aussi sur les troncs d'arbres d'où il suinte une liqueur qu'ils sucent.

Cette section est susceptible de se partager en trois divisions principales qui correspondent, la première, au genre *trichius* de Fabricius; la seconde, à celui de *goliath* de M. de Lamarck; et la troisième, à celui de *cetonia* du premier, mais réduit et simplifié par le retranchement du second genre, ainsi que des rutèles et autres coupes analogues.

Les mélitophiles des deux premières divisions n'ont point de saillie sternale bien prononcée; la pièce latérale du mésosternum que nous avons désignée par l'épithète d'axillaire (épimère d'Audouin) ne se montre point généralement en dessus, ou n'occupe qu'une portion de l'espace compris entre les angles postérieurs du corselet et la base extérieure des élytres. Le corselet ne s'élargit point de devant en arrière, ainsi que dans les cétoines. Le côté extérieur des élytres n'est point brusquement rétréci ou unisinué, un peu au-dessous des angles huméraux, comme dans ces derniers insectes. Mais un caractère qui nous paraît plus rigoureux, c'est qu'ici les palpes labiaux sont insérés dans des fossettes latérales de la face antérieure du menton, de sorte qu'ils sont entièrement à découvert, et que les côtés de ce menton les débordent même à leur naissance et les protègent par derrière. Dans les deux premières divisions, ces palpes sont insérés sous les bords latéraux du menton ou dans les bords mêmes, de manière que les premiers articles ne paraissent point, vûs par devant.

Les uns (*trichides*) ont le menton soit presque isométrique, soit plus long que large, et laissant à découvert les mâchoires. Ce sont :

LES TRICHIES (TRICHIUS.) de Fabricius.

La *T. noble* (*Scarabæus nobilis*, Lin.; Oliv., col. 1, 6, III, 10), longue d'environ un demi-pouce, d'un vert doré en dessus, cuivreuse, avec des poils d'un gris jaunâtre, en dessous; sur les fleurs ombellifères.

La *T. rayée* (*S. fasciatus*, Lin.; Oliv., *ibid.*, IX, 84), un peu plus petite, noire, avec des poils épais, jaunes; étuis de cette dernière couleur, avec trois bandes noires, transverses, interrompues à la suture. Très commune, au printemps, sur les fleurs.

La *T. ermite* (*S. eremita*, Lin.; Oliv., *ibid.*, III, 17), grande, d'un noir brun; bords de la tête relevés; trois sillons sur le corselet. Sur le tronc des vieux arbres, dans l'intérieur desquels vit la larve.

La femelle de la *T. hemiptère* (*S. hemipterus*, Lin.; Oliv., *ibid.*, IX, 83, XI, 103), et celles de quelques autres espèces de l'Amérique septentrionale sont remarquables par la tarière cornée, en forme de dard, de l'extrémité postérieure de leur abdomen, et leur servant à introduire leurs œufs.

Ces espèces se tiennent communément à terre, où elles marchent très lentement. Le dernier article de leurs palpes maxillaires est proportionnellement plus court et plus épais que celui des autres trichies; il m'a paru que le premier des tarses postérieurs excédait beaucoup plus en longueur le suivant, tandis que, dans les autres trichies, il n'est guère plus long (1).

La seconde division (*Goliathides*) se distingue de la précédente, sous le rapport du menton, qui est beaucoup plus grand, large, et recouvre les mâchoires.

Ici le menton est concave dans son milieu, ayant la figure d'un cœur élargi, ou d'un carré transversal. L'extrémité antérieure du chaperon n'est ni dentée ni cornue. Le corselet est en forme de cœur tronqué aux deux bouts et rétréci brusquement en arrière, ou bien en forme de carré transversal, arrondi latéralement.

Le premier article des antennes est fort grand, triangulaire, ou en cône renversé. Les palpes sont courts; le dernier article des maxillaires est alongé. Le côté extérieur des deux premières jambes offre deux dents.

LES PLATYGÉNIES. (PLATYGENIA. Mac L.)

Leurs corps est très aplati, avec le corselet presque en forme de cœur, largement tronqué aux deux bouts; les mâchoires terminées par un faisceau de poils, et dont le lobe

___

(1) *Voyez* Schœnh., Synon. insect., I, III, p. 99.

interne est triangulaire, échancré au bout; le dernier article de leurs palpes ovoïdo-cylindrique; le menton presque carré, échancré au milieu du bord supérieur et un peu sur les côtés; et les jambes postérieures très velues au côté interne (1).

LES CREMASTOCHEILES. (CREMASTOCHEILUS. Knoch.)

Dont le corselet est presque en forme de carré transversal; dont les mâchoires sont terminées par une forte dent, crochue ou en faulx, avec des soies ou petites épines, à la place du lobe interne; qui ont le dernier article des palpes fort long et cylindrique; et le menton en forme de cœur élargi, ou de triangle renversé et arrondi aux angles supérieurs, sans échancrure sensible (2).

Là, le menton est en forme de cœur très évasé, sans concavité discoïdale, échancré ou sinué au bord supérieur. L'extrémité antérieure du chaperon des mâles se divise en deux lobes, en forme de cornes tronquées ou obtuses. Le corselet est presque orbiculaire.

LES GOLIATH. (GOLIATH. Lam., Kirb. — *Cetonia*. Fab., Oliv.)

Sous-genre qui se compose, d'après M. Delamarck, de grandes et belles espèces, les unes d'Afrique et des Indes orientales, les autres de l'Amérique équatoriale. MM. Lepeletier et de Serville, (Encyclop. méthod., article *scarabéides*), en ont séparé celles-ci, sous le nom de générique d'INCA (*Inca*). La pièce axillaire n'est point proéminente

----

(1) Mac L., Hor. entom., I, pars I, p. 151; *Trichius barbatus*, Schœnh. Synon. insect., I, III, App. 38.

(2) Latr., Gener. crust. et insect., p. 121. M. Dupont, naturaliste de son altesse le duc d'Orléans, et dont la collection en insectes coléoptères est, après celle de M. le comte Dejean, la plus riche de celles de Paris, a reçu de Lamana (Guiane française) un insecte offrant tous les caractères essentiels des Crémastocheiles, mais où les pièces axillaires sont plus apparentes, l'animal étant vu par dessus. Les jambes antérieures sont arquées, et ont au côté interne une forte saillie en forme de dent. Tous les tarses sont courts, gros, cylindriques, et terminés par deux crochets très longs. Le chaperon est relevé à son extrémité antérieure, en manière de lame presque carrée. L'extrémité postérieure de la tête offre une élévation divisée en deux dents ou tubercules. Cet insecte est long d'un pouce, noir, avec une tache rouge sur le dessus de chaque élytre.

La *Cetonia elongata* d'Olivier paraît être un crémastocheile.

Les deux pieds antérieurs ont les cuisses munies d'une dent, et une échancrure à leur base interne. Le bord supérieur du menton est fortement échancré dans son milieu ; cette pièce, dans les goliaths proprement dits, offre quatre lobes ou dents, deux supérieurs et les deux autres latéraux. Les palpes labiaux sont insérés sur ses bords, dans les échancrures de ces derniers lobes. Toutes les espèces que nous connaissions étaient de grande taille ; mais M. Verreaux fils, neveu et compagnon de voyage de feu Delalande, et qui est retourné au cap de Bonne-Espérance, vient d'envoyer une espèce qui n'est pas plus grande que la *C. gagates*, à laquelle elle ressemble d'ailleurs par les couleurs, et qui offre tous les caractères des Goliath. Le *C. géotrupine* de M. Schœnherr est peut-être aussi congénère. Le corselet des Goliath est moins rond et plus rétréci en devant que celui des Inca. Les cuisses antérieures ne sont point dentées, et leurs jambes n'ont point d'échancrure au côté interne (1).

Dans la troisième division des mélitophiles, division répondant à la famille des *Cétoniides* (*cetoniidæ*) de M. Mac Leay fils, le sternum se prolonge plus ou moins en pointe obtuse, entre les secondes pattes ; la pièce axillaire se montre toujours en dessus, et occupe tout le vide séparant les angles postérieurs du corselet de la base des élytres ; le corselet s'élargit ordinairement de devant en arrière, et a la forme d'un triangle tronqué antérieurement ou à sa pointe (2). Le menton n'est jamais transversal ; son bord supérieur est plus ou moins échancré au milieu. Le lobe

---

(1) *Voyez* l'Encyclop. méthod., article *Scarabéïdes;* l'Hist. des animaux sans vertèbres de M. Delamarck ; les Observ. entom. de M. Weber, et le 12e volume des Transact. linn., pag. 407, où M. Kirby décrit deux espèces. On trouve dans l'île de Java un insecte que l'on prendrait, au premier coup d'œil, pour un Goliath, et que MM. Lepeletier et Serville ont considéré comme tel ; mais il a tous les caractères essentiels des Cétoines ; seulement le corselet est plus arrondi et rétréci postérieurement. Le mâle a une corne fourchue sur la tête.

(2) Presque orbiculaire dans quelques-uns (*C. cruenta*, Fab. ; *C. vencosa*, Schœnh, etc.).

M. Chevrolat, possesseur d'un très belle collection de coléoptères, et dont plusieurs provenant de celle de feu Olivier, m'a montré une espèce

terminal des mâchoires est soyeux, ou en forme de pinceau. Le corps est presque ovoïde, déprimé.

Cette division comprend le genre

Des Cétoines (*Cetonia* , de Fabricius.)

Moins les espèces appartenant au sous-genre précédent, et à celui de rutèle (Gener. crust., et insect.).

Les unes ont le corselet prolongé postérieurement en forme d'angle, de manière que l'écusson disparaît tout-à-fait. Elles forment le genre Gymnetis (*Gymnetis*) de M. Mac Leay fils, (Hor. entomol, 1, pars., 1, p. 152). Le nouveau continent en produit plusieurs espèces. L'île de Java et d'autres contrées orientales de l'Asie en offrent d'autres, où le corselet est pareillement prolongé, mais où l'écusson, quoique très petit, est encore visible (1). Le menton est plus profondément échancré en manière d'angle, et le dernier article de palpes labiaux est proportionnellement plus long. Le chaperon est plus ou moins bifide. D'autres espèces des Indes orientales ou de la Nouvelle-Hollande, où cette pièce est encore bifide, ou armée de deux cornes dans les mâles, dont le corps est proportionnellement plus étroit et plus alongé, avec l'abdomen se rétrécissant notablement de devant en arrière, presque triangulaire même, et la massue des antennes est fort alongée, composent le genre *macronota* de M. Wiedemann. Mais toutes ces coupes n'acquerront de la solidité que lorsqu'on aura fait un étude particulière des nombreuses espèces du genre *Cetonia* de Fabricius.

Celles d'Europe sont pourvues d'un écusson de grandeur ordinaire. Telles sont :

La *C. dorée* (*Scarabæus auratus* , Lin.; Oliv., col., 1, 6, 1, 1), longue de neuf lignes, d'un vert doré brillant, en dessus, d'un rouge cuivreux en dessous, avec des taches blanches sur les élytres. — Commune sur les fleurs, et souvent sur celles du rosier et du sureau.

---

trouvée dans l'île de Cuba par M. Poë, ayant le port des Trichies, mais avec les pièces axillaires et le prolongement sternal des Cétoines. Quelques espèces de ce dernier genre (*C. cornuta* , Fab.) ont le corselet muni d'une petite corne, et ressemblent, au premier coup d'œil, à des Scarabées.

(1) *C. chinensis* , Fab.; ejusd., *C. regia* ; les *C. plana* , *imperialis* de Schœnhrr.

La *C. fastueuse* (*C. fastuosa* , Fab.; Panz., Faun. insect. Germ., XLI, 16), plus grande que la précédente, d'un vert doré uniforme, sans taches, avec les tarses bleuâtres. —Midi de la France.

La *C. drap mortuaire* (*S. sticticus* , Lin.; Panz., *ibid.*, 1, 4), longue de cinq lignes, noire, un peu velue, avec des points blancs; ceux du ventre disposés sur deux ou trois lignes, selon le sexe. — Très commun sur les chardons (1).

La seconde tribu des lamellicornes, les Lu-CANIDES (*Lucanides*), ainsi nommés du genre *Lucanus* de Linnæus, ont la massue des antennes composée de feuillets ou de dents disposés perpendiculairement à l'axe, en manière de peigne. Ces organes sont toujours de dix articles, dont le premier ordinairement beaucoup plus long. Les mandibules sont toujours cornées, le plus souvent saillantes et plus grandes, et même très différentes dans les mâles. Les mâchoires de la plupart se terminent par un lobe étroit, alongé et soyeux; celles des autres sont entièrement cornées et dentées. La languette du plus grand nombre est formée de deux petits pinceaux soyeux, plus ou moins saillants, au-delà d'un menton presque semi-circulaire ou carré. Les pieds antérieurs sont le plus souvent alongés, avec les jambes dentelées, tout le long de leur côté extérieur. Les tarses se terminent par deux crochets égaux, simples, avec un petit ap-

---

(1) *Voyez* la Ire division des Cétoines d'Olivier; Latr., Gener. crust. et insect., I, III, p. 126. ; Schœn., Synon., I, III, p. 112; et le 14e volume des Trans. linn., à l'égard des genres *genuchus*, *schizorhina* et *gna-thocera*, établis aux dépens de celui des Cétoines.

pendice terminé par deux soies, dans l'entre-deux. Les élytres recouvrent tout le dessus de l'abdomen.

Nous la partagerons en deux sections, qui répondent aux genres *Lucane* et *Passale* d'Olivier.

Des antennes fortement coudées, glabres ou peu velues; un labre très petit ou confondu avec le chaperon; des mâchoires terminés par un lobe membraneux ou coriace, très soyeux, en forme de pinceau, sans dents, ou n'en offrant qu'une au plus; une languette, soit entièrement cachée ou incorporée avec le menton, soit divisée en deux lobes étroits, alongés, soyeux, plus ou moins saillants au-delà du menton, signalent la première; l'écusson, en outre, est situé entre les élytres.

Cette première section formera le genre

Des Lucanes. (Lucanus.)

Nous ferons une première division avec ceux dont la massue des antennes n'est composée que de trois à quatre articles ou feuillets.

Nous la commencerons par des insectes presque entièrement semblables, aux antennes près, aux oryctès, sous-genre de la tribu précédente. Les mandibules sont cachées, sans dents, et semblables dans les deux sexes. Le menton est presque triangulaire, cache entièrement la languette, ainsi que la base des mâchoires. Le corps est épais et convexe en dessus, presque cylindrique et arrondi postérieurement. Le corselet est tronqué et excavé en devant. La tête des mâles est munie d'une corne.

Les Sinodendres. (Sinodendron. Fab.)

La massue des antennes est formée par les trois derniers articles (1).

___

(1) *Scarabæus cylindricus*, Lin.; Oliv., col. I, 3, ix,88. C'est la seule

Ceux dont le corps est épais, convexe, ovoïde, avec les mandibules en pince comprimée et s'élevant verticalement, dans les mâles; la tête beaucoup plus étroite que le corselet, mesuré dans sa plus grande largeur; et les jambes, ou du moins les deux antérieures, larges, en forme de triangle renversé, forment deux sous-genres.

Les AEsales. (AEsalus. Fab.)

Où les mandibules, même dans les mâles, sont plus courtes que la tête, et se terminent supérieurement en manière de corne; où le menton cache les mâchoires; dont la languette est très petite; dont le corps est court, bombé, avec la tête presque entièrement reçue dans l'échancrure du corselet, les jambes comprimées, triangulaires, et le sternum simple ou sans saillie (1).

Les Lamprimes. (Lamprima. Latr.)

Où le corps est plus alongé, avec les mandibules beaucoup plus longues que la tête, dans les mâles, en forme de lames verticales, anguleuses, très dentées et velues intérieurement; les mâchoires découvertes jusqu'à leur base; la languette bien distincte; le labre alongé; les deux jambes antérieures élargies, et offrant, dans les mâles, une palette (éperon) en forme de triangle renversé, et une pointe sternale (2).

Deux autres sous-genres, établis par M. Mac Leay fils, se rapprochent des lamprimes, à raison de leur mésosternum prolongé et avancé, moins cependant que dans les précédents, de leur tête notablement plus étroite que le corselet, et de leurs mandibules garnies de duvet au côté interne; mais leur corps est aplati ou peu élevé, surtout dans les femelles. Le labre est caché. Les jambes antérieures sont étroites et sans palette. Les palpes et les lobes de la languette sont plus alongés.

---

espèce connue; les autres Synodendres de Fab. appartiennent à d'autres genres.

(1) *Æsalus scarabæoides*, Fab.; Panz., Faun. insect. Germ., XXVI, 15, 16.

(2) Latr., Gener. crust. et insect., II, p. 132; *Lethrus æneus*, Fab.; Schreib., Trans. linn. Soc., VI, 1. — *Voyez* aussi, quant à cette espèce et autres, Mac L., Hor. entom., I, pars I, pag. 99.

Les Ryssonotes. (Ryssonotus. Mac L.)

Dont les mandibules des mâles forment, comme dans les lamprimes, des pinces comprimées verticalement, anguleuses et dentées (1).

Les Pholidotes. (Pholidotus. Mac L.—*Chalcimon.* Dalm.— *Lamprima.* Schœnh.)

Où les mandibules, dans le même sexe, sont fort longues, étroites, arquées, terminées en crochet courbé inferieurement, et dentelées en scie au côté interne.

La massue des antennes, formée par les trois derniers articles, est moins pectinée que dans les autres, et presque perfoliée. Le menton recouvre les mâchoires (2).

Dans les suivants, le mésosternum ne fait point de saillie. La tête est aussi large ou même plus large (divers mâles) que le corselet. Les mandibules sont glabres, ou du moins sans duvet épais, au côté interne. Le corps est toujours aplati.

Ici les yeux ne sont point coupés transversalement par les bords de la tête, les mâchoires se terminent par un lobe très grêle, en forme de pinceau, et sans dents cornées.

Les Lucanes propres. (Lucanus. Lin.)

Le canal digestif est bien moins alongé que celui des scarabéides, mais l'œsophage est beaucoup plus long. Les organes mâles de la génération diffèrent aussi beaucoup de ceux des précédents, les testicules étant formés par les circonvolutions d'un vaisseau spermatique, et non par une agglomération de capsules de cette nature. Le tissu adipeux, presque nul dans les scarabéides, est ici abondant et disposé en grappes, qui convergent à la ligne médiane.

L'on présume que la larve de notre grand lucane, qui vit dans l'intérieur des chênes et y passe quelques années, avant

---

(1) *Lucanus nebulosus*, Kirb., Trans. linn. Soc., XII, xxi, 12; Mac L., Hor. entom., I, pars I, p. 98.

(2) *Lamprima Humboldti*, Schœnh. ; *Chalcimon Humboldti*, Dalm., Ephem. entom., I, p. 3; *Pholidotus lepidosus*, Mac L., Hor. entom., I, pars I, p. 97, le mâle; ejusd., *Cassignetus geotrupoides*, la femelle.

de subir sa dernière transformation, est le *cossus* des Romains, ou cet animal, ayant la forme d'un ver, qu'ils regardaient comme un mets délicat.

Le *L. cerf-volant* (*L. cervus*, Lin; Oliv., col. I, 1, 1; Rœs., insect., II; Scarab., 1, iv, v.), mâle long de deux pouces, plus grand que la femelle, noir, avec les élytres bruns; tête plus large que le corps; mandibules très grandes, arquées, avec trois dents très fortes, dont deux au bout, divergentes, et l'autre au côté interne, qui en ont aussi de petites. Les femelles, désignées sous le nom de *biches*, ont la tête plus étroite et les mandibules beaucoup plus petites. Cet insecte vole le soir, au solstice d'été. Sa grandeur et ses mandibules varient. C'est à l'une de ces variétés qu'il faut rapporter le lucane *chèvre* d'Olivier, ou le *L. chevreuil* de Fabricius. Le lucane désigné ainsi par Linnæus est une espèce de l'Amérique septentrionale et bien distincte de la précédente ,

Le *L. vert* (*L. caraboides*, Lin.; Oliv., col., *ibid*., II, 2.), long de cinq lignes, d'un brun verdâtre, avec les mandibules en croissant et dont la longueur ne surpasse point, même dans les mâles, celle de la tête (1).

Là les yeux sont divisés transversalement et intégralement par les bords de la tête. Les mâchoires se terminent par un lobe plus court et moins étroit que dans les précédents, et offrent souvent une dent cornée au bord interne.

Les Platycères. (Platycerus. Lat.)

Les palpes, les lobes maxillaires et la languette, sont proportionnellement plus courts que dans le sous-genre précédent. Le menton forme un carré transversal, tandis que dans les précédents il est souvent en demi-cercle. Il cache, de part d'autre, la base des mâchoires. Les mandibules sont généralement courtes (2).

---

(1) Aux Lucanes, je réunis les *Ceruchus* et les *Platycerus* de M. Mac Leay. Les proportions des mandibules, des palpes, des lobes maxillaires, de la languette et la massue des antennes, ne peuvent fournir de caractères constants et rigoureux.

(2) Le *Lucanus parallelipedus* de Fab., espèce formant avec une autre

Les autres lucanides ont la massue des antennes composée des sept derniers articles.

Les Syndèses. (Syndesus. Mac L. — *Sinodendron*. Fab.)

Le corselet offre antérieurement une petite corne, et de même que celui de la plupart des passales, un sillon dans son milieu. Sa séparation d'avec l'abdomen est aussi plus prononcée que dans les lucanes. Les deux pieds postérieurs sont plus reculés en arrière. Les antennes sont moins coudées (1).

Les lucanides de notre seconde section ont des antennes simplement arquées ou peu coudées et velues; un labre toujours découvert, crustacé, transversal ; des mandibules fortes et très dentées, mais sans disproportions sexuelles très remarquables ; des mâchoires entièrement cornées, avec deux fortes dents au moins ; une languette pareillement cornée ou très dure, située dans une échancrure supérieure du menton et terminée par trois pointes ; l'abdomen porté sur un pédicule, offrant en dessus l'écusson, et séparé du corselet par un étranglement ou un intervalle notable. Ces insectes composent le genre

Des Passales. (Passalus. Fab.)

Que M. Mac Leay restreint aux espèces dont la massue des antennes n'est que de trois articles, dont le labre forme un carré transversal, et dont les mâchoires ont trois fortes

---

le *G. Dorcus* de M. Mac Leay. Je réunis encore aux Platycères les *Nigidius*, les *Ægus* et les *Figulus* de ce savant entomologiste.

(1) *Synodendron cornutum*, Fab.; Donov., Insect. of New. Holl., tab. 1, 4; *syndesus cornutus*, Mac L., hor. entom., I, pars 1, p. 104.

dents au bout, et deux au côté interne, à la place du lobe intérieur.

Les espèces où la massue est de cinq articles, où le labre est très court et dont les mâchoires n'ont que deux dents, l'une terminale et l'autre interne, forment son genre PAXILLE (*Paxillus*).

Enfin il réunit aux précédents, dans sa famille des passalides, le *G. chiron*, que nous savons placé dans la tribu de coprophages (1).

Ces insectes sont étrangers à l'Europe, et, à ce qu'il paraît, à l'Afrique. C'est dans les contrées orientales de l'Asie, et particulièrement en Amérique, qu'on les trouve. Mademoiselle de Mérian dit que la larve de l'espèce qu'elle représente se nourrit de racines de patates. L'insecte parfait n'est pas rare dans les sucreries (1).

---

(1) Hor. entom., I, pars I, pag. 105 et suiv.

(2) *Voyez* Fabricius, Syst. eleuth., II, p. 255; Web., Observ. entom.; Palis. de Beauv., insect. d'Afr. et d'Amér.; Latr., Gener. crust. et insect, II, p. 136; et Schœnh., Synon. insect., I, III, p. 331, et Append., p. 143, 144.

CORRECTIONS ET ADDITIONS.

P. 20, *ligne huitième de la note.* Dans le passage que je cite, on peut conserver les mots ventricule gauche; il fut seulement lire : « l'organe appelé *cœur* représente, par ses fonctions, un ventricule gauche ».

P. 3o, *ligne huitième.* PINNIPÈDES. Afin que l'on distinguât plus facilement les sections et les tribus, j'ai, à commencer aux arachnides, employé, pour leurs dénominations latines ou formées du grec, des caractères italiques.

P. 63. *Seconde note.* Le genre EURYPODE est décrit et figuré avec détail dans le tome XVIᵉ des Mémoires du Muséum d'histoire naturelle; il se rapproche de celui d'*Inachus ;* mais les pédicules oculaires sont toujours saillants; le post-abdomen est composé de sept segments, entièrement séparés, dans les deux sexes, et l'avant-dernier article des pieds ou le métatarse est dilaté et comprimé inférieurement.

P. 79. *Ligne cinquième.* Lisez notre seconde section. Cette erreur numérique affecte les sections suivantes des mêmes décapodes macroures; *lisez :* troisième, quatrième et cinquième, au lieu de quatrième, cinquième et sixième.

P. 117, près des Hypéries, doit être placé un autre genre de crustacés, celui de THÉMISTO, établi par le même naturaliste, et décrit ainsi que figuré, avec le même soin, dans le tome IVᵉ des Mémoires de la Société d'histoire naturelle de Paris. Comme dans les Hypéries, les yeux sont très grands et occupent la majeure partie de la tête; deux des antennes, les inférieures, toutes terminées par une tige multiarticulée et allant en pointe, sont manifestement plus longues que les deux autres. La pièce qu'il nomme *lèvre inférieure* est la languette; celles qui lui paraissent former la troisième paire de mâchoires sont la première des pieds-mâchoires, et qui, de même que dans les amphipodes et les isopodes, ferment la bouche inférieurement sous la forme d'une lèvre; les quatre autres pieds-mâchoires sont très courts, dirigés en avant, appliqués sur la bouche, de sorte qu'ils semblent en faire partie, et qu'en ne les comptant pas, ou qu'en ne considérant que comme des pieds les organes locomotiles suivants et beaucoup plus apparents, cet animal, de même que les hypéries et les phrosines, ne paraît avoir, au premier coup d'œil, que dix pieds au lieu de quatorze. La troisième paire de pieds-mâchoires est terminée par une petite pince didactyle. La même paire des pieds proprement dits est beaucoup plus longue que les autres; son avant-dernier article est fort long, et armé d'un rang de petites épines, formant une sorte de peigne. On n'en connaît encore qu'une seule espèce.

P. 124, *ligne septième*. Les APSEUDES. Le genre RHOÉ (*rhæa*), de M. Milne Edwards (Annales des sciences naturelles, XIII, 292, XIII, A), diffère du précédent par les antennes supérieures qui sont plus grosses, plus longues et bifides.

P. 153. Les NÉBALIES. Une nouvelle espèce de ce genre, la *N.* de *Geoffroy Saint-Hilaire* (ibid., XV, 1), a été décrite par M. Milne Edwards d'une manière très détaillée. Le test se termine antérieurement par un rostre articulé à sa base, ou mobile, et pointu; les yeux sont pédonculés; les antennes supérieures sont insérées au-dessous d'eux, et le second article de leur pédoncule porte une lame; la bouche est entourée de trois paires d'appendices, qui nous paraissent répondre, dans leur ordre progressif, aux mandibules palpigères, et aux quatre mâchoires de crustacés décapodes; au-dessous sont cinq paires de lames foliacées et ciliées, qui paraissent être branchiales, et plus bas quatre paires de pieds bifides et propres à la natation; l'abdomen est composé de sept anneaux, dont les premiers supportent deux petits filaments rudimentaires, et dont le dernier est terminé par deux styles alongés et garnis de longs poils. Comme il est infiniment probable qu'il existe, ainsi que d'ordinaire, une paire de pieds de plus, les deux appendices inférieurs et branchiaux, dont il est parlé plus haut, pourraient bien représenter cette paire de pieds. Dans les autres appendices nous verrions des pieds-mâchoires, et les pièces de la languette; il faudrait dès lors reporter les nébalies dans la dernière section des décapodes macroures.

(*Voyez pour la suite le volume suivant.*

FIN DU QUATRIÈME VOLUME.

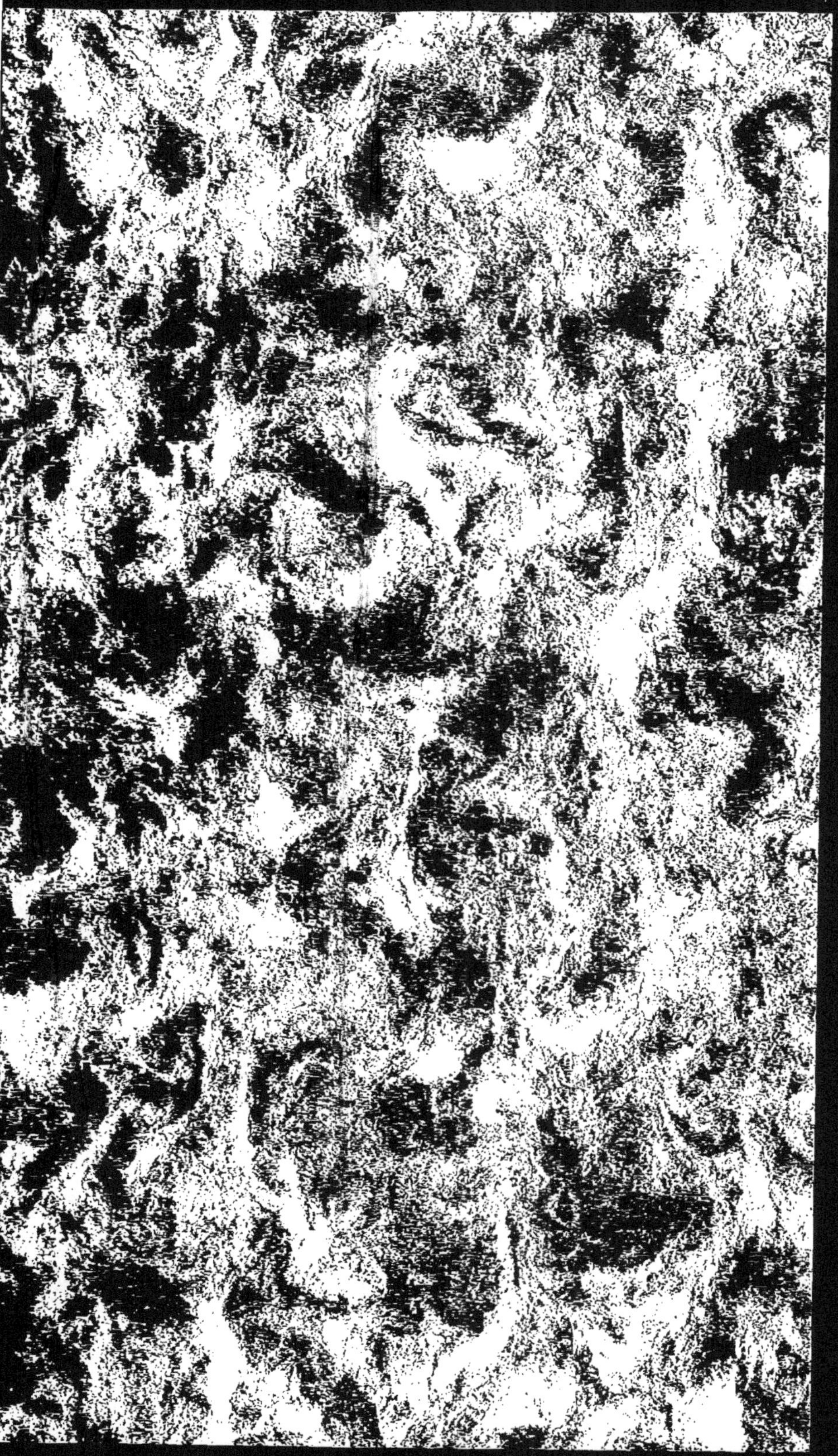

www.ingramcontent.com/pod-product-compliance
Ingram Content Group UK Ltd.
Pitfield, Milton Keynes, MK11 3LW, UK
UKHW022342130726
13694UKWH00006B/34